中山大学学报七十年学术文选

中山大学学报自然科学版
（1955—2025）

地学卷（影印本）

胡建勋　主编
张冰　　副主编

中山大学出版社
SUN YAT-SEN UNIVERSITY PRESS
·广州·

版权所有　翻印必究

图书在版编目（CIP）数据

中山大学学报自然科学版：1955—2025. 地学卷 / 胡建勋主编；张冰副主编. -- 影印本. -- 广州：中山大学出版社, 2025.6. (中山大学学报七十年学术文选). -- ISBN 978-7-306-08426-2

Ⅰ. N53

中国国家版本馆CIP数据核字第2025NM3075号

ZHONGSHAN DAXUE XUEBAO ZIRAN KEXUE BAN (1955—2025) · DIXUE JUAN

出 版 人：	王天琪
策划编辑：	徐诗荣　李先萍
责任编辑：	李先萍
责任校对：	陈晓阳
封面设计：	林绵华
责任技编：	靳晓虹
出版发行：	中山大学出版社
电　　话：	编辑部 020-84111996, 84113349, 84111997, 84110779
	发行部 020-84111998, 84111981, 84111160
地　　址：	广州市新港西路135号
邮　　编：	510275　　传　真：020-84036565
网　　址：	http://www.zsup.com.cn　E-mail: zdcbs@mail.sysu.edu.cn
印 刷 者：	恒美印务（广州）有限公司
规　　格：	787 mm×1092 mm　1/16　23.75印张　640千字
版次印次：	2025年6月第1版　2025年6月第1次印刷
定　　价：	98.00元

如发现本书因印装质量影响阅读，请与出版社发行部联系调换

本书编委会

主　　编： 胡建勋

副主编： 张　冰

编　　委： 秦社彩　李志兵　王建华　廖文波
　　　　　　陈月琴　叶保辉　汪　波　林永成
　　　　　　王海蓉　冯兆永　江　睿

序言

七秩春秋砥砺行，栉风沐雨谱华章。欣逢《中山大学学报（自然科学版中英文）》创刊七十周年，我们编纂了"中山大学学报七十年学术文选"系列丛书，《中山大学学报自然科学版（1955—2025）》分设数理、生化、地学三卷，系统梳理学报七十载在自然科学领域积淀的学术菁华，以期回顾过往成就，传承学术文脉，礼赞创新精神。

作为新中国成立后最早创办的学术期刊之一，《中山大学学报（自然科学版中英文）》自1955年创刊伊始，便肩负着推动基础科学创新、服务国家战略需求的使命。依托中山大学深厚的学术土壤，学报始终坚持政治导向与学术品质并重，秉持根植百年学府、聚焦科技前沿、服务国家需求、专注品质提升、致力学术传播的办刊理念，推出了一系列具有重要科学价值与应用价值的研究成果。许多著名学者如华罗庚、杨振宁等，皆曾在本刊发表力作。本刊的被引频次与影响因子长期稳居全国综合性大学自然科学学报前列，先后被EI、Scopus、CA、SA、AJ、JST、ZR、CSA、MR、Zbl MATH、EBSCO、CAB Abstracts等国际著名数据库收录，多次获得"国家期刊奖""教育部科技期刊一等奖""中国杰出学术期刊""中国精品科技期刊"等荣誉，成为展示中国科技实力、传播学术成果的重要窗口，见证并参与了新中国科学事业从筚路蓝缕到硕果累累的壮阔历程。

本套文选中《中山大学学报自然科学版（1955—2025）》三卷图书的编纂以学科脉络为经、学术贡献为纬，涵盖基础研究突破、应用技术革新及交叉学科探索等，构成一幅多维度的学术长卷。

数理卷精选数学论文33篇，涵盖代数学、分析学、几何学、计算数学及概率论等研究方向，既有华罗庚先生关于辛矩阵的经典论述，也有当代学者在现代数学物理领域的创新；精选物理学论文45篇，其中规范场理论研究独占21篇，展现了郭硕鸿、李华钟团队在该领域的开拓性贡献——他们发表于学报的系列论文，曾助推中国粒子物理研究跻身国际前沿。

生化卷精选生物学与化学论文共97篇。其中生物学研究内容涵盖分类学、生态学、生理学、遗传育种、分子生物学等领域，体现了从传统生物学到应用分子技术、多学科交叉解决农业、医学及生态问题的趋势，推动基础理论与应用实践的融合。化学研究内容涵盖分析化学、无机化学、高分子化学、新功能材料的开发与利用等，勾勒出从基础理论到功能化应用的演进历程，推进化学在能源、医疗、环保、材料等领域的应用创新。"华夏植物区系分类、生态地理与起源演化研究论文集萃"与"南海海洋天然产物化学研究论文集萃"则分别聚焦张宏达、龙康侯两位学术巨擘开创的华夏植物区系学说、南海海洋天然产物化学研究领域的拓荒性学术成果，彰显学报作为原创学术成果首发平台的学术敏锐度。

地学卷精选地理学、地质学、大气科学等领域的48篇文献，既收录早期学者对珠江流域地貌演化及其古代历史地理的奠基性研究，亦纳入南海深海探索、全球城市化进程与环境变化的前沿成果。从20世纪区域地质调查的原始数据记录，到21世纪全球气候变化模型的构建，串联起中国地学研究从经验描述向定量分析、从局部观察到全球视野的发展轨迹。

回望来路，七十年风雨兼程，学报始终与民族复兴同频共振；展望未来，新时代的征程上，我们期待学术薪火继续照亮科技创新之路。愿这套承载着历史厚度的文选，既能成为致敬前辈的纪念碑，更能化作启迪后学的灯塔，在传承中不断超越，续写辉煌。

《中山大学学报自然科学版（1955—2025）》三卷图书编选的文章时间跨度大，分属不同时代，为尊重历史，遵循"原貌影印、学术考古"原则，仅对个别无页眉的论文在首页以页下注形式补录了出版时间；本套文选为黑白印刷，所辑录的文章中，原始文章的图表为彩色的，敬请参阅原文。七十载卷帙浩繁，成果丰富，受编者的学术境界与文选篇幅所限，论文遴选难免有遗漏或不当之处，敬请专家、读者不吝指正。

胡建勋
2025年5月9日

目 录

珠江流域古代历史地理初探 ……………………………………… 徐俊鸣 1
珠江三角洲喷出岩的地质意义 ……………………………………… 方瑞濂 8
广东省的地貌类型 ………………………………………………… 李见贤 14
广东滨海红树林景观型的生物地球化学特点
　　…………………… 唐永銮　谢永泉　覃朝峰　麦荣基　汪晋三　邓尚桐 27
关于自然条件经济评价的几个主要问题 ………………………… 曹廷藩 40
西沙、南沙等群岛的自然地理概要 ……………………………… 徐俊鸣 53
暴雨天气动力学一些问题的探讨（Ⅰ）——分析工具
　　……………………………………………………… 王两铭　罗会邦 57
南海北部沿岸晚第三纪以来地壳运动的基本特征 ……………… 黄玉昆 65
台风暴潮过程预报的一种模式的探讨 ………………… 沈灿燊　甘雨鸣 75
探讨南岭陆壳改造型花岗岩类岩体成岩方式及演化规律的一种方法
　　——岩石化学NSF三角图解
　　………………… 俞受鋆　陆人雄　陈志中　邓铁殷　贺忠荣　杨育诚 83
明代广东土地开发梗概 …………………………………………… 司徒尚纪 89
全新世河口三角洲形成发展的若干问题——以珠江河口三角洲为例
　　………………………………………………………………… 李春初 93
热带气旋的成因及其与温带气旋的比较 …… 梁必骐　袁卓建　D. R. Johnson 101
西太平洋副热带高压异常对长江流域中下游地区洪涝的影响
　　………………………………………………………… 王安宇　尤丽钰 109
水文预报的人工神经网络方法 ………………………… 吴超羽　张文 116
粤中长坑金银矿热泉成因及其地质意义 ……………… 孙晓明　陈炳辉 128
海南碱性玄武岩中的刚玉巨晶成因探讨 ……… 丘志力　秦社彩　庞学斌 131

水源河流水质管理中的环境风险评价 …………………………… 李适宇　盛冈通　138

潮汕平原第四系钻孔岩芯氨基酸组成及年代
　　………………………………………………… 陈水挟　王将克　钟月明　143

一个垂直平均水流运动的边界通用程式——Ⅰ. 程式结构
　　………………………………………………… 陈小红　刘美南　Malhani M Al　151

台风影响下海滩内碎波带的波动特征 ……………………………… 陈子燊　156

我国热带地区40万年以来古气候的定量恢复 ………… 郑卓　GUIOT Joël　161

Extinction Events Among Jurassic Bivalves ………………… LIU Chunlian　166

原地重熔及其地质效应 ………… 陈国能　张珂　邵荣松　李榴芬　林小明　171

南方土壤硫酸根吸附解吸影响因子研究 ……………… 仇荣亮　吴箐　尧文元　176

广东英德滑水山地区第四纪生物化石
　　………………………………………… 金建华　廖文波　谢国忠　林术　181

珠江三角洲地区边界层气象特征研究
　　………………………………… 范绍佳　祝薇　王安宇　郭璐璐　董娟　183

基于广东省水资源管理信息系统图文一体化研究 ………… 张新长　熊立林　187

面向对象的地理元胞自动机 ………………………………… 黎夏　伍少坤　191

珠江虎门口动力结构研究 ………………………… 任杰　吴超羽　包芸　196

城市热岛效应对城市规划的影响 …………………………… 彭少麟　叶有华　201

风速对海岸风沙流中不同粒径沙粒垂向分布的影响 ………… 董玉祥　马骏　206

珠江三角洲城市尺度规划对大气环境的影响效应
　　………………………………… 王雪梅　陈燕　蒋维楣　吴志勇　林文实　212

流溪河模型Ⅰ：原理与方法 ……………… 陈洋波　任启伟　徐会军　黄锋华　218

珠三角2009年11月严重灰霾天气过程分析
　　………………………… 吴兑　吴晟　陈欢欢　廖碧婷　邓涛
　　　　　　　　　　　　　谭浩波　李海燕　陈慧忠　范绍佳　224

粤东地区的河流阶地 ……………………………………………… 刘尚仁　232

现代地貌学基本思想的认识和发展 ……………………… 刘希林　谭永贵　238

基于结点加密的边线捕捉处理方法 ……………………………… 张青年　245

地球系统科学的研究范例——青藏高原隆升的地貌、环境、气候效应
.... 孙继敏 250

基于TVM的西北江三角洲地区非一致性洪水频率分析
.... 刘丙军　邱凯华　廖叶颖 259

南海及周边地区晚春初夏降水变异关联主模态及其机理
.... 简茂球　彭敏　罗欣 265

红层裂纹软岩在水-应力耦合作用下的变形破坏试验
.... 周翠英　苏定立　邱晓莉　杨旭　刘镇 274

中国大陆城市建成环境与共享单车配置的关系 .... 曹小曙　罗依 284

基于GIS的新会地名文化景观分布、演进及影响因素
.... 林琳　王馨儿　曾娟 293

新疆阿尔泰造山带中生代伟晶岩的稀有金属成矿作用
.... 赵振华　陈华勇　韩金生 307

1918年南澳地震海啸影响模拟及其警示
.... 李琳琳　李发淳　邱强　李志刚　张冬丽　惠格格 333

南海南部深水盆地构造与储层再认识
.... 吴时国　鲁向阳　孙中宇　钱星　张莉 345

Effect of Sea Salt Aerosols on a Warm-sector Heavy Rainfall Event over Coastal
    Southern China .... LUO Qing　CHEN Zijian　LIN Wenshi
        JIANG Baolin　CAO Qimin　LI Fangzhou 356

珠江流域古代历史地理初探

徐俊鸣

珠江是华南最重要的一条河流，它的流域包括了两广的大部和云南、贵州、湖南、江西的一小部，此外，还奄有越南民主共和国的一角。珠江源流长2100余公里，流域面积达43万余方公里，它的长度和面积虽不甚大，而拥有极为丰富的水利资源。珠江流量之丰，仅次于长江而为黄河的七倍。而繁衍在珠江流域内的人民达四千余万，也仅次于长江、黄河而多于黑龙江流域。

珠江流域重要性还不单纯由于本流域内天然资源的丰富，而且表现它在地理位置上的重要性。它掌握了祖国南方和西南的几条重要国际通路，自古以来即和亚非等国长期进行文化和经济的交流，故本流域历史地理的研究，其作用不限于了解华南地区经济发展的历史背景，而对于我国整个国民经济发展历史的了解，亦将有所裨益。抱憾的是笔者对于这方面并没有什么研究，仅将手头所有资料初步整理出来，提供大家参攷，为了叙述便利起见，分作为五段，鸦片战争以后的暂缺。文成仓卒，错误难免，请读者指正。

（一）先秦时代

远古以来，珠江流域即有人类在各处活动，石器时代的遗物已在两广境内不断发现，如广西武鸣中石器时代的遗物；最近在南海县西樵山发现的石器据初步鉴定亦可能属于中石器时代的遗物，广州香港等地则发现新石器时代的遗物；此外，广东韶关市南马垻石灰岩溶洞内还有猿人化石发现①。

据文字记载，古代珠江流域东部居住的民族泛称为百越，其中又分为南越、瓯越和骆越等。现在的僮族、黎族等就是他们的后裔。居住在珠江流域西部的民族泛称为西南夷，又分为爨（即今爨族）僰（今泰族）和苗族等。他们都有一定程度的生产技能和文化，如骆越善于种骆田②爨族早已有了文字等③。

春秋时代，以长江中游为基地的楚国，曾不断地向外扩展疆土，它和珠江流域的关系最为密切。楚将庄蹻曾深入云贵高原，直抵滇池（即今昆明一带，后来楚国被秦国灭亡，庄蹻没有了归路，遂

称王于滇④。按地理位置来说，由黔入滇必须经过西江上源盘江的上游，故对于本流域西部土地的开发当有一定的影响。对珠江流域下游来说，楚境已抵湘江及其支流耒水上源（今桂北全县及湘南郴县均为楚境），若再穿过高不过三四百公尺的山口，便可进到珠江流域。相传南越曾服属于楚，广州有楚亭之称。虽然广州是否曾为楚属地，尚有人表示怀疑，但秦代以前岭南和楚国之间已有经济往来即是肯定的。如南洋热带生产的甘蔗已由越地传入楚国作为调味珍品⑤，南海出产的羽毛、齿、革也传入了中原⑥。秦始皇之所以进兵南越，据说其目的之一是为了掠夺犀角象齿翡翠珠玑等热带特产⑦。据近年广州附近飞鹅岭发现的石器时代文化遗物看来，当时（估计为战国初年即公年前四世纪以前）居住在这里的人民已由渔猎进到耕种时代了⑧。

---

①参看郭沫若贾兰坡著：中国人类化石发现与研究（科学出版社1955）。又见本期中山大学调查小组：广东南海县西樵山石器初步调查及科学通报1959，1号。

②水经注卷37引交州外域记云："交趾昔未有郡县之时，土地有雒田，其田从潮水上下，民垦食其田，因为雒民，设雒王、雒将"。由此可见雒田大体和珠江三角洲的沙田类似。

③爨族的文字，可参看丁文江著的爨文丛刊自序（地理学报2卷4期，1935）。

④华阳国志中的南中志称，庄蹻沂沅水出且兰以伐夜郎、植牂舸繫船，且兰既克，夜郎又降，而秦夺黔中郡地，无路得反，遂留王滇地。按且兰即今遵义、夜郎在今贵州西部盘江流域，即今盘县一带。庄蹻考开滇比较确实的年代，后汉书西南夷传认为在楚顷襄王时（公元前277年）。

⑤见宋玉大招篇。

⑥见荀子。

⑦见淮南子卷18人间训。

⑧见商承祚：几年来广东省文物工作的成就和一些问题的意见（载理论与实践1958年第3期）。

注：本文刊发于1959年第1期，第75-81页。

（二）秦汉三国时代

珠江流域正式列入我国版图是开始于秦始皇33年（公元前214年）的。据淮南子人间训称"又利越之犀角象齿翡翠珠玑，乃使尉屠睢发卒五十万为五军，一军塞镡城之岭；一军守九疑之塞；一军处番禺之都；一军守南野之界；一军结余干之水。三年不解甲弛弩，使监禄无以转饷，又以卒凿渠以通粮道，以与越人战"。按镡城岭即越城岭，在湘江和漓江（桂江上游）间，在这个分水岭上，监禄所凿的运河名为灵渠，由此可下桂江谷地。九疑山在湘南江华县境，由此可逾萌渚岭入贺江谷地。南野在今赣南南康县境，由此越大庾岭可入广东浈水谷地。以上三路均为南岭上的天然孔道，特别有利于大军通行。但直取番禺这一军是由那里来的，该文未有明言，有人认为是从湘南经摺岭，顺连江而下的①。至于余干一地，据说在今江西鄱阳湖附近，有人认为这支军先攻闽越（今福建），然后沿海滨平原南下②。这样看来，秦兵进攻南越所走的五条路线，恰和宋人周去非所指出的穿越南岭的五条天然孔道相符③。当秦兵进入南越时，曾受到越人的强烈反抗，秦兵虽则杀死了西呕（西瓯）的领袖，但越人逃入山林中继续抗战，不肯投降，因此不特使秦兵"三年不解甲弛弩"，而且"夜攻秦人，大破之，杀尉屠睢，伏尸流血数十万"。后来秦朝再令任嚣和赵陀领兵南来，最后才平定了南越。在岭南地区建立了南海、桂林和象郡。南海郡包括现今广东大部，郡治番禺即今广州市；桂林郡包括今广西僮族自治区的大部，郡治据近人考证在今贵县④；至于象郡，大部分在今越南民主共和国境内，郡治龙编在今河内附近，但珠江流域亦有一小部分（如龙州一带）属于象郡。

岭南建立郡县以后，由于有数十万汉族的南移并带来了牛、羊和铁制耕器等物，对于珠江流域农牧经济的发展当有一定的促进作用⑤。

秦末，北方有陈胜吴广等起义，南海郡尉赵陀利用这个时机，并吞了桂林和象郡，建立了南越国，统治珠江流域的中下游达90余年之久，在汉越等族协作下，珠江流域得到进一步的开发。

秦代对于珠江流域的统治，尚限于中下游一带，汉代则除加强珠江流域东部的统治外，并已深入了珠江最上源。汉廷对南越的用兵是在武帝元鼎五年至六年（前112——111），征调了罪人及江淮以南的楼船十万师，分由五路南下，其中四路和秦代所走的路线大致相同，即一、出桂阳（今湖南郴县）下湟水（今连江）；二、出豫章（江西南昌）下横浦（今大庾岭），三、出零陵（今广西全县）下漓水（桂江上游），四、抵苍梧（谅由九疑山下贺江一线）。惟第五路和秦人不同，系从牂牁江（今红水河的支流都江或连江）而下番禺⑥但事实上最后一线没有用到。

汉兵进攻番禺的路线虽大体和秦代相同，但其主力似乎不再迂回湘桂走廊，而由湘赣二省经北江水道而下番禺⑦。再从他拟用牂牁江一线看来，当时四川和广州间的交道线也逐渐开辟起来了⑧。

汉代对于海上交通也已开始，当时主要的港口尚在交州、徐闻、合浦等地而不在广州，但由上述三埠到达当时中国的首都，必须穿过珠江流域（大体穿过南北流江走廊及湘桂走廊）。汉代，在两广境内建立了南海、苍梧、郁林、合浦四郡。此外，

---

①见黎正甫著郡县时代之安南（商务，1945年版）。

②法人鄂卢梭 L·Aurouseau 著的秦初平南越考的中译本46页。

③周去非岭外代答称："五岭之说，旧以为皆指山名，考之乃入岭之途五耳，非必山也，自福建入广东之循梅一也；自江西南安（今大庾）入南雄二也；自湖广之郴入连三也；自道州入广西之贺县四也；自全州入静江（今桂林）五也"。

④黄增庆：谈谈贵县出土文物（广西日报1955.7.5）。

⑤汉禁越关输出金、铁、牛、羊，南越即借口叛汉（见赵陀给汉明帝书）。

⑥关于牂牁江究指何江各书颇有出入，可参看胡嚣著牂牁丛考（1955年版）。

⑦史记："元鼎五年秋，卫尉路博德为伏波将军出桂阳下湟水（湟水）；主爵都尉杨仆为楼船将军，出豫章下横浦；故归义侯二人为戈船将军下厉将军，出零陵，或下漓水，或抵苍梧；使驰义侯因巴蜀罪人，发夜郎兵下牂牁江，咸会番禺"。按出北江二路的主将皆为汉人，且用的是楼船；而出广西的主将为南越降将，乘的是戈船（较小的船），由此可见其主力是出北江的。

⑧据说汉兵之所以会利用牂牁江一线，是由于唐蒙出使南越时，曾在广州吃到四川特产枸酱，因而联想起来的。

在今越南境內建立了交趾、九眞、日南三郡。在章帝建初七年（公元83年）以前，上述七郡对北方的交通，主要是取道海上，所以后汉書鄭弘传中說："交趾七郡貢献轉运，皆从东冶（今福州）泛海而至，風波艰阻沉溺相系"。从那一年以后，在今湖南省的南部修治了陆道，和海道一并使用，以减少海运的損失。

后汉桓帝延熹九年（公元166年），"大秦王安敦遺使自日南（今越南中部），徼外献象牙犀角瑇瑁，"这里所指大秦，过去史書多泛称为罗馬帝国，据近人考証，实为拜占廷（东罗馬）而非西罗馬（見齐思和著：中国和拜廷帝国的关系一書）。

汉灭南越以后，在珠江中下游建立了許多郡县，統治的力量也比秦加强得多。

至于汉人積极經营云南的原因，据說由于想找寻通印度的新道路。我国古代和印度的交通，主要是經过西域（今新疆等地）的，但那条路常常受到匈奴的威脅，据說汉朝的使者张騫曾在大夏国（今阿富汗北部）看到四川出产的蜀布和邛竹杖，問所从来，謂由身毒国（今印度）买来，因此张騫向汉武帝建議，派人从西南夷居住的云南去找寻去印度的道路。从长江流域到云南，自然是从四川出发最为近便，由川入滇古道有三：一、五尺道——其方位在今貴州遵义，当卽今重庆經大婁关到貴阳一道，为秦代常頞所开①；二、夜郎道或僰道——自犍为郡（今宜宾）直指夜郎（今貴州盘县）为唐蒙所开；三、灵关道——由成都南行，經孙水（今四川安宁河）和邛都（今四川西昌县境），渡泸水（金沙江）而南，上述三綫中，前二条皆须通过珠江上游南北盘江谷地。至于夜郎一道卽今由赤水河經七星关一道，唐蒙开此道时，曾征調巴蜀四郡的軍队，"鑿山通道，千余里戍轉相望，数岁不通，士卒罷餓，死者甚众"②。但这条道路修通以后，汉朝在云南中部的政权也就建立起来，如益州郡治滇池在今昆明（或謂在晋宁），此外，属于珠江流域上游的有当时的平夷县（在今陆良县）和俞元县（今澄江县）。

和珠江流域有关的还有后汉光武18年（公元42年）馬援进兵交趾一事，他的行軍路綫是通过湘桂走廊（曾重修灵渠）和桂門关（在南北流江的分水凹上），出合浦緣海而行，随山开道千余里，海陆幷进，对于珠江流域和越南的交通发展更加便利了③。

到了三国时代，珠江流域东部屬吳，西部屬蜀。蜀汉諸葛亮的平定"南中"，对于云南（包括珠江流域上游）的开发影响极大，虽然他当时主力是出泸水卽灵关道，但其別將馬忠則道出牂牁江④。

吳国对于南海海上交通甚为注意，据梁書"海南諸国传"称孙权黄武五年（公元226年）曾有大秦商人字秦論，从交趾到吳見孙权⑤。此后数年間（大約有226——231年間），吳国派遣了朱应和康泰等从海道出使林邑（今越南东南部），扶南（今柬埔寨及越南南南部）以及现今南洋各島⑥。

（三）晋及南北朝

晋代珠江流域东部屬于广州，州治为南海卽今广州市。西部屬宁州，州治在云南卽今云南省楚雄县地⑦。晋代新建的县不多。晋代对本区影响較大的事件有二：一、由于我国北方当时受五胡的侵入，有大量的汉族避难南下；二、晋代广州的对外貿易已逐漸兴盛代替了交州的地位⑧。当时我国到印度学习佛法的僧人法显由水道自印度回到耶婆提（今爪哇島），商人已能說出由該处"常行时50日便可至广州"。由此可見广州和南洋的交通已甚頻繁。那时广州阿拉伯商人在广州已有居留地，頗为繁盛⑨。从这一时期内曾任广州官吏的許多人的传記中，可以看到当时广州商业繁盛为貪官汚吏追求的对象，如晋書吳隐之传："广州包带山海，珍异所出，一筐之宝可贵数世……前后刺史每黷貨"。隋書食貨志："晋元帝居江左，岭外酋帥因生口、翡翠、明珠、犀象之饒，雄于乡曲，朝廷多因而署之，以收其利，历宋齐梁陈皆因而不

---

①史記西南夷传称：自庄蹻开滇后，秦常頞略通五尺道，諸此国頗置吏焉。秦灭及汉兴，皆弃此国，而开蜀故徼，巴蜀民或窃出商賈，取其筰馬，僰僮、髦牛，以此巴蜀殷富。

②見汉書司馬相如传。

③見后汉書馬援传。

④見三国志諸葛亮传。

⑤見南史卷78夷貊传或梁史卷54諸夷传。

⑥參看章巽著：我国古代的海上交通。（新知識出版社1956年版）

⑦見顧頡剛等編：中国历史地图集。（地图出版社，1956）

⑧見黄盛璋著：中国的港市（地理学报18卷1—2期1951年）。

⑨見张星烺著：南洋史地。

改。"南齐王琨传："南土沃实，在任者常致巨富，世云，广州刺史但经城门一过，便得三千万（钱）也"。

在南北朝还有西竺（印度）僧人亲自到广州传教，广东人所熟悉的达摩祖师就是在梁大通元年（527年）到广州来的，至今广州西关的华林寺，尚有西来初地之名①。

（四）隋唐两宋

隋代珠江流域中下游属于扬州，新建郡县不多，西江上游则属东爨西爨的势力范围，隋代对于海外贸易极为注意，除大力经营海南岛外，对于南洋方面的航海活动甚为积极，在隋文帝末年和炀帝初年间（公元604—605年）曾自海上进兵林邑国。炀帝大业3年至6年（公年607—601年）又派遣常骏王君政等从南海郡（今广州）出使在马来半岛上的赤土国②。

唐代是国力非常强大的朝代，统一的时间也较长，国内生产力有很大的发展，促进了对外贸易，当时中国对外港市虽然有广州、交州、泉州和扬州等，但其中以广州为最大，曾在广州设置市舶司管理蕃商，蕃船前来有下椗税。那时我国也能造很大的海船航行海外，而且我国所造的海船，以船身大、容积多、构造坚固能抵抗风涛著称，我国船员航海技术的熟练，也闻名于太平洋和印度洋上③。

唐代贾耽（公元730—805年）所指出的唐代对外交通线之中，和珠江流域有关的有二条。一为广州出发的海道；一为由安南（今越南）经过珠江上游至天竺的陆道。据新唐书地理志载：广州通海夷道是从广州出发，东南二百里到屯门山，张帆西行二日到九州石（今海南岛东北角七洲岛），又南二日到象石（即独珠山，今琼海县东的大洲岛），又西南三日到环王国（即林邑国）东面海中的占不劳山（今越南占婆岛），又南二日到陵山（今燕子岬），又一日到门毒国（今越南归仁），又一日到古笪国（今越南牙庄），又半日至奔陀浪洲（今越南藩朗），又两日到军突弄山（今昆仑岛），又五日到海峡（新加坡海峡），由此继续西行，经过印度沿岸的许多国家，直抵大食国首都缚达城（即今伊拉克共和国首都巴格达）。由中国到大食国大概共需时三个月。比贾耽的著述约迟半世纪多（即第九世纪中叶）有一位阿拉伯人伊本考尔大贝（Ibu khordadbeh）所著的"道程及郡国志"一书也论及大食到中国的海程，大约也要90天（均以顺风为

准），同书并指出广州出产的物品有果品、蔬菜、小麦、大麦、米和甘蔗等④。按甘蔗在后汉时（公元25—128年）已由外国移植到广州附近，此外并向福建江西四川等地扩展，至唐贞观年间（627—649年）广东制糖工业已甚发达⑤。

唐代对于珠江流域西部少数民族居住地区是采取羁縻政策，没有直接加以统治，但据贾耽所述的安南通天竺道是通过珠江上游的。唐代在岭南等地盛行屯田制，增加驻军，教种牟麦（大麦）以给军食，对于珠江流域土地的开发，曾起一定的作用。

唐中叶以后居住在珠江流域上游的兄弟民族建立了南诏国，建都于羊苴咩城（今大理），统治了今云贵二省大部，势力非常强大，曾先后四次进兵四川，围攻成都，消耗了唐朝很大的国力，又南征缅甸和打通了云南对印缅的交通线。

唐末五代，珠江流域东部为南汉所据，南汉五主皆生活奢糜，六十多年间仅在广州大兴土木，对于珠江流域的开发未见有何贡献。

北宋由于抵抗辽金的侵扰，禁止北方的陆道的对外贸易，因此努力发展南方的海上贸易来补偿。北宋初，曾先后在东南沿海设置了三个市舶司，其中以广州为最早（在太祖开宝四年即公元971年），其余杭州和明州（今浙江宁波）。稍后，三地之中又以广州的贸易为最盛，进口货以乳香为主⑥。故

---

①见广州府志。

②据隋书赤土传记载，到赤土的航程是，首先经过焦石山（今越南占婆岛，在北纬16度略南），向东南至陵伽钵拨多洲（今越南归仁以北的燕子岬），此处和林邑相对，更向南航到狮子石（当为今越南最南方昆仑岛附近一小岛），就到赤土国，故赤土国当在马来半岛上。

③参看章巽：我国古代的海上交通。

④以上地名诠释多参看冯承钧著"中国南洋交通史"及章巽著"我国古代的海上交通"。

⑤见梁仁彩著：广东经济地理。（科学出版社，1956）

⑥萍州可谈卷二称：崇宁初（1102年）三路（广东、福建、两浙）各置提举市船司，三方唯广最盛。清人梁廷枏著：粤海关志卷三引北宋毕仲衍中书备对所载，神宋熙宁10年（1077）年，外国贸易统计加以论断说：备对所言，三州市舶司（所收）乳香354,440斤，其中明州所收为4,739斤，杭州所收惟673斤，而广州所收为348,673斤。是虽三处置司，实只广州最盛也。

当时称乳香为"广东香"或"广右香""岭南香"，南宋在广州设香药庫使来专門管理这种贸易。

宋代对于珠江下游的水利建设頗为注意，西江下游的长利和赤項圍（今合为长赤圍在高要县境），为北宋太宗时（997年）所筑。北江的桑園圍（在南海番順二县間），亦为宋代所修均为珠江三角洲中最早的基圍。当时广州曾为中国一大米市。有大批余粮接济閩浙，号称"广米"①。因此在北宋仁宗至南宋理宗不到二百年間广州的城垣曾扩展和修理九次之多②可見經济发展甚为迅速。

宋室南渡以后，福建的泉州由于接近当时政治中心杭州等关系，广州的对外易贸，曾一度为泉州所压倒，但广州在对外贸易上仍有相当的地位。

宋太祖統一中国时，鑑于唐代南詔的情况，不敢过問大渡河以西的地区，因此珠江流域西部一直属于大理国的范圍，未为宋朝的政权所及③。

宋代中国各种手工业有很大的发展，金、銀、銅、鉄、錫等的采煉，棉、蔴、絲等的紡織，陶瓷的制造和茶叶等栽种都为量甚巨，并有一部成为出口商品，因而促进了广州的繁荣，卽在广西地区，每年給宋朝貢布达7 7万匹之多（見宋史和广西通志），左右江一带所織的苧麻布，以潔白佳丽著称（見岭外代荅和桂海虞衡志）。广西境的采金和提煉水銀亦极兴盛。

（五）元明清时期

元朝是武力强大的朝代，它的军队在亚欧大陆上縱横馳騁，灭亡了不少国家，建立了横跨亚欧的大帝国，对珠江流域来說也結束了云貴地区数百年来（自南詔至大理国）的独立状态。珠江流域內由桂西到黔南和滇东的县份，有許多都是元朝建立的，然而元人又是比較落后的部族，对于他征服地区的经济每加以巨大的破坏。

緬甸和我国接触虽然为时甚久，但当时中国統治阶級卄未进兵緬甸，到了元代才对緬用兵，因此加强了云南和緬甸間的联系。

蒙古不特組織了完密的陆上交通网（站赤制），而且利用阿拉伯人如蒲寿庚等发展海上事业，蒲寿庚不仅在帮助元兵追追逃亡到珠江流域的南宋统治阶級，以后还替元朝联絡南海諸国。至元十四年（127年）元政府曾在泉州、庆元（今宁波）上海和澉浦四处設市舶司（当时广州尙在宋元爭夺中，故未有列入），次年命蒲寿庚招諭海外，以复互市，从此元人和海外贸易日盛，当时南海諸国和元朝有往来的有二十余国④。至元三十年（1293年），又增溫州、广州和杭州三处口岸，武宗时曾一度禁止市舶，仁宗延祐元年（1314年）复弛禁，設立泉州、广州、庆元三市舶司。元初我国各港对外貿易仍以泉州为第一，以后泉州逐漸衰落，广州又重为全国首要的港口⑤。

明代在对珠江流域作进一步的經营，大力进行兴修水利，开发山区，故在各处山区和三角洲內部建立了不少新县，兩广云貴四省的輪廓也在明代基本上奠定下来了。

明成祖时对于海外发展也很积极，曾使鄭和七下"西洋"，虽則当时出航地点在今福建，但对于广东和南洋等地的经济联系有很大促进作用。

明代手工业和农业已逐漸分化，农业生产上也逐漸有商品化的萌芽，沿海地区如江、浙、閩、粤尤为明显，在明末清初的著作中，可以找到不少例証，在农业方面，各种經济作物如甘蔗、烟草、果品……已大量的栽培，甚至有些經济作物和粮食爭地。清初李調元所著的香祖笔記（卷14）称："糖之利甚溥，粤人开糖房者多以致富，盖番禺、东莞、增城糖居十之四，阳春糖居十之六，而蔗田几与禾田相等矣"。

屈大均著广东新語称"（广东）凡基圍堤岸皆种荔枝，龙眼，或有棄稻田而种者"，"（番禺）其富者以稻田利薄，每以花果取饒"。

此外，香木、茶叶也有专門地区栽种，如东莞的香木最为著名，号称莞香。无田的人不惜以重价租田从事栽种，如东莞种香，新会种葵均有此現象。由于經济作物的发展，加上国內外市场的日益扩大，遂为手工业发展提供了极为有利的条件，因此明清二代珠江下游的手工业非常发达。尤以糖的

---

① 見全汉昇著：宋代广州的国內外贸易（載前中央研究院历史語言研究所集刊第八本第三分冊、1939年版）。

② 詳拙著广州市都市的兴起和早期的发展（南方日报1957，2，22—24）。

③ 后晋天福中（約第10世紀），段思平据南詔旧地称大理国，其首邑在今大理，其轄境包括盤江流域，維持独立状态約3百年，始为元朝所灭。

④ 参看桑原騭藏著陈裕菁譯：蒲寿庚考。

⑤ 关于泉州和广州对外贸易兴替的原因，尚未十分明了，据說一方由于泉州港口日益淤浅，他方由于全国政治中心的轉移。

制造和铜铁的冶炼为著名，如佛山是当时全国四大镇之一，单在铁工业一方面已有镬锅、铁锉、铁针等部门，所产铁锅号称"广锅"，行销国内外①。广东和福建在明清两代均为全国制糖中心，所制产品种类甚多（有黑糖、黄糖、白糖、冰糖）亦行销国内外。

商业性的荔枝、龙眼栽种极为普遍，甚至为衡量私人财富和社会地位的标准，"有荔枝之家，是为大室"，"家有荔枝万株，其人与万户侯等（见广东新语卷25）。就是花卉也行销到长江流域等地，有"广南（今两广）花发江南卖，带内珠兰茉莉香"之句（见清嘉录卷6）。在广西方面则有雇工种烟草和制烟作坊②。广东由于手工业和商业的日渐发达和封建地主的残酷剥削，以致粮食不足，需要广西的粮米来接济。广东新语称："东粤少谷，恒仰资于西粤，西粤之贵县尤多谷，……东粤固多谷之地也，然不能不仰给于西粤者，则因田未尽垦，野多汙莱，而游食者众也。又广州望县人多务贾，以时逐利。以香、糖、果箱、铁器、藤、蜡、番椒、苏木、蒲葵诸货北走豫章（今江西）吴浙（今江浙），西走长沙、汉口，其黠者南走澳门，至于红毛、日本、琉球、暹、罗斛、（暹和罗斛后来合为暹罗，即今泰国）吕宋；帆樯二洋，倏忽数千万里，以中国珍丽之物相贸易，获大赢利，农者以拙业，力苦利微，辄弃耜而从之"（卷14食语谷条）。

明中业以后，初有倭寇侵扰沿海，继有葡萄牙、荷兰等海盗式的商船东来，海疆不靖，当时我国采取闭关政策，曾停止对外贸易，禁止人民出海，明嘉靖间（16世纪中业）葡帝国主义者强占了我珠江口外的澳门，为资本主义国家侵略我国最早的基地。

清初因要压制郑成功在台湾的民族运动，加严海禁，甚至不顾沿海人民死活，用武力强迫东南沿海人民内迁，拆毁房屋，筑为长城，掘坟墓为沟堑，沿海一带五里一墩，十里一台，东起虎门，西至防城，地方3千里，以为界限，人民敢越此界者就被杀戮，沿海人民死亡达数十万众，是为"迁海"之变，为两广历史上一大惨祸③，广东沿海的经济受了很大的破坏。

自明嘉靖到清代鸦片战争，其间约3百年，为我国闭关时代，使我国对外贸易得不到正常的发展，但我国和南洋等地的贸易是适应着我国经济发展的趋势，而且自唐代以来，珠江流域的人民侨居于南洋的渐多，广东为全国最多华侨的地区之一，这样使珠江流域和海外的经济关系不至完全中断，明清统治阶级的闭关政策虽然起了一些阻碍作用，但终究敌不过社会发展的总趋势，因此清初亦不得不指定广州、漳州、宁波、上海四处设立海关，四关之中以广州为最大。以后又保留广州一处口岸，因此，一直到鸦片战争为止，广州为我国最大的对外商埠。

明代在本流域内的少数民族地区的一种政治措施是"改土归流"（即废除了世袭的土酋制，改为有流动性的汉官统治），这是在少数民族地区的社会经济发展的基础上施行的，它又反过来促进了少数民族社会生产力的解放，使少数民族摆脱了农奴式的土酋制的压迫。但随着改土归流制的发展，汉官、地主和商人也越来越多。汉官奸商和各族地主互相勾结，对农民进行残酷的剥削，阶级矛盾日趋尖锐，但每表现为民族矛盾的假象，当时统治阶级不断加以镇压亦难收实效。从明洪武五年至万历45年（1370—1617）共245年间，光在广西境内，规模较大的斗争多达七八十次，使改土归流政策受了很大的阻力，直至民国才得全部实现（参看黄臧苏著广西僮族历史和现状）。

（六）简短的结语

根据我们初步的了解，珠江流域在它历史发展过程中，有以下一些特点：

一、珠江流域开发的历史是非常悠久的，战国时期这里已和楚国有密切的关系，从中国大统一的秦代起，本流域的东部已和黄河长江等地一样，列为郡县，成为祖国的"本部"了。

二、珠江流域的开发是当地的兄弟民族和南来的汉族共同努力的结果，我们想正确的了解本流域发展的真实情况，必须对兄弟民族的历史进行深入的研究（本文在这方面做得很不够）。今后在流域开发规划中也要密切注意各民族的特点。

三、珠江流域经济的开发是具有全国性意义的，这不特由于本流域具有优越的气候和丰富的天然

---

① 参看屈大均著：广东新语。

② 见清代文字狱档卷五的吴英拦舆献策案附策书："各种烟之家，十居其半。大家种植一二万株，小亦不减二三千株。每万株费工人十或七八人"

③ 据屈大均著：广东新语卷二地语迁海条，迁海年代为壬寅和癸卯年，当即康熙元年至二年1662—1663年）。

资源；同时，也由它的地理位置掌握了中国南方和西南方一部份对外的交通孔道，尤其是广州自古以来卽为我国一个历久不衰的港市，而滇越、湘桂和黎湛等铁路亦具有国际交通的意义。

四、珠流江域各区的发展是不平衡的，我们可大致以广西大明山为界，在此以东的地区，发展较为迅速；以西则较为迟缓，其所以有此差异的原因之一，由于东部天然孔道较多，对内对外的联系较便，对于文化的交流和生产的发展较为便利，而且位于珠江的中下游，对于早期农业的发展也较为容易。

五、本流域（特别是在下游地区）是我国和外国接触最早的地区之一，对于中外文化的交流具有重要的桥樑作用，同时，这里资本主义经济的萌芽也比内地为早。

六、珠江流域发展的历史固然是悠久的，但发展的速度仍是缓慢的。这和我国特殊的封建社会制度有关，因此，珠江流域虽早有资本主义经济的萌芽，但不能象西欧那般迅速发展起来。

七、从历史发展看来，珠江流域的人民和东南亚甚至印度和阿拉伯各国的人民具有悠久的友好关系，对于亚欧经济的发展曾共同做出了许多伟大的贡献，这种优良的传统，今后应当继续加以发挥。

八、从本流域内的发展看来，上游和下游之间联系是非常不够的，甚至可以说上游与下游是各自独立发展的。对国内来说，下游受湘赣的影响最大，上游则受四川的影响较多；对国外的关系来说，则下游主要从海道和外国联系；上游则用陆道通中印半岛。故今后全面开发本流域时，不特充分利用古人曾经利用过的许多对邻区交通的天然孔道；同时，还要改良上下游间的交通，加强云贵和两广的联系，使全流域能得更合理的发展。

编•后•话

本期学报自然科学版（地理专辑）为中山大学地理系主编。内容有苏联地植物学专家Т•И•伊蕯钦科在中大地理系的学术报告"苏联地植物学的几个问题"，她详尽地介绍了苏联地植物学的发展。何悦强同志的"地理外壳化学元素群初步的划分及其在景观地球化学研究中的意义"是学习景观学的心得，并提出一些看法。

中大地理系一年多以来在苏联景观学专家А•Г•伊蕯钦科的辛勤指导下，成立了自然地理进修班，传播了苏联景观学的先进理论，培养了一批新型的景观学工作者。"鼎湖山地区关键地段景观调查与大比例尺制图方法总结"卽在А•Г•伊蕯钦科专家领导下，在广东高要鼎湖山山地景观调查的产物。景观调查，特别是热带、亚热带的景观调查，在我校尚属创举，谨发表供综合自然地理工作者作进一步的讨论。至于鼎湖山景观调查报告，因赶印不及，容日后发表。"广州附近文化景观图"也是初步尝试，提出文化景观划分限区及相的原则，并作了描叙。

"广东高要鼎湖山土壤"，为作者多次调查的结果。"广东南海县西樵山石器的初步调查"，是在中国共产党中山大学委员会及地理系党总支大力支持下，组织了调查小组，对该地石器遗址的分布，自然条件及石器所属时代作了调查、研究及室内分析，为广东石器时代文化的研究提供了新的线索。

"广州气温的一些统计分析"可供当地建设上的参考。

"投影立体绘图仪的设计和应用"，为李见贤同志继块状立体绘图仪之后，进一步的尝试。

"珠江流域古代历史地理初探"一文，为作者提供地理系去年秋季珠江流域经济地理考察工作的参考，有助于对古代珠江流域经济发展的了解。

珠江三角洲噴出岩的地質意义

方瑞濂

（地質专业）

本文着重談論本区噴出岩与其他岩层的关系，噴发时代，以及对本区地壳运动所起作用等问题，至于岩性，构造等问题将另有专篇記述。又因噴出岩与花崗岩关系密切，研究本区地壳运动时势要牵涉到花崗岩，因此后者的时代问题在本文內也有一提的必要。

本区花崗岩分布情况可以說是"尽人皆知"，但噴出岩則素少报导。据笔者了解，噴出岩的露头仅有四处：广州南郊漱珠崗，南海西樵山（据說西樵山与九江間亦有粗面岩），三水西南鎭附近葫芦崗和驛崗；漱珠崗是流紋岩，余均为粗面岩。

最早研究本区火成岩的地質学者当首推哈安姆（Arnold Heim），他认为花崗岩的地質时代是侏罗紀晚期的，而漱珠崗流紋岩則属于第三紀。三水葫芦崗粗面岩先被李学清研究，但未指出噴发的地質时代。

一、花崗岩的地質时代

广州花崗岩属于燕山花崗岩的范畴，这早已成为一共同的意见了，现在的问题是广州花崗岩究竟属于燕山运动那一期的产物。燕山运动曾被划分为A、B两期，A期发生于侏罗紀之末，或白堊紀之前，B期再分为二亚期，第一亚期发生于上下白堊紀之間，第二亚期发生于白堊紀之末，哈安姆意思显然是指第一期的①。广州花崗岩未直接侵入小坪系，与噴出岩关系亦未明了，哈安姆系根据香港情况来推断。香港含有Hongkogites的多罗海峡系（Tolo Channel Series）被噴出岩侵入，后者随又被花崗岩貫穿，后来达維士（Davis）把香港花崗岩改为拉曼米地运动Laramide Revolution的产物，也就是燕山运动B期的第二亚期。依照达維士的观察，在花崗岩侵入之前，已有噴出岩，花崗閃长岩，正长岩和斑状花崗岩的先后活动。南岭地質队經过大规模的地質活动后，总结地訊为燕山花崗岩最低限度可分两期，一在白堊紀前，一在白堊紀后，但未见花崗岩侵入第三系，而且根据南岭地区沒有一处见到下白堊紀紅色岩层被大花崗岩体侵入现象，相反地

---

① 最近黄汲瀋把燕山运动分为五期：第一期在下侏罗紀与中侏罗紀之間，第二期在中侏罗紀与上侏罗紀之間，第三期在上侏罗紀与下白堊紀之間，第四期在下白堊紀与上白堊紀之間，第五期在上白堊紀与老第三紀之間。

图1. 珠江下游地质图

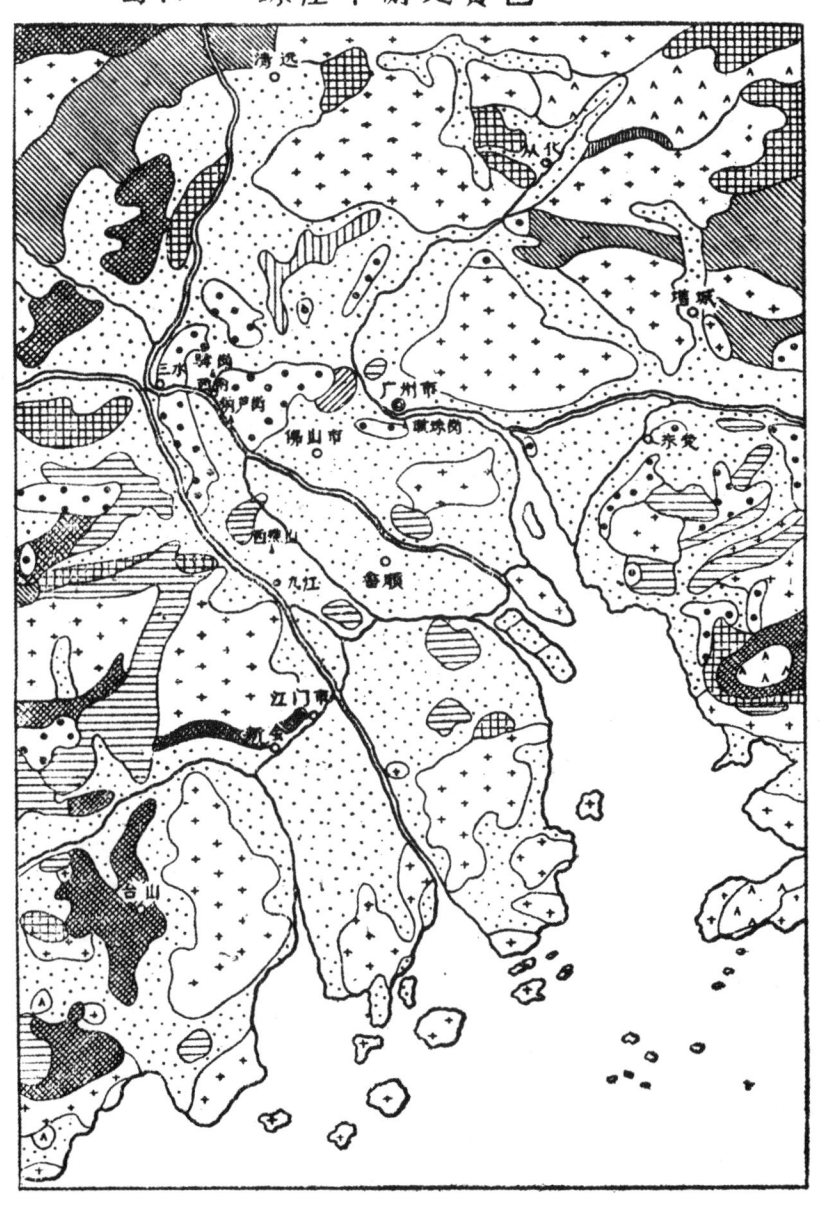

片麻岩	太古代	煤替尼期	小坪煤系
前泥盆纪	龙山系	老第三纪 红色岩层（其中可能有新第三纪）	
泥盆纪	鼎湖山系	近代冲积	
中石炭纪	水口系	燕山期	花岗岩
石炭二迭纪		燕山期	喷纹岩

（根据中国地质图稍放大，部分时代經过修改）

下白垩纪红色岩层的底砾岩中却找到多量花岗岩砾石。遂认为南岭地区广泛发育的大花岗岩体的侵入时代是在下侏罗纪以后，下白垩纪上部之前，即燕山运动早期，这意见就和哈安姆一致了。

广州红色岩层先被哈安姆定为白垩纪，后来陈国达把它改为老第三纪。广州红色岩层含有花岗岩砾石，红色岩层晚于花岗岩毫无问题。但到目前为止，大家都还未找到作为决定红色岩层时代的任何可靠证据，充其量仅做到以岩性作对比这一阶段上。就是广州红色岩层可以定为老第三纪的，那广州花岗岩时代也不能立即被决定下来，因为我们不了解红色岩层之下有没有属白垩纪部分。例如分布在花县的花岗岩可以说是和广州花岗岩成为一体的，花县的红色岩层含有花岗岩的砾石，并且含有第三纪的孢粉，这样红色岩层的时代可以决定下来了，但花岗岩的时代是白垩纪呢？抑是白垩前呢？还是白垩后呢？我们无从断定。从理论上说，如果认为广州花岗岩是燕山运动A期产物的，那在较老的岩层发生褶皱与花岗岩侵入的同时所形成的山间盆地，就会有白垩纪的沉积，否则会容易使人把花岗岩的时代提到拉曼米地运动期上去。

燕山运动的定名者翁文灏论中国东部中生代造山运动时，认为剧烈褶皱和逆掩断层发生于燕山运动B期，火成活动则发生于白垩纪，并指出这次造山运动程序可以适用于华中，其实我们也可以把它和华南联系起来考虑。

二、流纹岩的地质时代

流纹岩仅见于广州南郊漱珠岗一带，其周围是红色岩层和珠江冲积平原。但近年钻探指出，在广州市其他地区如小港新村，西华路和流花湖的冲积层下亦有流纹岩，这说明流纹岩的地下分布面积颇广，且有向北延展与白云山花岗岩相连之势。哈安姆首先认为流纹岩的时代可能是第三纪的，比花岗岩和红色岩层都晚，但哈安姆当时未找出三者间任何关系做根据，也仅凭香港的情况来推断。香港的流纹岩在花岗岩的侵入前后均有喷发，因此广州花岗岩与流纹岩的时代孰先孰后，颇为耐人寻味。

笔者同意一般主张，即先有花岗岩侵入，其后才有流纹岩喷发，我们有下述的理由可作根据。

从地质构造上说，漱珠岗流纹岩适处于珠江三角洲的边缘，这也是一条断裂带，海拔三百多公尺的白云山高踞断裂带之北，而小如侏儒的漱珠岗则伏于断裂带之南，前者代表上升区，后者代表下降区。当燕山运动之际，先有岩层的褶皱和断裂，随之则为花岗岩的侵入，同时还加剧了岩层的断裂，残余岩浆，遂乘新产生的裂隙喷出，其后流纹岩因收缩作用而发生节理，最后节理又被含矿热液所充填。

这样解释是不够令人满意的，但我们可以补充下面的例子来说明。

流纹岩和水口系共同含有重晶石和萤石的矿脉，这无疑是同源和同期的产物，且产于水口系内的矿脉一部分出现于褶皱剧烈和发生断层的地带中。人们都已熟悉瘦狗岭的石英岩以相当大的倾角和红色岩层接触，同时石英岩表面有明显的断层擦痕，石英岩另一面是侵入花岗岩，这一剖面表示水口系被花岗岩侵入后才发生断裂。

图 2 瘦狗岭剖面，示流状花崗岩、英石岩、红色岩层三者的接触情形。(依哈安姆)

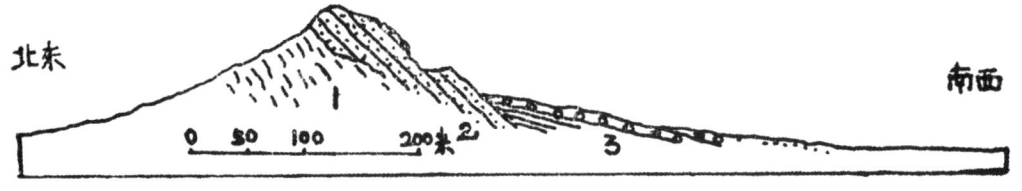

1. 流状花崗岩　　2. 石英岩　　3. 紅色岩层

至于流紋岩和紅色岩层的时代孰先孰后的問題，笔者的看法恰与哈安姆相反，因为瘦狗岭附近的紅色岩层的底砾岩含有貫穿着螢石矿脉的水口系的砾石，这些螢石和漱珠崗流紋岩所含的是相同的，螢石成矿时代当然比流紋岩为晚，但却早于紅色岩层，由此推論，流紋岩老于紅色岩层是很自然的。

此外，我們还未发现广州紅色岩层內含有任何的侵入体。

三、西樵山与紅色岩层的关系

西樵山是珠江三角洲上一座保存还算完整和规模相当大的火山，喷出物有粗面岩，粗面集块岩、粗面凝灰岩、礎石，此外还有作脉状侵入的霏细岩，凝灰質頁岩和凝灰質砂岩。粗面岩和粗面集块岩等成互层产出，这表示着火山喷发不只一次。最堪注意的是在山上还发現有紅色砂岩，砾岩和角砾岩砂。岩里含有凝灰岩碎屑，角砾岩也含有粗面岩和礎石的碎块，这說明这些岩层沉积于火山喷发之后，但在紫云峰南坡上，又发現了含有凝灰岩碎屑的粗粒石英砂岩和含白云母片的細砂岩被粗面岩所复，这一现象同时也証实了紅色岩层沉积之后还有火山活动。总的来說，灿喷发和紅色岩层沉积是相間进行的。

图 3　紫云峰南坡紅色岩层露头

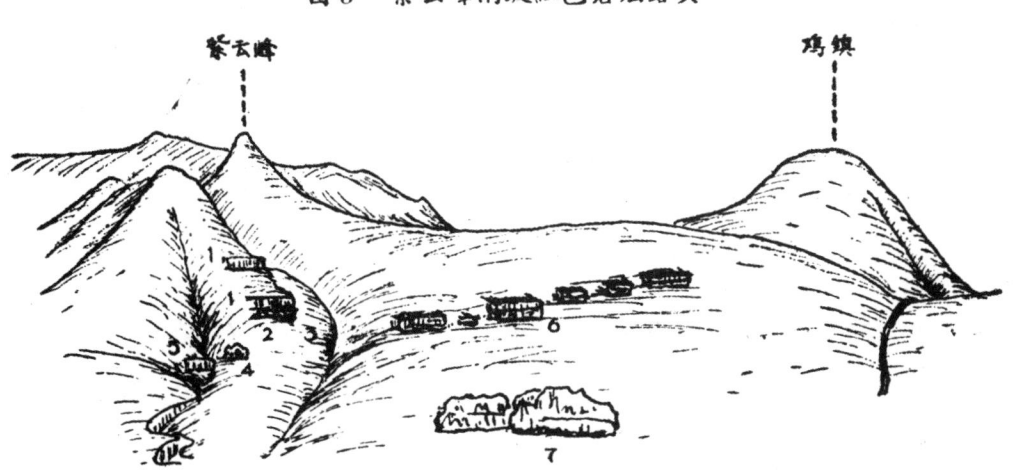

1. 粗石岩；2. 凝灰質粗粒石英砂岩；3. 粉砂岩；4. 角砾岩（很大的区砾，产状不明）；
5. 含白云母浅灰色細砂岩；6. 紅色砂岩；7. 礎石

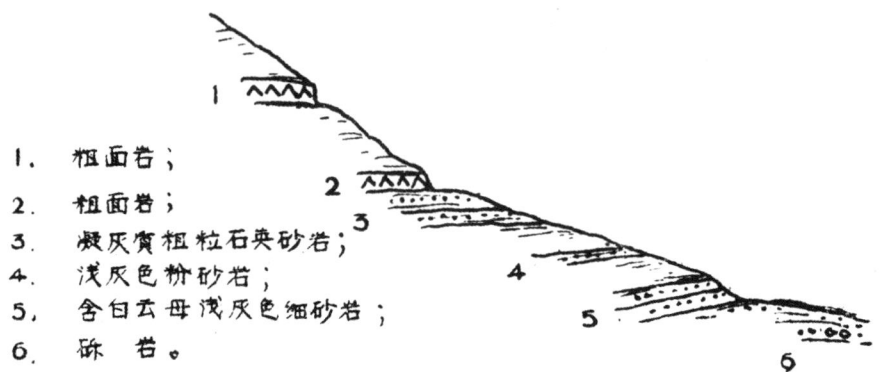

图4 紫云峰南坡剖面

1. 粗面岩；
2. 粗面岩；
3. 凝灰質粗粒石英砂岩；
4. 淺灰色粉砂岩；
5. 含白云母淺灰色細砂岩；
6. 砾岩。

在飯盖崗西麓被粗面岩侵入的凝灰質頁岩中，我們发现一块魚化石，其下頁岩还具着明显的波痕，在另一处凝灰質頁岩中，也有植物化石发现。从凝灰岩层理整齐，凝灰質頁岩具波痕和含魚化石等現象来考慮，当时火山系在水中噴发的。

魚化石仅保存腹后部分，經古魚类学家刘宪宁初步研究，肯定这块魚化石是属鯉科（Cyprinidae）的，其时代为新第三紀。

这次发现魚化石很有意义，这不只可以解决西樵山的时代問題，广东境內有新第三紀紅色岩层也确定下来了，同时对华南地文期的发展史提供了新的資料。

四、三水葫蘆崗和驛崗粗面岩

这两处粗面岩均分布于西南鎮附近。葫芦崗粗面岩具透长石斑晶，顏色深暗，驟視之很象玄武岩；驛崗粗面岩在岩性上与西樵山完全一致，时代也会相同的。应该指出的是驛崗上复有紅色砾岩一层，里面含有粗面岩小砾，这些小砾都已风化成为具有滑腻感的粘土了。

三水紅色岩层极为发育，在岩性上具有下述三特点：（1）岩質疏松，（2）砾岩中含有不少紅色粘土碎块，（3）部分砾岩的胶結物很少，性質有点象砾石层或砂砾层。砾岩中的紅色粘土頁岩碎块可能来自水口系，小坪系或較老的紅色岩层，尤以后者的可能性較大。

值得注意的是三水紅岩层迤邐而南，几与分布在西樵山附近的紅色岩层相接，如果驛崗粗面岩与西樵山的对比是不錯的話，那三水的紅色岩层也会属于新第三紀的。

五、噴出岩与本区地質构造的关系

珠江三角洲是一个由断裂而陷落的地区，如果我們再看一下噴出岩的分布情況，就会感觉到本区地壳的断裂迹象益为显著。上述喷出岩的位置都是接近三角洲的边缘，边缘带也就是断裂带。北江自清远以下，西江自思贤滘以下，以及白云山以南珠江一段，均为陷落区的边缘。漱珠岗位于珠江之南，驿岗，葫芦岗和西樵山均位于北江和西江之东，奇怪的是后三处喷出岩的岩性相同，同时它們的地理分布俨然形成了一条南北走向的火山轴，这条火山轴不仅与北江和西江平行，也和两条河流以西的崇山峻岭平行，后者是代表上升区，漱珠岗跟珠江和白云山也有类似的关系。本区喷出岩成为这样的分布不会出于偶然的，这显然是受了地质构造规律所控制。

参 考 文 献

[1] 黄汲清，1960，中国地质构造基本特征的初步总结。地质学报，第40卷，第1期。
[2] 李作明，饶家光，南岭地区白垩纪——第三纪红色地层对比及其矿产初步研究，1959，南岭地层会议文件。
[3] 张有正，南岭地层初步总结，1959，南岭地层会议文件。
[4] 戎嘉树等，南岭侵入岩，1959年，地质出版社。
[5] 杨钟健，脊椎动物的演化，1955，科学出版社。
[6] Arnold Heim, K·Krejci-Graf g Lae Cheng-San, 1930; Geology of Canton, Spec. Pull. Geol. Surv. Kwang Tung and Kwangsi, No.7.
[7] Arnold Heim, 1929; Fragmentary Obsewations in The region Of Hhng Kong, Compared With Canton. Ann. Rept. Geol. Surv. Kwung Tung and Kuangsi, Vol. 2, Pt.1.
[8] S.G.Davis, 1952; The Geology of Hong Kong.
[9] W.H.Wong, The Mesozoic Orogenic In Eastern China. Bull. Geolc. So. China, Vol. 8, No.1.

广东省的地貌类型

李 见 贤

(地质地理系)

1958年8月中国科学院广州分院地理研究所编出第一幅广东省地貌类型图（1：100万）。该图采用成因分类的原则把广东的地貌类型分为16类，对每一种类型作了说明；对划分山地、丘陵的高度及广东海岸地貌的分类也作了论述[1]。但该图的分类还不够严格，如把海积平原混在冲积平原之内；把河流阶地、海成阶地及剥蚀面等不同成因的类型混在一起；不少地貌类型的界线与实际情况相差较大；在分类上也过于简略。

同年9月间中山大学地质地理系在进行珠江流域综合考察时，曾较全面地依地貌成因和形态的原则，拟出广东省地貌图图例草案，并初步编制了广东省境内珠江流域各支流的1：20万地貌类型图，反映了上述地区的地貌基本情况，但这些图件较为简略，不少类型界线还不够精确。

1959年广东省地质局所属地质队编制了粤北地区的1：20万地貌图[2]。该图的编制是在苏联专家的指导下，经过长期的野外工作，所以该图很详细精确，成功地对山地、丘陵在形态上进行了分类；特别对河谷地貌进行了详细制图；对地形年代也作了初步确定；对许多小形态也在图上表现出来了。这是一批优秀的图件。但在图中也存在一些缺点：如把不少高河漫滩都当作河流阶地；对喀斯特地形的分类过于简略；对著名的丹霞地形缺乏特殊表示等。

我们吸取了上述资料的成果和经验，避免了一些缺点，较全面地对广东的地貌进行了分类和制图。兹将广东地貌类型的分类原则简述如下：

每一种地貌类型都有三个要素，这就是地貌的成因、形态和年代。地貌的成因包括形成地貌的各种内力作用及外力作用；每一种地貌类型都是内外营力交互作用、矛盾斗争的结果。各类地貌的形态特征基本上体现着矛盾的主要方面或两者同占重要的地位[3]。

广东省处于活化地台区，在这里曾经历过多次的造山运动，使红色岩系以前的地层皆受过剧烈的褶皱和断裂，并发生过广泛的火成岩侵入及一部分火山喷发。在第三纪至第四纪本区继续受到多次间歇性上升运动及不均衡的升降运动的影响。每次上升运动后，常即间以一个相当安定的时期，上升的地表受到外力的长期侵蚀、剥蚀作用而遭受剧烈的破坏和夷平，因而造成宽广的剥蚀面。这些剥蚀面再受抬升并间以一个相当安定

---

* 本文是广东省地貌图说明书的摘要

的时期，在长期的侵蚀、剥蚀作用下又形成新的剥蚀面。这样便形成本省有多级剥蚀面。这些剥蚀面上升后就受到破坏，使剥蚀面下的地质构造出露，造成许多与地质构造相一致的地形。这种多次的上升作用与侵蚀、剥蚀作用是本省地形发育的主导作用。地形既表现有剧烈侵蚀、剥蚀形态，也表现有明显的构造形态所以本省的地貌类型，首先应把**侵蚀、剥蚀－构造地貌**列为一个大类（1－15类）。

本省也有不少地形以剥蚀、侵蚀为主，在这些地区内构造形态，已被剥蚀、侵蚀成为低丘或形成低平和缓的剥蚀面，构造形态尽管仍有影响，但相对地已退居次要的地位，所以应把**剥蚀、侵蚀地貌**列为一个大类（16－26类）。

考虑到地貌形成的其他主要外营力，又可分为**洪积地形**（27－28类）；**河成地形**（29－32类）①；**海成地形**（33－37类）及**喀斯特地形**（38－51类）。最后考虑到我省地貌形成的内力堆积作用，把**火山地形**也独立列为一个大类（52－55类）。我国是一个有悠久文化的古国，我们祖先的长期生产活动及现在大规模的社会主义建设，大大地改变了地形的面貌，所以应把**人为地形**列为一个大类（在图上用符号把它表示出来）。

不同的岩性对地形的外貌也有不小的影响，所以把岩性作为地貌分类的一个依据也完全是必要的。

我们尽量按地貌的成因、形态及岩性的原则来命名各种地貌类型。如"**冲积平原**"，河流的"冲积"作用是成因，"冲积层"是岩性，"平原"是形态。又如"**玄武岩台地**"，"火山喷发的玄武岩流漫溢"是它的成因，同时也包括了岩性的内容，"平缓的台地"是它的形态。关于地貌形成的年代在本文后面亦作了论述。

根据以上的分类原则，共把本省的地貌分为八个大类，其中包括55类地貌类型，兹作简要的说明如下：

一、侵蚀、剥蚀－构造地形

我们把山顶高度大于800米的山地称为中山[4][6]。它的高度一般在900－1200米左右，但个别山峰可达到1922米（石崆岭），相对高度在100－800米以上。山顶常有850或900－1000米的残余古剥蚀面，这些山地受河流的剧烈切割形成深谷地形，河谷常成阶梯状，多瀑布和急滩。在800米以上的地区气候较为寒凉，常多云雾。在本省北部中山地区的上部，在冬季常见霜雪，机械风化作用在800米以上也较为明显，在800米以上几乎绝大部分为黄壤。在粤西及海南地区800－1000米以上的山地常为亚热带季风山地常绿林。所以在地貌上及自然条件上来看，800米左右可以作为中山与低山的分界线。按岩性的不同，又可把中山分为下列五类：即**1.砂页岩褶皱断裂中山；2.红色岩系中山；3.火成岩侵入的砂页岩褶皱断裂中山；4.侵入岩中山；5.变质岩中山**②。

山顶高度由500－800米，相对高度100－700米的山地称为低山。它的高度常在

---

① 1－32类地貌类型可考虑合并为"流水地貌"一个大类。
② 这些类型的说明请见参考文献[6]。

500——700米左右，在低山的范围内。常有500——600米的古剥蚀面残余，也是黄壤及红壤的过渡地带。按构成低山的不同岩性，又可把低山分为下列各类：即**6.砂頁岩褶皺断裂低山**；**7.紅色岩系低山**；**8.火成岩侵入的砂頁岩褶皺断裂低山**；**9.侵入岩低山**；**10.变質岩低山**。

我們把山頂高度250——500米，相对高度由100——400米的地形称为高丘陵。在高丘陵范围内有300——350米或400——450米的古剥蚀面残余。在500米以下的气候与平地相差不大，温度差别不过2——3℃，在寒潮南下有溫度逆增时相差更小，太平洋亚热带海洋气团一般要抬高到500米才发生降水[5]。在此范围内主要是紅壤分布，只在很个别的地区才有黃壤出现。由上述可知500米左右可以作为高丘陵与低山的分界綫。按岩性的不同，也可把高丘陵分为以下各类：即**11.砂頁岩褶皺断裂高丘陵**；**12.紅色岩系高丘陵**；**13.火成岩侵入的砂頁岩高丘陵**；**14.侵入岩高陵**；**15.变質岩高丘陵**。

二、剥蚀、侵蚀地形

我們把山頂高度在100——250米，相对高度50——200米的地形称为低丘陵。这些地形的构造形态比上述的山地及高丘陵来說已退居次要的地位，而主要的是剥蚀、侵蚀作用造成的地形。它一般分布得比較零散、坡度較为和緩，有不少成为残余的低丘状，土壤已完全为紅壤，气候和平地更为接近。考慮到組成岩性的不同，也可将低丘分为下列各类：即**16.砂頁岩低丘陵**；**17.紅色岩系低丘陵**；**18.火成岩侵入的砂頁岩低丘陵**；**19.侵及岩低丘陵**；**20.变質岩低丘陵**。

21.丹霞地形：这类地形在粵北仁化丹霞山附近发育得最为典型故名。它是由水平或变动很輕微的厚层紅色砂岩、砾岩所构成。因岩层呈块状結构和富有易于透水的垂直节理，經流水向下侵蚀及重力崩塌作用形成陡削的峰林或方山地形。陡壁有的呈墙状，有的宝塔状、柱状，有的为流水侵蚀成为沟紋。陡壁下部常由崩塌作用形成重力堆积裙。区内谷地狹窄呈槽形，相对高度常由数十至一百余米，赤紫色奇峰林立，风景秀丽。这类地形除丹霞山附近有大面积分布外，在粵北坪石也有較大面积分布，其他在南雄、連平、龙川霍山、平远差干、紫金古竹、及清远南部的神石等地皆有零星分布。

台地 是較为低平的及較为完整的古剥蚀面。一般呈緩坡起伏而頂面齐平的地形。它的高度一般在200米以下，相对高度有5米、15—20米或25—40米，而有些则在41—80米左右，已成为低丘陵状的台地了。这些台地的形成是該区地壳有过相当长的安定时期，在基面稳定的情况下，受到长期的剥蚀、侵蚀作用而使該区的地表夷平成为准平原（某些未夷平的地形则成准平原上的残丘）。这些准平原受小量抬升并受輕微破坏后，即成为今日的台地。其中一部分为古河流直接作用过的地区则成为河流阶地。

这些台地往往削平了不同时代，不同岩性的地层，有深厚的风化壳，并常有残积矿床。

根据台地的岩性，本省台地可分为五类：即**22.砂頁岩台地**；**23.紅色岩系台地**；**24.火成岩侵入的砂頁岩台地**；**25.侵入岩台地**；**26.变質岩台地**。

此外还有石灰岩，或石灰岩与砂页岩相间的岩层所成的台地，这将在喀斯特地形类型中论述。

台地在本省的分布很广，其面积共有45,000平方公里，占本省面积的20%（其中低丘陵状台地约占 $\frac{1}{3}$ ）。尤以两阳、电白以西，十万大山以东及海南岛北部一带，台地宽广无垠，极目千里，是本省地貌上的一个特色（其中的玄武岩台地；北海系洪积、冲积阶地·湛江系台地因它们的成因与上述台地不同将在后面讨论）。

三、洪积地形

27. 洪积地形：包括冲积锥、冲积扇及由它们联合形成的山麓洪积倾斜平原。它多发育在本省大断层线上的山前地带，如清远至高要北部山麓、英德东部山麓、瑶山东麓、乐昌北部山麓，兴梅谷地两侧山麓皆有发育。它沿着山麓成条带状分布，其宽度有1—2公里，坡度7°—5°，缓慢地减为3°—1°伸向冲积平原区。在英德及高要发现老冲积扇受割切，并在老冲积内生成新的冲积扇，老冲积扇比新冲积扇可高出10—15米，由此可知这些山区近期有上升现象。冲积扇的顶部几乎全为砾石层，流水极易下透，甚为干旱；但在冲积扇的下部边缘，不但物质已变为幼细，且常有地下水出露，目前一般已辟为稻田。在早期生成的冲积扇多已红壤化，其利用情况较新冲积扇为佳。

28. 洪积、冲积阶地（北海系平原）：在北海、合浦以东，铁山港以西，雷州半岛北部横山、遂溪一带，皆为北海系所成，地表多为平坦如镜的棕黄色砂壤土平原。邓值仪（1934）陈国达（1951）认为组成平原的物质是浅海沉积物。张治平（1957）在雷州半岛进行了大量工作后，认为是洪积物。作者在1960年曾到合浦、北海一带工作，发现北海系的北界约在合浦的常乐附近，南界直达海边。北部海拔约50米，南部海拔只15—20米，平原由北向南作缓慢倾斜，但其相对高度则保持在15—20米左右。除边缘局部地区有冲沟发育或为海蚀形成陡崖外，其他绝大部分未受任何破坏，顶面齐平。其物质组成在常乐北面一公里所见，下部则为厚约15米的粗大砾石层（仍未见底）砾径由3—30或40厘米不等，圆度中等，混乱而无层理，其成分为石英、片状砂岩、片状粘土砂岩，为其北面的志留系产物。上部为2—3米棕黄、棕红色砂壤土、不见层理。在常乐以南十公里的石康墟南部所见，下部4—5米为淡灰色至淡棕黄色有铁质结核的砂砾层（未见底），砾径由2—10厘米，成分与常乐所见相同，层理混乱，只有很局部稳约可见有向南倾斜的交错层理；上部为厚约1.5—2米棕褐色砂壤土层。由此一直至北海，除砂砾层的砾径逐渐变小至1—2厘米以外，其结构及颜色基本与上述相同，同时，未发现有任何海成的证据。由上述的事实看来，北海系实为洪积所成。在合浦以东之十字路附近的北海系，发现有明显的河流冲积层二元结构，河床相自下而上为2—4厘米的磨圆石英砾石、石英粗砂、细砂，其厚约2—3米，有明显倾向东南的交错层；上部河漫滩相为厚约3.5米的粉砂粘土层，局部可见有泥炭土。由此事实看来，北海系除洪积成因外，还有河流的冲积作用。总的看来，北海系是洪积、冲积的产物（可能在上述地区南部过渡为浅海沉积物）。张治平的见解基本是正确的。这些洪积、冲积物生成之后，在第四紀后期，因該区地壳上升而形成阶地。

四、河成地形

29．冲积平原：它又名河漫滩或氾滥平原。本省各地大小河流的沿岸均有斷續分布，尤其河流中下游分布較广。中上游的河流冲积层有明显的二元结构，并常見有高河漫滩和低河漫滩。高河漫滩是在大洪水或特大洪水时才能为河水氾滥，甚至有的只有十年一遇的特大洪水才能氾滥。低河漫滩，是普通的洪水即能氾滥。高河漫滩及低河漫滩的高度随河流大小不同，可由0.5—12米，如北江在英德的低河漫滩为5米左右，高河漫滩为10—12米；其支流滃江在官渡的低河漫滩为3—4米，高河漫滩为6—8米；滃江支流橫石水的低河漫滩約2—3米，高河漫滩为5—6米；橫石水的支流（翁城北）低河漫滩只有0.5—1米，高河漫滩也只有2—2.5米。由上述事实說明河漫滩的高度随河流大小而定，其物質颗粒也随着河流的大小及上、中、下游逐漸变小。

但在河流下游及一部分有严重水土流失、河床淤浅的地区，如鉴江上游（东鎮附近）兴宁、梅县等地只有低河漫滩，而高河漫滩不发育。

30．三角洲平原：是河流下游由主河分汊到海边的河口冲积、海积平原。这种平原低平宽广，水道放射分岐如网，如果沒有堤围保护，大部分地区仍可受潮水及洪水氾滥，其沉积物絕大部分皆为粉砂粘土层。珠江三角洲及南流江等三角洲因径流强大，波浪和潮汐的作用退居次要的地位，因而形成小桨状三角洲。但韓江三角洲及南渡江等三角洲因海洋波浪作用較强，在三角洲的边緣常由波浪作用形成有砂堤环繞的三角洲。三角洲不断充填海湾或向海发展，結果把原来海湾中及海边的許多島屿連接起来，成为陆連島或形成三角洲平原之上的孤立島丘，珠江三角洲及韓江三角洲便是这类三角洲的例子。

31．洼地：在珠江三角洲东部边緣的銅湖、常平、茶山一带，西北边緣的三水、四会、高要、高明一带及濫江下游梅菉附近，因地势低洼，积水成为洼地（沼泽湿地）。洼地有的是周期性积水，有的是长年积水。在这些地区的沉积层中常有泥炭层发育及埋藏有天然气，是一項有价值的肥料、燃料資源。目前仍有不少洼地仍正在进行泥炭的形成作用。

32．河流阶地：本省絕大部分地区处于間歇性上升区，因而大多数的河流两岸皆有河流阶地发現。如韶关市附近便可見有10—15米、20—30米、40—50米及60—65米等四級阶地，其类型包括有堆积阶地、基座阶地及岩石阶地。但在华南高温多雨的气候下，河流阶地一般保存得很不完整，常呈破碎台地状或丘陵状，其表面多已紅壤化或为厚层的坡积物所埋藏。

阶地的高度除与构造运动有密切关系外，它与河流的大小也有密切关系，如韶关附近北江的第一級阶地为10—15米，第二級阶地为20—30米。但在北江支流滃江在龙仙附近的第一級阶地是9米左右，第二級阶地为18米左右。而在翁城北面的小河（滃江的第二級支流）第一級阶地只有4—5米，第二級阶地只有12—15米。

在珠江三角洲的高要及三水一带的洼地沉积层中、发现在平原面以下有9—13米[8]（或10—15米）及18—22米[9]二层泥炭淤泥层、中含许多古森林遗体。由此可知在本省的一部分下降地区有二级埋藏阶地。

五、海成地形

33. 海成沙堤及沙滩： 在本省的海岸地带有广泛发育。它的类型有栏湾砂堤、连岛砂堤、离岸砂堤、靠岸砂堤、湾内砂堤、砂滩（地）等。它的长度可由数十米至数十公里，其宽度可由数十米至数百米。它的组成物质绝大部分为磨圆很好的砂粒及一部分贝壳碎片。砂粒的成分与当地基岩及河流入海的物质有很大关系。在砂堤剖面中可见清晰的交错层理。随时间的演进，在海岸的不少段落，可先后发生数条平行的砂堤，较老的砂堤在内面，多已固定，并开始红壤化，呈红褐色。新砂堤在外面，多数未固定，砂松散、呈白色。砂堤之间常有长条状低地，有的成为泻湖。砂堤的上部常富集有许多有用矿物。

砂堤和砂滩常为风的作用所加高及改造，在其上常形成与风向一致的草丛砂堆，砂垄及新月形砂丘，在粤东碣石镇东面的风成砂丘，比海面高20—25米，甚至有的比海面高出40米。在湛江的雷东岛东岸，风成砂可淹盖在80米高的火山锥上[6]。风在海滨的吹扬作用，可把大量海滨砂粒吹向内地。淹没耕地及村落。

34. 海积平原： 常常发育于较安静的海湾里或泻湖中，有一部分也发育于波浪受阻的较为安静的海滩地带。沉积的物质多为灰黑色的淤泥、粉砂、细砂，其中常含有大量的海生贝壳。海积平原在靠海的边缘常为砂堤所围绕，它比砂堤常常要低数米至十数米，地表平坦、低洼，并微向海倾斜，不少面积在高潮时仍为海水所淹，其上常有咸水沼泽，一部分辟为盐田。

一部分海积平原也有河流的堆积作用，及当地的洪积、坡积作用，它们的松散层常常混杂在一起而难以区分，并使海积平原向海作缓倾斜。

35. 红树林海积平原： 在一部分安静的海湾内或海滩的淤泥海积平原上，生长着红树林，在高潮时红树林的下部为海水所淹，低潮时红树林下部及气根和海积淤泥出露，这是我省热带及南亚热带的海岸特色之一。红树林海岸的分布东起汕头、西至东兴及海南岛断续皆有分布，而在海南岛及雷州半岛至中越边境的红树林生长得特别好，规模也更大，种属也较多。如海南岛清澜湾及铺田至三江间的海湾几乎全为红树林所占，有如一片绿色海洋。红树林有加速淤泥的堆积作用，对制革等工业用途很广，我省的淤泥海岸皆可大量种植。

36. 珊瑚礁海岸： 我省有珊瑚礁分布的地方，除海南岛四周及雷州半岛南部、西南部有分布外，还在粤中的万山群岛及大亚湾大鹏湾及粤西北部湾亦有发现。大部分的原生珊瑚礁都生长在低潮面以下的深水中，只有雷州半岛部分地区及海南岛不少地区的珊瑚礁才能在低潮时露出海面，可见本省海岸在近期并没有普遍上升的现象。但在海南岛榆林港外，可见比高潮面高出1米的原生珊瑚礁，由此可知该地有极轻微的上升现象。在低潮时出露的珊瑚礁多属裾礁及堡礁形式。当这些珊瑚礁出露海面时,有如大片与海面相平的褐黄色的巨大岩块。裾礁的宽度在海南岛文昌县烟墩市（冯家）所见可达四公里,但在榆林港附近所见的宽度只有数十米。在南海诸群岛常见有环礁及环礁链。在有珊瑚礁的滨海,常见有大量死珊瑚砾石、珊瑚砂及其胶结的物质。这些珊瑚砾石及珊瑚砂未胶结时,它一样可形成珊瑚物质的海滩,砂堤等海滨正常堆积地形。当这些珊瑚物质胶结之后,则形成向海作缓倾斜的珊瑚岩层。珊瑚礁可烧成石灰,是沿海重要的建筑材料及肥料。

37. 海成阶地：分布于海南岛的西南部及东部的文昌一带（？），大陆部分的海成阶地仍不很清楚,目前暂把湛江系（古海滨泻湖相）所分布之地当作海成阶地（？）。过去把北海系的洪积、冲积阶地当作海成阶地,实是一种错误。

六、喀斯特地形

本省喀斯特地形的面积有6762平方公里,占全省面积的3%,绝大部分分布于粤北的连江流域,北江中游及乐昌县西部（以上地区占喀斯特总面积93%）,其他零散分布于翁源、南雄、龙门、河源、龙川、蕉岭、从化、怀集、清远、高要、罗定、云浮、开建、阳春、灵山及海南岛东方等地。

按喀斯特地形发育的程度、形态及岩性,可将本省喀斯特地貌类型分为下列14种类型,即：

38. 喀斯特中山：分布于连阳北部的大高山一带,海拔在800米左右,全部为石灰岩所构成,这些山地河谷稀少,割切不深,不少灰岩裸露,山体较为完整,其中有一部分成为喀斯特高原状。

39. 石灰岩与砂页岩相间的喀斯特中山：分布于连阳与清远交界的上栟及韶关的乳源一带,山地高度在海拔800米左右,为灰岩及砂页岩夹层的岩石所构成,因而在这种地区既有溶蚀作用,亦有侵蚀剥蚀作用,形成了界于石灰岩与砂页岩两种山地之间的"半喀斯特"山地形态。

40. 喀斯特低山：其高度为500—800米,由灰岩及白云质灰岩所成,山体已有短小的峰林出现,成为锯齿状山脊,峰林与构造线一致,河谷稀少,谷地不明显,山体下部重力堆积相当发育,山地与山地之间有些发育成为槽谷,山地中有溶洞及地下河与出水洞。这种地形除在粤北的连阳、乐昌、韶关市及英德有较大面积的分布之外,在海南岛的东方县也有小片分布。

在连阳、英德及乐昌县西部的梅花街一带的喀斯特低山,实为大面积的喀斯特高原。高原面平坦,在平坦的高原面上常有丘状峰林突起,其上石芽石沟发育,在高原面较低平部分有薄层堆积土壤,局部地方有出水洞,并能灌溉小面积耕地。高原面上漏斗、落水洞甚多,所以十分干旱。喀斯特高原显然是被抬升的古喀斯特准平原,现在正处于回春发育阶段,在高原边缘地区常见有喀斯特峰林发育。

41. 石灰岩与砂页岩相间的喀斯特低山：分布于连阳的杜步,韶关市西面的天子岭和乳源一带，由于岩性关系，这些山地形成"半喀斯特"状低山，山地峰林虽不显著，但有短小峰林发育。这些山地的谷地较少，谷地不深，既有地上河流，也有地下河流，山坡较为平缓。

42．喀斯特丘陵： 零星分布于喀斯特区域内的盆地或谷地里，如连阳县的保安、连州、寨岗、英德县北部等地，高度一般在200—500米间，已开始向峰林发育，山体一般不很连续，山坡较陡，山顶尖锐，岩石裸露，有连座峰林出现，石芽、石沟、溶洞也很发育。

43．石灰岩与砂页岩相间的喀斯特丘陵： 分布于连阳县的连州、七拱、太平一带，丘陵高度一般在250—300米之间，丘陵顶部一般较为浑圆，无峰林发现，但谷地较少，山坡平缓。

44．喀斯特连座峰林： 峰林有如笔架山，峰林上半部分立，而下半部有相连基座。这种峰林分布很广，在粤北连阳、英德、翁源、及粤西罗定等地皆有分布。

45．喀斯特密集峰林： 主要分布于连江下游大湾西北至清远白石潭及阳春潭水西北一带，喀斯特已进一步发育，把喀斯特高原或山地溶蚀、剥蚀成为密集而陡削的峰林，其相对高度常达100—200米，这种峰林下部仍有低矮的基座相连，峰林排列方向常与地质构造走向一致，成平行状排列，峰林与峰林之间常由一槽谷隔开；这里有各种溶洞，溶斗、地下河、小喀斯特湖及出水洞，这些峰林区，多为岩石裸露，只在麓脚部分有重力堆积裙，在槽谷中或一部分溶斗中有松散层堆积。

46．喀斯特分立峰林： 喀斯特峰林已经分离成为许多单个突起的峰林，相对高度100—200米，它们已经没有共同的基座，成为平地突起的峰群。在这些峰林上石芽石沟发育，峰林内有溶洞，溶洞中石钟乳、石笋发育，并常有磷灰石沉积，有的溶洞有地下河、地下湖。这类峰林多分布于英德、韶关及翁源。及粤西的云浮、罗定、阳春、高要、粤东龙门、蕉岭等地。

47．喀斯特孤峰： 是在平地突起的孤峰，它只是单独突起，不成峰林。如韶关马坝附近所见。

48．石灰岩与砂页岩相间的喀斯特峰林： 分布于连阳的东陂附近，突起于平原之上，因不同岩性的影响，形成"半喀斯特"状的峰林，峰林上有石灰岩的地方形成陡坡，在砂页岩之处则形成缓坡，既不象一般砂页岩丘陵，也不象普通喀斯特峰林。

49．喀斯特残丘及台地： 这是喀斯特地形发育到老年期的阶段，喀斯特峰林已成为低平的残丘状，残丘与残丘之间常有冲积层或其他松散层所复盖，或成为和缓起伏的台地，上有较厚的残积层（红色石灰土）其上林木茂盛。残积层之下有石芽、石沟等埋藏喀斯特地形发育，它与红土层之接触处界线分明。在连阳七拱附近，及罗定东部，灵山至檀墟一带可见有这类地形发育。

50．石灰岩与砂页岩相间的残丘及台地： 台地起伏和缓，残积层相当深厚，在连阳七拱附近的这种台地上，有水土流失现象，漏水不严重，干旱现象不明显，一般可进行植林及发展旱作。这类台地在乐昌附近也可见到。

51．喀斯特溶蚀盆地及洼地（坡立谷）： 是在喀斯特区中的山间溶蚀平地。其大小可由数百米至数公里，其中有冲积平地，并可见小面积水田，有出水洞及落水洞，地下河等，亦有溶斗残丘及台地。这种地形不但在低的地区可见，而且在喀斯特高原上亦有不少分布。

七、火山地形

在中生代粤东不少地区（主要在白垩纪）有大量流纹岩、石英斑岩等火山岩类的岩浆喷出而成为火山地形，后经上升及长期的侵蚀、剥蚀作用，使这古火山地形已很模糊，现在只能根据岩性及高度把它分为下列二类地形，即：52.**侵蚀、剥蚀火山岩山地**；53.**侵蚀、剥蚀火山岩丘陵**。

在珠江三角洲西部的西樵山（355米）是一个由新第三纪凝灰岩、凝灰集块岩、粗面岩等火山岩构成的古火山丘陵[11]，四围陡削，而山顶平缓，这些平缓的山顶，实是一个300米左右的古剥蚀面残余。

在三水（西南镇）北面的嶂岗，也是一个粗面岩构成的火山低丘陵。

54.**玄武岩台地**：主要分布于海南岛北部、雷州半岛的南部和北部。是新第三纪至第四纪期间，作多次间歇性喷发的玄武岩熔岩流广泛漫溢，形成广大而缓坡起伏的台地。这些玄武岩与湛江系互成夹层，并有一部分盖在北海系（Q_m?·）之上，可见这里的火山作用可能直至第四纪晚期才告停熄。在华南高温多雨的气候下，在强烈的化学风化作用下，这些玄武岩台地多已成为深厚的风化壳，表面形成"赤土"（砖红壤）。部分地区在赤土之上，也可见有玄武岩块、火山渣、浮石等。

55.**玄武岩火山锥**：是玄武岩火山喷发的中心，多成为盾状或锥状，孤立突起于平缓的玄武岩台地之上，极易判识，其高度可由50--270米，但其相对高度往往只有数十米至100米，其上有大量的火山弹、火山灰、火山砂及浮石等，并作成层分布。盾状火山锥的坡度只有$7°—10°$，而锥状火山锥的坡度则可达$30°—40°$。一部分火山锥上仍有完整的火山口，或破火山口，甚至有的还形成标准的火山口湖，如著名的湛江湖光岩火口湖。

雷州半岛北部的笔架山、城里岭、螺岗岭、交椅岭、龙水岭、坎泥岭、雷州半岛南部的石卵岭、石岭、石公侯岭、仕里岭、石门岭、房参岭、牛寮岭及海南的雷虎岭、多文岭、旧州岭、蚂蝗岭、青山岭、包虎岭（？）等皆为典型的玄武岩火山锥。在雷南的青桐及田洋两地皆为巨大的环状火山口，并在这巨大火山口内堆积成为火山口平地。

上述的55种地貌类型，经我系自然地理专业庄永年等20位同学，根据我系主编的广东省地貌图，第一次量算出上述各地貌类型的数字，其百分比列表如下（表1）：

(表1) **广东省地貌类型面积统计表**

地貌类型代号	地貌类型名称	占全省面积的百分比(%)	地貌类型代号	地貌类型名称	占全省面积的百分比(%)
1	砂頁岩褶皺断裂中山	2.12	29	冲积平原	11.62
2	紅色岩系中山	0.17	30	三角洲平原	4.42
3	火成岩侵入的砂頁岩褶皺断裂中山	4.27	31	窪地	0.12
4	侵入岩中山	8.90	32	河流阶地	0.38
5	变質岩中山	1.18	33	海成砂堤及砂滩	0.74
6	砂頁岩褶皺断裂低山	2.20	34	海积平原	2.83
7	紅色岩系低山	0.26	35	紅树林海积平原	0.28
8	火成岩侵入的砂頁岩褶皺断裂低山	2.97	36	珊瑚礁海岸	0.01
9	侵入岩低山	5.04	37	海成阶地	0.44
10	变質岩低山	1.35	38	喀斯特中山	0.61
11	砂頁岩褶皺断裂高丘陵	5.15	39	石灰岩砂頁岩相間喀斯特中山	0.02
12	紅色岩系高丘陵	0.27	40	喀斯特低山	1.09
13	火成岩侵入的砂頁岩高丘陵	5.07	41	石灰岩与砂頁岩相間喀斯特低山	0.23
14	侵入岩高丘陵	5.45	42	喀斯特丘陵	0.13
15	变質岩高丘陵	0.57	43	石灰頁与砂頁岩相間喀斯特丘陵	0.02
16	砂頁岩低丘陵	2.10	44	喀斯特连座峰林	0.36
17	紅色系低丘陵	0.48	45	喀斯特密集峰林	0.32
18	火成岩侵入的砂頁岩低丘陵	0.93	46	喀斯特分离峰林	0.02
19	侵入岩低丘陵	3.35	47	喀斯特孤峰（面积甚小）	
20	变質岩低丘陵	0.41	48	石灰岩与砂頁岩相間喀斯特峰林	
21	丹霞地形	0.08	49	喀斯特残丘及台地	0.02
22	砂頁岩台地	5.68	50	石灰岩与砂頁岩相間残丘与台地	0.02
23	紅色岩系台地	1.76	51	喀斯特溶蝕平地及洼地	0.10
24	火成岩侵入的砂頁岩台地	0.32	52	侵蝕剝蝕的火山岩山地	0.98
25	侵入岩台地	7.10	53	侵蝕剝蝕的火山岩丘陵	0.16
26	变質岩台地	0.58	54	玄武岩台地	4.40
27	冲积肩或山麓洪积坡积傾斜平地	0.40	55	玄武岩火山錐	0.04
28	洪积冲积阶地	1.77	56	河流①	0.53

①河流百分比数字偏小。

　　如果我們把表1中的第1、2、3、4、5、38、39、52等8种地貌类型合为中山；把第6、7、8、9、10、40、41、等7种地貌类型合为低山；把第11、12、13、14、15、53等6种地貌类型合为高丘陵；把第16、17、18、19、20、21、42、43、44、45、46、47、48、55等14种地貌类型合为低丘陵；把22、23、24、25、26、32、49、50、54等9种地貌类型合为台地；把第27、28、29、30、31、33、34、35、36、37、51等11种地貌类型合为平原，则得出广东省基本地形的面积百分比，如表2：

（表2） 广东省地形面积统计表

地貌类型	占全省总面积(%)	地貌类型	占全省总面积(%)
1. 中山（山顶高度800米以上）	18.25	5. 台地（其中低丘状台地約占⅓）	20.26
2. 低山（山顶高度500—800米）	13.19	6. 平原	22.73
3. 高丘陵（山顶高度250—500米）	16.67	7. 河流	0.58
4. 低丘陵（丘顶高度250米以下）	8.24		

本省地貌的形成年代，可以追溯到白垩纪（在此以前的地貌形态，保留到今日的已极少），即在燕山运动时，本省发生广泛的花崗岩侵入，在侵入地区发生隆起，在隆起区之間則发生断裂拗陷，形成許多山間盆地，并在隆起地区进行长期的剝蝕、侵蝕作用，剝蝕的产物則在盆地中进行长期的堆积作用，形成了白垩紀到老第三紀的紅色岩系[10]；而不少隆起地区則被剝蝕成为宽广的剝蝕面，即本省最古老的剝蝕面在白垩紀到老第三紀就已經形成了。根据广东省地質局南岭地質队2及10分队在翁源陂头附近的喀斯特风化紅土中采有白垩紀的孢子花粉，由此可知本省的喀斯特地形在白垩紀时已发育。

中新世初期的喜馬拉雅运动，对本省地形的形成有重大的影响，使本省許多古剝蝕面的地区发生断块上升成为山地[6]；而大部分紅色岩系盆地則受破坏，由堆积区变成侵蝕、剝蝕的地区。上升的古剝蝕面，受到强烈的割切破坏，形成破碎的山地，由此可知本省的山地主要是在新第三紀形成的。

同时，本省是一个間歇性上升的地区，每次上升后即間以一个相当安定的时期，造成本省有多級剝蝕面及河流阶地。由中更新世晚期或上更新世初期的馬坝人头骨化石及同时代的古脊椎动物群的发现，可知在粤北与这些化石层位相当的第一級河流阶地的年代应为 Q_{II_3}—Q_{III_1}。同时在馬坝及翁源的龙仙和青塘等地与第二級河流阶地相当的喀斯特水平溶洞中发現有中更新世的东方劍齒象等化石群[7]，由此可知粤北区的第二級河流阶地的年代应为 Q_{II}。而第三級阶地应比第二級阶地老，其形成年代可能在 Q_I—Q_{II}。第四級阶地（60—65米）可能形成于 Q_I①。由此知道与这些阶地高度相若的台地（剝蝕面）的形成年代。由此也可知比第四級阶地更高的阶地及古剝蝕面的形成年代則可能在第四紀以前。高、低河漫灘及目前正在进行堆积的地形的形成年代都可以認为是全新世的产物。

在琼雷地区的湛江系时代，目前还不够清楚，一般人認为是新第三紀至第四紀初期（广东省地質局1960.）或第四紀初期（蕭坤森1957.郭秉奎1959.）的产物，那么形成在湛江系之上的台地（剝蝕面）及北海系平原的年代应在 Q_I 之后。由湛江系中有多层的火山玄武岩与砂、粘土成互层，一部分火山玄武岩复盖在北海系（Q_{III}?）之上及一部分火山錐仍很新鮮完整看来，該区的火山作用一直可由新第三紀至第四紀晚期。

---

① 裴文中先生在1958年10月曾与作者面談，認为广西的 Q_I 化石群地层相对高度一般不超过100米。如有錯誤由作者負責。

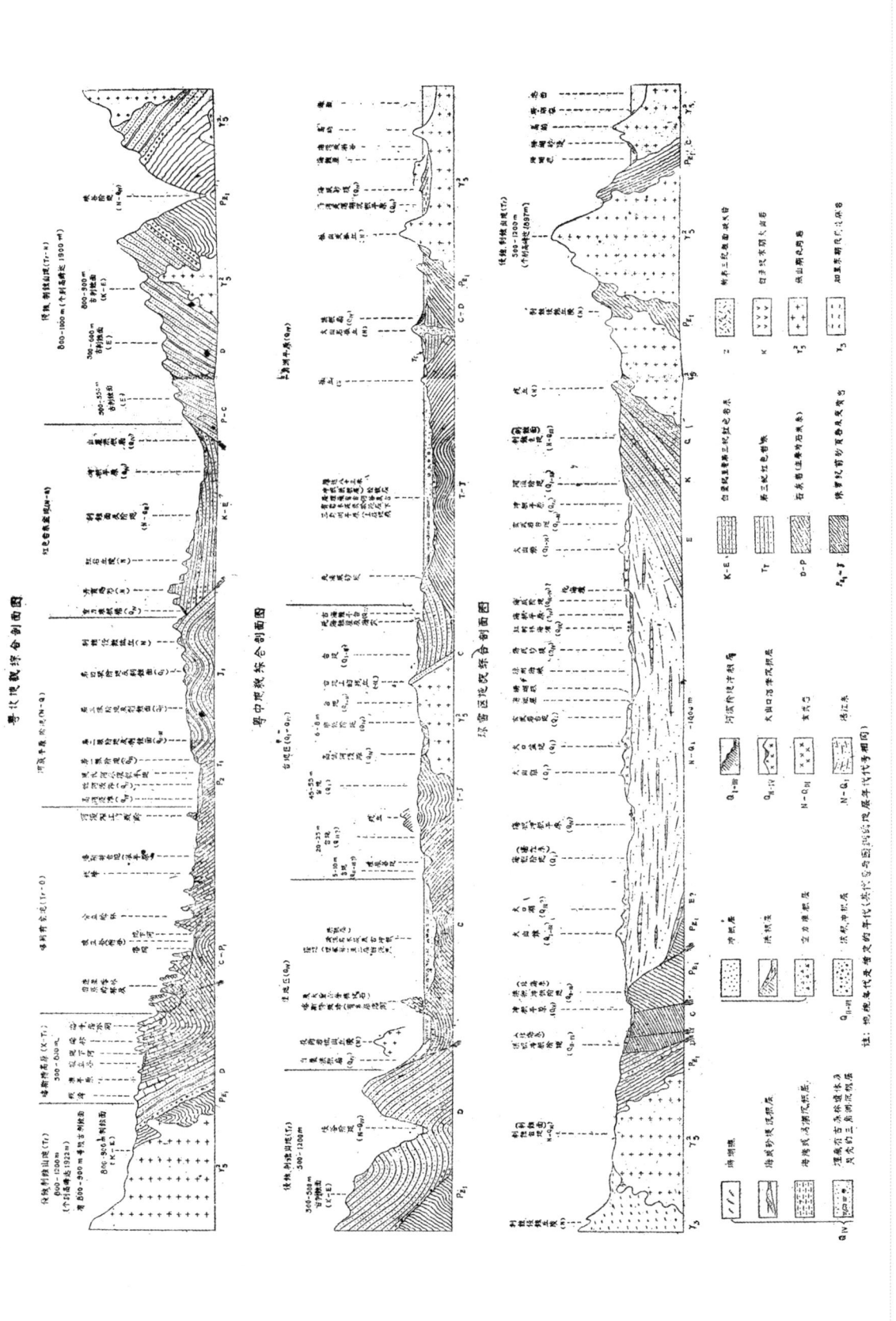

在海滨及河流下游地区，受冰期后海面上升的影响，形成許多溺谷及一部分埋藏阶地，在目前海滨地区大部分堆积地形的年代亞是最后一次冰期后的产物。

本省的地貌年代，目前仍不够清楚，以上的简短論述只是很粗略的初步意见，錯誤一定不少，眞正科学地确定本省的地貌年代，仍有待于未来。

本省的地貌类型及其生成的先后和相互关系作者初步槪括于三个地貌綜合剖面图上（見地貌綜合剖面图），其中有不少錯誤，敬希指正。

参 考 文 献

〔1〕中国科学院广州地理研究所：广东地貌类型图說明书　（未刊稿）1958．

〔2〕广东省地貭局材料　1958．

〔3〕中国自然区划委員会地貌組：中国地貌区划說明书，　科学出版社　1959．

〔4〕中国科学院华南热带生物資源綜合考察队：地貌調查手冊　（未刊稿）1959.6．

〔5〕黃秉維：中国綜合自然区划初步草案　地理学報第24卷第4期1958．

〔6〕中国科学院华南热带生物資源綜合考察队：广东省地貌区划　1960.5(未刊稿）

〔7〕李作明、饒家光：南岭地区白堊紀——第三紀紅色地层对比及其矿产初步研究　广东省地貭局資料1959.5．

〔8〕李见賢、王鴻寿：高要附近地形調查报告　1957．（未刊稿）

〔9〕沈燦燊、邓国錦、潘树荣：广东省江門专区低墾田調查报告　1959.11.（未刊稿）

〔10〕徐仁等：南岭区中生代和新生代紅色岩系的地貭时代　地貭部地貭研究所1959.5．

〔11〕方瑞濂：珠江三角洲噴出岩的地貭意义　中山大学学报1960年第2期

广东滨海红树林景观型的生物地球化学特点

唐永鋆　謝永泉　覃朝峰　麦荣基　汪晋三　邓尚桐

（地质地理系）

一、本景观型的一般地球化学特征

本景观型是我国热带和南亚热带滨海最富代表性的景观型。分布在本省海南岛和大陆沿海红树林生长的泥滩及附近冲积地（图1）。它的形成除受生物气候的地带性因素影响外，深切受海潮与海相、河口相沉积等非地带因素的作用，因而它具有独特的地球化学特点：

1. 多种元素参加地球化学过程

本景观型处于海陆之交，为海陆物质汇集的地区。沉积物中含有大量有机质和矿物质，其中包含多种元素。如西江河口区的河床底质和滨海沉积物的分析中，质地粘重，<0.005毫米的粒级占30—60%，<0.001毫米粒级占7—33%，有机质含量占3.5—12.7%，其中包含的元素在35种以上〔2〕。因此参加地球化学过程的元素，除常见有机发生元素C、N、P、K、Ca、Mg、Na、Si等外，还有铁族元素（Ti、V、Cr、Mn、Fe、Co、Ni），硫化矿床典型成矿元素（Cu、Zn、Pb、Sn、Ga等）和稀有元素（Hf、Y等）〔注〕（表4）。这些元素主要来源是陆地，所以它和陆地上各种景观型有一定发生上联系。

2. Na和Cl在地球化学过程中起着突出作用

本景观型经常受海潮侵淹，潮水带来大量盐分，含盐量达7—10%以上，其中Cl占阴离子总量98%，Na^+与K^+总和（主要为Na^+）占阳离子总量72%（高潮）（表1），因此，土壤中进行盐渍化过程。其上生长耐盐植物，植物灰分中Na的含量最高（表4，图3、4）。Na和Cl在地球化学过程中起着主导作用。

〔注〕　本文采用 А.Н.查瓦里茨基（Заваринский）的地球化学分类。

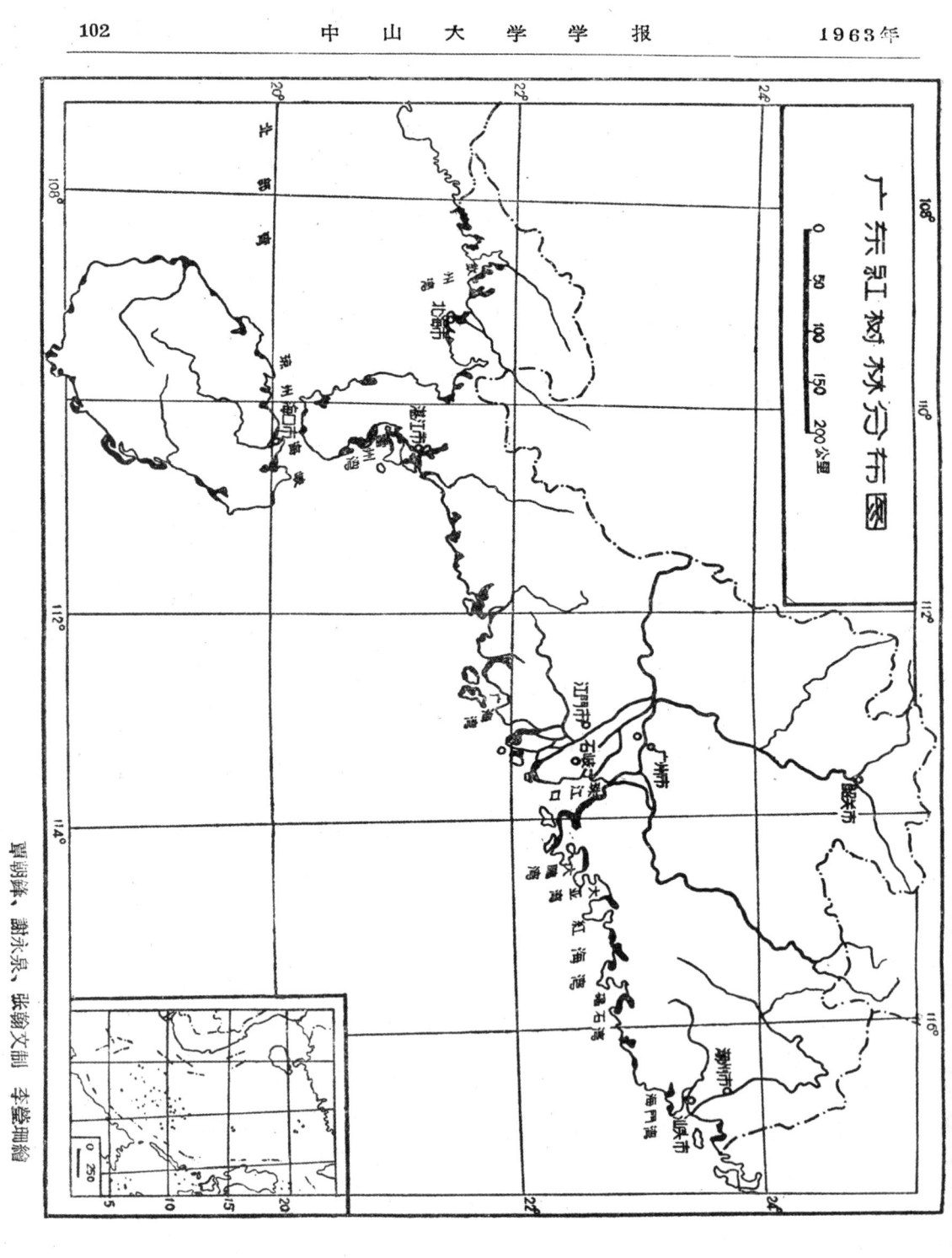

图2 雷州半岛红树群落生态分布序列
(根据张宏达转)(37)

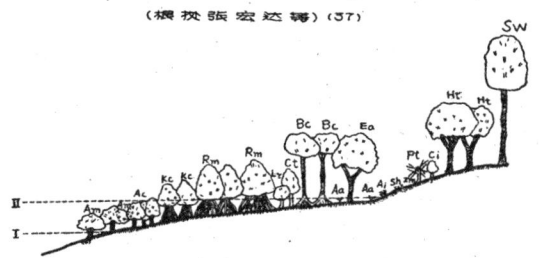

Am	白骨壤 Avicannia marina	Ac	金蕨 Acrostichum aureum
Ac	桐花树 Aegiceras Cornichlatum	Ai	老鼠簕 Acanthus ilicifolius
Kc	秋茄 Kandelia Candel	Sh	扑地黍尾草 Sporobolus hancei
Rm	红茄苳 Rhizophora mucronata	Zm	结缕草 Zoysia matrella
Ly	榄李 Lumnitzera racemosa	Pt	露兜 Pandanus tectorius
Ct	角果木 Ceriops tagal	Ci	苦郎树 Clerodendron inerme
Bc	木榄 Bruguiera conjugata	Ht	黄槿 Hibiscus tiliaceus
Ea	海漆 Excoecaria agallocha	SW	亚热带森林
I	正常退潮线	II	正常涨潮线

图3 广东滨海红树林组成成分和卤地菊灰分元素含量(根据侯学煜分析资料)
(李莹珊绘)

1.海漆; 2.角果木; 3.木榄; 4.红树;
5.红茄苳; 6.榄李; 7.白骨壤; 8.卤地菊

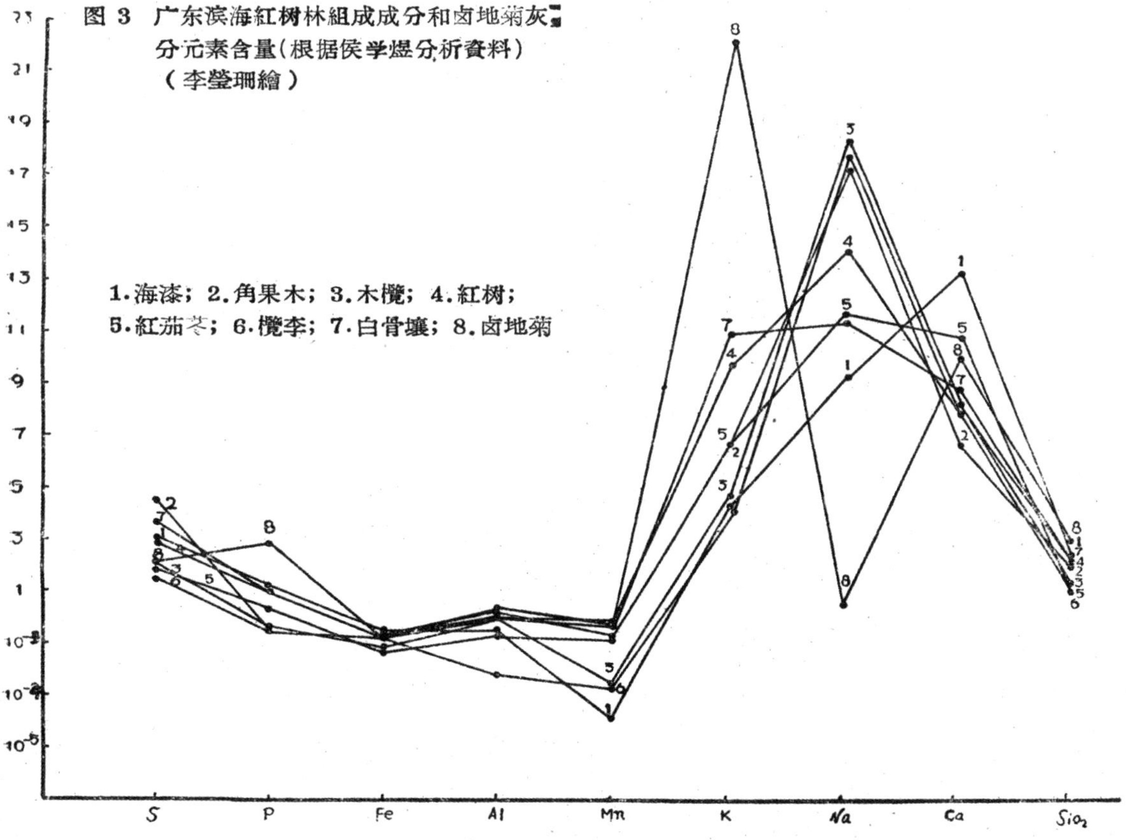

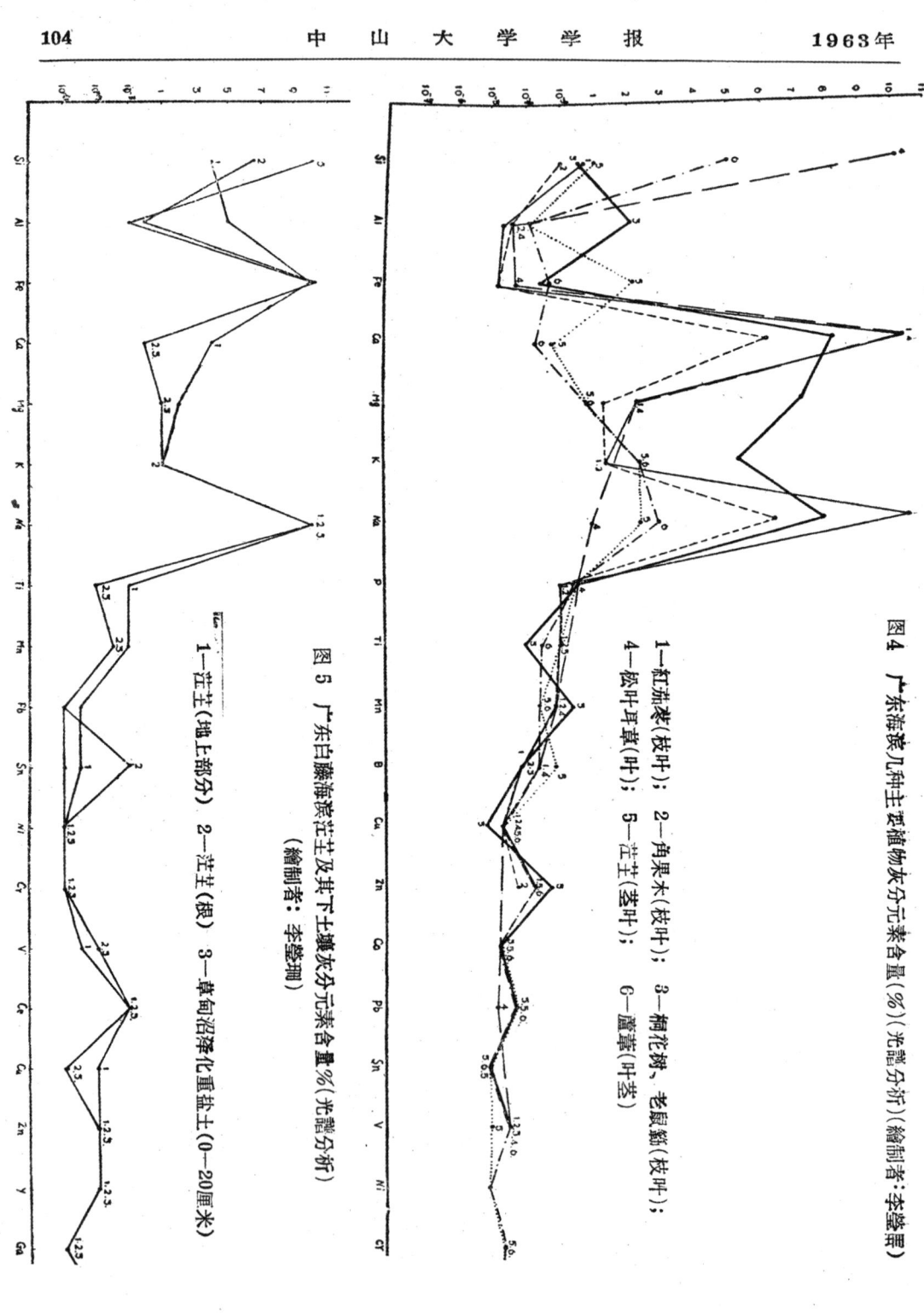

图 4 广东海滨几种主要植物灰分元素含量（%）（光谱分析）（编制者：李盛焜）

1—红茄苳（枝叶）； 2—角果木（枝叶）； 3—桐花树、老鼠勒（枝叶）；
4—松叶耳草（叶）； 5—茳芏（茎叶）； 6—蘆葦（叶茎）

图 5 广东白藤海滨茳芏及其下土壤灰分元素含量%（光谱分析）
（编制者：李盛焜）

1—茳芏（地上部分） 2—茳芏（根） 3—草甸沼泽化重盐土（0—20厘米）

表1. 广东中山白藤高潮和低潮时海水化学分析(1961.7.1.)
(分析者、汪晋三、邓尚桐)

潮型	分析项目 单位	阳离子			阴离子			总硬度	总碱度	耗氧量	PH
		Ca^{++}	Mg^{++}	$Na^+ + K^+$	Cl^-	SO_4^{--}	HCO_3^-				
高潮	毫克/立升	237.7	710.3	4700.0	9040.0	120.2	75.40	—	—	5.06	8.3
	毫克当量/立升	11.8	58.25	188.67	255.0	2.46	1.26	70.25	1.26	—	
低潮	毫克/立升	90.2	375.0	1649.75	3490.6	42.5	125.2	—	—	3.25	8.1
	毫克当量/立升	4.50	30.85	65.99	98.40	0.88	2.06	35.35	2.06	—	

3. Fe、Mn、P、N和S发生复杂迁移和化学反应

由于地势低下，潜水位高，经常受海潮和河水侵淹，各种地球化学过程在嫌气条件进行。出现有机质在嫌气条件下分解、反硝化和反硫化、磷酸盐还原与潜育化等过程，形成大量CO_2，与还原态物质(CH_4、H_2S、N_2、H_2等)和低价离子(Fe^{++}、Mn^{++})，常左右物质转化方向。CO_2等气体成气泡上升，影响近地面大气组成。

4. 地球化学过程迅速转换

本景观型位于滨海沉积地带。河流带来大量物质，主要为有机质、有机矿物质的胶体悬移质和拟胶体悬移质，至河口附近，由于pH值变化和海水中含有大量电解质，发生强烈沉积；加之生物和生物化学作用，促使沉积过程加速进行。据西江河口中山白藤海滨测定，一昼夜两次涨潮中，白滩(没有植物)上沉积量为0.2266克/厘米^2，白滩草滩(有植物)过渡带为0.4933克/厘米^2，草滩为0.5755克/厘米^2。西江三角洲每年平均淤高2—3寸，外伸达100米[2]。由于沉积物不断增高和向海延伸，逐渐露出低潮面，甚至超出高潮面，潜水位随之逐渐下降，海水影响逐渐减弱，淡水影响加强，地带性生物气候逐渐表现更为强烈影响。土壤向脱沼泽化和脱盐渍化方向发展。植被随之发生如下更替(图2)：

红树林群丛 ——→ 半红树林群丛 ——→ 盐生草本群丛 ——→ 半盐生草本群丛 ——→ 热带或南亚热带季雨乔木群落。

在地球化学过程中，Na和Cl渐失去主导地位，各种物质转化，由还原态渐转变为氧化态。即逐渐具有南亚热带季雨林砖红壤化红壤景观型或热带季雨林、雨林砖红壤性土景观型的地球化学特点[9]。

在转变的过程中，本景观型内部引起了分化，大别为下列三个限区型(表2)：

1. 红树林沼泽化盐土泥滩限区型；
2. 盐生草本植被——草甸沼泽化重盐土草滩限区型；
3. 半盐生草本植被草甸脱沼泽化轻盐土湿地限区型；

表2. 广东滨海红树林景观型的各个限区型的地球化学特点

限区型	土壤水提液			土壤有机质			植物灰分含量%	参加生物循环主要元素
	含盐量%	Cl/SO₄	PH	腐殖质%	C/N	胡敏酸Cr/富里酸(中)		
红树林沼泽化盐土泥滩	>10	10—15.5	4.5—5.7	3—5	11.0	1.0	14—16以上	Na>Ca≥K≥S≥Si >P≤Al>Fe>Mn;（化学分析）C.N. Na Ca>Mg>K>Si> P.Mn.Ti（光譜分析）
盐生草本植被—草甸沼泽化重盐土草滩	8—10	5.0—8.0	7.5以上	2—2.5	11—13	—	14—16	Fe Na>Si>Mg>P>Ca. K Ti.B. >Mn.Al.Zn;（光譜分析）C.N.
半盐生草本植被—草甸脱沼泽化輕盐土湿地	3—8	1.0—3.0	6.5	2—2.5	10	—	10	Si>Na>K>Mg>Fe ≥P>Ti.Al.Ca.Mn. B.Zn（光譜分析）N.C.

二 紅树林沼泽化盐土泥灘限区型

紅树林是热带濱海特有盐生木本植物群丛。分布在"静风"海弯和河流入海处的泥灘上（图1），經常受潮水浸淹，远望好象海面上浮起一片"綠洲"。它的分布受热量和雨水影响。由海南岛、雷州半岛、珠江河口至粤东沿海，組成成分愈趋单純，并由乔木林轉变为灌木林。海南岛有16种，分属10科，如木欖（Bruguiena Conjugata），紅茄苳(Rhizophora mucronata Lam)，秋茄 (Kandelia Candel)，桐花树(Aegiceras Corniculatum)，白骨壤（Avicennia marina）等[7]，树高可达12米；雷州半岛有10种，外貌简单，一般高不过3米，最高仅6米[3]；珠江河口有6种，树高1.5—2—3米；粤东沿海有8科9种，其中属紅树科只有三科三种，均呈灌木状[11]，海南岛西岸，紅树林貧乏，由于气候干燥，降水較小。

林下土壤强烈进行着盐漬化和潜育化过程，土壤溶液中的含盐量为0.46—

2.78%，其中氯离子占全部阴离子的80—90%，个别约占70%，硫酸根离子约占1—10%[8]。活性铁的含量高达252.4毫克当量（表3）。Na、Cl、S 等在生物循环中起着主导作用。由于海水中Mg、Ca 含量较多，致使土壤中代换性钙和镁总和占代

表3. 海南岛红树林下沼泽化盐土的主要化学特点(5)

土壤\项目	深度（厘米）	腐殖质%	PH	活性铁（毫克当量/100克土）	活性铝	代换性阳离子（毫克当量/100克土）			代换性阳离子总量（毫克当量/100克土）	胡敏酸(Cr)富里酸(CΦ)
						Ca^{++}	Mg^{++}	H^+		
沼泽化盐土（经常受海水影响）	0—15	5.39	5.72	252.40	3.25	5.74	13.54	5.60	24.88	1.0
沼泽化盐土（兼受河水海水影响）	0—10	3.13	4.45	85.14	0.26	1.35	2.91	1.61	5.87	—

换性阳离子总量的73—77.5%，Ca、Mg在生物地球化学过程中起着一定作用。

红树林灰分中，Na的含量最高（9.5—18.6%），其次为Ca（6.9—13.6%），K（4.1—11.1%），S(1.46—4.53%)。各种灰分元素含量顺序（图3）[4]：

$$Na > Ca \gtrless K > S \lessgtr (SiO_2) > P \gtrless Al > Fe > Mn;$$

根据海南岛和珠江河口的红树林灰分的光谱分析（表4、图4）得到类似系列：

$${Na \atop Ca} > Mg > K > Si > P、Mn、Ti$$

它和热带季雨林、雨林砖红壤性土景观型中灰分元素系列显然不同，在后者灰分元素的曲线上，Si居于突出高峰[9]。在本限区型内，有两个明显峰：Na、Ca峰。Na的含量为K的2倍。

不过，在河口附近，由于河水影响增强，水中Na^+的含量减少。红树林组成成分随之发生变异，主要由秋茄、桐花树、老鼠簕（Acanthus ilicifolius）、海漆（Excoecaria agallocha）、金蕨（Acrostichum aureum）组成。钠在生物循环中渐失去主导地位。如海漆灰分组成（图3）：

$$Ca > Na > K > S > SiO_2 > P > Al > Fe > Mn;$$

据据西江河口桐花树、老鼠簕灰分的光谱分析（表4、图4）反映类似情况：

$${Ca \atop Mg \atop Na} > K > Si、Al、Fe > P,Mn > Zn > B > Ti、V、Y > Cu.$$

外在环境对生物循环虽有很大影响，毕竟，生物循环服从特有的生物规律。例如土壤中活性铁含量非常高，并未大量转入生物循环。灰分中，铁的含量为 $10^{-1}-10^{-2}\%$〔4〕，甚至只有 $10^{-3}\%$（表4），Mn有类似情况。

生物不是消极地受环境作用，而且引起环境条件发生变化。

红树林含有大量单宁物质，如红茄苳含单宁16—24%，木榄含12.7—16.3%，秋茄含12.4%〔3〕。植物体水浸液中pH值为5.0。因此，植物残遗物在嫌气条件下分解时，形成大量有机酸和 CO_2，并且由于含S较多（2—4.5%），硫转化为 H_2S 和硫化物，在表土氧化为硫酸，从而迅速将侵入海水中和，并形成酸性环境。根际潜水pH为4.5—5.5，土壤溶液pH值为4.5—5.7，在红树林外不远的海水pH值在8以上，底层潜水pH值在8至9之间。这是本限区型的生物地球化学过程另一突出特点。

海滨沉积物中，由于浮游生物的作用，形成有机淤泥，其中含N丰富，成为生物循环中N素主要来源。但经过红树林的光合作用，促使C素大量转入生物循环，引起土壤有机质发生很大变化，C/N比值一般有增加的趋向。由于有机质在嫌气条件下转化，使土壤中累积大量腐殖质（3—5%），不少营养元素暂时退出生物循环。

三 盐生草本植被草甸沼泽化重盐土草滩限区型

本限区型海拔较前限区型略高，在低潮面之上，高潮面之下，受高潮影响，但淡水作用逐渐加强。植被更替为盐生草本植被。在珠江河口和粤东沿海，常见为茳芏（Cyperus malaccensis）群丛，雷州半岛和海南岛以结缕草+盐地鼠尾草群丛（Zoysia matrella + Sporobolus hancei Associatio）较为普遍，其中杂有香附子（Cyperus rotundus）和海沙草（Cypercus radians）。

土壤中含盐量略有减少，少于1.0%，其中 Cl^- 占阴离子总量81%，Na^+ 和 K^+（以 Na^+ 占绝对优势）占60%。由于旱湿季节的变化，土壤盐分有很大变动，旱季 Cl^- 含量为雨季的8.6倍，SO_4^{--} 为4.76倍（表5），即在多雨季节（4至10月）有明显季节性脱盐作用。因而，Na、Mg、Ca在生物循环中虽仍起着很大作用，渐失去绝对优势。由于盐生草生植物本身特点，Fe和Si较多量转入生物循环。例如茳芏灰分元素含量顺序：

$$\begin{matrix}Fe\\Na\\K\end{matrix} > Si > Mg > P > Ca.Ti.B > Mn.Al.Zn,$$

在灰分元素曲线上（图4），Fe.Na.K居于高峰，Si.Mg居于次高峰。

盐生草本植物组成，不含单宁物质，含有大量纤维素。根据茳芏新鲜植株水浸液分析（谢永泉），地下茎和根的pH值为6.5，地上部分为5.0—6.5。经色层分析，

表4 广东沿海某些植物灰分的光谱分析*（分析者：谢永泉、麦崇莲）

元素 植物		Si	Al	Fe	Ca	Mg	K	Na	P	Ti	Mn	B
红茄冬	叶	$3\cdot10^{-1}-1$	$\infty 3\cdot10^{-3}$	$<10^{-3}$	>10	$1-3$	$\infty 1\cdot0$	$>10\cdot0$	10^{-1}	$10^{-2}-10^{-1}$	$10^{-2}-10^{-1}$	$3\cdot10^{-3}-3\cdot10^{-2}$
	枝	$10^{-2}-3\cdot10^{-1}$	$\infty 10^{-3}$	$<10^{-3}$	>10	$1-3$	$\infty 1\cdot0$	$>10\cdot0$	$10^{-2}-10^{-1}$	$10^{-2}-10^{-1}$	$\infty 10^{-2}$	$3\cdot10^{-3}-3\cdot10^{-2}$
	果	$10^{-2}-3\cdot10^{-1}$	$\infty 10^{-3}$	$\infty 10^{-3}$	$10^{-1}-1\cdot0$	$3\cdot10^{-2}-10^{-1}$	$\infty 1\cdot0$	$\infty 1\cdot0$	$\infty 10^{-1}$	$10^{-2}-10^{-1}$	$\infty 10^{-2}$	$3\cdot10^{-3}-3\cdot10^{-2}$
角果木	叶	$3\cdot10^{-2}-1\cdot0$	$3\cdot10^{-3}-3\cdot10^{-2}$	$\infty 10^{-3}$	$1-3$	$1-3$	$\infty 1\cdot0$	$1-10$	$10^{-2}-10^{-1}$	$10^{-2}-10^{-1}$	$10^{-2}-10^{-1}$	$10^{-2}-5\cdot10^{-2}$
	果	$\infty 1\cdot0$	$10^{-3}-10^{-1}$	$\infty 10^{-3}$	$\infty 1\cdot0$	$3\cdot10^{-2}-10^{-1}$	$1-10$	$1-3$	$10^{-2}-10^{-1}$	$10^{-2}-10^{-1}$	$\infty 10^{-2}$	$10^{-2}-5\cdot10^{-2}$
	枝	$10^{-2}-1\cdot0$	$3\cdot10^{-3}-5\cdot10^{-2}$	$\infty 10^{-3}$	>10	$3\cdot10^{-2}-10^{-1}$	$\infty 1\cdot0$	$>10\cdot0$	$10^{-2}-10^{-1}$	$10^{-2}-10^{-1}$	$\infty 10^{-2}$	$10^{-2}-5\cdot10^{-2}$
桐花树和老鼠簕	叶	3	$10^{-1}-1$	$\infty 1$	>10	>10	$1-3$	$5\cdot10^{-1}-3$	$10^{-1}-3\cdot10^{-2}$	$3\cdot10^{-3}-3\cdot10^{-2}$	$10^{-1}-5\cdot10^{-1}$	$10^{-2}-10^{-1}$
	茎	$5\cdot10^{-2}-5\cdot10^{-2}$	$3\cdot10^{-2}-10^{-1}$	$<10^{-3}$	$5\cdot10^{-3}-3\cdot10^{-2}$	$10^{-1}-10^{-5}$	$1-3$	$1-5$	$<10^{-1}$	$3\cdot10^{-3}-3\cdot10^{-2}$	$10^{-1}-5\cdot10^{-1}$	$10^{-2}-10^{-1}$
	根	$3\cdot10^{-2}-3\cdot10^{-1}$	$3\cdot10^{-2}-10^{-1}$	$10^{-1}-1$	$5\cdot10^{-3}-3\cdot10^{-2}$	$10^{-1}-1$	$\infty 1$	$1-5$	$<10^{-1}$	$<10^{-1}$	$10^{-2}-5\cdot10^{-1}$	$10^{-2}-10^{-1}$
立木	花	$3-5$	$3\cdot10^{-2}-5\cdot10^{-1}$	$1-3$	$3\cdot10^{-2}-3\cdot10^{-1}$	$1-3$	$1-3$	$5\cdot10^{-1}-1$	$10^{-1}-3\cdot10^{-1}$	10^{-1}	$3\cdot10^{-2}-5\cdot10^{-2}$	$10^{-2}-10^{-1}$
芦苇	叶	$1-3$	$3\cdot10^{-2}-10^{-1}$	$5-10$	$3\cdot10^{-2}-3\cdot10^{-1}$	$10^{-2}-10^{-1}$	$\infty 1$	$1-5$	$3\cdot10^{-2}-3\cdot10^{-1}$	$10^{-2}-10^{-1}$	$5\cdot10^{-2}-5\cdot10^{-1}$	$10^{-2}-5\cdot10^{-2}$
	茎	$5-10$	$3\cdot10^{-2}-10^{-1}$	$10^{-1}-1$	$3\cdot10^{-2}-3\cdot10^{-1}$	$10^{-2}-10^{-1}$	$1-3$	$1-5$	$10^{-1}-3\cdot10^{-1}$	$10^{-2}-10^{-1}$	$10^{-2}-5\cdot10^{-1}$	$10^{-2}-5\cdot10^{-2}$
	根	$5-10$	$3\cdot10^{-2}-1$	$3-6$	$5\cdot10^{-2}-3\cdot10^{-1}$	$10^{-2}-10^{-1}$	$1-3$	$1-3$	$<10^{-1}$	10^{-1}	$3\cdot10^{-2}-5\cdot10^{-1}$	$10^{-2}-5\cdot10^{-2}$

元素 植物		Cu	Zn	Co	Pb	Sn	V	Ni	Cr	Mo	Hf	Y
红茄冬	叶	$\infty 10^{-3}$	$10^{-2}-3\cdot10^{-2}$	—	$3\cdot10^{-3}-3\cdot10^{-2}$	—	$10^{-3}-3\cdot10^{-2}$	×	—	$\infty 10^{-3}$	$\infty 10^{-2}$	—
	枝	$\infty 10^{-3}$	$5\cdot10^{-3}-3\cdot10^{-2}$	—	$\times$	—	$10^{-3}-3\cdot10^{-2}$	×	—	$\infty 10^{-3}$	$\infty 10^{-2}$	—
	果	$\infty 10^{-3}$	$5\cdot10^{-3}-3\cdot10^{-2}$	—	$3\cdot10^{-3}$	—	$10^{-3}-3\cdot10^{-2}$	×	—	$\infty 10^{-3}$	$\infty 10^{-2}$	—
角果木	叶	$\infty 10^{-3}$	10^{-2}	—	$\infty 10^{-3}$	—	$5\cdot10^{-3}$	×	—	$\infty 10^{-3}$	—	—
	果	$1-3$	$\infty 10^{-2}$	×	$\infty 10^{-3}$	×	$5\cdot10^{-3}$	×	—	—	—	—
	枝	$5-10$	$3\cdot10^{-2}$	—	$\infty 10^{-3}$	—	$5\cdot10^{-3}$	×	—	—	—	—
桐花树和老鼠簕	叶	$5-10$	$\infty 10^{-2}$	—	$3\cdot10^{-3}-3\cdot10^{-2}$	$<10^{-3}$	$5\cdot10^{-3}-3\cdot10^{-2}$	$10^{-3}-5\cdot10^{-3}$	$10^{-3}-3\cdot10^{-2}$	10^{-3}	$10^{-3}-10^{-2}$	$10^{-3}-10^{-2}$
	茎	$1-3$	$5\cdot10^{-3}-3\cdot10^{-2}$	—	$\infty 10^{-3}$	$<10^{-3}$	$5\cdot10^{-3}-3\cdot10^{-2}$	10^{-3}	—	10^{-3}	$10^{-3}-10^{-2}$	×
	根	$10^{-3}-3\cdot10^{-3}$	$10^{-2}-3\cdot10^{-2}$	×	$\infty 10^{-3}$	×	$5\cdot10^{-3}-3\cdot10^{-2}$	$10^{-3}-5\cdot10^{-3}$	×	10^{-3}	$10^{-3}-10^{-2}$	×
立木	花	$10^{-3}-3\cdot10^{-3}$	$10^{-2}-3\cdot10^{-2}$	—	$<10^{-3}$	$<10^{-3}$	$5\cdot10^{-3}$	10^{-3}	$10^{-3}-5\cdot10^{-3}$	10^{-3}	$10^{-3}-10^{-2}$	$10^{-3}-10^{-2}$
芦苇	叶	$10^{-3}-3\cdot10^{-3}$	10^{-2}	—	$<10^{-3}$	×	$5\cdot10^{-3}$	10^{-3}	10^{-3}	10^{-3}	$10^{-3}-10^{-2}$	$10^{-3}-10^{-2}$
	茎	$10^{-3}-3\cdot10^{-3}$	10^{-2}	—	$<10^{-3}$	×	$5\cdot10^{-3}$	10^{-3}	10^{-3}	10^{-3}	$10^{-3}-10^{-2}$	×
	根	$10^{-3}-5\cdot10^{-3}$	10^{-2}	—	10^{-3}	10^{-3}	$5\cdot10^{-3}$	10^{-3}	$10^{-3}-5\cdot10^{-3}$	10^{-3}	$10^{-3}-10^{-2}$	$10^{-3}-10^{-2}$

*光谱分析采用苏式ИСП—28型光谱仪，电弧12—16A激发，分析波长选择2300—4900Å，分析镱采用B.C.ΛCATИΛΗИ:БИОХИМИЧЕСКАЯ ΦΟΤΟΜΕΤΡИЯ。红茄冬重复分析二次，角果木分析一次，桐花树、老鼠簕分析三次，立木、芦苇也进行了三次以上分析，由于重复误差不太大，未进行平均值计算。

表5 广东白糖草甸沼泽化重盐土和草甸沼泽化鹽盐土化学分析结果（分析者：麥榮基、邓尚桐）

土壤	深度(厘米)	有机质%	C/N	PH	Eh(毫伏)	全盐量%	阴离子%				阳离子%				Cl⁻(毫克当量/升)		Cl⁻和SO₄⁻⁻季节变化			
							Cl⁻	SO₄⁻⁻	HCO₃⁻	Cl⁻/SO₄⁻⁻	Ca⁺⁺	Mg⁺⁺	Na⁺+K⁺	Na⁺+K⁺/Ca⁺⁺	雨季(6月)	旱季(3月)	SO₄⁻⁻毫克当量/升 雨季(6月)	SO₄⁻⁻毫克当量/升 旱季(3月)	Cl⁻:Cl⁻ 雨季:旱季	Cl⁻:SO₄⁻⁻ 雨季	Cl⁻:SO₄⁻⁻ 旱季
草甸沼泽化重盐土	0—10	2.3	12.9	7.8	60	0.81	81.0	16.6	2.4	4.9	22.4	17.6	60.0	2.63	2.89	24.79	1:8.6	1:4.76	4.5	8.0
	10—30	2.0	10.17	7.8	40	0.72														
	30—50	2.2	12.21	7.8	40	0.40														
草甸脫沼盐渍土	0—10	2.4	10.7	6.5	120	0.77									1.97	3.10	1:1.57	1:0.53	1.0	3.0
	10—30	2.3	11.9	7.4	80	0.62									1.94	1.03				
	30—50	2.1	12.9	7.3	60	0.51									0.65	3.10				

表6 芷、芷其下土壤的灰分組成（%）（光譜分析）及其生物吸收系列

	大量元素	微量元素
芷（地上部分）	Fe ≥10 >Al> Si >Mg>K >Ca > Mn , Ti , Ce > Cu , Zn , Li , Y Na 3-5 >10 5-0 1-3 5·10⁻¹ 3·10⁻¹ 1 5·10⁻² 10⁻² 10⁻² 3·10⁻²	Pb , Sn , V > Ni , Sr , Cr , Ga 5·10⁻³—10⁻² 3·10⁻³—10⁻² 10⁻² 5·10⁻³ 5·10⁻³ 5·10⁻³ 10⁻³
芷（根）	Fe ≥10>Si>Mg > Al >Sn > Mn > Ti , V , Zn , Y , Li Na 3·10 1 5·10⁻¹—1 10⁻¹ 3·10⁻¹—5·10⁻¹ 5·10⁻² 10⁻² 10⁻² 10⁻² 10⁻² >10 K Ca Ce 1 1 3·10⁻¹	Sr , Cr , Ni , Cu , Ga > Pb 5·10⁻³ 5·10⁻³ 10⁻³ 3·10⁻³ <3·10⁻³
草甸沼泽化重盐土（0—20厘米）	Si Fe >10>K> Ca > Al > Mn > Ti , V , Li , Y , Zn Na 3·10 1 3·10⁻¹—5·10⁻¹ 5·10⁻¹—1 3·10⁻¹ 10⁻¹ 3·10⁻¹ 3·10⁻¹—5·10⁻¹ 10⁻² 10⁻² 3·10⁻² >10 Mg Ce 1 3·10⁻¹	Cu , Pb , Sn , Ni , Sr , Cr , Ga 10⁻³ 3·10⁻³ 10⁻³ 5·10⁻³ 5·10⁻³ 10⁻³
生物吸收系列（注）	Ca > Al > Ti > Mn >Mg > Fe,Na,K,Ce,Li,Y,Zn > Si 5—50 10—16 10 1—3 1 (1) (3·10⁻¹—5·10⁻¹) (1) (1—3) (1)	Cu >Sn >Pb >Ni , Sr , Cr , Ga 。 30 5—10 (1—3) (1) 1 (1) (100)

（注） 无括号的数值为茫地上部分和土壤的灰分元素含量比值；括号内数值为茫根和土壤的灰分元素含量的比值。

发现其中有甲酸、乙酸、丙酸、丁酸等。其残遗物在嫌气条件分解，形成一定有机酸和无机酸，对侵入潮水的中和，起着一定作用，根际潜水PH值为5.5—6.5，但土壤溶液PH值在7.5以上。这是本限区型和前限区型不同之点。即本限区型各种生物化学过程是在中性至微硷性的条件进行。

在盐生草本植被和土壤之间物质生物循环中，对Ca、Mg、Al、Ti、Mn、Cu、Sn等元素起着生物累积作用（表6、图5）。但由于人类活动影响，地上部分常被搬走，这些元素在土壤表层不会有明显累积现象。

四　半盐生草本植被草甸脱沼泽化轻盐土限区型

本限区型分布地区，距海稍远，一般在高潮面附近，偶受海潮影响，淡水淋溶作用加强，土壤发生明显脱盐现象。只在旱季，由于蒸发加大，有反盐作用，表土含氯量可为雨季的1.57倍（表5）。同时潜水面下降，常在20厘米以下，旱季在1米左右，表土逐渐以氧化过程占优势，土体中分出氧化还原层。铁、锰渐固定在表土中，在土壤溶液中，NO_3^-、SO_4^{--}有增加的趋势。

由于环境变化，植被更替为半盐生禾本科草本植被。在粤东沿海，以铺地黍（Panicum repens）、二列雀稗（Paspalum distichum）、五指草（Digitaria Violascens）群丛为主；西江河口以芦苇（Phragmites Communis）群丛和芦苇、老鼠簕群丛占优势，雷州半岛和海南岛以结缕草、白茅（Imperata Cylindrica）、飘拂草（FimbristYlis annua）、雀稗（Paspalum Scrobiculatum）构成的群丛为主。

Na^+和Cl^-在生物循环中，虽仍起着较大作用，但逐渐失去主导地位；铁锰的活动性大大减少；C、N、S渐起着特有作用；由于海潮影响大大减弱，淋溶作用加强，Ca、Mg在生物循环也渐失去优势；禾本科植物的出现，促使Si大量转入生物循环。例如，在芦苇灰分曲线上（图4），Si居于主高峰，Na退居次高峰，其他元素含量的顺序如下：

$$Si>Na>K>Mg>Fe \gtreqless P>Ti、Al、Ca、Mn、B、Zn。$$

此外，由于硝化作用加强，N素转入生物循环的机会加大，土壤中氮素增加，土壤有机质的C/N比值有下降的现象（表5）。

这些特点反映本限区型具有由滨海红树林景观型转向南亚热带季雨林砖红壤化红壤景观型和热带季雨林、雨林砖红壤性土景观型的过渡特点。即预示本限区型具有围堤开垦、引淡洗盐和种植水稻的条件。进行这些措施，加速Na^+Cl^-退出生物循环。如本省中山平沙农场在1955年筑堤抗盐和引淡洗盐后，三年后脱盐率达到90%（表7），Na^+Cl^-几完全失去作用。同时营养元素大量解放出来，转入生物循环。

围垦后十年期间内，不施肥，种植水稻每亩产量可得800斤左右，各种元素在生物循环中作用，也有一定变化，由咸田的水稻干物质光谱分析可以看出：

Si＞K＞Na＞Ca＞Mg.Fe＞P.Mn.＞Ti.＞Al＞B.

不过围垦三年后不施肥，产量有下降的趋向，20年后每年产量下降到300－400斤。

表7. 广东中山平沙农场筑堤抗咸和引淡洗盐以后土壤盐分变化（调查者：麦荣基）

土层深度	含盐率 %				脱盐率 %		
	筑堤前	1956年	1958年	1961年	1956年	1958年	1961年
0——20	1.55	0.693	0.1606	0.1123	61.8	89.7	92.8
20——40	1.25	0.462	0.280	0.1469	63.0	77.6	88.3
40以下	1.025	0.533	0.4256	——	48.0	58.9	——

可见，本限区型的利用，首在通过盐分平衡的研究，消徐Na^+Cl^-在生物循环中的主导作用；为了保证高额稳定的产量，必须进行养分平衡的研究，定出合理的耕作、施肥和排灌等措施。

五 摘 要

滨海红树林景观型是我国热带和南亚热带最富代表性的景观类型，其中可分为三个限区型：

1. 红树林沼泽化盐土泥滩限区型；
2. 盐生草本植被草甸沼泽化重盐土草滩限区型；
3. 半盐生草本植被草甸脱沼泽化轻盐土湿地限区型。

其中生物地球化学过程是在海潮浸灌和经常积水的条件下进行，因此，Na^+Cl^-在生物循环中起着主导作用，不少营养元素保留在土壤腐殖质和植物残体中，暂时退出生物循环；土壤中出现多量还原态气体（CH_4、H_2S等）和CO_2及低价离子（Fe^{++}、Mn^{++}），影响地球化学过程。不过由红树林沼泽化盐土泥滩限区型向半盐生草本植被草甸脱沼泽化轻盐土湿地限区演化，Na^+、Cl^-渐失去主导作用，氧化态物质逐渐增加，被暂时"固定"的营养元素又逐渐进入生物循环，所以半盐生草本植被草甸脱沼泽化轻盐土湿地限区型具有围垦种植作物的条件，其首要措施在于排盐和清除积水，继之，须要合理耕作、排灌和施肥，把荒滩变为良田，获得高额而稳定产量。

参 考 文 献

〔1〕 И.В.萨莫伊洛夫著　谢金赞等译：河口演变过程的理论及其研究方法
　　　　　　　　　　　　　　　　　科学出版社　1958年

〔2〕 唐永鑾、謝永泉：西江三角洲濱海荒灘形成和演化中地球化學過程的初步分析
　　　　　　　　　　　　　　　　中山大學學報　（自然科學）1961年第4期
〔3〕 张宏达、张超常、王伯荪：雷州半島的紅樹植物群落
　　　　　　　　　　　　　　中山大學學報（自然科學）　　1957年第1期
〔4〕 侯学煜、林厚煊、章慧齡：中国150种植物的化学成分及其分析方法
　　　　　　　　　　　　　　　　　　　　科学出版社（1958年8月）
〔5〕 С.В.佐恩、李庆逵：中国热带土壤发生与分类的一些問題
　　　　　　　　　　　　　　　　　土壤学报6卷3期　　1958年
〔6〕 П.А.Ренкелъ: К Экологии Растении Мангров: Физиология древесных растений
　　　　　　　　　　　（Р.223—232）。（苏联科学出版社1962年）
〔7〕 侯寬昭、徐祥浩：海南岛的植物和植被与广东大陸植被槪况　科学出版社　1955年
〔8〕 侯学煜：中国各自然区的土壤盐分及其与植被的关系　　　　土壤　1961年第7期
〔9〕 唐永鑾、謝永泉、汪晋三、麦荣基：广东主要景观类型的生物地球化学的特点
　　　　　　　　　　　　　　地理学报第28卷第四期　　1962年
〔10〕 张宏达等：雷州半島的植被　　　　　　　　　　　　科学出版社　1957年
〔11〕 唐永鑾等：粤东海滨的景观类型初步研究　中山大學學報（自然科学）1960年第2期

关于自然条件經濟評价的几个主要問題

曹 廷 藩

（地理系）

关于自然条件的經濟評价問題，在經济地理学的范圍內，既是一个重要的实踐性問題，又是一个重要的理論性問題。对于这个問題的正确认識和解决，不仅在做好生产布局的实际工作上有着重要的意义，即在經济地理学的健康发展上也有着重要的意义。1961年12月中國地理学会經濟地理专业委員会上海会議，决定把这个問題作为1962年专业委員会研究和討論的中心，是完全正确的。茲就个人几年来通过学习和一些实际工作，对于这个問題的一些片斷零星体会，加以整理，作簡要的闡明。由于为水平所限，錯誤和不恰当的地方，一定是难以避免的。希望有关同志加以批評和指正。

本文拟就以下三个問題，加以論述：

一、在經济地理学范圍內，关于自然条件作用的估計問題；

二、关于做好自然条件經濟评价的必备条件問題；

三、关于自然条件經濟評价的方法問題。

一 在經济地理学范围內，关于自然条件作用的估計問題

地理环境决定論的錯誤思想，解放前，在中国的地理学界曾經占着統治的地位。解放后，全国的地理学界由于学习了馬克思列宁主义和苏联的先进的地理学理論，并对地理环境决定論的錯誤思想进行了一系列的批判。这样，地理环境决定論的錯誤思想算是基本被克服。不过，关于自然条件在經濟地理学范围內的地位和作用問題，还不能认为已經获得了完全解决。一般說来，若干年来，馬克思列宁主义关于自然条件对于社会发展的作用的基本原理，大家都已經基本掌握。問題在于运用这一基本原理去解释和处理經濟地理学范圍內的具体問題时，大家还存在着不同的理解。总的說来，存在着两种不同的情况：一种是有一些人根据馬克思列宁主义

关于自然条件对于社会发展的作用的基本原理，有着意识地或不意识地轻视或忽视自然条件的作用的倾向；一种是有些人虽说不同意有着上述倾向的意见，但由于怕犯地理环境决定论的错误，又不敢如实地谈出自己的论点，不敢强调自然条件的作用。这两种情况，当然是根本相反的，但其效果则是一致的，即在地理环境决定论的错误思想被批判以后，由于我们还不能正确体会和正确运用马克思列宁主义关于自然和社会相互关系的原理，在全国经济地理学界存在着某种程度的忽视自然条件作用的倾向。这种情况对于做好生产配置的实际工作是不利的，对于经济地理学的健康发展也是不利的。

苏联经济地理学家巴朗斯基在其"经济地理学对自然环境的估计"一文中，根据马克思列宁主义的基本原理，把自然环境在经济地理学范围内的意义和作用，作了精辟的阐述。他在该文中说：

"当人们谈到自然环境的意义和作用的问题时，或者对这个问题进行争论时，往往立即就联系到自然环境对人类社会，以及人类社会对自然环境的各种影响上去。其实按照我们的意见，这里可以而且应该分为两个截然不同的问题。

"一个是关于自然环境对人类社会的发展（即一种社会形态向另一种社会形态过渡等等）所起影响的问题。

"众所周知，马克思主义虽然承认自然环境是社会物质生活的必要和经常的条件之一，认为自然环境能影响到社会物质生活的发展，但同时却不认为这种影响是决定性的。

"另一个问题是在一定社会形态的范围内，自然环境的差异对于各地的经济生产方向的差异的影响；而社会形态的性质，总的说来，也决定着自然环境利用的性质。

"第一个问题，在一般的提法上，是哲学的事情。在具体的提法上，是研究社会发展过程和社会形态更替的历史科学的事情……。

"第二个问题是研究自然环境的地区差异对于经济生产方向的地区差异的影响。和前一个问题相反，这正是经济地理学的根本任务。……"①

巴朗斯基在该文中，又说："在其他条件相同的情形下，自然条件的差异对于阐明不同地方农业生产方向的差异，几乎永远是决定的。"②

巴朗斯基在这篇文章中所阐述的论点，对于中国经济地理学界有着很大的影响。由于该文的影响，中国经济地理学界在前一个阶段忽视自然条件作用的倾向，获得一定程度的被克服。

巴朗斯基在这篇文章中所持的论点，总的说来，基本上是正确的。不过还不能认为已经完全解决了自然条件在经济地理学范围内作用估计的全部理论问题，尚有待于进一步补充和完善。

---

①、② 巴朗斯基：经济地理学论文集，32、33页（科学出版社。中译本）

巴朗斯基认为第一个问题，即一般阐述自然环境对于人类社会发展所起的影响，不是经济地理学的任务，这是正确的。但把经济地理学的根本任务，局限于只是研究在一定社会形态范围内的自然环境的差异对于各地的经济生产方向的差异的影响，这点还有待于商榷。

据我看来，根据马克思列宁主义关于自然条件和社会发展之间的相互关系的一般原理，具体阐明自然条件对于生产配置的影响，是经济地理学的重要任务之一。而在这个问题上，又可区别为两种不同的情况：一种是自然条件在生产配置全局性问题上的作用，一种是自然条件在生产配置局部性具体问题上的作用。这是两个不同性质的问题，不能把它们混淆起来。在生产配置的全局性问题上，它既包括着古代社会的生产配置，又包括着现代社会的生产配置，而在现代，既包括着资本主义社会的生产配置，又包括社会主义社会的生产配置。也就是说，它既包括着生产配置在时间上的变化问题，又包括着生产配置在空间上的差异问题。在生产配置的全局性问题上，起决定性作用的当然主要是生产方式，而不是自然条件。也正因为这样，所以我们在生产配置的全局性问题上，决不能把自然条件放在首要的和起决定性作用的地位。在生产配置的局部性具体问题上，也就是说在一定的生产方式下，在一个国家或一个地区的生产力水平和生产关系的性质和其他一些社会经济条件都相同的情况下，生产配置的地区差异，特别是农业生产配置的地区差异，和工业中的采掘工业生产配置的地区差异，在很大程度上，确乎是由于自然条件的不同。因此在这种生产配置的一些局部性具体问题上，我们完全可以说自然条件可以起着决定性的作用。但这也并不是在所有的生产配置的局部性具体问题上，自然条件都可以起着决定性的作用。比如在机械工业和其他一些制造工业的生产布局上，自然条件并不能起着决定性的作用。总上所述，根据马克思列宁主义关于自然条件和社会发展相互关系的一般原理，具体阐明自然条件对于生产配置的作用，既要阐明自然条件在生产配置全局性问题上的作用，又要阐明自然条件在生产配置局部性具体问题上的作用，这些都是经济地理学的固有的重要任务。因此把经济地理学的根本任务，局限在只是研究在一定的生产方式下，自然条件的地区差异对于经济生产方向的地区差异的影响，亦即局限在只是研究自然条件在生产配置的局部性具体问题上的影响的意见，不能认为是完全正确的。

总的说来，我们认为自然条件在经济地理学的范围内是很重要的。在生产配置的全局性问题上，不应该忽视自然条件的作用。在生产配置的局部性具体问题上，应该十分重视自然条件的作用。因此，在经济地理学的范围内，任何根据马克思列宁主义关于自然条件和社会发展相互关系的原理，得出自然条件无关重要的结论，都不能认为是正确的。

自然条件的知识在经济地理学的范围内，虽说是十分重要的，但也不能过于夸大自然条件的地位和作用。巴朗斯基在该文中曾经又论及了经济地理学与历史科学的关系。他说："具体研究社会发展过程和社会形态更替是历史科学的事情，经济地理学对这个问题没有直接的关系。这并不是因为經济地理学忽视不同地方社会經济条件的差异，而是因为經济地理学考虑这些差异时，只是把它当作現成的材料拿过来，并不着手研究它們的成因問題，因为这些問題是应該由历史学家去探討的。"① 我看巴朗斯基的这个論点，也同样可以适用于說明經济地理学与自然地理学的关系。即我們可以这样說：关于自然条件的研究，那是自然地理学的事情，經济地理学对于这个問題沒有直接的关系。这并不是因为經济地理学忽视不同地方自然条件的差异，而是因为經济地理学考虑这些差异时，只是把它們当作現成的材料拿过来，并不着手研究它們的成因問題，因为这些問題是应該由自然地理学去探討的。把經济地理学和自然地理学的关系作这样的理解，丝毫沒有降低自然条件在經济地理学范围內的地位和作用，而是更恰当地和如实地反映了二者之間的关系和联系。这样，决不会影响經济地理学的健康发展，而只会更加有利于經济地理学的健康发展。

經济地理所需要的知識是多方面的，既需要自然条件方面的知識，又需要經济方面的知識，还需要生产技术方面的知識。不重视自然条件的作用当然是不恰当的，但过于强調自然条件的地位和作用，对于經济地理学的健康发展，无疑地也是不利的。

二 关于做好自然条件經济評价的必备条件問題

自然条件經济評价，就是根据經济上的需要，技术上的可能，对自然条件的有利和不利方面，进行全面分析，提出合理利用和改造自然，发展生产的方案或意見。任何关于自然条件的經济評价，实质上都是自然、技术、和經济三个方面的結合問題。为此，要做好自然条件的經济評价工作，必須要有自然条件方面的知識，又有生产技术方面的知識，还要有經济方面的知識，三者缺一不可。

既然要对自然条件进行經济評价，那就必須首先要了解自然条件本身。不了解自然条件本身，便根本談不上对它进行什么評价。要了解自然条件，一方面需要了解自然条件各个要素的情况、特点、及其发展变化和分布的規律性，一方面还需要了解自然条件各个要素之間的关系和自然条件整体（自然綜合体）的情况、特点、及其发展变化和分布的規律性。只有了解了自然条件的这两个方面，然后才能为做好对它进行經济評价提供前提条件。当然，关于自然条件的研究，是自然科学、特別是自然地理学的任务，不是經济地理学的任务。但是，作为一个經济地理工作者，为了要做好自然条件的經济評价工作，为了要做好生产配置工作，必須得要能掌握自然地理学的一些必要研究成果。有人藉口經济地理学的主要任务为对自然条件进行經济評价的研究，而并不研究自然条件本身，因而忽视自然条件規律性知識的学习和

---

① 巴朗斯基：經济地理学論文集，32頁（科学出版社，中譯本）

掌握，那很显然是不正确的。

作为一个经济地理工作者，为了做好对自然条件的经济评价工作，为了做好生产配置工作，他所掌握的自然地理知识，当然是愈多愈好的。但作为一个经济地理工作者，他所需要的知识是多方面的，自然地理知识只是一个方面。因此，对于自然地理方面的知识的要求，也不能是漫无限制的。总的说来，一般应该既要具有部门自然地理学方面的基础知识，又要具有综合自然地理学方面的基础知识。还要在此基础上，又要具有能以生产配置为中心，对有关的大量的自然地理文献资料和有关的复杂的自然地理现象，进行综合、概括，从而能以掌握地区自然特点的能力。当然，自己的有关自然地理方面的知识水平，还必须得随着自然地理学的不断发展而不断地要有所增长和提高，以适应于对自然条件评价工作质量不断提高的要求。

自然条件的作用，只有通过生产才能显示出来。因此只了解自然条件本身的情况、特点、和规律性，还仍然不能对自然条件进行经济评价。要对自然条件进行经济评价，还必须得要具有生产技术方面的知识，也就是说还必须得要熟悉生产。要对自然条件进行农业评价，便必须得要具有农业方面的生产技术知识；要对自然条件进行工业评价，便必须得要具有工业方面的生产技术知识；要对自然条件进行交通运输业的评价，便必须得要具有交通运输方面的有关技术性知识；要对自然条件进行全面的经济评价，便必须得要具备农业、工业、和交通运输等等方面的各种不同的生产技术知识。当然，关于生产技术本身的研究，是许多生产技术科学的任务，不是经济地理学的任务。但作为一个经济地理工作者，为了作好自然条件的经济评价工作，为了作好生产配置工作，便必须得要从生产技术科学那里学习和掌握有关的各种生产技术知识。通过最近几年来的实际工作，关于生产技术科学知识的重要性，是我们每个经济地理工作者所已经深刻体会了的，忽视生产技术知识的重要性的情况是不存在的。问题在于我们经济地理工作者现在关于这方面的知识还很贫乏，还远远不能适应于做好自然条件经济评价工作的要求。

关于生产技术方面的知识，较之自然条件还要复杂多样。作为一个经济地理工作者，关于生产技术方面的知识，当然也是愈多愈好。不过也不能是漫无限制的，而必须得有一个大致的范围。总的说来。作为一个经济地理工作者，必须得具备与生产配置有关的各种生产技术方面的基础知识。比如各个生产部门的生产特点、生产的主要过程、生产的物质技术装备和使用这些东西的技术水平，以及在生产过程的不同阶段生产与各种生产条件之间的具体联系等等。当然，作为一个经济地理工作者的生产技术知识，还必须得要随着各种生产技术的不断发展而不断地有所扩大和提高。生产技术知识是极其广泛而又是极其分散的，当前还没有一门专门的学科，对于生产技术知识进行综合性的研究。为此，关于生产技术知识的获得，除了需要学习与生产技术知识有关的各种书刊外，最重要的途径为通过各种实际工作，而逐步获得。

既了解自然条件，又具有了生产技术知识，对自然条件所进行的评价，尚只是自然条件的生产技术评价，还不是自然条件的经济评价，尚只能解决自然条件利用和改造的技术可能性方面的问题，还没有解决自条件利用和改造在经济效益和经济合理性和必要性方面的问题。因此，要做好自然条件的经济评价，还必须得在了解自然条件和生产技术问题的同时，又要具备经济科学方面的知识。要对自然条件进行农业经济评价，便必须得要具备农业经济方面的知识；要对自然条件进行工业经济评价，便必须得要具备工业经济方面的知识；要对自然条件进行交通运输经济评价，便必须得要具备交通运输经济方面的知识；要对自然条件进行全面的经济评价，便必须得要具备农业、工业、交通运输等等各种经济知识以及最一般的经济科学的基础知识。当然，关于各方面的经济问题的研究，是各门经济科学的任务，不是经济地理学的任务。但作为一个经济地理工作者，为了做好自然条件的经济评价工作，为了做好生产配置工作，便必须得要从经济科学那里学习和掌握有关的经济科学知识。就目前的实际情况说，我们经济地理工作者不少在经济科学的知识修养方面，还仍然是很不够的。

作为一个经济地理工作者，关于经济科学方面的知识，当然也是愈多愈好。但是也不能不有一个大致的范围。总的说来，作为一个经济地理工作者，为了要做好自然条件的经济评价，为了要做好生产配置工作，既需要具有政治经济学的基本理论知识，又需要具有部门经济科学的基础知识，既需要具有经济技术性方面的知识，又需要具有经济政策性方面的知识。当然，作为一个经济地理工作者的经济科学知识修养，还必须得要随着经济科学的不断发展而不断地有所增长和提高。

有了自然条件方面的知识、生产技术方面的知识、经济方面的知识，这还只不过是为进行自然条件的经济评价，打下了必要的知识基础，还不能保证就能做好自然条件的经济评价工作。要做好自然条件的经济评价工作，还必须得在此基础上，又要深刻地了解和掌握这三者之间的具体联系。一方面需要了解自然条件和生产之间的具体联系，既要了解自然条件与各种不同生产之间的具体联系，又要了解各种不同生产与有关自然条件之间的具体联系。另一方面又需要了解生产和经济之间的具体联系，既要了解各种不同生产的经济效益和它们在国民经济中的地位、作用和意义，又要了解在不同时期（近期和远期）国民经济发展对于各种生产的不同要求等等。只有了解和掌握了自然和生产之间、生产和经济之间的具体联系，然后才能据以揭示出自然条件和现存生产之间、现存生产和国民经济之间是否相适应，从而提出如何进一步合理利用和改造自然、更好地发展和配置生产，以适应国民经济发展的要求的意见。如果不了解和掌握自然和生产之间、生产和经济之间的具体联系，即便具有再多的关于自然条件、生产技术、和经济方面的知识，那仍然是不可能做好自然条件的经济评价工作的。为此，为了做好自然条件的经济评价工作，在有了自然、技术和经济三方面的知识后，还必须更进一步地要了解和掌握三者之间的具体联系。

既有了自然条件、生产技术和经济三方面的知识，又知道了三者之间的具体联系，是不是就能保証做好自然条件的經济評价工作呢？仍然不能。要做好自然条件的經济評价工作，还必須在此基础上，再进一步地要明确自然、技术、和經济三者在自然条件經济評价工作中的主次地位問題。在这三者中，自然条件是評价的对象，生产技术是評价所需要通过的手段，經济是評价的出发点，又是評价的終极目的。在自然条件的經济評价工作中，必須非常明确并且始終一貫地要以經济为綱，以經济为統帅。否則，就会很容易犯純技术观点的错誤，那所作出的自然条件的經济評价，便缺乏现实和实践的意义。

根据以上的論述，关于做好自然条件經济評价所必須具备的条件，可以簡要地概括为这样的三点：（1）必須具备自然条件、生产技术、和經济三个方面的丰富知識；（2）必須得了解和掌握自然条件、生产技术、和經济三者之間的具体联系；（3）必須得明确自然、技术、和經济三者在自然条件經济評价中的主次地位。

三 关于自然条件經济評价的方法問題

虽說任何关于自然条件的經济評价，都是自然、技术、和經济三个方面的結合；虽說任何关于自然条件的經济評价，都是根据經济上的需要，技术上的可能，对自然条件的有利方面和不利方面，进行分析評价，指出合理利用和改造自然的途径，更好地发展生产。但在对自然条件进行具体評价时，由于評价的具体目的不同，（当然也与評价者的科学知識基础不同有关系），从而也就使用了不同的評价方法。就人們通常所采用的方法，概括起来，大概有两种不同的方法系列：一种是以自然条件为主，联系到生产，对自然条件进行評价的方法系列；一种是以生产为主，根据生产对于自然条件的要求，对自然条件进行評价的方法系列。前种評价方法系列，目的在于一般評述自然条件的經济意义，并沒有生产上的具体目的性。自然科学工作者，特別是自然地理学工作者，在評价自然条件时，常常使用这种評价方法系列。后种評价方法系列，目的是为了生产发展上的需要，对自然条件进行更具体的評价，具有明确的生产上的目的性。生产技术科学工作者和經济科学工作者，在評价自然条件时，常常使用这种評价方法系列。这两种不同性质方法系列，經济地理工作者在評价自然条件时，均有所使用。以下就这两种不同的方法系列，分別加以簡要闡述。

（1）以自然条件为主，联系到生产，对自然条件进行經济評价的方法系列：这种評价的方法系列，由于評价的具体目的不同，（当然也与評价者的科学知識基础不同有关），又有着两种不同的方法：一种是按照自然条件的个別要素，一个一个地来进行評价；一种是把自然条件的各个要素联系起来，作为一个地区自然綜合体来对它进行經济評价。在这两种不同的方法中，前一种方法較多地被人們所使用，后一种方法被使用的尚比較少。

按照自然条件的个別因素进行評价的方法，目的在于对某个或某几个自然条件，比如地貌、气候、或土壤等，在生产上和经济上的意义，进行评价，从而为合理利用和改造某个或某几个自然条件，发展生产，提供科学论据。每种自然条件和生产的联系都是多方面的，同时又有着它的主要联系方面。比如地貌条件不仅与农业生产和交通运输有着密切的联系，同时它与工业生产也有着一定的联系。又如气候条件，当然首先是与农业生产有着密切的联系，但同时它与工业和交通运输也有着一定的联系。因此，在评述每一种自然条件时，一方面需要联系到与它有关系的一切生产方面，另一方面还须要区别出那些是主要的联系方面，那些是次要的联系方面。只有这样，才能全面地反映出该自然条件与生产的正确联系起来。在已有的评价工作中，不少存在着两种情况：或者是联系生产不够全面，即没有把它与生产的联系全部地揭示出来；或者是全面，而没有把主要的联系和次要的联系正确的揭示出来；这样，都会影响到评价的质量。其次，每种自然条件对于生产的影响，都会包含着有利的方面和不利的方面，绝不会只是单方面的。因此，还必须得如实地揭示出其有利的方面，同时又看到其不利的方面。任何只看到其中一个方面的评价，都不可能是正确的和恰当的评价。再次，在揭示出该自然条件对于生产的有利方面和不利方面后，紧接着便必须得提出合理利用和改造该自然条件的途径和更好地发展生产的意见来，这点是自然条件评价的最终目的。如果对这点重视不够或不予提及，那关于自然条件的经济评价，便失去了目的性，便没有了什么意义。部门自然地理工作者评价自然条件时，一般是使用这种方法的。

这种把自然条件的各个要素作单个评价的方法，存在着一定的缺点。其中最主要的为自然条件本身本来是相互联系的，可是这种评价的方法，把它们分割开来了。这样就只能反映出个别自然条件孤立地对于生产的影响，而反映不出自然条件相互之间的联系，以及自然条件作为整体对于生产的影响。其次，每种生产都是同时与许多自然条件因素相关联着的，可是这种自然条件评价的方法，只能反映出单个自然条件对于某种生产的关系，而反映不出某种生产与其全部有关自然条件的关系出来。总的说来，这种评价自然条件的方法，只能使人们认识到事物的个别，而不能使人们认识到事物的整体。这种评价自然条件的方法虽说是必要的，但还不能认为是一种很好的评价自然条件的方法。

把自然条件的各个要素结合起来，把地区作为一个自然综合体来进行经济评价，目的在于对地区自然条件的全部和整体，在生产上和经济上的意义，进行评价，为地区自然条件、自然资源的综合合理利用和改造，更好地发展生产，提供科学依据。这种评价自然条件的方法，首先要求对于一个地区的自然条件的各个要素的情况和特点，要能准确的掌握，在此基础上又要把各个自然条件要素联系起来，将其看作为一个自然综合体，了解其间的相互联系和相互作用，并且在其相互联系和相互作用中，能够揭示出那些是主要的联系，那些是次要的联系，那些因素起主导作用，那些因素起次要作用。从这种全面分析、全面了解的基础上，揭示出该自然综合体的特点来；然后把该地区自然条件的总的特点与该地区的生产发展联系起来，揭示出那些因素是有利的方面，那些因素是不利的方面，那些因素的那些部分是有利的方面，那些因素的那些部分是不利的方面，最后指出該地区自然条件全面合理利用和改造的途径以及該地区生产发展的重点和方向等。

这种評价自然条件的方法是比較困难的。有些只是把地区的自然条件罗列出来，一个一个地进行評价，而并沒有揭示出各种自然条件之間的相互关系，也沒有把地区作为一个自然綜合体来进行經济評价。这种評价的方法，虽說名义上叫做綜合自然条件評价，但实际上仍然是单个自然条件的評价。有些虽說也揭示出了各个自然条件之間的相互关系，并把地区作为一个自然綜合体来看待，但还不能揭示出該自然綜合体的主要特点来，仍只是一般的而不是有重点的来进行評价。这种評价的方法，也仍然还不能算是合乎要求的綜合自然条件評价。

这种把自然作为整体的評价方法，在联系到生产时，也应該把各种不同的生产作为一个生产整体（生产地域綜合体）来論述它和該自然綜合体之間的全部联系。不过在全部联系中，仍应該着重論述該生产地域綜合体中的主导生产部門与該地区自然綜合体中的主要自然因素之間的联系。只有这样，才能充分揭示該自然綜合体与該地域生产綜合体之間的主要联系。也只有这样，才能有效地找出如何充分合理利用該地域自然綜合体中的有利自然因素，来发展該生产地域綜合体中的主导生产部門。

綜合自然地理工作者評价自然条件时，一般使用这种方法。

按照自然条件的个别因素进行經济評价的方法，和把地区作为一个自然綜合体进行經济評价的方法，一方面由于評价的目的性不同，一方面也由于进行的方法不同，当然是各自独立存在的，同时也是不能互相代替的，从而也都是必要的。但是这两种不同的評价方法，却是彼此密切联系的，需要互相参照，互相补充。最好是把这两种不同的評价方法結合起来，加以运用。在对綜合自然条件进行評价时，必须具有对自然条件个别要素进行經济評价的知識，这样就可以加强对綜合自然条件进行經济評价的科学基础。在对自然条件个别要素进行經济評价时，也需要具有綜合自然条件經济評价的知識，这样就可以克服对个别自然条件进行評价时所易犯的片面性。

（2）以生产为主，根据生产对自然条件的要求，对自然条件进行經济評价的方法系列：这种評价自然条件的方法系列，由于評价自然条件的目的性不同，也又可以分为两种不同的方法来进行。一种是按照某一生产部門或某几个生产部門对自然条件的不同要求，来对自然条件进行經济評价；一种是把各种不同的生产部門联系起来，作为一个生产地域綜合体来对自然条件进行經济評价。前者主要是采用分析的方法，后者主要是采用綜合的方法。在这两种不同的方法中，前种方法較多的被人們所采用，后种方法被人們使用的尚比較少。

按照不同的生产部門对自然条件的不同要求对自然条件进行經济評价的方法，目的在于为了发展某一生产部門或某几个生产部門，对其有关的各种自然条件，进行經濟評价。这种評价自然条件的方法，首先是要分析研究掌握各該生产部門的生产特点以及它对于自然条件的具体要求。这点做好后，再根据該生产部門对于自然条件的具体要求，对該地区与該部門生产有关的自然条件的全部情况，加以考查，揭示出其对該部門生产的有利方面和不利方面。然后再进一步指出其如何合理利用和改造自然的途径以及进一步发展該地区的該部門生产的意見。最后据以作出总的經济評价。生产技术科学工作者，如农业家、林学家、工矿方面的工程师对自然条件进行評价时，一般是采用这样方法的，部門經济地理工作者，如农业地理工作者、工业地理工作者、或交通运輸地理工作者对自然条件进行評价时，一般也采用这种方法。这种对自然条件进行評价的方法的优点为目的明确，要求具体，缺点是只就某一生产部門的要求和角度来对自然条件进行評价，如果从自然条件評价的全局来看，这种評价很显然是不全面的。

把各种不同的生产联系起来，作为一个生产地域綜合体来对自然条件进行經济評价的方法，目的在于为了一个地区生产的全面发展的要求，对該地区的自然条件进行全面的經济評价。这种評价自然条件的方法，是在按生产部門对自然条件进行評价的基础上进行的。首先仍然要求要分析、研究、掌握各个主要生产部門的特点和它們对于自然条件的不同要求，并据以对地区的自然条件按部門进行評价。在此基础上，再把生产的各个部門联系起来，作为一个生产地域綜合体，然后从这个生产地域綜合体生产发展对于自然条件的要求，对該地区自然条件的全部情况，加以考查，揭示出其对于該地区生产全面发展的有利方面和不利方面，然后再进一步指出合理利用和改造該地区自然条件的途径以及該地区生产进一步全面发展的方向，最后据以作出总的經济評价。如果只把一个地区自然件条的部門生产經济評价汇集起来，而沒有把該地区的各部門生产联系起来，作为一个生产整体来对該地区的自然件条进行評价，还不能說这样的做法就是生产的綜合自然件条評价。国民經济計划部門和經济地理工作者对自然件条进行經济評价时，要求采用这种方法。

按照生产部門对自然条件的不同要求，对其有关的自然件条进行評价的方法，和按照生产地域綜合体生产全面发展的要求，对地区自然件条进行全面綜合評价的方法，一方面由于評价的目的性不同，一方面由于进行的方法不同，当然也是各自独立存在的，同时也是不能互相代替的，从而也都是要的。但是这两种不同的評价方法，又是彼此密切联系的，需要互相参照，互相补充。最好是把这两种不同的方法，結合起来，加以运用。按照生产地域綜合体生产的全面发展的要求对地区自然件条进行全面綜合評价，是在按照部門生产发展的要求，对自然件条进行个別評价的基础上进行。因此在对自然件条进行綜合評价之前，必须先要做好各生产部門对自然条件的个別評价。同样、按照各生产部門对自然条件进行个別評价，最好是在按照生产地域綜合体对自然条件进行綜合評价的指导下来进行，因为这样就可以避免按部門对自然条件进行个別評价所易犯的片面性。

以上我們对以自然条件为主，联系到生产，对自然条件进行經济評价的方法系列，和以生产为主、根据生产对自然条件的不同要求，对自然条件进行经济评价的方法系列，作了简要的论述。这两种不同性质的评价方法系列，当然是各具特点，各有其独自作用的。任何一种，只要能以做得好，对于合理利用和改造自然，更好地发展生产，都是有着极其重要的意义的。经济地理学在自然条件经济评价方面，还没有比较成熟和定型的方法。因此，在经济地理工作者所已经进行的自然条件经济评价中，上述两种评价方法系列的各种方法，都曾有所使用。有些经济地理工作者甚至认为把自然地理工作者或其他有关科学工作者所作的自然条件经济评价借用过来便可以了，自己没有必要再做什么自然条件评价工作，这很显然是不正确的。据我看来，按照经济地理学的科学性质和科学任务，其评价自然条件所使用的方法，应该属于以生产为主的评价方法系列。不过以自然条件为主的评价方法系列，对自己仍然有着极其重要的参考价值。据我看来，作为一个经济地理工作者，最好的办法，是把这两种评价方法系列结合起来，加以综合运用。即在对自然条件进行经济评价时，首先使用以自然条件为主的评价方法系列，对自然条件先进行一般性的经济评价，其次再使用以生产为主的评价方法系列，对自然条件再进行更具体的经济评价，最后再把运用这两种评价方法系列所得出的结论，加以综合分析，得出对自然条件经济评价的全面的、准确的、有充分科学论据的合理利用和改造自然，更好地发展生产和配置生产的结论来。

四　结　语

总的说来，根据以上的分析，我们必须进一步明确关于自然条件的经济评价，在经济地理学的领域内，既是一个重要的实践问题，又是一个重要的理论问题。要做好这一工作，首先必须进一步明确自然条件在经济地理学范围内的重要地位和重要作用，必须进一步加强关于自然条件方面的知识修养。同时还必须进一步明确自然条件经济评价的实质，就是自然、技术和经济三方面的结合问题。为此，为了要作好自然条件的经济评价工作，除了需要进一步加强自然条件方面的知识修养外，还必须进一步加强生产技术知识修养和经济科学知识修养。同时在此基础上，还必须要深入了解自然、技术和经济三者之间的具体联系，并且还要十分明确，并且始终一贯地以经济为统帅，以技术为手段。对自然条件进行评价。与此同时，还必须继续不断地总结各方面有关于自然条件经济评价的经验，根据经济地理学的要求，逐步改进和提高经济地理学关于自然条件经济评价的质量，从而逐步形成经济地理学关于自然条件经济评价的方法和理论体系，提高经济地理学的理论水平和工作质量。①

(1962年11月2日)

---

① 关于经济地理学对自然条件的评价，经过全国地理学会经济地理专业委员会1962年11月长春会议的讨论，已经初步理出了一套方法论体系，刊登在地理学报1663年第一期。

К НЕКОТОРЫМ ОСНОВЫМ ВОПРОСАМ ОБ ЭКОНОМИЧСЕКОЙ ОЦЕНКЕ ПРИРОДНЫХ УСЛОВИЙ

Цао Тин-фан

Резюме

Данная статья посвящена тремя следующим вопрсам:

1. Вопрос об учёте роли природных условий в экономической географии. Автор данной статьи считает, что конкретное выяснение влияния природных условий на размещение производства по общим положениям марксизма-ленинизма о соотношении между природными условиями и развитием общества является одной из важных задач экономической географии. В эту задачу входит два разнохарактерных вопроса: один из них —— о роли природных условий в размещении произвдства в целом, другой —— о роли природных условий в частных, конкретных сторонах размещения производства. В отношении вопроса о размещении производства в целом нельзя игнорировать роль природных условий, а в отношении вопроса о частных, конкретных сторонах размещения производства должно обратить очень большое внимание на роль природных условий.

2. Вопрос о необходимой подготовке эконом-географов для успешного совершения экономической оценки природных условий. Автор считает, что экономическая оценка природных условий по существу представляет собой вопрос о сочетании трёх сторон: природы, техники и хозяйства. Для успешного совершения этой работы эконом-географы должны обладать большими знаниями по этим трем сторонам. При этом на этой основе они должны понять и усвоить конкретные связи между природой, техникой и хозяйством и ясно представить себе место и значение этих трёх сторон в экономической оценке природных условий, т.е. эконом-географам необходимо провести эту оценку, ставяя хозяйство во главе всего и рассматривая технику как способ оценки.

3. Вопрос о методах экономической оценки природных условий. Автор сводит методы, применяемые при оценке природных условий, в два разных ряда методов: один из них——проводить оценку, исходя из природных условий в связи с производством, другой——проводить оценку, исходя из производства, основываясь на требованиях производства к природным условиям. Методы оценки природных условий в экономической географии должны относиться к второму ряду, но первый также имеет существенное справочное значение для проведения оценки.

资料

西沙、南沙等群岛的自然地理概要

地理系 徐俊鸣

（一）南海海底地形轮廓

南海亦称南中国海，是我国沿边四海中最大的一个。它北起台湾海峡的南口，南抵加里曼丹岛西南方的卡里马塔海峡。西界中南半岛和马来半岛，东界菲律宾群岛。南北纵长，东西稍狭，面积三百六十多万平方公里，为东中国海（东海、黄海、渤海的总称）的三倍。

南海海底地形相当复杂，海水也较深，通常分作四个地形区：

1、大陆架 它是大陆的延伸部分，地势比较平坦，水深一般不到200米。南海的大陆架相当辽阔，特别是在西北部和西南部。前者包括我国的两广和台湾以南沿海和中越间的北部湾等海面。台湾和海南两大岛都在这片大陆架上。南海西南方的大陆架更为辽阔，西面包括暹罗湾，东抵加里曼丹以北，南连爪哇海和爪哇、苏门答腊等岛，俗称巽他大陆架。而越南中部以东和菲律宾群岛以西的大陆架都较窄。

2、大陆坡 是大陆架到深海盆地的过渡区。坡度较大，地形也较复杂，水深由数百米至数千米不等，中有高度不同的阶地和海底山脊，珊瑚虫即以此为基地生长，成为无数珊瑚小岛礁滩。我国的东沙、西沙和中沙群岛都在这个大陆坡范围内。

3、中央深海盆地 位于南海中部而稍偏于东北。北起吕宋岛之西，南抵南沙群岛以北，西抵越南中部海外，略成一三角形，水深多在3,500—4,200米之间，地势一般比较平坦。吕宋岛以西直至民都洛岛以西有深海沟，如马尼拉等海沟，深达5,000米以上。而西沙与南沙群岛间亦有深达5,567米的深海沟，为目前已知的南海最深处。

4、海底台地 位于北纬12°以南，南接巽他大陆架。水深一般在1,500—2,000米间，东有巴拉望海沟（深度不及马尼拉海沟）与巴拉望岛分界。台地上有许多突起的海脊，南沙群岛大部即以此为基础。

南海同相邻的海区之间有许多通道，为海水交换和海上航行之所必经，其中较重要的有以下八处：

（1）台湾海峡 北通东海，最狭处宽75浬，水深70米。

（2）巴士海峡 在台湾南部与巴坦群岛之间，水深达2,600米，为南海东通太

（3）巴林塘海峡　在上述巴士海峡之南，亦为南海通太平洋水道之一，惟深广不及前者。

（4）民都洛海峡　在菲律宾的民都洛岛与巴拉望岛之间，东通苏禄海，水深达450米。

（5）巴拉巴克海峡　在巴拉望岛之南，亦东通苏禄海，惟水深仅100米。

（6）卡里马塔海峡　在加里曼丹岛西南侧与勿里洞岛间，为南海通爪哇海的重要水道，水深约40米。

（7）加斯帕海峡　在勿里洞与邦加岛间，亦为南海通爪哇海通道之一，水深亦40米，惟宽度不及前者。

（8）马六甲海峡　介于马来半岛与苏门答腊岛间，它是太平洋和印度洋的咽喉地带，在世界航运上极为重要，但因水道较浅（仅30米）对于海水交换上却并不重要。

（二）南海的气候和海流概况

南海北起北回归线（北纬23.5°）左右，南迄南纬3°左右，属于赤道和热带气候，终年高温多雨。除北部的东沙岛（北纬20°40′）冬季因受北方冷空气的影响，一月平均气温（20.6℃）未达到夏天的标准(22℃)，最热月（六月）平均28.6℃，年温差多达8℃外，其余各岛，一月平均都在22℃以上，即四时皆夏。年温差也很小。如西沙群岛中的永兴岛（北纬16°50′），一月平均为22.8℃，最热月（六月）平均为28.9℃，年温差仅6.1℃。南沙群岛距赤道更近，年温差自然更小。依其纬度相似的邻区（越南芽庄）的记录，最冷月为24.2℃，最热月为28.6℃，年温差仅4.4℃。

南海和菲律宾以东的太平洋都是台风的发源地，受台风影响的季节特长。

南海又受季风影响，大概5—9月以西南季风为主；11—3月以东北季风为主。4月与10月是季风转换季节。这种定期转换方向的风，千百年来为我国劳动人民利用来从事生产和对外进行经济文化交流。远在北宋时期，我国沿海人民就称夏季风为"舶䑲风"，因为它能吹送海舶归来。

南海的表层海水，因受季风的吹拂等原因，冬夏的流向亦有所不同。夏季（以八月为例），从爪哇海通过卡里马塔海峡和加斯帕海峡流入南海的海水，因受西南季风的吹送，转向东北流，经巴士和巴林塘海峡汇入太平洋的黑潮中，或通过台湾海峡进入东海。而在北部湾、暹罗湾和南海的东部各有顺时钟方向的局部小环流。至于冬季（以二月为例）情况恰相反，那时从东海通过台湾海峡南下的海水和从太平洋通过巴士和巴林塘海峡的海水，进入南海之后，因受东北季风的吹送，向南海西侧南下，至越南中部海岸流速最大，有时每小时可达二浬，抵马来半岛后折向东南流，经过卡里马塔等海峡流入爪哇海。此时，北部湾与暹罗湾二处亦有小环流，惟流向与夏季不同而作逆时钟方向。而南海东部则有由苏禄海通过民都洛与巴克巴拉海峡的水形成由东向西的补充流。南宋周去非所著的《岭外代答》一书中曾指出：在海南岛西南方的海洋中，有三种不同流向的海流交汇于此，叫做"三合流"。其情况与现在南海冬季的海流有些类似。

（三）南海诸岛的地形及其他

分布于南海腹心的岛屿都是珊瑚小岛和礁滩之属。珊瑚为热带海中特有的生物，故珊瑚岛为热带海中特有的海岛。这些岛屿在地形上的特点是面积不大，海拔不高。据现在已测量过的南海诸岛中，面积最大的为西沙群岛中的永兴岛，其面积仅1.85平方公里。海拔最高的为西沙群岛中的石岛，海拔12—15米。人们把岛礁距海平面的高低分作五类：1、岛屿——成陆较久海拔稍高的；2、沙洲——成陆不久，但一般高潮已不能淹没的；3、礁——出没于高低潮间的；4、暗沙——低潮时亦不能露出水面的；5、暗滩——比暗沙离水面更远，一般在30米左右的。但这种区分也没有明确的界线，故有时此书称岛，别书称礁滩者亦常有之。据不完全统计，这里有珊瑚小岛及沙洲共40左右；而礁、暗沙与暗滩共140多个，合共岛礁共180多个。通常分作以下四群：

（1）东沙群岛　位置在汕头以南约140浬（1浬＝1.85公里）。由一个岛（东沙岛）和几个礁滩构成。东沙岛清初名为"南澳气"（见《海国闻见录》），后称"大东沙"，据说因在万山群岛以东得名（见《海录》）。自古为我国闽、粤、台等地渔船停泊之所。今广州或香港至马尼拉和台湾高雄的航线通过东沙附近。

（2）西沙群岛　在海南岛榆林港东南约150浬，西距越南中段海岸约240浬。包括十多个岛屿和十多个礁滩等，我国古称千里长沙或七洲岛（见宋人著作）。主要集中于东西二群：（甲）宣德群岛，位置较东，包括永兴岛、石岛（同在一礁盘上）北岛、中岛、南岛（同在另一礁盘上），树岛（又称赵述岛）与西沙洲等。其中以永兴岛为主岛，面积1.85平方里，海拔高8.5米。土名猫注岛或林岛，岛上有居民并多森林；现为西沙、中沙、南沙群岛革命委员会所在地。这六岛连较东的东岛（又称和五岛，面积与永兴岛相似）合称东七岛，据说古之七洲洋即指此七岛附近的洋面。（乙）永乐群岛，位置较西，在永兴岛西南约37浬。亦有六岛共构成新月形，故西名新月群岛，东南端有三岛，为琛航岛（又名灯擎岛）、广金岛（又名掌岛）与晋卿岛。琛航岛面积0.43方平公里，海拔约5米，但无淡水。与广金岛同在一礁盘上，潮落时可以涉水而过。新月形西端亦有三岛，由北而南依次是珊瑚岛、甘泉岛和金银岛。甘泉岛以有淡水著名，海拔约8.5米，珊瑚岛面积不到0.3平方公里，海拔9.1米，亦有淡水。甘泉岛与金银岛间有羚羊礁，为一典型的环形礁。新月形开口向南，北侧另有森屏滩。永乐六岛及其南的盘石屿和螺岛（即中建岛）合称西八岛。森屏滩上现新成两岛，一名金沙岛一名全富岛。在永乐群岛与盘石屿之间另有巨大的环形礁，名为觅出礁或华光礁。此外，还有其他暗沙等，如神狐暗沙和一统暗沙遥遥偏北已在北纬19°附近。西沙群岛位于南海航运的要冲，广州至新加坡的航线通过西沙与中沙之间；香港至西贡的航线通过西沙之西。

（3）中沙群岛 位于西沙群岛东侧，主要集中于北纬16°与东经114°附近。是一个巨大的水下环礁，周浅而中深，北有比微暗沙，南为波伏暗沙，西有排洪滩，东有隐矶滩。其中以礁盘北缘的立夫暗沙隆起最高。此外，分布较远的黄岩岛（即南岩岛或称民主礁）和宪法暗沙，也是中沙群岛的一部。

（4）南沙群岛 位置最南，分布最广。北起镇南礁（北纬约12°），南迄曾母暗沙附近（北纬4°以南），西起万安滩（东经109°30′），东到海马滩（东经117°50′）。包括十多个岛屿沙洲和一百多座礁滩暗沙。其中以太平岛为最大，它位于北纬10°23′，东经114°22′处，面积约0.43平方公里，海拔4.2米。北距西沙群岛的永兴岛400多浬。在太平岛西南方的南威岛（约在北纬8°和东经112°）亦为南沙群岛较重要的岛屿，面积虽只有0.15平方公里，海拔约3米，但有良好锚地，可作海军基地。

南沙群岛在南海海运上的地位相当重要：广州或香港至新加坡的航线通过它的西侧，新加坡到马尼拉的航线通过它的西北，新加坡至文莱的航线通过它的南侧。

西沙、南沙、东沙和中沙群岛都是著名的高产渔场，这可能是由于海流被礁滩所阻挡而形成局部的上升流，以及珊瑚礁内的矿物质发生溶解，使营养物质集中在这个区域内的缘故。这里生长着的大量珊瑚又为鱼群提供了多样化的栖息地和避敌的庇护所。所以南海诸岛附近海域以盛产各种鱼类、海参、海龟、玳瑁、贝类、紫菜等著名。岛上又多海鸟（鲣鸟最多）和鸟粪。鸟粪为优良的化肥原料并可提取重要的药材。

据地质学家研究，亚洲东部有几条东北——西南走向的"地向斜"，这巨大的地向斜为蕴藏石油的理想地带。东中国海和南中国海都在这种地带内，所以南海海底有希望成为将来世界重要石油产地之一。这也是帝国主义及其走狗所以垂涎我南海诸岛的原因之一。

南海虽然烟波浩渺，岛礁错落，风沙猎猎，波涛翻滚，但数千年来，勤劳而勇敢的中国人民通过和大风大浪的长期的搏斗，开发利用了这广大的海域和散布于南海腹心的西沙、南沙、东沙和中沙等群岛。这些海岛自古以来都是我国的领土。中国人民在伟大领袖毛主席和中国共产党的正确领导下，誓为捍卫祖国的神圣领土南海长城而斗争到底，一切不自量力的侵略者必将搬起石头砸自己的脚，决不会有好下场的。

暴雨天气动力学一些问题的探讨（Ⅰ）

——分析工具

王两铭　　　　　　　　罗会邦*
（中央气象局研究所）　　（中山大学地理系）

摘　要

本文从探讨暴雨研究的基本工具入手，指出用温压场为基础的天气图，在反映暴雨的基本特征方面有一定困难；而从假相当位温场和实测风场来探讨，则在实践上和理论上都较有效。

分析表明：850MB，700MB，500MB三层假相当位温的平均 $\bar{\theta}_{se}$ 与500MB和850MB 切变风 $\vec{V}_q$ 有密切的关系，$\vec{V}_q$ 的方向与 $\bar{\theta}_{se}$ 的等值线平行，大小与等值线的密度有关，这和平均温度场与地转铅直切变风的热成风关系类似，而后者在低纬暴雨地区关系很差，从而说明工具改革的必要性。

前　言

研究暴雨应从形成暴雨的主要物理条件着手。我们认为：形成暴雨的内在因素是潮湿空气的潜在不稳定，而又以充足的水汽表现为其主要方面；外部因素是促使这种潜在不稳定得到充分释放的强迫抬升运动，而又以流场为其主要方面。因为，地形也要通过流场来起作用。我们将围绕暴雨的内、外部条件，通过华南前汛期暴雨成因和预报方法试验，探讨其内在联系，使之尽快地应用于预报，并在实践中给以检验，以便对暴雨形成的基本理论逐渐有所增益，对暴雨落区预报方法能不断改善。

一、问题的提出

现有的工具主要是高空和地面天气图。这种工具的理论基础是：大气运动基本上是地转的，绝热的。从能量的观点来说，主要是位能和动能的转换。反映这种过

---

* 中山大学气象专业七四届学员章成光、李华山、叶惠明、薛惠姗、刘靓、陈文迎参加了本文的计算工作。

程所选用的物理量是温度场和风场。由于中高纬度柯氏力和气压梯度力处于准平衡状态，大气的风场和气压场关系是准地转的；而且因为风场的测量误差较大，气压场的测量远比风场精确，故又用气压场代替风场。这就是为什么在中高纬度用气压场和温度场作为研究天气学和动力学的基本工具。现在我们的研究对象是暴雨，是有大量凝结现象参加的物理过程。在暴雨地区，大气的运动是非绝热的，饱和的空气块将沿着湿绝热上升，通过凝结释放潜在能量。这样，从能量的观点来说，在暴雨过程中，不仅有位能和动能的转换，而且有一个潜热能；另一方面，华南前汛期暴雨时期，气压场和风场并不平衡，实际风比地转风有时大一倍以上，即大气的运动是非地转的，气压场不能较好地反映风场特征。因此，我们认为：探讨暴雨的基本工具图以在湿绝热过程中具有保守性的假相当位温θ_{se}和实测风要比温压场更能反映暴雨问题的特征，这就是我们提出工具问题的出发点。

我们的考虑还来自预报员的实际经验。在他们的预报思路中是以850MB西南低空急流和切变线这种实测风场为依据的。同时，他们还提出了在暴雨条件下的"锋区"两侧温度对比并不明显，而湿度场和实测风场表现得比较明显。这种经验对于考虑反映暴雨特征的工具图是可贵的。

实践表明：在华南前汛期暴雨条件下，以上述考虑为依据、用实测风场和假相当位温场作暴雨的预报和研究比温压场具有较多的优越性。

二、工具及其特征

为了便于说明，我们以中高纬度的情况作比较。

1、温湿场

在中高纬度的天气分析中，预报员常注意冷空气的活动，由此确定高空锋区和地面锋面，并作出影响系统的天气预报。这实际上反映出天气主要表现在冷和热这对矛盾上面，而以冷作为其矛盾的主要方面。在暴雨天气中情况又是怎样的呢？华南前汛期暴雨，在大多数情况下，暖总是伴随着湿，冷总是伴随着干，即是以暖湿和干冷之间的矛盾出现的，而又以暖湿作为矛盾的主要方面。每当一次暖湿空气活动，往往伴随着一次暴雨过程。采用等θ_{se}和等q线联合分析能较好地反映这种特征。

图1a是1977年6月19日08时的850MB高空图，图中的细实线是等位势线，细虚线是等温线，粗断线是切变线。图1b是同一时刻的假相当位温和等比湿图，即$\theta_{se}-q$图，图中的细实线是等θ_{se}线（每隔5°画一根），细虚线是等q线（每隔2千克/4千克一根），带箭头的粗实线是西南风和东北风急流轴线，粗断线是切变线，"NS"表示暖湿中心，"GL"表示干冷中心。从以上二张同一时刻不同物理量图的比较可以看到：① 以温压场分析的天气图，温度梯度不明显，没有"锋区"；而以$\theta_{se}-q$场分析的图暖湿和干冷的梯度明显，槽脊分明，并有相当明显的"锋区"。②

以温压场分析的图，温度场和流场关系不明显；而以$\theta_{se}-q$场分析的图，暖湿舌对应着低空西南急流轴，暖湿中心对应着急流中心，干冷槽伴随有低空东北风急流轴，"锋区"前是切变线所在，暴雨正是发生在切变线前，在低空西南急流中心的左前方，在暖湿中心的下风地区。用850MB，700MB，500MB，三层θ_{se}平均图则暖湿中心和低空850MB和高空500MB西南风急流中心配置更好，850MB低空西南急流轴常在暖湿舌的右侧，急流中心在暖湿中心的右侧，500MB西南急流轴及其中心分别对应于三层平均暖湿舌及其中心的左侧，暴雨正是出现在低空西南急流左前方的暖湿区中。用这种物理量图作24小时暴雨的落区预报比天气图物理意义清楚，预示性能较好。

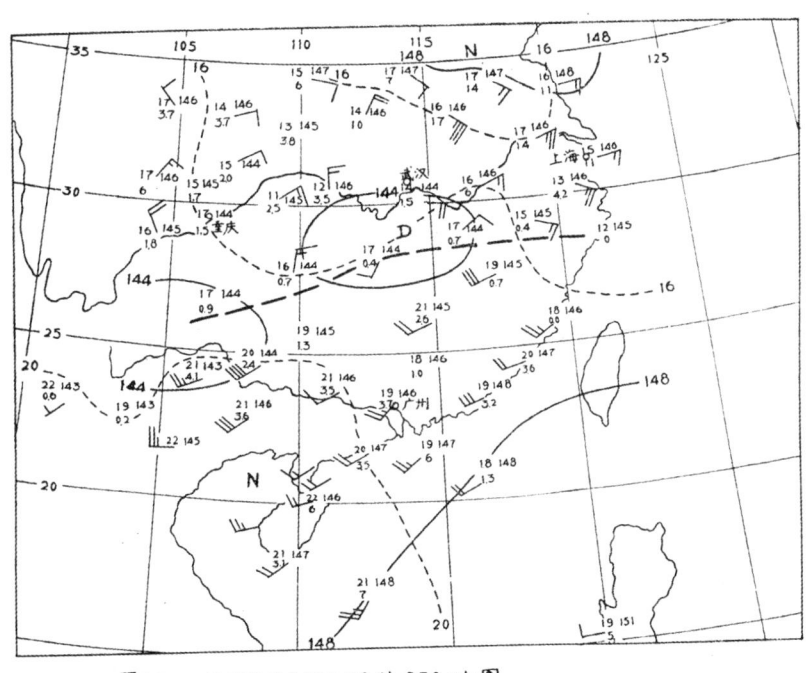

图1a. 1977年6月19日08时 850 mb 图
---- 等温线； —— 等高线； ——— 切变线

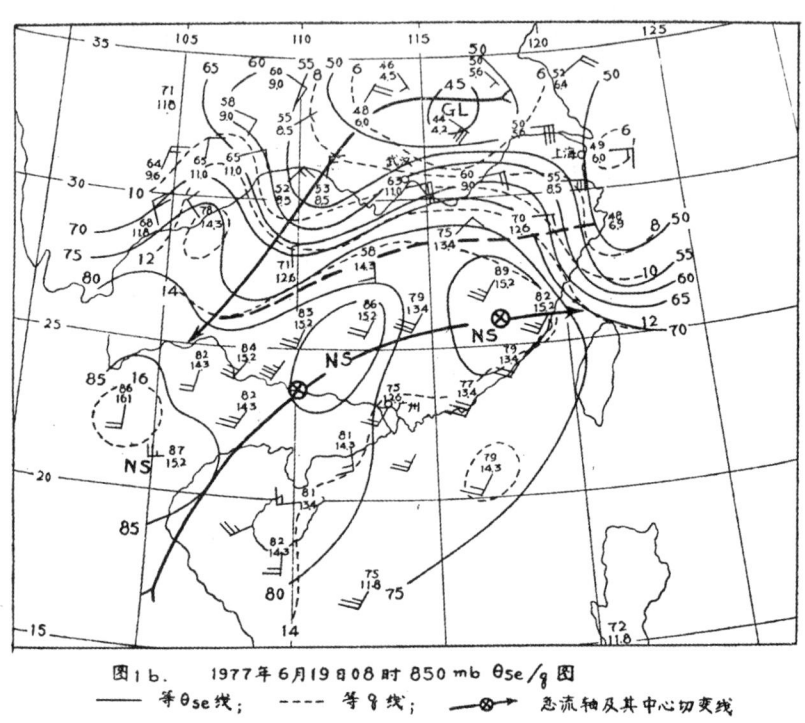

图1b. 1977年6月19日08时 850mb θ_{se}/q 图
—— 等θ_{se}线； ---- 等q线； ⊗—⊗ 急流轴及其中心切变线

2、风场

在中高纬度用气压场代替风场是较为理想的，但对华南前汛期暴雨来说，这种关系就相当差。从图1a中的位势场是无法算出急流附近的实测风场的。在风场的分析中，为了抓住风场的主要特征，采用基本气流加小扰动的概念，如图2所示，我们取x轴指东北，y轴指西北，即将一般坐标轴反时针方向转动45度，急流中心取为坐标原点，图中等值线为等西南风速线。由于取自西南至东北的方向为x轴，流线偏离x轴所构成的曲率涡度在急流地区远比切变涡度小，流场所引起的涡度场主要表现为切变涡度。在实际预报中，这种等风速线图有助于从物理上判断暴雨的预报落区。从图2的等风速线分析中可以看到风场的如下特征：

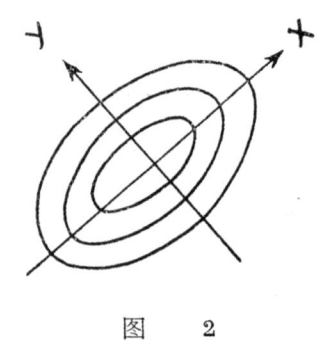

图 2

① 背对y轴的来向，则y轴的右侧是风速辐合区，侧左是风速辐散区，辐散合辐的大小同等风速线沿x方向的密集程度成比例。

② 背对x轴来向，则x轴的左侧是气旋性切变涡度区，右侧是反气旋性切变涡度区，切变涡度的大小是同等风速线沿y方向的密集程度成比例。

按照摩擦引起的垂直运动正比于摩擦层顶的涡度，若取850MB为摩擦层顶，则 x 轴的左侧是摩擦上升区，右侧是摩擦下沉区。

③ x 轴（应为急流轴），是无旋线，y 轴是无辐散线，急流中心既是无旋又是无辐散的奇异点。

④急流轴的左前方不仅是摩擦上升运动区，而且是正涡度平流和辐合区，最有利于气块的强迫抬升，故急流中心的左前方是暴雨的主要落区。

借助于上述二种工具，将可以较好地从物理条件来预报降水的落区。

二、动力学的初步探讨

一年来的实践在动力气象学方面提出了一些问题：

1、为什么象图3这种850MB的温湿场和流场的配置是暴雨的常见形势，图中实线是等 θ_{se} 线，带箭头的粗实线是急流轴线，"×"号为急流中心，NS 为暖湿中心。

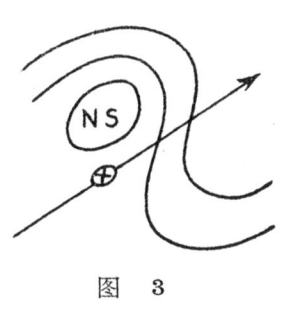

图 3

2、为什么暴雨带常在急流中心左前方和暖湿中心的下风方，而这两个条件又几乎是同时出现？

3、为什么暖湿舌及其中心在它的右侧经常分别对应着850MB低空西南急流轴及其中心，而在其左侧正好是500MB急流轴及其中心？

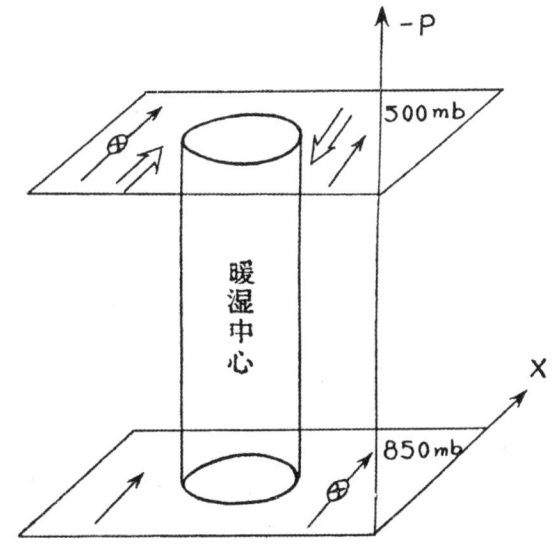

图 4　暖湿中心和急流配置示意图

(——→风速矢 $\vec{V}$，　⊗急流中心，

⇒风的铅直切变矢 $\vec{V}_g$)

从动力气象学的角度来说，归结为这种温湿场和流场之间究竟存在着什么关系？

众所周知，在中高纬度，风场的铅直切变是由热成风原理把它同温度场联结起来的，所以热成风就成了以温压场为主要工具进行天气和动力学研究的一个主要的理论基础，因此，在这里我们将探讨下列三个问题：1.中高纬度的热成风原理在暴雨地区是否适用；2.如不适用，是否有一种类似热成风原理的相应关系存在；3.如果这种关系存在，那么对应的基本分析物理量应该选什么。

暴雨天气动力学一些问题的探讨（Ⅰ）

图4是暴雨落区预报中常见的急流和暖湿中心配置图，x轴指向东北，850MB西南急流在暖湿中心的右方，而500MB西南急流在其左方，这种配置表明，850MB切变涡度是正的，500MB切变涡度是负的，切变涡度随高度而减小。由于流线偏离225°所构成的曲率涡度在急流地区远比切变涡度为小，在850MB西南急流轴与500MB西南急流轴之间的暴雨区总的涡度是随高度减小的，并且由正涡度变为负涡度。

由 $\zeta_{500} = \vec{k} \cdot \nabla \times \vec{V}_{500}$ （1）

$\zeta_{850} = \vec{k} \cdot \nabla \times \vec{V}_{850}$ （2）

则 $\zeta_q = \vec{k} \cdot \nabla \times \vec{V}_q$ （3）

式中的ζ为相对涡度，$\vec{V}$为水平风速矢

$\zeta_q = \zeta_{500} - \zeta_{850}, \vec{V}_q = \vec{V}_{500} - \vec{V}_{850}$

由上可知$\zeta_q < 0$，如图4中双线箭头（表示风的铅直切变矢的分布）所示，如果准地转的假定成立，则根据热成风原理，$\vec{V}_q$就是这一层内的热成风$\vec{V}_T$，ζ_q就是热成涡度ζ_T。在上述二支急流轴之间，850MB到500MB这一层内应该存在着一个平均温度的暖中心。我们做了1977年5月15日到21日，5月27日到6月1日和6月16日到22日每天08时三层500MB、700MB、850MB位温θ的平均，从平均θ场来看，并没有什么明显的暖中心，位温的水平梯度也相当地小，有时反而出现冷中心。图5a是1977年5月

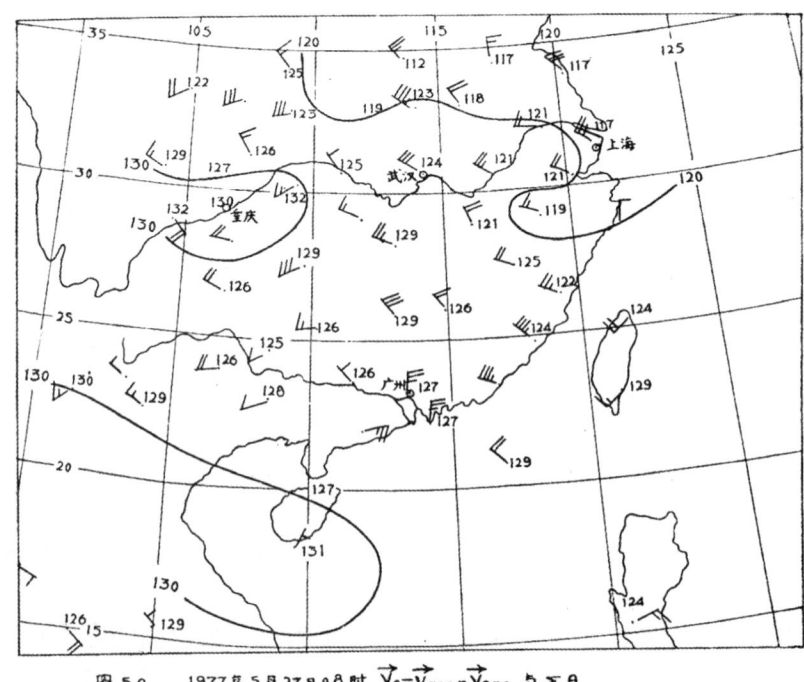

图5a. 1977年5月27日08时 $\vec{V}_q = \vec{V}_{500} - \vec{V}_{850}$ 与 $\sum_{8,7,5}\theta$

27日08点平均位温图，图中的风速矢是500MB和850BM的矢量差$\vec{V_g}$，由图可见长沙、郴州和芷江的平均位温高于南侧贵阳、桂林、百色、河池和梧州的平均位温，按热成风关系，风的铅直切变应该从东指向西，然而实际相反，又如同一图中，南宁、郴州、广州和阳江之间的地区有一个明显的反气旋式的铅直切变风涡度，与之对应的中心平均位温应该比周围高，但实际反而偏低。这就说明，用平均温度梯度的热成风关系是不行的，采用虚温以后也不能改变这种特征（图5b），这就证明了风场确实具有非地转的特征，用气压场来描述实测风场是有困难的。

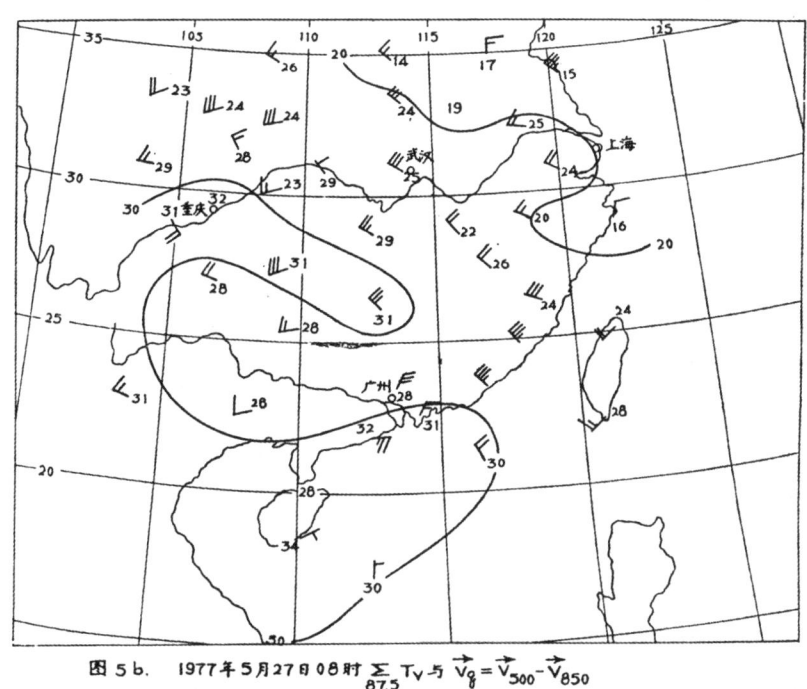

图5b. 1977年5月27日08时 $\sum\limits_{875} T_v$ 与 $\vec{V_g} = \vec{V}_{500} - \vec{V}_{850}$

现在我们将进一步探讨这种非地转的特征是由什么原因引起的。由于假相当位温θ_{se}综合反映了温度和湿度的特征，且在假绝热过程中具有保守性，因此我们分析了上述三段时间的三层平均θ_{se}场和实测风铅直切变的关系，发现实测风的铅直切变矢$\vec{V_g}$，其方向平行于三层平均θ_{se}的等值线，其大小与平均θ_{se}等值线的密度有关，图5a是与图5a同一时刻的图，只是将三层平均θ_{se}代替三层平均θ，其他说明完全相同。由图可见，上述的长沙、郴州、芷江三站的平均θ_{se}值已比南侧5站为低，切变风$\vec{V_g}$的方向和量值与平均θ_{se}线的走向和密度配合得很好，而在南宁、郴州、广州和阳江之间的明显反气旋式铅直切变风涡度地区，平均θ_{se}场出现了一个暖湿中心。这表明，平均θ_{se}场和实测风的铅直切变间有着极为密切的关系（有关这种关系的理论推导我们将另文讨论）。在低纬暴雨地区，引起实测风铅直切变的主要原因可能

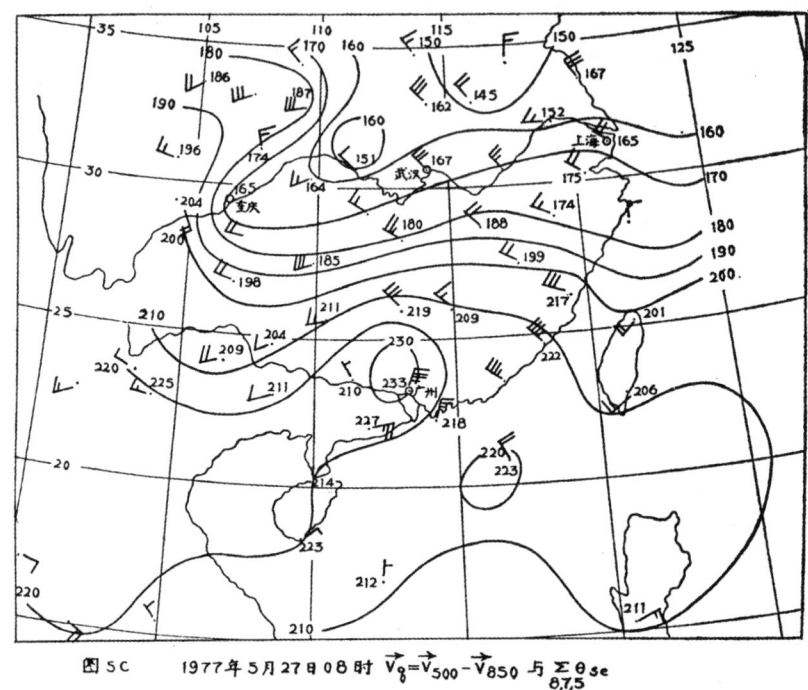

图 5C　1977年5月27日08时　$\vec{V_g}=\vec{V}_{500}-\vec{V}_{850}$ 与 $\overline{\Sigma\theta_{se}}_{8,7,5}$

不是"热成"的，而是"湿成"的。

从上面的分析中可以看出，在低纬暴雨地区，风压场的非地转特性是与水汽凝结潜热释放的非绝热特性相关联的。在这种湿空气动力学中，虽然风压场的关系是非地转的，但实测风切变 $\vec{V_g}$ 与平均假相当位温 $\overline{\theta_{se}}$ 的上述关系，使我们可以将与热成风类似的原理定性地应用到低纬暴雨地区，只要将温度场 T 改为假相当位温场 θ_{se}，将位势场确定的地转风改为实测风。

这个结果表明、用 θ_{se} 场和实测风场作为暴雨落区预报的分析工具不仅在实践上是比较成功的，而且在理论分析中也是有意义的。

南海北部沿岸晚第三纪以来
地壳运动的基本特征

黄 玉 崑

(地质学系)

南海北部沿岸晚第三纪以来的构造迹象十分显著，历来引起人们的重视。但在七十年代以前，地质、地理学者对它的研究主要侧重于海岸升降方面，而对其他方面，诸如活动性断裂、褶皱、地震地质等，论述颇少。从七十年代开始，由于各省相继成立了地震大队，为了预测地震的发生和发展，对上述几个方面的研究才日益重视。

一、复活性断裂与新生断裂

(一) 复活性断裂

南海北部沿岸，广泛发育两组断裂体系：其一为北东向；其二为北西向。尤以前者发育最好，规模大，延伸长。大致以七十公里的等距离均匀出现，斜贯东南沿海，延伸数百公里乃至千公里（图1）。它们主要形成于中生代，属新华夏构造体系，但其力学性质与原来的不同，根据震源机制解分析，一般显示右旋张扭性质*，属平移正断层。这组断裂不仅对中、新生代的沉积、岩浆活动等起着重大的控制作用，而且对南海沿岸的岸线走向起着主导作用。在晚近地质时期，从地震震中的分布、迁移、温泉的展布、河网布局、岸线走向、侵蚀和堆积区的展布，以及水准测量资料分析（图2），该组断裂在新构造时期乃至近代无疑是活动的断裂带。

北西向断裂带发育不如前者，规模较小，延伸不长，形成时代也较新。它们常切过北东向断裂，以左旋扭动的平移正断层为主，与北东向断裂互相交织形成网格状破裂图象，在其交织部位，常是温泉的逸露点和发震的主要场所，同时又是第四系厚度突变地区（如果是下沉区的话）。1604年的泉州地震（$M=8$），1918年的南沃地震（$M=7\frac{1}{4}$），1962年的河源地震（$M=6.2$）即是其例。并且还控制着水系的发育和港湾的展布方向，以及近代沉积等厚线的展布。例如：珠江三角洲，韩江三角洲和练江平原的近代沉积等厚线的展布方向，主要受北西向的基底断裂控制（图3）。

过去，由于北东向断裂规模大，延伸长，历来引起人们的重视，而北西向断裂规模不如前者，并部分被第四纪沉积掩盖，因此未受到足够重视。但从统计分析中发现许多地震等震线的长轴方向与北西向断裂有关；如1067年的潮阳地震（$M=6.8$），1445年

---

* 林纪曾等：东南沿海地区的震源机制与构造应力场、地震通讯，1978. 3。

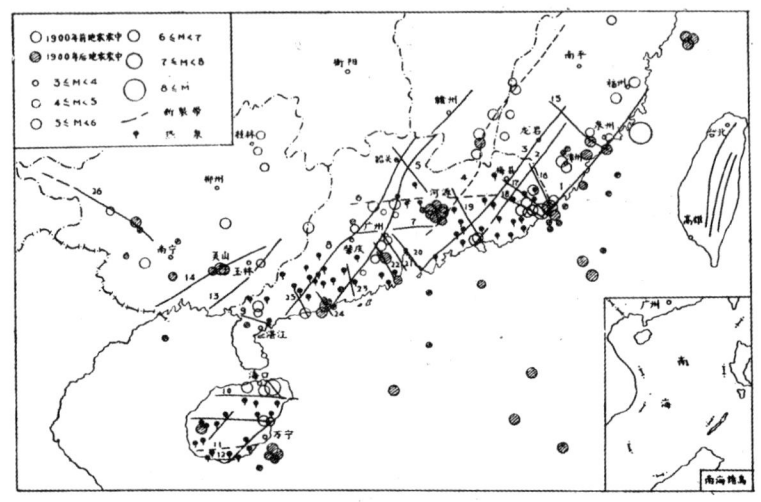

图 1　南海北部沿岸主要断裂震中与热泉分布图

1、汕头—泉州断裂带；　2、海丰—大埔断裂带；　3、宝安—龙岩断裂带；
4、河源—邵武断裂带；　5、阳江—广州断裂带；　6、佛岗—丰良断裂带；
7、三水—广州断裂带　　8、吴川—四会断裂带；　9、遂溪—湛江断裂带；
10、王五—文教断裂带；　11、尖峰—吊罗断裂带；　12、九所—陵水断裂带；
13、合浦—北流断裂带；　14、钦州—灵山断裂带；　15、晋江断裂；
16、潮安—汕头断裂；　　17、榕江断裂；　　　　18、练江断裂；
19、紫金—海丰断裂；　　20、珠江口断裂；　　　21、西江断裂；
22、崖门断裂；　　　　　23、那扶断裂；　　　　24、漠阳江断裂；
25、化州—吴川断裂；　　26、右江断裂。

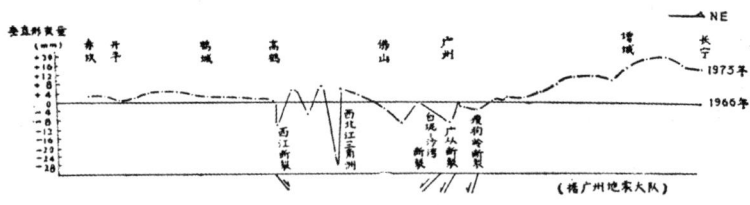

图 2　广州地区垂直形变剖面图（图示沿断层两侧的升降运动）

图 3

的漳州地震（$M=6$），1605年的琼山地震（$M=7\frac{1}{2}\sim 8$）、1959年的海南万宁海区地震（$M=5.1$）以及1977年的平果地震（$M=5.2$），其等震线长轴方向均为北西向。由此看来，北西向断裂构造，很可能是本区现代地震活动的主要构造，在今后的地震预报方面应予以重视。

雷州半岛与海南岛的构造格架，与大陆沿岸上述构造不同。全区主要受纬向构造控制，成形较早，可能在早古生代即具雏形，但在晚近时期无疑有过显著的活动。它们不仅对晚第三纪—第四纪的沉积盆地（雷琼凹陷）起着重要的控制作用，而且也控制着水系的发育（如南渡江松涛段，澄迈—安定段均为东西流向），港湾的展布，火山活动和温泉的分布。近年来水准测量资料证明，升降运动的等值线也是沿东西方向展布的，琼东北地区垂直形变轴的走向即是一例（图4）。

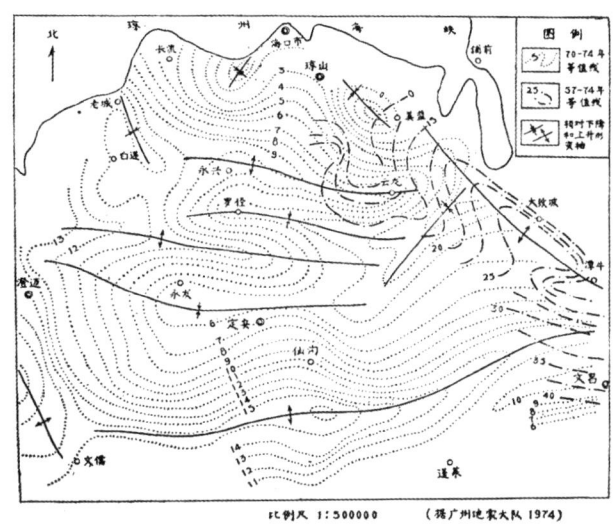

图 4 海南岛东北地区垂直形变轴分布图

以上三组断裂，就其近代活动程度来说，应首推北东向断裂，次之为北西向，再次为东西向。

（二）新生断裂

本区晚第三纪以来产生的新断裂，主要发现于南海盆地和雷琼地区上第三系和第四系地层中，前者规模较大，延伸长，后者规模较小，延长不远。

南海盆地新生的北东东向断裂，发育非常普遍，自北而南可分出10个断裂带，每个断裂带均由数条断裂组成，最长达610公里（珠江凹陷北缘折断带），短者也有33公里（琼东南折断带），通常为张性正断层**，在由两侧断裂产生的断陷带内，堆积厚达数千米的上第三系地层（如北卫滩断陷带上第三系厚3000米），其下往往为厚度不等的第三纪红色风化壳。据此表明，这些断裂及其所围限的断陷带是在晚第三纪时形成的。

雷琼地区上第三系—第四系的断层也比较发育，但规模较小，基本上可分出东西、

** 梁德华等，南海北部海域构造体系及几个问题的探讨，海洋地质，1979，3。

南北、北东和北西向的四组，其中以东西向断裂最为发育，不仅在数量上，而且在规模上都超过其他几组。在力学性质上，东西向断裂以压性为主，北东和北西向以扭性为主，南北向则以张性为主，例如湛江市造船厂下更新统湛江组中三条小断层，断面产状分别为EW/N<70°，N20°W/SW<65°，N25°E/NW<65°，前者具压性特征，后两者均为张扭性断裂。这种组合关系，表明本区在第四纪时期构造应力场以南北方向的压应力占主导地位。

这里顺便指出，可以说明雷琼地区第四纪应力场仍然以南北直压力占主导地位的，还有见于该区上第三系—第四系中的褶皱构造，据不完全统计，雷琼地区主要的褶皱构造有16个，其中轴向走向东西或近乎东西者就有13个，占总数的81%，如表1所示。

表1 雷琼地区上第三系——第四系的褶皱构造

褶皱名称	里坑背斜	奋里背斜	东简背斜	东山背斜	湖光岩背斜	西营背斜	赤坎背斜	田头背斜	加山岭背斜	土贡圩背斜	兰塘背斜	那沃背斜	海口背斜	蚂蝗岭背斜	长昌向斜	福山背斜
长轴方向	北西82°	北东88°	北西65°	北西82°	北西80°	北西75°	北西70°	北西80°	东西	东西	北西75°	近东-西	北东85°	北西50°	近南北	近东西
倾角 北(东)翼			4-6	4-5	6	4-5	3-4	1-2	2-3	2-5				6	15-20	
倾角 南(西)翼			3-6		4-5	4	3-9	5		2-3	6			4-7	40	
轴线长度(公里)	4.2	7.5	3	10	8	5	6	5	13	16	6	16	16	12	6	

二、早第三纪准平原的解体与现代地壳垂直形变

燕山运动对华南地区的地质构造和地形有重大的影响。这次运动形成高峻的断块山地和深邃的断陷盆地，地形反差性极端明显。在燕山运动之后，隆起区经受剥蚀和盆地区接受沉积，使地形逐渐夷平。根据本区下第三系沉积相以及在许多地区出现上第三系迭复在厚层红色风化壳之上(古风化壳厚度在英歌海为25.5米，西沙永一井揭示为20余米)，加上山区古剥蚀面的分析，表明本区在早第三纪时曾出现过大面积的准平原化，晚第三纪时才开始普遍发生解体。在陆区，古准平原被抬升至高达600～700米(粤东莲花山一带)。在海区，下沉幅度不少于3000米(南海的北卫滩断陷带上第三系厚达1.6～3公里。东沙西南折断带上第三系厚4.2公里)，升降总幅度达5公里。但准平原的解体，不仅在幅度上各地不同，它们循着燕山期形成的老断裂活动，形成许多多大小不等，幅度不同的块断隆起和断陷盆地。而且在时间上各地也先后不一，其中三水盆地，河源盆地，惠阳淡水盆地、五华盆地等周围的山体抬升，主要发生于渐新世初，而茂名盆地和

广州附近的龙归盆地周围却迟至上新世和第四纪初才开始解体（图5）。但古准平原的抬升，并不是直线式进行的，而是时快时慢，因而就在山体周围形成高度不等，宽窄不一的各级山前剥蚀面。本区目前已发现的剥蚀面有200～250米，300～350米，500～600米和600～700米等四级。

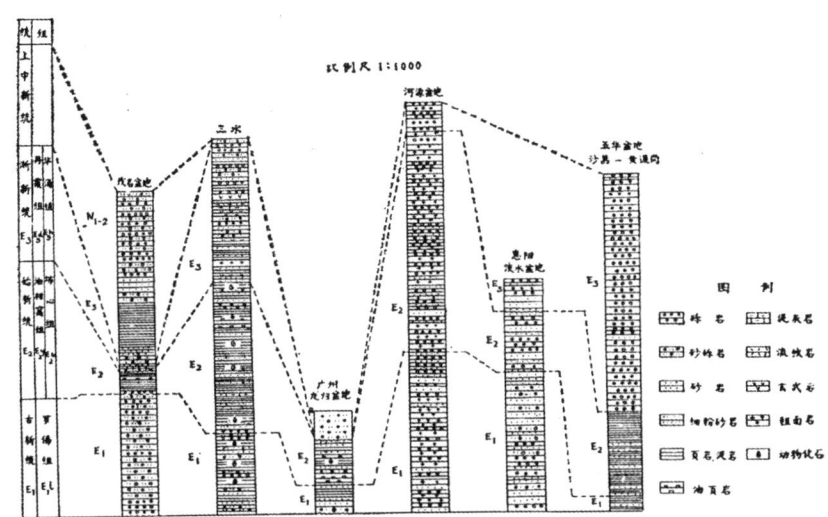

图5 广东沿海地区第三系柱状对比图（图示本区早第三纪准平原解体后的相关沉积）

此外，在闽南和两广沿海乃至西沙群岛等地，还发现几级剥蚀阶地和堆积阶地，其高度分别为60～80，35～45，20～25，10～15和3～5米[1,2]。它们分布很广，几乎遍及沿岸构造性质不同的地区。西沙东岛组高出高潮面5～6米的珊瑚贝壳砾岩，海南岛鹿回头高出高潮面1.5～2米的原生礁平台，其上堆积厚约2米的珊瑚碎屑，雷州半岛南端的高潮时淹没，低潮时出露海面的原生礁平台，经C^{14}年代测定分别为距今5180 ± 190年及7120 ± 165年[3,4]，概略地指出最低阶地形成的年代。

在南海陆架上，还普遍发现两级水下阶地，其高程分别为-25～-30米和-45～-50米。同时，在海南万宁海域还有-90～-100米的阶地，珠江口外和海南岛东北海域七洲列岛东南，还发现水深85～100米的溺谷[5,6]，从深度看，它们可以与其他陆架上的其他溺谷(-90米)对比[11]。由此看来，本区玉木冰期的低海面，至少比现今海面低100米。这个位置据东海样品C^{14}年代测定为距今$25,630\pm1250$年[7]。

最近6000年来，世界洋面的起落模式，仍然是个争论的问题。有人认为，上述海南岛鹿回头和雷州半岛南端的原生礁平台是最近6000年来海面上涨的结果[3,4]。然而，据有关资料报导，在台湾和深坑子两处，年代大致相同的由珊瑚组成的阶地，其高程达30米[10]，远远高出大陆海岸晚冰期冰体消融后高海面所形成的阶地的高度。据此表明，在以块断为主的新构造时期，不同的构造区，构造差异运动仍然占主导作用。

目前，本区的地壳形变，仍然反映出受老断裂控制的块断差异运动。韩江三角洲、练江平原、珠江三角洲、漠阳江三角洲等，仍为下沉区。阳江—广州断裂以西，吴川—四会断裂以东海岸为近期下沉区,韩江三角洲的揭阳—潮安之间下沉速率每年为5.1毫米。汕头每年下沉8.4毫米。珠江三角洲的广州以南每年下沉5毫米。但在五桂山周围,由于五桂山的穹状块断隆起,掀动周围平原翘起,以至张家边附近的蚝壳层远远高出高潮位之上。除上述几个下沉区之外,本区其余地区均表现为上升,泉州、蒲田一带每年分别上升4.4毫米和7毫米,陆丰以北为2.5毫米,河源断裂以西,阳江—广州断裂以东沿海,目前上升速率最大,每年上升8毫米。合浦—北流断裂以西、钦州断裂以东沿海,每年上升速率为3.4毫米。海南岛全区表现以五指山为中心的穹状块断隆起,文昌附近每年上升2.7毫米,大致坡一带为4.5毫米。万宁以南山区每年上升3.3毫米。

三、地震与热泉概况及其与近代构造运动的关系

〈一〉地震

本区是我国东南沿海的一个强烈地震区,历史上曾发生过多次破坏性地震。台湾省位于太平洋西缘,属巨大的环太平洋地震活动带的一部分,地震强度大,频度高,周期短。自1900年以来,发生过6级以上地震达140多次,是我国最强的一个地震带。本区其余地区的地震强度和频度虽不及台湾,但在历史上也发生过7～8级大震多次;近十多年来,发生过6级以上地震两次,5级左右的地震多次,3～4级地震平均每年有8～9次。

概括地说,本区地震具有如下特征:

①据不完全统计,从公元前288年至1977年,本区曾发生过近700次有感地震,其中有三个强盛期。其一为16世纪初至18世纪80年代。1600年南澳地震($M = 7.0$),1604年的泉州地震($M = 8$),1605年的琼山地震($M = 7.5$)即于此期发生。其二为18世纪末至20世纪初,此期发生了$M = 7\frac{1}{4}$的南沃地震(1918)。其三为20世纪50年代中期至现在。

②地震分布受活动断裂带的严格控制。不仅表现在地震震中沿断裂带成行排列(参阅图1),而且地震所产生的新断裂、极震区和等震线的长轴方向也大都与对应的主干断裂一致。根据本区16个$M>5$的地震的等震线长轴取向,其中主要有北西向和北东向两组。北西向约占40%,北东向达60%。

③本区的地震活动水平,总的说来自东而西逐渐减弱,反映出构造应力场的强度自东向西逐渐减弱,但本世纪以来,有逐渐向西加强的趋势。

④区内震源大多很浅(5～20公里),极少超过30公里。1605年的琼山地震,1962年河源地震和1969年阳江地震,其震源深度分别为22、5和8公里;台湾省的震源深度较大,除大部分为浅震外,还包括部分中源地震。

〈二〉热泉

热泉常沿一定的活动断裂带成行排列,标志着这些断层还在活动。

单就广东来说,据不完全统计,有热泉233处,其中沿海地区(包括海南岛)就有113个。

上述热泉和区域性构造断裂息息相关(图1),其中以沿北东向断裂分布最多,共有98处,约占沿区域性断裂出露的热泉的75%。由此表明该组断裂近期的活动性。

本区热泉在水化学方面存在两个明显的特征。一是在区域性大断裂切过燕山期花岗岩地区分布的热泉,其含氡量普遍比单纯分布在花岗岩地区的热泉高。如河源—邵武断

裂带上的69、75号热泉；海丰—大埔断裂带上的20、44、47号热泉；四会—吴川断裂带的201号热泉，阳江—广州断裂带的90号热泉。它们的含氡量一般高于30海马，最高达100.94海马（海丰—大埔断裂带的47号热泉）[8]。氡是一种惰性气体，其含量变化和本区几条活动断裂紧密联系，可能与这些断裂近期的活动有某种关系。二是分布在韩江三角洲，珠江三角洲，阳江、电白沿海低地，海南琼海、陵水、东方等滨海地区的热泉，其水质类型普遍为氯化钠，矿化度高达0.43～9.8克/升，一般为1～5克/升。这些地区通常又是现代沉降地区。由此可以说明，它们与分布地区的地壳下沉和海水倒浸有一定的成因联系。

四、火山活动

本区晚三纪以来的火山活动，据目前掌握的资料，除台湾有安山岩喷发外，主要表现为喷发玄武岩。火山喷发地区集中分布于雷琼新生代断陷区。该区地表玄武岩分布面积约7500平方公里，有大小火山锥70余个。其次，在西沙群岛的高尖石岛，澄海鸡笼山，惠来四石村，河源盆地等，也有小面积的玄武岩分布。

〈一〉火山活动分期

雷琼地区的火山活动，据初步统计，可分出10个喷发期，58次喷发回次。兹简述如下：

1. 中新世火山岩

在中新统围洲组内，根据钻孔揭示，明显看出有两期火山喷发。其一为滨海相喷发。见于围洲组中段，其中夹有5层厚度1.5～3米的玄武岩，在乌石1井揭示玄武岩埋深1764～1874米；其二为陆相喷发。夹于本组上段的什色泥岩，灰白色粗砂岩中，为黑色玄武岩与凝灰岩互层，计有三个回次，厚约14米，深埋于地下1630米～1640米之间。

2. 上新世火山岩

上新世下洋组下段，钻孔揭示两期明显的火山喷发。其一，见于北月520孔和乌3孔，夹五层蛇纹石化柑榄玄武岩。总厚度19.13米，最深达1115.50米。其二，在徐闻下洋，东海岛，砌洲岛等地，钻孔揭露6层蛇纹石化柑榄玄武岩和柑榄粗玄岩，以雷3井揭露最全，总厚148.73米，埋深518.76～675.13米。

在下洋组上段，于徐闻，海康等地钻孔揭示有两期火山喷发。一见于徐闻前山、海康英利，有6层蛇纹石化柑榄玄武岩及柑榄粗玄岩，埋深在576～712米；另一在雷州半岛南部，许多钻孔都有所揭露，可分出15次喷发回次，为蛇纹石化柑榄粗玄岩，蛇纹石化柑榄玄武岩，玻基柑榄玄武岩，层凝灰角砾岩等。本期喷发环境属海相。

3. 早更新世火山岩

本期的火山活动，可划分为早晚两期。早期火山岩夹在湛江组（Q_1）中，在湛江凹陷和乌福凹陷内见6层火山角砾岩和玄武岩，柑榄玄武岩，厚度由数米至数十米不等。晚期火山活动主要见于琼北和雷州半岛的徐闻，海康等地。

在琼北，晚期火山岩分布最广，在文昌、琼海、儋县、临高等地均可见及，以柑榄玄武岩和斜长柑榄玄武岩为主。形成多文岭和龙发两个岩被。在海口、临高、徐闻、海安一带，见本期玄武岩为北海组所复。根据严正对海南岛文昌县潭牛、文昌中学等地，于北海组地层中采集到的玻璃陨石（又称雷公墨），经裂变迹年龄测定为0.703～0.733

百万年[9]。据此,把北海组时代定为中更新世,而把被北海组所迭复的火山岩定为早更新世,看来是合理的。

在雷州半岛,晚期火山岩在地表也广泛出露,为柑榄玄武岩及辉石柑榄玄武岩。据在雷南石峁岭附近的钻孔揭示,本期至少有六次火山喷发,其间夹5层厚度不等的玄武岩风化红土(图6)。

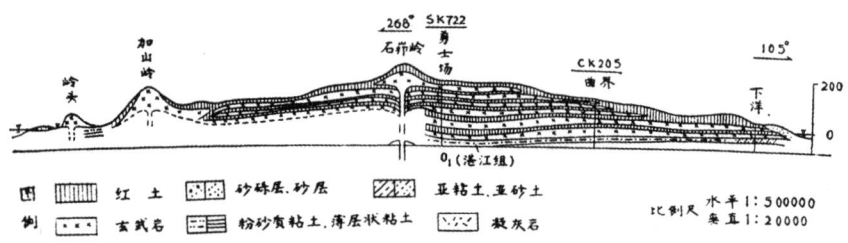

图6 雷州半岛石峁岭火山岩及其风化红土层的迭复关系

本期喷发以陆相为主,但在围洲岛、硇洲岛等地,发现凝灰岩中含有海录石和海生贝壳,从而推测可能有部分属海相喷发。

西沙群岛的高尖石岛,也发现早更新世的玄武岩,成分以柑榄玄武岩和玻基玄武岩为主,根据中国科学院贵阳地球化学研究所钾氩法测定的玄武岩年龄为2.05百万年***,时代应属早更新世。

4. 晚更新世火山岩

本期玄武岩以雷州半岛分布最广,企水、乌石、湖光岩、硇洲岛、围洲岛等地均有出露,面积达2027.84平方公里,最大厚度175.30米(岭北的532井)。下部为角砾岩、集块岩、凝灰岩,上部为伊丁石化柑榄玄武岩,共有五个喷发回次。在琼北,本期火山岩见于蓬莱、公堂、东英等地。

本期火山岩以假整合复于北海组或早更新世火山岩风化壳之上;其上,除在海南永兴被全新世火山岩所复外,其余地区均未见上复地层。

根据火山碎屑岩的岩性及其所掩复的粗大直立树干,本期火山活动应以陆相喷发为主。但根据在围洲岛、斜阳岛的凝灰岩中发现的有孔虫化石及海录石分析,可能有部分属海相喷发。

5. 全新世火山岩

仅见于琼北永兴的雷虎岭、马鞍山、群修岭一带,以假整合形式复在晚期火山岩风化壳之上,为本区最新的一次喷发。火山锥保全完整,火山口轮廓清晰,以火山碎屑岩为主,熔岩有柑榄玄武岩、玻基玄武岩等,喷发环境为陆相。

(二)雷琼地区火山活动特点

1. 从新第三纪以来,本区的火山活动以喷发玄武岩类为主,只在局部地区,如台

*** 海洋二队,西沙群岛高尖石火山碎屑岩的基本特征与喷发时代,海洋地质参考资料1977,1.

湾省有安山岩喷发。基性喷发岩属钙碱性玄武岩，岩石中普遍含柑榄石，并以晚更新世的玄武岩含量最高，有时代愈晚、基性愈强的趋势。

2．火山活动具有多期性喷发的特征。从晚第三纪以来，本区火山活动至少可以分出10期，其中，中新世2期，上新世4期，第四纪4期，最晚一期发生于全新世早期。每期火山活动又包括若干个喷发回次，如晚更新世就有5个回次。最强一期活动见于上新统下洋组上段第二岩组中，共有15回次喷发。在陆上火山岩中，在各喷发回次之间，有相当长的宁静时间，从而给玄武岩风化壳形成创造良好的条件，以致在各回次喷发的火山岩之间夹有一层风化壳，如早更新世晚期的火山岩，在石卵岭一带所见者就有5层风化层。

3．火山活动方式由以裂隙式喷发为主转为以中心式喷发为主。晚第三纪时，本区的火山岩类主要以玄武岩为主，仅在个别喷发回次中发现火山凝灰岩，和火山角砾岩，据此可以认为这一时期火山的活动特征应以裂隙式宁静喷发熔岩为主。及至第四纪时期，尤其是第四纪晚期，则以中心式喷发为主，每个喷发期首先喷发火山碎屑岩，然后溢出熔岩，因而在每期喷发的火山岩的剖面中，总是发现下部为火山碎屑岩，上部为火山熔岩。在晚更新世—全新世时，喷发尤其猛烈，在喷发口周围，形成粗大的集块岩，火山渣等组成的火山锥。

4．火山喷发环境由以海相为主转为以陆相为主。中、上新世时，雷琼地区的火山喷发，主要表现为海相喷发，局部地区为陆相喷发。及到第四纪时，则以陆相喷发为主，但在局部地区，例如在围洲岛，斜阳岛等地可能有局部为海相喷发。

5．火山喷发活动严格受地质构造控制。本区晚近时期的火山活动，主要集中于雷琼地区几个次一级的凹陷带内，以雷州半岛40个火山口的位置分析为例，其中分布在湛江凹陷者有9个，纪家凹陷4个，鸟福凹陷8个，前山凹陷3个，北部湾凹陷3个，锦和凹陷2个，雷南斜坡9个。

在凹陷边缘，即在隆起与凹陷部位的断裂上，是火山喷发的有利构造部位。琼北火山岩的展布方向明显地受王五—文教大断裂控制，但火山口的排列方向却受北西向的次级断裂控制。这点，在琼北的永兴火山群和雷州半岛的火山群都表现得十分清楚，不仅各个火山锥沿北西方向成行排列，即就单个火山锥来说，其长轴方向也是沿北西方向延伸的。例如，根据雷州半岛23个火山锥排列方向统计，其长轴方向向北西延长者就有16个，约占总和的70%。

几点认识

总结以上南海北部沿岸晚第三纪以来地壳运动的类型、特征、地震及其有关问题，可概括出以下几点认识：

1．本区发育的北东、北西和东西向三组断裂，在晚近地质时期都曾发生过程度不同的活动。这几组断裂对东南沿海地震、温泉、火山活动，岸线特征和河网布局、侵蚀区和堆积区的分布起着重大的控制作用。此外，本区于晚近时期还产生北东东向的大断裂，以及几组主要出现于雷琼地区的小型断裂和褶皱，后者的轴向主要是东西走向的，表明雷琼地区第四纪至今，以南北压应力为主的应力场没有多大变化。

2. 在早第三纪时，本区地形发生广泛的准平原化，晚第三纪初才沿老断裂发生解体。目前地壳运动的总趋势仍然受老断裂的差异运动控制，表现为构造性质不同的地区，垂直运动的幅度和符号都不相同。

3. 本区的地震和温泉主要沿上述几组断裂成行排列，尤其沿北东向断裂排列者最多，在北西与北东向断裂交汇的地点，最常发生地震和出现温泉。

4. 本区晚近时期的火山活动主要局限在雷琼地区，以喷发玄武岩，柑榄玄武岩为主。从中新世至全新世可划分为10个喷发期，五十八次喷发回次，以中心式喷发为主，局部有裂隙式喷发。

参 考 文 献

（1）黄玉崑，华南沿海第四纪以来的升降问题，中山大学学报（自然科学版），1974，2。
（2）刘以宣，第四纪以来大洋海面变化，海洋文集，1966，4。
（3）赵希涛等，海南岛沿岸全新世地层与海面变化的初步研究。地质科学，1979，4。
（4）郭旭东，晚更新世以来中国海平面的变化，地质科学，1979，4，
（5）叶 汇，华南海岸升降问题一些新认识，中山大学学报（自然科学版），1963，3。
（6）中国科学院南海海洋研究所，华南沿海第四纪地质，科学出版社，1978。
（7）朱永其等，关于东海大陆架晚更新世最低海面，科学通报，1979，7。
（8）广东省地质局热矿水总结编写组，广东热矿水的分布及其水化学特征，广东地质科技，1972，1。
（9）严正，海南岛玻璃陨石（雷公墨）裂变径迹年龄的测定，地球化学，1979，1。
（10）K. Taira, Holocene crustal movements in Taiwan as indicated by radiocabon dating of marine fossils and driftwood, *Tectonophysics*, 28(1975), 1—2.
（11）C. R. Twidale, *Analysis of Landforms*, 1976.

The Fundamental Characteristics of Crustal Movements along the Northern Coasts of South China Sea since the Neogene

Huang Yukun

Abstract

This paper discusses some problems of recent crustal movements in this area with various data of the geological, geomorpholofical, seismic and geodestic fields, and draws conclusions as follows:

1. There are three groups of main faults in this area —— NE, NW, EW. They are still active faults and intersect each other, forming network fracture picture. The most of strong earthquake epicenters and hot springs occurred along the intersection portion.

2. The broad area of peneplain occurred during the early tertiary. But it was rejuvenated along the old fault zones in different directions in Neogene. The amplitude of the emergence and submergence was about 5km. Now it is still recurrent along the old fault zones.

3. Recent volcanic activity in this area concentrats in the Northern Hainan island and Leichow peninsula. It is subdivided into 10 eruptive stages and 58 eruptive cycles.

台风暴潮过程预报的一种模式的探讨

沈灿燊　甘雨鸣

(地理系)

国内台风暴潮预报，绝大多数仍处于经验预报阶段，只报一个极值。随着科学技术的不断发展，已渐进为台潮机制研究，开始对过程预报进行探讨，以求在理论上阐明台潮生成的运动过程，并改进预报精度和增长预见期。本文通过海水滞留现象，用水动力学的方法，推导出一套台风暴潮过程预报方程，并考虑到浅海地形和涨落潮的影响，提出应用本方程应注意的问题。由于台风暴潮形成的自然条件十分复杂，加上目前台站的观测资料比较简单，方程的实际使用仍要经过一段时间的实践和不断的修正。

一、理论模式的推导

海洋中台风暴潮所引起的水面增高，主要是风和气压的急剧扰动所致。在大海中，气压影响海面增高比较显著，但在近岸一带，由于风切应力推动海水涌向海岸，使海水在海岸堆积，风力作用明显。台风暴潮增水预报的地区是沿岸海区，故主要是风的作用力。此外，增水的大小还和风向、风区范围、风时长短有关。

台风中心气压变化对海平面升降有一定作用，中心气压大小和气压梯度反映在台风风力的大小。根据藤田的研究[1]，台潮增水公式

$$\varphi = 10^3 \Delta P_0 (1 - e^{\alpha_0 / r}) / \rho g (1 - V^2/ghs)$$

中的 $\Delta P_0 = (P_\infty - P_0)$ 关系来看，实际上把气压梯度生成的风力作为主要增水动力。美国 $montgmerg$ 等人[2,3]，得出台风增水公式

$$H = BV^2$$

其中 V 就是风速。在我国台风暴潮预报方法上，也有相类似的经验[4,5]。这表明，近岸的增水动力主要是风力，远比气压大得多。

侵袭华南沿海的台风，以正面登陆和自东向西掠过海面两种路径引起的增水影响较大，出现也较多，下面以正面登陆的台风为例子。

假定，图一中 C 点为测站位置，B 为开始增水点（即风力开始将海水推向海岸的起点），BC 是台风移动中心轨迹（假定六级大风半径是增水区的范围）。当风场作用于 A_1 面积海域上时，便将 A_1 上的部分海水吹入 A_2，再吹至 A_3，连续地直到 A_n。假定每一海域被移动的水体互不干扰，当风场经过海面时，每一海域上受不同时段风力推至海岸的水量如到达的时间相同，便以线性迭加组合的形式，形成 C 点附近海岸某一时段的增水。

如果时段风力为 $V_1, V_2, V_3 \cdots\cdots$，则 C 点附近 $t_1, t_2, t_3 \cdots\cdots$ 时段的增水组合为：

$$\left.\begin{aligned}
Q_{t1} &= Q_{1-1}(V_1A_1) + Q_{1-2}(V_1A_2) + Q_{1-3}(V_1A_3) + \cdots\cdots + Q_{1-n}(V_1A_n) \\
Q_{t2} &= Q_{2-1}(V_2A_1) + Q_{2-2}(V_2A_2) + Q_{2-3}(V_2A_3) + \cdots\cdots + Q_{1-n}(V_2A_n) \\
&\qquad\qquad\qquad\qquad\qquad \vdots \\
Q_{tm} &= Q_{m-1}(V_mA_1) + Q_{m-2}(V_mA_2) + Q_{m-3}(V_mA_3) + \cdots + Q_{m-n}(V_mA_n)
\end{aligned}\right\} \quad (1)$$

式中 $Q(VA)$，代表风力在某一块海域上推动的增水量，其下标表示时段风力及海域序号。

由于时段风力不同，每时段出现的增水量也不相同，现分别研究每一时段风力在每一海域上将海水推向 C 点的增水量。

先研究 A_1 海域，A_1 海域本来是静止的，当风力作用在 A_1 时，被带动的水量为 Q_1，在风场切应力作用下全部向前流入 A_2，则，

$$(0 - Q_1) = \tau \frac{dQ}{dt}$$

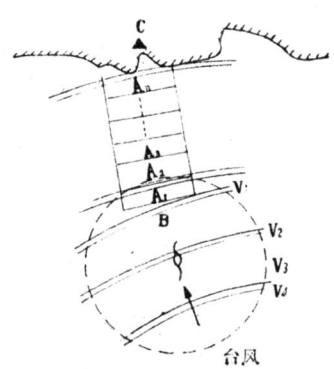

图 1　正面登陆台风增水过程示意图

式中　$dt \sim$ 时段，$\tau \sim$ 海水在海域内的传播时间，$Q_1 \sim$ 流入 A_2 区的水量。

积分上式，得

$$Q_1 = Q_{1-0}e^{-\frac{t}{\tau}} \qquad Q_{1-0} = q\frac{\Delta t}{\tau} \qquad \therefore Q_1 = q\frac{\Delta t}{\tau}e^{-\frac{t}{\tau}} \qquad (2)$$

式中　$\Delta t \sim$ 某种风力作用下的时段长，$t \sim$ 时刻，

$q \sim$ 风力推动海水的入流强度。

当海水由 A_2 流入 A_3 时，由于水流是前一海域风力作用所产生，在 A_2 海域内时，海水的粘滞性和摩擦力使海水产生滞留现象，不能全部进入 A_3。设滞留在 A_2 的水量为 dw_2，则

$$Q_1 dt - Q_2 dt = dw_2 \qquad dw_2 = \tau dQ_2$$

得

$$\tau \frac{dQ_2}{dt} + Q_2 = Q_1$$

式中　Q_2 为 A_2 海域流入 A_3 的水量。积分上式得：

$$Q_2 = \frac{1}{\tau}e^{-\frac{t}{\tau}}\int_0^t Q_1 e^{\frac{t}{\tau}} dt$$

$$Q_2 = \frac{1}{\tau}e^{-\frac{t}{\tau}}\int_0^t q\frac{\Delta t}{\tau}e^{-\frac{t}{\tau}} \cdot e^{\frac{t}{\tau}} dt = \frac{1}{\tau}e^{-\frac{t}{\tau}} q\frac{\Delta t}{\tau}\int_0^t dt = q\frac{\Delta t \cdot t}{\tau^2}e^{-\frac{t}{\tau}}$$

同理，由 A_3 流入 A_4 时的水量是：

$$Q_3 = \frac{1}{\tau} e^{-\frac{t}{\tau}} \int_0^t Q_2 e^{\frac{t}{\tau}} dt$$

以 Q_2 代入上式，则

$$Q_3 = q \frac{\Delta t \cdot t^2}{2\tau^2} e^{-\frac{t}{\tau}} \tag{3}$$

连续计算，Q_4、Q_5……直到 Q_n，得

$$Q_n = q \frac{\Delta t}{(n-1)!\tau} \left(\frac{t}{\tau}\right)^{n-1} e^{-\frac{t}{\tau}} \tag{4}$$

式中 n 为经过的海域块数　　令 $\frac{t}{\tau} = m$　　当 $\Delta t = \tau$

则

$$Q_n = q \cdot \left(\frac{m^{n-1}}{(n-1)!} e^{-m}\right) \tag{5}$$

上式括号内数项很明显符合"普亚松分布"。物理意义为，当时段风力带动 A_1 海域上的海水，如果没有其他海水在中途加入，且海底地形不变，风向不变，并受到海水粘滞及摩擦作用而有部分滞留时，经过 n 个海域后，最后到达测站时水量的变化是按"普亚松分布"规律递减，只要求出 m 及 n，便可求出 Q_n。

在实际计算时，当风场正面向测站移动时，可用台风中心走向轨迹为准，划出若干个不同的风力时区的平行线（即时段风区），并假设台风在移动过程中风力不变，或按递增或递减的规律变化，这样，当 V_1 风力带动 A_1 海水经过 n 个海域到达测站时的增水量如(6)式。即：

$$Q_{1-n} = q \frac{\Delta t}{\tau(n-1)!} \left(\frac{t}{\tau}\right)^{n-1} e^{-\frac{t}{\tau}} \tag{6}$$

当 V_1 风力继续进入 A_2 海域，带动 A_2 海水，经过 $n-1$ 海区到达测站时的增水量为

$$Q_{2-n} = q \frac{\Delta t}{\tau(n-2)!} \left(\frac{t}{\tau}\right)^{n-2} e^{-\frac{t}{\tau}} \tag{7}$$

同理，可算出 V_1 吹过 A_3、A_4………A_n 海域到达 C 点测站的增水量。

最后，当 V_1 吹过 A_n 时，带动 A_n 区海水到达 C 点的增水量为(8)式：

$$Q_{1(n)} = q \frac{\Delta t}{\tau} e^{-\frac{t}{\tau}} \tag{8}$$

这样，V_1 时段风力从开始增水点吹向 C 点顺序带动 n 块海域海水到达 C 点的增水总量是将(6)(7)(8)等式代入(1)式中的第一式。便得计算式：

$$Q_{t1} = \frac{q_1}{\tau} e^{-\frac{t}{\tau}} \left[1 + \left(\frac{t}{\tau}\right) + \frac{1}{2!}\left(\frac{t}{\tau}\right)^2 + \cdots\cdots + \frac{1}{(n-1)!}\left(\frac{t}{\tau}\right)^{n-1}\right]$$

式中 q_1 为 V_1 风力首次推动海水的入流强度。

同理，可以算出 V_2，V_3……V_i 时段风力（每个 V 的时段为 Δt）带到 C 点的海水增量是，

$$
\left.
\begin{aligned}
Q_{t2} &= \frac{q_2}{\tau} e^{-\frac{t}{\tau}} \left[1 + \left(\frac{t}{\tau}\right) + \frac{1}{2!}\left(\frac{t}{\tau}\right)^2 + \cdots + \frac{1}{(n-1)!}\left(\frac{t}{\tau}\right)^{n-1}\right] \\
Q_{t3} &= \frac{q_3}{\tau} e^{-\frac{t}{\tau}} \left[1 + \left(\frac{t}{\tau}\right) + \frac{1}{2!}\left(\frac{t}{\tau}\right)^2 + \cdots + \frac{1}{(n-1)!}\left(\frac{t}{\tau}\right)^{n-1}\right] \\
&\vdots \\
Q_{ti} &= \frac{q_i}{\tau} e^{-\frac{t}{\tau}} \left[1 + \left(\frac{t}{\tau}\right) + \frac{1}{2!}\left(\frac{t}{\tau}\right)^2 + \cdots + \frac{1}{(n-1)!}\left(\frac{t}{\tau}\right)^{n-1}\right]
\end{aligned}
\right\} \quad (9)
$$

式中 q_2、q_3……q_i 分别是 V_2、V_3、……V_i 风力首次推动每块海域的入流强度。

如果风力是变动的，从起始点到 C 点过程中加强或减弱，上式(9)便应当改成，

$$
\left.
\begin{aligned}
Q_{t1} &= \frac{e^{-\frac{t}{\tau}}}{\tau} \left[q^1{}_1 + q^1{}_2\left(\frac{t}{\tau}\right) + q^1{}_3 \frac{1}{2!}\left(\frac{t}{\tau}\right)^2 + \cdots + q^1{}_i\left(\frac{t}{\tau}\right)^{n-1}/(n-1)!\right] \\
Q_{t1} &= \frac{e^{-\frac{t}{\tau}}}{\tau} \left[q^2{}_1 + q^2{}_2\left(\frac{t}{\tau}\right) + q^2{}_3 \frac{1}{2!}\left(\frac{t}{\tau}\right)^2 + \cdots + q^2{}_i\left(\frac{t}{\tau}\right)^{n-1}/(n-1)!\right] \\
&\vdots \\
Q_{ti} &= \frac{e^{-\frac{t}{\tau}}}{\tau} \left[q^i{}_1 + q^i{}_2\left(\frac{t}{\tau}\right) + q^i{}_3 \frac{1}{2!}\left(\frac{t}{\tau}\right)^2 + \cdots + q^i{}_i\left(\frac{t}{\tau}\right)^{n-1}/(n-1)!\right]
\end{aligned}
\right\} \quad (10)
$$

式中 $q^1{}_1$，$q^2{}_1$，……$q^i{}_1$ 为因风力改变而引起的每块海域的不同入流强度。

从(9)和(10)两个方程组中可以看出，Q_t 的大小决定于 q、$\left(\frac{t}{\tau}\right)$ 和 n，而 $\left(\frac{t}{\tau}\right)$ 和 n 值因每个测站情况和风场移动路程不同而异。一个测站，一个风场，在理论上，$\left(\frac{t}{\tau}\right)$ 和 n 值应当是不变的（常数）。有了上述常数，只要知道每个时段风力在 A_1 海域上的作用，便可以很快地计算出整个台风暴潮的过程增水值。最后，把它换成水位而迭加在天文潮水位曲线上，从而构成完整的作业预报。

当台风沿着海岸移动时，同样，只要将风力时区的风力转变为对测站的有效风力，也一样可以得到 q，以之代入(9)或(10)方程组中，便得到过程增水值。

二、对模式的某些假定条件

上述的台风暴潮增水过程模式，是在一种理想情况下导出的。由于自然现象十分复杂，除受风力影响外，还受许多条件制约。例如，海水的深度、海底地形、潮汐海面的变化、台风移动速度、台风路径的转向及台风中心轨迹线和海岸线所成的入射角度等等。为了使计算方便和合理，假定下面几个条件：

(1) 台风暴潮增水符合线性原则，不考虑非线性耦合现象。因此，每块海域由风力作用所产生的增水量到达C点时，服从于迭加法则；

(2) 海区的涨潮落潮海面倾斜方向相反，使风力带动海水量发生一定的差异。现假定海面坡度是恒定的，海面处于平潮状态；

(3) 增水区的始点和终点，都用台风暴潮资料的开始增水及出现最大增水值时的台风位置，并结合六级大风半径范围来确定。以本站最大风速与最大增水值两者出现的时间差值作为海水传播期间τ（图三）。然后，用τ为标准，将增水海区划分为若干块海域，这就是n值；

(4) 如果台风在登陆前转向，风区长度改变，风向也改变时，则可将增水风分量作为风区风力。如果这时风分量与最大增水风向相反的话，则可作为负值处理。

三、台风暴潮预报过程线的推求

推求预报过程线，先要求出q值。

假定海水是不可压缩的，而且海面坡度不变，那么x、y方向的全流为

$$Fx = \int_0^{(h-\zeta)} \mu dE \qquad Fy = \int_0^{(h+\zeta)} V dE$$

再根据海区断面面积便可以求出q值。但应用上述公式时，在计算μ、V（海流的东分量和北分量）过程中，必然涉及到摩擦深度D值，而且函数具有一种双曲型式，这样比较复杂，为了简化起见，我们引入

$$q = \alpha \cdot A \cdot C \tag{11}$$

式中　$A \sim$ 海域截面面积　　$\alpha \sim$ 系数　　$C \sim$ 海水流动速度

那么，流入的总水量

$$W = \int q dt \tag{12}$$

我们认为，在风增水过程中，特别在台风暴潮激振阶段，风引起的海水漂流的速度，是导致沿海岸水位壅高的主要原因。

海水流动速度，可用下式求出。

$$C = \frac{\beta}{\sqrt{\sin\theta}} \cdot V$$

式中β为系数，可用0.0127；V为增水风速分量；θ为测站所在的纬度。这样，经过综合，得出

$$q = A \cdot \frac{\beta}{\sqrt{\sin\theta}} \cdot V \tag{13}$$

q计出后，第二是确定τ。τ为最大风速出现到发生最大增水值的时间间隔，可在资料中找出。第三是求n，n为开始增水到最大增水的时间间隔T与τ之比值。即

$$n = \frac{T}{\tau}$$

当 q、τ、n 值都确定后，以之代入(6)至(8)式，求出 $Q_{1-n}, Q_{2-n}, Q_{3-n}, \cdots Q_{(n)}$ 等值，再将各值代入(9)式，就可以很快地算出整个台风过程中每个时段的增水值，点绘成增水曲线，算出的每个时段增水值，可用水位～海水流量关系曲线转化为水位，点绘成增水水位曲线，然后按时间迭加在正常潮位曲线上，便得出这次台风暴潮过程预报过程曲线，如（图2）。

为了简便，预报时可以引用纳希($Nash$)瞬时单位线的概念，作为计算台风暴潮的模式。我们称为"单位模式"。它是假定在一个单位时间内、一个单位风力作用于某固定的海区上得出的过程线。假定台风增水现象是线性的，服从于叠加法则，那么，我们便可以实际增水风力和风时，以倍比叠加方法计算出实际增水曲线。为了消除选取不同时

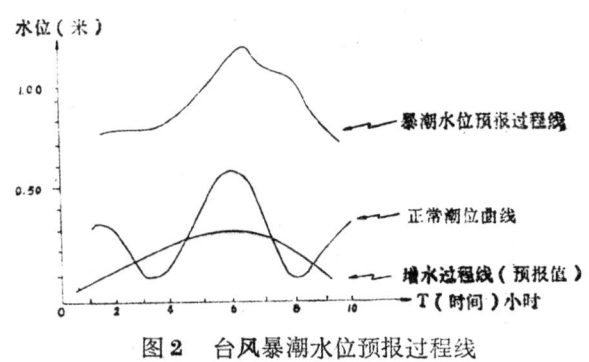

图2 台风暴潮水位预报过程线

间作单位时段引起"单位模式"的差异，可使单位时间趋向于0，即风力起动是脉冲形式，

$$\delta(0) = a_0 \frac{d^n}{dt^n}\mu(t) + a_1 \frac{d^{n-1}}{dt^{n-1}}\mu(t) + \cdots + a_n\mu(t)$$

式中　$\delta(o)$～风力带动海区海水入流强度　　$\mu(t)$～输出海水量

解方程，得

$$\mu(t) = \frac{1}{(1+\tau D)^n}\delta(o) \quad 式中 D～为运算子符号 \frac{d}{dx}.$$

经过拉氏变换整理后，得到

$$\mu(t) = \frac{1}{\tau\Gamma(n)} \left(\frac{t}{\tau}\right)^{n-1} e^{-\frac{t}{\tau}} \tag{14}$$

这个公式叫做"瞬时单位模式"。只要用距法求解，求出 n、τ 两值，便可解出方程，得出时段极短($\Delta t\to 0$)的"单位模式"，然后用克拉克S曲线方法换为各种预报时段的"单位模式"，作为计算增水过程线之用。即用下式转换

$$\mu(T、t) = \frac{1}{T}\int_0^T \mu(o、t)dt. \tag{15}$$

四、计 算 举 例

现以侵袭珠江河口黄冲站（北纬22°18′东经113°24′）6415号台风为例，计算出预报增水量过程线，与实测分离后的水位增水过程线对比，如图3。

由于该站台潮实测资料仍未足作出水位～海水流量相关图，故只能将增水量过程线

和增水位过程线对比，但趋势是一致的。

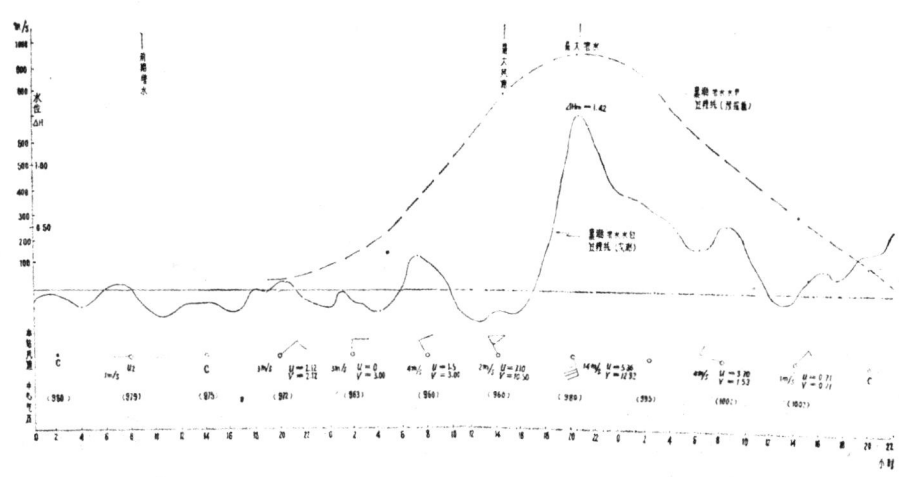

图 3　黄冲站6415号台风暴潮实测增水水位过程线及预报增水量过程线

在计算过程中，我们考虑了：(1) n 值的选取问题；(2) 初始入流强度 q 值的确定；(3) 时段风力的选择；(4) 海底地形对增水影响等问题[6]。

五、讨　　论

(1) 从整个运算结果看来，本模式对稳定风场增水比较合适，在天气图上择取风向、风力数据也比较容易。如果台风转向或纡回时，计算的成果误差增大。

(2) 从理论分析，台风风场结构，如六级大风半径的范围、台风等压线的陡度等，与 n、τ 有关，而 n、τ 值则直接影响了增水曲线的大小和形状。这和我们以往研究的总结[7]和本文研究的结论是符合的。故只有加强以环流为背景的台风发生机制的研究，才能使台风暴潮预报精度不断提高。

(3) 本模式所需要的台风路径、风力等气象资料，要依赖气象部门的预报，气象预报的准确程度，关系到台潮预报的精度。我们曾提出用长浪理论辅助台潮预报的论文[8]，目的就是想应用水文方法，直接预报台风对本海区的影响程度，以增进台潮预报的精度和预见期。

(5) 正常潮位方法的准确与否，直接影响了台风暴潮增水值的分离以及预报曲线的迭加，是关键性的环节。但目前常用的天文潮方法，对河口、海湾地区预报误差较大。作者曾提出过自己的看法[9]，故除了用调和分析法外，还应当展开特征线法等新方法的研究，不断提高正常潮位预报的精度，使台风暴潮过程预报也得以提高。

(5) 本模式虽然是单站过程预报模式，只研究台风暴潮对某一站侵袭时的增水过程，但实际上，也是大面积剖面预报的一种初步模式，只要用几个不同增水起始点的方程组合，便可得出整个大面积海区剖面的过程预报。

(6) 本模式也是台风暴潮增水时空机制的理论模式。

参考文献

[1] T. Fujite, A model of typhoon accompanied by inner and outer rainbando, *J. Appl. Met.*, 6(1967),1, 3—19.
[2] 国家海洋局一所五室, 美国风暴潮研究评述, 风暴潮, (1978), 2, 95—111.
[3] W. C. Conner, D. Lee Harrio, Emperical methods forcasting the maxium storm tide due to hurricanes and other tropical storms, *Monthly Weather Revieuo*, 85(1957),4,111—116.
[4] 国家海洋局三所101组, 厦门港台风暴潮初步分析, 海洋科技, (1975),12.
[5] 国家海洋局三所101组, 汕头港台风增水预报方法初步研究, 海洋科技, (1973), 10.
[6] 沈灿燊等, 台风暴潮预报模式初探, 中国海洋湖沼学会学术会议文件, (1978).
[7] 沈灿燊, 甘雨鸣, 应用相关分析法对黄冲站台风增水进行分类,风暴潮, (1977), 2, 15—21.
[8] 沈灿燊, 甘雨鸣, 华南沿海应用长浪方法辅助台风暴潮预报展望, 中山大学学报, (1974), 4, 106—116.
[9] 沈灿燊, 甘雨鸣, 不同类型台风侵袭珠江三角洲河口区引起暴潮增水规律的初步分析, 海洋科技, (1974), 4, 57—85.

A Preliminary Study of the Model on the Prediction of the Whole Hydrograph of Typhoon Surge

Shen Canshen (Shen Tsán hsin)   Gan Yuming

Abstract

In China, the prediction of typhoon surge according to the experience, only forecast a maxium stage. The author attend that the sea water movement by wind action could reaine some water and with a time lag. Use the method of hydrodynamics, to get a prognostic eguational group of typhoon surge which can also help us to forcast the typhoon surge on the transverse profile of the wide sea area.

we disconnet the forecasting sea area to many small areas ($A_1, A_2, A_3 \cdots A_n$), and desconnet the wind field of typhoon to many time-belt of wind strength($V_1, V_2 \cdots V_i$) when typhoon is landing to the sea shore. Then, the sea water of A_1 was brought by the wind strength belt of A_1, travelling throught A_1 to A_n, the tolal seawater comput by the following equation,

$$Q_n = q \frac{\Delta t}{(n-1)!} \left(\frac{t}{\tau}\right)^{n-1} e^{-\frac{t}{\tau}}$$

Every time belt of wind strength of $V_1, V_2 \cdots V_i$, bring the sea water of $A_1, A_2, \cdots A_n$, to reach to the seashore, the tolal amount of sea water in time course is,

$$\begin{cases} Q_{t1} = \frac{q_1}{\tau} e^{-\frac{t}{\tau}} [1 + \frac{t}{\tau} + \frac{1}{2!}\left(\frac{t}{\tau}\right)^2 + \cdots + \frac{1}{(n-1)!}\left(\frac{t}{\tau}\right)^{n-1}] \\ Q_{ti} = \frac{q_i}{\tau} e^{-\frac{t}{\tau}} [1 + \frac{t}{\tau} + \frac{1}{2!}\left(\frac{t}{\tau}\right)^2 + \cdots + \frac{1}{(n-1)!}\left(\frac{t}{\tau}\right)^{n-1}] \end{cases}$$

Connet the point of computer product, it is a increasing sea discharge curve, and it on the normal tide cure, we may get the prediction of whole hydrograph of typhoon surge.

探讨南岭陆壳改造型花岗岩类岩体成岩方式及演化规律的一种方法
——岩石化学NSF三角图解

俞受鋆　陆人雄　陈志中　邓铁殷　贺忠荣　杨育诚
(地质学系)

摘　要

本文提出了一种岩石化学 $N(\frac{K_2O}{Na_2O})$、$S(\frac{SiO_2}{TiO_2 \times 10^3})$、$F(\frac{Fe_2O_3 \times 10^1}{Fe_2O_3+FeO+MgO+CaO})$ 三角图解来区分南岭地区陆壳改造型花岗岩类岩体的成岩方式，图解中圈定的Ⅰ区属交代花岗岩区，Ⅱ区属岩浆花岗岩区。将南岭地区典型交代花岗岩和岩浆花岗岩体的81个岩石化学N.S.F值投入本图解中，鉴别效果较好，并能醒目地反映出复式花岗岩体的演化规律。

南岭地区花岗岩类岩体分布广泛，它们基本上可分为两大类：即同熔型及陆壳改造型[1]。本文仅讨论陆壳改造型花岗岩类的成岩方式及演化规律。

陆壳改造型花岗岩类是由地槽或坳陷的堆积物经混合岩化或花岗岩化以及与其有成因联系的重溶—再生岩浆作用而形成的花岗岩类，它一般以正常花岗岩为主。关于花岗岩类的成岩方式至今认识尚不一致，这是岩石学上长期争论的一个问题。鉴别花岗岩类的成岩方式是解决花岗岩类成因问题的重要途径之一。研究花岗岩类成岩方式，除根据地质产状、岩石结构构造外，同时也可借助于一些岩石化学图解。但应用以往学者们提出的图解[2]来鉴别南岭地区许多典型交代花岗岩和岩浆花岗岩时，其结论并不理想，即某些交代花岗岩投入岩浆花岗岩区，而另一些岩浆花岗岩反而投入交代花岗岩区。因此，本文提出了一个探讨南岭地区陆壳改造型花岗岩类的不同成岩方式的NSF图解。

(一)

我们在研究南岭地区燕山早期多阶段花岗岩成岩特征及演化规律过程中(1982)，发现它们均有一个共同特点，就是其形成过程都经历了两种不同成岩方式，早阶段往往是以花岗岩化作用为主形成的半原地型前锋花岗岩，晚阶段则以重溶—再生岩浆结晶作用为主形成的侵入型岩浆花岗岩。从前锋花岗岩化花岗岩到主侵入岩浆花岗岩再到补充侵入岩浆花岗岩具有明显的岩石化学演化规律，TiO_2、MgO、CaO、Fe_2O_3+FeO、K_2O、K_2O/Na_2O依次降低，Na_2O+K_2O、Na_2O、SiO_2、SiO_2/TiO_2及挥发组分逐渐增高。

本文1983年1月收到

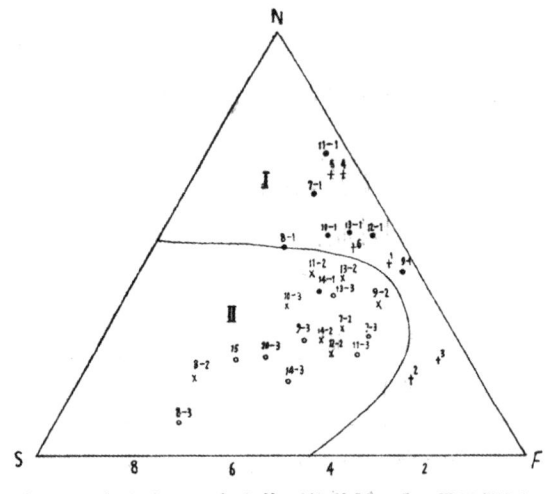

图 1 南岭地区30个岩体平均值N—S—F投影图
（岩体编号同表一） Ⅰ区为交代花岗岩区
Ⅱ区为岩浆花岗岩区 ＋混合花岗岩
· 前锋花岗岩 × 主侵入花岗岩
○补充侵入花岗岩

这一演化规律与南岭地区不同时代花岗岩类从老到新，即从东安期—燕山期的演化规律基本一致。大量资料说明，早期以交代花岗岩为主，而到晚期以岩浆花岗岩占优势。因此，这一规律亦大致反映了从交代花岗岩到岩浆花岗岩的演化。从上述的演化规律，找出两者之间的主要鉴别参数，就成为区分不同成岩方式的关键问题。考虑到K_2O/Na_2O、SiO_2/TiO_2及$Fe_2O_3/Fe_2O_3+FeO+MgO+CaO$三项比值各有其不同的变化趋势，把它们作为区分本区交代花岗岩与岩浆花岗岩的综合标志，我们试图提出一种区分本区陆壳改造型花岗岩类岩体成岩方式的岩石化学NSF三角图解，其中N值为K_2O/Na_2O的重量百分比，S值为$SiO_2/TiO_2 \times 1000$的重量百分比，F值为$Fe_2O_3 \times 10/Fe_2O_3+FeO+MgO+CaO$的重量百分比。将南岭地区30个典型交代花岗岩及岩浆花岗岩岩体的化学分析数据（表1）计算出N、S、F值，投到NSF三角图解中，划分出以交代作用为主的花岗岩类区Ⅰ及岩浆结晶作用为主的花岗岩类区Ⅱ（图1），反映出它们各自有其分布范围，其区分性较好。

（二）

南岭地区混合岩化花岗岩均落入Ⅰ区（图2），且点群分布均远离S端，并明显偏向F端，反映TiO_2、Fe_2O_3含量一般较高。

将我们详细研究过的燕山早期西华山、灵山、徐山、宜春414、浒坑、红岭、邓埠仙、东坡、瑶岗仙及栗木等十个多阶段复式花岗岩体66个岩石化学分析数据，计算N、S、F值后投影到NSF三角图解中（图3），其中20个前锋花岗岩化花岗岩有17个投在NSF图解的Ⅰ区，有3个误投到Ⅱ区，误差15%，并且点群分布较混合花岗岩明显

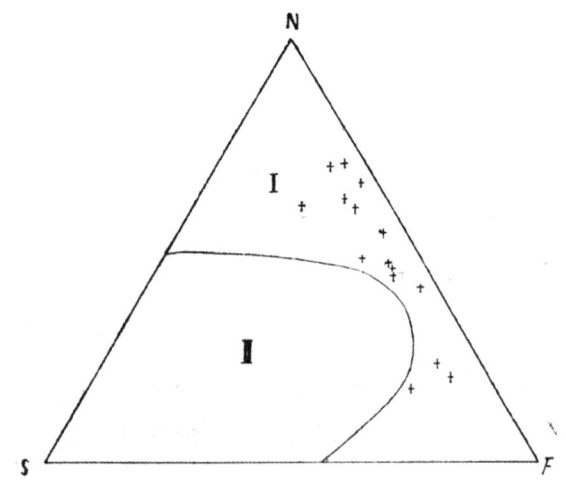

图 2 南岭地区15个混合花岗岩体N—S—F投影图
Ⅰ区为交代花岗岩区 Ⅱ区为岩浆花岗岩区

偏向N端，与后者相比N值较大，F值较小，S值较高，反映出K_2O/Na_2O比值较高，TiO_2、Fe_2O_3的含量较低；而主侵入及补充侵入岩浆花岗岩46个中有45个投入Ⅱ区，仅有1个误

投到Ⅰ区,误差仅2%。以上投点的误差中,瑶岗仙前锋花岗岩样品可能与TiO_2、Fe_2O_3分析精度有关,414前锋花岗岩样品显然与其成岩后的蚀变作用迭加有关,而灵山主侵入花岗岩样品则受到了前锋花岗岩的同化混染。

南岭地区其他一些典型岩浆花岗岩,如燕山晚期的一些小岩体,经检验效果亦较好。

综上所述,根据南岭地区已知两种不同成岩方式花岗岩体的岩石化学资料及我们采集的10个燕山早期多阶段复式花岗岩体的岩石化学资料用NSF三角图解去鉴别它们的成岩方式,效果较好。

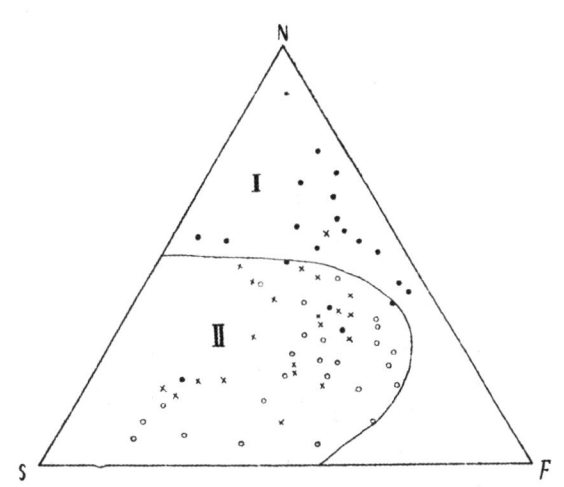

图3 南岭地区西华山等十个岩体六十四个样 N—S—F投影图 Ⅰ区为交代花岗岩区 Ⅱ区为岩浆花岗岩区 ·前锋花岗岩 ×主侵入花岗岩 ○补充侵入花岗岩

(三)

从NSF三角图解中,亦能较好地反映出复式花岗岩体的演化规律。上述10个燕山早期多阶段复式花岗岩体各阶段岩石化学平均值投影到NSF三角图解中(图4),可看出以下的演化规律:从前锋花岗岩到主侵入花岗岩再到补充侵入岩浆花岗岩N值均明显地逐渐降低,向下演化,反映出钾降低,钠升高的演化规律;其次,S值大多数是逐渐增大反映出SiO_2增高,TiO_2降低的规律;而F值的演化规律不明显,略有增高趋势,反映出Fe_2O_3增加,全铁及MgO、CaO含量降低的规律,但有的岩体这种变化不明显,这与Fe_2O_3演化规律不明显有关。总之,此图解能醒目地反映出岩石化学的演化规律。

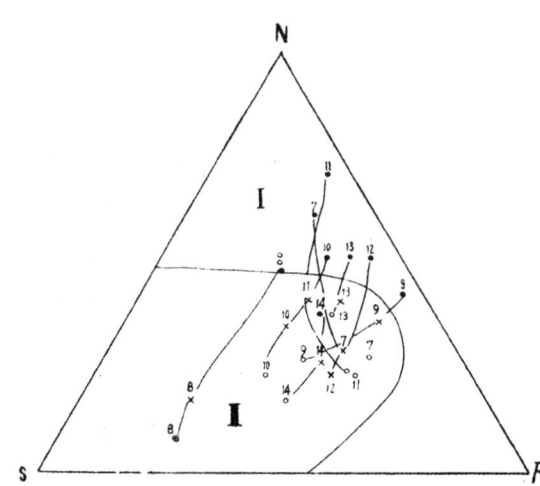

图4 南岭地区燕山早期西华山等十个复式岩体演化规律图解 (岩体编号同表一) Ⅰ区为交代花岗岩区 Ⅱ区为岩浆花岗岩区 ·前锋花岗岩 ×主侵入花岗岩 ○补充侵入花岗岩

(四)

南岭地区许多大型燕山期复式岩体的岩石化学平均值在NSF三角图解中的投点,有时误差较大,其原因是这些岩体常常是由两种不同成岩方式形成的,所采集的岩石化学样品没有区分这两种岩体,而是混合的平均值。因此,这样的岩体平均值是不能用本图解来鉴别它的成岩方式的。

表 1　南岭地区典型交代花岗岩及岩浆花岗岩化学分析数据及 N、S、F 值

编号	岩体名称	岩性	样品数	SiO_2	TiO_2	Al_2O_3	Fe_2O_3	FeO	MnO	MgO	CaO	Na_2O	K_2O	P_2O_5	H_2O(灼失)	N	S	F	资料来源
1	古县	片麻状花岗岩	18	70.03	0.37	14.42	0.96	2.47	0.14	0.82	2.34	3.07	4.33	0.11	0.74	44	7	49	[3]
2	里海	混合花岗岩	3	73.22	0.07	14.99	0.96	0.52	0.07	0.28	0.40	3.92	4.26	0.29	0.76	17	16	67	[4]
3	大人山	混合花岗岩	1	76.10	0.13	11.78	2.65	1.03	0.01	0.20	0.94	3.21	5.54	/	/	22	8	70	[4]
4	杨梅	混合花岗岩	4	70.57	0.66	14.02	0.65	2.61	0.05	0.86	2.28	2.35	5.05	0.14	0.77	67	3	30	[4]
5	大王山	混合花岗岩	1	70.05	0.39	14.42	0.53	3.11	0.07	0.83	2.75	2.61	3.98	0.15	/	63	7	30	[**]
6	武功山	混合花岗岩	4	72.59	0.20	14.95	0.72	1.73	0.05	0.45	2.30	2.54	4.06	/	0.38	48	11	41	[1]
7—1	红岭	斑状黑云母花岗岩	8	72.80	0.23	13.45	0.23	1.59	0.05	0.33	1.03	3.21	5.24	0.10	1.16	61	12	27	*
8—1	东坡	〃	1	74.22	0.09	13.04	0.21	0.75	0.02	0.14	1.22	3.27	5.56	0.04	0.90	49	25	26	
9—1	灵山	〃	2	69.30	0.57	13.88	0.91	2.49	0.07	0.62	1.78	3.99	4.96	0.09	0.75	42	4	54	
10—1	西华山	〃	4	72.84	0.16	13.15	0.42	1.81	0.10	0.37	1.18	3.26	5.41	0.08	0.82	51	14	35	
11—1	邓埠仙	〃	3	67.36	0.51	15.02	0.41	3.33	0.12	1.26	1.90	2.99	5.39	0.23	1.37	71	5	24	
12—1	漨坑	〃	1	70.54	0.33	13.99	0.74	2.42	0.07	0.66	1.42	2.92	4.96	0.17	1.92	51	6	43	
13—1	徐山	〃	2	72.98	0.25	13.53	0.49	1.85	0.08	0.60	1.58	3.26	4.80	0.07	0.73	52	10	38	
14—1	宜春414	〃	1	74.55	0.11	13.88	0.35	1.41	0.13	0.19	0.85	3.74	4.40	0.07	0.41	38	22	40	
7—2	红岭	二云母花岗岩	1	75.09	0.08	13.34	0.41	0.80	0.03	0.13	0.51	3.37	4.67	0.11	1.01	30	22	48	
8—2	东坡	黑云母花岗岩	2	75.46	0.02	13.36	0.14	0.61	0.03	0.01	0.48	4.16	4.38	0.01	0.66	19	60	21	

(续表1)

编号	岩体名称	岩性	样品数	化学成分 %										N	S	F	资料来源
				SiO_2	TiO_2	Al_2O_3	Fe_2O_3	FeO	MnO	MgO	CaO	Na_2O	K_2O	P_2O_5	H_2O(灼失)			
9—2	灵山	黑云母花岗岩	3	73.15	0.23	14.28	0.47	1.96	0.05	0.15	0.45	4.29	4.52	0.04	0.74	36	11	53
10—2	西华山	黑云母花岗岩	6	75.07	0.07	12.83	0.28	1.25	0.10	0.06	0.90	3.88	4.85	0.01	0.60	36	31	33
11—2	邓埠仙	黑云母花岗岩	4	72.95	0.11	14.28	0.31	1.34	0.05	0.45	0.80	3.59	4.81	0.21	0.96	43	22	35
12—2	浒坑	二云母花岗岩	2	73.67	0.06	14.21	0.38	0.79	0.10	0.22	0.56	4.85	4.79	0.28	0.50	24	29	47
13—2	徐山	黑云母花岗岩	1	76.00	0.06	12.90	0.34	1.29	0.06	0.38	0.94	4.00	4.46	0.24	1.18	41	17	42
14—2	宜春414	二云母花岗岩	2	76.18	0.06	13.33	0.38	1.04	0.15	0.07	0.45	3.62	4.07	0.14	0.61	26	29	45
7—3	红岭	白云母花岗岩	1	74.75	0.08	12.67	1.03	1.55	0.04	0.10	0.75	2.55	4.16	0.16	1.57	29	18	53
8—3	东坡	二云母花岗岩	1	73.22	0.01	15.02	0.26	0.61	0.06	0.01	0.42	5.39	3.55	0.01	0.73	8	68	24
9—3	灵山	白云母花岗岩	3	75.26	0.08	13.35	0.17	0.80	0.03	0.04	0.30	4.92	4.33	0.01	0.29	28	31	41
10—3	西华山	黑云母花岗岩	5	75.90	0.04	12.70	0.32	0.92	0.12	0.09	0.71	4.11	4.45	0.06	0.36	24	42	34
11—3	邓埠仙	白云母花岗岩	4	73.84	0.08	14.07	0.53	0.89	0.08	0.26	0.61	3.72	3.74	0.24	0.69	24	22	54
13—3	徐山	黑云母花岗岩	3	73.26	0.11	13.86	0.38	1.28	0.09	0.24	0.87	3.58	4.82	0.11	0.62	39	20	41
14—3	宜春414	白云母花岗岩	3	72.85	0.04	15.42	0.25	0.65	0.14	0.04	0.35	4.52	3.83	0.22	0.94	18	40	42
15	栗木	二云母花岗岩	3	75.21	0.04	13.66	0.13	0.65	0.11	0.07	0.39	4.21	3.69	0.21	0.89	23	49	28

* 7—1以后样品由广东省地质局中心实验室及广东冶金地质实验室分析

** 据1:20万阳春幅区测报告

主要参考文献

〔1〕 南京大学地质系，华南不同时代花岗岩类及其与成矿关系，科学出版社，1981．
〔2〕 南京大学地质系，火成岩岩石学，地质出版社，1980，277，301．
〔3〕 彭亚鸣、季寿元、邓铁殷，南京大学学报地质学专刊（一），1979，1—21．
〔4〕 莫柱荪等，南岭花岗岩地质学，地质出版社，1980．

A Method for Studying the Diagenetic Way and Evolutional Rule of the Granitic Bodies and Its Application to Continental Crust Transformation Type in Nanling Region —N.S.F Triangular Diagram of Petrochemistry

Yu Shoujun   Lu Renhong   Chen Zhichong
Deng Tieyiu   He Zhongyong   Yang yucheng

Abstract

A new petrochemical triangular diagram of N ($\frac{K_2O}{Na_2O}$), S ($\frac{SiO_2}{TiO_2 \times 10^3}$), F ($\frac{Fe_2O_3 \times 10^1}{Fe_2O_3 + FeO + MgO + CaO}$) is proposed by this paper to distinguish the diagenetic way of the continental crust transformation type in Nanling Region. Suggested field I and II in the triangular diagram (Fig1-4) represent the metasomatic and magmatic granitic rocks respectively. It is obvious that about 81 chemical analyses of typical granitic bodies in Nanling Region (35 metasomatic and 46 magmatic) fall into the inside of the delineated field.

Furthermore, this diagram clearly indicates the evolutional rule of multi-stage granitic bodies.

明代广东土地开发梗概

司徒尚纪

(地理学系)

明代的广东，经过宋元两代的开拓，经济文化已跻进全国先进地区的行列。这是广东地方开发史上一个重要的历史转变时期，一个继往开来的关键时代。

考察一个地区开发程度的高低，是与它的行政单位（主要是县治）设置的先后，数量的多寡，等级的升降，人口的疏密，垦殖指数的大小，耕地面积的消长，水利建设的好坏等联系在一起的。综合以上有关指标，可以看出一个地区开发的梗概。

广东在明代完成了它作为省一级行政区划以后，内部县份有较大的增加，府县升格，反映了它们经济地位的上升。根据《明史·地理志》和姚虞《岭海舆图》等材料，到万历年间，全省新建的县有十三个，是本省历史上建县较多的时期，新恢复的县有八个，说明对这些地方的经营比过去积极和重视多了。新建的县主要分布在粤东，小部分在广州附近。王恒叔（明）在《广志绎》中指出"潮（潮州府）国初只领县四，海阳（潮安）、潮阳、揭阳、程乡（梅县）。今增设澄海、饶平、平远、大埔、惠来、普宁六邑，此他郡所无"。王氏惊叹"今之潮非昔矣，闾阎殷富，仕女繁华，裘马管弦，不减上国"。标志着韩江流域经过明二百余年的开发，确比以前富庶多了。在珠江三角洲附近新建的县份，有顺德、从化、三水、龙门、新宁（台山）等，除了政治原因以外，与这里由于经济繁荣，内外贸易兴旺，需要进一步加强对地区的管理有很大的关系。明末清初屈大均指出："昔人谓治广以狭，诚上策也"（广东新语·地语），反映了这里政区划分越来越小，为财政收入增加的重要标志。在西江流域，恢复了高明、开平、恩平、广宁诸县；在东江中上游，新设了和平、永安（紫金）、长宁（新丰）三县。这些都是本地区经济在继承前代成就的基础上进一步发展的结果。其他地区政区变化很少，那里县治稀少，一县占地广大，与珠江、韩江三角洲的县份面积狭小，形成鲜明的对照，在某种程度上也是经济差异的反映。但是，经过长期开垦，即使原来很荒凉落后的地区，经济也大踏步前进了。例如海南岛"国初所以不立州县屯所者，盖其时黎民鲜少，山岚瘴气犹未消灭，故也。方今生齿众多，土地垦开，山岚瘴气，已消灭八九分。"（明·韩浚《议平黎疏》）这是一个很典型的例子。

明代广东境内，虽然对比元朝升等的县数差别不大（元代有7个中等县，明代有八个，据《元史·百官志》卷91，金光祖《广东通志》卷九的资料划分），但分布地区不同。珠江三角洲元代有南海、东莞、增城3个中等县，明代则增加了顺德、新会两县（减少了增城），其中南海县还上升为上等县。这是三角洲进一步开发的表现。引人注目的是韩江下游，元代全为下等县，明代已有海阳（潮安）、潮阳两个中等县，表明潮州地区的经济地位确实上升了。西江流域元代有高要、四会两个中等县，明代只保留高要一县。但这里明代围垦面积广大，水利建设颇有成就，经济仍是稳定地前进的。粤北、高雷地区本来开发较早，唐宋时代还胜过不少地区，但从元代开始，它们一些地区的经济有所衰退。明代各大河三角洲和沿海低地吸引着更多的人来开垦，它们更形落伍了。至于其他地区，仍是下等县占领着。但无可否认，由于各种因素的促进和推动，客观上有助于地区的进步。例如到明中叶，在海南岛的黎族社会，封建生产方式已取得统治地位，社会向前迈进了一步。

地区的开发与人口的增减和移民有很大关系。明代广东（现今省境范围）以洪武十四年（1381年）人口最多，约3百万（据明太祖洪武实录卷一四〇，二一四），比元代增加了12.4%（据《元史·地理志》元代广东为257万），以后约为200万。由于政府失于对人户的控制和流动人口的增加，实际人口不止此数。这表明劳动力较元代有较大的增长，这是地区开发的重要条件。人户稠密地区，往往就是经济先进地区所在。珠江、韩江两个三角洲，仅占全省面积8%左右，却集中了40%人口，为地区开发提供了足够的劳动力，它们当时就是本省财富之区。在隋唐以来人口曾占优势的韶连地区，从明代开始，人口开始萎缩，劳力不足，成为当地经济活动的严重问题，地区的开发过程放慢了。珠江、韩江三角洲经济繁荣，除了它们具有优越的地理条件以及人们对湿热低地的利用改造的能力提高以外，还必须归结于人口的移动。珠江三角洲从北宋以来，南下汉人纷纷在这里定居，筑堤围垦，大力经营（尤以宋朝以后为最）。韩江三角洲，宋末曾有大批福佬系居民从东部沿海移入，定居于此，地狭人稠现象在元代已经发生，明代更甚罢了。而粤北、东江流域的客家山区的开发，在很大程度上是移民的结果。这里山多田少，耕地缺乏。宋元以前，多为畲人所居。宋代虽有大批客家人移入，但地广人稀局面仍未能改变。明初和明末，又有大批汉人入居，他们的垦荒活动，造成不少地区牛山濯濯。但这里毕竟条件较差，交通艰阻不便，粮食普遍不足。经过朱明两百余年的休养生息，生齿日繁，乃思向外移民。明末清初，部分客家人迁往粤中和四川，即所谓"湖广填四川"运动，部分人竟向海外移民，从事工商业经营（参看罗香林《客家研究导论》一九三三年版），遂使本区劳力始终缺乏，开发程度远较其他地区为逊。反之，原来荒凉落后的海南岛，明代由于一系列的原因，入居者与日俱增。据香港中文大学陈正祥博士研究，元代汉人移居海南者为17万，明代为47万（见陈正祥《广东地志》P235，香港天地图书有限公司出版，1978年）这在当时是一支很庞大的劳动大军。他们披荆斩棘，开垦出不少耕地，为经营海南作出了贡献。

最能综合地反映本省开发程度的是耕地面积和垦殖指数的变化。据阮元《广东通志》载，洪武23年（1387），广东耕地约为2,300万亩，到崇祯五年（1632年）已达3,200万亩，增长了39%。洪武24年，广东人平耕地，仅为7.9亩，只及全国水平的半数。这说明本省其时尚有大片处女地可供开拓，土地资源潜力相当大。但到明中后期，情况大变，嘉靖年间，广东人平耕地为12.9亩，万历年间则为16.1亩，而相近期内，全国人平耕地却下降为11.7亩（宏治四年）和11.6亩（万历六年）。据此可以认为，广东开发步伐大大加快，居全国平均水平之上（有关统计数字见金光祖《广东通志》、姚虞《岭海舆图》、梁方仲《明代户口及田赋统计》）。况且这时瞒报土地的现象已十分严重。尚有不少被开垦的土地未计算在内,这可作为田亩增加的佐证。万历28年,全省平均垦殖指数为10.6%,但各地不一。以两大三角洲较高,约为40%,最高顺德县为77%,这主要是桑(果)基鱼塘区建立的结果。垦殖程度从三角洲中央向边缘和外围降低。粤北、兴梅和五指山地区开垦最差,不少县份垦殖指数在5%以下。东江、西江、北江两岸谷地、雷州半岛台地的开发处于中等程度,一般为15%。统计表明,本省有一半左右的面积,44%的县份,其垦殖指数分布在5—10%左右。垦殖指数的其他级别的分配并不很集中,这种情况反映了本省地貌类型的多样性和分散性,以至开发参差不齐。但本省丘陵山地比重很大,利用比较困难,这与5—10%这个指数占优势是相对应的(垦殖指数的计算见金光祖《广东通志》,为万历28年数字)。

明代广东耕地的增长,主要途径是围垦河滩、沼泽、海涂,利用沙田,开辟梯田(畬田)和改善耕作条件等来实现的。珠江三角洲明代已进入最重要开发阶段,被围垦的荒滩河段,分布在西江干流两岸,羚羊峡附近、西江、北江、绥江以及它们的支流如新兴江、芦苞涌、西南涌、官窑涌等河流的交汇地带,还有东江下游三角洲,连低洼沼泽亦不例外。据佛山地区编《珠江三角洲农业志》统计,明代三角洲筑堤总长约为220,399丈(约为735公里),凡181条,捍护耕地万顷以上。在雷州半岛,围垦海滩是扩大耕地的重要手段。雷州"平时潮水利于田亩,惟飓风发则咸潮逆起,稼乃大伤,故东洋田俱筑堤岸以遏之"(顾炎武《天下郡国利病书》卷一〇一)。这里从宋绍兴年起,就开始沿海筑堤,"包滨海斥卤之地,垦田数百余顷"。洪武四年,海康、遂溪两县联合筑成海康南北大堤和遂溪堤,总长145华里,水闸75个。嘉靖年间,大堤溃决,修复决堤时,海康出动人力24,800人,遂溪12,600人。动员人力之多,当时确是惊人(嘉庆《雷州府志》卷十八、《李义壮捍海堤记》)。这两条大堤与宋代修成的水利工程构成灌溉系统,使得"雷郭外洋田万顷……岁登则米粒狼戾,公私充足"(广东新语地语),雷州半岛成为明代广东输出粮食最多的地区。据有关资料统计,宋代广东修筑堤围为44宗,元代35宗,到明代增加到302宗,而清代也不过是165宗(参看李剑农《宋元明经济史稿》第17页)。可见明代的围垦在广东(主要在珠江三角洲)开发史上是规模最大的事件。其中屯田又是垦田方式之一。对于广东,"今屯田之在岭外者,广轮曲折,千有余里,可谓沃壤"(黄通志卷二十六)。宏治13年,"广东都司并所属卫所屯田共700,232亩,有耕牛402只"(同上卷三十六)。按黄通志材料,明中期全省屯田凡585处,分布在各地,以广州、惠州两府最多,其中许多沙田的开垦和耕种,是军屯负责的。"广东各卫所的屯所,可考者共三百五十三"(王毓铨《明代的军屯》第一〇四页),明中期,全省屯田纳粮为95,381石,相当于一个上等县夏秋两税,到万历初,为150,129石,增加一半(见梁方仲《中国历代户口、田地、田赋统计》,第三六四页)。惟"万历以后,承平日久,初制尽废,屯田既不堪实用,屯田亦徒有虚名"(乾隆《潮州府志》卷三十七),但他们的垦田成绩,是不能抹煞的。

耕地面积的增长,又往往是兴办水利,改善耕作条件的结果。明代广东除上面所说的大规模围垦以外,各地修建的陂、塘、湖、圳、沟、井、池、泉等水利设施,星罗棋布。据统计,万历间它们共874宗,受益面积约80万亩(明·郭棐《粤大记》卷二十九),占耕地面积25%左右,两大三角洲比例尤大,不少地区在一半以上。水利是农业的命脉，它对本省水稻等农作物的生产和分布起了保证作用。灌溉比重大的地区，都是水稻和经济作物重要产区，农业生产精华所在。

广东丘陵山地占了总面积70%左右，如何更好地开发利用它们，历代都是个不易解决的问题。而明代在这方面却有了新的途径和发展。这就是新作物品种的引进和传播。明代中西交通已进入一个新时代。许多新作物，如蕃薯、玉米、花生、烟草、波萝、南瓜、甘蓝、辣椒等先后从海道传入我国，而广东、福建为首途之区。这些作物，对自然条件有不同的要求，许多过去难以利用的土地，现在找到了用处。特别应指出的是蕃薯，明后期已成为当地人民重要食粮，或曰"闽广人以当米谷"（王象晋《群芳谱》）。本省广大台地、丘陵、低山及其他零星土地，大片被后来西方地理学家称为"红色沙漠"的红壤和砖红壤等迅速被蕃薯等作物占领，得到有效的利用。这在历史上是未有过的盛事。尤其是它可以利用许多闲置的山坡旱地种植，故能腾出更多的土地来发展经济作物，解决当时由于商品经济发展而引起的粮食作物与经济作物争地的矛盾，使得过去种水稻的地方，有可能改种经济作物。从而促进了农业生产的地域分异、经济作物集中种植区的出现。

必须指出的是，有些地方，由于过度毁林开荒或烧炭，即使在当时，已经出现破坏生态平衡的严重后果。例如从化县，"流溪地方，深山绵亘，树林翳茂，居民以为润水山场，二百年斧斤不入。万历之季有奸民戚元勋等招集异方无赖，烧炭利市，烟焰熏天，在在有之……不数年，群山尽赭。山木既尽，无以缩（蓄）水，流溪渐涸，田里多荒。奸民蹈一时小利，而贻不可救之大害"（《天下郡国利病书》，卷九十八）。又康熙《香山县志》也指出："故香山自梅花以东，南台以南，多深山大林，或穷日行，里翠蒙蒙，杳无人迹。嘉靖中，异县豪右，纠集乡民，无所不到，其矩木以为材，其杂木以为炭，获利甚富，趋者日众，台以南山渐童，而焚炭之气，与日争赭矣"。这是盲目毁林烧炭遭到大自然报复的最好例证。

广东濒临南海，大小河川遍布，向水域进军，索取更多的食物，这是明代广东人民利用自然富源的重要方面。除了在珠江三角洲兴起桑（果）基鱼塘和其他地区养鱼以外，海洋捕鱼业有进一步发展，南海大陆架是本省最大渔场，渔民的活动，已不限于浅海，而驱驰至深海了。据《广东新语》所载，当时使用的渔具，不下十余种，用于浅海拖网作业的叫罾，由六、七十艘渔船联合操作，每日捕鱼数百石；用于深海作业的缯罾、"相连数百罾，以为一墙，横截海水……起罾时，鱼多不可胜数"。这些捕鱼方法，沿用至今。

总之，明代的广东，有许多昔日的莽莽荒原被辟为耕地，种上各种庄稼。象兴梅、海南岛等一些过去人迹罕至的山区，也有了新的主人。随着生产力的发展和技术的进步，人们与江海争地，向荒山要粮，向海洋进军，从大自然那里取得了更大的自由，生产的深度和广度，已非昔日可比，这一切标志着明代的广东，在自己的开发史上已揭开了新的一页。

全新世河口三角洲形成发展的若干问题
——以珠江河口三角洲为例

李 春 初

(地理学系)

提 要

以珠江河口三角洲为例，论述了三角洲的概念和范围、全新世海侵最大时的古海岸位置与海水入侵范围、全新世海侵结束后三角洲发展和环境变化特点及其与古代人类活动遗迹分布的关系，并对珠江三角洲的模式问题进行讨论。

关键词 全新世，珠江，河口，三角洲，文化遗迹，环境变化

近年来，珠江河口三角洲的研究取得了进展，但该河口三角洲如何形成发展，至今未有一致的认识。本文以珠江河口三角洲为例，就其地貌、沉积和环境变化的几个较重要的问题提出一些看法。为了便于对比说明问题，文中还涉及到长江和韩江三角洲地貌和环境的某些特点。

一、三角洲概念及范围

关于珠江三角洲的范围问题，历来就有不同的见解。如有的强调三角洲应具独特的三层沉积结构，认为珠江下游平原沉积层浅薄和主要由河流冲积物覆盖，因而不能称为三角洲[1,2]，或不是现代三角洲[3]；有的则从地形出发，认为河网开始分汊所在即三角洲起点[4]；又有的认为三角洲应是咸水影响所及和沉积物含海相化石的地区[5]等等。

什么是三角洲，至今未有公认的标准。地质学家强调的如吉伯特(Gilbert)所描绘的三角洲三层结构，不论过去叫底积层、前积层与顶积层，或是现在称前三角洲、三角洲前缘和三角洲平原，都是一种"海退式"三角洲模式。水利与泥沙工程学家熟悉的水库回水末端的"翘尾巴"现象，是另一番三角洲发展情景，其淤积发生在回水末端及其上游谷地中，并以溯源堆积方式逐渐向上游扩展，这是水库建成后基面抬高和回水进侵入库河段所致，是一种"海进式"三角洲模式。冰后期的河口发育及其三角洲建造，既

本文1987年3月收到

先遭受了海侵时海面大幅度抬高和海水不断进侵的影响，继之又在海面稳定时变为向海发展，因而上述两种三角洲形式都应在今河口三角洲所有表现。如在珠江三角洲[3]、长江和滦河三角洲[6]以及南渡江三角洲1)等地所见。如果从学科本身而不是从行政、生产或其他原因出发研究划分三角洲，上述两种类型的河口泥沙堆积体都应属三角洲范畴。就全新世而言，广义的三角洲范围应包括这两种三角洲的总和才对。其判别办法是，海侵结束时5—6千年前的古海岸线之内的海侵回水区可视为海进式三角洲范围，或再向上游包括受回水影响的河流溯源加积区，海退式三角洲则在海侵最大时的古海岸线之外。据此回顾评价过去有关珠江三角洲范围的争论，可以得出：

（1）珠江三角洲最北古海岸线之外的海退式三角洲部分为现代珠江三角洲平原，此线之内的海侵回水区以及受回水影响的溯源加积区为全新世早—中期形成的海进式三角洲平原，一般可视为古珠江三角洲范围，其中海侵结束时盐水入侵所及的平原，主要在距今5—6千年之后淤成，这部分平原亦可划为现代三角洲范围。

（2）二十至三十年代地质学家强调三角洲有其独特的沉积结构，不是完全不可取的。只是未认识到有以河流冲积物为主的、并以溯源堆积方式形成的"海进式"三角洲的存在，因而认为广州附近的珠江平原不是珠江三角洲的论断是欠妥当的。四十年代地理学家以河网开始分汊的地貌特征为依据提出的珠江三角洲北部范围，那只是受回水影响的古珠江三角洲泛滥平原，而不是现代珠江三角洲。

（3）所谓回水区，即河口以内的潮流所及的区域，包括盐水入侵的河口段和淡水回溯的近口段。珠江三角洲北部某些地区（如西南镇附近）沉积物中含半咸水硅藻反映的河海交互作用环境[5]，应视为河口回水或盐水入侵的河口环境。金兰寺、肇庆和广利等人工堆积的蚝壳，不具地层指相意义，只有大量原生蚝壳分布的区域，才属现代三角洲范围，但个别蚝壳层也可在海侵结束后的盐水入侵的回水河段产出，而这里过去并不是浅海。

二、全新世海侵最大时的古海岸线位置与海水进侵边界

冰后期或全新世海侵最大时，珠江三角洲的最北古海岸位置在何处？笔者等曾据古海蚀、浪积地形遗迹，并参考显示咸水环境的生物标志，提出大约在黄埔—石楼—大良—江门—沙富一线附近2),[3]。此后，不少人进一步调查研究的结论[7,8],3)，亦大致在这条线附近。黄镇国等描绘的这一时期（距今5—7千年）的"海积—冲积沉积分界线"[5]，与上述界线较有出入，主要表示在沿河谷深入较远，如西江和北江分别呈溺谷状伸至广利和西南，珠江干流伸至石碣4)。但最近李平日认为，5000—7500年前，"黄埔—石楼—沙湾—大良—杏坛—南华一线以南成为浅海，此线以北，海水沿谷地深入"[8]。

---

1)罗宪林：海南岛南渡江波浪型三角洲的形成演化与河口过程，1984.
2)中山大学地理系河口研究组，珠江三角洲的形成发育和演变，1977.
3)黄少敏，历史时期珠江三角洲河道变迁研究，1979.

可见多数人对全新世海侵最大时的海岸线（珠江三角洲的最北古海岸线）位置的认识是比较一致的，惟"海积—冲积沉积分界线"向陆偏离一些。这是因为，海侵最大时的古海岸位置与"海积—冲积沉积分界线"，两者在概念上是有差别的。前者是海浪直接作用的地带，这一界线的确定，主要应以古浪蚀、浪积遗迹为依据；后者是表示海水进侵的边界，海侵后，盐水可越过海岸地带，沿河口湾或潮汐通道向内侵入很远的距离。因此"海积—冲积沉积分界线"较古海岸位置偏于向陆一侧是不足为奇的。

海侵结束后三角洲海岸的滨线位置与海水进侵边界并不重合，后者多较前者更加向陆伸入的现象也见于其他河口三角洲。如长江三角洲南侧太仓—马桥—漕泾一线为全新世海侵最大时的古海岸位置[10]，其时海水可进侵到此线以内的赵巷[11]。又如韩江三角洲，真正能够反映其最内古海岸位置的地形，是三角洲中部从樟林往西南经内底、上华、庵埠而达于桑浦山东南麓的古沙坝岛弧群。已揭示的古沙坝岛本身的 ^{14}C 年龄有 4330 ± 120 年前、3900 ± 110 年前、3265 ± 85 年前和 3140 ± 100 年前不等，该岛弧群带平原淤泥的 ^{14}C 年龄更有 6230 ± 240 年前（南社）、5380 ± 130 年前（东里）和 5220 ± 220 年前（南社）者[5)]，可见这一古海岸地带历史悠久和长期来岸线位置变化不大。但岛弧内侧有泻湖湾和河口湾存在，湾中海水在西北边缘最远可进侵靠近潮安。这种由沙坝岛弧和内侧泻湖湾组合构成的地形，恰似潘兰（Penland）等描绘的海侵条件下河口三角洲废弃侵蚀后退演化模式第二阶段的图景[12]；即海侵时三角洲尖端首先遭受波浪侵蚀而后退，被侵蚀的物质在波浪作用下沿岸纵向搬运形成沙咀，沙咀被海浪冲决变成沙坝岛，海侵进一步发展时，沙坝岛随海面上升向陆移动形成"进侵型沙坝岛弧"（Transgessive barrier island arc），其内侧的三角洲平原沉降形成"三角洲内部泻湖"（Intra deltaic lagoon）。可见，海侵结束后的河口三角洲滨岸区域并不简单是一条"线"，而是一个地理面貌较复杂的地带，这个地带既有海岸滨线，也有海岸滨线后面的海水进侵边界线。海岸滨线与海水进侵边界线同时并存而各自的含义或实质内容不同，因此若将之混为一谈是欠妥当的。

三、海侵结束后三角洲的发展变化及其与古代文化遗迹分布的关系

1．全新世海侵结束后，古海岸线或沙坝岛弧内侧的环境及其与古代人类活动遗迹分布变化的关系

全新世海侵结束后，古海岸线或沙坝岛弧内侧的区域包括海水入侵和淡水回溯的回水区，以及回水末及的晚更新世原始地面。不过，不同的河口三角洲，它们的具体情况不尽相同。

---

4) 南海县石碣"古海蚀遗迹"，从形态看颇有类似海蚀地形的地方，但从周围地形及环境分析，其海蚀遗迹的可靠性和肯定其为全新世最大海侵时的古海岸遗迹的结论是值得推敲的。从化石资料来看，"海蚀穴"中只不过有个别咸水至淡水硅藻，而蚬、蛤基本为淡水产物，附近平原埋深 1.3—3.2 米的淤泥质砂中的硅藻也不过是半咸水至淡水种或淡水至半咸水种。因此认为这里是海水作用较弱的河口环境[5]，是恰当的，若以此证明这里曾是惊涛拍岸的古海岸或浅海环境，则证据不足。

5) 见广东省海岸带和海涂资源综合调查大队：粤东海岸带地貌沉积滩地水文调查报告，1984。

例如，长江三角洲苏南、浙北的太湖流域发现了大量的新石器文化遗址[13,14]。这些遗址包括原始的马家浜文化（距今7100—5900年）、崧泽文化（距今5800—4900年）、良渚文化（距今5200—4000年）和湖熟文化（与良渚文化同时，下限更晚），它们大多埋于地面下1—3米，有的则埋在泥炭层和沼铁之下。且后期文化层多在前期文化层基础上发育而来，表明五、六千年前，长江三角洲南翼的沙冈古海岸曾封闭程度较好，其内侧海水进侵范围小，太湖平原大部分地区为陆地。

韩江三角洲沙坝岛弧封闭程度较次。因岛弧被众多的潮汐通道分割，海水沿通道进侵范围相对较长江三角洲大。但岛弧内侧海湾区亦有多处埋藏新石器贝丘遗址发现[15,16]，如陈桥（新石器中期）、石尾山（5—7千年前）、梅林湖（3545±85—5440±100年前）、池湖和意溪等地，这些遗址均被埋覆在粘土沉积之下数米。表明韩江三角洲沙坝岛弧内侧的不少地区在海侵结束时仍为陆地，其后逐渐沉降被埋藏。

珠江三角洲的情况有一些不同：海侵结束后珠江河口为古海湾尽头的溺谷湾性质，滨岸地带虽有古海岸遗迹可寻，但湾头波浪动力弱，三角洲外缘无大规模横拦河口的沙坝岛弧发育，古海岸内侧海水进侵区（至"海积—冲积沉积分界线"）极少新石器遗址发现。只有在"海积—冲积沉积分界线"以北的海侵回水未及的广大地区（南海、三水和高要等县），新石器遗址大量分布。

以上情况对比说明，海侵结束后，河口三角洲古海岸线或沙坝岛弧内侧回水区的环境，视封闭程度不同而有明显的差别，其古代文化遗迹分布、保存情况亦不相同：（1）缺少沙坝岛弧保护的河口三角洲（如珠江三角洲），海水长驱直入使河口尾闾形成溺谷湾，溺谷湾回水区往复潮流的运动和侵蚀，不利于沉没前古文化遗迹的保存。（2）具有沙坝岛弧保护、但岛间通道较多的河口三角洲（如韩江三角洲），海水沿潮汐通道侵入使部分陆地浸没为"三角洲内部泻湖"，泻湖湾回水区水流流速一般较小，随着陆地的缓慢沉没（海侵结束后仍有部分陆地沉没，当与海侵影响的滞后效应有关），部分文化遗迹能保存下来。（3）古海岸沙冈或沙坝岛弧封闭较好的河口三角洲（如长江三角洲南翼），其内侧海水直接入侵的区域小，其他大部分地区基本上一直为陆地环境，回水亦主要为淡水回溯，海侵结束后，弧形沙冈地带还在加积发展，其内侧陆地封闭与排水不畅的形势加强，促进了陆地区域向淡水沼泽环境的演化；因而这些地区大量的古文化遗址可不遭受任何破坏而被沼泽沉积物覆埋，且上、下文化层之间继承性或连续性较好。

2．全新世海侵结束后三角洲发展特点

全新世海侵结束后，河口三角洲由向陆退缩逐渐转变为向海推进。但三角洲如何向海发展，人们的看法不很一致。有的认为海侵结束后三角洲立即开始了向海淤展的过程。有的则认为，全新世晚期三角洲的发展又一次受到海面升降影响并再次发生海侵—海退旋回[6]。我们认为[3]海侵后的河口演变，在新的条件——海面较稳定的情况下，需有一个过渡适应阶段才能重新开始向外伸展，在此过渡时期，河口三角洲环境还是海洋动力（潮汐与波浪）暂居矛盾的主要方面，其时河口位置较少变化，海岸线亦相对比较稳定，但以后河流动力开始明显下移，海洋动力渐渐退却，最终发展至河流动力居矛盾的主要方面，三角洲迅速向海延伸。

如珠江三角洲在新石器中晚期（5000至2000多年前）的淤积分布基本上是在"海积—冲积沉积分界线"与"最北古海岸线"之间的区域，这是海侵后盐水入侵的回水区。秦汉之际，三角洲才开始越过古海岸线缓慢向海发展，唐宋以后淤积发展加快。

又如长江三角洲在新石器中晚期发展亦不快，南岸岸线长期稳定在宽7—8公里或2—3公里的冈身地带[10,17]。此时河口湾中虽有"黄桥期"、"红桥期"河口砂坝相继发育[18]，但这可解释为海侵时充填在上游河床的"海侵砂体"向下推移进入河口湾内造成，而不一定是流域中、上游来沙淤积所致[6]。近2000年内，长江河口三角洲外伸较迅速[19]。

再如韩江三角洲，新石器中晚期的淤积作用主要是淤积充填沙坝岛弧内侧的泻湖湾，古海岸线长期停滞在樟林至庵埠一线附近。沙坝岛弧外侧的现代韩江三角洲主要是在唐宋以后淤积而成的。

由此可见，近5—6千年来，三角洲总的趋势是逐步向海发展，但开始时发展较慢，后来越来越快。显然，这种向海发展的总趋势，与这期间海面长期较稳定的控制作用有关；前期淤进缓慢应包含"过渡时期"适应调整的影响，后期淤积加快主要是人类对流域开发与破坏使来沙增加促进的。

3．河口三角洲向海淤积延伸后，三角洲平原水位抬高和洪泛加强对三角洲环境改变的影响

作者等认为[3]，随着现代三角洲的迅速向海发展，海洋潮汐动力退却，河流动力向下游推进，原三角洲平原将由"潮区"（主要受潮汐作用）转变为"洪潮区"（受洪、潮交互作用），并最终演变为"洪区"（主要受洪水控制）。此种演变，主要与河口三角洲向海淤积延伸后河口动力带外移和河口以内河段水位的逐渐升高有关。如北江马房至三水河段，海侵结束时这里为盐水入侵和淡水回溯的回水地段，汛期上游洪水下泄至此已近乎展平，但今日这里已不受盐水入侵影响，即使枯季也不再发生淡水回溯（即无涨潮流），而洪水时，本河段水位可高达9—10米（珠江基面）。外江水位抬高后，三角洲平原地下水位升高并开始出现沼泽化过程，洪水泛滥时的泥沙首先在沿江两岸落淤形成自然堤，这导致堤内平原地势低下，积水加重，沼泽化进一步发展；洪水水位再抬高后，洪泛影响范围扩大，部分沼泽可被泛滥的泥沙覆埋消亡。因此今珠江三角洲北部平原，于地表下1—3米普遍发现埋藏的沼泽沉积物，上覆沉积物多为近代河流泛滥的粉砂壤土。以上演变是河口三角洲淤积延伸过程中的自然发展现象，因而不能将之解释是海面上升或陆地下沉的影响，更不能认为这是一次新的海侵直接淹没的结果。

四、三角洲模式问题

珠江三角洲的模式怎样，学术界未有一致的看法。已知一种主要的观点认为，"冲缺三角洲"或"复合冲缺三角洲"就是珠江三角洲的发育模式[6]。

"冲缺三角洲"概念首先由曾昭璇教授提出[7]。按原意，似主要在于强调当今珠江

---

6) 李春初，长江河口演变问题的管见，1981。

三角洲地形（主要是河汊形态）的特点，并论证地质构造所起的重要作用，这是有一定意义的。但全面讨论珠江三角洲的形成演变及其第四纪过程，认为"自珠江三角洲开始堆积时起，不论是河相堆积为主的时期或是海侵比较扩大的时期，不论是早期三角洲或近期三角洲，以至正在珠江口形成的水下三角洲，都基本依循这个模式而发育，"[5]这是值得商榷的。

"三角洲模式"是三角洲形成特点与过程本质的揭示和理论的概括。三角洲模式可从不同的角度进行讨论。如从岩石学观点来划分有海退型和海进型；以三角洲形成的河流作用和海洋作用（主要是波浪）的相对优势来划分有所谓高度建设型和高度破坏型；用现代三角洲的动力、形态和沉积特点来划分，有河流作用为主型、潮汐作用为主型、波浪作用为主型以及它们之间的过渡类型。以上方法或各有可取之处。不过，从研究现代三角洲的形成和模式来说，用岩石学、地形学和动力学的综合指标来分析，理论基础和实践意义较好。而"冲缺三角洲"所考虑的似乎主要是三角洲平面图形的分流特点，其他地貌特征及平原的垂向或立体地质结构和内容，较少注意和强调，因而将之作为一种模式来对待，可能较难从本质上揭示三角洲的性质和形成特点。至于一揽子以"冲缺三角洲"概括不同时期和不同环境条件下形成的三角洲，就更难以令人信服。

1．全新世前期海侵过程中的三角洲建造为溯源向陆和垂向向上淤积，不是"冲缺"向前或向海发展

海侵过程中，河口淤积过程的特点是，沉积作用主要发生在海侵回水末端及其以上的河流谷地，并以溯源堆积的方式逐渐向上游方向扩展，由此形成的泥沙或三角洲堆积体在垂向沉积结构上具有自下而上由粗变细的韵律变化。这一点本文开头讨论三角洲概念及范围时已略提及，作者过去曾做过专门的讨论[8]，最近的研究8)，亦证明了这种情况的存在。显然，全新世前期"海侵比较扩大时期"的珠江三角洲发育，不应是所谓"冲缺三角洲"模式，因为海侵时的沉积不可能"冲缺"向前发展。海侵过程中，珠江河口三角洲从大陆架上的原低海面位置退缩转移至"古海湾头"的现海面位置，其沉积建造只能走溯源向陆和垂向向上加积发展的道路。

2．全新世海侵结束后三角洲发展模式的复杂性和多样性

全新世海侵结束后，河口三角洲的发育环境条件，在不同的时期（或阶段）和不同的区域，可有很大的不同。如珠江河口三角洲在海侵结束以来的近5—6千年内，三角洲的形成发展有以下内容。

（1）古珠江溺谷湾潮成平原的淤积　海侵结束后，珠江三角洲最北古海岸线与"海积—冲积沉积分界线"之间的回水区，是分别由流溪河河口、北江、西江和东江河口构成的溺谷湾。在海侵结束后的相当一段时期内（过渡转变时期），河口的河流动力还未大量向海发展，此区仍得以潮汐作用占优势，因此河口湾的淤积主要以发育潮成平原为特色。这一区域包括西起西樵山至九江的平原地带，向东经平洲、陈村到广州的河南岛

7）曾昭璇，试论珠江三角洲地貌发育的模式，1979。
8）地质矿产部第二海洋地质调查大队和海洋地质研究所：珠江三角洲沉积特点及沉积模式，1986。

周围，再东至麻涌、漳澎以东的东江三角洲平原。主要标志是，平原沉积物以粘土或粉砂质粘土为主，其中含咸水或半咸水生物化石，平原上的网络（所谓"滘"和"沥"）蜿蜒或弯曲。后一特点在航片上非常鲜明和独特，在珠江三角洲的其他地区极少见到。

（2）狮子洋—虎门—伶仃洋"潮汐通道地貌沉积体系"的发育　海侵至今，珠江干流黄埔至虎门、伶仃洋，一直由潮汐动力控制。由于地形边界条件影响，虎门峡口及其内、外侧宽阔的狮子洋和伶仃洋，构成了潮汐通道体系结构。潮流冲蚀狭窄的虎门通道，并搬运冲刷槽底产生的泥沙在通道两侧海湾堆积，形成潮汐通道地貌沉积体系。这一体系包括通道深槽及其两侧海湾中的"涨潮三角洲"（在狮子洋）和"落潮三角洲"（在伶仃洋），其沉积物奠定了这一区段现代河口三角洲沉积的基础[20]。

（3）河流作用为主三角洲较快向海淤展　现代珠江三角洲的西、北江三角洲部分，大约在秦汉时期越过最北古海岸位置向海发展。此后三角洲的发展主要受河流作用控制，三角洲沉积组成亦具明显海退式三层结构特点，如灯笼沙和万顷沙[3,21]。但应指出，这一区域基岩岛丘和岛丘间的峡口众多，不少区段（主要在岛间峡谷及其两端开敞区）在现代河流来沙未沉积覆盖前，基底已受潮流作用的改造，并有相应的潮成砂体存在。这些潮成砂体每呈辐散或辐聚状，这对造成这里今日河流的分汊或合汊形势有不可忽视的影响。

（4）目前珠江三角洲的最前端受波浪作用影响较大　西江磨刀门口在珠江八大分流河口中最先伸至南海陆架北缘，面临开阔的外海，受到波浪动力的重要作用。使用该河口流量与波浪力资料计算得出的年平均流量有效指标值为375.94[9)]，此值在赖特（Wright）和柯勒曼（Coleman）的三角洲类型谱中，介于河流作用为主型的多瑙河（年平均流量有效指标值1171.0）和河流—波浪型的西班牙埃布罗河（年平均流量有效指标值267.8）之间，并较接近埃布罗河的情况，表征这里已具河流—波浪型河口三角洲的动力环境。事实上，现磨刀门河口最前端的图形呈鸟咀状，拦门沙两边浅滩也开始向滩脊平原发展[21]，证明现在珠江三角洲最前端部位已转化为具有河流—波浪型河口三角洲的性质。

由此可见，海侵结束以来河口三角洲的发展及其模式是复杂、多样和不断变化的。若从动力地貌、动力沉积的观点来划分，珠江三角洲的不同时期或不同区域与地段，就有潮汐型、潮汐通道型、河流型和河流—波浪型等三角洲模式。

五、结　语

河口三角洲是一个复杂的地理单元，其地貌、沉积和环境变化受多种因素的作用和影响。研究全新世时期河口三角洲的形成发展，尤应重视河、海动力特点及其变化所起的作用。

---

9) 罗宪林等，西江磨刀门口的波浪动力特征及其对拦门沙发育的影响，1986.

参 考 文 献

[1] 哈安姆、古力齐、李承三，广州市附近地质，两广地质调查所特刊，7(1930)．
[2] 陈国达，科学，18(1934)，3，356—364．
[3] 李春初、杨干然，海洋与湖沼论文集，科学出版社，北京，1981，p.115—122．
[4] 吴尚时、曾昭璇，岭南大学学报，8(1947)，1，105—122．
[5] 黄镇国等，珠江三角洲形成发育演变，科学普及出版社广州分社，广州，1982．
[6] 李从先、李萍、王利，海洋学报，5(1983)，2，212—221．
[7] 曾昭璇，华南师院学报(自然科学版)，1979，2，59—68．
[8] 黄远略，华南师院学报(自然科学版)，1979，3，66—81．
[9] 李平日，珠江口海岸带和海涂资源综合调查研究文集(二)，广东科技出版社，广州，1684，p.1—13．
[10] 刘苍字、吴立成、曹敏，海洋学报，7(1985)，1，55—65．
[11] 李从先、闵秋宝、孙和平，科学通报，31(1986)，21，1650—1653．
[12] Penland, S. et al., *Trans. Gulf Coast Assoc. Geol. Socs.*, 31(1981), 471—476.
[13] 尹焕章、张正祥，考古，1962，3，147—157．
[14] 景存义，地理科学，1985，3，227—234．
[15] 广东省文物管理委员会，考古，1961，11，577—584．
[16] 曾广忆，考古，1965，2，93—94．
[17] 谭其骧，考古，1973，1，2—10．
[18] 同济大学海洋地质系三角洲科研组，科学通报，25(1978)，5，310—313．
[19] 陈吉余等，海洋学报，1(1979)，1，103—111．
[20] Li Chunchu, Wan Wenjie, Sedimentation on the Zhujiang River Mouth Region, *Modern Sedimentation in Coastal and Nearshore Zone of China*, ed. Ren Meie, China Ocean Press, Beijing, Springer-Verlag Barlin Heidelberg, New York, To Kgo, 1986, 231—250.
[21] 李春初，热带地理，1983，1，27—34．

Some Problems on the Development of Zhujang (Pearl River) Estuary and Delta during the Holocene Epoch

Li Chunchu

Abstract

Implication and boundary on the delta, coastal location and limit of the transgression during the maximum stage of Holocene transgresssion, characters on the development and environment of delta after the Holocene transgression and distribution on the traces of ancient man are discussed, taking the Zhujiang Estuary and Delta. as the examples. The models of develpment in the Zhujiang Delta are also presented. Additionally, the some features on the morphology, the sedimentation and the environment in the Chanjiang and Hanjiang Delta are involved.

Keywords Holocene, Zhujiang River, Estuary, Delta, Cultural legacy, Environmental evolution

热带气旋的成因及其与温带气旋的比较*

梁必骐　袁卓建　　　　D. R. Johnson

（中山大学大气科学系）　　（美国 Wisconsin 大学气象系）

摘　要

根据移动圆柱坐标系的准 Lagrangian 角动量收支方程和径向环流方程，利用 FGGE 资料，对"Nancy"台风过程进行了计算和分析，并同温带气旋的角动量收支作了比较。诊断研究表明，热带气旋的非绝热加热比典型温带气旋的非绝热加热大 2—3 倍。上述两种气旋发生发展过程中的角动量收支都主要是来自侧边界的输送，即径向环流的作用是十分重要的，但驱动径向环流的主要因子有所不同。驱动热带气旋的径向环流的主要因子是非绝热加热，而在温带气旋中，相对重要的驱动因子是同锋区斜压不稳定有关的力矩。

关键词　热带气旋，温带气旋，成因，角动量收支，径向环流方程

1 引言

用角动量原理来解释气旋的发生发展，已取得许多重要结果[1-10]，尤其是 Holland[7]利用随气旋移动的欧拉和拉格朗日坐标系的角动量方程，详细诊断了热带气旋的发展过程；Johnson 等[8-10]利用等熵面上的移动圆柱坐标系的拉格朗日角动量收支方程，成功地应用于温带气旋的研究。

本文试图利用 Johnson 等推导出的角动量收支方程和径向环流方程，根据 FGGE 资料，对南海台风"Nancy"的发生发展过程中的质量、角动量和加热场进行计算，并与温带气旋演变过程进行对比分析，从而探讨它们的成因。

2 计算方法和资料处理

2.1 计算方法

根据 Johnson 等[8-10]给出的绝对角动量定义及其推导出的拉格朗日角动量收支方

本文 1987 年 12 月 28 日收到。
* 参加本项工作的还有 T. K. Schaack (Wisconsin 大学)

程，我们写成如下形式

$$dG_{az}/dt = LT(G_{az}) + VT(G_{az}) + S_P(G_{az}) + S_F(G_{az}) + S_I(G_{az}) + S_R(G_{az}) + S_T(G_{az}) \tag{1}$$

其中：

$$LT(G_{az}) = -\int_{\theta_B}^{\theta_T}\int_0^{2\pi}\overline{\rho J_\theta}[\widehat{g_{az}}(v-w)_\beta + \widehat{g_{az}^*}(v-w)_\beta^*]a\sin\beta d\alpha d\theta\Big|_{\beta_B}$$

$$VT(G_{az}) = \int_0^{\beta_B}\int_0^{2\pi}\overline{\rho J_\theta}[\widehat{g_{az}}\widehat{\dot\theta} + \widehat{g_{az}^*}\dot\theta^*]a^2\sin\beta d\alpha d\beta\Big|_\theta$$

$$S_P(G_{az}) = \int_{\theta_B}^{\theta_T}\int_0^{\beta_B}\int_0^{2\pi}\frac{\partial\phi_M}{\partial\alpha_\theta}\overline{\rho J_\theta}\,a^2\sin\beta\,d\alpha\,d\beta\,d\theta$$

$$S_F(G_{az}) = \int_{\theta_B}^{\theta_T}\int_0^{\beta_B}\int_0^{2\pi}\vec{l}\cdot\vec{F}\,\overline{\rho J_\theta}\,a^3\sin^2\beta\,d\alpha\,d\beta\,d\theta$$

$$S_I(G_{az}) = \int_{\theta_B}^{\theta_T}\int_0^{\beta_B}\int_0^{2\pi}\vec{l}\cdot\frac{d_a\vec{w}_{0a}}{dt}\,\overline{\rho J_\theta}\,a^3\sin^2\beta\,d\alpha\,d\beta\,d\theta$$

$$S_R(G_{az}) = -\int_{\theta_B}^{\theta_T}\int_0^{\beta_B}\int_0^{2\pi}\vec{K}_0\cdot(\vec{\Omega}\times\vec{g}_a)\,\overline{\rho J_\theta}\,a^2\sin\beta\,d\alpha\,d\beta\,d\theta$$

$$S_T(G_{az}) = \int_{\theta_B}^{\theta_T}\int_0^{\beta_B}\int_0^{2\pi}\frac{d\vec{K}_0}{dt}\cdot\vec{g}_a\,\overline{\rho J_\theta}\,a^2\sin\beta\,d\alpha\,d\beta\,d\theta$$

式中 g_a 是绝对角动量，g_{az} 是 g_a 在 $\vec{K}_0$ 方向上的分量，$\vec{K}_0$、$\vec{l}$ 分别为铅直方向和切向的单位矢量，θ_T、θ_B 为收支柱上、下边界的位温，β_B 为收支柱侧边界上的 β 值，J_θ 为坐标转换的雅可比行列式，ϕ_M 是蒙哥马利流函数，$\widehat{\dot\theta}$ 表示非绝热加热，$\vec{F}$ 表示摩擦力。其余符号的意义可见文献[9]的附录。

方程(1)各项的物理意义如下：dG_{az}/dt 为绝对角动量的变化项；$LT(G_{az})$ 为角动量的侧边界输送；$VT(G_{az})$ 为角动量的垂直输送；$S_P(G_{az})$、$S_F(G_{az})$、$S_I(G_{az})$、$S_R(G_{az})$、$S_T(G_{az})$ 分别为气压力矩、摩擦力矩、惯性力矩、地转效应和垂直坐标系变动引起的角动量变化。

为了进一步探讨角动量输送的原因，有必要研究气旋径向环流的形成和维持机制。Eliassen[11]曾给出一个由非绝热加热和摩擦作用引起的轴对称涡旋的径向环流方程

$$\frac{\partial}{\partial R}\left(A\frac{\partial S}{\partial R} + B\frac{\partial S}{\partial P}\right) + \frac{\partial}{\partial P}\left(B\frac{\partial S}{\partial R} + C\frac{\partial S}{\partial P}\right) = \frac{\partial E}{\partial R} + \frac{\partial F}{\partial P} \tag{2}$$

考虑到本文研究的是移动的气旋，所以取拉格朗日坐标系，得到相应的气旋径向环流流函数 S 所满足的二阶线性偏微分方程为

$$\frac{\partial}{\partial\phi}\left(A\frac{\partial S}{\partial\phi} + B\frac{\partial S}{\partial P}\right) + \frac{\partial}{\partial P}\left(B\frac{\partial S}{\partial\phi} + C\frac{\partial S}{\partial P}\right) = \frac{\partial}{\partial P}(2\widehat{g_{az}}\widehat{F}) + \frac{\partial}{\partial\phi}(|\alpha_\theta|\widehat{\dot\theta}) \tag{3}$$

其中：
$$\frac{\partial}{\partial \phi} = \frac{1}{a}\left(\frac{\partial}{\partial \beta}\right)_P; \quad \widehat{\omega_P} = -\frac{1}{\sin\beta}\frac{\partial S}{\partial \phi}; \quad \widehat{(V-w)} = \frac{1}{\sin\beta}\frac{\partial S}{\partial P};$$

$$|\alpha_\theta| = \frac{a^3 \sin^3\beta R}{P}\left(\frac{P}{P_{00}}\right)^{R/C_P}; \quad A = -\frac{|\alpha_\theta|}{\sin\beta}\frac{\partial \theta}{\partial P};$$

$$B = \frac{|\alpha_\theta|}{\sin\beta}\frac{\partial \theta}{\partial \phi}; \quad C = -\left[\frac{2g_{az}}{\sin\beta}\frac{1}{a}\frac{\partial}{\partial \beta}(g_{az}) + \frac{|\alpha_\theta|}{\sin\beta}\frac{\partial P}{\partial \theta}\left(\frac{\partial \theta}{\partial \phi}\right)^2\right];$$

$$\hat{F} = -\frac{\partial \hat{\phi}_M}{\partial \alpha_B} + \vec{l} \cdot \vec{F} a\sin\beta - \vec{l} \cdot \frac{da w_{oa}}{dt}a\sin\beta + \frac{d\vec{K}_0}{dt} \cdot \vec{g}_a$$

$$- \vec{K}_0 \cdot (\vec{\Omega} \times \vec{g}_a) - \frac{1}{a\sin\beta}\frac{\partial}{\partial \beta}\widehat{[(V-w)_\beta^* g_{az}^* \sin\beta]} - \frac{\partial}{\partial \theta}(\dot{\theta}^* \widehat{g_{1az}^*}).$$

（3）式和（2）式在形式上是一致的，因此讨论问题时，同样可以引用Eliassen[11] 由（2）式得到的如下结论：① 正力矩（$\hat{F}>0$）驱使环流指向气旋中心，负力矩（$\hat{F}<0$）则使环流自中心向外；② 在热源处（$\hat{\dot{\theta}}>0$），空气上升，冷源处（$\hat{\dot{\theta}}<0$）空气下沉；③ 当冷热源和力矩的强度保持不变时，流体动力稳定度越小，径向环流越强。

2.2 资料来源及其处理

计算所用资料主要来源于FGGE Ⅲb资料，网格距取 1.875×1.875 经纬距。首先按 $P^K(K=R/C_P)$ 的线性插值公式将等压面上的资料插到等熵面上，然后将等熵面上的网格资料插到收支柱的网格点上。收支柱网格的确定办法是：先将横截柱面的圆周划分36等分，再自中心向外沿径向方向，按1.5纬距间隔等分为若干个同心圆，即半径为1.5、3.0、4.5、6.0、7.5、9.0、10.5纬距共 7 个圆环。在垂直方向上的层次划分如下：在 $\theta = 380K$ 以下按10K间距，380K以上按20K间距，划分14层，即280、290……380、400、420、440K共14个等熵面。根据南海台风"Nancy"的发生发展过程，时间尺度取 1979 年 9 月17—23日每天两个时次（08和20时）。

2.3 边界条件和有关参数的确定

边界条件：$\frac{d\theta_B}{dt} = 0$，$\theta_s(a, \beta, t) < \theta_B < \theta_T$（$\theta_s$ 为地面 θ）；$P(\theta \leq \theta_s) = P_s$；

$$\frac{d\theta_B}{dt} = \frac{d\theta_s}{dt}(\alpha, \beta, t); \quad \theta_s \geq \theta_B, \quad \phi_M(\theta \leq \theta_s) = C_P\theta\left(\frac{P_s}{P_{00}}\right)^K + gz_s;$$

摩擦应力 $\vec{\tau} = \rho C_D u_a |\vec{V}|$，其拖曳系数取 $C_D = 0.039$。

3 南海台风的诊断分析

3.1 "Nancy"形成的环境场条件和触发机制

南海台风"Nancy"的前期低压于1979年9月17日20时在112.4°E、16.0°N附近生成，19日20时在111.0°E、18.9°N发展成台风，当日23时在海南岛登陆，以后西行到越南再次登陆，于23日减弱消失。该台风给海南岛带来一次全岛性的大风、暴雨过程。

"Nancy"是一个近海发展的台风，当时南海北部的环境场条件十分有利于台风的形成。天气分析表明，它主要是以下几方面因素共同作用的结果(图1)：

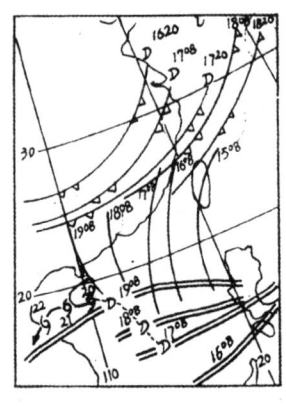

图1 "Nancy"台风过程的综合动态图（带三角的实线为锋面，粗实线为东风波，双实线为ITCZ，虚线为台风路径）

Fig. 1 The motion of weather system

①华南沿海和南海北部有弱冷空气侵入低压，触发不稳定上升加强；②来自南半球越赤道气流转变成的西南季风与南海北部偏东气流辐合，造成水平切变和水汽辐合明显加强；③西移的东风波与南海ITCZ上的低压重迭，导致该低压辐合上升加强；④南海北部高空盛行的东风急流为低压的发展提供了高空辐散场；⑤邻近台风"Mac"发生发展过程中的能量频散作用和补偿效应，也促进了"Nancy"的发展；⑥南海海域的高海温为台风的形成提供了充足的水汽和能源。

3.2 计算结果分析

根据角动量收支方程（1）和径向环流方程（3），我们对"Nancy"台风的整个发生发展过程进行了计算。图2—6给出了主要的计算结果。

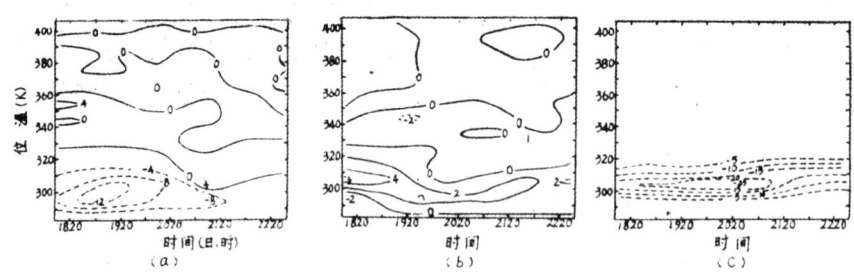

图2 各种力矩项的时间垂直剖面（R=6纬矩，以下同；单位：$10^{15}kg \cdot m^2 \cdot s^{-2}$）
(a) 气压力矩 (b) 惯性力矩 (c) 摩擦力矩

Fig. 2 Isentropic time sections of (a) pressure torque; (b) inertial torque; (c) frictional torque ($10^{15}kg.m^2 \cdot s^{-2}$)

图2给出了各种力矩项的时间垂直剖面图。由方程（1）可知，气压力矩 $[S_P(G_{az})]$ 与垂直的斜压力管有关。在锋区斜压不稳定场中，$S_P(G_{az})$ 在低层为负值，一般造成切向加权平均后的低层质量流入，而 $S_P(G_{az})>0$，则驱使中高层质量流出。由图2(a)可见，在"Nancy"的初期阶段，低层的 $S_P(G_{az})<0$，中高层则大于零，这反映了高空东风急流造成高层辐散流出和ITCZ和冷空气作用造成的低层辐合流入，可见气压力矩对

气旋初期发展的贡献是重要的。但台风形成后，$S_P(G_{az})$ 逐步减小，甚至趋于零，说明这时该项的作用越来越不重要。惯性力矩〔$S_I(G_{az})$〕总的变化趋势是随时间减小（图2b）。因该项与气旋的对称性结构有关，在"Nancy"初期因受冷空气影响，具有不对称性特点，随着台风的形成，轴对称性越来越明，故 $S_I(G_{az})$ 日趋减小。这说明该项也只是在台风前期起作用。摩擦力矩项〔$S_F(G_{az})$〕的作用相当于Ekman抽吸作用，负的摩擦力矩将导致低层质量辐合上升。图2(c)示出，该项最大负值出现在台风生成前后，即其对台风的形成具有相当重要的作用。

理论分析表明，高层正的涡动输送将引起质量辐散，低层负的涡动输送产生质量辐合。图3给出了"Nancy"台风过程中角动量的侧边界输送，由图可见，高层为正值，低层为负值，最大值出现在台风形成以后。这说明该项对台风的发展和维持有着重要贡献。各种力矩和涡动输送的总和如图4所示。该图与图3相类似，说明热带气旋发展所需的角动量主要来自侧边界的输送。各项的综合作用也是低层为负，高层为正，结果驱使低层质量的环流流入，角动量向气旋中心输送，高层质量流出，角动量自中心向外输送（图5）。

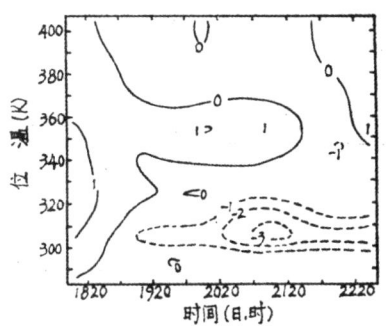 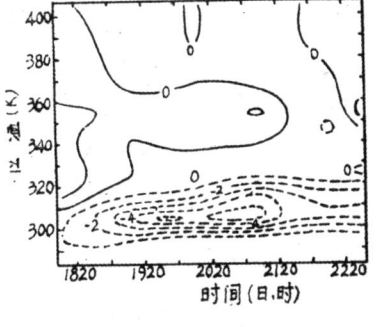

图3 涡动角动量的侧边界输送 （单位：10^{16}kg·m²·s⁻²）

Fig. 3 Isentropic time section of eddy lateral angular momentum transport (10^{16}kg·m²·s⁻²)

图4 各项作用的总和 （单位：10^{16}kg·m²·s⁻²）

Fig. 4 Isentropic time section of the sum of torques (10^{16}kg·m²·s⁻²)

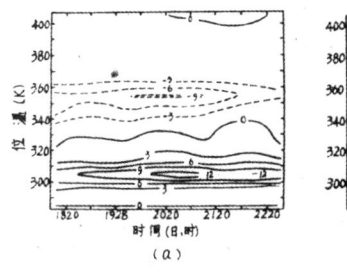 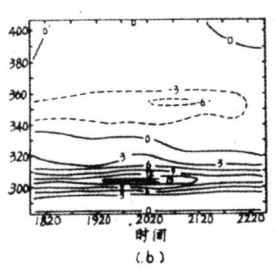

图5 质量（10^9kg·s⁻²）和角动量（10^{16}kg·m²·s⁻²）支收的时间垂直剖面
(a) 质量收支 (b) 角动量收支

Fig. 5 Isentropic time sections of (a) mass budget (10^9kg·s⁻²); (b) angular momentum budget (10^{16}kg·m²·s⁻²)

由方程（1）可知，角动量的平均垂直输送〔$VT(G_{az})$〕与非绝热加热（$\dot{\theta}$）有关，加热强，垂直输送也强。由图6可见，$VT(G_{az})$ 随台风发生发展而逐步增大，20日20时达最大，这意味着非绝热加热在台风成熟期达最大值。在"Nancy"发生发展过程中，角动量和加热量的变化趋势具有相似特点，即存在昼夜微振荡现象。在低层，白天（08—20时）出现负角动量，对应加热和水汽辐合场的减值

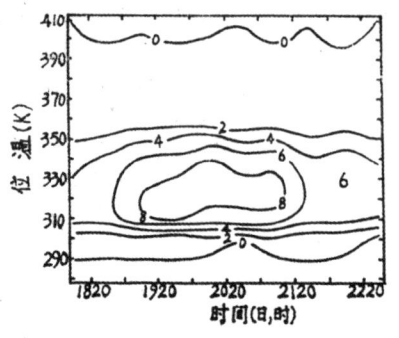

图 6 角动量的平均垂直输送（单位：$10^{16}kg·m^2·s^{-2}$）

Fig. 6 Isentropic time section of the mean transpont vertical angular momentum ($10^{16}kg·m^2·s^{-2}$)

区，晚上（20—08时）出现正角动量，对应加热场和水汽辐合场的升值区。由图 4 可知，总力矩和的变化不存在这种微振荡，因此可以推论角动量的这种变化主要是由于非绝热加热不均所引起的，而加热场的昼夜变化可能是由于气旋区的深厚云区和外围少云区在白天和夜间的辐射加热差异所造成[12]。

3.3 南海台风的发生发展框图

根据以上分析，我们可以将"Nancy"台风的发生发展过程概括为如下框图：

框图说明，在南海地区具备台风生成的基本条件时，通过CISK机制，将导致大气明显增暖，加热效应将驱使径向环流加强，进而使得角动量的侧边界输送加强，气旋将不断从环境场获得角动量，切向环流也随之加强，加之潜热释放导致暖心形成，因而台风形成和发展。

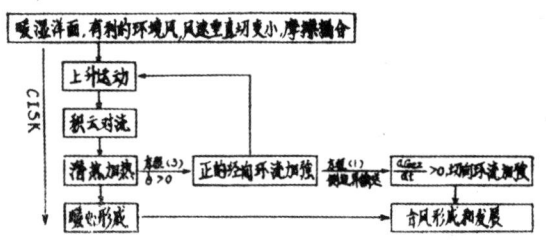

4 热带气旋与温带气旋成因的对比分析

前面已指出，许多学者用上述方法对热带气旋的研究已取得有意义的结果。七十年代以来，Johnson及其助手用类似方法对温带气旋的研究也取得成功[8-10]。为此，比较两类气旋的诊断结果是有意义的。

最近，R.Hale和J.Rosinski（1983）分别研究了发生在1978年1月和1972年6月的两个不同来源的温带气旋。1978年1月25—27日发生在美国大陆上的温带气旋是极地涡旋和温带急流相互作用的产物。计算结果表明，各种力矩的作用和角动量的侧边界输送情况与热带气旋的角动量收支变化是大致相似的，所不同的是：将该气旋的计算结果与"Nancy"相比，无论是气压力矩或惯性力矩项都更大，而且最大值出现在气旋成熟时期，这说明由于其锋区斜压不稳定和不对称结构引起的气压力矩和惯性力矩的作用对于温带气旋的发展是很重要的。在热成风作用下，温带气旋的高空（300hPa）常出现

S 型流场（图7），这种流场十分有利于涡动角动量的侧边界输送，它使得温带气旋的高层质量流出比台风更明显。图8给出了该气旋的各种力矩总和以及侧边界输送的计算结果，与图4和图5(b)比较，可清楚看出上述不同特点。

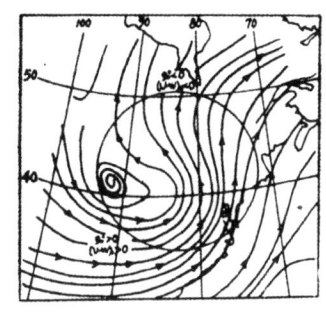

图7　温带气旋的300hPa流场
　　（1978年1月26日20时）
Fig. 7　300hPa Streamline field at 12:00GMT 26 Jan. 1978.

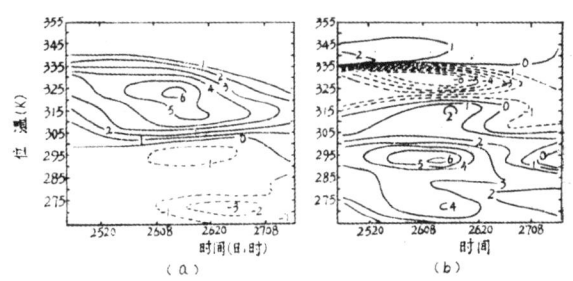

图8　温带气旋的角动量收支变化
　　（单位：10^{17}kg·m²·s⁻²）
　　(a) 各力矩总和的作用　(b) 侧边界输送
Fig. 8　Isentropic time sections of (a) total torque and eddy lateral transport; (b) lateral angular momentum transport (10^{17}kg·m²·s⁻²)

1972年1月20—24日发生在美国东部的温带气旋是飓风"Agnes"登陆后在冷空气影响下重新发展而成的。对角动量收支的计算结果表明，当飓风演变成温带气旋后，气压力矩和惯性力矩作用显著，而且最大值也出现在气旋强盛期。该气旋的高层流场也呈 S 型。总的变化趋势同前述个例类似。该两例都未出现类似"Nancy"的昼夜振荡现象，说明温带气旋的水汽辐合和加热场都不存在明显的日变化。

J. Snook（1982）用同样方法计算了1979年7月3—8日出现在孟加拉湾的季风低压过程。结果表明，其具有台风"Nancy"相似的特点，而与温带气旋的发生发展过程有所不同，其非绝热加热比温带气旋大2—3倍。

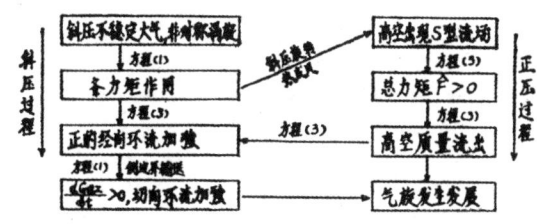

综上所述，可以将温带气旋的发生发展过程归纳成如上框图。

5　结论和讨论

（1）无论是热带气旋或温带气旋，其发展所需的角动量主要都是来自侧边界输送，说明径向环流作用对气旋发展是十分重要的。但驱动径向环流的因子有所不同，在热带气旋中，主要因子是非绝热加热，而温带气旋相对重要的因子是与锋区斜压不稳定有关的力矩。

（2）对两类气旋而言，各种力矩的总和都呈上正、下负分布，促使低层质量流入、高层质量流出，并与角动量的侧边界输送相对应。但气压力矩和惯性力矩的作用，对热带气旋只在初期有贡献，而对温带气旋来说，整个发展过程都有重要作用。

（3）在热成风作用下，温带气旋的高空出现S型流场，它将通过涡动角动量的水平输送加强高层质量辐散。而在热带气旋发展中这种作用不明显。

（4）热带气旋的非绝热加热量比温带气旋大2——3倍，它同角动量的变化一样具有昼夜振荡的特点，在温带气旋中不具有这种特点。

参考文献

[1] Palmen, E. and Reihl, H., *J. Met.*, 14(1957), 150—159
[2] Pfeffer, R.L., *J. Met.*, 15(1958), 113—120
[3] Reihl, H. and Malkus, J.S., *Tellus*, 13(1961), 181—213
[4] Anthes, R.A., *Mon. Wea. Rev.*, 98(1970), 520—528
[5] Black, P.G. and Anthes, R.A., *J. Atmos. Sci.*, 28(1971), 1348—1366
[6] Frank, M., *Mon. Wea. Rev.*, 105(1977), 1136—1150
[7] Holland, G., *Quart. J. Roy. Met. Soc.*, 109(1983), 187—209
[8] Johnson, D.R. and Downey, W.K., *Mon. Wea. Rev.*, 103(1975), 967—979
[9] Johnson, D.R. and Downey, W.K., *Mon. Wea. Rev.*, 103(1975), 1063—1076
[10] Johsnon, D.R. and Downey, W.K., *Mon. Wea. Rev.*, 104(1976), 3—14
[11] Eliassen, A., *Astrophysica Norvegica*, 5 (1951), 19—60
[12] Gray, W.M. et al., *Mon. Wea. Rev.*, 105(1977), 1182—1187

The Formation of the Tropical Cyclone and Its Comparision with the Exatratropical Cyclone

Liang Biqi*   D.R. Johnson   Yuan Zhuojian

Abstract

In this paper by using FGGE data, and with the help of quasi-Lagrangian angular momentum budget equation and radial circulation equation in moving-cylindrical coordinate system, the occurrence and development of South China Sea typhoon 'Nancy' are calculated and analyzed, meanwhile the comparision between the extrotropical cyclone and it is also made, furthermore, their formation is studied. The results show that, the diabatic heating of a tropical cyclone is 2 to 3 times larger than that of a typical extratropical cyclone. For both the tropical cyclone and the extratropical cyclone, the angular momentum budget required for their development is originated mainly from the lateral boundary transportation, or say that the radial circulation plays a very important role in it. But the main factors driving the radial circulation are different. In tropical cyclone, the driving factor is diabatic heating, while in extratropical cyclone, the velatively important factor is the torque relating to the baroclinic instability of frontal zone.

Keywords tropical cyclone, extratropical cyclone, formation, angular momentum budget, radial circulation equation

---
* Department of Atmospheric Sciences

西太平洋副热带高压异常对长江流域中下游地区洪涝的影响*

王安宇　尤丽钰
（中山大学大气科学系）

摘　要　本文对西太平洋副热带高压与长江流域洪涝的关系进行了分析研究和数值试验。分析研究表明在长江流域洪涝期间西太平洋副热带高压的特征有很好的规律性：① 副高脊线稳定在 20～22°N；② 副高西伸脊点偏西，变化范围为 95～115°E；③ 副高偏强。这些规律性不随时间变化，5～8 月均是如此。数值试验结果表明，当西太平洋副热带高压特征维持以上规律性时，会造成长江流域降水量大增，证明西太平洋副热带高压特征的异常确实对长江流域的洪涝有决定性的影响。文章还对南亚高压与长江流域洪涝的关系进行了讨论。

关键词　副热带高压，长江中下游，洪涝，异常

我国长江流域特别是中下游地区的洪涝对人民生命财产、工农业生产和国民经济都有重大影响，例如 1991 年 5 月下旬至 7 月中旬，淮河流域和长江中下游平均降雨 500mm 以上，雨量最大的地区超过 1600mm，致使安徽、江苏两省发生了特大洪涝灾害[1]。因此，研究长江流域洪涝发生的成因及其预测具有很重要的意义和经济价值。长江流域中下游的洪涝受西太平洋副热带高压活动的影响很大。

1983 年 7 月上、中旬长江流域中下游连续出现暴雨和大暴雨，月降水量较常年同期多 1～2 倍，长江中下游有些地方如九江、湖口等地水位均超过了 1954 年最高水位，沿江各省市遭到了严重的洪涝灾害[2]。

图 1[3] 是 1983 年 7 月 850hPa 距平风图（1983 年 7 月平均风减去 1980 年至 1984 年 5 年 7 月平均风）。从图可以看出 1983 年 7 月西太平洋副热带高压脊线在 20～22°N 附近，110°E 以东有一个很明显的反气旋距平风系统。不难发现，这个系统是东亚地区在洪涝期间最主要和最强大的距平风系统，它表明该年西太平洋副热带高压的位置和强度（有时仅仅是强度）出现了很明显的异常，这对洪涝的发生有决定性的影响。

西太平洋副高的活动对长江流域中下游洪涝的发生有影响，但对洪涝期间西太平洋副高特征有没有很好的规律性，以及副高的异常究竟对洪涝有没有决定性的影响，看法不很一致[4～6]，我们对此作了进一步的分析，并进行了数值试验。

本文 1992 年 4 月 20 日收到
● 本文为国家基础性研究重大关键项目"气候动力学和气候预测理论的研究"和国家自然科学基金资助项目

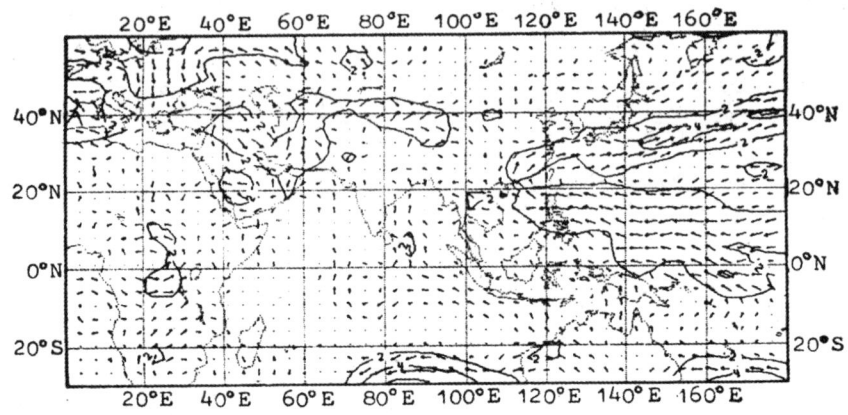

图1 1983年7月850hPa距平风
Fig.1 The departure winds at 850 hPa for July 1983

1 长江流域中下游洪涝与西太平洋副热带高压的关系

划分洪涝等级的标准与涝期长短有关[7],当涝期为一旬和两旬时,涝的指标用降水量表示,旬降水量为250~350mm(两旬降水量为300~350mm)为一般涝,超过350mm(两旬超过500mm)为大涝,当涝期为一个月或以上时,涝的指标用降水量距平百分率表示,月降水量距平百分率为100%~200%为一般涝,超过200%为大涝。按这样的标准进行分析,1951~1991年40年间长江中下游共出现5次大涝,即1954年5~7月,1969年6月下旬至7月中旬,1980年7月中旬和8月,1983年6月下旬至7月中旬,1991年6月至7月上旬。

我们按照中央气象台长期天气预报组制定的标准[1)]对这5次大涝期间500hPa上西太平洋副热带高压的5项特征量(脊线位置、西伸脊点位置、北界位置、强度指数和面积指数)进行了统计。统计过程也参照了《气象》杂志发表的1976~1991年逐月副高5项特征量的统计结果和何素兰、姚佩珍和汤克靖等人的研究论文[8~9]。表1即为5次大涝期间西太平洋副高的5种特征量。从表中可以清楚地看出在长江中下游洪涝期间西太平

表1 长江中下游5次大涝期间西太平洋副热带高压的5种特征量
Tab.1 The five characteristics of the subtropical high in the western pacific region during the five floods in the middle and lower reaches of the Yantze river

项目	1954年			1969年		1980年		1983年		1991年	气候平均值			
	5月	6月	7月	6月下旬	7月上中旬	7月中旬	8月	6月下旬	7月上中旬	6月上旬	5月	6月	7月	8月
副高脊线位置	20	20	22	20	22	22	21	21	22	21	18	20	25	28
西伸脊点位置	95	100	100	108	109	115	110	103	103	115	106	112	120	122	122
北界位置	25	25	26	27	29	26	28	27	31	27	28	22	25	30	33
强度指数	24	41	23	48	54	69	42	65	72	57	72*	17	35	31	31
面积指数	13	18	13	26	28	29	26	31	32	26	30*	11	18	18	18

* 因缺1991年旬气象资料故用月平均资料代之

---

1) 中央气象台长期天气预报组.长期天气预报技术经验总结《附录》.1976.1

洋副高的特征有很好的规律性：①副高脊线稳定在20～22°N之间，变化范围非常小，无论是5月、6月还是7月和8月皆是如此。可以看出这个位置与长江流域梅雨期（6月10日至7月10日）副高脊线的气候平均位置非常一致，可见长江流域中下游雨带和副高脊线的相对位置很稳定。副高北界位置在洪涝期间变化范围比副高脊线要大一些，为25～31°N之间，这主要因为副高北界的位置除了与副高脊线位置有关还与副高强度有关，在表1中凡是副高北界比较偏北时副高都比较强。②副高西伸脊点偏西。洪涝期间588线一般可西伸到大陆上，最西可达到缅甸。显然，当副高脊线位于20～22°N之间时西伸脊点偏西表明长江以南为大范围西南气流所控制。将暖湿空气源源输往长江流域中下游地区。③副高强度偏强。这对6月出现洪涝来说是一个必要条件，对于其它月份如5月、7月和8月可能只是一个充分条件。因为如上所述在洪涝期间副高脊线的平均位置和长江流域梅雨期的平均脊线一致，而梅雨主要出现在6月，所以从表中可以看出洪涝期间脊线位置和6月气候平均脊线位置也很一致。因此，6月副高异常对洪涝的影响主要表现在它的西伸脊点偏西和强度偏强上。对于其它月份情况则很不一样，在其它月份我国气候雨带不在长江流域，如5月在华南，7月和8月在华北。在5月、7月和8月长江流域洪涝期间副高异常主要表现在副高脊线位置维持在20～22°N和西伸脊点偏西上，这样雨带不出现在华南或华北而出现在长江流域中下游地区，造成中下游地区降水量比正常年份高出许多，出现洪涝，如果副高强度再偏强，洪涝则会更严重。

需要特别指出的是上述长江中下游洪涝期间西太平洋副高特征(尤其是副高脊线)的规律性是不随时间而变化的，这一点和国内一些气象工作者的研究结果不大一致[5～3]。其最大差别就在于他们指出的副高在洪涝期间那些规律性特征是随时间变化的，例如副高脊线可从6月的19°N变到8月的28°N，西伸脊点的东界可从6月的115°E变到8月的125°E。为什么会这样呢，这主要是他们制定的旱涝和副高特征量标准的时间尺度为1个月甚至2个月，这样一来，势必会把洪涝期间副高特征量的变化范围扩大。试以副高脊线为例，文[9]给出了1969年6月和7月副高脊线位置逐候变化图（图略），从图上可以看出洪涝6月22日开始，7月19日结束，在这段时期副高脊线稳定在20～22°N之间。在6月22日以前脊线一直在20°N以南，而在7月19日之后脊线则北跳至25°N以北，所以如果不是按旬而是按月为单位来定标准，则6月副高脊线约位于18°N，7月则位于24°N，随时间变化很大。不难发现这和洪涝期间副高脊线位置相差很大。

2 数值模式、资料、试验的设计和计算结果

我们进行数值试验的模式是钱永甫的有限区域$P-\sigma$ 5层原始方程模式[10]并对模式作了一些小的修改[11]。

本试验所用的资料是用美国GFDL（普林斯顿大学地球物理流体动力学实验室）提供的多年平均全球11层网格点资料算出的6月纬向平均100hPa、300hPa、500hPa、700hPa和850hPa的位势高度场和比湿场，网格距为5°经度×5°纬度，范围为0～180°E，25°S～55°N。

本试验的目的主要是分析西太平洋副热带高压对长江中下游地区洪涝的影响，为此我们设计了两组数值试验，第一组是对照试验，即在模式中用上述的气候资料作为初始场进行数值积分(10天)，对正常年夏季东亚地区的环流形势和降水量进行数值模拟。第二组是控制试验，控制试验是将对照试验初始场中对流层下层的西太平洋副高按前述洪涝时期的副高特征量进行修改，然后进行数值积分，在数值积分的过程中修改量保持不变。将控制试验和对照试验的数值积分结果进行比较分析就可以看出西太平洋副高异常对长江流域洪涝的影响。

在控制试验中修改副高特征量时，我们参照了"热带季风图集"[3]，从这本图集可以看到在1980年和1983年长江流域中下游洪涝期间副高的水平结构和垂直结构。我们修改副高特征量的具体方法是在850 hPa位势高度初始场中在110～150°E，15～25°N的范围加上一个位势高度的正距平场（图2），正距平场的取值和1980、1983年洪涝时期基本上相似。对同一块区域700hPa和500hPa上的位势高度值也作相应的修改，并在数值积分过程中使这些距平值得到维持。

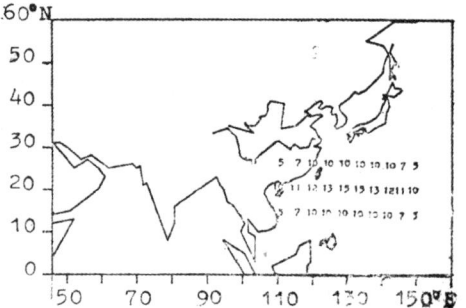

图 2 850hPa上位势高度的正距平场

Fig. 2 The distribution of the positive departures of the geopotential hights at 850 hPa

图3是对照试验模拟的东亚地区夏季日平均降水量图和300hPa环流形势图。与相应的气候图[12]（图略）对比，可以看出两者是很一致的，对于降水来说，陆上的降水区模拟得比较好，印度、中南半岛、我国南方和非洲的降水区都模拟出来了，雨量大小也与实测值量级相同，但海洋上模拟得不好，这与模式对于海气耦合作用考虑得过于简单有关。夏季对流层上层的系统主要是南亚高压和与之相伴随的热带东风急流，从图3上可以看出，南亚高压的中心位置、强度都和气候值相近。图4是控制和对照试验模拟的日降水量、300hPa风场和温度场的差值（控制试验减对照试验）。图上表明由于副高的异常所产生的最大降水量正距平中心正好就在长江流域，以文[9]中1969年6月下旬至7月中旬长江流域中下游大涝期间降水距平百分率图(图略)与图4a比较，两者形势是很相似的，仔细分析后可看出上海附近模拟得不理想，这可能与模式分辨率太粗有关，但总的来说，通过试验我们证明了副高的异常对长江流域洪涝是有决定性影响的。

不少气象工作者认为南亚高压对长江流域中下游降水有重大影响[13,14]，如朱福康等[13]认为"当梅雨明显年份一般在东亚范围内30°N以南为正距平（南亚高压的高度距平），30°N以北为负距平……这说明当高压偏南时有利于长江流域梅雨出现和持续"。罗四维等[14]则认为当南亚高压为西部型时长江中下游、川东和贵州多雨。从图4b上可以看出他们的研究结论和我们的模拟结果是很一致的，在中国东部25°N以北是个气旋式距平环流，显然它会使南亚高压在这个区域减弱以致南亚高压位置偏西，而在25°N以南是一个反气旋式的距平环流，它会使南亚高压在这个区域得到加强以致东亚地区的南亚高压脊线偏南（呈西部型）。这里需要指出的是我们的模拟结果是在副高异常的前提下得到的，也就是说，南亚高压对长江流域降水的影响也可能是副高异常造成的。

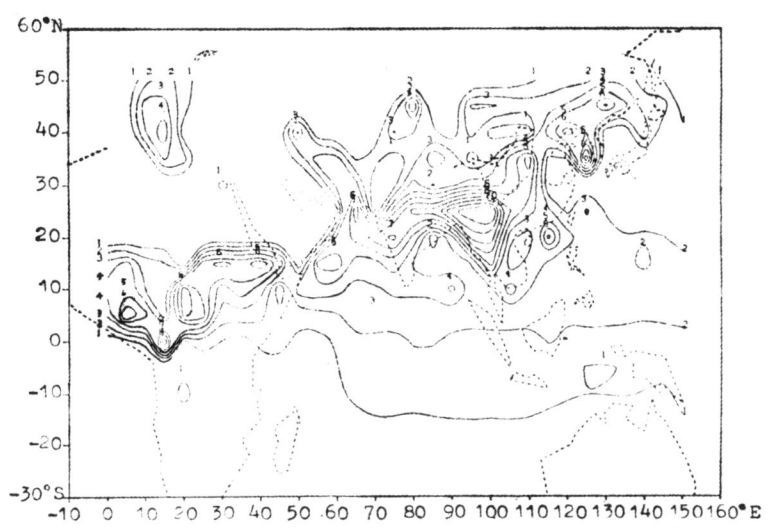

图3a 对照试验模拟的日降水量(mm/d)
Fig.3a Simulated daily rainfall from the contrast experiment (mm/d)

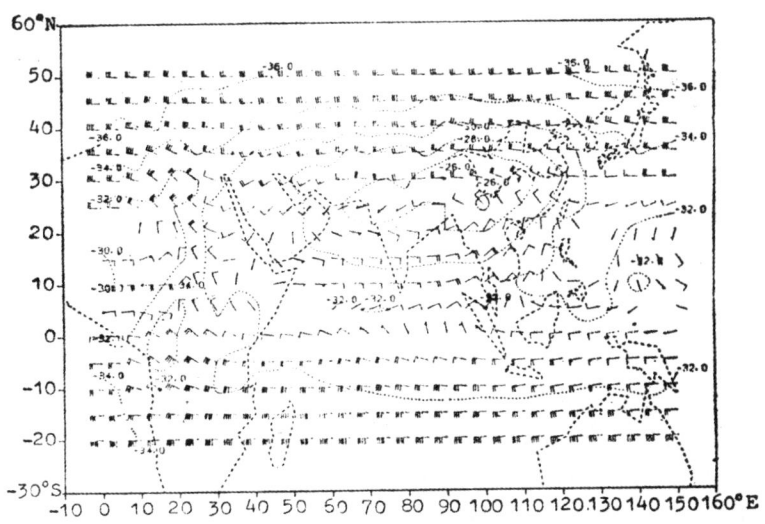

图3b 对照试验模拟的300hPa风场和温度场
Fig.3b Simulated wind and temerature fields at 300 hpa from the ontrastc experiment

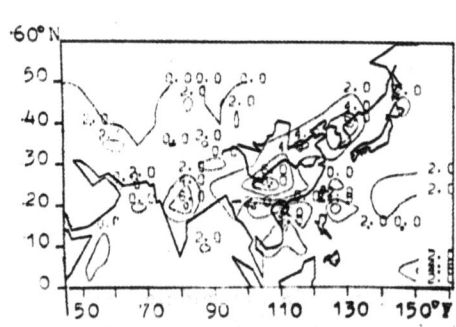

图4a 控制和对照试验模拟的日降水量的差值(mm/d)

Fig. 4a The differences between the simulated daily rainfall from the control experiment and the contrast experiment respectively

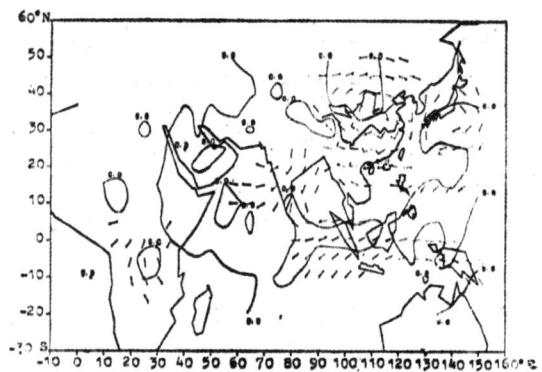

图4b 控制和对照试验 模拟的300hPa风场和温度场的差值

Fig. 4b The differences between the simulated wind and temperature fields at 300 hPa from the control experiment and the contrast experiment respectively

参 考 文 献

1 尧绍裕. 中国减灾, 1991, 1(3): 13~14
2 王永祥. 气象, 1983 (10): 45~47
3 乌元康. 热带季风图集. 北京: 气象出版社, 1987. 200
4 李宪之. 降水问题. 北京: 海洋出版社, 1987
5 蒋德隆等. 长江中下游气候. 北京: 气象出版社, 1991
6 许以平等. 气象, 1980, 6(7): 19~21
7 冯佩芝等. 中国主要气象灾害分析. 北京: 气象出版社, 1985. 29~38
8 何素兰等. 中国东部地区旱涝分析汇编. 北京: 气象出版社, 1985. 1~11
9 汤克靖. 中国东部地区旱涝分析汇编. 北京: 气象出版社, 1985. 158~166
10 钱永甫. 高原气象, 1985, 4(2)增刊: 1~28
11 王安宇等. 热带气象, 1991, 7(4): 307~314
12 Kuo H L. Mon. Wea. Rev, 1982, 110(12): 1879~1897
13 朱福康等. 南亚高压. 北京: 科学出版社, 1980, 48~53
14 罗四维等. 高原气象, 1982, 1(2): 1~10

A Study of the Effects of the Anomalies of the Subtropical High in the Western Pacific Region on the Floods in the Middle and Lower Reaches of the Yantze River

Wang Anyu*   You Liyu

Abstract In this paper, in order to study the effects of the anomalies of the subtropical high in the western pacific region on the floods in the middle and lower reaches of the Yantze river some climatological statistics and numerical experiments have been made. The results of the statistical research show that during the floods in the middle and lower reaches of Yantze river the movement of the subtropical high in the western pacific region have a few clear characteristics: 1. the ridge line of the subtropical high is located continually in 20-22°N. 2. The western end of the isopotential 5880m which represent the outline of the subtropical high at 500 hPa is located in 95°E-115°E. It is obviously by west than its normal place. 3. The intensity of the subtropical high is higher than its normal value. These characteristics have no change with different months. From the results of the numerical experiments it is found that if the subtropical high would have above stated characteristics, the rainfall in the middle and lower reaches of the Yantze river would markedly increase. This demonstrates that the subtropical high has important influence on the floods in the middle and lower reaches of the Yantze river. The results of the numerical experiments also show that during these floods the subtropical high can increease the rainfall in the middle and lower reaches of the Yantze river through in fluencing South Asian High in the upper troposphere.

keywords subtropical high, flood, anomaly, the middle and lower reaches of the Yantze River

---

* Department of Atmospheric Science, Zhongshan University

水文预报的人工神经网络方法*

吴超羽

（中山大学河口海岸研究所，广州 510275）

张　文

（华南理工大学自动化系，广州 510631）

摘　要　本文在水文学文献上首次应用人工神经网络模型(ANN)对广东省目前最大的飞来峡水电枢纽工程控制水文站北江横石站的日均及逐时流量进行了预报，资料包括5年洪水季节的逐时流量和全年的日均流量．研究表明能有效的模拟非线性的实际水文系统．本文提出的模型与现有的 CAR,AR 和 RWTL 等线性模型进行了比较．为此鉴别了149个模型，ANN 模型在明显的增加了预报长度同时提高了预报精度．

关键词　水文预报，人工神经网络模型，系统预报，北江，飞来峡

分类号　P332.4

目前洪水预报方法可分为三类——经验预报、概念模型和系统或黑箱模型．系统模型在近20多年来广泛应用于水文预报，尤其适用于有较长观测序列的地区．目前较为成熟的系统水文预报模型大都是线性的．严格说实际的水文系统都是非线性系统，解决这一问题有较大的理论意义和实际应用价值，有助于延长预报长度和提高预报精度．虽然在自动控制领域[1]和水文学领域各自有不少非线性模型提出，但非线性系统模型在水文预报上尚未取得很大成功．

人工神经网络模型(Artificial Neural Net 即 ANN)是生物神经网络部分特性的理论抽象．它是由大量的基本信息单元—神经元—通过丰富的相互联结而成的非线性动力学系统．它具有一般非线性系统的共性又有其自身的特点，如①高维性，网络中神经元数目大，表现出一定的统计特性；②神经元之间的广泛联结性增强了网络的功能；③自适应和自组织能力．为了和现存线性模型比较，应用 CAR,AR 和 RWTL 模型对同样资料进行了建模和预报．

1　方　法

1.1　人工神经网络(ANN)模型

神经网络系统是由大量简单元件(神经元)广泛相连接而成的网络系统，反映了人脑

收稿日期：1993-03-30
* 国家及广东省自然科学基金资助项目

功能的若干基本特性(图1),神经网络系统是高度非线性动力学系统,Hopfield 提出的人工神经网络模型是由下列非线性微分方程描写的[2,3]:

$$C_i \frac{du_i}{dt} = \sum_{j=1}^{n} T_{i,j} f(u_i) - \frac{1}{R_i} u_i + I_i \quad (i=1,2,\cdots n) \tag{1}$$

其中 U_i 是第 i 个神经元的膜电位,C_i 是它的输入电容,R_i 是输入电阻,I_i 是输入电流,$T_{i,j}$ 是第 j 个神经元对第 i 个神经元的联系强度,$f(u)$ 是 u 的非线性函数. 下面简单介绍模型原理.

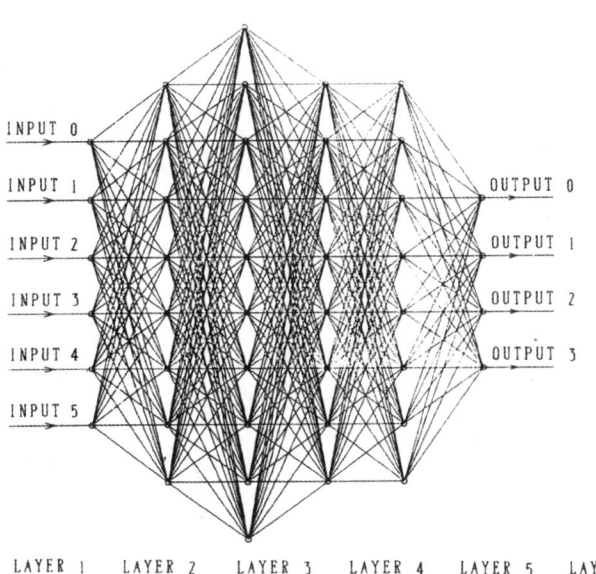

图 1 有四层隐元的神经网络模型

Fig. 1 Artificial neural net with four hidden layers

(1)简单神经网络系统. 设有 n 个神经元连接,每个神经元的活化状态 $S_i (i=1,2\cdots n)$ 只取值 0 或 1,代表抑制与兴奋. 每一神经元的状态按下述规则受其他神经元的制约

$$S_i = \sigma(\sum_j W_{i,j} S_j - \theta_i) \quad (j=1,2\cdots n) \tag{2}$$

其中 $W_{i,j}$ 是神经元间的连接强度,$W_{ij}=0, (i=j)$ 是可调实数,θ_i 是阀值,$\sigma(x)$ 是阶跃函数:

$$\sigma(x) = \begin{cases} 1 & x > 0 \\ 0 & x \leq 0 \end{cases} \tag{3}$$

实际网络可有多种变型,S_{ij} 可连续取值.

(2)反传神经网络(Back-propagation). Rumelhart 1986 年提出"误差传播法"训练多层神经网络[4]. 神经元 i 的输入值 net_i 和输出值 o_i 分别为

$$net_i = \sum_j W_{i,j} O_j + \theta_i \tag{4}$$

和
$$O_i = 1/(1+e^{-net_i}) \quad (5)$$

其中 θ_i 是阀值，$W_{i,j}$ 是联系神经元 i 和 j 的强度。网络的训练就是根据误差函数 E 调整神经元之间的联结强度和阀值。E 定义为

$$E = 1/2 \sum (t_i - O_i)^2 \quad (6)$$

如令 $\partial E / \partial net_i = -\delta_i$，和

$$\Delta W_{i,j} = -\eta \partial E / \partial W_{i,j} \quad (7)$$

由式 (4), (5), (6) 和 (7) 可以导出

$$\Delta W_{i,j} = W_{i,j}(n+1) - W_{i,j}(n) = \eta \delta_i O_i \quad (8)$$

$$\Delta \theta_i = \theta_i(n+1) - \theta_i(n) = \eta \delta_i \quad (9)$$

$$\delta_j = \begin{cases} (t_j - O_j) O_j (1 - O_j) & \text{（当 } u_j \text{ 为输出元）} \\ O_j (1 - O_j) \sum \delta_i W_{j,i} & \text{（当 } u_j \text{ 为隐元）} \end{cases} \quad (10)$$

其中 O_i 为输出层实际输出，t_i 为要求输出，E 代表误差。学习算法就是使 E 取极小值。式 (4) 至 (10) 构成了 BP 网络的基本学习算法[4,5]。

1.2 随机过程的自回归 AR (Autoregressive) 模型

AR 和 CAR 模型都是系统模型。系统辨识就是在输入和输出数据基础上，从一组给定的模型中，确定一个与所测系统等价的模型。建模包括模型识别，参数估计和模型检验[6]。AR 模型可以定义为

$$X(n) = -\sum_{i=1}^{P} A_i X(n-i) + e(n) \quad (11)$$

式中 $\{e(n)\}$ 是自噪声过程。$\{X(n)\}$ 是随机过程，具有零均值。$\{A_i\}$ 是待定参数。p 是模型阶数。上式也称 AR(p) 过程。

1.3 多变量受控 CARMA (Controlled Autoregressive and Moving Averaged) 模型

CARMA 模型可以定义为：

$$A(z^{-1}) Y(t) = B(z^{-1}) U(t) + C(z^{-1}) e(t) \quad (12)$$

其中

$$\begin{aligned} Y(t) &= [y1(t), y2(t), \ldots]^T \text{ 是 } p \times 1 \text{ 维系统输出，} \\ U(t) &= [u1(t), u2(t), \ldots]^T \text{ 是 } r \times 1 \text{ 维系统输入，} \\ e(t) &= [e1(t), e2(t), \ldots]^T \text{ 是 } p \times 1 \text{ 维自噪声} \end{aligned} \quad (13)$$

z^{-1} 是单位滞后算子，A, B, C 是 z^{-1} 的矩阵多项式，即

$$A(z^{-1}) = I - A_1 z^{-1} - \cdots A_{na} z^{-na}$$

$$B(z^{-1}) = B_0 - B_1 z^{-1} - \cdots B_{nb} z^{-nb}$$

$$C(z^{-1}) = I - C_1 z^{-1} - \cdots C_{na} z^{-na}$$

式中 A_i, B_j, C_k 分别是 $p \times p$, $p \times r$, $p \times p$ 维系数矩阵, p 是输出变量个数, r 是输入变量个数. na, nb 分别为输入输出的阶. I 是单位阵.

当 $C(z^{-1}) = I$ 时, 得到 CAR 模型

$$A(z^{-1})Y(t) = B(z^{-1})U(t) + e(t) \quad (14)$$

由于 CARMA 模型可以用充分高阶的 CAR 模型逼近到任何精度. 一般可使用 CAR 模型对各系统建模. 最大似然法参数估计具有较好的估计性质, 但计算量较大. 获得模型之后, 主要通过检验模型的残差序列的白色性以判别模型的有效性.

1.4 时滞多元回归模型

多元回归模型定义为

$$y = b_0 + b_1 x_1 + b_2 x_2 + \cdots b_k x_k + e \quad (15)$$

y 是应变量, $x_1, x_2 \cdots x_k$ 是自变量, e 是误差项. 如果将自变量和应变量处理为时间序列, 带时滞的多元回归模型(RWTL)可定义为

$$y(t) = b_0 + b_1^1 x_1(t) + b_1^2 x_1(t) \cdots + b_2^1 x_2(t) + b_2^2 x_2(t) \cdots b_k^1 x_k(t) + e(t) \quad (16)$$

$b^0, b_1^1, b_1^1 \cdots$ 等系数可用最小二乘法确定. 需要指出此类模型可能存在多重共线性问题.

2 资料序列与研究地区

珠江位于华南, 由西、北、东三江汇合而成. 本文研究区域位于北江下游(图 2). 目前拟建的飞来峡水电枢纽工程即位于此地. 至横石站流域面积为 $34097 km^2$. 自北而南有武水、浈水、连江和滃江汇入北江干流. 本研究以浈江的浈湾站和武水的黎市站的流量作为系统的输入, 横石站流量为系统输出. 资料序列包括 1964, 1966, 1971, 1976 和 1982 年洪季的逐时流量(采样间隔为 6 h)和 1976 年日平均流量.

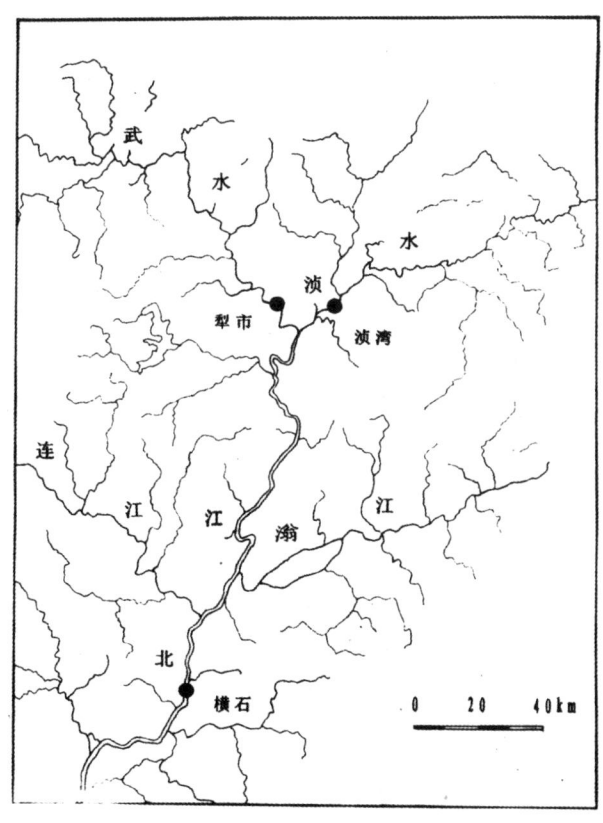

图 2 研究地区
Fig. 2 Study area

3 预报方案

根据本区水文特点,实时预报分为两部分.第一部分为确定性模型,第二部分为随机模型.第二部分的设计是通过模拟确定的误差过程作实时修正以增加预报的精度,一般在实时预报中应用.各种概念模型及系统模型如 CAR,AR 和 RWTL 模型均可以作为确定模型.AR,MA 或 CAR 模型可以作为随机部分.AR 模型这里与在线的卡尔曼滤波预报器等价.ANN 模型可以作为确定模型和随机模型.下文讨论的误差均为该模型作为确定性部分的预报(由于事件已经发生,实际是后报,下同)误差,以便于比较各种模型.

目前的系统是一多输入单输出(MISO)系统.输入变量是支流的流量,输出为横石站的流量.模型的预报质量用有效系数 d_y 和相对误差判断.有效系数定义如下

$$d_y = 1 - [S_e^2 / S_y^2] \tag{17}$$

$$S_e = \sqrt{\sum (Y_i - Y)^2 / n} \tag{18}$$

$$S_y = \sqrt{\sum (Y_i - Y_m)^2 / n} \tag{19}$$

式中 S_e 为预报误差的均方差,S_y 为预报要素(流量)的均方差,Y_i 为实测值,Y_m 为实测值的均值,Y 为预报值,n 为序列的点数.

4 结果与讨论

CAR,AR 和 RWTL 模型应用于 1964,1966,1971,1976 和 1982 年洪季的逐时流量和 1976 年日平均流量. 为此建立了 129 个三阶 CAR,AR 和 RWTL 模型. 参数用最小二乘法估计. 三分之二的序列长度用以建模,三分之一用以检验模型. 表 1 和表 2 列出了 1976 年逐时和日均流量模型的估计参数.

表 1 参 数 估 计 (日均流量,1976 年)
Tab.1 Parameter estimate (daily, 1976)

MODEL	LAG	A_1	A_2	A_3	B_1^1	B_1^2	B_1^3	B_2^1	B_2^2	B_2^3
CAR	1	0.630	0.111	-0.048	2.515	-2.346	0.483	1.231	-0.175	-0.483
	2	0.168	0.224	0.062	3.160	-2.485	0.000	1.162	0.283	-0.447
	3	0.153	0.259	0.021	1.602	-1.862	0.188	1.950	-0.667	-0.228
AR	1	1.337	-0.672	0.211						
	2	1.173	-0.806	0.347						
	3	0.979	-0.715	0.374						
RWTL	1				2.809	-0.874	0.184	1.576	0.510	0.333
	2				2.630	-1.390	0.241	2.149	-0.237	0.472
	3				1.085	-0.976	0.503	2.716	-0.464	0.259

表2 参 数 估 计　　　　　　（逐时流量，1976年）
Tab.2 Parameter estimate　　　（daily, 1976）

MODEL	LAG	A_1	A_2	A_3	B_1^1	B_1^2	B_1^3	B_2^1	B_2^2	B_2^3
CAR	1	1.743	−1.051	0.220	0.154	−0.256	0.193	0.517	−0.181	−0.090
	2	1.566	−1.017	0.157	−0.011	0.194	0.004	1.912	−1.187	0.134
	3	1.084	−0.581	−0.015	0.012	0.178	0.099	4.425	−3.744	0.832
	4	0.612	−0.202	−0.109	−0.044	0.746	−0.286	5.760	−5.230	1.371
	5	0.253	0.231	−0.289	0.148	0.761	−0.612	6.410	−6.004	1.655
	6	0.271	0.284	−0.389	0.681	−0.000	−0.537	7.373	−7.932	2.529
	7	0.363	−0.143	−0.153	0.597	−0.377	−0.410	6.644	−6.690	2.261
	8	0.084	−0.031	−0.167	0.053	−0.538	0.122	6.748	−6.430	2.299
AR	1	2.202	−1.651	0.428						
	2	3.116	−3.058	0.868						
	3	3.538	−3.721	1.029						
	4	3.423	−3.669	0.991						
	5	3.140	−3.397	0.909						
	6	2.826	−3.182	0.892						
	7	3.028	−3.776	1.174						
	8	2.187	−2.414	0.556						
RWTL	1				1.008	−1.874	1.544	1.167	−1.970	3.785
	2				0.452	−0.845	0.974	2.111	−1.627	2.562
	3				0.505	−0.748	0.898	4.345	−3.174	1.869
	4				0.473	−0.007	0.210	6.480	−6.115	2.522
	5				0.266	0.458	−0.146	6.528	−5.738	1.896
	6				0.578	−0.050	−0.040	7.508	−7.139	2.032
	7				0.114	0.119	−0.089	7.486	−6.727	1.568
	8				0.482	0.384	−0.150	6.893	−5.574	0.950

模型建立后即可用于预报．图3是CAR模型1976年日均流量的一步预报与实测值．一步（天）的有效系数达0.98，三步（天）的预报质量迅速降低．图4是1966年洪季逐时

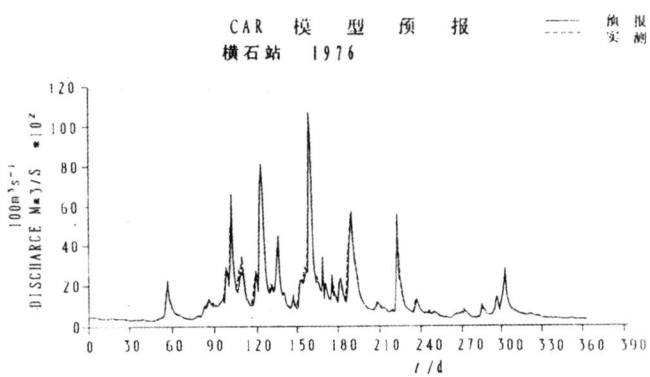

图3　CAR模型预报1976年日均流量（一步（日）预报）

Fig.3　Daily mean discharge forecasting of 1976 by CAR model, one step (day) forecasting

(6h 采样间隔) CAR 模型 4 步(24h)预报. 计算表明, 对所有的时间序列, 三种线性模型对逐时资料的预报质量在预报步长小于 2～3 步时结果良好. 当预报期增加时, 预报质量迅速下降. 用三分之二的序列长度训练 ANN 模型(2 层隐元, 多输入, 多输出), 然后用得到的网络联结强度矩阵(权重矩阵)预报余下的三分之一序列. 图 5 是 1976 年日均流量的 ANN 模型预报值与观测值. 图 6 与图 4 用的是同一资料序列, 可以看到 ANN 模型的预报结果明显优于系统模型. 图 7 是 1971 和 1982 年逐时洪水过程 24h 预报. 表 3 到表 8 列出了各模型对各资料序列预报的有效系数. 表 9 和表 10 是 ANN 模型预报流量峰值的相对误差.

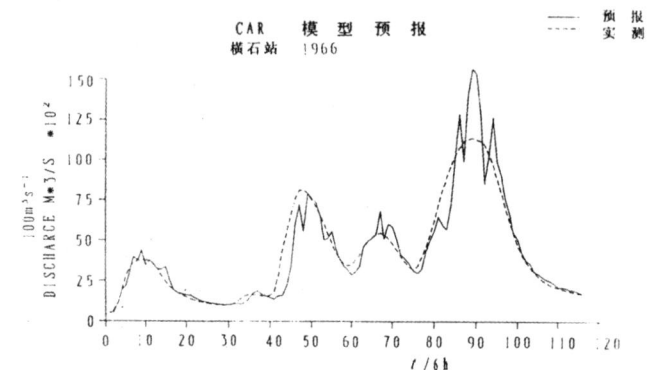

图 4 CAR 模型预报 1976 年洪季逐时流量(四步 24h 预报, 采样间隔 6h)

Fig. 4 Hourly discharge forecasting of the flood season in 1966 by CAR nodel. The lead time is 24 hours

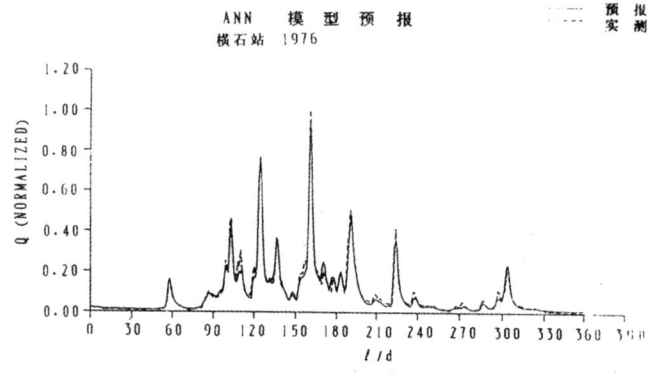

图 5 ANN 模型预报 1976 年日均流量(一步(日)预报)

Fig. 5 Daily mean discharge forecasting of 1976 by ANN model one step(day) forecasting

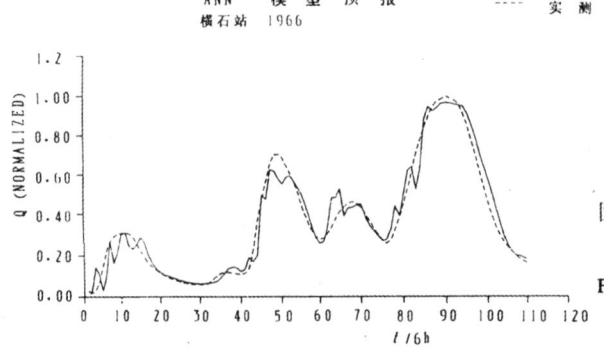

图 6 ANN 模型预报 1976 年洪季逐时流量(四步 24h 预报, 采样间隔 6h)

Fig. 6 Hourly discharge forecasting of the flood season in 1966 by ANN model. The lead time is 24 hours

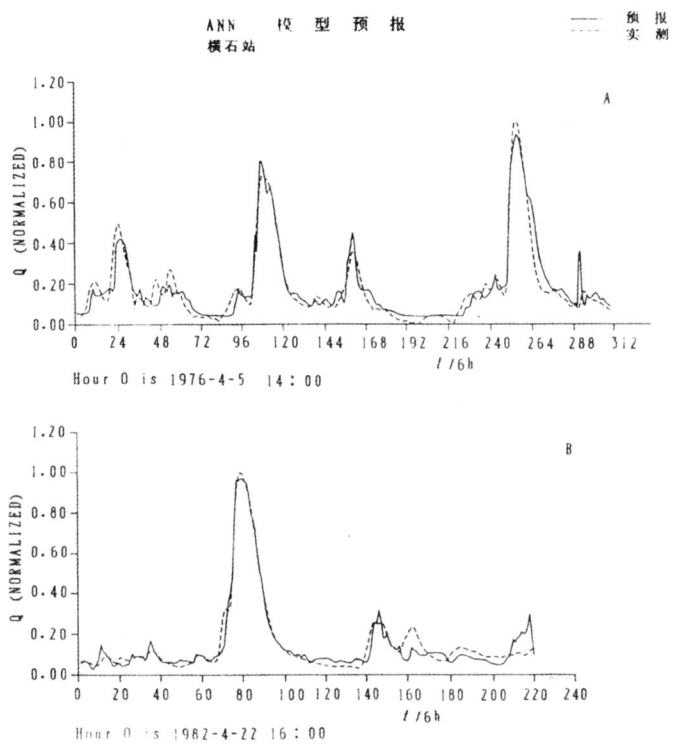

图 7 ANN 模型预报洪季逐时流量(四步 24h 预报,采样间隔 6h)(a)1971 年;(b)1982 年

Fig. 7 Hourly discharge forecasting of the flood season in (a) 1971 and (b) 1982 by ANN model. The lead time is 24 hours, sampling interval is 6 hours

图 8 是 CAR,AR,RWTL 和 ANN 四种模型(141 个)预报的确定性系数的平均值与预报步长. 所有模型的有效系数在预报期短(<3 步)时均大于 0.8(RWTL 模型较差). 当预报步长增大时,本研究所有线性模型的预报质量迅速降低. 而 ANN 模型的有效系数在预报步长增加至 7~8 步时仍达 0.8 以上. ANN 模型在预报期和预报精度上较线性模型有明显的优越性.

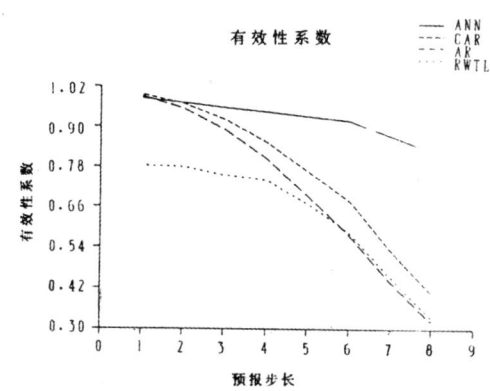

图 8 各类模型预报期(步)的平均有效系数

Fig. 8 Efficiency versus lead time based on 140 models identified

表3 模型有效系数　　（采样间隔:6h,1964年）
Tab. 3　Model efficiency coefficients (1964, hourly)

步长	t/h	CAR 调试	AR 调试	RWTL 调试	ANN 调试	ANN 验证
1	6	1.00	1.00	0.92	0.98	0.97
2	12	0.98	0.97	0.93		
3	18	0.96	0.94	0.92		
4	24	0.93	0.88	0.90	0.97	0.96
5	30	0.88	0.80	0.86		
6	36	0.81	0.70	0.79	0.98	0.94
7	42	0.72	0.59	0.70		
8	48	0.64	0.47	0.61	0.95	0.87

表4 模型有效系数　　（采样间隔:6h,1966年）
Tab. 4　Model efficiency coefficients (1966, hourly)

步长	t/h	CAR 调试	AR 调试	RWTL 调试	ANN 调试	ANN 验证
1	6	1.00	0.99	0.59	0.99	0.98
2	12	0.98	0.98	0.62		
3	18	0.93	0.95	0.59		
4	24	0.85	0.88	0.66	0.96	0.95
5	30	0.76	0.76	0.60		
6	36	0.66	0.63	0.59	0.91	0.89
7	42	0.56	0.43	0.43		
8	48	0.25	0.28	0.26	0.79	0.73

表5 模型有效系数　　（采样间隔:6h,1971年）
Tab. 5　Model efficiency coefficients (1971, hourly)

步长	t/h	CAR 调试	AR 调试	RWTL 调试	ANN 调试	ANN 验证
1	6	0.98	0.98	0.77	0.98	0.97
2	12	0.94	0.91	0.74		
3	18	0.86	0.79	0.68		
4	24	0.73	0.66	0.58	0.90	0.84
5	30	0.57	0.50	0.43		
6	36	0.44	0.34	0.24	0.88	0.75
7	42	0.29	0.19	0.07		
8	48	0.15	0.09	−0.05	0.81	0.66

表6 模型有效系数 （采样间隔：4h, 1976年）
Tab.6 Model efficiency coefficients （1976, hourly）

步长	t/h	CAR 调试	AR 调试	RWTL 调试	ANN 调试	ANN 验证
1	4	1.00	0.93	0.94	0.99	0.98
2	8	0.98	0.23	0.80		
3	12	0.96	0.23	0.81		
4	16	0.95	0.23	0.80	0.92	0.95
5	20	0.88	0.23	0.81	0.93	0.90
6	24	0.83	0.23	0.78	0.91	0.77

表7 模型有效系数 （采样间隔：6h, 1982年）
Tab.7 Model efficiency coefficients （1982, hourly）

步长	t/h	CAR 调试	AR 调试	RWTL 调试	ANN 调试	ANN 验证
1	6	1.00	0.99	0.85	0.99	0.98
2	12	0.98	0.96	0.83		
3	18	0.94	0.89	0.83		
4	24	0.91	0.80	0.82	0.95	0.95
5	30	0.86	0.71	0.79		
6	36	0.80	0.63	0.71	0.90	0.90
7	42	0.70	0.55	0.62		
8	48	0.59	0.45	0.52	0.77	0.77

表8 模型有效系数 （采样间隔：1d, 1976年）
Tab.8 Model efficiency coefficients （1976, hourly）

步长	t/d	CAR 调试	AR 调试	RWTL 调试	ANN 调试	ANN 验证
1	1	0.95	0.61	0.83	0.98	0.98
2	2	0.67	0.39	0.50	0.95	0.94
3	3	0.36	0.15	0.28	0.75	0.73

表9 洪峰相对误差（ANN 模型）
Tab.9 Relative error for peak discharge (hourly)

NO	年份	预报期（步长/h）		
		4/24	6/36	8/48
1	1964	-0.07	-0.03	-0.02
2	1964	0.10	-0.03	0.06
3	1966	-0.06	-0.09	-0.06
4	1966	0.09	-0.08	0.10
5	1966	-0.02	-0.04	-0.05
6	1971	-0.06	0.10	0.12
7	1971	-0.03	0.00	0.01
8	1971	0.07	0.04	0.04
9	1971	0.21	0.01	0.03
10	1971	0.41	0.31	0.37
11	1971	-0.14	-0.18	0.09
12	1982	-0.03	-0.05	-0.01
13	1982	-0.07	-0.19	-0.15

表10 洪峰相对误差（ANN 模型,1976 年）
Tab.10 Relative error for peak discharge (daily)

NO	预报期（步长/h）		
	4/16	5/20	6/24
1	-0.06	-0.03	-0.03
2	-0.05	-0.01	-0.02
3	-0.37	-0.38	-0.41
4	-0.09	-0.06	-0.03
5	-0.02	-0.03	+0.08
6	-0.14	-0.12	-0.13

5 结论

（1）本文在水文学文献上首次应用人工神经网络模型（ANN）进行水文预报．人工神经网络模型具有生物神经网络的一些特性，能够"学习"．因此易于应用于各种类型的流域系统．

（2）ANN 模型是高度非线性模型，能较有效的模拟本质为非线性的实际水文系统．

（3）经比较，CAR、RWTL、AR 和 ANN 四种模型的有效系数在预报期短（<3 步）时均大于 0.8．当预报步长增大时，所有线性模型的预报质量迅速降低．而 ANN 模型的有效系数在预报步长增加至 7~8 步时仍达 0.80 以上．ANN 模型在预报期和预报精度上较对比线性模型有明显的优越性．

参 考 文 献

1. Billings S A, Voon W S F. Least squares parameter estimation algorithms for non-linear systems. Int J system Sci, 1984, 15(6):601~675
2. Hopfield J J. Neural networks and physical system with emergent collective computational abilities. Proc Natl Acad Sci, USA. 1982, 79:2554~2558
3. Hopfield J J. Neurons with graded response have collective computational properties like those of two-state neurons. Proc Natl Acacl Sci, USA. 1984,81:3088~3092
4. Rumelhart R, Hinton G E, Williams R J. Learning internal representations by error propagation. In Rumelhart D E, McClelland J L(Eds.) Parallel Distributed Processing: Explorations in the Microstructure of cognition. Vol. 1 Foundation. Cambridge MA: MIT Press, 1986
5. Wu C Y. Application of artificial neural net-A new approuch for hydrological forecasting (Abstract). 27th. International Geographic Conference, Washington D C, 1992
6. Wu C Y. Response of the Pearl River estuarine complex to the meteorological forcing: A cybernetics approach. Journal of Coastal Research, 1991, 7(4):1153~1167

Application of Artificial Neural Net:A New Approach for Hydrological Forecasting

Wu ChaoYu[*]   *Zhang Wen*

Abstract A highly nonlinear artificial neural network (ANN) model is introduced as an alternative approach for river flow forecasting of the Hengshi station, the control station of the largest key project of water and electricity in Guangdong province. Data for model calibration and test include five year hourly and one year daily mean discharge. The model can efficiently simulate the nonlinear process of a real hydrological system. Comparisons are made between the ANN model and the existing system analysis models, e. g. CAR, RWTL and AR models. Totally 149 models are identified in this study, in all cases, the ANN model is superior to the system analysis models in the sense of increasing the forecasting lead time and improving the forecasting quality at the mean time.

Keywords hydrological forecasting, artificial neural net model, system analysis foreasting, North Jiang River

---

[*] Institute of Estuary and Coast, Zhongshan University, Guangzhou 510275

粤中长坑金银矿热泉成因及其地质意义

孙晓明　陈炳辉

(中山大学地质学系，广州 510275)

摘　要　本文首次以较充分的证据证实了粤中长坑金银矿是我国目前已知的规模最大、品位最高的热泉型贵金属矿床，并探讨了其成矿过程．

关键词　热泉型，大型金银矿，粤中长坑

分类号　P571

热泉型金银矿是浅成低温热液贵金属矿床的一种重要类型，形成于近地表热泉环境下，其中贵金属储量一般很大，因而具有极重要的潜在经济价值．近年来，许多环太平洋国家都找到了一系列大型到特大型热泉型金银矿床，其储量之大、品位之高都令人震惊，从而掀起了一场全球性研究和寻找热泉型金银矿的高潮，而国内此领域的研究尚处于起步阶段，仅少数学者对国外有关矿床进行了介绍[1~3]，有关的矿例也极少，较确认为热泉成因者仅滇西两河和黑龙江团结沟金矿两例[4,5]．这种情况与我国、特别是东南沿海地区中新生代以来强烈的火山活动和广泛的热温泉分布极不相适应．

1　矿床成因及主要证据

长坑大型金银矿是最近由广东省地质矿产局发现的，该矿由介于 T_3 陆相碎屑岩和 C_1 海相含化石炭质灰岩之间的断裂控制，金矿和银矿彼此独立，仅局部相连，金矿达大型规模，而银矿则达超大型，沿地表出露达10km以上的控矿断裂还存在许多矿化点．该矿主要地质特征见文献 [6]．目前大部分学者认为其成因属微细浸染型(或卡林型)[6]或沉积改造型[7]，但我们注意到该矿与典型的卡林型贵金属矿有异的一些重要地质特征：矿体呈层状、受断裂控制，与围岩界限清晰；Ag和Pb，Zn，Cu等贱金属元素在矿体下部含量很高；金品位较高且主要赋存在石英中；断层倾角较缓等．作者经过初步研究，认为该矿属热泉成因，主要证据是：①构造背景有利．该矿位于吴川—四会和新丰—连平两大中新生代火山喷发带之间及恩平—新丰和高要—惠来两大深断裂带交汇部位，矿区则主要受近东西向的高要—惠来构造带控制，在中新生代，该断裂带属于微型扩张的陆内裂谷，地幔隆起[8]，沿此断裂带形成了许多断陷盆地，火山活动强烈，地热异常集中，许多热、温泉现在仍在活动．②见硅质泉华．泉华主要由隐晶质到极细粒玉髓状石英组成，含炭质而多呈黑色，显微晶洞、裂隙及环状构造发育，其中含有大量草莓状黄铁矿，

收稿日期：1994-02-21

相当于张湖等所称的"热水沉积硅质岩"[7]. ③水热角砾岩发育. 其中角砾成分复杂, 主要有灰岩和砂岩等, 棱角明显, 受到强烈硅化和黄铁矿化, 其间为微晶到隐晶质石英所胶结, 并固结而与后期断裂形成的未固结构造角砾岩相区别. ④酸性淋滤和蚀变强烈. 矿石中广泛受到伊利石化、绢云母化等, 并见大量重晶石和石膏. ⑤矿体形成深度很浅, 金银矿形成深度均小于 250m. ⑥金银矿形成温度均很低, 金矿中大量出现雄黄、雌黄、辉锑矿, 其共生石英中的包体均一温度绝大多数小于 250℃, 银矿形成温度为 100～300℃. ⑦矿石氢氧同位素测定表明金矿与银矿的成矿流体均主要来自大气降水①②. ⑧矿石中见大量气相包体（特别是 CO_2 包体）与液相和气液相包体共存现象, 表明成矿过程中伴随强烈的沸腾作用. ⑨矿体中金属垂直分带明显. 上部金矿主要为 Au-As-Sb 组合, 而下部银矿则主要为 Ag-Pb-Zn-Cu 组合, 这在热泉型金银矿中是常见的[9].

我们认为其成矿过程大致如下：中新生代时, 随着早期大陆裂谷的拉张和强烈的火山活动, 大气降水沿断裂带下渗, 在高地热背景下发生对流, 从围岩中汲取大量的 Au, Ag, Sb, As 等成矿元素, 同时可能有上地幔等成矿物质加入, 从而形成成矿流体. 成矿流体上升贯入构造带中, 因压力和温度骤降及 CO_2 的逸出而引起热液沸腾及大量贱金属硫化物和银矿物的沉淀, 同时因裂隙受阻引起压力上升而造成地下水热爆炸. 含金沸腾热液沿断裂带上升至近地表时与地表冷水相混合, 同时上覆 T_3 渗透性甚低的碎屑岩使热液压力上升而再次发生水热爆炸, 成矿流体喷出地表, SiO_2 和金矿物沉淀形成金矿床. 我们认为本矿床金与银分离的原因, 一方面是因为成矿热液中含有大量的 Ca^{2+}（银矿中见大量成矿期方解石）, 实验证明: 贵金属成矿流体中含有大量 Ca^{2+} 时会使银很快沉淀下来, 而阻止金的沉淀[10]. 另一方面则是因为控矿断裂倾角较缓, 成矿流体流动距离加大, 促使金银分离. 当然, 我们也注意到了本矿与国外典型热泉型金银矿相比所存在的一些独特性, 如: ①赋矿地层主要是沉积岩; ②金、银独立成矿, 无逐渐过渡现象; ③控矿断裂倾角较缓. 因而, 我们主张称其为长坑式热泉型金银矿.

2. 地质意义

长坑金银矿是目前国内规模最大、品位最高的热泉成因贵金属矿床, 它的发现是我国热泉型矿床找矿的重大突破, 也为我们进行此领域的研究提供了一个极好的矿例. 更为重要的是: 由于该矿所存在的一系列独特性, 因而依据本矿建立起来的成矿模式和找矿标志将是对热泉型贵金属矿床成矿理论的重要补充, 且更适用于我国此类矿床的研究和勘查.

感谢莫柱荪、伍广宇、杜均恩总工程师, 俞受鋆、任启江教授和柯长桂、张国恒高级工程师对本文研究工作的指导和帮助.

---

① 广东地矿局 757 队. 广东高要县长坑金矿普查报告, 1993
② 广东地矿局 757 队. 广东高明县富湾银矿中段普查报告, 1993

参 考 文 献

1. 卓维荣. 应重视对热泉型金矿床的研究与勘查. 地质与勘探，1989，25（12）：22～23
2. 朱梅湘. 地热系统的成岩成矿作用. 矿物岩石地球化学通讯，1993，4：227～230
3. 侯宗林. 我国热泉型金矿成矿地质背景与找矿前景. 地质与勘探，1992，28（3）：1～6
4. 卓维荣. 滇西两河热泉型金矿的发现及其地质特征. 地球科学，1991，16（2），189～198
5. Ren Qijiang, Wang Dezi, Zhang Chongze. Characteristics and genesis of epithermal gold deposits in Mesozoic volcanic areas in Eastern China. Progresses in Geology of China (1989～1992). Papers to 29th IGC. Beijing, Geological Publishing House, 1992：179～182
6. 杜均恩，马超槐，张国恒. 广东省长坑金银矿成矿地质特征. 广东地质，1993，8（3）：1～8
7. 张湖. 长坑金矿构造岩和成矿过程分析. 见：第五届全国矿床会议论文集. 北京：地质出版社，1993. 286～288
8. 广东省地质矿产局. 广东省区域地质志. 北京：地质出版社，1988. 941
9. 松久幸敬. 热泉型金矿床与地热系统. 地质新闻（日），1987，2：20～43
10. 梁祥济. 中国红碇子型金矿床形成的物理化学条件. 北京：学苑出版社，1991. 1～82

Hot Spring Genesis of the Changkeng Gold-Silver Deposit in Guangdong Province and Its Geological Significance

Sun Xiaoming*   *Chen Binghui*

Abstract   With a large amount of evidence, this paper first confirmed that the new-discovered Changkeng gold-silver deposit in central Guangdong province is the biggest and richest hot spring genetic precious metal mine in China before now. The metallogenetic processes have also been inquired into primarily.

Keywords   hot spring metallogenetic type, large-scale gold-silver deposit, Changkeng in central Guangdong province

---

* Department of Geology, Zhongshan University, Guangzhou 510275

海南碱性玄武岩中的刚玉巨晶成因探讨*

丘志力　秦社彩　庞学斌

(中山大学地质学系，广州 510275)

摘 要 海南蓬莱地区的刚玉巨晶主要和新生代碱性玄武岩有关. 刚玉巨晶表面具有明显熔蚀结构，内含锆石、铌钛铁矿等矿物及 CO_2 流体熔融包裹体，包裹体均一温度为 1125～1265℃，而且巨晶富含轻稀土元素，稀土分配模式与碱性玄武岩明显不同，而与伟晶岩型刚玉巨晶母岩——紫苏花岗岩相似. 认为刚玉巨晶形成于富含不相容元素和挥发份的环境，而非碱性玄武岩浆的结晶产物. 巨晶的形成和玄武岩浆形成过程中，裂谷引起的地壳物质塌陷及其与超基性岩浆的同化混染、交代作用有关. 系地壳与上地幔界面附近深部高压变质交代作用的产物.

关键词 刚玉巨晶，成因，碱性玄武岩
分类号 P588.145

1 地质背景

海南省蓬莱刚玉巨晶主要赋存于基性的火山岩及火山碎屑岩中，主要包括玄武岩、玻基辉橄岩、火山碎屑岩及火山碎屑沉积岩. 区内火山岩可划分为 14 层. 其中刚玉巨晶主要与上部的辉斑橄榄玄武岩及火山碎屑岩有关. 与刚玉巨晶伴生的其他包体有二辉橄榄岩，橄辉岩，部分地段还见有花岗质包体；伴生其他巨晶有锆石、橄榄石、辉石、钛铁矿、磁铁矿、铌钛矿、长石和石英. 橄榄石、辉石、长石及石英巨晶均可见熔蚀和碎裂结构.

火山喷溢沉积间断层含炭化木及裸子化石，可与琼北晚第三纪标准地层对比，而岩层上部橄榄玄武岩的 K—Ar 法(稀释法)年龄为 4.97±0.375Ma 及 3.36±0.27Ma. 朱炳泉(1989)等测的该地碧玄岩—石英拉斑玄武岩的 Rb—Sr 同位素年龄为 0.405～0.534Ma，均表明该区火山喷溢的上限是在晚第三纪的中—上新世.

2 与刚玉巨晶有关的玄武岩特征

2.1 岩石矿物学特征

早期喷溢的玄武质岩石主要为橄榄玄武岩和玻基辉橄岩. 前者斑晶主要是橄榄石，含

收稿日期：1994-09-13
* 中山大学青年科学基金资助项目

少量辉石,斑晶呈自形—半自形,大小 0.5～1mm. 其中辉石多呈聚斑状,有普通辉石和斜方辉石两种,基质为间粒及拉玄结构;后者斑状结构明显,斑晶有橄榄石、辉石及斜长石,其中斜长石最大的可达 n mm×n mm,斑晶可见明显的伊丁石化及绿泥石化.基质为间隐结构,除少量斜长石及辉石微晶外,多为火山玻璃.两种岩石气孔构造发育,部分气孔被后期蚀变矿物充填而呈杏仁构造.

晚期喷发的岩石以辉斑橄榄玄武岩及粗玄岩为主,其中刚玉巨晶主要分布在辉斑橄榄玄武岩中.辉斑橄榄玄武岩呈灰黑色,斑状结构,气孔状构造或致密块状构造,岩石斑晶主要由橄榄石、单斜辉石和斜长石组成.和早期喷发的玄武岩相比,其气孔构造更为发育,斑晶多为长石斑晶,边缘有熔蚀及反应边,碎裂构造明显.岩石总体结晶程度增加表明岩石喷溢时岩浆挥发份含量更高.粗玄岩的结晶程度更高,岩石具粗玄结构及似斑状结构,肉眼即可见矿物晶体.斑晶主要由单斜辉石、斜方辉石及斜长石组成,橄榄石较少.而基质主要由斜长石及单斜辉石组成,呈间粒结构.

玄武岩中的幔源包体主要为尖晶石二辉橄榄岩,包体呈块状或不规则球状,大小 n～n×10mm 不等,黄绿—绿色,与寄主玄武岩的边界清晰截然.包体的矿物组成:橄榄石 60%～80%,单斜辉石 15%～20%,斜方辉石约 10%.部分包体中还含有翠绿色的含铬透辉石 1%～5%,尖晶石 5%,及少量的磁铁矿.包体以粗粒碎斑结构为主,部分为变晶碎斑结构,其中辉石可见明显的扭折带和波状消光,部分沿解理方向有拉长现象,表明该地区包体曾经历明显的高温塑性变形及重结晶作用.

局部地段的辉斑橄榄玄武岩中还可见花岗质包体.这种包体呈灰白色,呈不规则块状,主要由长石和石英组成,具半自形粒状结构,石英熔蚀成圆—次圆形,斜长石呈半自形和他形,外表因熔蚀而圆化,并可见碎裂现象,裂隙由其他物质充填.部分包体还可见反应边,反应边主要由放射状橄榄石及辉石微晶组成.在其他火山岩中还有钠长岩及刚玉磁铁岩岩石块[1].

2.2 岩石化学特征

许多研究者[1~4]曾对海南玄武岩作过化学分析,本文选择蓬莱地区不同喷发层玄武岩及包体作了化学分析(见表 1).据 CIPW 计算及将有关数据在 $SiO_2-K_2O+Na_2O$ 图(图 1)上投影可知该地区玄武岩可分为碱性玄武岩及拉斑玄武岩两类,而且玄武岩的喷发明显有韵律性,碱性玄武岩与拉斑玄武岩交替出现,最早喷发拉斑玄武岩,然后为碱性玄武岩,最后则为拉斑质的粗玄岩.碱性玄武岩,含有较多的 TiO_2, P_2O_5 等,而拉斑玄武岩 TiO_2, P_2O_5 以及总碱含量较低等,与中国东部玄武岩相比本区玄武岩的 Al_2O_3 及碱含量偏低.两者的交替出现实际上是蓬莱地区经受脉动式裂陷作用的产物,它和雷琼地区新生代

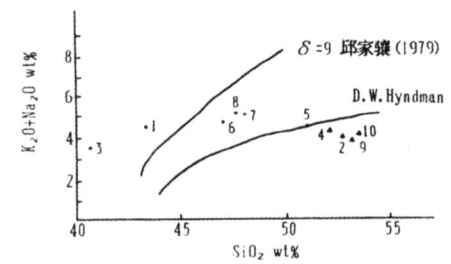

图 1 海南蓬莱地区火山岩 $SiO_2-(K_2O+Na_2O)$ 图

Fig. 1 $SiO_2-(K_2O+Na_2O)$ diagram of volcanic rocks in Penglai

地层分布具明显一致性.

表1 蓬莱地区火山岩化学成分*
Tab. 1 Chemical compositions of volcanic rocks in Penglai, Hainan Province /%

项目	玻基橄榄玄武岩(1)	基橄玄武岩(2)	橄玻基辉岩(3)	基橄辉岩(4)	橄橄玄武岩(5)	辉斑橄玄岩(6)	(7)	(8)	粗玄岩(9)	(10)	橄榄岩包体(11)	(12)	东部玄武岩(13)
SiO_2	43.42	52.99	40.87	52.15	50.96	47.57	48.46	47.61	53.20	53.61	45.74	45.70	47.56
TiO_2	2.52	1.76	2.24	1.82	1.92	2.49	2.15	2.41	1.78	1.78	0.09	0.06	2.00
Al_2O_3	11.21	13.97	12.06	13.53	13.92	12.44	10.85	13.15	13.62	14.25	0.67	2.14	14.94
Fe_2O_3	4.60	3.69	4.98	4.74	5.48	4.41	10.23	4.78	4.22	7.62	3.25	2.98	4.75
FeO	8.85	7.52	10.60	6.49	5.51	7.68	6.03	6.71	6.86	3.46	6.85	5.91	8.62
MnO	0.20	0.20	0.25	0.16	0.16	0.16	0.07	0.15	0.17	0.13	0.16	0.14	0.14
MgO	14.29	6.88	8.53	6.52	7.26	9.22	9.25	9.25	6.59	5.17	38.45	39.23	7.00
CaO	5.87	8.61	10.84	8.39	8.59	8.79	7.18	7.39	8.47	7.30	2.22	2.17	8.50
Na_2O	2.90	2.82	2.56	3.04	3.24	3.06	3.06	3.23	2.87	3.23	0.29	0.13	3.60
K_2O	1.41	0.91	1.13	1.03	1.28	1.43	1.84	1.74	0.60	0.81	0.09	0.00	2.44
P_2O_5	0.45	0.28	0.33	0.31	0.34	0.52	0.21	0.57	0.26	0.16	0.018	0.00	0.67
$\sum$	95.72	99.90	94.39	98.18	100.01	96.09	99.30	99.81	98.64	99.32	97.83	99.30	98.22

*：括号内数字为序号，1~4,6~7 海南地质队；11,胡长霄(1979)；13 赵中溥(1956)

尖晶二辉橄榄岩包体的化学成份中 SiO_2 及 CaO 的含量偏高,而 TiO_2, Al_2O_3, MgO, 总碱含量均低于中国东部玄武岩中相似包体的平均值,包体的 $Mg/Mg+Fe^{2+}$ 比值高于原始地幔比值(87.6~89.3).据 $MgO-FeO$ 关系估计其部分熔融程度低于10%(Hanson & Langmur,1978).

利用玄武岩中橄榄石及辉石斑晶中的熔融包裹体进行均一法测温,结果是碱性玄武岩斜方辉石为 985~1020℃；拉斑玄武岩橄榄石为 920~1220℃,单斜辉石为 860~1220℃,斜长石为 930~1160℃；尖晶石二辉橄榄岩斑晶为 1180~1220℃,这一结果与利用包体辉石巨晶计算的二辉橄榄岩形成温度 1036~1128℃相似,据单斜辉石温压计得到的压力范围为 2.0~2.3GPa[2]. 这一温压范围分布在大洋地热线上,和该区新生代处于裂谷发育阶段,上地幔具有高于正常大陆地幔地热温度的特征是相吻合的[4].

3 刚玉巨晶矿物化学及包裹体特征

海南蓬莱的刚玉巨晶主要分布在辉斑橄榄玄武岩中,其大小相差悬殊,大的可达几cm,而小的只有几mm,主要呈六方双锥状及桶状,透明—半透明,其中绝大多数样品含内裂纹及熔蚀结构.

刚玉颜色多种多样,从浅灰色—深蓝色、红色均有,常见明显的生长环带及色带,部分样品的核心与外层成分可有显著差别,表明其形成过程中成分曾有过明显的变化.

对刚玉巨晶化学成分分析表明,刚玉巨晶内除 Al_2O_3(94.99%~98.92%)外,可含有一定量的 CaO(≤3.18%), TiO_2(0.01%~0.92%), FeO(0.71%~2.29%)及少量的 Na_2O 和 K_2O,杂质成分往往随透明度降低而增加.

刚玉 X 射线分析表明,其晶胞参数为 $a=0.4755$ nm, $c=1.30034$~1.3056 nm. 密度

为 3.948~4.020g/cm³。折光率，No=1.766~1.718，Ne=1.756~1.762。

刚玉巨晶中含有丰富的矿物包裹体，其中固体包裹体主要有锆石、钛铌铁矿、钛铁矿等[5]；而熔体包裹体由熔体及气体组成，部分可含有子矿物；流体熔融包裹体主要由熔体、气体及液态 CO_2 等组成，这种包裹体的存在表明刚玉巨晶形成于富含挥发分及 CO_2 流体的非均匀岩浆体系，刚玉原生熔体包裹体均一温度为 1125~1265℃，稍高于尖晶石二辉橄榄岩的均一温度。

4 刚玉巨晶及碱性玄武岩稀土元素分析

刚玉和锆石巨晶及相关碱性玄武岩的稀土元素见表 2。

表 2 刚玉巨晶及火山岩稀土元素分析*

Tab. 2 REE compositions of Corundums megacryst and volcanic rocks   mg·kg⁻¹

元素	刚玉巨晶(1)	刚玉巨晶(2)	锆石巨晶(3)	橄榄岩包体(4)	橄榄玄武岩(5)	凝灰岩(6)	橄榄玄武岩(7)	辉橄玄武岩(8)	粗玄岩(9)	宝石沉积物(10)	宝石沉积物(11)	紫苏花岗岩(12)
La	23.2	4.52	7.85	3.09	38.44	174.40	49.97	33.57	58.25	105.69	52.02	49.41
Ce	52.8	9.78	42.5	2.36	72.21	308.30	91.41	64.33	116.50	198.74	124.0	96.50
Pr	5.78	1.22	1.91	1.11	5.74	39.41	11.12	8.48	14.06	21.95	13.05	—
Nd	20.6	3.81	9.64	3.23	18.89	158.10	41.57	33.73	49.29	93.05	44.71	34.53
Sm	3.02	0.95	2.88	1.21	5.34	33.73	8.55	7.74	9.26	16.71	8.59	5.75
Eu	0.24	0.12	1.26	0.27	2.46	9.44	2.63	2.44	2.18	3.23	1.24	0.85
Gd	1.40	0.74	5.66	1.32	13.98	33.69	7.91	7.22	7.12	21.40	—	—
Tb	0.26	0.13	2.33	0.35	2.82	4.28	1.14	1.05	1.12	2.54	1.18	0.63
Dy	1.94	0.83	18.6	0.76	20.84	23.82	5.64	5.07	4.97	13.80	5.43	3.00
Ho	0.69	0.17	6.49	0.18	5.71	4.67	1.00	0.90	0.97	3.55	1.24	0.72
Er	1.80	0.50	21.0	0.52	15.05	10.94	2.52	2.14	2.61	8.66	3.35	—
Tm	0.38	0.07	4.76	0.07	2.56	1.53	0.32	0.28	0.39	—	—	—
Yb	2.62	0.44	31.1	0.45	12.74	8.06	1.86	1.48	2.42	7.75	3.48	1.79
Lu	0.44	0.06	5.08	0.08	2.18	1.26	0.26	0.21	0.38	1.15	0.58	0.33
Y	11.9	3.08	167	3.89	—	182.00	24.92	21.83	24.83	—	—	—
$(La/Yb)_{CN}$	5.25	6.11	0.15	4.07	3.02	21.63	15.95	13.46	14.28	8.09	8.87	16.37
$\sum$REE	127.07	26.42	328.06	17.89	218.96	993.6	250.8	190.4	295.3	495.7	258.9	193.5

*：表括号内数字为序号，6 引自庞学斌硕士论文，10~12 引自 M S Rupasinghe 等(1984)，其余本文，由宜昌矿产地质研究所分析。

尖晶石二辉橄榄岩的稀土元素丰度为 17.89mg/kg，约为球粒陨石的 4 倍(3.46×球粒陨石，Herrman A G)，较中国东部新生代玄武岩中尖晶石二辉橄榄岩的稀土含量为高((2.3~2.6)×球粒陨石，刘若新)，其$(La/Lu)_{CN}$为 4.07，远大于 1，表明其稀土组成轻稀土较重稀土富集。稀土配分曲线(图 2)表明包体轻稀土分馏强烈，曲线变化大，而重稀土与原始地幔值相接近，分馏较弱，曲线平坦(La=9.6×球粒陨石，Lu=2.58×球粒陨石)。结合其化学组成及包体橄榄石中发现的大量的 CO_2 流体熔融包裹体，可以认为本区尖晶石二辉橄榄岩包体是经历低度部分熔融的地幔岩样品，其稀土组成可用富含轻稀土的地幔流体对其进行过渗透交代进行解释[4]。

本区基性火山岩稀土元素丰度较高,其中火山凝灰岩含量最高,达 993.63mg/kg,一般玄武岩变化在 190.47～295.35mg/kg 之间. $(La/Yb)_{CN}$ 比值变化大,表明岩石轻重稀土的分馏程度在不同期的岩石中明显不同. 中新世早晚两期火山岩稀土组成明显有别,晚期岩石轻重稀土分馏强烈,而上新世玄武岩 $(La/Yb)_{CN}$ 的特征明显不同,从早到晚期 $(La/Yb)_{CN}$ 由 17.43 变化到 14.87,轻稀土 LREE 对重稀土 HREE 比值依次降低(图 3),可能反映出玄武岩原始岩浆幔源部分熔融程度依次增加的特点(Frey,1978).

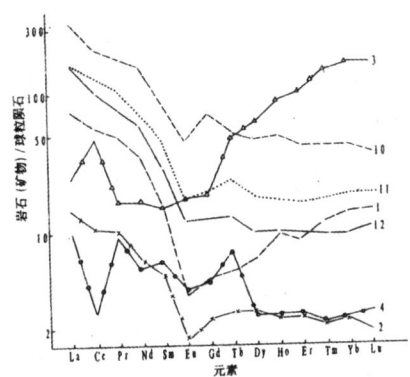 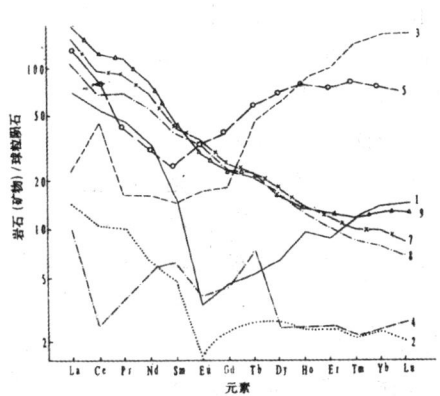

图 2 火山岩稀土元素分布模式(球粒陨石标准化)　　图 3 刚玉巨晶稀土元素分布模式
Fig. 2 REE distribution patterns of volcanic rocks　　Fig. 3 REE distribution of corundum megacrysts

两个刚玉巨晶的稀土元素丰度明显不同,透明的宝石级刚玉的稀土元素明显低于半透明刚玉,这种变化可能和半透明的刚玉巨晶含有较多的熔体及流体包裹体有关. 但两者的分布模式非常一致,表明刚玉巨晶的稀土配分对其成因有重要指示意义. 稀土分布模式与斯里兰卡接触变质型刚玉围岩——紫苏花岗岩及其宝石沉积物非常相似,而与碱性玄武岩的分布模式明显不同. 锆石巨晶的稀土分布模式与刚玉相似,所不同的是稀土总量更高,更富含重稀土元素($(La/Lu)_{CN}$ 为 0.15).

5 刚玉巨晶成因探讨

海南蓬莱含刚玉巨晶碱性玄武岩分布在东西向王五—文教深断裂的南侧,南北向铺前—博敖断裂纵贯全区. 中新世晚期,雷琼地区处于张裂下陷阶段,NEE 向张性断裂强烈活动并形成长轴近东西向的琼北盆地,地壳张裂引发的物质上涌形成了大量的火山喷发. 碱性玄武岩和拉斑玄武岩就是这种裂谷形成过程的产物. 但玄武岩中花岗质岩石,长石,石英捕虏晶及其反应边的存在表明,该套火山岩喷发前或喷发过程中曾与地壳物质发生同化混染作用.

刚玉巨晶普遍的熔蚀结构表明刚玉巨晶与碱性玄武岩之间存在着明显的化学不平衡. 刚玉巨晶中的流体熔融包裹体也表明刚玉形成于富流体的非平衡的岩浆体系. 一般认为流体熔融包裹体的形成往往和压力释放有关(卢焕章,1990),这一特征也和寄主玄武岩形成于张裂的构造环境相一致. 刚玉巨晶稀土元素分布与碱性玄武岩及拉斑玄武岩明显不同,而与紫苏花岗岩及接触变质型刚玉沉积物相似,这表明刚玉的形成和变质作用有一定的联系.

钙长石的相图表明,钙长石在 0.88GPa 附近可分解成刚玉及硅质熔体(Goldsmith. J. R,1980). 而 Ф. А. ПЕТНИКОВ 等(1978)对花岗岩熔体元素迁移与温度的研究表明,在大于 750℃ 时,花岗岩的 Al_2O_3 带出量急剧上升并随温度升高而增大[7]. 对含水体系中玄武岩的熔融—结晶实验表明在含水体系中矿物结晶温度较低,结晶颗粒粗大(伍国浩等,1990). 以往人们在研究接触交代和同化混染作用时,认为基性岩浆不易与围岩发生交代和同化混染,其主要原因是基性岩浆较干. 对地壳深部的研究表明,深部变质作用不容忽视,在地下 100~60km 之间,亦存在着含水蒸气的交代层[6]. 而世界范围内新生代碱性玄武岩刚玉巨晶含长石,富 Na 辉石,云母,磷灰石,锆石,钛铁矿,铌铁矿等富含不相容元素的矿物包体(Stephenson, 1976, Aspen et al, 1990, Guo J F et, al, 1992, Coenraad, 1990)则表明,这种交代作用可能在刚玉巨晶的形成过程中起着重要的作用. 樊祺诚等(1992)在研究江苏东海深部变质成因的刚玉巨晶时认为,铝土矿及镁质白云岩可能是这种岩石的原岩,而它的形成和板块碰撞俯冲过程中不同壳源岩石经历的高压变质作用有关.

Guo J.F. (1992)对澳大利亚新生代碱性玄武岩中刚玉巨晶的铌铁矿包体的分析表明,其 TiO_2,MnO,Ta_2O_5 等成分与花岗岩及伟晶岩中的铌铁矿有明显不同;而刚玉巨晶中锆石包体精确的质子探针分析表明,它具有高 U,Th,Hf 和 Y 的成分,与金伯利岩、玄武岩、伟晶岩及锆石巨晶(在冲积矿中经常与刚玉巨晶伴生)的成分也有显著差异,但锆石包体 U-Pb 同位素年龄与寄主玄武岩及伴生锆石巨晶的形成年龄很相似,由此表明,刚玉巨晶的形成既与碱性玄武岩的形成有联系而又不是典型碱性玄武岩浆结晶产物.

因此,作者认为,本区刚玉巨晶的形成可能和该区裂谷形成过程中深部地壳物质塌陷,地幔岩浆及流体对地壳物质的同化混染及交代作用有关. 其具体过程可表述为 1)地幔底辟作用导致地壳变薄及地幔岩石的部分熔融,形成早期玄武岩的. 2)同雷琼盆地张裂下陷,深部岩浆房发生塌陷,地壳物质与深部超基性、基性岩浆发生同化混染作用,富含水、CO_2 及碱性组分的流体对地壳富铝物质进行交代,富铝壳源物质(包括长石)在富含碱性组分及挥发分的高温高压下分解,基性岩浆发生 Al 的过饱和并结晶形成刚玉巨晶. 基性超基性岩浆(原始玄武岩浆)因同化混合作用而"酸化",形成拉斑玄武岩. 3)晚期地幔岩石部分熔融形成的碱性玄武岩浆喷发,将岩浆房底部的刚玉巨晶携带到地面,刚玉巨晶与碱性玄武岩反应并形成表面熔融结构.

根据刚玉巨晶的形成温度及海南地区的地热增温率计算[11],这种高压交代变质作用形成深度发生在 25.3~31.6km 之间,这一深度正好与海南琼北地壳深度 31.5~33.0km 相近(赵希涛,1979),发生在壳幔界面附近,而远较由尖晶石二辉橄榄岩计算的原始玄武岩浆形成深度 62~74km 为浅.

参 考 文 献

1 蒋大海. 海南岛蓬莱宝石矿及伴生铝土矿地质概况及形成条件. 广东地质. 1987(2):23~31
2 曾广策. 海南岛北部碱性玄武质岩石中的深源包体和巨晶矿物. 矿物岩石学论丛,1986(2):98
3 刘若新主编,《中国上地幔特征与动力学论文集》. 北京:地震出版社,45~61

4 周新民,陈图华.我国东南沿海新生代玄武岩中两类超镁铁岩包体的成因.地质学报,1984,(3):238~251

5 丘志力,李兆麟,秦社彩等.海南省蓬莱蓝宝石及其形成条件研究.矿物学报,1993,(4):366~373

6 Wyllie P J. 金伯利岩和某些低二氧化硅高碱性岩浆的成因.国外矿床地质,1991(4):45~58

7 章邦桐.花岗岩物理化学及铀成矿作用,北京:原子能出版社,1992:184~214

8 Coenraads R R. Sapphires and rubies from volcanic provinces. The Australian Gemmologist. 1992 (18):70~79

9 Arthur H Brownlow. Geology and Origin of the YoGo Sapphire Deposit, Montana. *Eoonomic Geology* 1988,33:875~880

10 Coenraads, R. R. etc. The origin of sappnires; U—Pb dating of zircon inclusions sheds new light. Mineral. Mag. 1990,154(374):113~122

11 黄玉昆,邹和平.雷琼新生代断陷盆地构造特征及其演化.中山大学学报(自然科学版),1989(3):1~11

12 Rupasinghe M S. 斯里兰卡沉积宝石矿床中的稀土元素丰度.国外非金属矿,1986(6):13~22

The Genesis of Corundum Megacrysts Related to Alkali Basalt in Hainan

Qiu Zhili* Qin Shecai Pang Xuebin

Abstract Penglai of Hainan province is one of the important localities of sapphire in China. The corundum megacrysts ane related to Cenozoic alkali basalt and have the following features: having clear surface melted structure and containing Zircon & Tiniobite & CO_2 - bearing fluid melting inclusions with the homogeneous temperatures of 1125~1265°C, being rich in light REE and having the REE distribution pattern similar to that of hypersthene granite, mother rock of pegmatite - type corundum, but different from those alkali basalts. Based on the above - mentioned data, the authors think the corundums were produced in the enviroment with rich incompatible elements & volatile components, not the result of crystallization of basaltic magama. The formation of corundums may be related to the crust substances collapse resulted from rift and its assimilation & contamination and metasomatism with ultrabasic magama during the formation of basalts. The megacrysts are the result of metamorphism & metasomatism at high pressure near the boundary between the crust and the upper mantle.

Keywords corundum megacryst, genesis, alkali basalt

---

* Department of Geology, Zhongshan University, Guangzhou 510275

水源河流水质管理中的环境风险评价[*]

李适宇　　　　　　盛冈通

(中山大学环境科学研究所,广州 510275)　(日本大阪大学环境工程系)

摘　要　以日本的淀川河为对象,围绕 3 个以改善水源水质为目标的方案,以 THMP 为水质指标,用累积流量模型计算了各方案下两个主要取水口的水质浓度.以此为基础,用两种 THM 致癌率内插方法估算了饮用水中的 THM 引发的致癌风险,并据此对各方案进行了评价.

关键词　河流水质管理,THM,风险评价

分类号　X 828

自从 70 年代初荷兰的研究者发现鹿特丹市的自来水中含有致癌性物质 THM (trihalomethane),并证实这是由于水源莱茵河中含有的腐植质等在净水处理时与氯气反应而生成的副产品之后[1],世界各国尤其是发达国家出于对饮用水安全性的考虑,对 THM 生成的机理及抑制方法进行了大量研究[2]. 为了评价水体所含有机物在加氯消毒时产生 THM 的潜能,研究者们制定了统一标准,分析测试在与净水处理相似加氯条件下的 THM 产生量,称之为 THMP (trihalomethane potential),以此作为评价指标. 调查结果[3]表明,河水中的 THMP 来源很广,一般的生活污水和工业有机废水以及自然界中未受人为污染的河水中,都不同程度地含有 THMP.

本文以日本关西地区最重要的水源河流淀川为对象,运用环境风险评价的方法,对几种水源水质管理方案下的取水口 THMP 浓度进行计算,并以 THM 引发致癌风险的角度进行评价.

1　对象河流及管理对策方案

淀川由木津川、宇治川及桂川 3 条河流在京都市南面汇合而成(图 1). 这 3 条河流的平均流量分别为 48 m³/s, 178 m³/s, 37 m³/s. 木津川和宇治川目前的水质较好,但桂川因受京都市的污水处理厂排放水的影响,水质较差. 大阪的两个最大的自来水厂的取水口都设在淀川,其中村野水厂的取水口位于合流点下游约 6.4 km 处的左岸,取水量为 200 万 m³/d,供水人口约 400 万人;柴岛水厂的取水口位于合流点下游约 23.8 km 处的右岸,取水量为 150 万 m³/d,供水人口约 300 万人. 由于桂川污染物浓度较高,3 条河流汇合后沿淀川右岸形成一条污染带,在横向扩散作用下向左岸扩展. 在村野取水口附近,断面方向的浓度尚存在

---

[*] 国家教育委员会留学回国人员科研基金资助项目
　　收稿日期:1995-09-20　　李适宇,男,39 岁,副教授

明显的差别,右岸浓度高于左岸浓度,而在下游的柴岛取水口附近,全断面的水质已接近完全混合. 在村野取水口下游不远处,有 3 条小河从左岸汇入,这些小河流量很小,但污染较严重.

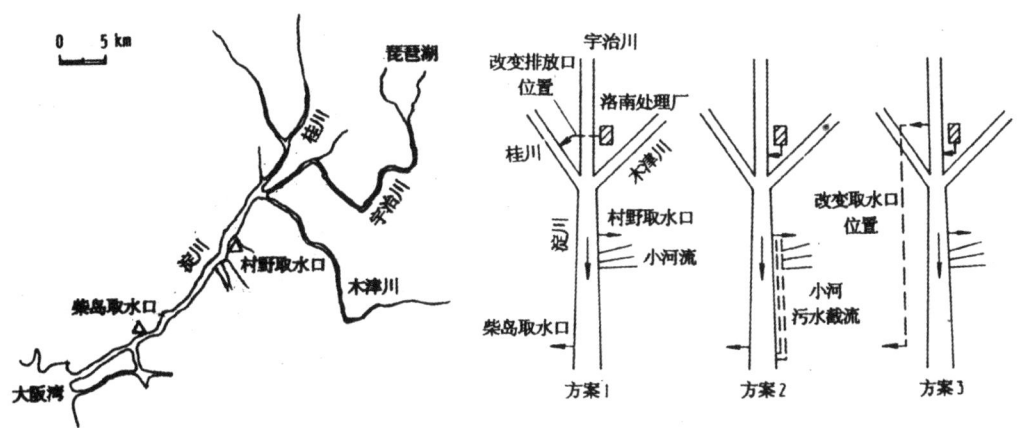

图 1　淀川示意图
Fig. 1　Map of the Yodo River

图 2　水质管理对策方案
Fig. 2　Alternatives for river quality management

目前村野取水口附近的 BOD 平均浓度约为 2 mg/L,柴岛取水口附近则约为 3 mg/L. 从饮用水的安全性来说,原水的污染越严重,净水处理时需注入的氯气就越多,生成的 THM 也就越多. 考虑到这一点,有关部门提出 3 个旨在改善取水口水质的方案,如图 2 所示. 方案 1 是将目前排入宇治川的洛南污水处理厂的排放水引到桂川去排放,利用淀川的横向扩散特性改善村野的水质,但对柴岛的水质改善起不到作用. 方案 2 是将 3 条小河的污水截流后排往柴岛的下游,此举可改善柴岛的水质,但对上游的村野并无作用. 方案 3 是将柴岛取水口转移到流量大、水质较好的宇治川,一举改变其目前的困境.

2　负荷量及取水口水质计算

2.1　负荷量

根据大阪市水道局连续两年对水源中的 THMP 进行每月 1 次的调查结果[4],发现汇流了河流的 THMP 负荷量 L 与流量 Q 之间的关系可以用以下的幂函数来表示:

$$L = a \cdot Q^b \tag{1}$$

利用 L 和 Q 的实测数据进行回归分析,求得各河流的回归系数 a, b 值及相关系数 r,结果如表 1 所示. 各河流的 r 值均在 0.9 以上,说明相关程度是相当高的.

从回归分析结果可知,3 条河流的 THMP 负荷量都是随流量增大而

表 1　回归系数与相关系数
Tab. 1　Regression and correlation coefficients

河流	a	b	r
木津川	1.944	1.249	0.979
宇治川	0.701	1.340	0.942
桂　川	16.315	0.823	0.901

增加.这个结果印证了一个事实,即THMP不仅存在于生活污水和工业废水那样的人为污染排放水中,而且也存在于天然水体中,可以看成是背景浓度.河流流量增大时,虽然人为污染负荷量不变,但源自背景浓度的负荷量却增加了,而且降雨冲刷引起地表的有机质流出亦会导致负荷量增加.在3条河流中,木津川和宇治川受人为污染影响较小,其THMP负荷量中天然背景成分所占比例较多,因此负荷量随流量增加的倾向较明显,回归分析的结果是b值较大.相比之下,受人为污染影响较大的桂川的b值就较小.

小河流的THMP实测数据较少,难以求出负荷量与流量之间的关系,故以平均负荷量作代表,为71.11 kg/d.另外,洛南污水处理厂的排出负荷为38.40 kg/d.

2.2 水质模型

由于村野取水口附近的水质受到横向扩散的影响,所以淀川的浓度用描述二维移流扩散的累积流量模型[5]来计算:

$$\frac{\partial c}{\partial x}=\frac{\partial}{\partial q_c}(m_z h^2 u\ E_z\ \frac{\partial c}{\partial q_c}) \tag{2}$$

$$q_c=\int_0^z m_z hu dz \tag{3}$$

式中,x与z分别为河流纵向与横向坐标;c为浓度;h为水深;u为垂向平均流速;E_z为横向扩散系数;m_x与m_z分别为曲线坐标在x与z方向的度量系数.

2.3 取水口处的THMP浓度

利用上述水质模型进行计算机模拟计算,分别求出村野和柴岛两个取水口处在现状及3个水质管理方案的情况下的THMP浓度,其累积频率如图3所示.计算时的流量是根据过去5 a每日实测的汇流3河流的流量数据进行聚点分析,用非阶层方法求出有代表性的50个流量组合,然后就每种组合分别进行水质浓度计算并求出相应的频率[6].

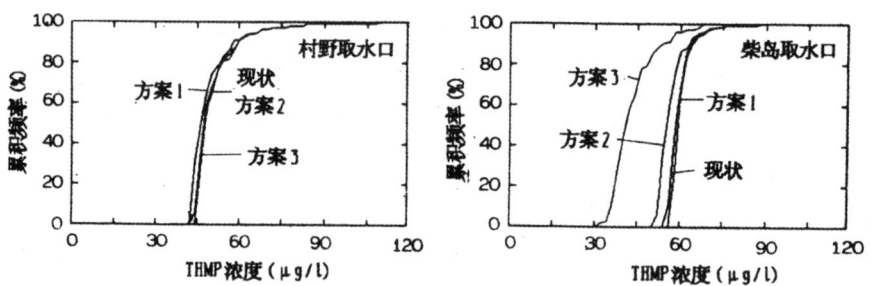

图3 取水口THMP浓度的累积频率

Fig. 3 Cumulative frequency of THMP concentration at water intakes

3 饮用水中THM的环境风险评价

3.1 THM致癌率

由于无法从事人体试验,THM对人体的致癌率只能通过对动物试验的结果进行内插来推算.住友[7]根据美国国立癌症研究所(NCI)对老鼠投喂三氯甲烷(THM的一种)引发癌症的试验结果,用最小二乘法求出THM致癌率公式:

$$P_c=\left[\frac{1}{1+\exp(2.967-3.415\times10^{-7}C)}\right]-\left[\frac{1}{1+\exp(2.967)}\right] \tag{4}$$

式中,P_c 为致癌率(人/a);C 为饮用水中 THM 浓度(μg/L). 在推求上式时,假定人体重 60 kg,每天饮用自来水 2 L. 此外,美国 EPA[8]提出的指南认为,对应于三氯甲烷浓度为 0.19 μg/L 的饮用水,其致癌率为 $P_c=10^{-6}$人/70a,即每 100 万人中,一生(70 岁)有 1 人得癌症.

3.2 致癌风险的估算

环境风险的定义是有害事件的发生频率与其造成损失的大小之乘积. 据此,饮用水中的 THM 所引起的致癌风险 R_{THM} 可用下式来计算:

$$R_{THM} = \int_0^{+\infty} f(C) \cdot P_c(C) dC \tag{5}$$

式中,$f(C)$ 是饮用水中 THM 浓度的概率密度,可由概率分布求出.

村野和柴岛两取水口的 THMP 概率分布已于前节求得. 由于通常的净水处理过程可除去原水中 THMP 的 10%~40%,在此为简便计,假定原水中 30% 的 THMP 在净水中被除去,其余 70% 与氯气反应生成 THM. 据此,可由式(5)用数值积分计算出饮用水中 THM 的致癌风险,乘以供水人口后的致癌风险如表 2 所示.

表 2 饮用水中 THM 的致癌风险
Tab. 2 Carcinogenic risk of THM in drinking water 人/a

水厂	内插依据	现状	方案 1	方案 2	方案 3
村野	住友公式	2.26	2.20	2.26	2.28
	EPA 指南	10.54	10.29	10.54	10.64
柴岛	住友公式	2.03	2.05	1.90	1.45
	EPA 指南	9.50	9.60	8.87	6.73

3.3 THM 致癌风险评价

从表 2 的结果可知,EPA 的数据内插风险值是住友公式估算风险值的 5 倍左右. 现状条件下用住友公式估算的村野和柴岛的致癌风险分别为 2.26 人/a 和 2.03 人/a. 考虑到供水人口,这个数值不算高. 方案 1 只能使村野的风险稍有降低,而使柴岛的风险略有增加. 方案 2 可使柴岛的风险降低 6.5%,比方案 1 效果好些,但仍不显著. 方案 3 则可使柴岛的风险降低 29% 左右,是效果较好的方案,但由于取水后使宇治川流量减少,使得污染较严重的桂川河水容易扩散至村野取水口,令该处风险略为上升.

4 THM 的环境风险控制和管理

THM 的环境风险控制和管理主要有三个途径. 一个是在净水处理中减少、抑制或防止 THM 的产生,这包括在传统的净水处理流程前增加一个生物预处理工序,部分除去原水中的 THMP;或设置电脑程序对氯气添加量进行严格实时控制,防止过量注入而导致 THM 生成量增加;或在砂过滤之后再作活性炭过滤以除去生成的 THM;或改变传统的净水工艺流程,以臭氧代替氯气作杀菌消毒剂,达到完全避免 THM 生成的目的. 另一个途径是降低水源水体中的 THMP 含量,包括通过对生活污水和工业废水的治理来削减 THMP 排出量,实施非点源污染控制对策来降低降雨流入水源的 THMP 负荷量. 第三个途径是改变水源,将取水口转移到较清洁的河流. 由于改变传统的净水工艺流程和取水口转移花费巨大,且往往受到客观条件的制约而不易实施,因此,当 THM 污染问题不太严重时,应从加强净水处理效率,严格控制氯气添加量以及实施以削减污染物排放量为主的流域水环境综合治理这几方面着手,控制和降低由 THM 引起的环境风险.

参 考 文 献

1 Rook J J. Formation of haloforms during chlorination of natural water. Water Treatment and Examination, 1974, 23:234
2 丹保宪仁. 水道与 THM. 东京:技报堂出版社,1983
3 日本土木学会水质研究小委员会. 公共用水域的有机氯化合物发生机理及除去研究报告书. 东京:土木学会,1981
4 大阪市水道局水质试验所. 水源中的 THMP 调查,大阪市水道局水质试验所调查报告及试验结果, 1983,33:249
5 Yotsukura N, Sayre W W. Transverse mixing in natural Channels. Water Resources Research, 1976, 12(4):695
6 李适宇,八木俊策,末石富太郎. 淀川的水质扩散及其对饮用水源的影响. 第 31 次水理讲演会论文集,1987,311
7 住友恒. 上水道氯气消毒的安全性评价. 水道协会杂志,1983,52(3):11
8 U S EPA. Statement of basis and purpose for an amendment to the national—interim primary drinking water regulations on trihalomethanes. Washington D C:Office of Water Supply,1978

Environmental Risk Assessment in River Quality Management

Li Shiyu* *Tohru Morioka*

Abstract Three management alternatives are proposed for the purpose of improving the water quality of drinking water supply sources in the Yodo River, Japan. THMP levels at two major intakes are calculated with the Cumulative Discharge Model. Carcinogenic risk of THM in drinking water which forms in the chlorination process of water purification is estimated by employing two different interpolation methods. The risk is evaluated and the effect of alternatives is discussed.

Keywords river quality management, THM, risk assessment

---

* Institute of Environmental Science, Zhongshan University, Guangzhou 510275

潮汕平原第四系钻孔岩芯氨基酸组成及年代

陈水挟　王将克　钟月明

（中山大学地质学系，广州 510275）

摘　要　分析了澄海、汕头等地3条钻孔岩芯的部分第四纪沉积物及贝壳样品的氨基酸组成、含量及丙氨酸、天冬氨酸的外消旋程度. 3条岩芯的沉积物岩性、年龄及其所经历的成岩变化不同，表现出不同的氨基酸分布特征，说明氨基酸的分布特征能反映沉积物的沉积环境和成岩变化. 此外，根据沉积物中氨基酸的外消旋程度，测定了氨基酸年龄.

关键词　氨基酸分布，氨基酸年龄，沉积物，第四系，潮汕平原

地质体中氨基酸的外消旋程度取决于它本身的年龄及环境温度. 由于深海底部的温度比较恒定，减少了温度波动对氨基酸外消旋测年准确性的影响. 因此，对海相沉积物，如大西洋、太平洋岩芯及一些海湾沉积物的年龄测定都是比较成功的[1~5]. 此外，某些湖相沉积，如加拿大安大略湖沉积物[6]、日本琵琶湖沉积物及美国克利尔湖沉积物[7]的氨基酸年代测定结果，与同位素年龄也是比较一致的. 如果能够把氨基酸外消旋测年法扩展至应用于浅海甚至海陆交互相沉积物的年龄测定中，那么，无疑为研究第四纪古环境变迁提供了有利的测年工具. 本文主要对潮汕平原3个钻孔岩芯的第四纪沉积物的氨基酸组成及氨基酸年代测定作了初步的探讨.

1　地质背景

潮汕平原位于广东省东部，是韩江和榕江形成的三角洲平原，该沉积盆地发育史大约可追溯至距今7万 a. 第四系最大厚度超过160m. 沉积物以海陆交互相为主. 按成因类型主要包括下部冲积相和滨海—湖泊相，以及上部三角洲相. 本区粘土矿物组合特征[8]、孢粉气候和微体化石[9]证据表明，晚更新世中期以来，伴随着气候由冷变暖，本区有过三次海侵. 第一次海侵大约距今4.5万 a；第二次海侵大约距今2.0～2.6万 a，第三次海侵距今约9000～500a. 全新世气候以暖湿为主.

收稿日期：1995-07-03

2 实验方法

本文分析的样品取于澄海 ZK1 岩芯、澄海鱼苗场 ZK37 岩芯及汕头月浦 ZK1005 岩芯。取样情况如表1所示。

表1 氨基酸分析样品简单描述
Tab. 1 Samples analysized

钻孔	深度/m	描述	取样编号 沉积物	贝壳	^{14}C 年龄/a*
ZK1	6.4	细砂	126		
(ch2)	9.2	灰色粘土	127		
	10.4	灰色粘土		128	
	14.4	黄褐色风化层	129		
	16.0	灰色粘土	130		
	17.0	灰色粘土	131		
	19.0	灰色粘土	132		
	22.0	黄褐色风化层	133		
ZK37	6.2	细砂,三角洲相	170		
(ch3)	7.8				1869
	8.2				3063
	10.3~10.5				8555
	11.0	粘土、软泥,三角洲相	171		
	14.7	粘土、软泥,三角洲相	172		
	16.0				20702
	19.0	粘土,海相	173		23164
ZK1005	6.0	淤泥	134	153	
(ch5)	8.0	淤泥	135	154	
	8.5	淤泥	136	155	584
	8.9	淤泥	137	156	
	11.0	淤泥	138	157	
	14.8	淤泥	139		
	17.0	淤泥	140		8123
	21.0				8780
	22.0	淤泥	141		
	25.0				9656
	26.0	淤泥	142		

* 中山大学地质学系 ^{14}C 测年实验室测

将野外取回的岩芯,剥去外层,低温晾(烘)干,研成粉末。称取一定量沉积物粉末样,定量加入 6 mol/L HCl,室温下搅拌,离心得清液 A 及沉淀物 B。沉淀物 B 加入一定量 6 mol/L HCl 混和,装于硬质玻璃管中,通 N_2 情况下封管,置于110℃恒温下水解24h。之后,在水浴中蒸去 NH_3,得不溶组分,它包括变性蛋白、有机碎屑物及粘于粘土矿物上的蛋白质组分。清液 A 则分成2份(A1和A2),A1不经水解,直接脱盐,并进行氨基酸分析,称之为游离组分;A2加6 mol/L HCl 水解,脱盐,这样收集的组分称可溶组分(在计算重量百分组成时,扣去相应的游离组分)。沉积物粉末样直接进行水解、脱盐,所收集的组分称总组分。

将收集的氨基酸经 4 mol/L HCl—异丙醇酯化,然后经三氟乙酸酐—二氯甲烷酰化后,得衍生物 N—三氟乙酰氨基酸异丙酯。该衍生物用 GC—103气相色谱仪定量分析。氨基酸组成及含量在 OV101 石英毛细管柱（$D \cdot L: 0.25mm \times 28m$）上进行分析；氨基酸对映体在手性（一）玻璃毛细管柱（$D \cdot L: 0.20mm \times 20m$）上进行分析.

3 结果与讨论

3.1 氨基酸组成特征

表2、表3分别是 ZK1 和 ZK1005 岩芯样的氨基酸组成及含量特征.

表2 ZK1钻孔岩芯沉积物中氨基酸含量和组成*
Tab. 2 Amino acids content and composition of sediments in ZK1 drilling core /%

氨基酸	126 游离	可溶	不溶	127	129	130	131	132	133
Ala 丙氨酸	9.28	7.76	7.73	6.10	0	6.90	0	13.67	3.47
Gly 甘氨酸	12.92	10.85	6.93	6.51	3.85	7.53	1.54	10.89	5.45
Ser 丝氨酸	5.42	4.88	7.52	5.85	64.34	20.79	17.02	29.69	85.84
Thr 苏氨酸	44.83	32.20	9.38	17.13	0	0	0	0	0
Val 缬氨酸	4.07	6.82	2.20	10.29	4.17	13.73	1.76	7.04	2.29
Lbu 亮氨酸	2.45	2.42	5.54	5.63	1.71	6.51	3.09	9.49	0.73
Aile 别异亮氨酸	0	0.41	0.27	0.23	0	0.41	0	0.55	0
Ile 异亮氨酸	0	2.59	5.54	5.28	0	6.95	1.49	3.63	0
Pro 脯氨酸	2.96	2.74	3.87	4.42	1.29	2.64	4.63	2.96	0.65
Hpro 羟脯氨酸	0	4.95	8.76	9.34	0	4.85	0	3.96	0
Asp 天冬氨酸	9.46	14.18	9.34	12.15	5.1	11.28	20.68	4.30	0
Glu 谷氨酸	7.10	8.00	5.85	8.62	8.85	8.15	19.79	4.62	1.15
Phe 苯丙氨酸	1.57	1.20	3.31	4.17	1.47	4.18	8.90	4.62	0.43
Lys 赖氨酸	0	2.61	2.51	2.32	5.88	3.59	14.95	2.55	0
Arg 精氨酸	0	0.36	1.42	1.93	3.33	2.48	6.15	2.14	0
总量 /mg·g^{-1}	0.007	0.021	1.564	0.376	0.016	0.094	0.098	0.230	0.078

* 除126号样品组分外，127～133均为总组分.

表3 ZK1005钻孔岩芯沉积物中氨基酸含量和组成*
Tab. 3 Amino acids compositions of sediments in ZK1005 drilling core

氨基酸	134	135	136	137	138	139	140	141	142
Ala	10.04	8.30	9.50	7.08	6.04	10.34	9.99	11.15	10.54
Gly	11.54	17.16	10.04	10.38	5.60	14.40	6.64	8.14	6.95
Ser	5.50	4.09	7.06	5.42	4.29	6.69	6.57	6.26	7.72
Thr	3.56	3.75	3.08	3.18	3.72	1.70	3.47	3.75	3.31
Val	4.92	3.79	10.72	9.06	4.02	3.62	9.09	10.28	12.95
Lbu	7.91	5.27	6.17	7.40	5.98	7.72	9.08	9.51	7.57
Aile	0	0.30	0.34	0.68	0.22	0	0	0	0.27
Ile	2.37	1.69	4.65	5.74	3.27	3.43	4.45	5.43	5.94
Pro	9.72	5.51	5.60	6.02	8.77	10.87	7.59	7.31	6.47
Hpro	4.12	2.60	3.55	3.57	9.59	5.21	6.18	2.78	4.10
Asp	9.64	20.10	13.52	18.89	0.35	9.22	7.31	9.32	8.56
Glu	15.47	13.12	15.28	12.36	22.31	14.60	17.67	15.28	15.23
Phe	4.89	3.31	3.71	4.49	8.80	4.89	4.25	4.87	3.13
Lys	5.97	3.63	6.04	4.67	12.56	6.32	6.78	4.81	6.10
Arg	1.36	1.46	0.33	1.05	1.96	0.93	0.93	1.10	1.14

* 表中数据均为总组分重量百分组成.

ZK1和ZK1005氨基酸含量随深度变化情况各不相同.所分析ZK1岩芯样^{14}C年龄跨度为20000~1000aBP,且经历了两次沉积—风化的过程,因而随深度增加,沉积物中氨基酸含量呈递减趋势.两个受风化样品(129,133)的氨基酸含量特别低,显示了风化过程中,氨基酸快速分解及淋失的现象(图1).ZK1005样品的^{14}C年龄跨度为9000~5000aBP,沉积物均为淤泥,沉积物中氨基酸含量随深度变化不大(图1).

不同岩芯或同一岩芯中的不同样品其氨基酸组成不同.首先,两岩芯的氨基酸组成模式不同(图2).ZK1005沉积物样品以中性(甘、缬、亮、丙、脯)及酸性(天冬、谷)氨基酸为主,大体上与壳蛋白的氨基酸组成特征相似;而ZK1沉积物含羟氨基酸(丝、苏)较多其次、ZK1不同岩性样品的氨基酸组成特征也有差别,126与127较为相似、130与131较为相似、129与133较为相似;而ZK1005样品均为淤泥,各样品氨基酸组成特征较

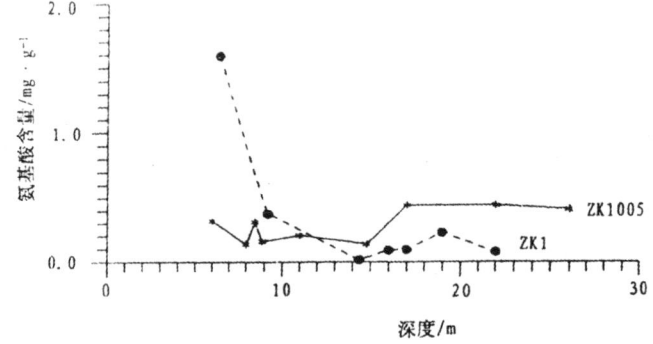

图1 沉积物中氨基酸含量随深度变化关系

Fig. 1 Plot of amino acids concentraction vs. depth in core ZK1 and ZK1005

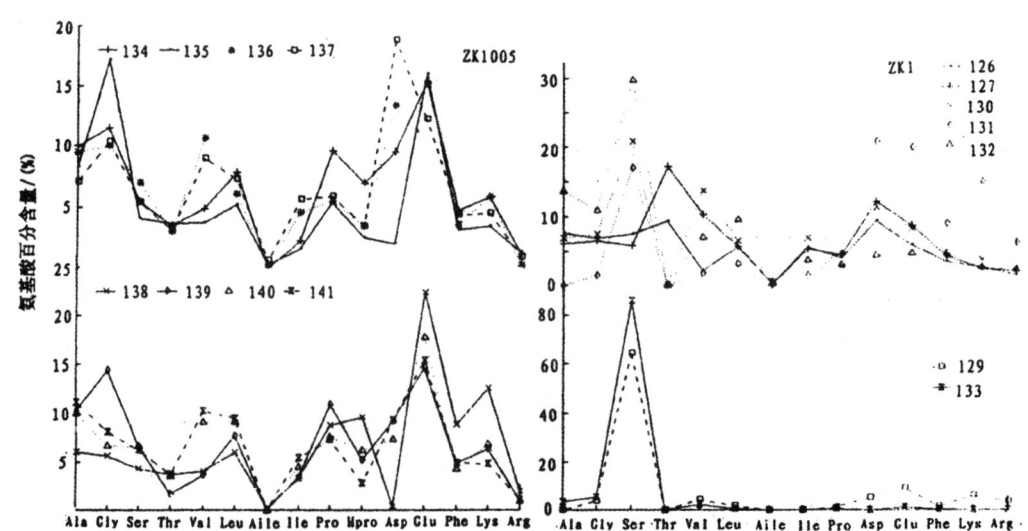

图2 ZK1和ZK1005岩芯不同深度沉积物的氨基酸组成

Fig. 2 Comparison of the amino acid compositions of different sediments in core ZK1 and ZK1005

为接近，这显然与沉积物岩性及沉积环境变化有关．

对沉积物中氨基酸的赋存状态分析表明，沉积物中的氨基酸以游离组分、可溶组分和不溶组分赋存．其中不溶组分占绝大多数（90％以上），显示了该沉积物中氨基酸主要以蛋白状态或有机碎屑形式赋存．在组分方面，游离、可溶组分相似，它们与不溶组分的氨基酸组成有较大差别（图3）．

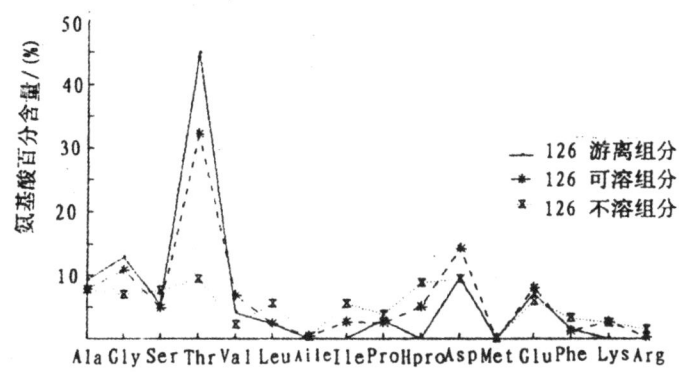

图3 沉积物中不同馏分氨基酸组成特征

Fig. 3 Plot of amino acid composition in three fractions (free, dissoluble, indissolube) of No. 126

3.2 氨基酸外消旋年龄

氨基酸的外消旋反应在一定范围内，服从可逆一级动力学规律，外消旋程度与时间（年龄）成正比例关系[10]．

$$L - AA \underset{k_2}{\overset{k_1}{\rightleftharpoons}} D - AA \tag{1}$$

$$\ln\left(\frac{1+[D]/[L]}{1-[D]/[L]}\right) - C = 2kt \tag{2}$$

本文用校正法求算各沉积物样品的氨基酸年龄．ZK37钻孔沉积物样品171和173被用作校正样以求校正速度常数 k．

由式（2）可推得：

$$\ln\left(\frac{1+[D]/[L]}{1-[D]/[L]}\right)_2 - \ln\left(\frac{1+[D]/[L]}{1-[D]/[L]}\right)_1 = 2k(t_2 - t_1) \tag{3}$$

将11.0 m处及19.0 m处沉积物氨基酸外消旋程度及 ^{14}C 年龄代入式（3），求得天冬氨酸外消旋速度常数 $k_{Asp}=1.11\times10^{-5}a^{-1}$，积分常数 $c=0.391$；丙氨酸外消旋速度常数 $k_{Ala}=7.59\times10^{-6}a^{-1}$，积分常数 $c=0.133$．利用该 k 值，据式（2）计算了ZK37钻孔岩芯6.2 m处、14.7 m处沉积物年龄及ZK1，ZK1005沉积物年龄．计算年龄时取各样品总组分的 D/L 值．氨基酸外消旋程度及估算的年龄见表4．

贝壳样品的氨基酸年龄估算则以128为校正样品，取常数 $c=0.233$，求得速度常数 k

$=5.8\times10^{-5}a^{-1}$，推算得153～157贝壳样品的氨基酸年龄值也列于表4中．

表4 岩芯样氨基酸年龄
Tab. 4　Amino acid ages of some specimen in core ZK1, ZK37 and ZK100

样品号	D/L Asp	D/L Ala	估算年龄值/a Asp	估算年龄值/a Ala	样品号	D/L Asp	D/L Ala	估算年龄值/a Asp	估算年龄值/a Ala
170	0.299	0.127	10170	8060	132	0.315	0.219	11760	20560
171	0.283	0.131	校正样		133		0.426		51180
172	0.385	0.204	18950	18500	140	0.305	0.137	10760	9400
173	0.425	0.238	校正样		153	0.450		6300	
126	0.389	0.148	19380	10880	154	0.474		6900	
127	0.440	0.207	24930	18900	155	0.489		7200	
129	0.384		18850		156	0.471		6800	
130	0.496	0.275	31500	28400	157	0.505		7600	
131	0.545		37450						

本文在计算年龄时，假定所有样品均在外消旋线性范围内即 $(D/L)_{Asp}<0.56$；$(D/L)_{Ala}<0.43$，外消旋动力学遵循线性一级可逆动力学规律．利用表4的 ZK37 岩芯深度与外消旋程度及与 ^{14}C 年龄作图（图4），发现氨基酸的外消旋程度与沉积岩芯深度成良好线性．岩芯深度与 ^{14}C 年龄也成良好线性关系（173从三角洲相过渡为海相，沉积速度加快，偏离线性），说明氨基酸外消旋反应符合线性动力学．另外，由于晚更新世以来，古气候发生多次冷暖交替转变，因此，本文以距今一万年至两万年期间沉积物作为校正样品，以减少温度的波动对氨基酸估算年龄准确性的影响．

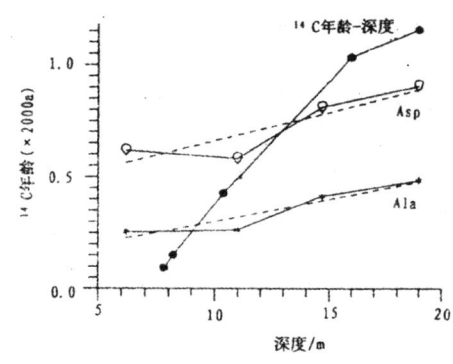

图4 氨基酸外消旋程度随深度变化
Fig. 4　Racemization of alanine and aspartic acid in sediments of core ZK37

4 结 语

氨基酸分析表明，沉积物中氨基酸的含量及组成随环境因素的变化而发生变化，随深度增大，氨基酸含量呈递减趋势，特别是经风化作用或经长时间的成岩作用，氨基酸的含量递减更为明显．随沉积环境或地点的不同，沉积物中氨基酸的组成模式也不同．环境因素的变化在沉积物的氨基酸含量及组成中表现了出来．换言之，沉积物中氨基酸的组成分布特征，是反映环境变化规律的指标．

氨基酸外消旋程度随沉积物深度增加而增大，氨基酸的外消旋反应接近线性动力学规律，但风化层的氨基酸外消旋程度偏低．这可能与沉积物发生风化时，氨基酸迅速降解为游离组分，而游离组分氨基酸的外消旋速度会慢得多有关．

利用校正法,本文根据沉积物中氨基酸外消旋反应估算了 ZK37,ZK1 及 ZK1005 岩芯中一些沉积物的地质年龄。这是氨基酸及测年法应用于浅海相或三角洲相沉积物测年的尝试,结果表明,该测年数据与 ^{14}C 测年结果是可以相互比较的.

参考文献

1. Bada J L, Luyendy B P, Maynard J B. Marine sediments: Dating by the recmization of amino acids. Science, 1970, 170: 730~732
2. Bada J L, Schroeder R A. Racemization of isoleucine in calcareous marine sediments: Kinetics and mechanism. Earth Planet Sci Lett, 1972, 15(1) Ⅱ:1~11
3. Bada, J L, Man E H. Amino acid diagenesis in Deep Sea Drilling Project cores: Kinetics and mechanisms of some reactions and their application in geochronology and in paleotemperature and heat flow determinations. Earth Sci Rev 1980, 16: 21~55
4. Wehmiller J F, Hare P E. Racmization of amino acids in marine sediments. Science, 1971, 113: 907~911
5. 刘德明,蓝秀,王金权. 福建沿海全新世贝壳沉积物的氨基酸年代测定. 古生物学报, 1987, 26: 345~353
6. Schroeder R A, Bada J L. Aspartic acid racemization in late Wisconsin Lake Ontario sediments. Quat Res, 1978, 9: 193~204
7. Blunt D J, Kvenvolden K A, Sims J D. Geochemisty of amino acids in sediments from Clear Lake, California. Geology, 1981, 9: 378~382
8. 王建华. 韩江三角洲第四系粘土矿物及其古环境. 中山大学学报. 1990, 29(2): 133~136
9. 郑卓,李前裕. 韩江三角洲晚更新世以来的孢粉植物群及其古环境古气候意义. 中山大学学报论丛,1992(1):161~172
10. Bada J L, Protsch R. Racemization reaction of aspartic acid and its use in dating fossil bone. Proc Natl Acad Sci 1973, 70: 1331

Amino Acid Composition and Ages of Some Quaternary Cores in Chaoshan Plain

Chen Shuixia*   *Wang Jiangke*   *Zhong Yuemin*

Abstract   Content and compositions of amino acids in sediments from core ZK1, ZK37 and ZK1005 in chaoshan Plain, northeast Guangdong province, have been analyzed in this paper. The results indicates that: (1) Three states, free amino acids, soluble and insoluble fractions (peptide chains) derived from indigenous proteinaceous material had been preserved in sediments

---

* Department of Geology, Zhongshan University, Guangzhou 510275

over geologic time. The insoluble fraction constituted the majority. (2) With icreasing depth (age), the content of amino acids in core ZK1 decreased rapidly. (3) The amino acid compositions in ZK1 differ from the ones in ZK1005, the former was mainly constituted by serine, and the latter was mainly constitued by glycine, valine, leucine, alanine, proline, aspartic acid and glutamic acid. (4)Samples of different depth in core ZK1 also have different amino acid composition. All these difference may be related to the biologic and lithologic composition of the sediment and to the diagenesis. In other word, amino acid content and composition may be used as an index reflecting environmental change.

Racemization extens of alanine and aspartic acid in sediments and in fossil shells have also been determined. The results have been used to estimated the ages of the sediment. These dating data have been verified to be consistent with ^{14}C ages. Furthermore, by using the data listed in table 4, linear plots of D/L alanine and D/L aspartic acid versus depth or ^{14}C ages of sediments in core ZK37 have been obtained, which indicates that the racemization of alanine and aspartic acid in core ZK37 fit the law of first order kinetics.

Keywords　amino acid composition, amino acid age, core, Quaternary, Chaoshan plain

一个垂直平均水流运动的边界通用程式

I. 程式结构[*]

陈小红　刘美南　　　Malhani M Al
(中山大学城市与资源规划系,广州 510275)　(英国东伦敦大学)

摘 要　采用一种破开算子和特征线方法,将垂直平均二维水流运动方程转化为一系列一维方程式,从而由特征有限差分法求解.该模式适用于河流、河口和海湾的平面二维水流或潮流模拟.为使模式在这些水域模拟中具有边界通用性,设计了一个包含实际水域可能出现的各种不同类型边界(共 28 种)的边界信息库,并分别给出了计算域内点和各种边界的计算公式.

关键词　通用程式,二维水动力模型,破开算子,特征方法,边界库

分类号　TV 131.21

自 Hansen[1]的研究以来,求解二维明渠水流方程的数学模式已十分普遍,而 Leendertse[2]研制的有限差分格式(或其变种)仍是最广泛的应用方法之一.现有的大多数模型和数值方法都试图针对某个特定水域或问题改进基本方程或数值格式,并取得不少成果.但实际上许多现存的模型和格式并没有本质上的差异,而且大多能获得合理的结果.实际上,除模型的准确度外,水流模拟的精度很大程度上取决于可得到的数据及其可靠性.从实用的角度而言,在模拟精度差别不大的情况下,一个通用的、易于操作的水流模拟模式更具有优越性.

1 模型描述

在垂向均匀流速、静水压力分布假设下,不可压缩流体垂直平均二维流动方程为

$$\frac{\partial z}{\partial t} + u\frac{\partial z}{\partial x} + v\frac{\partial z}{\partial y} + H\frac{\partial u}{\partial x} + H\frac{\partial v}{\partial y} = u\frac{\partial z_0}{\partial x} + v\frac{\partial z_0}{\partial y} \tag{1}$$

$$\frac{\partial u}{\partial t} + u\frac{\partial u}{\partial x} + v\frac{\partial u}{\partial y} + g\frac{\partial z}{\partial x} = -g\frac{u\sqrt{u^2+v^2}}{C_z^2 H} + Fv \tag{2}$$

$$\frac{\partial v}{\partial t} + u\frac{\partial v}{\partial x} + v\frac{\partial v}{\partial y} + g\frac{\partial z}{\partial y} = -g\frac{v\sqrt{u^2+v^2}}{C_z^2 H} - Fu \tag{3}$$

其中,z 为水位,z_0 为水底高程,$H = z - z_0$ 为水深,u,v 分别为 x 和 y 方向的流速,t 为时间,g 为重力加速度,F 为 Coriolis 参数,C_z 为谢才系数.

采用破开算子法,由式(1)~(3)推得

$$\frac{z^{n+1/2} - z^n}{\Delta} + u\frac{\partial z}{\partial x} + H\frac{\partial u}{\partial x} = u\frac{\partial z_0}{\partial x} \tag{4}$$

---

[*] 收稿日期:1998-06-01　　陈小红,男,35 岁,副教授

$$\frac{z^{n+1}-z^{n+1/2}}{\Delta t}+v\frac{\partial z}{\partial y}+H\frac{\partial v}{\partial y}=v\frac{\partial z_0}{\partial y} \qquad (5)$$

$$\frac{u^{n+1/2}-u^n}{\Delta t}+u\frac{\partial u}{\partial x}+g\frac{\partial z}{\partial x}=N_1 \qquad (6)$$

$$\frac{u^{n+1}-u^{n+1/2}}{\Delta t}+v\frac{\partial u}{\partial y}=0 \qquad (7)$$

$$\frac{v^{n+1/2}-v^n}{\Delta t}+u\frac{\partial v}{\partial x}=0 \qquad (8)$$

$$\frac{v^{n+1}-v^{n+1/2}}{\Delta t}+v\frac{\partial v}{\partial y}+g\frac{\partial z}{\partial y}=N_2 \qquad (9)$$

其中，n 为时间步，且

$$N_1=-g\frac{u\sqrt{u^2+v^2}}{C_z^2 H}+Fv, \quad N_2=-g\frac{u\sqrt{u^2+v^2}}{C_z^2 H}-Fu$$

采用 λ 法[3]将上述方程转化为特征型。考虑式(4)和(6)，其通过因子 λ（$\lambda=\pm g/a$，$a=\sqrt{gH}$）的线性组合产生2个被称作相容方程[4]的常微分方程

$$\pm\frac{g}{a}\frac{Dz}{Dt}+\frac{Du}{Dt}=\pm\frac{g}{a}u\frac{\partial z_0}{\partial x}+N_1 \qquad (10)$$

其中，$\frac{D}{Dt}=\frac{\partial}{\partial t}+(u\pm\sqrt{gH})\frac{\partial}{\partial x}$，正号对应于顺特征 a_+，而负号对应于逆特征 a_-，类似地，式(5)和(9)的相容方程为

$$\pm\frac{g}{a}\frac{Dz}{Dt}+\frac{Dv}{Dt}=\pm\frac{g}{a}v\frac{\partial z_0}{\partial y}+N_2 \qquad (11)$$

其中，$\frac{D}{Dt}=\frac{\partial}{\partial t}+(v\pm\sqrt{gH})\frac{\partial}{\partial y}$。

2 内点计算

按图1所示的特征有限差分格式，式(10)和(11)的特征有限差分为：

$$x_P-x_L=(u+a)_{LP}(t_P-t_L) \qquad (12)$$

$$x_P-x_R=(u-a)_{RP}(t_P-t_R) \qquad (13)$$

$$\frac{g}{a}(z_P-z_L)+u_P-u_L=\left(u\frac{\partial z_0}{\partial x}+N_1\right)_{LP}(t_P-t_L) \qquad (14)$$

$$-\frac{g}{a}(z_P-z_R)+u_P-u_R=\left(-u\frac{\partial z_0}{\partial x}+N_1\right)_{RP}(t_P-t_R) \qquad (15)$$

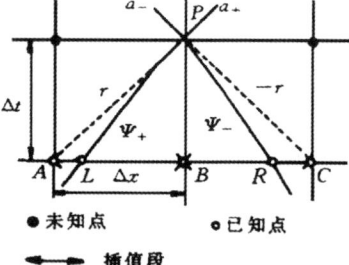

图1 特征有限差分格式

Fig.1 Characteristic finite difference scheme

其中，单字符下标表示节点，而双字符下标表示曲线段。P 是当前计算点 $(i,j,n+1)$。位于节点 L、R 处的 u、z 及其他值分别通过在 $B(i,j,n)$ 和 $A(i-1,j,n)$ 之间、$B(i,j,n)$ 和 $C(i+1,j,n)$ 之间线性插值而得。可以推得内点计算公式为

$$u_{i,j}^{n+1}=u_{i,j}^{n+1/2}-\frac{\Delta t}{2\Delta y}\{v_{i,j}^{n+1}(u_{i,j+1}^{n+1/2}-u_{i,j-1}^{n+1/2})-|v_{i,j}^{n+1}|(u_{i,j+1}^{n+1/2}-2u_{i,j}^{n+1/2}+u_{i,j-1}^{n+1/2})\} \qquad (16)$$

$$v_{i,j}^{n+1}=v_{i,j}^{n+1/2}+\frac{\Delta t}{2\Delta y}\left(2\Delta y N_{2i,j}^{n+1/2}-gz_1^{n+1/2}+\frac{g}{a_{i,j}^{n+1/2}}v_{i,j}^{n+1/2}z_2^{n+1/2}-\right.$$
$$\left.v_{i,j}^{n+1/2}v_1^{n+1/2}+a_{i,j}^{n+1/2}v_2^{n+1/2}\right) \qquad (17)$$

$$z_{i,j}^{n+1}=z_{i,j}^{n+1/2}+\frac{\Delta_t}{2\Delta_y}\left\{v_{i,j}^{n+1}z_{01}-|v_{i,j}^{n+1}|z_{02}-v_{i,j}^{n+1/2}z_1^{n+1/2}+a_{i,j}^{n+1/2}z_2^{n+1/2}-\right.$$
$$\left.\frac{a_{i,j}^{n+1/2}}{g}(a_{i,j}^{n+1/2}v_1^{n+1/2}-v_{i,j}^{n+1/2}v_2^{n+1/2})\right\} \tag{18}$$

其中, $z_1^{n+1/2}=z_{i,j+1}^{n+1/2}-z_{i,j-1}^{n+1/2}$, $z_2^{n+1/2}=z_{i,j+1}^{n+1/2}-2z_{i,j}^{n+1/2}+z_{i,j-1}^{n+1/2}$, $z_{01}=z_{0i,j+1}-z_{0i,j-1}$, $z_{02}=z_{0i,j+1}-2z_{0i,j}+z_{0i,j-1}$, $v_1^{n+1/2}=v_{i,j+1}^{n+1/2}-v_{i,j-1}^{n+1/2}$, $v_2^{n+1/2}=v_{i,j+1}^{n+1/2}-2v_{i,j}^{n+1/2}+v_{i,j-1}^{n+1/2}$.

3 边界设计

3.1 边界结构信息库

本文的模式适用于河口、海湾及河流的任意边界的水流模拟. 这些水域差分网格中可能出现的所有边界形态可描述为 8 种线性边界(No.1～No.8)和 20 种角边界(No.1～No.20), 按其种类序号分别排列如图 2, 3.

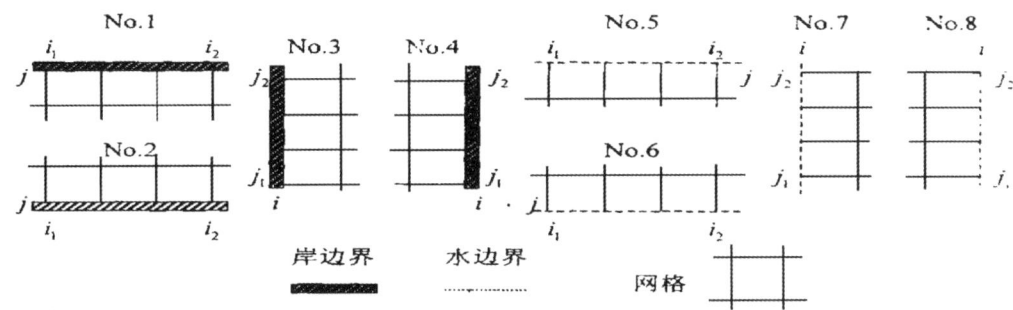

图 2 线性边界信息库

Fig.2 Library of linear boundaries

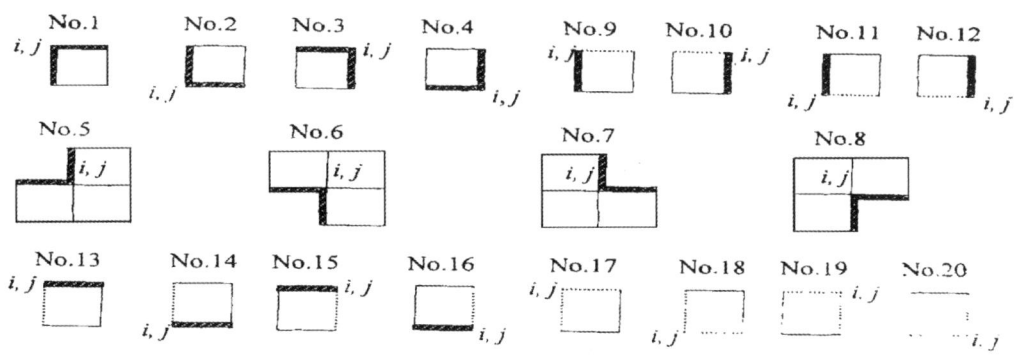

图 3 角边界信息库

Fig.3 Library of corner boundaries

3.2 边界计算

3.2.1 岸边界 岸边界计算基于 2 点考虑: ① 其法向流速分量为零; ② 根据各自的特征方向对特征关系进行离散.

3.3.2 水边界 通常水边界上有水位记录而只需计算流速. 水边界上对动量方程线性化得

$$\frac{\partial u}{\partial t} + g\frac{\partial z}{\partial x} = N_1 \qquad (19)$$

$$\frac{\partial v}{\partial t} + g\frac{\partial z}{\partial y} = N_2 \qquad (20)$$

且凡属水岸衔接的边界，均令垂直于岸边界的流速分量为零.

4 光滑处理

光滑作用相当于在基本方程中加上高阶的"人为虚粘项"，起到在计算过程中抑制水流高频振荡的作用[5]. 参考 Shapiro[6] 的方法，本文为内点和边界点设计了 4 种光滑模型. 在每一个时间步 $n+1$ 和节点 (i,j)，通过计算结果的加权平均对 $u_{i,j}^{n+1}$，$v_{i,j}^{n+1}$，$z_{i,j}^{n+1}$ 进行空间光滑修正.

内点的光滑公式为

$$w_{i,j} = \alpha w_{i,j} + \frac{1-\alpha}{16}\{w_{i+1,j+1} + w_{i+1,j-1} + w_{i-1,j-1} + w_{i-1,j+1} + 2(w_{i+1,j} + w_{i,j-1} + w_{i-1,j} + w_{i,j+1}) + 4w_{i,j}\} \qquad (21)$$

其中，w 代表 u^{n+1}，v^{n+1} 或 z^{n+1}. 权重系数 $\alpha = 0 \sim 1$.

岸边界和水边界（包括线性边界和角边界）处 u^{n+1}，v^{n+1} 及 z^{n+1} 的光滑处理可根据边界位置参照式（21）计算.

5 结 论

现存大量水流模拟模型和格式，但大多没有本质上的差异. 本文则提出了一个针对河流、河口及海湾的垂直平均二维水流模拟的边界通用程式. 采用破开算子和特征线方法，将垂直平均二维水流运动方程转化为一系列一维方程式，从而由特征有限差分法求解. 本文设计了一个包含实际水域可能出现的各种不同类型边界（共 28 种）的边界信息库，并分别给出计算域内点和各种边界计算公式. 本文的模式具有边界通用、简便、易行的突出优点.

参 考 文 献

1　Hansen W. Hydrodynamic methods applied to oceanographic problems. In: Proceedings of the symposium on mathematical-hydrodynamical methods of physical oceanography. Germany: Institute fur Meereskunde der Universitat Hamburg, 1962. 25~34

2　Leendertse J J. Aspects of a computational model for long-period water wave propagation. The Rand Corporation, Santa Monica, Calif: RM-5294-PR, 1967

3　Lister M. The numerical solution of hyperbolic partial differential equations by the method of characteristics. In: Ralston A, Wilf H S, eds. Numerical methods of digital computers. New York: John Wiley & Sons Inc, 1960. 165~179

4　Lai C. Comprehensive method of characteristics models for flow simulation. J Hydr Engrg, ASCE, 1988, 114(9): 1074~1097

5　Molls T, Chaudhry M H. Depth-averaged open-channel flow model. J Hydr Engrg, ASCE, 1995, 121(6): 453~465

6　Shapiro R. Smoothing, filtering, and boundary effects. Rev Geophys Space Phys, 1970, 8(2): 359

A General Program for Depth-Averaged Flow Ⅰ·Model Structure

Chen Xiaohong *   *Liu Meinan*   *Malhani M Al*

Abstract Using a split operator approach and characteristic method, the depth averaged two-dimensional (2D) flow equations are transformed into a series of one-dimensional (1D) equations which are solved by a characteristic finite difference scheme. A boundary library containing 28 different types of boundaries is constructed on a rectangular grid to include any possible boundaries which may appear partly or simultaneously in real water fields. The formulae for calculations of interior nodes and boundaries are given. The boundary conditions and other input data required for modeling are designed as lookup tables.

Keywords general program, two-dimensional hydrodynamic model, split operator, characteristic method, boundary library

---

·简 讯·

中山大学新增一批博士生导师

经中山大学学位评定委员会审批,最近,中山大学新增一批博士生导师,其中理科导师 31 名,所属学科专业及名单如下:

周昌清	生态学	关履泰	计算数学	何振辉	凝聚态物理
施苏华	植物学	陈仲英	计算数学	罗锡璋	无线电物理
张润杰	动物学	李 磊	应用数学	闫小培	人文地理学
张景强	生物物理学	郑志勇	基础数学	罗会邦	气象学
徐安龙	生物化学与分子生物学	王燕鸣	基础数学	贺海晏	气象学
邓芹英	有机化学	佘卫龙	光学	陈新庚	环境科学
刘冠昆	物理化学	张纯祥	粒子物理与原子核物理	温琰茂	环境科学
李玉光	物理化学	刘良钢	粒子物理与原子核物理	蓝崇钰	环境科学
麦堪成	高分子化学与物理	李志兵	理论物理	陈桂珠	环境科学
伍 青	高分子化学与物理	罗向前	理论物理	吴超羽	环境科学
符若文	高分子化学与物理				

(张 文)

---

* Department of City and Resource Planning, Zhongshan University, Guangzhou 510275, China

文章编号：0529-6579（1999）02-0090-06

台风影响下海滩内碎波带的波动特征[*]

陈子燊

（中山大学河口海岸研究所，广东 广州 510275）

摘　要：根据9713号台风影响期间对粤东海岸—海滩内碎波带2个测波点同步测量的波浪资料，分析了内碎波带的波功率谱、交叉谱和二阶相干谱，讨论了海滩反射性、碎波要素、组成波之间非线性相互作用与长重力波的形成等与地形动力有关的海滩—碎波带波动特征．
关键词：反射性海滩；内碎波带；波功率谱；二阶谱估计；长重力波
中图分类号：P 731.22　　**文献标识码**：A

海滩（砂滩）地形和碎波带动力学是海滩过程研究的重要内容．研究表明，由碎波带波流动力和地形组合构成的海滩状态或类型是时空高度变化的，对于复杂波况的海区，在特定的海岸动力作用下，不同的海滩状态在空间上可同时赋存与相互影响，从而塑造了复杂的海滩—碎波带地形动力学过程[1]．然而，至今国内尚未见到对高能状况下天然海滩碎波带波动特征的研究．本文对9713号台风影响期间现场收集的资料加以分析．

1　研究区环境背景与地形特征

研究地点位于广东省碣石湾口西侧的一岬间弧形小湾的中段海滩（图1）．海滩滩高坡陡，内碎波带地形由砂坝—沟槽构成（图2）．海区深水波候基本特征表现为多变风浪

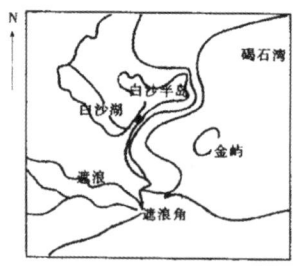

图 1　研究区海滩位置图
Fig.1　Beach location of study area

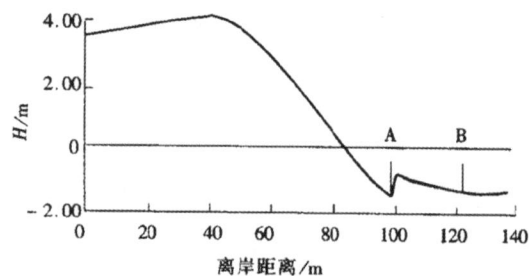

图 2　海滩-内碎波带地形剖面图
Fig.2 Topography profile of beach-inner surfzone

---

* 基金项目：国家自然科学基金资助项目（49676297）；广东省自然科学基金资助项目（950074）
收稿日期：1998-10-19　　作者简介：**陈子燊**，男，1952年生，副研究员．

叠加较稳定的 ESE 向涌浪上,年均波高 1.2 m,平均波周期 4.2 s,平均大潮潮差 1.09 m,近岸海流平均流速一般小于 0.1 m/s[2]. 1997 年 8 月 20 日 9713 号台风进入南海北部后向西运动,最低中心气压 975 hPa,中心附近最大风速 30 m/s,22 日此台风于越南登陆. 20～22 日为大潮期,受过境 9713 号台风影响,碎波带波动增强,波增水作用明显.

2 资料收集和研究方法

于内碎波带投放 2 个压力式测波仪,分别位于剖面地形的凹槽(测站 A)和砂坝面上(测站 B)(图 2),数据采集自 20 日 15 时～21 日 13 时,2 h 一次,采样频率为 4 Hz,每组数据 4 096 个,共获得 24 组内碎波带波面变化数据. 同期,对海滩地形剖面作了 2 次重复测量. 对各组记录数据中存在的线性变化趋势加以消除,从自协方差函数和互协方差函数估计了 2 测站的波功率谱和交叉谱. 对交叉谱的相干系数作了置信水平为 95% 的检验. 利用谱矩法计算了波要素和谱宽度参数 v[3]. 用二阶谱估计方法[4]分析组成波之间非线性相互作用,二阶自谱 $B(f_1,f_2)$ 和二阶相干谱 $b(f_1,f_2)$ 的计算公式为

$$B(f_1,f_2) = E[A(f1)A(f2)A^*(f1-f2)]$$

$$b(f_1,f_2) = \frac{|B(f_1,f_2)|^2}{E[|A(f_1)A(f_2)|^2]E[|A(f_1-f_2)|^2]}$$

式中,$A(f_1)$ 和 $A(f_2)$ 分别为频率 f_1 和 f_2 的复富氏系数,$*$ 表示复共轭,$E[\ ]$ 表示取数学期望. 置信水平为 95% 的二阶相干谱的临界值为:$b_{95\%}(f_1,f_2) = (6/df)^{1/2}$,$df$ 为自由度.

3 内碎波带波动特征

3.1 海滩地形动力状态、碎波能量、碎波谱宽度和碎波比

Wright 等[1]使用碎波标度参量 ε 来表示海滩—碎波带的反射性和耗散性

$$\varepsilon = a_b\omega_b^2/(g\tan^2\beta)$$

式中,a_b 为破波振幅;ω_b 为破波圆频率;β 为海滩—碎波带坡度. 当 $\varepsilon < 2.5$ 时,海滩高反射性,激散破波与亚谐波振荡为主,随 ε 增大,碎波带向耗散性过渡;对于高耗散性海滩,$\varepsilon > 20$,此时破波类型向卷破波与溢破波过渡,并形成长重力碎波拍(周期为 30～300 s). Battjes[5]提出了一个与 ε 等价的表达式来区分破波类型

$$\zeta = \tan\beta/(H_b/L_0)^{0.5} = (\pi/\varepsilon)^{0.5}$$

式中,H_b 为破波高;L_0 为深水波长. 当 $\zeta > 2.0$ 时,属于激散破波或崩波;$\zeta < 0.4$ 时,为溢破波;ζ 为 0.4～2.0 时,则为卷破波.

由实测的海滩剖面地形与碎波要素值计算了 2 个测站的 ε 值、ζ 参量、谱宽度参量 v、γ(表 1). 由表 1 可见,A 站测量期间始终处于高反射性状态,ε 平均为 1.39,多形成卷波破碎;B 站自 20 日 17 时起迅速趋于耗散状态,ε 平均值等于 25.19,以溢波破碎为主. 从 B 站至 A 站有效波高有所减小,反映了破波与底摩擦的能量耗损作用,而 2 站有效波高随时间的变化则与水深呈正相关关系. v 计算值表明破波带波浪属于宽谱,能量分散在宽的频带上. 根据实验室分析的碎波高与水深比 γ 值通常为 0.88～1.28. 尽管 2 测站的 γ 值明显小于实验室分析结果,但表 1 显示 2 站的 γ 值很快都趋向一定值,这表明碎波带处于饱和状态. γ 值明显小于由规则波所得到的值还意味着海滩波增水值要小于传统方法的预报值. 根据碎波带内因波辐射应力 $S_{xx}(=(3/2)E=(3/32)\rho g H_s^2)$ 导致的平均水面 $\bar{\eta}$ 变化[6].

$$dS_{xx}/dx = -\rho g h\, d\bar{\eta}/dx, \quad d\bar{\eta}/dx = \tan\beta/(1 + 16\gamma^2/3)$$

式中，E 为波能密度，等于 $\rho g H_s^2/16$，由 2 测站间距离 dx、γ 值与剖面坡度 $\tan\beta$ 对上式数值积分计算的 2 测站间各组的波增水 $\bar{\eta}$ 和由海岸工程中使用的经验公式 $\eta_z (= 3 H_s/8)$ 计算的波增水值(表2)，二者相近．

表1 两个测站碎波带特征值[1)]

Tab.1 Characteristic values of surf-zone at two stations

测站	日时	20T15	20T17	20T19	20T21	20T23	21T01	21T03	21T05	21T07	21T09	21T11	21T13
A	H_s/cm	40.8	40.9	44.3	54.0	57.6	54.9	44.2	59.2	71.6	85.1	86.8	83.0
	T/s	4.5	5.4	5.0	4.6	4.7	4.6	5.3	4.5	5.2	5.9	6.1	6.1
	ε	0.45	1.03	1.26	1.15	1.22	1.54	1.26	1.68	2.02	1.81	1.88	1.33
	υ	0.98	0.96	0.88	0.66	0.66	0.66	0.94	0.65	0.70	0.72	0.77	0.80
	ζ	2.64	1.75	1.58	1.65	1.61	1.43	1.58	1.37	1.25	1.32	1.29	1.54
	γ	0.62	0.35	0.34	.33	0.33	0.31	0.33	0.33	0.35	0.35	0.36	0.34
	h/m	0.66	1.16	1.31	1.66	1.77	1.76	1.32	1.81	2.06	2.40	2.40	2.42
B	H_s/cm	40.6	54.6	50.5	59.7	64.0	62.1	50.7	66.2	77.0	91.8	81.8	80.0
	T/s	4.9	4.7	4.8	4.4	4.5	4.5	5.1	4.7	5.0	5.3	5.7	5.9
	ε	12.56	22.14	20.50	24.19	25.83	25.01	28.02	27.06	31.57	37.72	34.44	33.21
	υ	0.89	0.75	0.77	0.67	0.64	0.68	0.86	0.64	0.64	0.66	0.72	0.73
	ζ	0.50	0.38	0.39	0.36	0.35	0.35	0.63	0.34	0.32	0.29	0.30	0.31
	γ	0.92	0.73	0.52	0.43	0.42	0.41	0.50	0.44	0.44	0.44	0.39	0.37
	h/m	0.44	0.75	0.97	1.38	1.52	1.50	1.02	1.51	1.74	2.10	2.10	2.16

1) H_s 为有效波高，γ 为破波高与水深比值，h 为水深，T 为平均波周期

表2 两测站间的波增水值

Tab.2 Wave set-up values between two stations

日时	20T15	20T17	20T19	20T21	20T23	21T01	21T03	21T05	21T07	21T09	21T11	21T13
$\bar{\eta}$/m	0.09	0.22	0.23	0.20	0.18	0.19	0.21	0.22	0.23	0.21	0.22	0.19
η_z/m	0.15	0.20	0.19	0.22	0.24	0.23	0.19	0.24	0.29	0.34	0.31	0.30

2 个测站各组记录的波功率谱（图3）与交叉谱（图4）估计结果具有以下主要特征：

(1) 碎波带波浪由一系列组成波构成，从峰极值频率向高频方向波能量呈指数衰减．

(2) A 站长重力波频带能量大于 B 站，长重力波能量随台风影响的加强而加大；入射波频带能量略低于 B 站，说明了因破碎涡动过程与底摩擦作用导致的能量耗损．

(3) 波频谱中存在着极值频率为 0.125 0 Hz（部分记录为 0.109 4 Hz）的组成波，根据 2 站历次同步记录的交叉谱来看，位相差表明此频带组成波是从海向岸传播的，是入射波能量摄取的主要来源．

3.2 波—波非线性相互作用、海滩反射性与长重力波

功率谱分析发现，2 测站记录中普遍存在着长重力波峰值（图3），这些长重力波出现在 0.015 6 或 0.031 3 Hz 频率处．其中，A 站主要为 0.031 3 Hz 频率的长重力波，而 B 站则出现 0.015 6 Hz 的长重力波．交叉谱的相干分析结果显示（图4），从 20 日 19 时起随着水位增高 2 站之间波的耦合作用明显增强．在长重力波频带，2 站间存在着最大的相干系数，反映在此频带存在着最强的能量转移，位相差关系表明，A 站振动先于 B 站，即长重力波动是从岸向海方向传播的．根据 A 站长重力波振幅大于 B 站推断，长重力波的形成

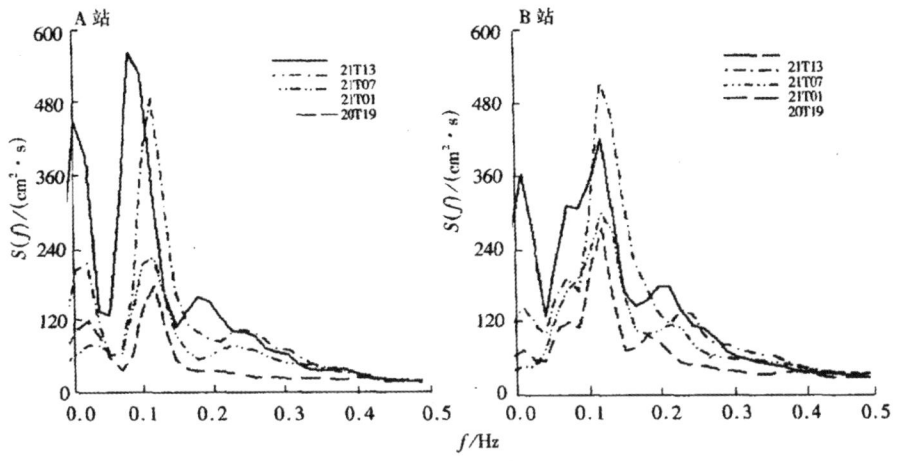

图 3 2 测站部分测组功率谱
Fig.3 Wave spectra of partial runs

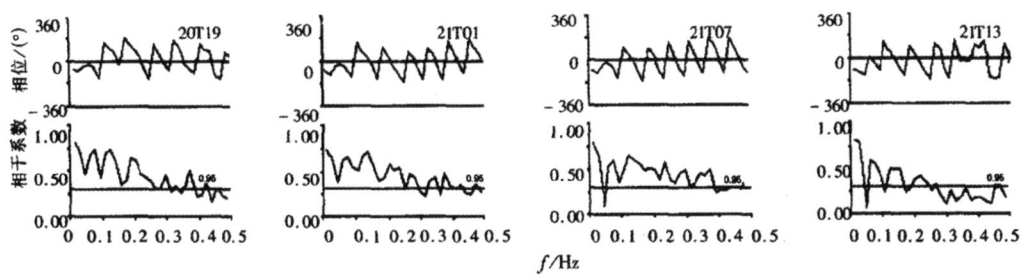

图 4 两测站部分测组相干谱和位相谱
Fig.4 Coherency and phase spectra of partial runs

可能还与海滩的高反射性有关. 由长重力波频带平均位相差得到的 2 测站间平均时间滞后计算了 2 测站间长重力波的平均波速 $c_1(=dx/dt)$ 和长波波速 $c_2(=(gh)^{1/2})$ 以及二者比值 $R(=c_1/c_2)$. 分别为: $c_1=1.92$ m/s, $c_2=2.49$ m/s, $R=0.77$.

据文献 [7,8], 长重力波可通过入射波频带的频率差的相互作用形成. 二阶谱的相干计算结果反映出, 长重力波的形成与多相干频率组有关. 对于 A 站波记录中的长重力波, 其形成主要与低频带间能量转移有关, 但无论是 0.015 6 或 0.031 3 Hz 长重力波, 频率组中倍频的相干性更强. B 站出现的 0.015 6 Hz 长重力波, 其形成以较高频的频率组间相互作用为主. 然而, 也普遍存在着 0.015 6 Hz 的倍频相干频率组 b (0.031 3, 0.015 6), 因此其可能与 A 站 0.031 3 Hz 长重力波的耦合作用有关[9]. 从海滩的高反射性、碎波带的耗散性和长重力波自岸向海传播, 有理由认为反射波与入射波的耦合共振和地形对波的频率选择作用是长重力波形成的重要原因.

4 结论

对此海滩—碎波带在台风期间的波动分析结果, 有以下几点结论:

(1) 海滩自岸向海从高反射性迅速向耗散状态变化, 相应的空间上同时存在着卷破波与溢破波类型. γ 值明显低于理论值, 很快趋于一较稳定值.

(2) 由深水传入的入射波频率介于 0.125～0.109 4 Hz 之间，碎波带波动由多个组成波构成，能量分布在宽频带上．

(3) 内测站长重力波能量大于外测站，长重力波自岸向海方向传播．海滩高反射性和入射波间的非线性相互作用与地形频率选择作用是形成长重力波的机制．

致谢 参加现场工作的还有施伟勇、彭炳健和涂新军同志，特此致谢！

参考文献：

[1] WRIGHT L D, SHORT A D. MOrphodynamic variability of surf zones and beaches: A synthesis [J]. Mar Geol, 1984, 56: 93~118.

[2] 陈子燊. 碣石湾西部近岸带地形动力与泥沙输运趋势分析 [A]. 第八届全国海岸工程学术讨论会论文集（上集）[C]. 北京：海洋出版社，1997. 418~424.

[3] 文圣常，余宙文. 海浪理论与计算原理 [M]. 北京：科学出版社，1985.

[4] 丁平兴，孙孚，余宙文. 二阶谱理论及其在海浪研究中的应用（Ⅱ）[J]. 海洋与湖沼，1993, 24 (6): 649~655.

[5] BATTJES J A. Surf similarity [A]. In: Proc 14th Int Conf Coastal Eng [C], 1975. 466~479.

[6] BOWEN A J, INMAN D L, SIMMONS V P. Wave set-down and set-up [J]. J Geophys Res, 1968, 74 (23): 5479~5490.

[7] ELGAR S, GUZA R T. Observations of bispectra of shoaling surface gravity waves [J]. J Fluid Mechanics, 1985, 161: 425~448.

[8] AAGAARD T, NIELESEN N, NIELSEN J. Cross-shore structure of infra-gravity standing wave motion and morphological adjustment: An example from Northern Zealand, Denmark [J]. J Coastal Research, 1984, 10 (3): 716~731.

[9] 陈子燊. 台风作用下海滩碎波带的长重力波特征 [J]. 中国学术期刊文摘，1999, 5 (2): 201~202.

Characteristics of Wave Dynamics of Inner Surf Zone in a Beach under Typhoon Influence

CHEN Zi-shen[*]

Abstract: The wave power spectra, cross-spectra and bispectra of surf-zone under high wave condition are analysed based on the synchroneously collected wave data of two stations in the surf-zone of the eastern Guangdong coast during typhoon 9713. The beach reflectivity, breaking waves types, wave-wave nonlinear interactions and the infragravity waves related to the morphodynamics of the beach surf-zone are discussed.

Keywords: reflective beach; inner surf-zone; wave power spectra; bispectral estimation; infra-gravity waves

[*] Institute of Estuarine and Coastal Research, Zhongshan University, Guangzhou 510275, China

文章编号: 0529-6579 (1999) 06-0094-05

我国热带地区 40 万年以来古气候的定量恢复*

郑 卓[1], GUIOT Joël[2]

(1. 中山大学地球科学系, 广州 510275; 2. Laboratoire Historique et Palynologie, France)

摘 要: 在中国南方和热带亚洲 265 个现代孢粉数据的基础上, 采用类比法对雷州半岛的第四纪孢粉分析数据进行了孢粉-气候的定量转换, 获得近 40 万年来的年均温度和年降雨量古气候曲线. 这些结果为第四纪海陆古气候对比、热带地区冰期-间冰期的气候演变等研究提供了新的依据. 温度变化的 4 个降温期分别与深海同位素阶段 10、8、6 和 4~2 可以对比. 冰期与间冰期之间的年均温度变化幅度约为 ±5 ℃, 末次盛冰期达到 5~8 ℃. 而年降雨量的变化较小, 除末次冰期有短暂的干旱期外, 降雨量一般均高于 1 500 mm.

关键词: 中国热带; 古气候; 定量化; 第四纪
中图分类号: P 532   **文献标识码**: A

全球气候变化对热带地区生态系统的影响一直以来引起众多科学家的关注. 第四纪冰期与间冰期的气候变化对我国南方乃至东南亚热带地区的影响也是当前古环境研究的热点. 利用孢粉化石还原过去的植被和气候是研究古环境变化的重要方法之一, 但在热带地区利用孢粉组合变化还原古气候一直以来是一个难以攻破的难题, 特别是在解释气候变化方面常常存在不少人为因素. 王开发等[1]认为华南热带地区第四纪末次冰期年均温下降约 2 ℃, 冰期-间冰期表现为干、湿交替的气候环境, 作者[2]根据雷州半岛的孢粉分析得出气温下降幅度可达 4~6 ℃. 文献 [3~5] 认为, 末次盛冰期亚洲热带垂直植被带下降了 500~1 200 m 不等, 因此推论热带山地冰期的气温下降幅度约为 3~8 ℃. 为了更确切地定量恢复我国热带地区晚第四纪的气候变化, 本文利用雷州半岛的第四纪孢粉分析数据[2,6]和中国南方以及热带亚洲的现代孢粉数据进行了孢粉-气候的定量转换, 首次获得近 40 万年来的年均温度和降雨量古气候曲线. 这些结果为进一步揭开热带地区冰期-间冰期的古气候面貌提供了新的证据.

1 研究方法

前人的研究已经证实, 不同孢粉组合反映了不同的气候环境, 因而, 可以用一系列数理方法将孢粉变量定量转换成气候变量. 目前, 利用孢粉定量计算古气候无论在温带还是

---

* 基金项目: 国家自然科学基金 (49671074) 资助项目
  收稿日期: 1999-09-29   郑卓, 男, 1956 年生, 副教授.

在热带已有过不少成功的例子.如北美[7]、印度[8]、欧洲[9]、非洲[10]等地都早有类似的工作.本文采用 Guiot 的类比法来进行古气候重建[11],即用欧氏距离,将多变量古孢粉数据与现代孢粉数据进行相似性类比,由此获得最相似的 5 个现代孢粉组合,从而获得现代样品分布点的气候数值,取其平均值.

由于热带—亚热带地区植被的物种分异度较高,而有些植物的花粉具有超代表性,另一些则花粉数量很低,本文把现代和古代的孢粉百分比数据进行了对数转换,以降低超代表性孢粉的权重和提高代表性极低的花粉类型的权重.另外,由于人为干扰会破坏现代孢粉与气候变量之间的关系,为了减低这些干扰,在计算权重时采用了第四纪孢粉时间序列分析,即孢粉的权重取决于第四纪序列中各孢粉之间互相关矩阵的第一个特征值.

本文收集的现代孢粉数据分布于中国大陆黄河以南和日本南部、台湾、海南岛及热带亚洲地区,共 265 个样品,其中约 1/2 的数据为本实验室取样和分析所获得,其余由国内外孢粉学同行提供,部分数据来自于发表的文献.这些样品所代表的植被类型从暖温带针叶—阔叶混交林一直到热带雨林.由于热带—亚热带地区植物种类复杂,265 个样品中共鉴定孢粉种类超过 400 个,因此有必要进行筛选,以便获得最具有气候指示意义的种类.我们首先删除了全部孢子和水生植物花粉,因为它们在很大程度上受沉积条件的影响,而与气候的相关性较差.另外,利用主成分分析等方法,共选择了 70 个载荷值较高的孢粉类型.这些孢粉种类基本上可以代表亚洲热带至亚热带的各主要植被类型.

现代孢粉样品采集点相关地区的气象数据包括年均温和年降雨量,共 78 个点.孢粉样点的气象数值采用了内插法计算获得.多元回归分析的结果表明,现代孢粉数据具有清楚的气候信息,用现代的 265 个样品进行气候转换的结果显示,利用孢粉数据计算出来的气候值与气象观测值十分接近,两者的年均温相关系数为 0.94,年降雨量达到 0.97(图 1).可见,采用上述方法来推算古气候是可信的.

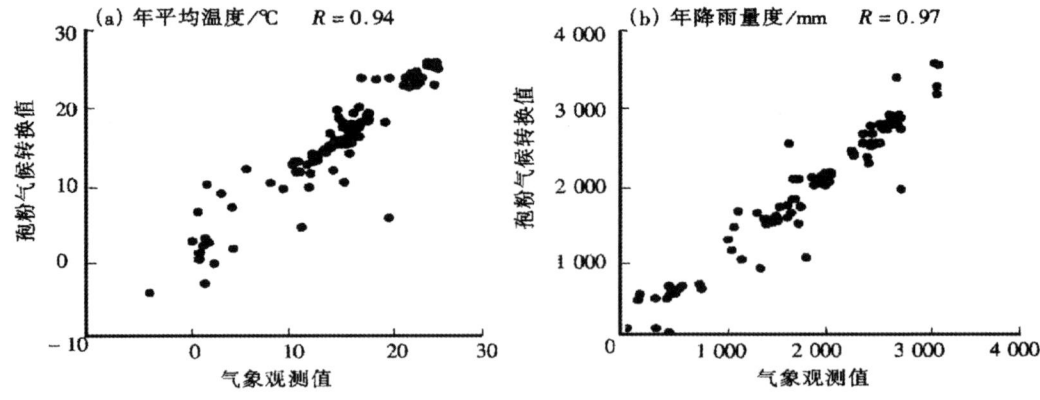

图 1 采用孢粉数据推算的年均温和年降雨量与实际气象观测值之间的相关关系

Fig.1 Correlation of annual mean temperature and precipitation between reconstructed values after pollen data and meteorological observation

2 结果与讨论

在我国东南部热带地区,如雷洲半岛和海南岛北部分布有不少断陷火山口[12],其中的第四纪湖相沉积物记录了中更新世以来的地质历史[13]. 本文的第四纪孢粉数据取自雷州半岛田洋火山口湖,根据古地磁、^{14}C、热释光、钾氩法、气候对比等数据,其底部年代达40万年[2,6]. 田洋地区位于北纬20°30′,海拔90 m,现代的年平均温度23.3 ℃,年降雨量1 300~1 600 mm,雨量集中在夏季(5~9月). 本研究表明,采用数学方法重建的古气候值与直接采用孢粉含量变化推论的结果[3]基本上可以对比,但也存在一些区别. 总体上综合反映了如下环境变化特征(图2).

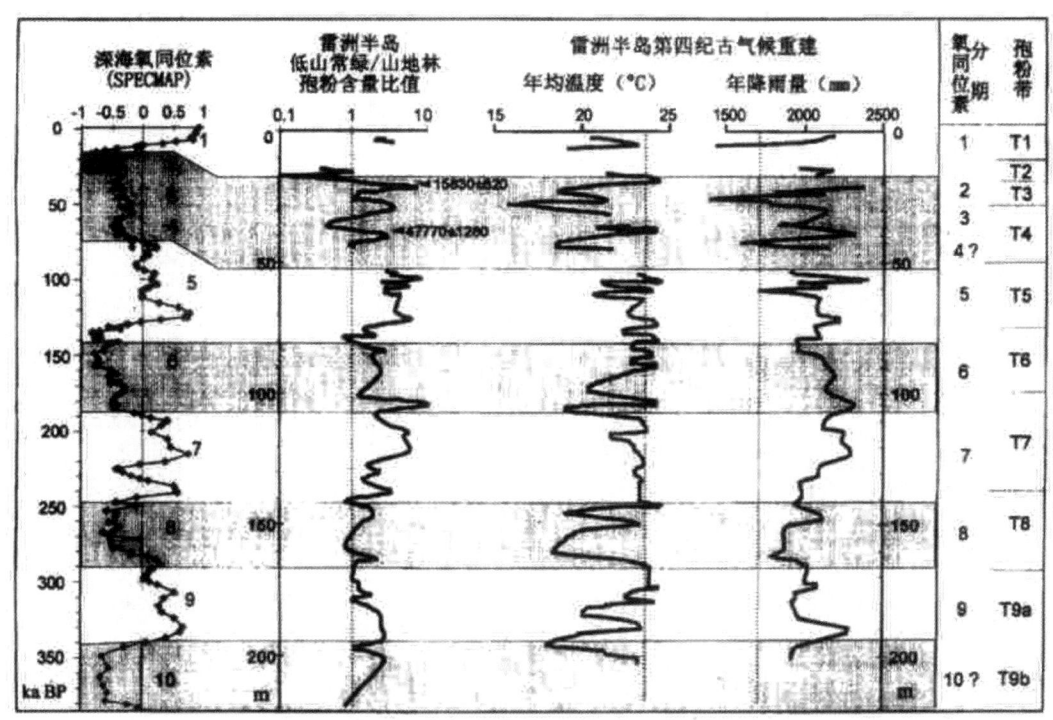

图2 雷州半岛40万年以来的古气候重建及其与深海氧同位素曲线的对比

Fig.2 Reconstruction of climate since 400 ka B.P. in Leizhou Peninsula and its correlation with marine oxygen isotope

(1) 根据温度变化曲线,近40万年存在4次降温事件,分别与深海氧同位素阶段的10、8、6及4~2大致可以对比.

(2) 晚第四纪冰期与间冰期气候的波动幅度在该区约为±5 ℃,即第四纪冰期的年平均温度大约比现在低4~6 ℃,末次盛冰期的降温幅度可达到5~8 ℃,但在末次盛冰期中有冷暖的高频率急剧波动. 间冰期的古温度则与现代相似(高低不大于1 ℃).

(3) 第四纪冰期阶段热带孢粉古气温的次一级变化特征表明,陆地植被对气候的敏感性与深海氧同位素次一级阶段所得出的结果可能有一定的差异性. 由于雷州半岛的植被主要受南海古水温制约,而南海海区仍没有完整的40万年的表层古水温研究结果,该海陆对比的研究有待今后进一步加强.

(4) 年降雨量并不一定随温度的降低而减少,即两者之间的对应关系并不十分明显. 近40万年来仅有两次降雨量下降期,一次在氧同位素阶段8,降雨量从>2 000 mm减少到 1 800 mm. 另一次降雨量下降则发生在末次冰期, 但末次冰期的年降雨量变化与温度一样, 呈现出剧烈的动荡, 个别短暂时期可低于 1 500 mm, 但很快急剧反弹. 需要指出的是, 在末次冰期之前的整个晚更新世年降雨量虽然有变化, 但总的都高于现代的 1 300～1 600 mm, 而且最高可达 2 200～2 300 mm 左右. 这说明在冰期阶段增强的北方冬季风虽然在北方使干旱区扩大, 但并不足以明显影响热带北缘沿海地区的年降雨量.

(5) 晚更新世降雨量较高的结论与当时植被中出现的大量山地雨林成分相互吻合. 证明了晚更新世的大部分时期降雨丰富、干湿季节性没有现代明显, 较适应低山雨林植物群落的生长.

亚洲热带地区海域和陆地生物群对第四纪气候变化的响应近十多年来成为第四纪全球古环境研究的热点之一, 并成为验证全球气候模拟的关键之一. 本研究结果首次定量分析了华南热带地区近 40 万年来气候变化规律, 这对进一步理解陆地植被变化以及印度季风和东亚季风的演化都有十分重要的意义.

参考文献:

[1] 王开发, 蒋辉, 张玉兰. 南海及沿岸地区第四纪孢粉藻类与环境 [M]. 上海: 同济大学出版社, 1990.

[2] ZHENG Zhuo, LEI Zuo-qi. A 400 000 year record of vegetational and climatic changes from a volcanic basin, Leizhou Peneinsula, Southern China [J]. Paleogeogr Paleoclimat Paleoecol, 1999, 145: 339～362.

[3] FLENLEY J R. Problem of the Quaternary on mountains of the Sunda～Sahul region [J]. Quaternary Science Review, 1996, 15: 549～555.

[4] FLENLEY J R. The equatorial rain forest: a geological history [M]. London: Butterworths, 1979. 90～162.

[5] 郑卓. 亚洲热带山地垂直植被带对晚第四纪气候变化的响应 [J]. 地理研究, 1999, 18 (1): 96～104.

[6] 郑卓, 雷作淇. 雷州半岛南部近 40 万年以来的古植被与古生态 [J]. 中山大学学报论丛, 1992 (1): 149～160.

[7] WEBB R S, ANDERSON K H, WEBB. Pollen response surface estimates of late Quaternary changes in the moisture balance of the northeastern United Stats [J]. Quat Res, 1993, 40: 213～227.

[8] SWAIN R M, KUTZBACH J E, HASTENRATH S. Estimates of Holocene precipitations for Rajasthan, India, based on pollen and lake level data [J]. Quat Res, 1983, 19: 1～17.

[9] GUIOT J, PONS P., de BEAULIEU J L, RIELLE M. A 140 000-year continental climate reconstruction from two European pollen records [J]. Nature, 1989, 338 (6213): 309～313.

[10] BONNEFILLE R, ROELAND J C, GUIOT J. Temperature and rainfall estimates for the past 40 000 yrs in equatorial Africa [J]. Nature, 1990, 346: 347～349.

[11] GUIOT J. Methodology of the last climatic cycle reconstruction in France from pollen data [J]. Palaeogeogr Palaeoclim Palaeoecol, 1990, 80: 49～69.

[12] 黄镇国, 蔡福祥, 韩中元等. 雷琼第四纪火山 [M]. 北京: 科学出版社, 1993. 107～179.

[13] 陈俊仁, 黄成寥, 林茂福等. 广东田洋火山湖第四纪地质 [M]. 北京: 地质出版社, 1990. 1～64.

A 400 000-year Paleoclimate Reconstruction in Tropical Region of China

ZHENG Zhuo*, *GUIOT Joël*

Abstract: The periodic changes that characterized the Late Quaternary were recorded in tropical China. A preliminary study on quantitative climatic reconstruction over the last 400 000 years was carried out based on 265 modern pollen samples collected in China and Southeast Asia. The quantitative temperature and rainfall estimates improve the correlation between marine and land records and help to better understand the climatic changes during glacial-interglacial episodes and the evolution of southeast Asian monsoon climate. Four principal stages of dropping in temperature were recognized, which could be correlated with SPECMAP oxygen isotopic stages (OIS) 10, 8, 6 and 4～2. Nevertheless, many $\delta^{18}O$ substages into which the marine record was divided were inappropriate for comparing our temperature curve. The temperature changes between glacial and interglacial were generally within ±5 ℃. The temperature was 5～8 ℃ lower during the last glacial maximum, but with high frequent fluctuations. Unlike the temperature estimates, only two falls in rainfall were recognized, the first in OIS 8 and the second in OIS 4～2. It is important to point out that during most of the late Pleistocene the annual rainfall was higher than nowadays (1300～1600 mm). Persistence of high precipitation over multiple glacial-interglacial cycles from OIS 10 to 5 might be the main cause that resulted in many mountain rain forest elements surviving until the last glacial maximum.

Keywords: tropic of China; paleoclimate; quantification; Quaternary

---

* Department of Earth Sciences, Zhongshan University, Guangzhou 510275, China

Article ID: 0529-6579 (2000) 01-0091-05

Extinction Events Among Jurassic Bivalves*

LIU Chun-lian

(Department of Earth Sciences, Zhongshan University, Guangzhou 510275)

Abstract: Generic/subgeneric level data on bivalves from the Jurassic Proto-Atlantic record three regional extinction events, at the end of the Pliensbachian, beginning of the Callovian and Tithonian stages. The extinction at the Tithonian is the most important in terms of magnitude and duration. These extinctions can correlate with sea-level changes and associated environmental deterioration. The end-Pliensbachian extinction, related to anoxia caused by a sharp rise of sea level, selectively eliminated infaunal bivalves. In the Callovian event, which was linked to a regional regression, the selection against infaunal group occurred only in mid-latitude area. Tithonian event was a result of extreme and prolonged regression and lacked the selective extinction of infaunal bivalves.

Keywords: extinction; Jurassic bivalves; Proto-Atlantic

CLC number: Q915.817.4   **Document code**: A

1 Introduction

Two extinction events among Jurassic organisms, at the end of the Pliensbachian and Tithonian stages, were confirmed at family level by Sepkoski et al[1]. Using species-level data of the molluscs, Hallam[2] demostrated that marine invertebrate mass extinctions at these times occurred on a regional, not a global scale. He estimated that 84% of species became extinct in West Europe in the end-Pliensbachian extinction, which was considered the most important of the whole Jurassic. However, no detailed studies on the Jurassic extinctions at the generic level were published up to date. Selective extinction has been recognized in some events, such as the end-Triassic extinction[3]. It remains to be examined in detail if any selectivity existed in the extinctions within the Jurassic, in spite of Hallam's suggestion based on species data[2]. The proposed causal mechanism for Jurassic extinctions—sea-level changes and associated habitat reduction or deterioration—also needs to be tested by providing more evidence.

The generic/subgeneric data on bivalves from the Jurassic Proto-Atlantic show that striking decline in diversity ocurred in the Toarcian, Callovian and Tithonian[4]. This suggests that a third extinction could exist at the end of the Bathonian or beginning of the Callovian, in addition to the extinctions

---

* 基金项目：教育部留学回国人员科研启动基金项目
　收稿日期：1999-08-04　　作者简介：刘春莲（1956～），女，副教授。

at the end of the Pliensbachian and the Tithonian. The taxonomic data on bivalves from the Proto-Atlantic involving these three phases, which have been compiled[4], will be used here. The aim of the present study is threefold: first, to confirm the Jurassic extinctions among marine bivalves at the generic/subgeneric level; secondly, to examine the ecological selectivity in the extinctions; and thirdly, to discuss causal factors of these extinctions and selection patterns.

2 Bivalve data

Based on the systematically compiled Jurassic bivalve data[4], the extinction frates of selected regions in the Proto-Atlantic for the end-Pliensbachian, Callovian and Tithonian were calculated and shown in Table 1.

(1) **Pliensbachian**: The bivalve extinction event can be to various extent recognized in all seven regions. From Greenland, 45% genera/sugenera went extinct by the end of the Pliensbchian. The 22% extinct taxa include 14 infaunal genera/subgenera (53% of infauna) and 8 epifaunal genera/subgenera (42% of epifauna). Northern England, northern France and southwestern France recorded the most pronounced loss of bivalves, respectively with 77.5%, 100% and 85.7% of genera/subgenera becoming extinct. In the northern England, the 31 elimilated genera/subgenera include 21 (84%) infaunal and 10 (66.7%) epifaunal elements. The data from southern England show a disappearence of 32 genera/subgenera (53.3%) of the Plienbachian bivalves, with the loss of 22 (66.7%) infaunal elements and 8 (36.3%) epifaunal elements. In Morocco, the 35 (59.3%) extinct genera/subgenera include 19 (67.8%) infaunal taxa and 14 (50%) epifaunal taxa. Portugal was less affected by this extinction event, with 34.6% bivalves going disappeared.

Tab.1 Genera/subgenera extinction rates of Pliensbachian, Callovian and Tithonian bivalves in the Proto-Atlantic

Regions	Late Pliensbachian	Early Callovian	Early Tithonian
E-Greenland	22/49=45%	2/23=8.6%	5/29=17.2%
N-England	31/40=77.5%	12/34=35.3%	34/34=100%
S-England	32/60=53.3%	59/98=60.2%	18/65=27.7%
N-France	16/16=100%	49/54=90%	82/122=67.2%
SW-France	24/28=85.7%	32/57=56.1%	38/38=100%
Portugal	9/26=34.6%	5/24=20.8%	49/91=53.8%
Morocco	35/59=59.35%	36/72=50%	16/44=36.4%

(2) **Callovian**: The data from southern England, northern France, southwestern France and Morocco show a striking decrease in genera/subgenera numbers. In southern England, of 98 genera/subgenera recorded from the Bathonian, 59 (60.2%) disappeared well before the beginning of the Callovian. These 59 disappeared genera/subgenera include 42 infaunal elements (75%) and 10 epifaunal elements (31.2%). The data from northern France show a loss of 100%. In southwestern France, 56.1% of Bathonian bivalves did not move into the Callovian. From Morocco 36 of 72 taxa (50%) became extinct. 24 of 46 infaunal genera/subgenera (52.2%) and 13 of 26 epifaunal genera/subgenera (50%) were involved. Of those extinct bivalves, Tethyan elements were dominant.

(3) **Tithonian**: Because of the lack of marine shelf habitats during regression, Jurassic bivalves completely disappeared from northern England and southwestern France during the Tithonian. Northern France and Portugal also show a significant loss of bivalves. From northern France 82 of the 122 gener-

a/subgenera (67%) became extinct, with the disappearence of 52 infaunal elements (66.7%) and 30 epifaunal elements (68%). Portugal showed weaker response to the previous two extinction events, but got a sharp loss of 49 genera/subgenera (53.8%) during this phase. The 49 extinct taxa include 22 of the 45 infaunal bivalves (49%) and 27 of the 45 epifaunal bivalves (60%). Bivalve faunas from southern England were little affected at the beginning of the Tithonian, just with a loss of 27.7% taxa. By the end of the Tithonian, however, nearly a half of the standing bivalves, including 14 infaunal elements (45.2%) and 14 epifaunal elements (48.3%), became extinct. Greenland showed the same case as southern England. During the early Tithonian only 5 of the 29 genera/subgenera went disappeared, but 19 elements failed to persist to the end of the stage.

3 Discussion

The data presented above indicate that three regional extinction events among Jurassic bivalves can be recognized at the generic/subgeneric level, at the end of the Pliensbachian, beginning of the Callovian (probably end of the Bathonian) and Tithonian stages. Of them, the Tithonian extinction is the most profound. It lasted a longer time than the other two extinctions. A pronounced elimination of bivalves were recorded from the whole Proto-Atlantic area. Although some regions such as Greenland were little affected at the beginning of the event, they got a striking loss of bivalves by the end of the Tithonian. Within the Proto-Atlantic, 63 genera/subgenera (about 40% of the standing bivalves) became extinct at the beginning of the Tithonian and 41 genera/subgenera failed to survive the end of the Tithonian. The Pliensbachian extinction is second in importance. Extinction phenomenon in bivalves can be observed from most regions. The Callovian event is smaller in scale and less important than the other two extinctions. Striking changes among bivalves only took place in southern England, northern France, southwestern France and Morocco. The rest regions were little affected during this event.

It has been proposed that there is a correlation between sea-level changes and faunal extinctions[2,5]. Both regression and sharp transgression may result in increasing faunal extinction rates. This is so far a reasonable and acceptable hypothesis for the Jurassic extinctions. The Pliensbachian extinction was related to a rise of sea level, which caused the widespread development of anoxia of bottom waters. Such anaerobic or near-anaerobic conditions were not favourable for benthic organisms and led to eliminating a number of bivalves. By the Late Toarcian, with environmental amelioration, bivalves recovered and new elements appeared in some regions, especially in Portugal, where thus occurred an increase in diversity.

The Callovian extinction was bound up with regression on a regional scale. The event was recorded well in southern England, France and Morocco. During the Callovian, which was marked by a withdrawal of the Tethys, a number of Tethyan bivalves disappeared from these regions and migrated back south. Owing to its geographical location, Portugal held these Tethyan elements and showed an increase in diversity. During the same time, the Boreal Sea spread southwards, which was favorable for the dispersal of Boreal bivalves. As a result, bivalve diversity in Greenland and northern England raised.

The Tithonian extinction event was a result of extreme and prolonged marine regression[2,6]. Land environment developed in northern England and southwestern France[7], where Jurassic bivalves were completely eliminated. In northern France isolated basins formed and a high energy shore environment influenced strongly by hinterland developed[8], which brought about the disappearence of a number of bivalves. Furthermore, because of the impeded connections between marine basins during times of lowstand of sea level, the bivalves which disappeared from a basin could not be supplied by transport from other basins. In the Lusitanian Basin of Portugal, as a consequence of the regression, salinity deviated increasingly from the normal value[9]. This severe anormal marine condition led to not only the 'filtering out' of stenohaline taxa but also the significant reduction of euryhaline bivalves[10]. Due to the deep-water conditions formed in the Late Jurassic[5], Greenland was less affected by the regression at the beginning of the Tithonian. However, with the prolongation of regression, conditions deteriorated gradually, which made about 35% of the Tithonian genera/subgenera fail to survive the end of the stage.

Based on end-Triassic bivalve data, a pattern of selective extinction of infaunal bivalves was proposed by McRoberts & Newton[3]. The data presented in this study just partly support this pattern. The end-Pliensbachian extinction data reveal a clear ecological selectivity, with a higher magnitude of infaunal extinction. Larval development can account for this selection phenomenon. Different larval types have different responses to anoxia environment. Lecithotrophic larvae develop in bottom waters, which lasts a few hours to a few days. They live with adults in the same environment and both will die in the event of anoxia. All bivalves with lecithotrophic larvae are infaunal. Planktotrophic larvae develop in surface waters, which may last several weeks to months, and are independent of anoxia conditions in bottom waters. Because of their longer pelagic duration, planktotrophic larvae have time to search for suitable habitat area to ressettle. Anoxia caused by a sharp rise of the sea-level during the end-Pliensbachian to beginning of the Toarcian indeed had a greater effect on lecithotrophic larvae. A pronounced decline of the percentage of lecithotrophic bivalves in the Toarcian can be observed in most regions (Fig.1). This selective elimination of lecithotrophic larvae during the anoxia would in turn result in the increase in extinction rate of infaunal bivalves.

The Callovian extinction data from mid-latitude regions such as southern England show a significantly greater proportion of infaunal bivalve extinction, whereas the data from Morocco show equal extinction rates distributed among infaunal and epifaunal groups. The larvae pattern may also be an explanation for this selectivity related to latitudes. Marine regression and associated habitat restriction or deterioration were more detrimental for lecithotrophic larvae than for planktotrophic larvae[11], mainly because of their different pelagic duration. Environmental conditions, especially temperature, can influence the duration of larvae.

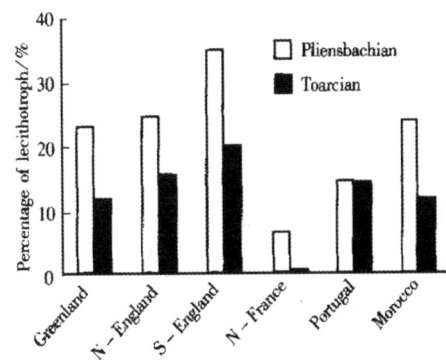

Fig.1 **Percentages of lecithotrophic genera/subgenera during the Pliensbachian and Toarcian in the Proto-Atlantic**

The duration of the planktic larval stage can be longer and larvae can be carried further in tropical waters than in temperate waters[11]. This could have helped a number of lecithotrophs survive regression event in Morocco and may be the reason why no selection against infaunal bivalves are found there.

The Tithonian extinction data show little ecological selectivity. This is consistent with the fact that similar extinction rates distributed between lecithotrophs and planktotrophs. This suggests that the selective survivorship of planktotrophs take place only in short-term marine regression but not in extended periods of regression. The Tithonian prolonged regression coupled with environmental deterioration had an equal effect on both lecithotrophs and planktotrophs. The latter probably survived the initial stage, but failed to persist to the end of the event.

References:

[1] SEPKOSKI J J, RAUP D M. Periodicity in marine extinction events [A]. In: Elliott D, ed. Dynamics of Extinction [M]. New York: John Wiley and Sons, 1986. 1~36.
[2] HALLAM A. The Pliensbachian and Tithonian extinction eventsx [J]. Nature, 1986, 319: 765~768.
[3] McROBERS C A, NEWTON C R. Selective extinction among end-Triassic European bivalves [J]. Geology, 1995, 23 (2): 102~104.
[4] LIU CH. Jurassic bivalve palaeobiogeography of the Proto-Atlantic and the application of multivariate analysis methods to palaeobiogeography [J]. Beringeria, 1995, 16: 3~123.
[5] JABLONSKI D. Apparent versus real biotic effects of transgresions and regressions [J]. Paleobiology, 1980, 6: 397~407.
[6] HALLAM A. Phanerozoic Sea-level Changes [A]. New York: Columbia University Press, 1992. 1~266.
[7] ZIEGLER P. Geological Atlas of Western and Central Europe [M]. Amsterdam/New York: Shell Int. Petrol. Maatschappij B. V. 1982. 11~130.
[8] OSCHMANN W. Upper Kimmeridge and Portlandian marine macrobenthic associations from southern England and northern France [J]. Facies, 1988, 18: 49~82.
[9] FURSICH T F. Palaeoecology and evolution of Mesozoic salinity-controlled benthic macroinvertebrate associations [J]. Lethaia, 1993, 26: 328~346.
[10] HALLAM A. An outline of Phanerozoic biogeography [M]. Oxford: Oxford University Press, 1994. 1~266.
[11] JABLONSKI D, Lutz R A. Molluscan larval shell morphology: ecological and paleontological applications [A]. In: RHOADS D C, LUTZ R A, eds. Skeletal Growth of Aquatic Organisms [M]. New York: Plenum Press, 1980. 323~377.

侏罗纪双壳类绝灭事件

刘春莲*

摘 要：侏罗纪原始大西洋的双壳类数据反映了3次区域性海生无脊椎动物绝灭事件，分别出现于 Pliensbachian 末期，Callovian 初期以及 Tithonian 期。其中以 Tithonian 事件规模最大，影响范围最广。海平面变化以及所伴随的环境恶化是导致绝灭的主要原因。

关键词：绝灭；侏罗纪双壳类；原始大西洋
中图分类号：Q915.817.4   **文献标识码**：A

---

* 中山大学地球科学系，广州 510275

原地重熔及其地质效应

陈国能, 张 珂, 邵荣松, 李榴芬, 林小明

(中山大学地球科学系, 广东 广州 510275)

摘 要: 传统岩浆侵入模型已无法容纳与花岗岩有关的各种地质、地球化学资料. 与侵入模型不同, 近年提出的原地重熔说视上陆壳为封闭系统而不是开放系统. 该假说认为, 花岗岩的形成实质是系统内部的物质随着熵的变化而从有序(原始岩石)到无序(熔浆), 再到新的有序(花岗岩)的过程. 文章着重介绍原地重熔的基本原理及重熔过程引起的部分地质效应, 包括岩基的空间、岩基的大小与形态、捕掳体和暗色包体、岩体与围岩的"侵入接触"关系、"花岗岩背斜"以及花岗岩内的流动构造等.

关键词: 花岗岩; 原地重熔; 熔渣与熔浆; 重熔界面
中图分类号: P581　　**文献标识码**: A　　**文章编号**: 0529-6579(2001)03-0095-05

现代花岗岩成因争论的焦点在于岩浆花岗岩[1~3]. 传统的岩浆侵入模型将花岗岩的形成分为岩浆生成(generation)、上升(ascent)和定位(emplacement)三个阶段, 三者发生于不同深度[4,5]. 与前两个阶段相应的岩浆"源区"和"通道"的不可观测性, 要求该模型必须对第三阶段、亦即"岩浆定位"过程产生的各种地质现象作出合乎逻辑的统一解释. 否则, 模型不成立[6].

与岩基有关的基本地质现象有两类: ①花岗岩穿插切割先存的岩石地层; ②岩基在地壳中占据巨大空间. 后者蕴含的问题是: 如果岩基是外来体, 原来占据岩基位置的成千上万立方公里的原始岩石去了何方? 最早可能由 Keihau 提出的这一花岗岩"空间问题(room problem)"[5,7]得不到解决, 侵入模型就不可能成立. 这就是岩浆论者为何一直要寻找花岗岩"定位机制"的原因. 遗憾的是, 迄今为止的各种"定位模式"[5,8,9], 尚无一个可视为岩基定位的一般性理论[6].

定位机制研究上的困境, 促使部分学者试图绕过岩基的"空间"障碍, 直接根据花岗岩的物质组成, 尤其是同位素组成, 探索岩浆来源[3,10,11]. 由此认识到的花岗岩"源区"有[8~13]: ①地幔(分异说), ②俯冲的洋壳(衍生说), ③下陆壳(同熔说), ④中陆壳或上陆壳底部(深熔说). 暂且假定这些认识都是对的, 随之而来的是: 来自深部的这些岩浆如何在地壳浅部获得空间? 问题又回到了起点!

对侵入说的质疑最终导致"原地重熔说"的产生[6,12]. 该假说不但合理解释了岩基的空间问题, 而且使与花岗岩有关的各种地质、地球化学资料显得甚为协调与和谐[12]. 因限于篇幅, 在此着重讨论原地重熔的基本原理及重熔过程引起的地质效应.

1 原地重熔的基本原理

原地重熔说的建立是基于最近30年来如下方面的研究进展:

(1) 岩石熔化实验: 证实在有水条件下, 硅铝质岩石一般在 650 ℃左右开始熔融, 最初熔出的是长英质组分, 铁镁组分则在残余相中相对富集; 岩石的熔化区间一般在 100 ℃左右[13~15].

(2) 大陆超深钻: 证实陆壳的含水量在 4 km 深度以下不是减少而是增多[16]. 换言之, 只要地壳温度升至硅铝质岩石的初熔温度, 上陆壳有足够的水保证岩石的熔融.

(3) 地温场研究: 现代地热田地温梯度、大地热流测量[17,18]及变质带和花岗岩形成的 P-T 条件等方面的研究[12,19,20], 均证实地壳的温度状态不论在时间上抑或空间上都是可变的[6].

上述三方面成果意味着, 如果地温升高并在上陆壳某一深度(如图 1A 中的 H_1 处)达到岩石的初熔温度, 该处的硅铝质岩石应开始熔融. 事实上, 有关泥砂质岩类转变为混合岩和分离出

---
* **基金项目**: 国家重大基础研究资助项目(G1999043200); 国家自然科学基金资助项目(49871013)
收稿日期: 2000-10-20; **作者简介**: 陈国能(1952—), 男, 教授.

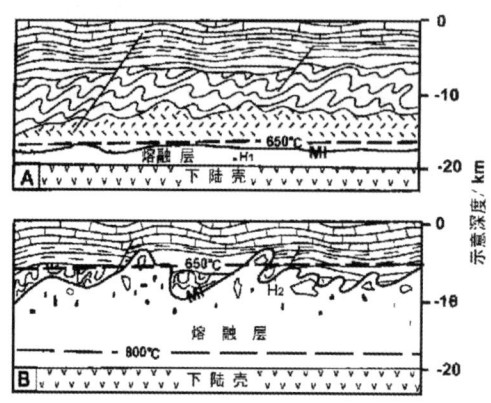

图 1 原地重熔的地质模型（剖面）
Fig.1 Geological model of in-situ melting

花岗岩浆的实验与研究已有众多报道[21]。由于熔出物的数量与温度有关，故只要系统的温度继续升高，H_1 处岩石的熔化程度必逐渐增加。相应地，熔区的上界面（简称重熔界面，用 MI 表示）应随着等温面的上升而上升，虽然两者不一定同步。一旦 H_2 处发生熔融，其下的岩石应大部甚至全部熔化，此为地温向下递增且硅铝质岩石的熔化区间一般较窄之故[14]（图 1B）。

在盖层的强大压力下，压力差必导致熔出物向上挤入未熔岩石的裂隙中，使裂隙扩大并进一步形成网络（照片 1），原本连续的岩石地层因而被分裂成众多不连续的岩块；岩块的产生又导致未熔岩石的受热面积增大，加速岩石的熔融或重熔。另一方面，岩块间的结合力也因裂隙表面熔化而减弱，最终导致岩块从其母体脱落，如照片 2 所示（注意岩块周围的流动构造）。

脱落的岩块重力作用下向岩浆体下方运移，并随着温度向下递增而逐渐熔化。前已述及，岩石熔化首先析出长英质组分[13~15]，故大部分的铁镁组分将被熔渣带向岩浆体下方，从而造成熔融系统内部的物质分异[12]。

从上可见，目前颇为流行的深熔说与原地重熔说的根本区别是：前者认为熔区是不变的，是熔浆离开熔区向上运移。原地重熔说则认为，不是熔浆离开熔区（即使有，也只是很少一部分），而是熔区的上界面（重熔界面）随着等温面的升高而向上移动，即熔融层厚度增大。熔浆贯入裂隙而导致岩块产生、并最终导致岩块脱离母体，是重熔界面向上移动的重要方式。而熔渣向下运动则是固、熔分离，以及原地重熔能够产生花岗质岩浆的主要原因[12]。

2 原地重熔的地质效应

陆壳内部岩石的原地熔融或重熔产生了各种各样的地质效应，本文着重讨论其内两种：一是熔融系统内部物质运动引起的效应，包括捕掳体和暗色包体、以及花岗岩中的各种流动构造等；二是重熔界面的形态与升降引起的几何学或动力学效应，包括岩基的大小与形态、岩体与围岩的"侵入接触"关系、"花岗岩背斜"的形成等。

2.1 捕掳体与暗色包体

在侵入说的框架中，暗色包体通常被归因于不同岩浆混合所致或来自深部源区[21]。从前面的讨论可见，捕掳体和包体应是落入熔浆中的岩块发展至不同阶段的产物。前者代表了在熔浆结晶时未能下降到改变其原有面貌（矿物组成和结构构造）温度区的岩块；后者则为岩块部分熔融后的残余熔渣[22]。照片 3 中的包体见于深圳王母岩体，其外圈为花岗闪长质，具明显的火成结构；中心残留部分则为变沉积岩。这一现象说明，花岗岩中的暗色包体，至少是其中相当一部分，确实是原始岩石部分熔融后的富铁镁残余物（照片 3）。

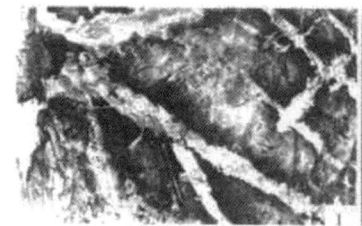 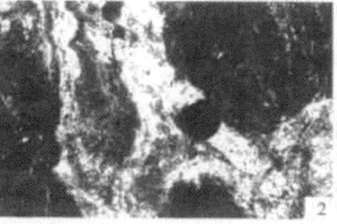 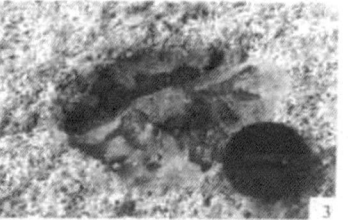

Photo 1　Granite dikes, recording the melts squeezing into the fissures of protolith during the meltine (Beishan, Guangzhou);
Photo 2　Showing that the rock blocks were moving downward in melts during the melting (Luogang massif, GD);
Photo 3　An enclave with granodiorite as it outer ring and meta-pelite as its center, verifying that the enclave is the residuum of partially melting protolith (Wangmu massif, GD)

由于熔融系统的温度随深度的增加而增加,故熔渣下沉过程中将不断熔化,一旦到达其终熔温度(深度)区,熔渣将全部消失.因此:

(1) 捕掳体和暗色包体多分布于岩体顶部和边缘,由此证实岩块确实来自岩浆体上覆盖层.

(2) 大岩基少见暗色包体.此为大岩基的剥蚀深度已超过一般熔渣的终熔深度之故.

熔渣发展的不同阶段具有不同特征,故据暗色包体的外形、结构及物质组成,可以大致判别熔渣的熔融程度及其所处的演化阶段.有关这一部分的内容,详见文献[22].

2.2 岩体与围岩的接触关系

一般认为只有与围岩呈过渡关系的花岗岩,才有可能是陆壳岩石原地改造而成.事实上,岩石的原地熔融或重熔,同样可以产生各种各样的"侵入接触"关系.

岩石熔化实验证明,不同岩石具有不同的初熔温度和熔化区间[14].这就是说,在同样 $P-T$ 条件下,有些岩石可能不熔,而另一些则可能部分甚至全部熔融.图 2A 是假设在熔融事件之前,地壳某一区段的岩石分布及各类岩石的初熔温度.图 2B 则是地壳温度升高时可能出现的熔融情况,由此不难理解花岗岩与围岩之间各种"侵入接触"关系的原因.

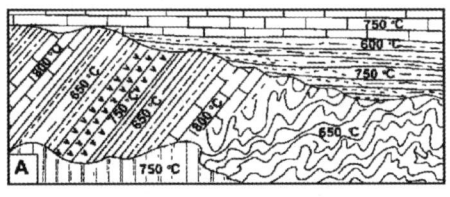
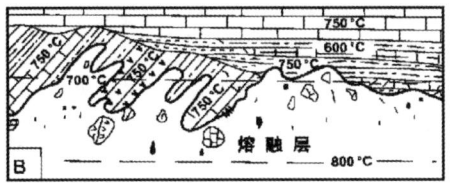

图 2 重熔界面形态与原始岩石初熔温度的关系
(图内数字为假定的岩石初熔温度)

Fig.2 Relationship between the shape of MI and the incipient melting temperature of protoliths

显然,如果在熔浆固结前发生区域性的构造变形,重熔界面必会随着上覆盖层的弯曲而弯曲,从而使花岗岩与其围岩接触关系变得更为复杂.

2.3 花岗岩背斜

"花岗岩背斜"是指花岗岩产于背斜或穹隆的轴部,形成以岩体为核心的背斜或穹隆构造,此为岩体产出的常见形式[12,23].图 3 是湘中地区地质略图,可见该区绝大部分的花岗岩体均产于背斜或穹隆的核部.

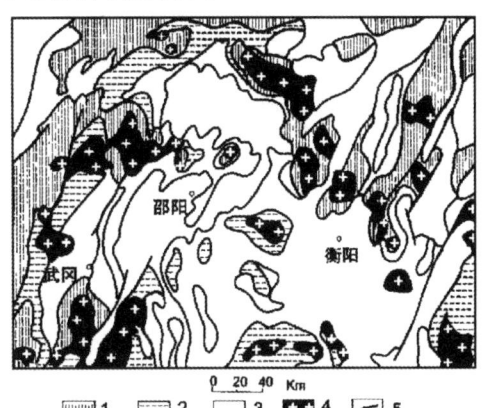

图 3 示湘中地区花岗岩与背斜的关系

Fig.3 Relationship between granite and anticline in central Hunan

1 前古生界;2 下古生界;3 上古生界-新生界;
4 花岗岩;5 断裂

在断裂较发育的地区,如华南沿海,由于断裂后期活动对岩体形态的破坏,使人们很容易产生"断裂控制花岗岩"的认识.事实上,该区很多岩体与背斜构造有明确的对应关系,如福建武平岩体、姑田岩体、广东莲花山岩体等[12].

前面提到的"重熔界面",可视为熔融过程中壳内的固、熔二相界面.如果地壳是均质体,重熔界面应与某等温面一致.原始岩石物理性质的差异导致重熔界面波动起伏,从而造成上覆盖层施加在熔融层上的直压力在横向上的不均匀,即界面的凸起部位为相对的低压区(图4A).另一方面,壳内熔融层增厚意味着固体地壳减薄,未熔的岩石也因温度升高而塑性增强,由此造成地壳抵抗侧压力的能力降低.一旦地壳发生压缩性变形,熔浆在侧压力的作用下必流向低压区(重熔界面凸起区),从而迫使这些部位上覆的地层向上隆起成背斜,剥蚀后即为现在所见的花岗岩背斜或穹隆(图4B).可见,"岩体"只是重熔界面的凸起部位,"岩基"、"岩株"、"岩脉"以及"隐伏岩体"等,反映的是重熔界面与剥蚀面的几何关系,与"岩浆侵入量"无关.

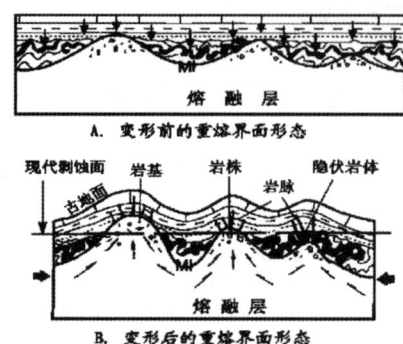

图 4 花岗岩背斜的形成机制

Fig.4 Formation mechanism of granite anticlines

单边箭头示岩浆流动方向；
粗箭头示构造动力方向

重熔界面的凸起部位，不论对熔浆抑或其内的成矿流体而言都是低压区[12]．据此预测，大的背斜或隆起区均有可能是重熔界面的隆起区（隐伏岩体）．例如，湘中南一带由前泥盆系组成的背斜，在其轴部向下一定深度处，极有可能找到隐伏岩体及与其相关的矿床（图5）．事实上有些已经找到，例如龙山背斜．因此，寻找与花岗岩有关的矿床时，树立"沿背斜找矿"的思想可能会大大提高我们的找矿效率[12]．

至于花岗岩中各种平行于接触界面的流动构造，不少学者将其视为岩浆强力定位或气球膨胀模型的证据[9]．然而，从图4B可见，熔体在岩浆房变形过程中向低压区方向的流动，同样有可能造成上述现象．

3 小 结

岩石选择性熔融是产生花岗质岩浆的原因——深熔说和原地重熔说都是基于这样的认识．但是，深熔说的思维基础是侵入说，故总想把残余物留下，把熔出物搬走，由此又遇到侵入模型无法逾越的花岗岩"空间"问题．

原地重熔说视上陆壳为封闭系统．所谓"原地"是指整个熔融系统所处的位置，相对于"岩浆侵入"而言．该模型只要求系统有能量输入而不要求物质输入，故无需考虑岩基的空间．一旦系统的内能升高而使得其内的岩石发生熔融或重熔，重熔界面，亦即系统内部的固、熔二相界面，必随着系统温度的升高而升高，此为相平衡原理，同时已为实验所证实．

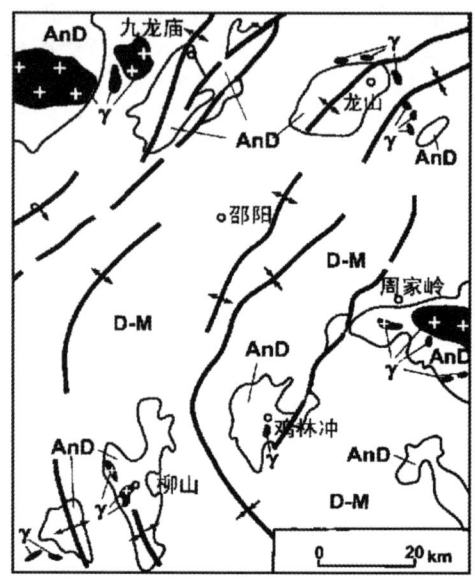

图 5 湘中南一带的背斜构造（隐伏岩体可能部位）

Fig.5 Anticlines in the central-south Hunan, where the concealed granite bodies are potentially located

AnD：前泥盆系；D—M：泥盆系—中生界；
γ：花岗岩脉

熔出物对上覆盖层连续性的破坏，是重熔界面向上移动的重要方式．岩块的产生会大大加速岩石的熔化速度，此为岩石受热面积增大之故．与熔浆之间的密度差是岩块在熔浆中向下运动的原因．地温"向心增温律"的作用使岩块在下沉过程中逐渐熔化，而熔融物的不断析出又使岩块自身的结构、构造和组分不断变化．因此，同一熔渣在不同演化阶段有不同的化学组成．

原始岩石物理性质的差异可能是造成重熔界面几何形态不规则的主要原因，而盖层的变形更增加了重熔界面的不规则性．因此，并非只有那些与围岩呈过渡关系的花岗岩才是由陆壳岩石改造而成，岩石的原地重熔同样会、而且必然会产生各种各样的"侵入接触"关系．

重熔界面上凸部位是低压区，重熔岩浆受压后向这些部位流动的认识来自液压原理．"花岗岩背斜"与地层背斜无本质区别，不同的只是前者核部（原先位于底部）的老地层因卷入重熔而变成了新岩石（花岗岩）．由此引伸出一个重要认识：岩体只是重熔界面的凸起部分，其大小与形态反映的是重熔界面与现代剥蚀面的几何关系，不代表"岩浆侵入量"的多寡．据此预测，在花岗岩出露区,大的背斜或隆起区的轴部,均可能存在隐伏岩体及相关矿床.因此,寻找与花岗岩有关的矿床时,树立"沿背斜找矿"的思想可能会大大提高找矿效率.

参考文献:

[1] READ H H. Granites and granites[J]. Geol Soc Am Mem, 1948, 28:1—19.
[2] LEAKE B E, BROWN G C, HALLYDAY A N. The origin of granite magma[J]. J Geol Soc, 1980, 137:96—99.
[3] 艾瑟顿 M P,塔奈伊 J.花岗岩基的成因[M].王德滋等译.北京:地质出版社,1985.1—103.
[4] BROWN M. The generation, segregation, ascent and emplacement of granite magma: the migmatic-crustally-derived granite connection in thickened orogens[J]. Earth Sci Rev, 1994, 36, 83—130.
[5] PETFORD N, GRUDENT K J W, McCAFFREY K J W, et al, Granite magma formation, transport and emplacement in the earth's crust[J]. Nature, 2000, 408(7), 669—673.
[6] 陈国能.大陆地球学研究的若干问题思考[J].高校地质学报, 1997, 3(3):342—347.
[7] 马莫 V.花岗岩岩石学与花岗岩问题[M].袁廷佐译.北京:地质出版社, 1979.1—180.
[8] CASTRO A. On granitoid emplacement and related structures[J]. Geol Rundsch, 1987, 76:101—124.
[9] BATEMEN R. Aureol deformation by flattening around a diapir during in situ bollooning: the Cannibal Greek granite[J]. J Geology, 1985, 93, 293—310.
[10] CHAPPELL B W, WHITE A J R. Two contrasting granite types[J]. Pacific Geol, 1974, 8:173—174.
[11] 徐克勤,胡受奚,孙明志,等.论花岗岩的成因系列——以华南中生代花岗岩为例[J].地质学报,1984(1), 107—117.
[12] 陈国能,曹建劲,张珂.原地重熔与元素地球化学场[M].北京:地质出版社, 1996.1—95.
[13] HOLTZ F, JOHANNES W. Genesis of peralumonous granites: I. Experimental investigation of melt compositions at 3 and 5 kb and various H_2O activities[J]. J Petrology, 1991, 32:935—958.
[14] 刘玉山,李瑛,潘家华,等.华南花岗岩的熔化特征[A].见:国际交流地质学术论文集(3)[C].北京:地质出版社, 1985.87—98.
[15] PATINO DOUCE A E. Effects of pressure and H_2O content on the compositions of primary crustal melts, Transactions[M]. Royal Society of Edinburgh: Earth Sciences, 1996. 87 (1—2), 11—21.
[16] KRIVTSOV A I. Models and cross-sections of the earth's crust[M]. Moscow, 1991.20—35.
[17] DOI N, KATO O, IKEUCHI K, et al. Genesis of the plutonic-hydrothermal system around Quaternary granite in the Kakkonda geothermal system[J]. Geothermics, 1998, 27:663—690.
[18] 肖序常,李庭栋,李光岑,等.喜玛拉雅岩石圈构造演化[M].北京:地质出版社, 1988.144—154.
[19] MIYASHIRO A. Metamorphism and metamorphic belts[M]. NY:John Wiley and Sons, 1973.1—200.
[20] TAGIRI M, SHIBA M, ONUKI H, et al. Anatexis and chemical evolution of pelitic rocks during metamorphism and migmatization in Hidaka metamorphic belt, Hokkaido[J]. Geichemical J, 1989, 23, 321—337.
[21] MASS R, NICHOLLS I A, LEGG C. Igneous and metamorphic enclaves in the S—type Deddick granodiorite, Lachlan folt belt, SE Australia: petrographic, geochemical and Nd—Sr isotopic evidence for crustal melting and magma mixing[J]. J Petrology, 1997, 38, 815—841.
[22] 陈国能,张珂,徐伟,等.华南中生代花岗岩岩石包体的成因与分类[J].中山大学学报(自然科学版), 1994, 32(增刊):305—311.
[23] ROIG J Y, FAURE M, TRUFFERT C. Folding and granite emplacement inferred from structural, strain, TEM and gravimetric analyses: The case study of the Tulle antiform, SW French Massif Central[J]. J Struc Geol, 1998, 20(9—10):1169—1189.

The In-situ-melting Model of Granite Origin and Its Geological Evidence

CHEN Guo-neng, ZHANG Ke, SHAO Rong-song, LI Liu-fen, LIN Xiao-ming

(Department of Geosciences, Zhongshan University, Guangzhou 510275, China)

Abstract: A model concerning granite origin referred to as in-situ melting has been advanced in the last several years by the first author, which regards the upper crust as a close system and the granite as the result of materials within system changing from order (protolith) to disorder (melts) and finally to new order (granite with the variations of entropy. This paper gives a brief introduction of the model, and on the basis explains the various geological phenomena resulted by the melting process, including the room of batholiths, the generation of xenoliths and enclaves, the contact relations of granite bodies and their country—rocks, the formation of granite anticlines.

Keywords: granite origin; in-situ melting; melts and residuum; melting interface

南方土壤硫酸根吸附解吸影响因子研究

仇荣亮[1]，吴箐[1]，尧文元[2]

(1.中山大学环境科学系,广东 广州 510275； 2.广州市环境卫生研究所,广东 广州 510170)

摘 要：采用固相组分连续提取和单独组分分析相结合的方法,研究了有机质、活性氧化物、晶态氧化物等土壤固相组成分在南方土壤硫酸根吸附解吸中所起的作用. 研究表明,活性氧化物在土壤硫酸根吸附中起主要作用,是土壤硫酸根的主要吸附体；在高浓度时晶态氧化物对硫酸根的潜在吸附能力也会表现出来；有机质在硫酸根吸附解吸中所起的作用较为复杂,一般情况下,有机质对硫酸根吸附起正作用.

关键词：土壤；硫酸根；吸附解吸；等温方程；中国南方
中图分类号：X53 **文献标识码**：A **文章编号**：0529-6579(2001)04-0088-05

中国南方土壤硫酸根吸附解吸特性是定量研究酸沉降生态影响的重要基础性工作[1~3]. 但由于土壤体系较为复杂,影响吸附解吸因素众多,研究方法各不相同,目前对硫酸根吸附解吸机理的研究尚未取得满意结果[4~6]. 鉴于我国酸雨成分和分布的特殊性,硫酸根吸附解吸的研究更具有现实意义. 本文以我国南方酸沉降主要土壤类型为研究对象,通过原样土,去除不同组合固相组成的土样以及纯矿物对硫酸根的吸附解吸实验,旨在系统探讨我国南方土壤硫酸根的吸附解吸规律.

1 材料与方法

1.1 样品采集

样品采自贵州贵阳(石灰土),重庆(黄壤),广东汕头(滨海盐土),广东茂名(砖红壤). 土壤所处自然环境及其基本理化性质参见表1及参考文献[7,8].

1.2 样品准备

通过选择性去除土壤固相组分后[9], 共制得5组土样. 分别为原样(a组),去有机质土样(b组),去活性氧化物土样(c组),去有机质+活性氧化物土样(d组)及去有机质+游离氧化物土样(e组). 具体方法见文献[9,10].

1.3 吸附液和解吸液的制备

吸附液系列:用分析纯的Na_2SO_4和无CO_2蒸馏水制备成SO_4^{2-}浓度为 0、24、36、48、120、240、480(=10 mmol/L)、960、1 440 mg/kg 等9种浓度的标准溶液,并把这些溶液的pH调至4.0.

解吸液的制备：

w解吸液：把无CO_2蒸馏水的pH调至4.0.

n解吸液：用分析纯的$NaNO_3$和无CO_2水制成849.9 mg/kg(合10 meq/L)的$NaNO_3$溶液,并用低浓度的HCl溶液和NaOH溶液调其pH至4.00.

p解吸液：用分析纯的NaH_2PO_4和无CO_2水制成1 199.8 mg/kg(合10 meq/l)的NaH_2PO_4溶液,并用低浓度的HCl溶液和NaOH溶液调其pH至4.00.

表1 土壤基本理化性状
Tab.1 Physico-chemical properties of soils tested

土壤类型	pH值	有机质含量 $(g·kg^{-1})$	粘粒含量 $(g·kg^{-1})$	CEC $(cmol·kg^{-1})$	BSP/%	$w_B/(g·kg^{-1})$			
						游离Fe	游离Mn	活性Fe	活性Mn
滨海盐土	8.55	4.55	24.72	27.84	100.0	7.25	0.37	2.12	0.11
黄壤	3.90	10.94	168.13	6.20	31.8	15.42	0.27	1.02	0.05
黑色石灰土	7.06	44.49	573.35	48.36	100.0	64.22	1.36	8.06	0.73
砖红壤	4.56	28.74	220.44	3.69	51.8	22.77	0.69	7.06	0.23

---

* **基金项目**：广东省自然科学基金资助项目(960043)；中国科学院鹤山开放实验站开放基金资助项目
收稿日期：2000-10-09；**作者简介**：仇荣亮(1967-),男,教授.

1.4 SO_4^{2-} 吸附解吸实验

吸附实验：称取土样9份，每份10 g，放入100 mL的振荡瓶，按液土比5:1分别加入9种浓度的吸附液50 mL。振荡1 h后再在室温下静置24 h，使土壤和溶液之间达到平衡。过滤后，测定滤液的 SO_4^{2-} 浓度。

解吸实验：把吸附实验中过滤后留在滤纸上的土壤风干，得到吸附土，磨碎后过20目筛，称取吸附土4 g，放入100 mL的振荡瓶，按液土比5:1分别加入解吸液。振荡1 h后再在室温下静置24 h，使土壤和溶液之间达到平衡。过滤后，测定滤液的 SO_4^{2-} 浓度。

1.5 SO_4^{2-} 浓度的测定

SO_4^{2-} 浓度用 $BaSO_4$ 比浊法测定。超出测定范围的，稀释后测定。

2 结果与讨论

2.1 不同组土壤硫酸根吸附能力比较

图1为供试土壤原样土及其处理土样硫酸根吸附过程实测图和方程拟合图。由图可见，与原样土相比，在去除有机质及氧化物等各种组分后，对硫酸根的吸附能力均普遍下降，各种土样去掉特定固相组成（或组合）后对硫酸根吸附能力的排列大致是：原样土 > 去有机质 > 去活性氧化物 > 去有机质及游离氧化物 > 去有机质及活性氧化物。

一般而言，SO_4^{2-} 的吸附机制可归纳为：①与水合氧化物的结合，多表现为专性吸附；②粘粒表面上 SO_4^{2-} 与表面基团进行配位交换，这种交换吸附可以由 SO_4^{2-} 置换水合基，也可以由 SO_4^{2-} 置换羟基；③分子吸附；④静电吸引[2,11,12]。后两种机理控制下的吸附为非专性吸附，遵循质量作用定律。显然，SO_4^{2-} 吸附能力与土壤固相组成密切相关。有机质多通过把无机态 SO_4^{2-} 转化为有机复合态 SO_4^{2-} 从而使之固定[2,13]。与原样土相比，去除有机质后(b组)土壤对硫酸根的吸附能力基本表现为不同程度的减少，表明有机质的存在可增加 SO_4^{2-} 的吸附量。

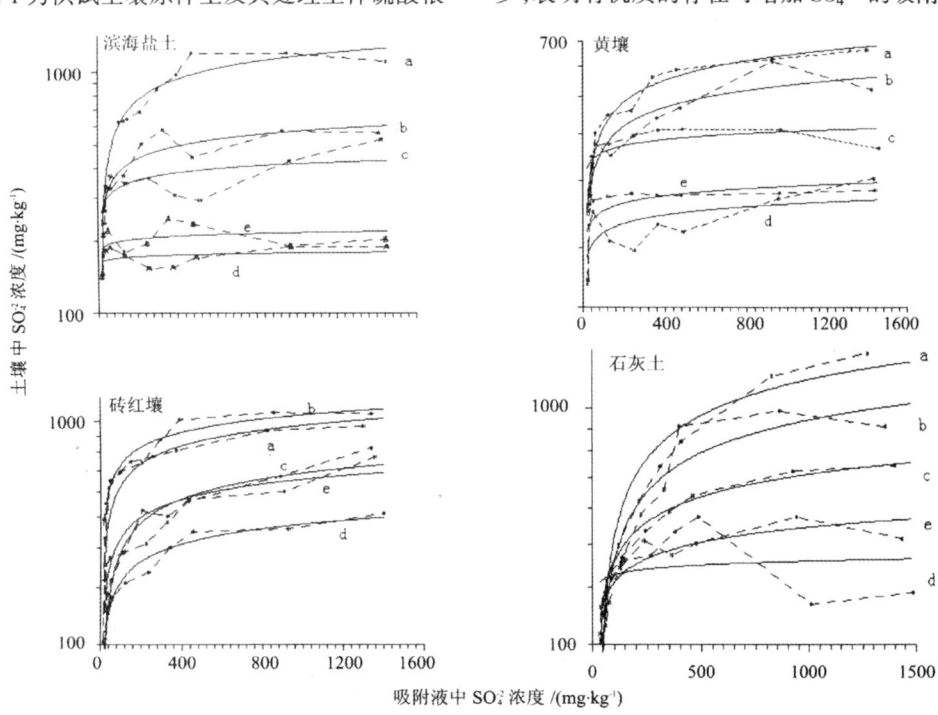

图1 供试土壤 SO_4^{2-} 吸附 Freundlich 拟合图

Fig.1 Simulated processes of sulfate adsorption by Freundlich Formula in soils tested

虚线所连结的点为实测数据，实线为拟合曲线

但对于砖红壤而言，去除有机质后，吸附量反而略有下降，可能由于有机质的去除使得很多粘土矿物或氧化物交换点位得以暴露，成为 SO_4^{2-} 的新的吸附源[13]。因此，有机质对 SO_4^{2-} 吸附解吸具有正反两方面的影响。一方面，由于有机质在粘粒表面的质子化作用，使粘粒内部的正电荷表面化，从而更容易吸附 SO_4^{2-}，但这种方式吸附的 SO_4^{2-} 易于解吸；另一方面，由于多数有机胶体以带负电荷为主，它们掩盖了土壤中 SO_4^{2-} 的吸附点位，使 SO_4^{2-} 吸附能力减弱。通常而言，有机质可增加土壤对 SO_4^{2-} 的吸附，尤其是非专性吸附量。

与原样土相比，去除活性氧化物（c组）后，土壤 SO_4^{2-} 吸附量均明显下降。土壤中的氧化物一般被看作 SO_4^{2-} 的主要吸附体，其中的活性氧化物起主要作用，活性氧化铁活化后具有丰富的配位体，这些配位体可以与含氧酸的阴离子发生配位体交换，从而对阴离子形成专性吸附[13]。

由于土壤固相组成及其联结方式的复杂性，同时化学浸提可能对有机胶体和无机胶体产生活化作用，如改变以可变电荷为主的南方土壤表面电荷类型或离子吸附特点等，从而在一定程度上影响了对连续提取实验结果的专一性解释[9]。从本实验中去有机质及游离氧化物（e组）的 SO_4^{2-} 吸附能力均略大于去有机质及活性氧化物（d组）的结果看，似乎晶态氧化物对 SO_4^{2-} 的吸附是起负作用的，这与一般的观点有矛盾，其原因一则是因为 $H_2C_2O_4-(NH_4)_2C_2O_4-Vc$ 溶液不能完全提取晶态氧化物并且会破坏土壤结构从而剥露出能吸附 SO_4^{2-} 的点位；另一方面，还原性Vc对 SO_4^{2-} 的溶液反应可能有较大影响。

不同组土壤硫酸根吸附能力的差异也反映在吸附率的变化上，由图2可见，去除不同组分后，硫酸根吸附率均普遍下降，特别是在中高浓度时明显下降，同时最大吸附率前移。说明土壤吸附点位减少，吸附能力下降，吸附反应更易达到平衡饱和状态。

2.2 土壤解吸特点分析

解吸常被看成是吸附的逆过程。为探求不同解吸剂所起的作用，对原样土及其处理样品的硫酸根解吸实验使用了w(去离子水)、n(硝酸盐溶液)和p(磷酸盐溶液)3种不同的解吸剂。实验结果（图3）表明，w解吸剂的解吸能力稍强于n解吸剂，但很接近；而p解吸剂的解吸能力远强于前两者。这与Curtin[15]的研究结论是一致的：低浓度的 NO_3^-（本实验n解吸剂是0.01 mol/L）对土壤 SO_4^{2-} 的吸附有一定的促进作用，表现出的解吸作用比水稍弱；而 PO_4^{3-} 对 SO_4^{2-} 的吸附有强烈的抑制作用，表现出对土壤 SO_4^{2-} 的强大解吸力。

去掉特定固相组成后，解吸剂对土壤 SO_4^{2-} 的解吸能力排列顺序基本表现为：原样土＜去有机质＜去活性氧化物＜去有机质及游离氧化物＜去有机质及活性氧化物，与吸附能力的排列顺序刚好相反，说明其非可逆吸附的能力是基本固定的。而各种土样去掉某种固相组成（或组合）后用去离子水解吸 SO_4^{2-} 的解吸率/解吸量随吸附率/吸附量的变化而变化，一般吸附率/吸附量增

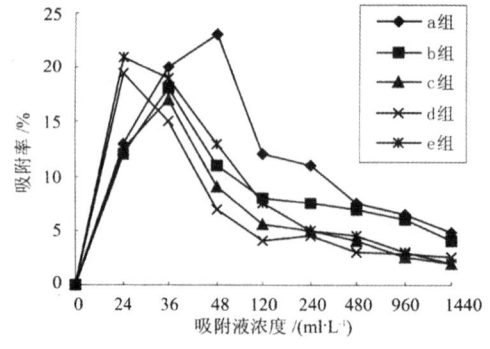

图2 黄壤不同组土样 SO_4^{2-} 吸附率比较图

Fig.2 Sulfate adsorption rate of five Yellow Soil treated groups

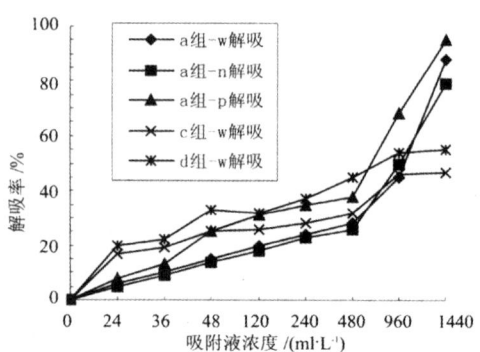

图3 砖红壤不同组土样 SO_4^{2-} 吸附率比较图

Fig.3 Desorption rate of different Latosols treated groups

大, 解吸率/解吸量也增大, 但变化幅度不大.

另外, 各种原样土和纯矿物对 SO_4^{2-} 的吸附解吸存在这样的共同特征: 吸附率先随加入溶液 SO_4^{2-} 浓度的增大而增大, 当加入 SO_4^{2-} 的浓度增大到某一特定浓度时, 吸附率随加入 SO_4^{2-} 的浓度增大而逐渐减小, 直至土壤不再从溶液中吸附额外的 SO_4^{2-}; 而无论是用何种解吸液, 解吸率均随土壤中 SO_4^{2-} 的浓度增加而增大, 并存在一个解吸率突然增大的拐点. 因此, 土壤对 SO_4^{2-} 的吸附存在一个最大值, 即土壤 SO_4^{2-} 最大吸附量.

2.3 去除不同组分土样 SO_4^{2-} 最大吸附量的比较分析

表 2 列出供试 4 种土样原样土及其处理土样吸附硫酸根的 Langmuir 方程拟合特征参数 (K 和 X_m 为方程参数, R 为相关性系数). 与 Freundlich 方程相比, Langmuir 方程能更好地反映出吸附过程的特征, 且可得到最大吸附量.

由表 2 及表 3 可见, 与原样土相比, 去掉特定固相组成（或组合）后对硫酸根吸附能力的排列是: 原样土 > 去有机质 > 去活性氧化物 > 去有机质及游离氧化物 > 去有机质及活性氧化物, 这个结果与 Freundlich 方程基本一致, 表现在 Freundlich 图上是硫酸根最大吸附量高, 其相应的曲线所处的位置也高. 说明两个方程的理论依据基本成立, 均可以用来表征土壤硫酸根的吸附过程.

由表 3 可见, 氧化物尤其是活性氧化物对土壤硫酸根吸附的影响远大于土壤有机质的影响, 氧化物是土壤硫酸根吸附过程的主要受体. 尽管砖红壤去除有机质后, 最大吸附量略有增加, 但从其 d 组最大吸附量低于 c 组的结果以及其他土壤的拟合结果看, 土壤有机质对硫酸根的吸附有促进作用.

表 2 供试土壤 SO_4^{2-} 吸附的 Langmuir 方程拟合
Tab.2 Fitting index of soil SO_4^{2-} adsorption by Langmuir formula

处理	滨海盐土			黄壤			砖红壤			黑色石灰土		
	K	X_m	R	K	X_m	R	K	X_m	R	K	X_m	R
a	0.0296	866.48	0.923**	0.0708	759.08	0.988**	0.0159	919.55	0.922**	0.0892	1039.05	0.973**
b	0.0666	752.63	0.902**	0.0580	508.49	0.926**	0.0272	924.25	0.960**	0.0968	872.28	0.953**
c	0.0296	582.39	0.933**	0.0246	405.54	0.851**	0.0630	689.80	0.957**	0.0535	664.12	0.948**
d	0.0129	475.29	0.417	0.0296	245.64	0.651*	0.0555	630.44	0.950**	0.0285	468.12	0.492
e	0.0275	515.77	0.654*	0.0403	293.70	0.832**	0.0082	645.65	0.229	0.0450	536.68	0.979**

* 指在 0.05 显著性水平相关; ** 指在 0.01 显著性水平相关. $r_{0.05} = 0.602$, $r_{0.01} = 0.732$ [9]

表 3 不同组土样与原样土 SO_4^{2-} 最大吸附量差值
Tab.3 Difference of maximum sulfate adsorption amounts between treated groups and original soil

处理	滨海盐土	黄壤	砖红壤	黑色石灰土
a	0	0	0	0
b	-113.8	-250.6	+4.7	-166.8
c	-284.1	-353.5	-229.7	-374.9
d	-391.2	-513.4	-289.1	-570.9
e	-350.7	-465.8	-274.9	-502.4

表 2 中相关性分析数据表明, 原样土及去除单一组分（组）后, 方程均能较好的拟合吸附过程. 但对于去除多个组分（组）的连续提取实验而言, 部分处理方程拟合相关显著性受到影响, 说明连续提取实验过程会在一定程度上影响对实验结果的专一性解释.

由最大吸附量的拟合结果可知, 本实验中 SO_4^{2-} 吸附液最高浓度均超出了最大吸附量. 在高浓度, 尤其是超出最大吸附量范围时, d、e 组处理土样的实测线常出现交叉, 而 Freundlich 拟合曲线未能反映出这种情况, 这是 Freundlich 方程不宜用于超出最大吸附量之外范围的又一证据. 同时, d、e 实测线在高浓度的交叉现象也表明: 虽然在硫酸根加入浓度较低时去有机质及游离氧化物的土壤（e）对 SO_4^{2-} 的吸附量大于去有机质及活性氧化物的土壤（d）, 但在 SO_4^{2-} 加入浓度较高时, 情形将会相反. 这说明, 在 SO_4^{2-} 加入浓度较高时晶态氧化物对 SO_4^{2-} 的潜在吸附能力将会表现出来.

由此可见,4种土样去除特定组分后对硫酸根吸附的变化,其相似性是主要的,而差异性是次要的,也说明有机质、活性氧化物和晶态氧化物对 SO_4^{2-} 吸附解吸所起的作用是有一定的规律可循的.

参考文献:

[1] 冯宗炜.酸雨对生态系统的影响 — 西南地区酸雨研究[M].北京:中国科学技术出版社,1993:85 – 108.

[2] 尧文元,仇荣亮.土壤中硫酸根吸附解吸的研究进展[J].环境科学进展,1998,6:6 – 11.

[3] DAVID M B, FASTH W J, VANCE G F, et al. Forest soil response to acid and salt additions of sulfate Ⅰ. sulfur constituents and net retention[J]. Soil Sci,1991,151(2):136 – 145.

[4] 林玉锁,蓝叶青,薛家骅.溶液中金属离子和 pH 对红壤吸附 SO_4^{2-} 的影响[J].环境化学,1992,11(2):39 – 42.

[5] 黄润华,张连杰,曹洪法.峨眉山酸性森林土对硫酸盐的吸附特性[J].中国环境科学,1987,7(5):15 – 19.

[6] 吴杰民.土壤对 SO_4^{2-} 吸附 – 解吸特征[J].环境化学,1992,11(5):39 – 45.

[7] 仇荣亮,董汉英,吕越娜,等.南方土壤酸沉降敏感性研究Ⅶ[J].环境科学,1997,18(5):23 – 27.

[8] 仇荣亮,杨平.南方土壤酸沉降敏感性研究Ⅴ[J].中山大学学报(自然科学版),1998,37(4):91 – 94.

[9] 仇荣亮,张云霓,莫大伦.南方土壤酸沉降敏感性研究Ⅵ[J].环境科学学报,1998,18(5):517 – 521.

[10] QIU R L, WU Q, ZHANG Y N. Solid Components and acid buffering capacity of soils in South China[J]. J Environ Sci,1998,10(2):169 – 175.

[11] SHANLEY J B. Sulphate retention and release in soils at Panola Mountain, Gorgia[J]. Soil Sci,1992,153(6):499 – 507.

[12] 章钢娅,张效年,于天仁.可变电荷土壤对 SO_4^{2-} 的吸附[J].土壤学报,1987,24(1):14 – 17.

[13] SINGH B R. Sulfate sorption by acid forest soils: 2. Sulfate adsorption isotherms with and without organic matter and oxides of aluminum and iron[J]. Soil Sci,1984,138(4):294 – 297.

[14] 陈铭,谭见安,孙富臣,等.湘南第四纪红壤对 SO_4^{2-} 的吸附机理研究[J].环境化学,1995,14(2):129 – 133.

[15] CURTIN D, SYERS J K. Influence of nitrate and chloride on the adsorption and transport of sulfate in soils[J]. J Soil Sci,1990,41:433 – 442.

Study on Affecting Factors of Soil Sulfate Adsorption-Desorption Process in South China

QIU Rong-liang[1], WU Qing[1], YAO Wen-yuan[2]

(1. Department of Environmental Science, Zhongshan University, Guangzhou 510275, China;
2. Guangzhou Environmental Sanitation Institute, Guangzhou 510170, China)

Abstract: The properties of sulfate adsorption-desorption by soils in South China were studied by means of equilibrium test. Four soils collected from four provinces were tested. Na_2SO_4 was added in a series of nine concentrations as adsorption solution, while deionized water, $NaNO_3$ and NaH_2PO_4 were used as desorption solution. By the method of eliminating four sets of the three components, namely organic matter, active oxide and free oxide, their roles in soil sulfate adsorption-desorption were studied. It was proved that activated oxides were the main adsorption minerals, free oxides would play some roles in high sulfate concentration, organic matters usually play positive roles in sulfate adsorption and montmorillonites play particular positive roles in sulfate adsorption in soils of South China.

Keywords: soil; sulfate; adsorption-desorption; isotherm; South China

广东英德滑水山地区第四纪生物化石

金建华[1]，廖文波[1]，谢国忠[2]，林　术[3]

（1. 中山大学生命科学学院，广东 广州 510275；
2. 广东石门台国家级自然保护区管理局，广东 英德 513000；
3. 广东省林业局野生动植物保护办公室，广东 广州 510173）

摘　要：广东英德滑水山地区近年来相继发现了第四纪动物化石、人类化石和植物化石，这些化石对深入研究本区人类早期生活的古生态环境、人类活动对植被和动物群演变的影响以及更好地保护现有的动植物资源等都具有重要的理论和现实意义。

关键词：第四纪；化石；广东英德

中图分类号：Q915.2　　**文献标识码**：A　　**文章编号**：0529-6579（2002）04-0127-02

滑水山地区位于广东省英德市北部，是广东石门台国家级自然保护区的一部分，地处南亚热带，北江纵贯本区，植被繁茂。20世纪30年代以来，有关植物专家在本区进行了多次植被调查[1,2]。近年来考古工作者在本区云岭镇狮石山牛栏洞及青塘洞穴遗址相继发现了丰富的第四纪动物化石、人类化石和人类活动的遗迹，时代为晚更新世至早全新世，距今1万年左右[3]。2000－2001年间，为建立石门台国家级自然保护区在本区进行的调查又发现了较为丰富的第四纪植物化石，这是英德地区首次发现第四纪植物化石。

1　地质地貌特征

广东英德滑水山地区出露的地层主要为寒武系、泥盆系、石炭系和第四系。其中，寒武系岩性主要为灰黑色、灰绿色、褐红色浅变质石英砂岩、绢云母页岩和千枚岩等，泥盆系主要由砂岩、细砂岩、灰岩、泥灰岩、白云质灰岩、白云岩等组成，石炭系岩性主要为灰岩、泥灰岩、白云岩、砂岩、细砂岩、粉砂岩和页岩等，第四系主要由河流冲积相砾石和粉砂岩组成。此外本区还出露有燕山期第一期和第三期花岗岩。

上述出露的地层和岩石特征决定了本区的地貌主要为花岗岩地貌、石灰岩地貌和第四系河流阶地地貌。其中石灰岩地区溶洞发育，这为第四纪动物群以及人类的生存提供了理想的场所。

2　第四纪生物化石

2.1　人类化石
化石发现于英德市云岭镇附近牛栏洞，该洞为石灰岩溶洞，保存的化石为腓骨、臼齿和下颌骨部分[3]。

2.2　动物化石
动物化石主要产于英德市云岭镇附近牛栏洞，计有7目23科25属37种，时代为晚更新世至早全新世，反映的是温暖潮湿的热带亚热带气候环境。组成如下：食虫目：麝鼩；翼手目：南蝠、大马蹄蝠；灵长目：猕猴短尾亚种、长臂猿；兔形目：野兔；啮齿目：姬鼠、布氏田鼠、小巢鼠、针毛鼠、华南豪猪、黑鼠、豪猪、竹鼠；食肉目：大熊猫洞穴亚种、中国黑熊、猪獾、大灵猫、水獭、虎、狐狸、鼬、化石小灵猫、果子狸、金猫、小野猫、貉、云豹；偶蹄目：野猪、水鹿、斑鹿、赤鹿、鬣羚、麂子、水牛、野牛。另外，在青塘洞穴遗址也产有少量的动物化石[3]。

2.3　植物化石
植物化石产于英德市沙口镇东南约5 km处一山坡上，岩性为土黄色至灰黄色坡积物，钙质，疏松，可见微型喀斯特地貌特征，钟乳石长几厘米到十余厘米，基岩为石炭纪灰岩，坡积物为石灰岩风化溶蚀杂乱堆积而成，时代为第四纪，这是英德首次发现第四纪植物化石。植物化石主要为壳斗科、樟科、木兰科、竹亚科等，植被类型为南亚热带常绿阔叶林。

3　植物化石产地现代植被特征

为次生性灌丛草坡，主要优势种：牡荆、雀梅藤、金樱子、蜈蚣草、类芦、五节芒、蔓生莠竹等；其它多为南亚热带灌草丛的常见种，如：紫珠（山棠子）、千里光、画眉草、猫尾草、野葛、鞘柄

---

* 收稿日期：2002-05-28
基金项目：中国科学院鹤山丘陵综合试验站开放基金资助项目；广东省自然科学基金资助项目（970215）；香港中山大学高等学术研究中心基金资助项目（02A3）
作者简介：金建华（1966－），男，副研究员；E-mail：lssjjh@zsu.edu.cn

拔葜、漆树、蕨、花椒簕、金刚藤、小叶紫葳、狗尾粟、山绿豆、千金藤、铁线莲、藤构、土牛膝、小叶云实、湖北荚迷、美丽胡枝子、苎麻、芒草、老鸦嘴、鸡屎藤、夏枯草、肖梵天、越南叶下珠、小叶海金沙、鬼针草、野苦荬、皱叶狗尾草、小叶勾儿茶等；一些常见的乔木树种有：山乌桕、龙眼、马尾松、构树、瓜木、朴树、重阳木，但除构树、山乌桕外，其它几种可能是人类活动的栽培种，而番石榴、蓖麻、薜荔、马缨丹为明显的栽培种或逸生种。

4 科研和保护意义

综上所述，英德滑水山地区第四纪生物化石非常丰富，不仅有丰富的动物化石和人类化石，最近的调查又发现了植物化石。有意义的是，植物化石与动物化石和人类化石基本属于同一时代。从植物化石看，当时的植被特征属南亚热带常绿阔叶林，但现在化石产地的石灰岩植被主要为次生灌丛草坡；从动物化石看，当时繁衍的许多属种现在在本区都已绝迹，如长臂猿、大熊猫等，反映了本区1万多年来植被环境和动物群组成都发生了较大的变化，这些变化与人类的活动有密切的关系。自1992年联合国环发大会签署并通过《生物多样性公约》以来，生物多样性的保护和可持续发展日益受到当今国际社会的重视。因此，英德滑水山地区第四纪动植物和人类化石的相继发现，对深入研究本区人类早期生活的古生态环境、人类活动对植被和动物群演变的影响以及更好地保护现有的动植物资源等都具有重要的理论和现实意义。

致谢：感谢华南濒危动物研究所江海声研究员，广州大学缪绅裕教授、英德市委市政府及英德市林业局给予野外工作的大力支持。

参考文献：

[1] 徐祥浩,钟章成,王灵昭等. 广东英德滑水山的植物群落[J]. 植物生态学与地植物学资料丛刊,第二辑,1958:1—59.

[2] 张宏达. 英德植被//张宏达文集[C]. 广州:中山大学出版社,1995:676—714.

[3] 英德市博物馆,中山大学人类学系,广东省文物考古研究所. 英德史前考古报告[M]. 广州:广东人民出版社,1999:1—226.

The Quaternary Biota from the Huashuishan Area of Yingde, Guangdong

JIN Jian-hua[1], LIAO Wen-bo[1], XIE Guo-zhong[2], LIN Shu[3]

(1. School of Life Sciences, Sun Yat-sen (Zhongshan) University, Guangzhou 510275, China;
2. Administrative Bureau of Shimentai National Nature Reserve of Guangdong, Yingde 513000, China;
3. Wild Animal and Plant Protection Office of Guangdong Forestry Bureau, Guangzhou 510173, China)

Abstract: The Quaternary fossils mammals, hominids and plants introduced are well discovered in the Huashuishan area of Yingde, Guangdong. The discovery of this biota is significance for further study on early hominid ecological environment and effect of hominid active for changes of vegetation and mammalian fauna.

Key words: Quaternary; fossil; Yingde, Guangdong

珠江三角洲地区边界层气象特征研究

范绍佳，祝 薇，王安宇，郭璐璐，董 娟

(中山大学大气科学系，广东 广州 510275)

摘 要：根据珠江三角洲地区 9 个气象台站 1995—2000 年地面气象资料和部分地区的探空资料，分析研究区域气候与天气背景，风、温、混合层厚度、大气稳定度等大气边界层特征。结果表明：珠江三角洲地区受季风影响显著，还受海陆风、城市热岛环流、越南岭下沉气流等的复合影响；逆温频率很高，混合层高度较低，大气层结比较稳定；复杂的下垫面对珠江三角洲地区大气边界层有重要影响。

关键词：珠江三角洲；边界层气象特征
中图分类号：P404 **文献标识码**：A **文章编号**：0529-6579 (2005) 01-0099-04

珠江三角洲是我国经济最具活力的地区之一，经过 20 多年的快速发展，在占全国 0.4% 的国土面积上，聚集了占全国 3‰ 的人口，创造了全国近 10% 的国民生产总值，成为我国最大的工业生产区、市场最繁荣的都市群。

珠江三角洲地形复杂，既有开阔的珠江口水域，又有高低起伏的丘陵山地，下垫面比较复杂。本文收集珠江三角洲地区 9 个气象站（包括香港）1995—2000 年常规气象观测资料和 20 世纪 80 年代以来不同单位在珠江三角洲地区进行边界层低空探测的资料和文献资料[1-10]，分析研究珠江三角洲地区的边界层气象特征。

1 区域气候与天气背景

珠江三角洲地处太平洋西岸的低纬地区，属于亚热带季风气候区，气候温和，雨量充沛，阳光充足。春季多受弱变性冷高压脊、静止锋、低压槽等天气系统控制，天气多变。夏季为西南季风盛行期，高空由东风稳定控制，西北太平洋和南海多热带气旋活动，是热带气旋影响或袭击的盛期。秋季是夏、冬过渡季节，南亚高压撤离，冷高压迅速南下并控制珠江三角洲地区，中等强度冷空气可到达南部和南海北部。冬季是北方冷高压活动时期，此时珠江三角洲地区高层为强盛的副热带西风稳定控制，副高明显减弱，地面受强冷高压脊控制，珠江三角洲地区处于干冷气流控制之下，气温达全年最低，降水稀少。

珠江三角洲地区年平均气温在 21～23 ℃ 之间，最冷月 (1 月) 平均气温为 13～15 ℃，极端最低气温可达 -0.5 ℃；最热月 (7 月) 平均气温 28 ℃以上，极端最高气温为 38.7 ℃。年平均降水量一般在 1 500 mm 以上，4—9 月降水量占全年的 80%。冬季以北风为主，夏季则多为东南风。年最多风向为北风，频率为 16%，多出现在 9 月至次年 3 月；其次是东南风，频率为 9%，主要出现在 4—7 月。年平均风速为 2.0 m/s，静风频率为 28%。年平均气压为 1 012.4 hPa，年平均相对湿度为 79%，年平均日照时数为 1 895 h。6—8 月有台风登陆沿海，暴雨频繁。春末夏初，天气变化强烈，强对流天气较频繁。

表 1 为珠江三角洲地区香港、深圳、东莞、中山、广州 5 个代表城市气象站主要气象要素的多年平均值。

表 1 珠江三角洲地区代表城市主要气象要素的多年平均

Tab.1 Annual averages of primary meteorological elements of the Pearl River Delta

气象要素		城 市				
		香港	深圳	东莞	中山	广州
气温/℃	年平均	23.0	22.0	21.8	21.8	21.9
	年最高	36.1	36.7	36.7	36.7	38.7
	年最低	0.0	0.2	-1.3	-1.3	0.0
相对湿度/%	年平均	77	79	81	81	79
降雨量/mm	年平均	2214	1920	1747	1747	1695
风速/(m·s^{-1})	年平均	2.4	2.7	2.1	2.1	1.9

---

* **收稿日期**：2004-03-09
基金项目：国家 973 计划资助项目 (2002CB410801)
作者简介：范绍佳 (1962 年生)，男，副教授，在职博士生；E-mail: eesfsj@zsu.edu.cn

2 大气边界层特征

2.1 风场特征

珠江三角洲地区属典型季风气候区，稳定的偏南夏季风和偏北冬季风是低层的主要风向。表2为根据低空探空资料，总结得到珠江三角洲地区冬、夏季盛行风向及其随高度的频率分布。

由表2可见，无论冬、夏季，珠江三角洲盛行风向均随高度的增加明显向右偏转，冬季盛行风向偏转程度比夏季大。图1为冬、夏季珠江三角洲的平均风速廓线。

表2 珠江三角洲地区盛行风向及其随高度的频率分布
Tab.2 The prevailing wind and its change with height of the Pearl River Delta

季节	测点/m	深圳		珠海		东莞		广州	
		盛行风向	风频/%	盛行风向	风频/%	盛行风向	风频/%	盛行风向	风频/%
冬季	地面	NE	23	NNW	18	N	25	NE	23
	100	NE	18	N	22	N	22	NE	24
	300	ESE	26	N	29	N	22	NE	25
	500	ESE	19	ESE	24	SE	18	ENE	25
	700	ESE	19	ESE	22	SSE	14	ENE	20
	900	SSE	16	SE	22	SSE	26	E	19
	1000	SE	17	E	25	SSE	19	E	13
夏季	地面	ESE	23	SSW	29	S	35	SE	16
	100	ESE	22	SSW	35	S	42	SE	20
	300	SE	17	SW	31	S	42	SSE	23
	500	SW	17	SW	30	S	33	SSE	19
	700	SW	21	SW	22	SSW	27	SSW	19
	900	SW	16	SW	35	SSW	27	SSW	25
	1000	SW	17	SW	29	SW	23	S	29

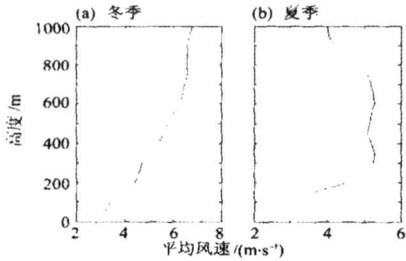

图1 珠江三角洲冬、夏季平均风速廓线
Fig.1 Winter and summer wind profiles of the Pearl River Delta

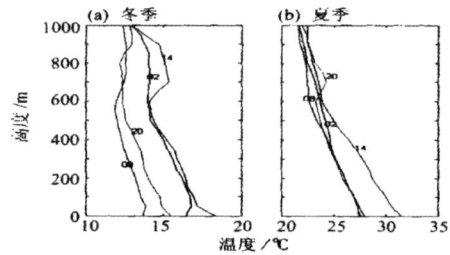

图2 冬、夏季不同时次温度廓线
Fig.2 Winter and summer temperature profiles of the Pearl River Delta

整个边界层内平均风速基本上是随高度而增加的，其中近地层的风速递增率大于高层。冬、夏季风速廓线有明显的差异。

分析还发现，珠江三角洲地区边界层内风向、风速变化显著，主要原因是在稳定的季风背景下，风场还受海陆风、城市热岛环流、越南岭下沉气流等的复合影响。

2.2 温度层结特征

图2为根据低空探空资料得到珠江三角洲地区冬、夏季02、08、14、20时的平均温度廓线。

由图2可见，珠江三角洲地区温度铅直分布的日变化非常显著。白天气温随高度呈递减型分布，以夏季中午最为明显。夜间气温随高度呈逆温型分布。冬季廓线变化较复杂，02、08时100m以下及600m以上均出现逆温，且上层逆温层较深厚，强度较大。

表3为根据文献[10]整理得到的珠江三角洲地区夏、秋季贴地逆温（逆温层底高离地50 m以下）、中层逆温（底高50~500 m之间）、上层逆温（底高500~1000 m之间）的情况。

表 3 珠江三角洲地区夏、秋季逆温情况

Tab.3 Summer and autumn inversion layers over the Pearl River Delta

类型	季节	项目	时间（地方时）								平均
			02:00	06:00	08:00	11:00	14:00	17:00	20:00	23:00	
贴地逆温	夏季	平均厚度/m			34.0	57.0		22.0	38.0		37.8
		平均强度/(℃·(100 m)$^{-1}$)			0.0	0.0		0.0	0.2		0.1
		出现频率/%			33.3	20.0		12.5	28.6		11.8
	秋季	平均厚度/m	29.0	143.0	30.0	26.0	25.0		63.0	29.0	49.3
		平均强度/(℃·(100 m)$^{-1}$)	0.3	1.0	0.8	0.2	0.1		0.6	0.3	0.5
		出现频率/%	50.0	25.0	50.0	26.7	36.4		58.3	100.0	43.3
中层逆温	夏季	平均厚度/m	70.0	60.0	51.0	35.0	48.0	54.0	53.0	41.0	51.5
		平均强度/(℃·(100 m)$^{-1}$)	0.0	0.0	0.2	0.0	0.3	0.1	0.2	0.2	0.1
		出现频率/%	50.0	88.9	100.0	60.0	60.0	2.5	85.7	100.0	75.0
	秋季	平均厚度/m	60.0	114.0	79.0	40.0		31.0	42.0	50.0	59.4
		平均强度/(℃·(100 m)$^{-1}$)	1.0	0.3	0.2	0.4		0.2	0.2	1.6	0.5
		出现频率/%	100.0	75.0	58.3	46.7		25.0	75.0	100.0	68.6
上层逆温	夏季	平均厚度/m			38.0	77.7	41.0	37.0	37.0	34.0	44.1
		平均强度/(℃·(100 m)$^{-1}$)			0.0	0.0	0.0	0.8	0.0	0.0	0.1
		出现频率/%			44.4	33.3	20.0	20.0	25.0	28.6	22.7
	秋季	平均厚度/m			94.0	157.0	62.0	95.0	101.0	59.0	94.7
		平均强度/(℃·(100 m)$^{-1}$)			0.1	0.2	0.5	0.6	0.2	0.2	0.3
		出现频率/%			33.3	25.0	40.0	27.3	50.0	50.0	28.2

由表 3 可见，珠江三角洲地区中层逆温出现频率很高，夏季平均出现频率为 75%，秋季达 68.6%。秋季贴地逆温的出现频率为 43.3%，夏季为 11.8%。秋季上层逆温频率为 28.2%，夏季为 22.7%。

2.3 混合层和大气稳定度特征

根据广州（清远）探空站多年的探空资料，利用干绝热上升曲线法计算，珠江三角洲地区平均混合层高度、混合层内平均风速及其季节变化见表 4。

表 4 平均混合层高度、混合层内风速及其季节变化

Tab.4 Seasonal variation of mixing height and wind speed over the Pearl River Delta

季节	参量	最小值	最大值	平均
春季	L/m	308	964	636
	U/(m·s^{-1})	3.7	4.8	4.3
夏季	L/m	314	919	617
	U/(m·s^{-1})	3.3	5.1	4.2
秋季	L/m	292	1025	659
	U/(m·s^{-1})	3.1	5.3	4.2
冬季	L/m	312	1202	757
	U/(m·s^{-1})	4.2	5.8	5.0
全年	L/m	307	1030	669
	U/(m·s^{-1})	3.5	5.1	4.3

珠江三角洲地区混合层高度总的较低，年平均混合层高度仅 670 m，和低空探空资料得到图 2 所示的结果相近。

珠江三角洲地区混合层高度季节变化不显著，日变化比季节变化大得多。上午混合层厚度夏季大于秋季，下午混合层厚度秋季大于夏季。

根据深圳、珠海、东莞、中山、广州 5 个气象站的地面气象资料，采用修订的 Pasquill 稳定度分级法进行分类，发现珠江三角洲地区大气稳定度以中性 D 类为主，频率达 61.8%，稳定类为 23.4%（其中 E 类为 9.8%，F 类为 13.6%），不稳定类仅占 14.8%（其中 A 类仅 1.7%，B 类为 7.4%，C 类为 5.7%）。珠江三角洲地区大气层结比较稳定。

3 结 论

（1）珠江三角洲地区受季风影响显著，冬半年盛行偏北风，夏半年盛行偏南风。

（2）珠江三角洲地区边界层内风向、风速随高度的变化显著。在稳定的季风背景下，还受海陆风、城市热岛环流、越南岭下沉气流等的复合影响。

（3）珠江三角洲地区出现中层逆温的频率很高，夏季平均出现频率为 75%，秋季达 68.6%。混合层高度较低，平均厚度仅 670 m。大气稳定度以中性为主，占 61.8%，大气层结比较稳定。

(4) 珠江三角洲地区复杂的下垫面对该区域的大气边界层有重要影响。

致谢：感谢广东省气候中心提供气象站地面气象资料和清远探空资料

参考文献：

[1] 向可宗.广州近地层风的垂直分布及动力特征[J].热带气象,1985,1(2):129—138.

[2] 向可宗.广东边界层气象条件及对大气污染的影响[J].热带气象,1986,2(3):226—232.

[3] 郭典招.低纬度沿海边界层特征研究[J].环境科学研究,1991,4(5):34—39.

[4] 刘嘉玲,黄志兴.珠江三角洲大气边界层温度与流场垂直分布特征[J].热带海洋,1993,12(2):17—24.

[5] 黄志兴,刘嘉玲,范绍佳.珠江崖门出海口地区大气边界层特征分析[J].热带海洋,1995,14(3):36—43.

[6] 李琼,叶燕翔,李福娇,等.广东各地 Pasquill 稳定度频率的分布特征[J].热带气象学报,1996,12(2):181—187.

[7] 范绍佳,谭康初,李智勤,等.广东沿海地区风场特征[J].中山大学学报(自然科学版),1998,37(4):94—97.

[8] 李琼,李福娇,叶燕翔,等.珠江三角洲地区天气类型与污染潜势及污染浓度的关系[J].热带气象学报,1999,15(4):363—369.

[9] 张立凤,张铭,林宏源.珠江口地区海陆风系的研究[J].大气科学,1999,23(5):581—589.

[10] 吴艳标,杜尧东,宋丽莉,等.珠江三角洲大气边界层温度场结构特征分析[J].上海环境科学(网络版),2003(12):10.

Analysis on the Boundary Layer Meteorological Features of the Pearl River Delta

FAN Shao-jia, ZHU Wei, WANG An-yu, GUO Lu-lu, DONG Juan

（Department of Atmospheric Science, Sun Yat-sen University, Guangzhou 510275, China）

Abstract: Base on ground weather data of 9 meteorological stations from 1995 to 2000 and some regional boundary layer sounding data in the Pearl River Delta, the regional climate and weather background, temporal and spatial variation features of wind, temperature, mixing height and stability are studied. The results show that the wind field of the Pearl River Delta is not only affected significantly by monsoon, but also affected by sea-land breeze, urban heat island circulation and the downdraft of cold wind across the Nanling Mountain. The temperature inversion frequency is very high, the mixing height is low and the stratification tends to stable. The complex underlying surface strongly affects on the boundary layer meteorological features of the Pearl River Delta.

Key words: boundary layer meteorological features; Pearl River Delta

基于广东省水资源管理信息系统图文一体化研究[*]

张新长, 熊立林

(中山大学遥感与地理信息工程系, 广东 广州 510275)

摘 要: 使用松散集成方式, 应用 XML、Java 等技术实现与其他系统的数据共享与交换, 达到了 GIS 图文一体化的目的。在构建广东省水资源管理信息系统空间数据库和属性数据库的基础上, 利用组件技术实现图文互查和图文结合的显示与输出。文中提到的使用基于 XML 的 SVG 作为图文结合输出的技术, 是目前正在快速发展中的一种新技术, 虽然在该研究实例中, 功能还比较简单, 但无疑是一种很好的尝试, 对于图文一体化的 GIS 系统, 尤其是 WEBGIS 系统的开发有很强的借鉴意义。

关键词: 地理信息系统; 图文一体化; 可伸缩矢量图形
中图分类号: P208   **文献标识码**: A   **文章编号**: 0529-6579(2005)05-0084-04

GIS 图文一体化是指通过一定的技术手段实现图形数据和结构化数据两者之间的无缝集成, 并且在数据整合的基础上, 进行信息提取与挖掘, 实现图文互查、显示以及输出[1]。

目前 GIS 图文一体化主要采用组件或中间件技术实现系统前端应用, 后台则借助大型数据库支持实现。其中前端应用最广泛的 GIS 组件主要有 MapInfo 公司的 MapX 系列、ESRI 公司的 MapObjects 系列等; MIS 方面主要采用由 IBM Lotus 提供的系列组件或者微软公司提供的 Office 系列组件。后台数据库则主要采用 Oracle 或者是 SQL Server。空间数据库的管理主要是用 ESRI 公司的 ESRI Spatial Database Engine(ArcSDE)、MapInfo 公司的 Spatial Ware 和 Oracle 公司的 Oracle Spatial 等。

这种前端组件、后台数据库的模式在系统开发时, 一方面可以采用紧密集成的方式, 既在统一的界面下实现系统功能, 开发过程方便快捷。它对于那些尚没有建立自己的 MIS 或 GIS 的用户, 能够容易地提供一套完整的解决方案。此类系统最终的输出成果基本上为系统内部专有格式, 或者打印输出, 也有部分实现了网络发布的功能, 但总体来说比较少考虑与其他系统之间的数据交换与共享, 是一类相对封闭的系统; 另一方面, 采用这种模式也可以实现比较松散的集成方式, 前端 GIS 与 MIS 并没有统一的界面, 主要在后台共享数据库, 整个系统特别关注的是系统的输出以及与其他系统之间的数据交换与共享。这种松散集成的方式对于那些建立自己的 MIS 或 GIS 的用户特别实用: 新系统可以在不触动原有系统的基础上与之集成, 用户不需要为了开发新系统而抛弃原有系统。采用松散集成的方式, 新系统必须充分考虑与原有系统的数据交换与共享, 满足开放性的要求。

作者在主持开发的广东省水资源管理信息系统过程中, 就是采用的松散集成的方式, 主要使用 XML 技术、Java 技术实现与其他系统的数据共享与交换, 实践证明是可行的。

1 图文一体化的内在机制

1.1 图文一体化的基础

图文一体化技术离不开组件技术[2]。组件技术的核心在于通过接口编程, 使用与平台无关的语言定义接口, 接口间保持二进制兼容。将组件引入可视化环境, 如 Delphi、Visual Basic 等, 进行集成式二次开发, 可以便捷的实现 GIS 的基本功能。另外, 对属性数据的管理也离不开组件, 如报表的打印、输出等功能都可以使用组件技术实现。

SVG 是由 W3C 制定的一种基于 XML[3] 的用来描述二维矢量图形和矢量/点阵混合图形的标记语言, 是一种全新的矢量图形规范。SVG 规范定义了 SVG 的特征、语法和显示效果, 包括模块化的 XML 命名空间和 SVG 文档对象模型(DOM)[4]。SVG 的绘图可以通过动态和交互式方式进行, 在实际操作中, 可以通过嵌入方式或脚本方式来实现。SVG 不仅提供超链接功能, 还定义了丰富的事件

---

[*] 收稿日期: 2004-09-14
基金项目: 国家自然科学基金资助项目(40471106); "985 工程"二期基金资助项目(105203200400006)
作者简介: 张新长(1957年生), 男, 教授, 博士生导师; E-mail: eeszxc@zsu.edu.cn

SVG支持脚本语言（script），可以通过Script编程，访问SVG DOM的元素和属性，响应特定的事件，提高SVG的动态和交互性能[6]。SVG还提供丰富的状态事件，如数据装载完毕，就可以触发onload事件，作一些初始化的处理。SVG实现了图形、图像和文字的有机统一。SVG除了支持HTML中常用的标记，如文本、图像、链接、交互性、CSS的使用、脚本（Script）外，还提供了大量针对图形、图像、动画的特定标记。SVG的这些特性使得它非常适合于作为GIS图文结合输出的载体。在广东省水资源管理信息系统中，作者利用JavaScript、SVG实现了图文结合的输出。

1.2 图文一体化的实现

（1）空间数据库的建立。空间数据库的设计一般要经过需求分析、概念设计、逻辑设计、物理设计几个阶段。空间数据库的实现一般有几个基本过程[6]：①建立实际的空间数据库结构，②装入试验性的空间数据对应用程序进行测试，以确定其功能和性能是否满足设计要求，③装入实际的空间数据，建立实际运行的空间数据库。在建立空间数据库时，必须建立合适的空间索引，以满足快速查询的需要。本文所采用的空间索引方法是格网分割法，即把整个区域划分成均匀的格网，为了提高索引效率，还建立了金字塔型的分级索引机制，根据实际需要确定分级数。

（2）属性数据库的建立。系统的属性数据库的设计过程基本与空间数据库的设计过程相类似。需要注意的是，属性数据库需要与空间数据库相关联，因而必须定义好与空间数据库的关联字段，必要时需要建立索引。

（3）图文互查。图文互查的基础是图文互连，可以先通过SQL语句构造相应的属性表，然后再根据连接字段进行图文连接。由图查文：根据图上目标的唯一ID值，向属性数据库发出请求，得到图形的相应属性值。并可根据得到的属性值作进一步的查询；由文查图：根据属性值查找满足条件的图形。在图文互查的过程中，图形数据和属性数据同时高亮显示。

（4）图文结合的显示和输出。图文结合的显示主要通过符号化来显示。根据图形的特点，可以选择单一符号化、分级大小符号化、分级颜色符号化、柱状图符号化、饼状图符号化、点密度符号化或其中几种的组合进行符号化。此外，也可以利用属性数据对图形进行标注。

2 应用案例

广东省水资源管理信息系统是根据水资源综合规划的需要，按照广东省统一的数据库格式和信息平台建立的。系统数据库服务器采用ArcSDE + SQL Server架构。其中SQL Server存储属性数据、基本要素数据、模型计算数据、元数据、空间数据。系统的构架结构如图1所示。

2.1 图文一体化的设计与实现

构建完整的空间数据库和属性数据库是实现图文一体化的基础。在广东省水资源管理信息系统中，空间数据的数据格式为ESRI的SHP格式，采用统一的珠江独立坐标系，比例尺为1:25万，主要包括等高线、地表径流、山洪、水文、水系、水资源分区和行政分区等，并且数据携带的属性信息非常少，只有图形本身的信息以及图形的唯一编号（如河流、行政区、湖泊、雨量站的编号）；属性数据则比较庞大，包括水资源评价、水资源开发利用评价、需水预测、节约用水、水资源保护、供水预测、水资源配置、总体布局与实施方案、规划实施效果评价等200多张表，不同的字段多达3000多个。这些表初始是按照水资源管理的要求而设计，数据库格式统一，对数据录入比较方便，但并不符合关系数据库设计的范式要求，也没有考虑到与空间数据的结合。因而要实现两者之间的互连与集成存在一定的困难。

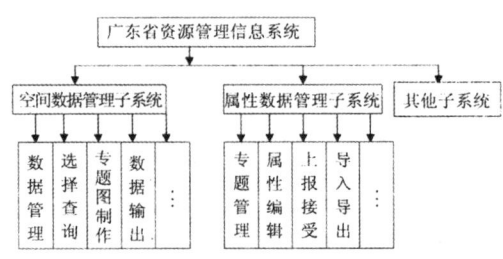

图1 广东省水资源管理信息系统构架结构

Fig.1 Structure flow chart of water resources management information system in Guangdong province

本系统采用了组件技术解决属性数据和空间数据的集成、图文互查、图文结合的显示与输出问题。其中，涉及到的关键组件有三个：数据库代理组件，它是实现属性数据和图形数据松散集成的关键，前端应用程序与后台数据库通过该组件交换数据，对前端应用程序来说，后台数据库是不可见的，数据库代理组件在这里起着类似服务器的作用，它完全了解后台属性数据库和空间数据库的数据信息，同时也理解前端应用程序的需求，它充当两者之间信息交流的媒介，实现属性数据和空间数据的互连；本地符号化组件，该组件主要实现图文结合的显示功能，根据图形的属性数据，可以选择不同的符号化方式，如饼状图符号化、点密度符号化等；SVG 代理组件，通过该组件，将应用程序所显示的图形数据和符号化数据转换成 SVG 数据格式，同时将属性数据转换成相应的 JavaScript 文件格式，具体如图 2 所示。

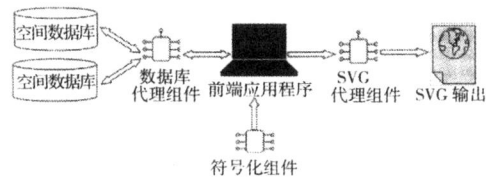

图 2 图文结合

Fig. 2 Graphic-attribute integration

2.2 图文显示、互查以及输出

在广东省水资源管理信息系统中，图文一体化技术主要应用于空间数据管理子系统中。

（1）图文结合显示（图 3）

系统的图文数据通过关联字段进行连接，图文互连的示意代码如下（以 Delphi 编写）：

…

MoTab: = IMoTable（CreateOleObject（'MapObjects2. Table'））;//创建内部表

adocommand1. CommandText: = ' select * from ' + AttTable. Text; //构造 sql 语句 adocommand1. Execute;//执行 sql 查询，得到属性数据集

MoTab. Command: = adocommand1. CommandObject; //将属性数据集连接到内部表

lyr. AddRelate（fldnamefrom, MoTab, fldnameto, true）; //构造图形属性表

…

图文互连之后属性数据直接关联到了图形实

图 3 图文结合显示

Fig. 3 Graphic-attribute integration display

体，可以将这些属性数据以符号化的方式直观的显示。如分级颜色符号化的示意代码如下：

…

colorsyms. Tag: = 'clr';

colorsyms. SymbolType: = 2; //面

colorsyms. Field: = fldname;

lyr. Renderer: = colorsyms;

…

（2）图文互查

系统通过图文互连之后（图 4），实现了图文互查的功能，并且可以通过属性数据直接定位图形数据，图中黄色加亮部分图形数据及对应的属性数据。

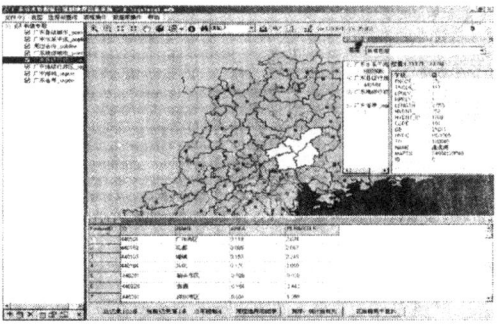

图 4 图文互查

Fig. 4 Graphic-attribute exchange checking

（3）图文结合输出

系统使用 SVG 技术和 JavaScript，将图文显示的结果输出成 SVG 文件，并且实现了放大、缩小、平移、查询、图层管理等功能[7]。系统图文结合输出的效果主要参照 http: //www.dbxgeomatics.com 上的相关实例。如图 5 表示的输出结果，图形数据存放在 SVG 文件中，对应的属性信息存放在 JavaScript 文件中[8]，内容如下：

var gzxzq-metaData = [

[0,"ID"],

[1,"NAME"],

[2,"AREA"],

[3,"PERIMETER"]

];

var gzxzq-values = [

[0,"440101","广州市区","0.119","2.034"],

[1,"440184","从化","0.176","3.059"],

[2,"440183","增城","0.153","2.248"],

[3,"440181","番禺","0.104","2.827"],

[4,"440182","花都","0.085","2.067"]

];

其中gzxzq-metaData保存图层对应的字段信息,而gzxzq-values则保存了图层中的实体对应的属性值。利用JavaScript可以方便的根据图形实体的ID得到相应的图形实体的属性值,并把这些属性值以SVG的形式显示出来。

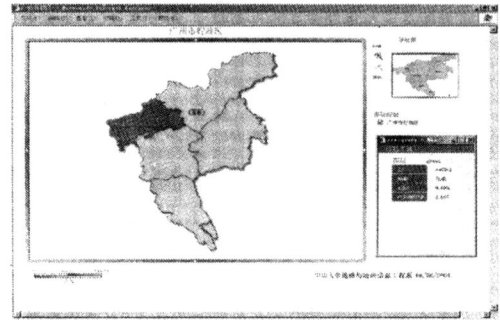

图5 图文结合输出
Fig.5 Output of graphic-attribute integration

GIS图文一体化技术是一门多学科综合性的技术,它涉及到GIS、计算机图形学、地图学等多门学科,是一系列相关技术的总和。它的主要目的就是对包含属性数据的空间数据进行存储、组织、传输、检索、显示、输出等;采用统一的空间数据库进行管理是实现图文一体化的基础,组件技术、XML技术、SVG技术、JavaScript技术等是实现图文一体化的技术手段,图文结合的显示和输出是图文一体化的具体表现。文中提到的使用基于XML的SVG作为图文结合输出的技术,是目前正在快速发展中的一种技术,虽然在该应用实例中,功能还十分简单,但无疑是一种很好的尝试,对于图文一体化的GIS系统,尤其是WEBGIS系统的开发有很强的借鉴意义。

参考文献:

[1] 张新长,曾广鸿,张青年. 城市地理信息系统[M]. 北京:科学出版社,2001.
[2] ArcSDE 初级教程. http://training.esrichina-bj.cn,2000:201-222.
[3] [美] Fabio Arciniegas. XML 开发指南[EB/OL]. 天宏工作室译. 北京:清华大学出版社,2003.
[4] Winnie Tang and Jan Selwood, Scalable Vector Graphics (SVG) 1.1 Specification. W3C Recommendation, 2003-01-14.
[5] 林德恩. 用SVG技术实现基于Web的GIS[EB/oL]. http://www-900.ibm.com.cn/xml/x-webgis/index.shtml
[6] 黄杏元,马劲松,汤勤. 地理信息系统概论[M]. 北京:科学出版社,2001.
[7] CRAIG PELKIE. Create dynamic web graphics with SVG[S]. http://www.web400.com/download/SVG/SVG.htm, 2001.
[8] [美] JOHN ZUKOWSKI. Java 2 从入门到精通[M]. 邱仲潘等译. 北京:电子工业出版社,2003.

Graphic-attribute Integration Based on Water Source Management Information System of Guangdong Province

ZHANG Xin-chang, XIONG Li-ling

(Department of Remote Sensing and GIS, Sun Yat-Sen University, Guangzhou 510275, China)

Abstract: By using the method of inattentive integration, the technology of XML and Java were applied to carry out the share and exchange with the data of other systems, and an aim of graphic-attribute integration was obtained. Based on the database of space and attribute of Water Source Management Information System of Guangdong Province, the COM technology was used to perform graphic-attribute exchange checking, graphic-attributes integration display and output. Although the newly-developed technology functions primarily, it is significant for GIS system of graphic-attribute integration, and especially for the development of WEB GIS.

Key words: GIS; graphic-attribute integration; SVG

面向对象的地理元胞自动机*

黎 夏,伍少坤

(中山大学地理科学与规划学院,广东 广州 510275)

摘 要:提出了一种面向对象的地理元胞自动机(GeoCA)。在与GIS结合的基础上,利用面向对象技术分析来设计 GeoCA 模拟系统,由 VB+AO 建立一个具有良好扩展性、用户可定制和友好界面的实验平台。通过采用MCE(多准则判断)来获取 GeoCA 模型的转换规则。以珠江三角洲的东莞作为研究区域,在 GeoCA 模拟的结果上,讨论了该地区的土地利用的变化趋势及所面临的问题。

关键词:地理元胞自动机;土地利用/覆被变化;面向对象;GIS
中图分类号:U945.23 **文献标识码**:A **文章编号**:0529-6579(2006)03-0090-05

进入20世纪90年代以来,LUCC(Land Use/Cover Change,土地利用/覆被变化)研究已经成为全球变化研究的前沿和热点课题。隶属"国际科学联合会(ICSU)"的IGBP和隶属于"国际社会科学联合会(ISSC)"的IHDP联合制订了"土地利用/土地覆被变化科学研究计划",并将其列为全球环境变化的核心项目[1]。LUCC过程是一种非线性动力学过程,具有复杂的自组织现象。自然因素和社会经济因素在不同时间、空间尺度上错综复杂,相互作用,影响土地利用变换,使这种变换具有较大不确定性。

许多地理现象都属于复杂系统,无法利用数学公式对它们进行表达和模拟。CA(Cellular Automata,元胞自动机)是模拟复杂系统十分有用的工具[2]。近年来,地理信息系统(GIS)的迅速发展大大推动了 CA 技术在地理现象模拟中的应用,特别是用于城市土地利用变化模拟。GIS 为 CA 模型提供了详细的空间信息。CA 的空间不再是固定不变的,借助 GIS 可以把空间的分异性引进 CA 模型中[3]。另外,现有的 GIS 在空间分析模型方面有很大的局限性,CA 和栅格式的 GIS 结合可以很好地增强 GIS 的空间模型运算及分析能力[4]。

很多 GeoCA 模拟都是面向具体某项研究而定制的,不具有良好的扩展性,造成前人所作的工作很难在后期的开发中得到应用。随着 GeoCA 在地理现象模拟研究中的广泛应用,以及各种方法(如神经网络、知识挖掘、案例推理等)被越来越多的用于挖掘 GeoCA 的转换规则,开发一个能够具有友好人机对话界面、用户可定制以及拥有高度可扩展性的 GeoCA 实验平台是具有重大意义的。本文利用面向对象技术设计了一个用 LUCC 模拟的地理元胞自动机(GeoCA)。

1 基于 GeoCA 模型的 LUCC 模拟与预测

1.1 多准则判断(MCE)与 GeoCA 空间模拟

GeoCA 模型的核心是如何确定转换规则,将GeoCA 模型应用于 LUCC 模拟中,首先需要对其转换规则进行校正,其目的是为了从时间 t 和时间 t+1 的土地利用变化模式中提取转换规则的参数值。本文以城市土地利用发展模拟为例,利用多准则判断(MCE)结合 GIS 和遥感技术来获取转换规则(图1)。

通常来讲,在城市土地利用发展模拟中,具有较高发展适宜性的元胞相应有较高的发展概率。发展适宜性可以根据一系列因子来度量的。这些因子包括交通条件、水文、地形以及经济指标等。本文采用多准则判断(MCE)方法来获得发展适宜性[5]。该模型假设一个区位的发展概率是一系列独立变量,如离市中心的距离、离高速公路的距离、地形高程和坡度等,所构成的函数。在本研究中,因变量是二项分类常量,即将土地利用分为发展的(developed)与未发展的(undeveloped),不满足正态分布的条件,这时可用逻辑回归分析。通

---

* 收稿日期:2005-07-08
 基金项目:国家杰出青年基金资助项目(40525002);国家自然科学基金资助项目(40471105);"985工程"GIS与遥感的地学应用科技创新平台资助项目(105203200400006)
 作者简介:黎夏(1962年生),男,教授,博士生导师;E-mail:lixia@mail.sysu.edu.cn

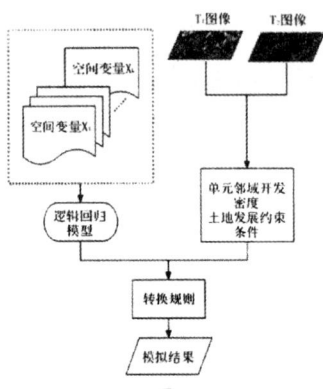

图 1 利用多准则判断（MCE）自动
生成地理元胞自动机的转换规则

Fig.1 Automatically extracting transition
rules of GeoCA by using MCE

过逻辑回归模型，一个区位的土地发展适宜性可以由以下公式[5]来概括：

$$P_g(s_{ij} = urban) = \frac{\exp(z)}{1 + \exp(z)} = \frac{1}{1 + \exp(-z)} \quad (1)$$

式中，P_g是全局性的发展概率（发展适宜性），s_{ij}是元胞（i，j）的状态，z是描述元胞（i，j）发展特征的向量[5]：

$$z = a + \sum_k b_k x_k \quad (2)$$

其中，a是一个常量，b_k是逻辑回归模型的系数；x_k是一组区位变量。

概率 P_g 是从两幅相隔一段较长时间（比 GeoCA 模型一次迭代所代表的时间段长得多）的土地利用模式中估算出来的，且在模拟过程中保持不变。但是，根据适宜性的最大值来选址只会产生零乱的空间分布，因为某地块的土地利用适宜性除了受本身的条件影响外，还受到周围的土地利用的影响[7]。因此，我们还需要考虑邻域对中心元胞的影响，在 GeoCA 模型中增加了使土地利用趋向于紧凑的动态模块，防止出现空间布局凌乱的现象[2]。本文中，邻域函数通过一个 3×3（150 m × 150 m）的核计算土地利用在空间上的相互影响，其定义如下：

$$\Omega_{ij}^t = \frac{\sum_{3\times3} con(s_{ij} = urban)}{3 \times 3 - 1} \quad (3)$$

其中，Ω_{ij}^t是邻域函数，这里表示 3×3 邻域中的土地开发密度，con( ) 是一个条件函数，如果元胞状态 s_{ij}是城市用地，则返回真，否则返回假。另外，与概率 P_g 不同的是，Ω_{ij}^t 标有时间符号 t，这表示邻域的土地开发密度在 GeoCA 迭代过程中是不断变化的[5]。

同时，我们还必须考虑客观的元胞约束条件，譬如，道路、水体、山地、优质农田和规划限制区等发展为城市用地的可能性一般较低。因此，有必要引入元胞的约束条件到 GeoCA 模型中。综合考虑全部发展概率、局部邻域范围和元胞约束条件的影响，任意元胞在时刻发展为城市用地的概率可由下式表达：

$$p_c^t = p_g con(s_{ij}^t = suitable)\Omega_{ij}^t \quad (4)$$

城市空间扩展过程中存在各种政治因素、人为因素、随机因素和偶然事件的影响和干预，特别是人的渗入，使其更为复杂[8]。因此，为了使模型的运算结果更接近实际情况，反映出城市系统所存在的不确定性，在改进的约束性 GeoCA 模型中引进了随机项。该随机项可表达为[6]：

$$RA = 1 + (-\ln\gamma)^\alpha \quad (5)$$

其中 γ 为值在 (0, 1) 范围内的随机数；α 为控制随机变量影响大小的参数，取值范围是 1~10 之间的整数。因此，最终的发展概率表达式如下：

$$p^t = p_c^t \times Ra \quad (6)$$

求出元胞发展概率后，就可以判断其状态是否在某时刻发生变化。一般是通过比较元胞发展概率和给出的阈值的大小来决定的，公式表达如下：

$$S_{t+1}(ij) = \begin{cases} Developed, & p^t(ij) > p_{threshold} \\ Undeveloped, & p^t(ij) \leq p_{threshold} \end{cases} \quad (7)$$

其中，$S_{t+1}(ij)$为元胞在 $t+1$ 时刻的状态，$p_{threshold}$是 [0, 1] 之间的阈值。

1.2 系统设计和软件方法

在实际模拟过程中，为了得到合理的结果，经常需要对 GeoCA 的各个参数值，譬如邻域类型、转换阈值和迭代次数等进行修改。因此，我们基于 VB.Net 和 ArcObject 控件设计了一个 GeoCA 模拟系统。为了使该系统具有良好的扩展性，以便在未来添加各种新的转换规则挖掘方法，我们采用面向对象设计技术（OOD）来分析、设计整个系统所涉及的对象模型。GeoCA 模拟系统的设计结果由 UML（统一建模语言）来表达，见图 2。

经典的 CA 模型包括元胞空间（lattice）、邻域（neighbor）、元胞（cell）及其状态（state），和转换规则（transition rule）这四个组成元素，GeoCA 模型也是如此的。图 2 中，类 Lattice 对应元胞空间元素，主要用来定义元胞空间的属性和管理数据信息。值得注意的是，图 2 中并没有画出类 Cell，在我们的设计中，元胞（cell）的访问由类

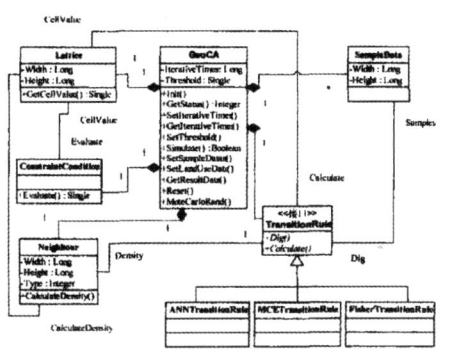

图 2 GeoCA 模拟系统设计

Fig.2 The structure of GeoCA simulation system

Lattice 来完成,我们通过 Lattice 的 GetCellValue()方法就可以得到每个元胞的状态。这主要考虑到,元胞自动机中 cell 元素并不像 Agent(智能体)那样具有复杂的交互性,很多时候,cell 只是代表 lattice 空间中具体某个元胞的状态,所以,我们将类 Cell 隐含定义在类 Lattice 中。类 Neighbor 可以定制元胞自动机的各种邻域类型,并针对 GeoCA 提供计算邻域内城市用地开发密度的方法。类 ConstraintCondition 则是 GeoCA 所特有的约束性条件,通过它,GeoCA 可以评估每一个元胞的发展适宜性。接口 TransitionRule 是 GeoCA 的核心部分,也是我们的设计具有良好扩展性的关键所在。

根据面向对象技术的开放—封闭原则(OCP)以及依赖倒置原则(DIP),我们通过接口继承定义了基于 MCE(多准则判断)、基于 ANN(人工神经网络)或是 Fisher 等的规则"转换器"。这样的设计才能面对需要的改变却可以保持相对的稳定,从而使得系统可以在第一个版本以后不断推出新的版本[9]。接口 TransitionRule 通过类 SampleData 获取用于规则挖掘的样本数据,接着利用 Calculate()方法计算元胞的土地利用发展概率。

2 模型应用及结果

2.1 研究区及数据

本文选择珠江三角洲的东莞市作为土地利用变化模拟的试验区,其总面积为 2 465 km²。近 20 年来,随着经济的快速发展,东莞市的城市区域迅速扩张,大量的农田被推平用于进行城市开发。利用遥感图像可以有效地获得土地利用及变化的信息,即从遥感的训练数据来建立该地区土地利用覆被变化的模拟模型。具体是通过 1988 和 1993 年的分类 TM 图像来获取土地利用变化的历史数据,从而建立 CA 的转换规则,用于预测和评价东莞市未来

土地利用变化。

首先是准备用于挖掘转换规则的空间数据,包括从遥感和 GIS 获得的各种空间变量。遥感数据包括 1988 年 12 月 10 日、1993 年 12 月 24 日这两个时相的 TM 图像。

表 1 逻辑回归模型挖掘转换规则
所需要的空间数据

Tab.1 Spatial data for mining the transition rules using logistic regression

项目		1988—1993 年内转变为城市用地	遥感分类
距离变量	DisProp	离市中心距离	Arc/Info GRID Eucdistance 命令
	DisTown	离镇中心距离	
	DisRoad	离公路距离	
	DisExpress	离高速公路距离	
	DisRail	离铁路距离	
邻近函数	UrbanNums	3×3 窗口内城市用地元胞数目	Arc/Info GRID Focalsum 命令
自然属性	TypeLand	土地利用类型	遥感分类
	Suitable	土地发展约束性	土地评价

前面已经提到,全局的发展概率由各个空间变量建立逻辑回归模型来计算。这里,采用 SPSS 统计软件对样本数据进行逻辑回归分析。因变量是一个二元值,表示土地利用在 1988—1993 年之间是否发生转变,自变量定义见表 1。回归函数 z 由下式表示:

$$z = 1.509 + 0.001 \times DisProp - 0.016 \times DisTown - 0.088 \times DisRoad - 0.003 \times DisExpress - 0.002 \times DisRail \quad (8)$$

建立逻辑回归模型后,我们就可以将回归模型的系数导入 GeoCA 模型中,进行模拟运算。GeoCA 模型需要循环迭代运算多次才能体现领域之间的相互作用,这也是 GeoCA 模型能够以简单的规则模拟复杂系统的关键所在。一般来讲,GeoCA 进行迭代运算 100~200 次是较为正常的[10]。

2.2 结果检验

以 1988 年东莞的土地利用遥感图像为起点,利用本文提出的 CA 模型对 1993 年的土地利用变化进行模拟。我们进行 100 次迭代运算,迭代的具体过程见图 3(T=10~90)。图 3(T=100)是最终的模拟结果,而图 3(1993 年实际土地利用)是根据 TM 遥感图像分类所获得的 93 年东莞的实际土地利用情况。

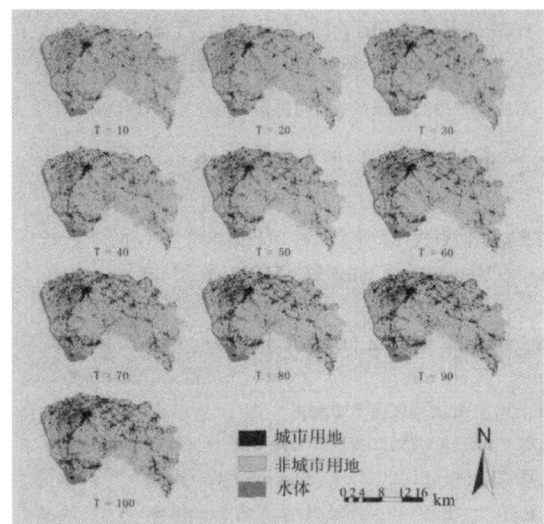

图 3 GeoCA 的迭代过程和城市发展模拟结果

Fig.3 The simulation of urban growth using the GeoCA model

图 4 模拟结果与实际情况对比

Fig.4 Comparison of the simulated (a) and the actual (b) urban areas in 1993

表 2 逻辑回归模型的模拟精度

Tab.2 Simulation accuracy of logistic GeoCA

项目		模拟		正确率/%
		未转变	转变	
实际	未转变	111 861	8 797	92.71
	转变	13 180	18 526	58.43
总精度				75.57

城市模拟模型检验方法一般有逐点对比和整体对比这两种方法。前一种方法是将模拟的结果和实际情况迭合起来，然后逐点对比计算其精度；后一种方法是检验所模拟出来的整个空间格局与实际空间格局相符合的程度，因此显得更为合理。首先，我们将 1993 年东莞城市用地的模拟结果与实际情况（遥感分类）进行逐点对比，计算模拟精度。其转变的总精度为 75.57%（表 2）。

另外，我们也计算了模拟结果和实际情况的形态指数，以检验模型的空间格局是否与实际空间格局相符。Geary C 和 Moran I 这两个指数一般用来描述空间的自相关性，但也反映了空间集中和分散的程度，它们可以用来定量对比 CA 模拟结果和观测在空间格局方面的接近程度。这里，我们采用 Geary C 指数进行对比。模拟结果的 Geary C 指数值为 0.5906，实际情况的 Geary C 指数值为 0.5856，两者的值相差不远，这证明模拟结果的空间格局和实际情况较为接近。此外，1988 年 Geary C 指数值为 0.6646，明显大于 1993 年模拟和实际的 Geary C 指数值，这表明了该地区的城市扩张形式逐渐由松散式向紧凑式转变。

3 结语与展望

LUCC（土地利用/覆被变化）属于复杂现象，具有突现性、不稳性、非线性、不确定性、不可预测性等特征。GeoCA 是模拟地理现象的十分有用的工具，为我们提供了一种"自下而上"的模型框架。随着 GeoCA 的深入广泛应用，特别是各种理论方法，如神经网络、知识挖掘、案例推理等，被越来越多的用于挖掘 GeoCA 的转换规则。利用面向对象技术分析来设计 GeoCA 模拟系统，建立一个具有良好扩展性、用户可定制和友好界面的实验平台是具有重大意义的。

参考文献：

[1] 阎金凤, 陈曦. 基于 GIS 的干旱区 LUCC 分析和模拟方法探讨[J]. 干旱区地理, 2003, 26(2): 185～191.

[2] 黎夏, 叶嘉安. 知识发现及地理元胞自动机[J]. 中国科学: D 辑, 2004, 34(9): 865～872.

[3] 黎夏, 叶嘉安. 约束性单元自动演化 CA 模型及可持续城市发展形态的模拟[J]. 地理学报, 1999 54(4): 289～298.

[4] DEADMAN P D, BROWN R D, GIMBLETT H R. Modelling rural residential settlement patterns with cellular automata [J]. Journal of Environmental Management, 1993, 37: 147～160.

[5] WU F l. Calibration of stochastic cellular automata: the application to rural-urban land conversions [J]. Int J Geographical Information Science, 2002, 16(8): 795～818.

[6] WHITE R. Cellular automata and fractal urban form: a cellular modeling approach to the evolution of urban land use patterns [J]. Environment and Planning A, 1993, 25: 1175～1189.

[7] 黎夏, 叶嘉安. 基于遥感和 GIS 的辅助规划模型[J]. 遥感学报, 1999, 3(3): 215～219.

[8] 郭鹏, 薛惠锋, 赵宁, 等. 基于复杂适应系统理论与 CA 模型的城市增长仿真[J]. 地理与地理信息科学, 2004, 20(6): 69～80.

[9] 邓正宏, 薛静, 郑玉山. 面向对象技术. 北京: 国防工

业出版社, 2004: 249.
[10] LI X, YEH A G O. Data mining of cellular automata's transition rules [J]. International Journal of Geographical Information Science, 2004, 18(8): 723~744.

An Object—oriented Geographical Cellular Automata

LI Xia, WU Shao-kun

(School of Geography and Planning, Sun Yat-sen University, Guangzhou 510275, China)

Abstract: Recently, there are growing studies on applying cellular automata (CA) techniques to the simulation of complex geographical phenomena, such as land use dynamics. There are problems on how to define transition rules and provide user-friendly interface for using cellular automata. An object-oriented CA is proposed, which has a number of advantages in simulating complex geographical phenomena. This architecture allows a better opportunity for model extension and model integration. In this paper, MCE (Multicriteria Evaluation) techniques are mainly used to recover the transition rules of GeoCA, which take into account a number of spatial variables. A stochastic variable is embedded to address the uncertainties in urban simulation. A universal GeoCA model is designed based on the objected-oriented architecture with the capabilities of highly extendable, user-friendly through the Visual basic language and the ArcObject components of ARCGIS. This GeoCA model is tested in the simulation of fast land use changes in the Dongguan city, the Pearl River Delta of China. Plausible simulation results have been obtained by using this object-oriented simulation model.

Key words: geographic cellular automata; land use/cover changes; object-oriented; GIS

珠江虎门口动力结构研究

任 杰，吴超羽，包 芸

(中山大学近岸海洋研究中心，广东 广州 510275)

摘 要：虎门口是珠江八大入海河口之一，其形成是上游河流携带泥沙在两基岩岛侧淤积延伸的结果，属潮汐优势型河口。口门上、下游方向水面放宽，形成了独特的双向不对称射流体系，通道口以北为涨潮优势流，通道口以下南为落潮优势流；基于几个重要的河口参数和滤波技术，从双向射流，密度环流及其对沉积物输运等方面分析了虎门口的动力结构特点：虎门动力环境中，非线性作用和摩擦力的影响均不能忽略，在密度梯度力驱动下，枯季发育了密度环流，这从浅表层沉积物的输运和低频水流的输运上得到了验证，同时，密度环流与双向射流相互交汇，更增加了射流系统的复杂性。

关键词：虎门；动力结构；双向射流
中图分类号：P731.23   **文献标识码**：A   **文章编号**：0529-6579（2006）03-0105-05

虎门为珠江八大入海分流河口之一。口门两山夹峙，山间最窄处 3.8 km，水面宽 2~3 km，口外是嗽叭形河口湾伶仃洋，口内曾是宽阔的海域—狮子洋（图 1），水面自口门向上、下游均放宽。口门内外错落分布若干基岩岛屿。

华南河口区存在一系列罗斯贝数从 1~10 的小尺度（相对于大洋环流和中尺度涡旋）动力结构，包括密度环流、狭口射流、河口水平环流等。这些动力结构很大程度上控制了虎门水下地形发育和水流泥沙运动[1,2]，复杂而典型，亟待开展基础性的研究。本文拟根据观测资料，结合低通滤波等技术，对虎门口小尺度动力结构特征进行分析和探讨。

1 研究区域与资料来源

虎门是珠江口两大嗽叭形河口湾之一的伶仃洋河口湾的一潮汐型入注河口（图 1）。地理位置为 22°46′N ~ 22°48′N，113°35′E ~ 113°39′E，NW—ES走向，长 9 km，宽约 4 km。沙角、大角山分别列口门东南，夹峙如门，上游河道内大、小虎岛错落，似老虎看门，故名虎门。上横档、下横档屹立江心，分河口为东西水道，主航道虎门水道处东，水深 10~18 m。

1.1 径 流

珠江流域雨量充沛，年平均径流量 3 260×10^8 m^3，其中通过虎门口的平均年径流量为 603×10^8 m^3，在组成上，东江平均年径流量 271×10^8 m^3，博罗站实测量大洪峰流量 12 800 m^3/s 北江平均年径流量 240×10^8 m^3，三水站实测量大洪峰流量 13 100 m^3/s 流溪河平均年径流量 15×10^8 m^3，牛心岭站实测量大洪峰流量 1 870 m^3/s[3]。

珠江属少沙河流，年平均含沙量为 0.13~0.33 kg/m^3，汇入虎门的年平均输沙量为 658×10^4 t[2]。

1.2 潮 流

河口潮汐作用的强弱，并不仅仅决定于潮差的大小，而是与径流量、槽床容积和潮差等三大因素有关。虎门正是在小径流、大槽床容积下发育成的潮汐优势型河口[4]。虎门口属不规则半日混合潮型，年平均潮差 1.61~1.66 m，平均涨潮流速 1.3 m/s 落潮流速 1.4 m/s[4]。由于与伶仃洋喇叭湾的深槽区直线相通（见图1），潮差较大，潮流强劲，涨潮量占东四口门总量的 80.5%，而径流量（净泄量）603×10^8 m^3，占 34.6%，尤其枯季径流量小，潮流量大，盐水沿虎门上溯至狮子洋，可达距口门 42 km 的黄埔。常年 8-9 月，虎门即出现咸水，并沿狮子洋上溯，若以常年可出现盐水月份（月平均最大盐度≥2）为咸季，则虎门咸季长达 10 个月（8 月-翌年 5 月），最大月均盐度 9.97，历年最大盐度达 24.57[5-6]。

1.3 地 形

虎门的形成是上游河流（主要是北江和东江）

---

* 收稿日期：2005-06-22
基金项目：国家自然科学基金资助项目（40406016）；国家自然科学基金重点资助项目（40331007）
作者简介：任杰（1975年生），男，讲师；E-mail:renjie@mail.sysu.edu.cn

的泥沙在河流动力与海洋动力共同作用下的结果。它位于喇叭状河口湾湾顶，两岸山丘对峙，过水断面狭窄。这种受基岩夹峙的'门'对河网的形成和珠江三角洲的沉积发育格局有着深刻的影响[7]。

涨潮时，潮水由口外向湾顶涌入，地形束窄，能量迅速积聚，因此潮差增大，流束集中，水流对河床冲刷作用强烈。落潮时，水流迅速退泄，流速加大，其结果使河槽加剧刷深。虎门上下河段都发育了 10 m 以上深槽（图 1，虎门最大水深 33.7 m）。峡口通道的刷深正是地形对强潮动力作用响应的结果。

1.4 资料来源

2000年1月13—20日，中山大学近岸海洋研究中心在虎门口附近河口区进行了水文、泥沙、水温和盐度等项目调查。观测时段包括大、中、小三个潮期。共完成了三个潮期内 A_1、A_2、A_3、A_4 经向同步与 B_1、B_2、B_3、B_4 纬向同步的流、盐、沙观测，和 C 站的1个流速剖面仪 ADCP 锚系和 Sea-Bird 温、盐、深（CTD），Endeco 174SSM 自计海流计，Endeco OSB-3 浊度计等约 8 d 的连续观测。同时，分析中还用到了中山大学与香港科技大学 863/818-09-01 课题在 1999 年 7 月航次中利用多参数水质监测仪 YSI6600 在下游方向距口门 15 km 远的 D 站进行的温、盐、深、浊度等项目的观测（各站位分布见图 1）。

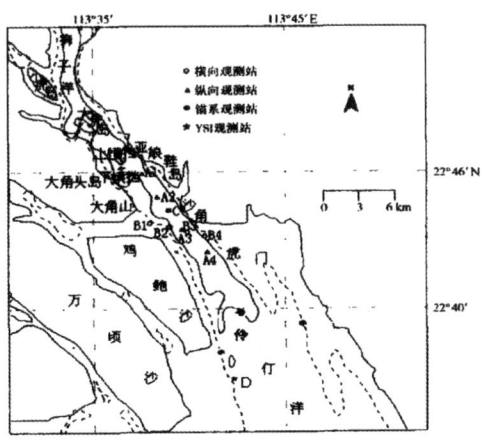

图 1 区域地形与观测站位图

Fig.1 Sketch of research topography and observed sites

2 结果与讨论

2.1 虎门口双向射流动力体系

在其独特的边界和动力条件影响下，虎门口在涨潮和落潮方向都发育射流。这在我国乃至世界上的河口都是颇为独特的现象。由于上下游地形放宽率不一样，两个方向的射流是不对称的，这就是虎门口的双向不对称射流体系。

首先，我们从几个重要的无量纲参数来认识一下虎门口动力的相对重要性：

罗斯贝数：$\varepsilon = r_i / L$

密度弗汝德数：$F = u / \sqrt{g' d_1 d_2 / D}$

旋度里查森数：$R = r_0^2 / L r_i$

埃克曼数：$E = \dfrac{v_T}{D^2 f}$

式中 r_i 为惯性半径，$r_i = u/f$，u 为特征流速，L 为水平长度尺度，D 为垂向水深尺度，f 为科氏系数，等于 2 倍地转角速度，g' 为折减重力加速度（又称浮力加速度），$g' = g(\rho_1 - \rho_2)/\rho_2$，$d_1$、$\rho_1$ 与 d_2、ρ_2 分别为淡水层厚度、密度与海水层厚度、密度，r_0 为变形罗斯贝半径，$r_0 = \sqrt{g' d_1 d_2 / D} / f$，$v_T$ 垂向涡动粘性系数。

罗斯贝数反映非线性作用和科氏力作用的相对重要性，旋度里查森数表示输出水流的射流形式是惯性力为主还是浮力（有效重力）为主，它与密度弗汝德数表达的物理意义一致，埃克曼数则反映了摩擦力项与科氏力项相对重要性。这些河口参数是确定河口水流运动动力性质的重要指标。

f 为区域科氏系数，约 10^{-4}，在虎门口取 $u=1$ m/s，$L=10^3$，$D=10^1$，则虎门口的罗斯贝数约为 10，一般以量阶 1 为大尺度环流的上限罗斯贝数。因此虎门口环流是小尺度环流，即非线性项不能忽略。埃克曼数也可用水平尺度的无因次数表示为 $A_x/L^2 f$，A_x 为水平涡动粘性系数，据估计 A_x 为 10^3，因此虎门口的埃克曼数也约为 10，表明摩擦力相对科氏力更加重要。对于密度弗汝德数，当 $F \geq 16.1$ 时，水体呈紊动扩散；当 F 接近于 1.0 时，水流中呈现明显的密度分层现象，输出水体漂浮在盐水表面，形成羽状扩散。经计算，C 站位处 F 约 13.3，而在其下游不到 15 km 的 D 站 F 约 0.85，水流出现密度分层（图 2）。由此可知，虎门口水体在双向射流与重力环流的影响下，扩散形式十分复杂。图 3 反映了水平和垂向相对尺度下的浮力（加速度）、摩擦力与惯性力（旋度）的动力特征，自然界中的射流多发生在 $L/D \sim O(10^3)$ 时，但在 10 m 的垂向尺度上也有观察到[8]。我们可以看到虎门的双向射流发生在 $L/D \sim O(10^2)$，是在小尺度的空间上进行的。这些河口无因次参数进一步说明了虎门动力作用的特殊性和复杂性。

虎门通过狭窄的基岩峡口流入河口湾，下泄

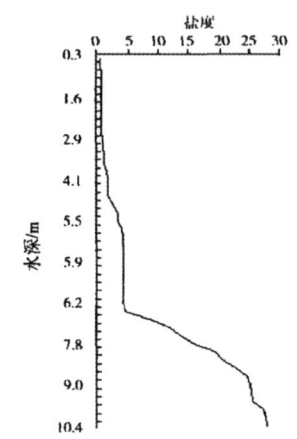

图 2 D站盐度分布曲线（1999年7月）
Fig.2 Vertical distribution of salinity at D station(July, 1999)

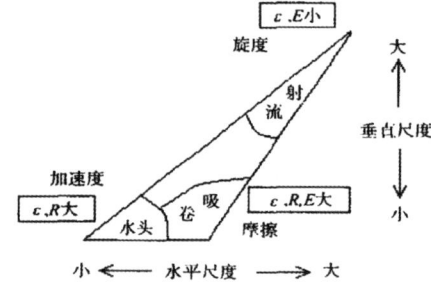

图 3 不同空间尺度组合下的动力特征，据文献[8]修改
Fig.3 Dynamic features with vertical and horizontal length scales (McClimans, 1988)

水流进入河口湾后，水面迅速扩宽。同时河道向上游方向也呈扩宽态势，上游的狮子洋与下游的伶仃洋面积宽阔，具有巨大的纳潮量，这就造就了虎门强大的涨、落潮双向射流体系，通道口以上（北），为涨潮优势，通道口以下（南）为落潮优势。但由于上、下游的放宽率与纳潮量差异较大，两个方向的射流作用是不对称的。

虎门双向射流系统的形成在地形上是由于狭窄的峡口和上、下游较大的放宽率造成的，动力上则主要是由涨落潮时的正压力所驱动。实测资料统计结果显示，底层最大涨潮流速普遍大于最大落潮流速，表现为涨潮优势；表层最大落潮流速均大于最大涨潮流速，表现为落潮优势。平均涨、落潮流速也显示了同样的结果（图 4a，4b），而在纵向结构上，无论是平均涨潮流速，还是平均落潮流速，位于口门较中位置的 C 和 A_3 站比上游的 A_1 站和下游的 A_4 站都普遍要大，但流速向上游和向下游递

减的比率并不一样，这说明在实测资料上也观测到了虎门口独特的双向不对称射流现象。再看看平均流的垂向结构（图 4c），揭示出了在一个潮周期平均意义下，密度不同的河口冲淡水与外海高盐水由于水平梯度力（正压力）与密度梯度力（斜压力）不平衡引起的垂直密度环流现象。

图 4c 为轴向观测站位的垂向平均流速结构，从图中可以看出，口门上（C 和 A_3 站）垂向各层的流速均比通道上下侧流速大，而且可见垂向环流现象，平均表层流向内陆架下泄，底层陆架水向河口上溯。可见，虎门口的密度环流（重力环流）可沿深槽进入射流系统（图 2）。这样，在射流系统范围内，沿轴线的水平压力梯度项需要分解为正压与斜压两部分。

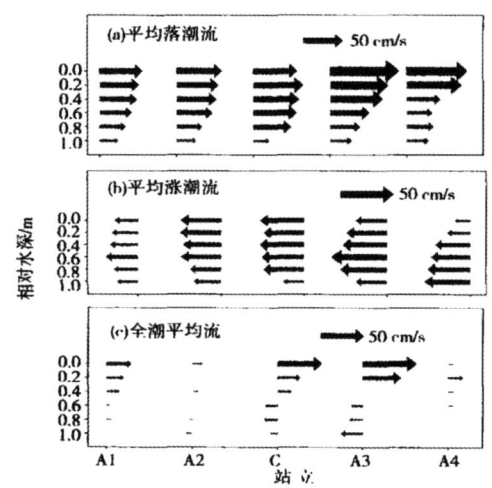

图 4 一个潮周期内的流速垂向结构
Fig.4 Vertical structure of current in one tidal period

河口输出水流和泥沙的扩散形式受惯性力、浮力及摩擦力之间的相互关系控制，每一种力的相对重要性取决于水流的速度、密度和通道几何形态。虎门发育的潮流体系在狭窄的基岩地形约束下，形成一个相对的高压水头，从而导致输出水流流速较大，冬季径流量小，上下游放宽地形水深又较深，密度差可以忽略，惯性力起支配作用，输出水流以紊动射流形式扩展。

自 19 世纪 20 年代根据混合长度理论求出紊流射流的解以来，人们对各种射流有了大量的研究，在河口动力学文献也有不少的报道，均是有关单向射流的。虎门射流由于其独特的边界是双向的，不对称的，它较一般自由表面重力射流更复杂一些。

3.2 垂直密度环流

河口湾内的非潮汐波动是影响湾内物质输运及湾—陆架水交换的一个主要机制，密度环流是早为人们所认识的一种河口湾低频运动[9]。它是指一个或多个潮周期平均意义下的，由正压力与斜压力的平衡在水体垂向上的变化引起的环流。

通过对逐时流速时间序列的离散傅里叶（Flouier）变换，对结果进行潮周期的滤波与反傅氏变换，即可消除高频扰动的潮汐分量，得出所求流速序列的低频水流。

图5是观测期C站的盐度变化曲线图，可以看出盐度随潮汐涨落的典型变化过程，即使在枯水季节，C站也存在较高的垂向盐度梯度，最大可达约15，由此产生的密度梯度力是驱动密度环流发生的重要原因。

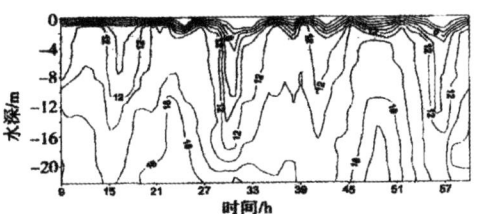

图5　C站盐度分布
Fig.5　Salinity distribution at C station

图6为虎门口C站2000年1月的低频水流输运图。低频水流的运动是亚潮波动与河口径流作用的结果，中上层水流向南输运，底层向北输运，中上层为河口下泄冲淡水，流速较大；底层为微弱的陆架上溯高盐补偿流，受底摩擦作用，流速较小，这种垂向结构表明枯季虎门口存在密度环流，不过由于下泄径流不大（与洪季相比），环流十分微弱。这也说明虎门的双向射流系统十分复杂，重力环流已进入射流系统。虎门口这种独特的动力结构对沉积物会有什么影响呢？

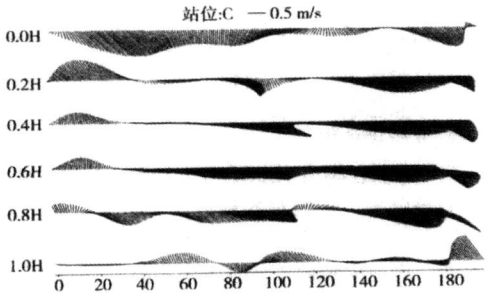

图6　C站低频水流结构
Fig.6　Low pass current transport at C station

3.3 对沉积物输运的影响

虎门口门及其附近滩槽泥沙的沉积物输运必然受这种特殊的动力结构制约，双向不对称射流和密度环流是口门水流长期、相对稳定的流动结构，对沉积物输运有着深刻而又复杂的影响。根据Mclaren模型分析结果[10]，夏季，蕉门的泥沙无明显输运趋势，虎门西汊主要为涨潮槽，泥沙向北输运趋势明显，而东汊为涨、落潮槽，存在双向输运趋势，北向为优势输运方向（见图7），这是由于夏季入海径流较大，底层以补偿流形式产生部分迴水，致使表层沉积物主要向北输运；而冬季由于入海径流小，水流主要沿径流下泄方向紊动扩散，沉积物则表现为向南输运。

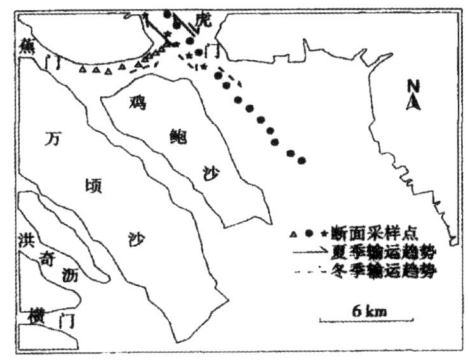

图7　虎门口沉积物输运示意图
Fig.7　Sediment Transport at Humen Gate During Summer and Winter

尽管狮子洋因东江和北江的泥沙在两侧淤积而缩窄了，但深槽却反而有所刷深，冲刷深槽向上、下游方向均有延伸，这正是双向射流长期作用的结果，在珠江三角洲，这种双向射流对地形的长周期发育演变的影响是深刻的、普遍的。

3 结　论

虎门是珠江河口湾伶仃洋海区的潮汐优势型河口，通过1999年7月与2000年1月的观测与分析，虎门的主要有如下动力结构：

（1）虎门在基岩夹峙下，上、下游水面放宽，纳潮面积增大，发育了双向不对称射流系统，这与一般河口的单向射流无论是在机制上还是在形态上都大相径庭。

（2）罗斯贝数揭示了虎门的动力结构是小尺度的，非线性项不能忽略；埃克曼数则表明虎门口摩擦力与科氏力大体在同一数量级，但摩擦力的作用更重要。

（3）密度环流在水平梯度力与密度梯度力共同驱动下，与射流系统交汇在一起，使得虎门水体的动力结构更加复杂和特殊。

（4）通过对沉积物输运趋势的分析，也映证了虎门口密度环流的存在。沉积物的输运方向表现为北向优势，与底层低频水流的方向是一致的。

一方面，由于虎门小尺度动力结构十分复杂和特殊，我们尚需借助更为详细和长期的观测资料及丰富的技术手段进行深入分析和探究；另一方面，近年来区域人类活动（象航道疏浚、采沙、工程抛泥、港口码头修建等）的加剧，必然对虎门动力结构的变化产生长期而深远影响。

参考文献：

[1] WU C Y, WU J X. Small scale dynamic structures and their sedimentation effects in estuarine environment[C]. Coastal Dynamics'94[C]. Barcelona, Spain, 1994.

[2] 吴超羽. 黄茅海河口小尺度动力结构及其沉积作用[J]. 中山大学学报：自然科学版, 1995, 34(2): 86−94.

[3] 罗宪林, 杨清书, 贾良文, 等. 珠江三角洲网河河床演变[M]. 广州：中山大学出版社, 2002: 24.

[4] 李春初, 雷亚平. 认识珠江, 保护珠江[J]. 热带地理, 1998, 18(1): 24−28.

[5] 中国海湾志编纂委员会. 中国海湾志（第 14 分册）[M]. 北京：海洋出版社, 1998.

[6] 徐君亮. 伶仃洋的盐水入侵[C]// 珠江口海岸带和海涂资源综合调查研究文集（四）. 广州：广东科技出版社, 1986: 231−238.

[7] WU C Y, BAO Y, REN J, et al. A study on the Pearl River Delta in the Last 6000 Years— A long-term modeling approach[C]// International Conference on Tidal Dynamics and Environment. Hangzhou, China, 2002.

[8] McCLIMANS T A. Estuarine fronts and river plumes[C]// Job Dnnkers, Wim Van Leussen, Eds. Physical process in estuaries[M]. Berlin Heidelberg Press, 1988: 55−69.

[9] 陈伟, 苏纪兰. 杭州湾水位低频波动机制分析[J]. 海洋学报, 1991, 13(1): 1−10.

[10] 刘沛然. 珠江口伶仃洋 2D 水动力数值模拟与滩槽发育演变趋势分析[D]. 中山大学, 2000.

Dynamic Structure of Humen Estuary of the Pearl River

REN Jie, WU Chao-yu, BAO Yun

(Research Center for Coastal Ocean Science and Technology, Sun Yat-sen University, Guangzhou 510275, China)

Abstract: The Humen Estuary is a tidal-dominant estuary, which is aggraded and stretched at both sides of bedrock by deposition of sediment in river. With broadened water surface in the lower and upriver part of the gate, and under control of the morphology, particular bidirectional asymmetric jet system was formed. Flood tide flow is dominant in the north of the channel while ebb tide flow is dominant in the south. Based on some important estuarine parameters and filter technic, the dynamic structure characteristics of the Humen Estuary such as vertical density circulation and sediment transportation are analysed in the paper. Effect of nonlinear process and friction should not be neglected in the dynamic environment of the Humen estuary. There is density circulation in dry season, which responds with transport of sediment in the surface layer and low-frequency current. On the other hand, convergence of density circulation and bidirectional jet make jet systems in the Humen more complex.

Key words: Humen estuary; dynamic structure; bi-orientation jet

城市热岛效应对城市规划的影响

彭少麟,叶有华

(中山大学有害生物控制及资源利用国家重点实验室,广东 广州 510275)

摘 要:在综合分析城市热岛效应的基础上,论述了城市热岛效应对城市规划的影响。城市热岛效应是城市化形成的特殊城市气候,是现代都市的典型气候特征之一。城市热岛效应具有明显的时空分布特征,它的形成与城市下垫面性质和城市能耗等许多因子有关。城市热岛效应对城市空气动力学、城市森林规划、城市色彩规划、城市能源规划以及城市规模等方面都具有极大的影响。城市规划部门和有关专家应根据城市热岛效应的形成机制及其时空分布特征,制定合理的城市规划,以期最大限度地消除或缓解城市热岛效应,实现经济、社会和自然的和谐发展。

关键词:城市热岛效应;城市规划;影响
中图分类号:X32;Q14   **文献标识码**:A   **文章编号**:0529-6579(2007)05-0059-05

根据我国新版的《城市规划编制办法》,城市规划是政府调控城市空间资源、指导城乡发展与建设、维护社会公平、保障公共安全和公众利益的重要公共政策之一。《不列颠百科全书》也指出,城市规划是一项政府职能,是一种职业实践,也是一项社会运动。城市规划具有政策性、综合性、长期性、地方性、可操作性等特点。城市规划基本上是脱胎于建筑学和工程学,因此,城市规划还具有研究起点高的特点。迄今为止,我国学者在城市规划的如下几个方面作了大量的研究,如城市规划理论、数字化对城市规划的影响、景观规划、园林绿化规划、生态城市规划、多元空间特色规划、能源战略规划、交通规划、色彩规划、城市规模以及水环境规划等[1-8]。也有一些学者认为,可持续的人居环境研究是城市规划的发展方向之一[9],要从多学科或跨学科角度来研究城市规划[10]。我国学者对城市规划的研究是广泛的,然而,很少有学者从城市热岛效应角度来研究城市规划。虽然有学者对城市规划的存在问题与对策进行了分析[8],但他们也忽略了城市热岛效应对城市规划的影响。作为城市的一种普遍气候现象,城市热岛效应对城市规划具有极大的影响。正确认识城市热岛效应对城市规划的影响,对合理管理城市具有积极的意义。因此,本文拟对城市热岛效应进行综合论述后,探讨城市热岛效应对城市规划的影响。

1 城市热岛效应的时空分布特征及成因分析

城市热岛效应是指当城市发展到一定规模,由于城市下垫面性质的改变、大气污染以及人工废热的排放等使城市温度明显高于郊区,形成类似高温孤岛的现象[11]。城市热岛效应提高了城市温度,降低了城市舒适度,影响了城市居民的健康,也增加了居民的经济负担[12]。

1.1 城市热岛效应的分布特征

城市热岛效应是一种典型的城市气候,它具有明显的时空分布特征。在时间上,它表现出明显的周期变化,即年变化、季节变化和日变化。国外研究表明城市热岛效应正以每年 0.01 ℃的速度上升,我国珠江三角洲地区热岛效应的增幅更大,近 10 年来以平均每年 0.04 ℃的幅度上升[13]。多数研究表明秋冬季热岛效应强,夏季热岛效应弱;晴朗无风条件下表现出夜间热岛强,午间热岛弱[14]。在空间上,城市热岛效应主要表现为水平变化和垂直梯度变化。城市热岛效应在人口密集、经济活动强度大和建筑物密集的地区表现明显,并呈现热岛效应强度沿市中心向郊区递减的趋势[11,13],有的地区因市区环境改善也出现市中心热岛缓解,热岛效应从市中心向城郊转移的现象[15]。白天热岛效应垂直变化不明显,夜间热岛效应随高度的增加而降

---

* **收稿日期**:2006-11-08
  基金项目:国家自然科学基金资助项目(30670385);教育部重大资助项目(403037);广东省林业局科技推广资助项目(2007)
  作者简介:彭少麟(1956年生),男,教授,博士生导师;E-mail: lssps@mail.sysu.edu.cn

低，并在一定的高度出现"交叉"[11]。

1.2 城市热岛效应的成因分析

城市热岛效应的形成与许多因子有关。综合国内外文献，城市热岛效应主要与如下因子有关：①城市下垫面。城市热岛效应随城市下垫面性质的变化而变化。植被覆盖率高，湿地面积大，热岛效应强度小或热岛效应不明显；混凝土覆盖率高，大量太阳辐射被吸收，热岛效应增强。②城市建筑物密度和负荷。高密度的建筑物增加了太阳辐射的直接吸收和太阳辐射反弹吸收，增强了热岛效应；建筑负荷与城市热岛效应呈正相关。③城市能耗。城市大量的能耗增加了表面大气的温度，也使热岛效应增强[16-17]。④城市空气动力学。大量研究表明，城市空气动力学与城市热岛效应紧密相关。当表面大气风速较小或静风时，热岛效应明显且有加强的趋势[18-19]，典型的热岛环流也发生在弱风或静风、有强逆温的晴夜[20]。⑤城市热岛效应与大气悬浮颗粒物、城市水循环、城市立体绿化以及城市大气污染也存在一定的关系[11,21-24]。此外，城市建成率、几何形状、城市规模和城市地理位置也与热岛效应存在明显的相关关系[18,25]。

2 城市热岛效应对城市规划的影响

城市热岛效应的形成给城市规划部门提出了新的挑战。为了建立一个人与自然协调持续发展的宜居城市，如何消除城市热岛效应是城市规划者应考虑的一个重要内容。城市热岛效应的时空分布特征及其成因分析为城市规划提供了参考依据。下面从城市空气动力学、城市色彩、城市森林、城市能源和城市规模五个方面论述城市热岛效应对城市规划的影响。

2.1 城市热岛效应对城市空气动力学的影响

这里所讨论的城市空气动力学是指在大气边界层中风的流动特性尤其是湍流扩散规律、各种颗粒物在大气中的扩散规律、风与各种结构物和人类活动间的相互作用以及由风引起的物质和能量的迁移等。

城市热岛效应与城市空气动力学的相关关系主要表现为：城市风速小，大气层结稳定，不利于热量的散发，有利于热岛效应的形成[26-28]；不利于通风的城市地貌、不合理的城市布局、高密度和高负荷的建筑导致通风不良，热量难以扩散，也有利于热岛效应的形成[29-30]；不合理的道路设置和粗糙的下垫面导致涡流加剧，废热迂回环流，热岛加强[25]。根据城市热岛效应与城市空气动力学的关系，城市布局规划应在如下几个方面加强规划：

选择通气流畅的地形进行城市建设；因地制宜，对城市的各个功能区进行合理布局，尤其是工业园区和商业带的布局；调整和完善旧城区的建设与布局；控制建筑物的高度和密度，尤其是在城市的顺风口和逆风口，应避免高大建筑物和高密度建筑物对风的阻挡而导致大量热量和温室气体滞留；有江、河、湖、海分布的城市，要充分利用江河湖海的风以及水能降温增湿特点，在它们的沿岸留出足够的空间，让风和水汽能进入城市；主干道路的走向应与城市主导风向一致，同时还应对大量交通进行有层次的划分，对车辆进行分流，这样风可以迅速将城市大量集聚的热量、温室气体以及悬浮颗粒物分散，减少尘罩作用，降低热岛效应。

2.2 城市热岛效应对城市色彩规划的影响

城市色彩，是指城市公共空间中所有裸露物体外部被感知的色彩总和，由自然色和人工色两部分构成。早在19世纪70年代，"城市"作为色彩载体的问题就引起了国际学术界的关注。但是，由于长期以来在城市色彩领域观念上的滞后和研究水平上的差距，城市色彩处于随意的状态，造成了"色彩"在城市景观中的缺失[31]。近年来，城市色彩规划引起了城市规划部门及学者们的重视，然而在确定城市的主色调中，专家们主要考虑的是城市色彩是否继承了历史文脉，是否和谐美观[32-33]，几乎没有考虑色彩对城市热岛效应的影响，在部分地区的色彩规划中体现的更是长官的意志。

城市热岛效应与城市色彩的相互关系主要通过色彩的反射率来体现，这是因为不同颜色的物体对光的反射率不一致，从而导致城市的热平衡不一致。一般认为，白色物体的反射率为64%~92.3%，灰色物体的反射率为10%~64%，黑色物体的反射率不足10%。研究表明，不同颜色的水泥的反射率也不一致，深灰色水泥对太阳光的反射率是13.23%，浅灰色水泥的反射率是32.76%，褐色水泥的反射率是30.06%，石棉水泥的反射率是39.35%[34]。城市下垫面颜色深，反射率低，吸收的太阳辐射就大，吸收的太阳辐射能又通过长波辐射的形式释放到表面大气，使表面大气升温，热岛效应增强[35]。

集聚的城市混凝土建筑物和沥青柏油路面具有明显的增温效应，浅色的建筑材料和地面铺张材料能够有效的降低热岛效应。深色的建筑物吸收大量热量的同时，增加了室内空调的能耗，也导致热岛效应加剧。因此，在城市色彩规划中，除了考虑城市的文脉与和谐美观外，还应考虑色彩与城市热岛效应的关系，尽量用浅色的材料和涂料。

2.3 城市热岛效应对城市森林规划的影响

这里沿用彭镇华[36]关于城市森林的定义,即城市森林是指城市地域内改善城市生态环境为主,促进人与自然协调,满足社会发展需求,由以树木为主体的植被及其所在的环境所构成的森林生态系统,是城市生态系统的重要组成部分。城市森林的组成成分包括全部的绿地和各种水体,郊区的片林、护路林、河道林、农田防护林、水体等。

城市热岛效应与城市森林的相互关系主要体现在两个方面:城市森林能够有效的截留太阳辐射,降低大气表面温度,缓解热岛效应(包括因减少空调能耗引起的热岛下降)[37];城市森林通过蒸散能够增加大气水汽,从而降低热岛效应。国内外学者对城市森林做了大量研究[38-40],但是城市森林规划仍然处于被动的"填空状态",通常是牺牲森林来满足建设。同时,森林比重小、结构不合理、立体绿化不足以及湿地环境被破坏等问题依然存在。因此在城市规划中,应充分认识城市森林的重要性,加强城市规划中的森林规划。城市森林应从如下几个方面进行规划:

增加城市森林的比重,使其覆盖率达到30%~50%。研究表明,当一个区域的绿化覆盖率达到30%,热岛强度明显减弱;绿化覆盖率大于50%,热岛缓解现象极其明显[41]。另有研究也表明,城市森林覆盖率每增加10%,气温降低的理论最高值为2.6%,当覆盖率达到50%时,气温降低的理论最高值可达13%,若夏季最高日气温为38℃,可降低气温5℃,基本可以消除"城市热岛效应"[42]。与30%~50%的城市森林覆盖率相比,我国的森林规划面积还相差很远,因此在城市规划中,应增加城市森林的比重,使其覆盖率达到30%~50%。

进行合理的城市森林结构搭配。目前盛行草坪热,种植名贵树种。草坪遮荫效应差,不能大幅度减少太阳的直接辐射热,草坪的叶面积较林木小,蒸腾小,其环境效应较差[36,43],不能有效的缓解或消除热岛效应[18]。种植名贵树种需要高的成本投入,而且难以养活,其降温致湿的效果也不太理想。因此在城市森林规划中应舍弃大量种植草坪和一味攀比种植名贵大树的不合理做法,进行合理的乔灌草搭配,尤其是乡土树种的种植。

加强立体绿化。由于城市用地紧张,城市森林规划中除了进行水平方向森林规划外,同时应向城市立体绿化方向发展。城市有大量的水泥或混凝土屋顶、墙体、立交和边坡,这些裸露表面为立体绿化提供了可能。发展立体绿化是缓解城市热岛效应的重要方法,也是增加绿化面积和绿化总量较为有效的方法。

最大限度保护自然湿地,努力构建人工湿地。城市化导致大量的城市农田、水塘、湖泊、内河、沼泽等湿地减少或消失,从而使城市蓄存降水的湿地减少,也使湿地与空气的接触面积和降温范围减小或消失。混凝土堆砌的不透水建筑、道路和广场,使大量的降水直接通过排水网流失。湿地的减少或消失,天然降水的白白流失,致使城市失去了通过蒸发带走城市热量,降低热岛效应的机会及水通过促进林木生长,间接降低热岛效应的可能性。虽然城市管理者在这方面做了一些补救措施,如建立保护区、公园或在社区建立喷泉、人工小溪或人工瀑布,但这些措施能够落实的极其有限,其影响范围也比较小。因此有学者认为,在城市建设中将原来的湿地进行改造、铺换,无益于城市热岛效应的缓解[38]。相反,要在大力保护原有湿地的基础上(包括城郊湿地的保护),在城市进行人工湿地的构建,这是降低热岛效应的有效方法[11]。

2.4 城市热岛效应对城市能源规划的影响

城市大量的能耗对城市热岛的形成起十分重要的作用,是导致城市热岛效应的主要原因[31,45]。因此,有必要通过加强城市能源规划来调节能源消耗,降低热岛效应。这里以降低空调能耗为例,探讨城市应如何通过能源规划来缓解热岛效应。

城市空调能耗是城市能耗的重要组成部分,有学者认为降低空调能耗是降低城市热岛效应的重要途径[44]。目前,空调直接节能技术仍然较落后,需要不断的改进;间接节能技术没有相应政策的支持。现代城市规划可以从如下几个方面来降低空调能耗:①改进建筑空调技术。有学者认为可以通过改进空调设备来达到降低能耗,如制定更好的制冷能效标准,改进空调的零件,提高空调节能[38]。②积极探索和推广新能源利于技术,如地源热泵技术,它通过循环液在封闭地下埋管中流动,实现系统与大地之间的传热,它是一种可持续发展的建筑节能新技术。1998年美国能源部颁布法规,要求在全国联邦政府机构的建筑中推广应用地源热泵供热空调系统。为了表示支持这种节能环保的新技术,美国总统布什在他的得克萨斯州的宅邸中也安装了这种地源热泵空调系统(见2001年5月18日《参考消息》)。③在城市大力构建城市森林,在建筑的外围进行立体绿化。Kikegawa等[40]的研究表明,在建筑周围种树可以节省因制冷而消耗的能源的4%~40%。④在屋顶及墙体加盖铺装材料或滤光遮阳的"双层表皮"来降低建筑物温度,从而减少空调能耗。⑤使用浅色的建筑材料或涂料。采用高反射率的浅色屋顶可比暗色屋顶减少 40% 的空调用电量,其降温效果十分明显[24]。⑥制定相应的政策法规,推动降低空调能耗措施的落实。

空调能耗只是城市能耗的一方面,城市规划中应改进能源消耗设备如机动车辆和锅炉等的构件,更新能源使用方法,提高能源使用效率,减少能源损耗。在条件允许的城市,应推广和普及使用太阳能和生物能,减少煤和石油等不可再生能源的消耗,降低热岛效应。

2.5 城市热岛效应对城市规模规划的影响

城市热岛效应与城市规模有一定的相关性。有学者认为城市扩展是城市热岛效应形成的主要原因[24]。据研究,1万人口城市的热岛强度可达 0.11 ℃,10万人口的城市热岛效应可达 0.32 ℃,100万人口的城市热岛效应可达 0.91 ℃[23]。丁金才等[27]在上海的研究结果也表明,热岛强度与城市规模相关性明显。因此,城市规划中,必须对城市规模进行规划,将城市的人口数量控制在一定范围之内。

3 讨 论

城市热岛效应对城市规划的影响是多方面的,上面论述的只是其中的几个重要方面。为了消除或缓解城市热岛效应,减少这种潜在的危害,城市规划部门和有关专家应根据城市热岛效应形成的原因及其分布的时空特点,在尊重城市历史文脉的基础上,充分考虑城市热岛效应对城市规划的影响,制定合理的城市规划,以期最大限度地消除或缓解城市热岛效应,实现经济、社会的和自然的和谐发展。

参考文献:

[1] 李建军. 保持我国城市规划学的科学本质——有感于当前我国城市规划实践的若干现象[J]. 城市规划学刊, 2006, 4: 8-16.

[2] 罗名海. 城市规划数字化及其综合研究框架[J]. 武汉大学学报: 工学版, 2003, 36(3): 26-30.

[3] 罗彦, 周春山. 50年来广州人口分布与城市规划的互动分析[J]. 规划研究, 2006, 7: 27-31.

[4] 孙志军. 城市规划应高度重视水环境保护——以抚顺市为例[J]. 能源及环境, 2006, 11: 78-79.

[5] 汪天雄. 生态城市的规划原则探讨[J]. 规划, 2006, 8: 44-46.

[6] 杨曾宪. 城市色彩规划设计的意义及原则[J]. 城市规划与设计, 2004, 1: 45-48.

[7] 张新长. 基于GIS的城市规划专题制图[J]. 中山大学学报: 自然科学版, 1997, 36(4): 94-98.

[8] 邹德慈. 什么是城市规划[J]. 城市规划, 2005, 25(11): 24-27, 34.

[9] 吴志强, 于泓. 城市规划学科的发展方向[J]. 城市规划学刊, 2005, 6: 2-10.

[10] 邹经宇, 林珲, 薛玉彩, 等. 以跨学科架构分析与认识城市规划设计空间[J]. 武汉大学学报: 工学版, 2003, 36(3): 31-36.

[11] 彭少麟, 周凯, 叶有华, 等. 城市热岛效应研究进展[J]. 生态环境, 2005, 14(4): 574-579.

[12] SARRAT C, LEMONSU A, MASSON V, et al. Impact of urban heat island on regional atmospheric pollution [J]. Atmospheric Environment 2006, 40: 1743-1758.

[13] 曾侠, 钱光明, 潘蔚娟. 珠江三角洲都市群城市热岛效应初步研究[J]. 气象, 2004, 30(10): 12-16.

[14] 宋艳玲, 张尚印. 北京市近40年城市热岛效应研究[J]. 中国生态农业学报中国生态农业学报, 2003, 11(4): 126-129.

[15] 张新刚, 周斌, 王珂. 杭州市热岛效应的遥感监测[J]. 科技通报, 2004, 6: 501-505.

[16] SAILOR D J, LU L A top-down methodology for developing diurnal and seasonal anthropogenic heating profiles for urban areas [J]. Atmospheric Environment 2004, 38(17): 2737-2748.

[17] FAN H L, SAILOR D J. Modeling the impacts of anthropogenic heating on the urban climate of Philadelphia, a comparison of implementations in two PBL schemes [J]. Atmospheric Environment 2005, 39(1): 73-84.

[18] 汤惠君. 广州市大气污染分布规律[J]. 地理研究, 2004, 23(4): 495-503.

[19] GIRIDHARAN R., LAU S S Y, GANESAN S. Nocturnal heat island effect in urban residential developments of Hong Kong [J]. Energy and Buildings, 2005, 37: 964-971.

[20] GARSTANG M, TYSON P D. The structure of heat island [J]. Review of Geophysical Space Physics, 1975, 13: 139-165.

[21] BAIK J J, KIM Y H, CHUM H Y. Dry and moist convection forced by an urban heat island [J]. Journal of Applied Meteorology, 2001, 40: 1462-1475.

[22] 周凯, 叶有华, 彭少麟, 等. 城市大气总悬浮颗粒物与城市热岛[J]. 生态环境, 2006, 15(2): 381-385.

[23] KARL T R, DIAZ H F, KUKLA G. Urbanization: its detection and effect in the United States climate record [J]. Journal of Climatology, 1988, 1: 1099-1123.

[24] 徐涵秋, 陈本清. 不同时相的遥感热红外图像在研究城市热岛变化中的处理方法[J]. 遥感技术与应用, 2003, 18(3): 129-134.

[25] MASMOUDI S, MAZOUZ S. Relation of geometry, vegetation and thermal comfort around buildings in urban settings: the case of hot arid regions [J]. Energy and Buildings, 2004, 36: 710-719.

[26] BORNSTEIN R D. Observation of the urban heat island effect in New York City [J]. Journal of Applied Meteorology, 1968, 7: 575-582.

[27] 丁金才, 张志凯, 奚红, 等. 上海地区盛夏高温分布和热岛效应的初步研究 [J]. 大气科学, 2002, 26 (3): 412-421.

[28] 陈志, 俞炳丰, 胡汪洋, 等. 城市热岛效应的灰色评价与预测 [J]. 西安交通大学学报, 2004, 38 (9): 985-988.

[29] GIVONI B. Climate considerations in building and urban design. USA: John Wiley & sons, 1998.

[30] SANTAMOURIS M. Energy and Climate in the Urban Built Environment [M]. UK: James & James, 2001.

[31] 游涛. 城市道路景观色彩研究 [J]. 江苏城市规划, 2006, 7: 24-26.

[32] 万敏, 吴新华. 城市色彩规划中的若干问题 [J]. 规划师, 2004, 7: 60-62.

[33] 吴薇, 刘红红. 城市环境中的色彩景观规划 [J]. 重庆建筑大学学报, 2006, 3: 33-35.

[34] RACINE T A P, FABIANA L F. Measurement of albedo and analysis of its influence the surface temperature of building roof materials. Energy and Buildings, 2005, 37: 295-300.

[35] AKBARI H, KONOPACKI S. Calculating energy-saving potentials of heat-island reduction strategies [J]. Energy Policy, 2005, 33: 721-756.

[36] 彭镇华. 城市森林 [M]. 北京: 中国林业出版社, 2003.

[37] 史欣, 吴统贵, 徐大平, 等. 广州帽峰山森林公园的"冷岛"效应分析 [J]. 中国城市林业, 2005, 3 (3): 46-48.

[38] 申绍杰. 试议"凉爽城市"的建设 [J]. 长安大学学报: 建筑与环境科学版, 2004, 21 (3): 38-41, 59.

[39] WONG N H, CHEN Y. Study of green areas and urban heat island in a tropical city [J]. Habitat International, 2005, 29: 547-558.

[40] KIKEGAWA Y, GENCHI Y, KONDO H, et al. Impacts of city-block-scale countermeasures against urban heat-island phenomena upon a building's energy-consumption for air-conditioning [J]. Applied Energy, 2006, 83: 649-668.

[41] 李延明, 郭佳, 冯久莹. 城市绿色空间及对城市热岛效应的影响 [J]. 城市环境与城市生态, 2004, 17 (1): 1-4.

[42] 于志熙. 城市生态学 [M]. 北京: 中国林业出版社, 1992.

[43] 欧阳勋志, 廖为明, 刘国华. 城市森林绿地建设的生态学思考 [J]. 江西农业大学学报: 自然科学版, 2002, 24 (5): 671-674.

[44] 王惠想, 张伟捷. 建筑空调能耗与城市热岛效应 [J]. 河北建筑科技学院学报, 2004, 21 (1): 23-27.

The Influence of Urban Heat Island on Urban Planning

PENG Shao-lin, YE You-hua

(State Key Laboratory of Biocontrol, Sun Yat-sen University, Guangzhou 510275, China)

Abstract: The influence of urban heat island (UHI) on urban planning was analyzed based a simple summary of UHI. UHI is one of the typical urban climates in metropolis resulted from urbanization. Clear spatio-temporal characteristics of UHI were found in cities. UHI is linked to many factors like substrate and energy consuming. Several aspects were analyzed to discuss the effect of UHI on urban planning including urban aerodynamics, urban forest, urban color, urban energy and urban scale. The impact of UHI on urban planning is significant. In order to mitigate UHI and achieve a harmonious development of economy, society and nature, the department of urban planning and expert should make a reasonable urban planning according to the distribution and formed mechanism of UHI.

Key words: urban heat island (UHI); urban planning; effect

风速对海岸风沙流中不同粒径沙粒垂向分布的影响

董玉祥,马骏

(中山大学地理科学与规划学院,广东 广州 510275)

摘 要:选择河北昌黎黄金海岸状态自然、规模高大、形态典型的海岸横向沙脊,野外实地观测不同风速下海岸沙丘表面风沙流中不同粒径组沙粒垂向分布的变化。结果表明,随着风速的增大,海岸横向沙脊表面不同粒径组的沙粒在距地表 60 cm 高度内输沙量的垂向分布呈现出了不同的变化特点,其中粗沙的总输沙量减少,但中沙和细沙增加,在不同高度层内的变化亦不一致;相对输沙量基本呈现为下层减少、中层增加或基本持平、上层减少的变化特点,但各个变化层位的高度不一;垂向分布模式,粗沙转变为典型负幂函数分布,中沙由负幂函数转变为指数函数,细沙则为典型的指数函数分布模式。究其原因,主要应与不同风速气流的携沙极限、随风速增大增加了沙粒的搬运高度以及不同粒径组沙粒的主导运动方式有关。

关键词:风速;海岸沙丘;粒径;垂向分布

中图分类号:P737.1 **文献标识码**:A **文章编号**:0529-6579(2008)05-0098-06

1 研究背景

风速是风沙流结构的基本影响因素[1-16],一般认为在总输沙量相同(或相近)的情况下,随着气流风速的增大,会使近床面气流中搬运的沙量占总输沙量的比例相对减少,并相应地增加上层气流中搬运的沙量[2],根据过去一般0～10 cm 或20 cm 高度层内的观测[2,10],一般是下层(0～1 cm)的输沙量减少、中层(1～2 cm)变化很小、上层(2～10 cm)则均有增加,究其原因,被认为是无论总输沙量有无变化,风速的增大增加了沙粒的搬运高度,就会造成近床面气流搬运的沙量相对减少和上层气流输沙量的增加[2]。在风沙流中,根据风洞实验与数值模拟结果[2,15-18],不同粒径的输沙量垂向分布特征均类似,即都符合指数递减规律。但是,对于不同风速下风沙流中不同粒径沙粒的垂向分布是否发生变异还未见报道,且先前研究基本集中于内陆沙漠地区,对海岸沙丘的研究近乎缺失,更缺少相关野外实地观测资料与数据的验证。为此,选择国内规模最大、形态最为典型的河北昌黎黄金海岸的横向沙脊,进行不同风速下海岸沙丘表面风沙流结构及其不同高度气流搬运的沙物质粒度构成的野外观测,探讨风速对海岸沙丘表面风沙流中不同粒径组沙粒垂向分布的可能影响及其机理。

2 观测技术与方法

2.1 野外观测区概况

风速对海岸沙丘表面风沙流中不同粒径组沙粒垂向分布影响的野外观测地点选择在河北昌黎黄金海岸[19-22],该区域的海岸沙丘类型多、规模大、形态典型,区内分布有雏形前丘、横向沙脊、新月形沙丘及沙丘链、海岸沙席等海岸沙丘类型,其中尤以横向沙脊最为高大和典型,其走向为 NNE-SSW,长度 5～9 km,高度在 20 m 以上,最高可达 40 m,单个沙丘宽度约 150～250 m,两坡不对称,向海坡长而缓,倾角 8～12°左右,向陆坡短和陡,倾角约 28～32°。考虑到河北昌黎黄金海岸海岸沙丘的典型性,横向沙脊规模大、自然和典型,顶部的风沙流活动明显,就选择在该区域为野外实地观测研究区域。野外观测时间是 2007 年 4 月 2-4日,观测所选择的横向沙脊高 39.5 m、宽 143.8 m。

2.2 观测技术与方法

具体的观测内容包括不同风速下风沙结构的观测和风沙流中不同高度气流搬运沙物质粒度构成的测定。其中,不同风速的风沙流结构观测采用的是北京师范大学干旱与风沙灾害研究所的野外用梯度风速仪和平口式积沙仪,梯度风速仪可测定不同高度的风速,风速的测量范围为 0.3～30.0 m/s

---

* 收稿日期:2008-03-25
  基金项目:国家自然科学基金项目资助(40571019,10532030)
  作者简介:董玉祥(1964年生),男,博士,教授;E-mail: eesdyx@mail.sysu.edu.cn

分辨率为 0.1 m/s。平口式积沙仪的沙尘采集高度 60 cm，采集梯度为 30 个连续的 2 cm×2 cm 进沙口，采集效率大于 80%。野外观测时风速仪和集沙仪同步观测，风速观测高度为 5、15、30、60 和 120 cm，集沙仪采样时间间隔根据风速大小与集沙仪集沙情况等各有不同。风沙流中不同高度气流搬运沙物质粒度构成的测定，首先与风沙流结构观测同步进行，野外分层收集风沙流结构观测中集沙仪所采集到的沙物质样品，然后在实验室内经简单处理后，利用电子天平（精度 0.001g）称重记录获得不同高度层的气流的沙尘搬运量，再利用 Malvem MS2000 激光粒度仪对其粒度分析。由此，就可获得不同风速的风沙流中不同高度层气流搬运沙物质的总量及其沙粒粒度构成，亦即不同风速下不同粒径组的沙粒在风沙流中不同高度的分布数据，依此分析风速对海岸沙丘表面风沙流中不同粒径组沙粒垂向分布的影响。

3 观测数据及其分析

受野外观测条件的限制，无法获取总输沙量完全相同以及大样本的不同风速下风沙流中不同粒径组沙粒的垂向分布的观测数据，但在同一观测点，即下垫面性质相同和地表物质组成一致，观测到总输沙量相近而风速差异较大的两组有效风沙流结构数据——观测 E 和观测 F（表 1），其中观测 E 和观测 F 的总输沙量分别为 13.415 和 15.695 g·cm^{-2}·min^{-1}，可以该观测结果进行分析。粒度组成测定结果，横向沙脊表面沙物质的粒径组成为粗沙、中沙与细沙分别占 2.67%、65.51% 和 31.82%，观测 E 的风沙流中的粗沙、中沙与细沙的含量分别为 0.33%、54.64% 和 44.79%（表 2），观测 F 则分别为 0.07%、51.14% 和 48.79%，粗沙、中沙与细沙三个粒径组沙粒所占比例均在 99% 以上，故主要分析不同风速下粗沙、中沙与细沙在风沙流中垂向分布的变化特点（图 1）。

表 1 横向沙脊顶部的风速梯度观测数据
Tab.1 Data of field measurement of vertical change of wind velocity on the crest of coastal transverse ridge

高度/cm		5	15	30	60	120
风速	观测 E	6.35	3.17	5.44	7.90	7.76
(m·s^{-1})	观测 F	8.45	2.29	6.92	10.90	10.90

表 2 横向沙脊顶部风沙流中沙物质的粒度构成
Tab.2 Composition of sand grain size in the wind-sand flow on the crest of coastal transverse ridge

粒级		粗沙	中沙	细沙	极细沙	粗粉沙
mm		1.00–0.50	0.50–0.25	0.25–0.10	0.10–0.05	0.05–0.01
粒度构成	观测 E	0.33	54.64	44.79	0.04	0.19
%	观测 F	0.07	51.14	48.79	0.00	0.00

3.1 粗沙垂向分布的变化

随着风速的增加（图 1a、图 1b），粗沙的绝对输沙量总量由风速小的观测 E 的 4.239×10^{-2} g·cm^{-2}·min^{-1} 变为风速大的观测 F 的 3.6205×10^{-2} g·cm^{-2}·min^{-1}，粗沙的总输沙量略有减少。同时，风沙流中不同高度的绝对输沙量的变化也有不同，随风速增大，0~2 cm 层的粗沙输沙量减少了 0.577×10^{-2} g·cm^{-2}·min^{-1}，2~8 高度内各层的输沙量有所增加，8~48 cm 高度层内基本持平，48~60 高度内各层的输沙量有不同程度的减少。从粗沙在不同高度气流层的输沙量占总输沙量比例的相对输沙量（%）的变化看（表 3），其变化与绝对输沙量的变化大致相同，其中 0~2 和 40~60 cm 分别减少了 5.15% 和 5.02%，2~4 和 4~6 cm 高度层内分别增加了 5.96% 和 3.03%。

表 3 不同风速下不同粒径组沙粒在不同高度的相对输沙量
Tab.3 Ratio of sand transport rates at different heights in total sand transport rates of different grain size sands in wind-sand flow at different velocity   %

高度	粗沙			中沙			细沙		
cm	观测 D	观测 F	变化量	观测 D	观测 F	变化量	观测 D	观测 F	变化量
0~2	63.10	57.95	−5.15	30.61	27.52	−3.09	20.60	19.85	−0.75
2~4	20.81	26.77	5.96	17.81	15.55	−2.26	15.51	11.23	−4.28
4~6	5.32	8.35	3.03	12.64	15.08	2.44	13.47	14.51	1.04
6~10	4.13	4.99	0.86	17.32	20.24	2.92	20.71	23.70	2.99
10~20	1.13	1.37	0.24	14.99	15.83	0.84	20.96	22.25	1.29
20~30	0.18	0.24	0.06	3.96	3.95	−0.01	5.84	6.02	0.18
30~40	0.12	0.12	0.00	1.10	1.13	0.03	1.72	1.60	−0.12
40~60	5.21	0.19	−5.02	1.54	0.70	−0.84	1.18	0.83	−0.35

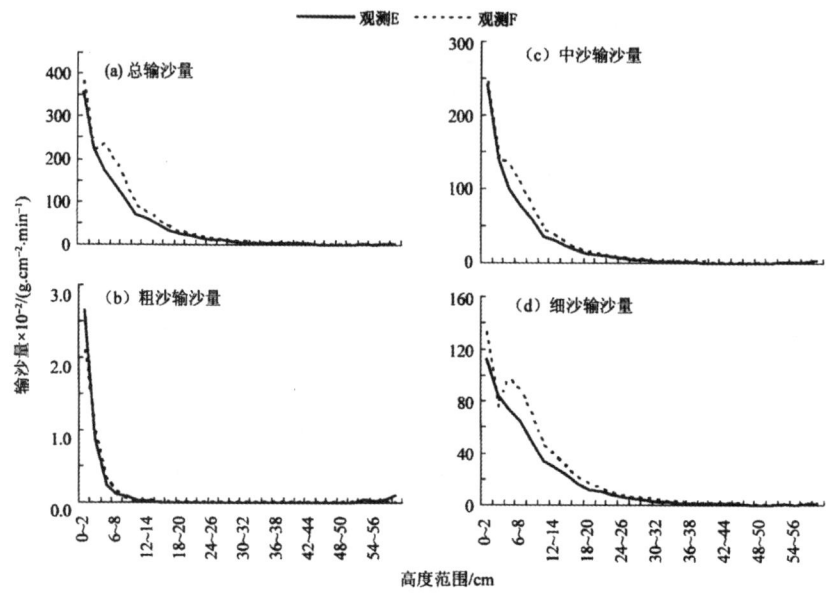

图 1 不同风速下风沙流中不同粒径组沙粒在不同高度的输沙量

Fig.1 Sand transport rate at different heights of different grain size sands in wind-sand flow at different velocity

随风速的增加，粗沙输沙量在风沙流中的垂向分布模式也发生了一定的变化。对观测 E 和观测 F 的气流中搬运沙尘量（Q）与高度（h）之间关系的整体和分段拟合分析结果（表 4），粗沙整体上呈现为负幂函数分布特点，尤其是在 0～40 cm 和 0～60 cm 高度内其垂向分布模式随风速的增加转变为典型的负幂函数。

表 4 不同风速下风沙流中不同粒径组沙粒的输沙量与高度之间拟合结果

Tab.4 Corelation formulas between sand transport rate and height of different grain size sands in the wind-sand flow at different wind velocity

粒径	高度/cm	观测样本	指数函数 拟合函数	相关系数	幂函数 拟合函数	相关系数
粗沙	0～20	观测 E	$Q=3.3981e^{-0.7777h}$	0.9790	$Q=5.6935h^{-3.1736}$	0.9556
		观测 F	$Q=2.8065e^{-0.7263h}$	0.9565	$Q=4.7541h^{-2.9937}$	0.9525
	0～40	观测 E	$Q=0.3992e^{-0.3737h}$	0.8002	$Q=4.3352h^{-2.9805}$	0.9605
		观测 F	$Q=0.4873e^{-0.3957h}$	0.8569	$Q=5.0167h^{-3.0645}$	0.9697
	0～60	观测 E	$Q=0.0039e^{-0.0984h}$	0.1486	$Q=0.5969h^{-1.7647}$	0.4463
		观测 F	$Q=0.1069e^{-0.2247h}$	0.6667	$Q=2.794h^{-2.7106}$	0.9057
中沙	0～20	观测 E	$Q=280.47e^{-0.3177h}$	0.9924	$Q=335.47h^{-1.2755}$	0.9375
		观测 F	$Q=321.88e^{-0.3116h}$	0.9885	$Q=365.04h^{-1.2178}$	0.8853
	0～40	观测 E	$Q=223.44e^{-0.2183h}$	0.9943	$Q=753.721h^{-1.949}$	0.9008
		观测 F	$Q=268.06e^{-0.2787h}$	0.9940	$Q=842.8h^{-1.9234}$	0.8937
	0～60	观测 E	$Q=115.66e^{-0.2118h}$	0.6135	$Q=1108.99h^{-2.2276}$	0.6332
		观测 F	$Q=162.21e^{-0.2253h}$	0.9357	$Q=1471.4h^{-2.2893}$	0.9016
细沙	0～20	观测 E	$Q=152.11e^{-0.2431h}$	0.9899	$Q=162.4h^{-0.9358}$	0.8599
		观测 F	$Q=172.96e^{-0.2243h}$	0.9356	$Q=180.08h^{-0.8436}$	0.7754
	0～40	观测 E	$Q=153.07e^{-0.2468h}$	0.9959	$Q=392.42h^{-1.6691}$	0.8594
		观测 F	$Q=198.96e^{-0.2526h}$	0.9913	$Q=485.33h^{-1.6744}$	0.8218
	0～60	观测 E	$Q=117.14e^{-0.2255h}$	0.7022	$Q=914.08h^{-2.2298}$	0.6410
		观测 F	$Q=145.72e^{-0.2215h}$	0.9552	$Q=1037.6h^{-2.1684}$	0.8543

3.2 中沙垂向分布的变化

风沙流中中沙的绝对输沙量随风速的增大由观测 E 的 787.058×10^{-2} g·cm^{-2}·min^{-1} 增至观测 F 的 893.436×10^{-2} g·cm^{-2}·min^{-1}（图 1a，图 1c），风沙流中不同高度的绝对输沙量也随风速的增大有不同程度的变化，其中 0～2 cm 增加，2～4 cm 减少，4～42 m 高度内的输沙量增加，42 cm～60 m 高度内各层的绝对输沙量减少。随风速的增大，中沙在不同高度气流层内的相对输沙量的变化（表 3），是 0～4 cm 减少，4～20 cm 增加，20～52 cm 基本持平，52～60 cm 减少。

中沙在不同高度气流层内输沙量的垂向变化总体上表现为指数函数分布（表 4），尤其是在 0～20 cm 高度内和 0～40 cm 高度内其垂向分布是典型的指数函数分布模式，但其在 0～60 cm 高度内的总体分布随风速的增大也由负幂函数转变为指数函数分布。

3.3 细沙垂向分布的变化

随风速增大风沙流中细沙的绝对输沙量由观测 E 的 548.66×10^{-2} g·cm^{-2}·min^{-1} 增至观测 F 的 672.44×10^{-2} g·cm^{-2}·min^{-1}（图 1a，图 1d），随之风沙流中不同高度的绝对输沙量 0～2 cm 增加了 18.09%，2～4 cm 减少了 11.28%，4～38 cm 高度内的输沙量有不同程度的增加，38～60 m 高度各层输沙量有不同程度的减少。不同高度气流层内细沙的相对输沙量随风速的增大，0～4 cm 高度层内减少，4～32 cm 增加，32～60 cm 高度层内有不同程度的减少。但是，细沙在风沙流中不同高度的输沙量的垂向分布随风速的增大几无变化，符合典型的指数函数分布模式（表 4）。

4 讨论与结论

上述观测结果表明，随着风速的增大，海岸沙丘表面不同粒径组沙粒在 60 cm 高度内输沙量的垂向分布呈现出了不同的变化特点。其中，粗沙的总输沙量减少，但中沙和细沙增加，在不同高度层内的变化亦不一致；相对输沙量，基本呈现为下层减少、中层增加或基本持平、上层减少的变化趋势，但各个变化层位的高度不一；垂向分布模式，粗沙转变为典型负幂函数分布，中沙由负幂函数转变为指数函数，细沙则为典型的指数函数布模式。该观测结果与吴正[2]、董治宝[15]、邵亚平[17]和冯大军等[18]的研究结果不尽完全相同，反映出风速增大中不同粒径组沙粒输沙量垂向分布变化的响应差异。

风速变化对风沙流中不同粒径组沙粒垂向分布的上述影响，主要应与不同风速气流的携沙极限、随风速增大增加了沙粒的搬运高度以及不同粒径组沙粒的主导运动方式有关[2,8,10,15]。首先，一定风速范围内的气流能够搬运沙粒的最大粒径存在极限值，就本研究所观测到的风速而言，气流搬运的主要应是颗粒相对较细的细沙和中沙，故风速增大时必然会使中沙和细沙的搬运量增大，在输沙量无明显增加情况下粗沙的总输沙量就有所减少。其次，气流风速的增大，也会增加沙粒的搬运高度，一般粒径越细搬运高度越高，由此使近床面气流中搬运的沙量占总沙量的比例相对减少并相应地增加了其上气流层中搬运的沙量，故相对输沙量下层减少、中层增加，而上层的减少则是由于随风速增大而输沙量无增加的情况下沙源的相对不足造成其搬运量减少所致。另外，运动方式不同的沙粒在风沙流中的垂向分布特征不尽一致。粗沙组沙粒的运动集中发生于受沙丘表面微小形态影响而湍流集中发育的近表层，湍流的主导作用会使其输沙量随高度的变化整体满足负幂律关系[23]；细沙大多以跃移的形式运动，跃移沙粒输沙量垂线分布是单一指数递减函数[2,15-18]；中沙的运动方式随风速大小不同存在蠕移和跃移的变化，风速大则跃移为主，风速小则蠕移为主，但本次观测时随风速增大会使其跃移成分增高，故其垂向分布由负幂函数转变为指数函数分布模式。

但是，对于随风速增大，不同粒径组沙粒的绝对输沙量在不同高度气流层内的不同变化特征以及相对输沙量变化的特征高度的差异等，其原因还有待进一步实验研究。

致谢： 本项研究得到了北京师范大学哈斯教授、邹学勇教授、刘连友教授等的大力支持，黄德全、张小啸、郑影华、夏显东、付川、周娜和倪少春等参与了野外观测，粒度样品分析得到华南师范大学地理科学学院实验室和李保生教授、温小浩博士的帮助，特致谢忱。

参考文献：

[1] BAGNOLD R A. The Physics of blown sand and desert dunes [M]. London: Methuen & Co, 1941: 265.

[2] 吴正. 风沙地貌与治沙工程学 [M]. 北京: 科学出版社, 2003: 61-88.
WU Zheng. Geomorphology of wind-drift sands and their controlled engineering [M]. Beijing: Science Press, 2003: 61-88.

[3] 邹学勇, 董光荣. 风沙物理学的发展与展望 [J]. 地球科学进展, 1993, 8(6): 44-49.
ZOU Xuyong, DONG Guangrong. The development and prospect of physics of blown sand [J]. Advance in Earth

[4] 李振山, 倪晋仁. 风沙流研究的历史、现状及其趋势 [J]. 干旱区资源与环境, 1998, 12(3): 89-97.
LI Zhenshan, NI Jinren. Aeolian sand transport processes [J]. Journal of Arid Land Resources and Environment, 1998, 12(3): 89-97.

[5] 董治宝. 中国风沙物理研究五十年（Ⅰ）[J]. 中国沙漠, 2005, 25(3): 293-305.
DONG Zhibao. Research achievements in aeolian physics in China for the last five decades (Ⅰ) [J]. Journal of Desert Research, 2005, 25(3): 293-305.

[6] 董治宝, 郑晓静. 中国风沙物理研究 50a（Ⅱ）[J]. 中国沙漠, 2005, 25(6): 795-815.
DONG Zhibao, ZHENG Xiaojing. Research achievements in aeolian physics in China for the last five decades (Ⅱ) [J]. Journal of Desert Research, 2005, 25(6): 795-815.

[7] CHEPIL W S. Dynamics of wind erosion: nature of movement of soil by wind [J]. Soil Science, 1945, 60: 305-320.

[8] 兹纳门斯基 А И. 沙地风蚀过程的实验研究和沙堆防止问题 [M]. 杨郁华, 译. 北京: 科学出版社, 1960: 8-52.
ЗНАМЕНСКИЙ А И. Experiments research of wind erosion process on sand land and their prevent problems [M]. Beijing: Science Press, 1960: 8-52.

[9] WILLIAMS G. Some aspects of aeolian transport load [J]. Sedimentology, 1964, 3: 257-287.

[10] 马世威. 风沙流结构的研究 [J]. 中国沙漠, 1988, 8(3): 8-22.
Ma Shiwei. Study on structure of wind-sand flow [J]. Journal of Desert Research, 1988, 8(3): 8-22.

[11] FRYREAR D W, SALEH A. Field wind erosion: vertical distribution [J]. Soil Science, 1993, 155: 294-300.

[12] 刘贤万. 实验风沙物理与风沙工程学 [M]. 北京: 科学出版社, 1995: 36-38.
LIU Xianwan. Experimental physics of blown sand and blown sand engineering [M]. Beijing: Science Press, 1995: 36-38.

[13] GREELEY R, BLUMBERD G, WILLIAMA S H. Field measurements of the flux and speed of wind-blown sand [J]. Sedimentology, 1996, 43: 41-52.

[14] BUTTERFIELD G R. Near-bed mass flux profiles in aeolian sand transport: high-resolution measurements in a wind tunnel [J]. Earth Surface Processes and Landforms, 1999, 24: 393-412.

[15] DONG Z, LIU X, WANG H, et al. The flux profile of blowing sand cloud: a wind tunnel investigation [J]. Geomorphology, 2002, 49: 219-230.

[16] NI J R, LI Z S, MENDOZA C. Vertical profiles of aeolian sand mass flux [J]. Geomorphology, 2002, 49: 205-218.

[17] SHAO Y P, MIKAMI M. Heterogeneous saltation: Theory, observation and comparison [J]. Boundary-Layer Meteorology, 2005, 115: 359-379.

[18] 冯大军, 倪晋仁, 李振山. 风沙流中不同粒径组沙粒的输沙量垂向分布实验研究 [J]. 地理学报, 2007, 62(11): 1194-1203.
FENG Dajun, Ni Jinren, Li Zhenshan. Vertical mass flux profiles of different grain size groups in Aeolian sand transport [J]. Acta Geographica Sinica, 2007, 62(11): 1194-1203.

[19] 傅启龙, 沙庆安. 昌黎海岸风成沙丘的形态与沉积构造特征及其成因初探 [J]. 沉积学报, 1994, 12(1): 98-104.
Fu Qinlong, SHA Qingan. Morphology sedimentary structural characteristics and genesis of the Chanli coastal dunes, Hebei Province [J]. Acta Sedimentologica Sinica, 1994, 12(1): 98-104.

[20] 傅命佐, 徐孝诗, 徐小薇. 黄、渤海海岸风沙地貌类型及其分布规律和发育模式 [J]. 海洋与湖沼, 1997, 28(1): 56-65.
FU Mingzuo, XU Xiaoshi, XU Xiaowei, et al. The Aeolian geomorphical types in the coastal areas of the Yellow Sea and Bohai Sea, and their distribution patterns and development models [J]. Oceanologia & Limnologia Sinica, 1997, 28(1): 56-65.

[21] 胡镜荣, 顾建清. 自然保护区可持续发展概论 [M]. 北京: 科学出版社, 1996: 55-81.
HU Jingrong, GU Jianqing. Introduction to sustainable development of natural protection area [M]. Beijing: Science Press, 1996: 55-81.

[22] 董玉祥. 中国海岸风沙地貌的类型及其分布规律 [J]. 海洋地质与第四纪地质, 2006, 26(4): 99-104.
DONG Yuxiang. The coastal aeolian geomorphic types and their distribution pattern in China [J]. Marine Geology & Quaternary Geology, 2006, 26(4): 99-104.

[23] 李后强, 艾南山. 风沙湍流的间隙性、稳定性及分形特征 [J]. 中国沙漠, 1993, 13(1): 11-20.
LI Houqiang, AI Nanshan. The intermittency, stable distribution and fractal characteristic for the wind-sand turbulent flow [J]. Journal of Desert Research, 1993, 13(1): 11-20.

Influence of Wind Velocity on the Vertical Distribution of Different Grain Size Sands in the Wind-sand Flow on the Coastal Dune

DONG Yu-xiang, MA Jun

(School of Geography and Planning, Sun Yat-sen University, Guangzhou 510275, China)

Abstract: The change data of vertical distribution of different grain size sands at different wind velocity, including the data of structure of wind-sand flow and its grain size composition of sands at different heights on the crest of typical coastal transverse ridge at Changli Gold Coast in Hebei Province, which is one of the most typical coastal Aeolian distribution regions in China and famous for the natural and tall and typical coastal transverse ridges, was measured in the field and analyzed. The results showed, on the conditions of near total sand transport rates and the same surface material and environment, with the increasing of wind velocity, vertical distribution of different grain size sands in the wind-sand flow in 60cm height over the coastal dune had different change features. With the increasing of wind velocity, the total transport rate of coarse sands decreased, but medium sands and fine sands increased, and the changes at different height of sand transport rate were not the same. The change of ratio of sand transport rates of different height layer in total sand transport rates, with the increasing of wind velocity, normally presented as decreasing in low layer, increasing in middle layer and decreasing in high layer, but the heights of every layer for coarse sands and medium sands as well as fine sands were different. For the vertical distribution model of the sand transport rate in the wind-sand flow, coarse sands changed into typical power function with the increasing of wind velocity, medium sands changed form power function into exponential function, fine sands could be expressed by the typical exponential function. These changes had a close relationship with the limit of sand grain size of wind flow transporting with definite wind velocity, the change of sand carrying height with the wind velocity change and transporting ways of different grain size sands in the wind-sand flow.

Key words: wind velocity; coastal dune; grain size; vertical distribution

珠江三角洲城市尺度规划对大气环境的影响效应

王雪梅[1]，陈 燕[2]，蒋维楣[3]，吴志勇[1]，林文实[1]

(1. 中山大学环境科学与工程学院，广东 广州 510275；
2. 江苏省气候中心，江苏 南京 210008；3. 南京大学大气科学系，江苏 南京 210093)

摘 要：为探讨城市尺度规划对局地气象环境的影响，以珠江三角洲不同时期的下垫面为例，选取 2001年3月的气象条件，采用数值模拟手段，模拟并分析比较该地区城市群的发展对城市气象环境的影响。结果表明，珠江三角洲城市化发展过程带来热岛强度和范围的扩大，城市区域风速减小，小风面积增大。利用城市尺度规划大气环境评估体系，对广州城市发展规划进行评估，给出影响和优劣比较的定量结果，城市发展对气象环境影响较明显的是城市热岛强度、小风区分布、大气自净能力 3 个指标，即城市热岛增强，风速减小，大气的自净能力下降。综合评价指数表明在不利天气条件下，城市化过程带来的大气环境影响较大。

关键词：大气环境影响效应；城市尺度规划；珠江三角洲

中图分类号：X22 **文献标识码**：A **文章编号**：0529-6579 (2009) 06-0115-06

Impacts of Urban Planning on Atmospheric Environment over the Pearl River Delta Region

WANG Xuemei[1], CHEN Yan[2], JIANG Weimei[3], WU Zhiyong[1], LIN Wenshi[1]

(1. School of Environmental Science and Engineering, Sun Yat-sen University, Guangzhou 510275, China;
2. Climate Research Center of Jiangsu Province, Nanjing 210008, China;
3. Department of Atmospheric Science, Nanjing University, Nanjing 210093, China)

Abstract: The data collected from the Pearl River Delta were used to study the impact of urban planning on local meteorology. The results show that urban heat island became stronger and the influenced area was larger compared with pre-urban situation. Wind speed decreased and light wind speed area increased. The influence of Guangzhou urban planning was assessed based on atmospheric environmental assessment indices. The apparent influencing indices are urban heat island intense, distribution of light wind speed and atmospheric self-clear capability. With urban expansion, urban heat island became stronger, wind speed decreased and atmospheric self-clear capability decreased. The integrated analysis shows that urban expansion has obvious influence on atmospheric environment.

Key words: urban scale planning; atmospheric environment effect; the Pearl River Delta

城市是一个建筑林立，生态环境次生人工化的环境，城市对局地气象条件以及污染物扩散的影响是由其下垫面特征决定的，主要表现在：建筑物对气流有摩擦阻力作用、阻止作用，城区风速明显低于郊区，造成城市通风能力下降，导致城市大气污染浓度成倍地增加。由于城市下垫面的热力性质和人类活动的影响，形成城市热岛，导致小风情况下，气流向市中心汇集，从而引起城区内大气污染物的累积，加重大气污染[1-4]。而城市规划是城市建设和发展的蓝图，是建设和管理城市的基本依

---

* 收稿日期：2008-11-20
基金项目：国家自然科学基金资助项目（U0833001, 40875076）；国家教育部留学回国基金资助项目（4125310）；广州市环境保护局科技项目（4205296）
作者简介：王雪梅（1969年生），女，副教授；E-mail: eeswxm@mail.sysu.edu.cn

据。和国外相比,我国现阶段经济社会快速发展和城市化已导致部分城市环境质量急剧恶化,城市空气污染严重,城市及区域生态系统受到了严重的威胁,严重地制约经济和社会的持续发展,在这种背景下,如何更合理的实施城市规划以实现城市的可持续发展,减少规划建设过程中带来的人为的负面影响是目前发展过程中有待解决的问题。因此除了建立一种长远的、有序可持续发展的城市规划运作和管理机制外,发展和完善城市规划科学的理论、方法与实施是我国城市化进程中的迫切要求。由于城市规划是一门复杂的综合学科,本文仅以城市规划与气象环境为结合点,以珠江三角洲为例,利用数值模拟手段研究珠江三角洲区域在城市发展过程中,不同下垫面情况对该区域内城市气象环境的影响;利用大气环境评估指标体系[5],确定了易于量化的多个单项评估指标,以期为城市群或都市圈的经济布局与发展决策提供参考。

1 数值模式和模式验证

1.1 数值模式

WRF (Weather Research and Forecast) 是继 MM5 之后的新一代中尺度气象模式。本文选取的模拟区域涵盖了整个珠三角,模式中心点选在 23.2°N、113.6°E,水平格局为 12 km,格点数为 37×37,垂直方向分为 24 层,顶层为 100 hPa,模拟区域使用了两套不同的土地利用资料,分别为美国地质调查局 (USGS) 提供的 1993 年 1 km 分辨率资料 (如图 1a) 和基于 2004 年 500 m 分辨率的 MODIS 卫星影像的土地利用资料 (如图 1b)。1 km 分辨率的 USGS 和 MODIS 资料采用相同的方法整合到水平格距为 12 km 的模拟区域上。

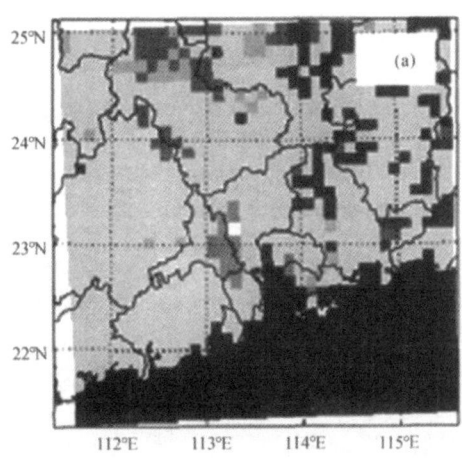
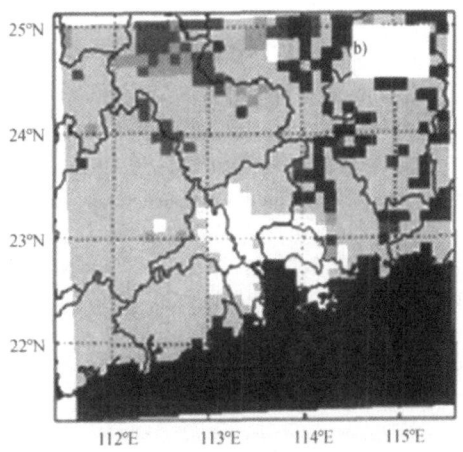

图 1 模拟区域土地利用类型 (a) 城市化前; (b) 城市化后; (a) 与 (b) 唯一的不同只在于城市部分 (标记为白色)

Fig.1 Land cover in the model domain (a) pre-urbanization; (b) urbanization; The difference between (a) and (b) is urban area shown in white color

珠江三角洲是广东省城市和人口最密集的地区之一,近 20 年来,珠江三角洲地区已形成既有特大城市、又有中小城市相连的城市群,为了研究珠江三角洲城市群的形成与发展对气象环境的影响,利用了历史和现状 2 种不同下垫面条件,将 MODIS 中城市部分替换 USGS 中的相应下垫面的数据,其它土地利用类型保持不变,因此图 1a 和 1b 的不同只在于城市部分,前者反映了 20 世纪 90 年代初珠三角地区城市的分布 (主要是广州和香港),后者则反映了目前的城市分布。从图 1 可以看出,珠三角以广州、佛山、东莞和深圳为中心经历了快速的城市扩张,并且城市分布非常密集,形成了珠三角城市群。珠三角的城市扩张主要是水田和草地、灌木向城市转变的过程,土地利用类型不同,其物理性质也不同。本次模拟时间为 2001 年 3 月 1 日 0000UTC 至 2001 年 3 月 30 日 230000UTC,初始和边界条件由 1°×1° NCEP 再分析资料提供,并内插至模拟区域。

在模拟中选取的物理参数化方案包括:NCEP 5 类微物理过程参数化方案[6],新 Kain-Fritsch 积云对流方案[7], Dudhia 短波辐射方案[8], RRTM 长波辐射方案[9], YSU 边界层方案和 Noah 陆面过程方案[10-11]。Noah陆面过程方案提供感热通量、潜热通量和地表表层温度作为WRF模式的下层边界条件。为了表征出城市下垫面的热力和动力效应，将Kusaka (2001)和 "Kusaka与Kimura" (2004)的单层城市冠层模型（UCM）与Noah方案进行了耦合。

因此，在本次研究中利用WRF模式进行了2次模拟试验，第1次采用1993年USGS的土地利用资料（此后称为城市化前），第2次采用2004年MODIS的土地利用资料（此后称为城市化前），两次试验采用的物理方案和初始和边界条件均相同，唯一的不同只在于土地利用资料。

1.2 模拟结果的验证

利用模拟区域的气象观测资料对URBAN试验的模拟结果进行验证，利用的气象观测资料时段为2001年3月1－30日，每日数据包括00、06、12和18时（UTC时间）4个时间点。计算了2m温度、相对湿度和风速的偏差（bias）、平均绝对误差（MAE）、均方根误差（RMSE）和命中率（Hit Rate, HR），bias和MAE均满足95%的置信区间，2m温度、相对湿度和风速的HR计算标准分别为2℃、1 m/s、2 g/kg，如表1所示，对比22个区域台站的资料，相对湿度和2m温度的命中率都超过了50%，由于本研究中对风速命中率的计算标准取为1 m/s 相对较严格，其命中率为30%，模拟结果可以反映实际大气的情况。

表1 各气象要素的模拟值与观测值的对比
Table 1 Comparison of simulation and observation for meteorological variables

要素	站点数/个	bias	MAE	RMSE	HR
2 m温度	22	0.7	1.8	2.3	0.627
相对湿度	22	-5.3	10.5	13.5	0.859
风速	19	1.3	2.0	2.6	0.303

2 大气环境评估指标体系

城市规划大气环境影响评估是大气环境评价的重要内容之一，建立城市大气环境影响评估体系的目的是要提供一个科学的、可供操作的评估手段，以便能对城市规划建设对气象环境带来的影响有效的进行多层次多因素的评估，参照层次分析法，可以把城市规划－气象条件－大气环境归结成一个层次体系，最高层次的综合评估指标指明了城市规划对气象条件和大气环境的影响程度，综合指标向下

分为单项评估分指标，针对城市尺度评估范围的特点，从环境气象条件和污染物扩散两方面，确定了热岛强度、混合层高度、逆温层持续时间、小风区分布、自净时间等5个评估分指标（见图2），将以上分指标进行加权，获得城市尺度的综合评估指标，具体见文献［5］。

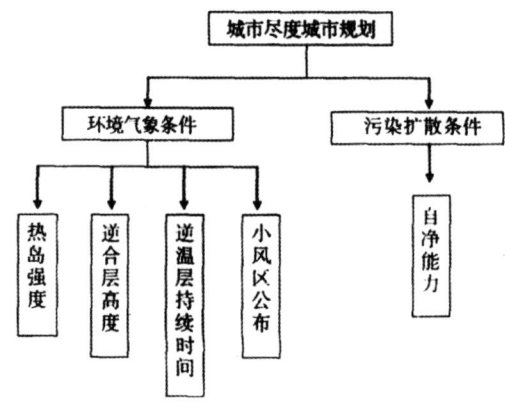

图2 城市尺度规划对大气环境影响评估定量示意图
Fig.2 Flowchart for the impact of urban planning on atmospheric environment

图2给出了城市尺度规划对大气环境影响评估定量指标体系的总框架，其中单项评估指标分别解释如下：

（1）I_1：热岛强度。城市规划将影响地面的温度和气温的水平、垂直分布，从而影响污染物的混合扩散过程。根据模式计算结果，可以分析其具体的影响程度和影响后的分布特征，热岛强度、混合层高度、逆温层持续时间这3个分指标主要就是分析城市规划对地面温度和气温影响的定量指标。

在首先获取城市以外的平均温度T_0的基础上，根据城市温度（2 m高度）与T_0差值的大小来衡量热岛强度，按将城市热岛强度分为强、中等、弱、无4个等级，他们与城市以外区域温差（℃）依次为 ≥ 2.5、$2.5\sim1.5$、$1.5\sim0.5$ 和 ≤ 0.5。

热岛强度指标由2m高度热岛强度等级为"无"及"弱"的区域所占的面积百分比来衡量，最终确定热岛强度无量纲评估分指标（I_1）的标准见表2。

（2）I_2：混合层高度。混合层高度，是地面上空某一给定区域污染物可发生混合的垂直距离，即空气污染物可以上升的最大高度，混合层高度越

高，越有利于污染物垂直方向的扩散，混合层高度是决定地面污染浓度的重要因子。

本指标用评估区域混合层平均高度来衡量，根据混合层平均高度的数值范围确定混合层高度无量纲评估分指标（I_2）见表2。

(3) I_3：逆温层持续时间。大气稳定度是影响空气污染物的热力因素。逆温层大气非常稳定，可阻止混合层空气与上层空气的混合，污染物停留在低层空间，无法向上扩散，如果同时遇到不利的天气和地形，就容易发生污染事故。而当大气处于不稳定状态时，向上排放的污染物易于上升，迅速与高空的清洁空气混合，有利于稀释扩散。

本指标以评估区域逆温层持续时间来衡量，根据逆温层持续时间的数值范围确定逆温层持续时间无量纲评估分指标（I_3）见表2。

(4) I_4：小风区分布。本指标用10 m高度上，评估区域风速≤1 m/s的区域所占的面积比例来衡量，该指标一定程度上反映了城市污染物混合扩散能力。

最终确定小风区分布无量纲评估分指标（I_4）的标准见表2。

(5) I_5：自净能力。自净能力表征污染物在大气中的输送与扩散能力。具体公式如下：

$$F = \frac{C_0 - C}{C_0}$$

其中，C_0为某污染物环境质量标准，C为某污染物日均浓度，利用$F>30\%$的区域所占的面积百分比来衡量，最终确定大气自净能力无量纲评估分指标（I_5）的标准见表2。

表2 评估定量指标体系中单项评估指标
Table 2 Single evaluated index in assessment system

评估分指标	1	2	3	4	5
热岛区域面积百分比	p≤20	20<p≤40	40<p≤60	60<p≤80	p>80
混合层高度范围	p≤150	150<p≤350	350<p≤600	600<p≤900	p>900
逆温层持续时间	c>12	10<c≤12	6<c≤10	2<c≤6	c≤2
小风区面积百分比	p>80	60<p≤80	40<p≤60	20<p≤40	p≤20
自净能力 F>30%区域所占的面积百分比	p≤20	20<p≤40	40<p≤60	60<p≤80	p>80

将以上分指标进行加权，获得城市尺度的综合评估指数 I，

$I = 0.3 \times I_1 + 0.1 \times I_2 + 0.1 \times I_3 + 0.1 \times I_4 + 0.4 \times I_5$

3 大气环境影响效应研究在规划实践中的应用

3.1 气象环境特征的变化

图3为用城市化前和城市化后2种下垫面模拟得到的整个珠江三角洲地区地面2 m高度温度场的月平均值及其差值。从图3可以明显看到城市化过程使得珠江三角洲热岛面积扩大，强度增大。同城市化前的情况相比，广州南部、佛山、东莞、深圳的温度增加了0.5 ℃左右，增温的区域与城市化扩张的区域相吻合，并且有向外辐散的趋势。陈燕等[12]在珠江三角洲针对两种下垫面选择冬季典型天气的研究也同样发现，城市化后城市热岛面积和强度明显的加强。

图4为2种下垫面模拟得到的整个珠江三角洲地区月平均地面10 m高度风速等值线图，可以看出城市化前，广州和佛山地区风速比东莞和深圳小，在3.5~4.5 m/s之间；城市化后（图4b），广州南部、佛山、东莞的平均风速只有2.2 m/s，深圳和香港由于靠近海边，平均风速仍然可以达到3.0 m/s。从风速的差值区域也可以明显的看出，与城市化发展相对应的区域，风速有明显的减小，广州南部、佛山、东莞和深圳风速减小约2.5 m/s。由于城市化的影响，这些城市的外围风速也有明显的减小，减小可达1 m/s。

3.2 大气环境评估指标体系的应用

根据前述第2节大气环境评估指标体系中的方法，利用模拟结果计算了广州市城市化前后对大气环境的综合效应，见表3。由表中的指数值可以看出，城市化对气象环境影响较明显的是城市热岛强度、小风区分布、大气自净能力。广州城市化带来的结果是城市热岛增强，风速减小，大气的自净能力下降。综合评价指数表明在不利天气条件下，城市化过程带来的影响较大。

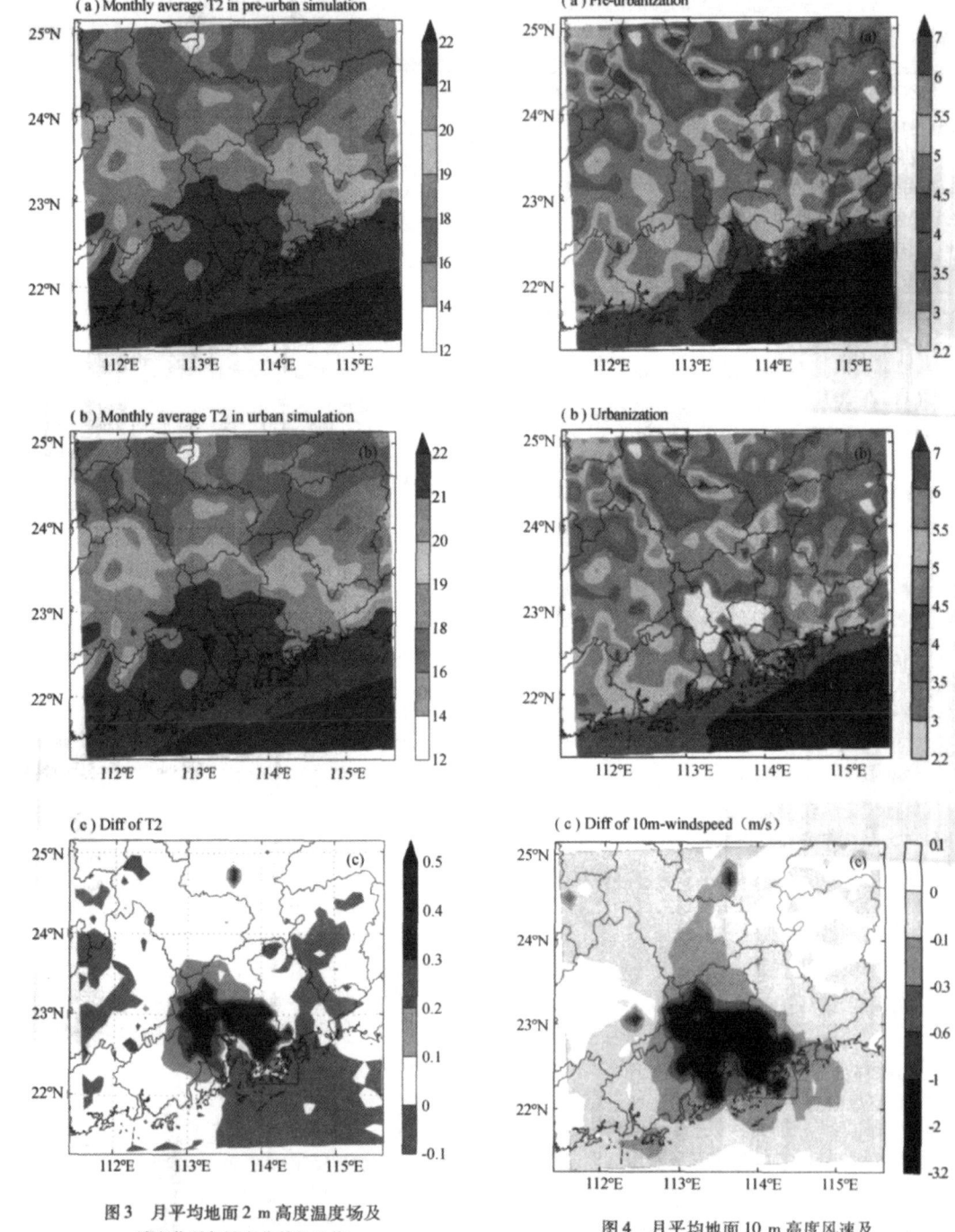

图3 月平均地面2 m 高度温度场及城市化后与城市化前的差值
(a) 城市化前；(b) 城市化后；(c) 差值
Fig. 3 Monthly averaged 2-m temperature and difference between urbanization and pre-urbanization

图4 月平均地面10 m 高度风速及城市化后与城市化前的差值
(a) 城市化前；(b) 城市化后；(c) 差值
Fig. 4 Monthly averaged 10-m wind speed and difference between urbanization and pre-urbanization

表 3 广州城市化前后大气环境效应综合评估表
Table 3 Integrated assessment of atmospheric environmental effects after urbanization

评价指标	现状下垫面	历史下垫面
热岛强度	2	5
混合层高度	3	3
逆温层持续时间	1	1
小风区分布	2	3
自净能力	2	3
综合评估指数	2.0	3.4

4 结 论

（1）在 2001 年 3 月天气条件下，模拟城市化前和城市化后 2 种下垫面情况下的温度变化，同历史下垫面的情况相比，珠江三角洲热岛面积扩大，强度增大，地面温度变化较大的是广州、佛山、东莞、深圳，平均约增加了 0.5 ℃左右，并且热量向外辐散，郊区的温度也有所增加。

（2）从地面风场看，城市化后风速有明显的减小，广州、佛山、东莞、深圳地面 10 m 风速减小最大，约为 2.5 m/s 左右，同时由于城市的影响，风速减小的区域大于城市化的区域，使得这些城市的外围地区风速也有明显的减小，减小可达 1 m/s。

（3）从大气环境评估单项指标来看，城市化对气象环境影响较明显的是城市热岛强度、小风区分布、大气自净能力三个指标。广州城市化带来的结果是城市热岛增强，风速减小，大气的自净能力下降。综合评价指数表明在不利天气条件下，城市化过程带来的影响较大。

由于本模拟指针对一个季节的气象条件进行的模拟试验，在以后的工作中将对不同天气及大气环境单项指标评估的可信性做进一步的研究。

参考文献：

[1] 周淑贞. 城市气候学[M]. 北京：气象出版社，1988.
[2] 汪光焘. 气象、环境与城市规划[M]. 北京：北京出版社，2004.
[3] LIN W S, SUI C H, YANG L M, et al. A numerical study of the influence of urban expansion on monthly climate in dry autumn over Pearl River Dealta, China[J]. Theoretical and Applied Climatology, 2007, 89(1-2)：63-72.
[4] WANG X M, LIN W S, YANG L M, et al. A Numerical Study of Influences of Urban Land-use Change on Ozone Distribution over the Pearl River Delta Region[J]. China Tellus B, 2007, 59B：633-641.
[5] 北京城市规划建设与气象条件及大气污染关系研究课题组. 城市规划与大气环境[M]. 北京：气象出版社，2004.
[6] HONG S Y, JUANG H M H and ZHAO Q. Implementation of prognostic cloud scheme for a regional spectral model[J]. Monthly Weather Review, 1998, 126：2621-2639.
[7] KAIN J S. The Kain-Fritsch convective parameterization, an update[J]. Journal of Applied Meteorology, 2004, 43(1)：170-181.
[8] DUDHIA J. Numerical study of convection observed during the winter monsoon experiment using a mesoscale two dimensional model[J]. J Atmos Sci 1989, 46：3077-3107.
[9] MLAWER E J, TAUBMAN S J, BROWN P D, et al. Radiative transfer for inhomogeneous atmospheres, RRTM, a validated correlated-k model for the longwave[J]. J Geophys Res, 1997, 102：16663-16682.
[10] NOH Y, CHEON W G, HONG S Y, et al. Improvement of the K-profile model for the planetary boundary layer based on large eddy simulation data[J]. Boundary-Layer Meteorology, 2003, 107(2)：401-427.
[11] Chen F, J Dudhia. Coupling an advanced land surface-hydrology model with the Penn State-NCAR MM5 modeling system. Part I, Model implementation and sensitivity[J]. Monthly Weather Review, 2001, 129(4)：569-585.
[12] 陈燕，蒋维楣，郭文利，等. 珠江三角洲地区城市群发展对局地大气污染物扩散的影响[J]. 环境科学学报，2005, 25(5)：700-701.
CHEN Y, JIANG W M, GUO L W. Impacts of urban development over PRD on local atmospheric pollutants diffusion[J]. J of Environmental Science, 2005, 25(5)：700-701.

流溪河模型 I：原理与方法*

陈洋波，任启伟，徐会军，黄锋华

（中山大学 自然灾害研究中心//水资源与环境系，广东 广州 510275）

摘　要：提出了一个流域洪水预报的分布式物理水文模型——流溪河模型。模型分成流域划分、蒸散发计算、产流计算、汇流计算、参数推求5个模块。流域划分模块将一个研究流域沿水平方向划分成一系列的单元，沿垂直方向划分成植被覆盖层、地表层和地下层；蒸散发计算模块根据单元流域上的降雨量及土壤前期湿润指标，计算确定各个单元流域上的蒸散发量；产流计算模块根据单元流域上的降雨量、蒸散发量，计算确定各个单元流域上的产流量，并划分成地表径流、壤中流和地下径流。地表径流根据蓄满产流模式计算，壤中流则根据Campbell 公式计算；汇流计算模块将地表径流汇流分成坡面汇流、河道汇流和水库汇流三种类型，对各单元流域上产生的径流量进行逐单元的汇流计算；参数推求模块将模型参数分成不可调参数和可调参数，对不可调参数根据DEM 直接计算，对可调参数提出一个逐步迭代求精的过程对参数进行调整。流溪河模型还提出了一整套基于DEM 及遥感影像对流域进行单元划分及对河道单元断面尺寸进行估算的方法，解决了目前在大部分流域不能应用分布式物理水文模型的难题。

关键词：流域洪水预报；分布式物理水文模型；径流汇流；一维运动波法；一维扩散波法
中图分类号：TV124　　**文献标志码**：A　　**文章编号**：0529-6579（2010）01-0107-06

Liuxihe Model I: Theory and Methods

CHEN Yangbo, REN Qiwei, XU Huijun, HUANG Fenghua

(Natural Disaster Research Center//Department of Water Resources and Environment,
Sun Yat-sen University, Guangzhou 510275, China)

Abstract: This paper presents a physically based distributed hydrological model for catchmet flood forecasting—the Liuxihe Model. This model constitutes five components including catchment dividing, evaporation, runoff production, runoff routing and parameter deriving. The catchment dividing component divides the whole catchment into grids horizontally and layers vertically. The evaporation component calculates grid evaporation based on precipitation and soil wetness. The runoff production component determines the runoff produced from each grid and divides it into surface runoff, interflow and underground water. Surface runoff is determined with the saturation excess mechanism and the interflow is determined by Campbell equation. The runoff routing component routes the runoff grid by grid over the whole catchment and divides the surface runoff routing into overland flow routing, river channel routing and reservoir routing; The parameter deriving component derives model parameters for every grid in which the parameters are divided into unadjustable parameters that are determined by the DEM and adjustable parameters adjusted with a successive procedure. A method for estimating channel cell cross-section size based on the DEM and the remote sensing imagines of the basin is also proposed, which solves the inapplicability of physically based distributed hydrological model in many basins.

---

* 收稿日期：2008-07-25
　基金项目：国家自然科学基金资助项目（50479033，50179019）；欧盟第五框架计划基金资助项目（EVK1-CT2002-00117）
　作者简介：陈洋波（1964年生），男，教授，博士生导师；E-mail：eescyb@mail.sysu.edu.cn

Key words: catchment flood forecast; physically based distributed hydrological model; runoff routing; one dimensional kinematical wave approximation; one dimensional diffusive wave approximation

流域水文模型是对流域水文过程进行系统描述和模拟/预测的数学模型。1932 年提出的谢尔曼单位线[1]是流域水文模型的雏形，但真正意义上的流域水文模型直到上世纪五十年代末才正式提出来，斯坦福 4 号模型[2]是提出较早的流域水文模型。

流域水文模型一般可分成集总式模型（Lumped Model）和分布式模型（Distributed Model）两大类。分布式模型主要是基于物理意义的模型，一般被称为分布式物理水文模型（Physically based distributed hydrological model，本文以下称为 PBDHM）。PBDHM 的蓝图早在 1969 年就已经由 Freeze 和 Harlan 提出[3]，但世界上公开发表的第一个完整的分布式物理水文模型 SHE（Systeme Hydrologique Europeen）模型[4]，则直到 1986 年才正式发表，是在 Freeze 等人的探索性工作基础上发展而来。PBDHM 大的发展出现在 20 世纪 90 年代中期，国内外提出了若干个有代表性的分布式物理水文模型，并开发出了模型软件或功能模块。如由 Liang 等[5]提出来的 VIC 模型、Wang 等[6]提出的 WetSpa 模型、Vieux 等[7]研制的 Vflo 模型、Kouwen 等[8]提出来的 WATERFLOOD 模型、Julien 等[9]提出来的 CASC2D 模型、Wigmostha 等[10]提出来的 DHSVM 模型等。

分布式物理水文模型在流域洪水预报中仍然存在着一些较严重的挑战，作者认为主要有 3 个方面。其一是如何根据流域物理特性数据来直接推求模型参数。在现阶段，完全从物理意义上来直接推求模型参数在技术上还难以实现，目前还没有任何一个模型可以完全作到这一点。因此，作者认为对模型参数进行一定的调整，或者说借鉴集总式模型对参数率定的方法，对分布式物理水文模型的参数进行一定程度的"率定"，在目前的情况下是十分必要的。第 2 个严重挑战是如何确定河道断面尺寸。在分布式物理水文模型中，河道汇流采用水力学方法计算，这就需要有河道的断面资料，但对于流域上游的河道，一般都缺乏实测的河道断面数据，并且由于流域上游的河道人迹罕至，交通不便，很难实测，而通过遥感的手段也无法测量，因此，限制了分布式物理水文模型在大部分流域的应用。第 3 个严重挑战是模型的计算效率问题。分布式物理水文模型一般将流域划分成上万甚至上十万个单元，计算工作量非常大，对模型产汇流计算的效率要求非常高。在作业洪水预报时，一般要求一个时段的计算时间在秒级或分钟级，目前国外大部分的分布式物理水文模型的计算效率还难以达到这一要求，这就限制了分布式物理水文模型在较大流域的应用。正是由于上述的挑战，目前分布式物理水文模型在流域洪水预报中的应用还不多，特别是对于面积较大的流域，基本上还没有应用，目前参考文献中所报道的应用案例的流域面积都不大。

本文提出了一个主要用于流域洪水预报的分布式物理水文模型——流溪河模型，由于该模型是在开发流溪河流域洪水预报方案中提出来的，故作者将其命名为流溪河模型。针对目前分布式物理水文模型参数确定的难点，在流溪河模型中提出了一套确定模型参数的方法，由于该方法与集总式模型对参数进行率定的方法有本质区别，故本文称其为参数推求方法，该方法也可应用于其它的分布式物理水文模型的参数推求。流溪河模型还提出了一整套基于 DEM 及遥感影像对流域进行单元划分及对河道单元断面尺寸进行估算的方法，解决了目前在无资料流域不能应用分布式物理水文模型的难题。流溪河模型还具有较高的计算效率，在对流溪河水库流域的应用研究中，流域被划分成了 52853 个单元，在桌面机上的运行时间，平均模拟计算一个时段只需 12 s，速度非常快。

1 流溪河模型的结构与方法

1.1 流溪河模型的总体结构

流溪河模型的总体思路是，采用可获取的，有质量保证的，适当分辨率的流域 DEM 对整个流域进行划分，从水平方向和垂直方向将流域划分成一系列的单元，各个单元被看作是一个有物理意义的单元流域，各个单元流域有自己的流域物理特性数据，包括 DEM、植被类型、土壤类型和降雨量，在单元流域上计算蒸散发量及产流量，在计算蒸散发量及产流量时，不考虑相邻单元的影响，即认为各个单元流域上的蒸散发量及产流量的产生是相互独立的，各单元上产生的径流量通过一个汇流网络从本单元开始，进行逐单元的汇流，至流域出口单元。汇流分成边坡汇流、河道汇流和水库汇流，各采用不同的计算方法。整个模型分成流域划分、蒸散发计算、产流计算、汇流计算和参数推求 5 个相互独立的部分,每个部分是一个功能独立的模块,本文称其为模块。流溪河模型的总体结构见图1所示。

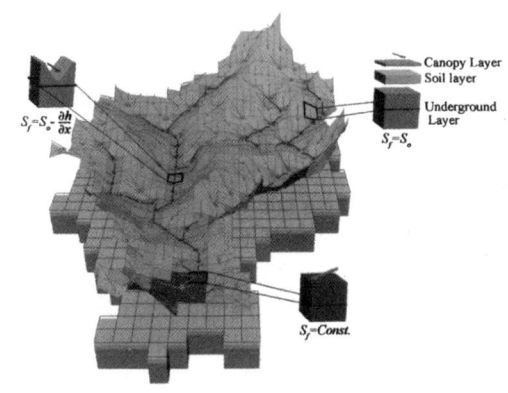

图 1 流溪河模型总体结构示意图
Fig. 1 General structure of the Liuxihe Model

1.2 流域划分

在流溪河模型中,采用正方形网格(Squared grid)数字地形高程模型对流域进行划分,将整个流域沿水平方向划分成一系列大小相等的正方形单元,被称为"单元流域"(unit-basin,简称单元)。对单元流域,沿垂直方向又分成3层,分别为植被覆盖层、地表层和地下层。植被覆盖层(Canopy Layer)为从地表面至树叶顶部的空间区域,主要包括各种植物在地表以上的部分。在流溪河模型中,假定蒸散发只发生在植被覆盖层,各单元流域的蒸散发量之间没有相互影响,只与本单元的气象要素有关,蒸散发模块被用来计算各单元流域的蒸散发量。地表层(Soil Layer)是从地表面往地下若干深度的浅表土壤层。该层具有一定的蓄水能力,单元上产生的净雨首先补充该层蓄水量。只有当蓄水量达到一定程度时,该单元才产生径流。地表层的含水量主要用于作物生长用水(散发)及其可能的蒸发。地下层(Underground Layer)为地表层以下的含水层,在降雨期间通过地表层下渗补给水量。

单元流域在流溪河模型中被分成三种不同的类型,分别为边坡单元(hill slope cell)、河道单元(channel cell)和水库单元(reservoir cell)。边坡单元为处于流域边坡上的一类单元,具有明确的土地利用类型。在边坡单元上产生地表径流、壤中流和地下径流;河道单元为以较明确的河道形态进行汇流的单元,河道单元上只考虑地表径流,汇流按

河道汇流进行计算;水库单元为由于兴建水库而处于水库淹没区内的单元。由于水库的淹没水位可能处于不断变化中,因此,水库单元是动态变化的,为了避免这种变化过大给实际计算带来的不便,可以预先设定的水位相应的淹没范围作为水库的固定淹没范围,而假定在整个计算期的时间段内是不变的。

对不同的单元,分别设置不同的单元属性,属性是与参数不同的数据,属性是原始数据,可直接测量,与模型参数不同。模型参数是可根据属性确定的,用于产汇流计算的、人为定义的系数,难以直接测定。不同单元的属性如表1。

表 1 不同类型单元的属性数据
Table 1 Properties of different cells

单元类型	属性数据
边坡单元	高程、植被类型、土壤类型
河道单元	河底高程、底宽、底坡、侧坡
水库单元	库容-水位关系曲线

1.3 蒸散发计算

进行蒸散发计算时,只考虑蒸散发过程,不考虑冠层截留和相应的蒸散发。实际的蒸散发按下式计算:

$$当 \theta > \theta_{fc} 时 \quad E = \lambda E_p \quad (1)$$

$$当 \theta_w < \theta \leq \theta_{fc} 时 \quad E = \lambda E_p \frac{\theta - \theta_w}{\theta_{fc} - \theta_w} \quad (2)$$

$$当 \theta \leq \theta_w 时 \quad E = 0 \quad (3)$$

式中,E 为实际蒸散发量;θ_{fc} 为田间持水量;θ_w 为凋萎含水量,θ 为土壤当前含水量。E_p 为潜在蒸发率,可由水面蒸发率确定,λ 为蒸发系数,反映植被类型,对于水面单元,λ 取1。

1.4 产流计算

在流溪河模型中,按蓄满产流模式计算地表产流量,对由降雨引起的水流在陆地及土壤中的运动过程,在流溪河模型中是如此描述的:单元流域上的降雨扣除蒸散发后的部分称为净雨,当净雨大于零时,净雨通过下渗作用进入地表层中的土壤中,补充地表层中含水量的不足;当土壤层中的蓄水量超过田间持水量时,土壤中的水一方面向地下层发生渗漏,同时也形成壤中流,向下游单元作侧向流动;如果持续的水量补充使土壤含水量达到饱和含水量时,即蓄满时,多余水量转变为地表径流。壤中流根据达西公式和水量平衡公式计算如下:

$$Q_{lat} = v_{lat} \cdot L \cdot Z \quad (4)$$

式中,Z 为土壤层厚度,L 为单元流域的长度,Q_{lat} 为壤中流流量,v_{lat} 为壤中流流速。

假定壤中流水面和地表坡度相同,由达西公式,壤中流流速按下述公式计算:

当 $\theta > \theta_{fc}$ 时, $v_{lat} = K \cdot \tan(\alpha) = K \cdot S_0 \quad (5)$

当 $\theta \leq \theta_{fc}$ 时, $v_{lat} = 0 \quad (6)$

式中,α 为边坡坡度(角度);S_0 为边坡坡度(比率);K 为土壤当前水力传导率(非饱和水力传导率),根据 Campbell 公式[11]计算。

当土壤层中的蓄水量超过田间持水量时便向地下水层渗漏,地下水渗漏流速 v_{per} 由达西公式计算:

当 $\theta > \theta_{fc}$ 时, $V_{per} = K \quad (7)$

当 $\theta \leq \theta_{fc}$ 时, $V_{per} = 0 \quad (8)$

1.5 汇流计算模块

采用一维运动波法进行边坡汇流计算,即忽略圣维南方程组的运动方程中的惯性项和压力项,只考虑摩阻和坡底的影响,并认为摩阻比降等于坡度,采用牛顿迭代法(Newton-Raphson method)进行差分计算。

河道汇流采用一维扩散波法,即忽略圣维南方程组的运动方程中的惯性项,考虑摩阻为坡底及压力项的差。将河流断面概化为图2所示的梯形断面,亦采用牛顿迭代法对圣维南方程组进行迭代计算。

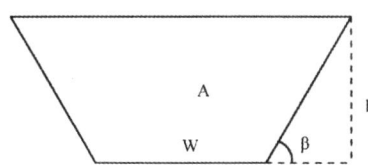

图2 河流梯形断面概化图

Fig. 2 Outline of river channel cross-section

考虑到洪水在水库中的传播速度非常快,而洪水预报的计算时段一般都在30 min以上的特点,作者认为洪水在水库中的传播时间一般要比计算时段短很多,因此,可以忽略洪水在水库中的传播时间,即认为水库单元上的流量就是进入水库的流量,这样,只要将所有水库单元上的流量相加,就得到入库流量,而不必对水库单元进行汇流计算。

流溪河模型将地下层作为一个整体,不再划分单元,采用线性水库法进行地下径流汇流计算。

2 河道提取与断面尺寸估算方法

2.1 河道提取与分级

在采用DEM对流域进行单元划分后,一个首要的任务就是根据DEM,提取流域的河道(streamline),即确定那些单元是河道,那些单元是边坡。

根据DEM提取流域的河道目前典型的方法是D8法[12-13],但该方法任意性大,对于同一流域,当由不同的人来提取河道时,可能得到的结果相差较大,不便于实际应用。本文提出一个对D8法的改进方法,称为分级提取方法。该方法的思路是,首先根据DEM计算确定各个单元的累积流FA的值,再设定一系列的累积流的阀值FA_0,进行河道划分,对于累积流大于FA_0的单元,被划分成河道,对于累积流值小于FA_0的单元,被划分成边坡。河道单元确定后,再对河道进行分级,按照strahler[14]方法将河道分成多级,如图3所示。显然,对于不同的FA_0值,河道的分级会有所不同,当FA_0值增加时,一开始河道的分级保持不变,但当增加到一定程度时,河道的分级会增加一级。

图3 Strahler方法河道分级示意图

Fig. 3 River ordering with Strahler scheme

本文定义一个术语:FA_0的临界值,该值的定义为使河道分级增加一级时的FA_0值。按照此定义,对一个特定的流域,当采用的DEM分辨率一定时,存在若干个FA_0的临界值,分别为$FA_0(1)$、$FA_0(2)$、$FA_0(3)$ … $FA_0(N)$。$FA_0(1)$ 为当FA_0取该值时,所划分的河道只有1级,当FA_0的取值小于该值大于$FA_0(2)$时,河道单元将被分成2级,余类推。当所有的FA_0值均确定后,再根据

FA_0 值相应的河道提取结果，确定采用那一个 FA_0 值进行河道提取。本文提出的这一河道提取方法，由于 FA_0 值是通过计算确定的，不是人工设定的，尽管也需要在几个 FA_0 值之间进行选择，但较 D8 法，不确定性大大降低。对同一流域，当由不同的人来进行河道提取时，结果一般会比较接近。

2.2 河道分段

河道分级后，为了便于估算河道断面尺寸，本文再将同级河道分成若干段，并假定各河段的断面尺寸相同，本文称这样的河段为虚拟河段。对河流分段时，依据已划分的河网的结构与形态，参考从 Google Earth 网站免费下载的流域范围内的遥感影像，以及基于 DEM 计算的河道底坡的变化情况，在河道上设置结点，对河道进行分段。设置结点时，从流域出口处沿河流主干逆流而上，并考虑下列条件：

① 两条或以上河流的交汇点，设置为结点；② 从遥感影像上看，河道的宽度明显变窄时，在明显变窄处设置结点；③ 在河道流向发生明显变化处设置结点，如河道转弯处，在这些点，河道的尺寸及底坡一般会发生明显变化；④ 在支流汇入干流处设置结点，这样便于将干支流河道分成不同的河段，因干支流一般具有不同的河道断面尺寸，需要分成不同的河段，并设置不同的断面尺寸；⑤ 当一个河段较长，按照上述的条件在其中没有设置结点时，根据累积流值的变化，在其中设置若干个结点；⑥ 在河道底坡明显变化处设置结点。

结点设定后，各结点间的所有河道单元就作为同一河段，同一河段内的所有河道单元具有相同的断面尺寸。河道分级分段后，对每一个河道单元进行分级分段编码，以三位数进行编码，第一位码表示河道的级别，最多为 9 级；后二位码表示同一级河流中的河段编号，最多分成 99 段，一般可控制在 10 段以内。

2.3 河道断面尺寸估算

本文提出一种根据河道分级分段情况、参考 Google Earth 遥感影像，结合河道单元的 DEM 高程，对河道断面尺寸进行快速估算的方法，本文称其为分级分段估算法，具体方法为：① 根据遥感影像，运用 Google Earth 软件工具，在影像图上直接量取各河段的水面宽度，将其作为河道底宽；② 根据同一河段上下两个结点间河道单元的高程，估算河道底坡，一般以同一河段内所有单元的边坡的平均值表示；③ 侧坡以与该河段相邻的边坡单元的坡度近似表示，或以其它方式近似估算。

通过上述的步骤，就可对一个具体的流域，进行河道单元的断面尺寸估算。而由于该方法不需要进行河道断面测量，需要的数据可通过国际互联网免费得到，而 Google Earth 的免费遥感影像覆盖了全球范围，故此方法适用面广，可在我国绝大部分地区使用。

3 流溪河模型的参数推求方法

3.1 流溪河模型参数

流溪河模型是一个分布式物理水文模型，每个单元上均采用不同的模型参数。在流溪河模型中，将参数分成 4 类，第一类是与气候因素有关的参数，称为气候参数，第二类是与地形有关的参数，称为地形参数，第三类是与土壤类型有关的参数，称为土壤参数，第四类则是与土地利用类型有关的参数，称为土地利用参数。气候参数为潜在蒸发率，地形参数是流向和坡度，土壤参数为土壤层厚度、饱和含水率、田间持水率、凋萎含水率、土壤饱和水力传导率和地下径流消退系数，土地利用参数是糙率和蒸发系数。由于河道的糙率与河道表面的粗糙度有关，因此，也被归纳为土地利用参数。

在流溪河模型中，将参数分成不可调参数和可调参数 2 大类。不可调参数直接通过流域物理特性数据确定，可调参数通过流域物理特性数据确定初值，再通过一个逐步迭代求精的过程，对参数进行人工调整以得到最佳的模型模拟效果。不可调参数为潜在蒸发率、流向和坡度，其它参数均为可调参数。可调参数进一步被分成高度敏感参数、敏感参数和不敏感参数。

3.2 不可调参数的确定方法

流向是流溪河模型的一个基本的参数，流溪河模型按照 D8 法确定单元的流向，当各个单元上的流向确定后，就可以得到一个由各个单元上的流向构成的汇流网络。

在流溪河模型中，对于边坡单元，需要确定坡度，而对于河道单元，则需要确定河道底坡。坡度根据 DEM 进行计算，取为本单元与其相邻 8 个单元中地形变化最大的单元之坡度，用 0~90 之间的整数表示。

3.3 可调参数的确定方法

对于可调参数，通过一个逐步迭代求精的过程，对模型参数进行反复调整。这个过程有些类似于集总式模型的参数率定，但与其有本质区别，故本文称此方法为模型参数调整。流溪河模型的参数调整包括 2 个步骤，即参数初值确定和参数调整。

参数初值确定根据有关参考文献或经验或实验结果，根据各单元的属性数据，给各模型参数确定一个初始值。

参数调整就是在参数初值的基础上，对参数逐个进行调整。流溪河模型将模型参数划分为高度敏感参数、敏感参数和不敏感参数，首先对高度敏感参数进行调整，方法是先固定其它参数不变，确定一个参数的增量 $\triangle X$，以参数的初值 $X0$ 为中心，以固定的参数增量确定参数的调整值为 $X0 \pm \triangle X$，以参数调整值对 1-3 场洪水进行模拟计算，检验参数的改变是否可以改进模型的模拟效果。当参数的调整可改进模型的模拟效果时，该次调整被认为是有效的。在此基础上，继续调整模型参数，直至模型的模拟效果不能再改进为止，即完成对一个参数的调整；对其它参数采用同样的方法进行调整，直至对所有参数均进行过一次调整计算，即完成参数的一轮调整；采用同样方法进行第二轮参数调整，第三轮参数调整，以及更多轮次的参数调整，直至模拟计算的效果不能再改进为止。在参数调整过程中，重点对高度敏感参数和敏感参数进行调整。

4 结语

本文提出了一个流域洪水预报的分布式物理水文模型-流溪河模型，包括流域划分、蒸散发计算、产流计算、汇流计算、参数推求 5 个模块。流溪河模型提出了一个逐步迭代求精的对参数进行调整的方法，可推广应用到其它分布式物理水文模型，有效解决了分布式物理水文模型参数确定的难题；流溪河模型将河道形状设计为梯形，进而提出了一套基于 DEM 及遥感影像对流域进行单元划分及对河道单元断面尺寸进行估算的方法。由于该方法可以应用到所有流域，从而有效解决了目前在无资料流域不能应用分布式物理水文模型的难题。

参考文献：

[1] SHERMAN L K. Streamflow from rainfall by the unit-graph method[J]. Eng News-Rec, 1932, 7: 501-505.

[2] CRAWFORD N H, LINSLEY R K. Digital simulation in hydrology, Stanford Watershed Model IV[P]. Stanford Univ Dep Civ Eng Tech, Rep39, 1966.

[3] FREEZE R A, HARLAN R L. Blueprint for a physically-based, digitally simulated, hydrologic response model [J]. Journal of Hydrology, 1969, 9: 237-258.

[4] ABBOTT M B, BATHURST J C, CUNGE J A, et al. An introduction to the european hydrologic system-system hydrologue europeen, 'SHE' 2: Structure of a physically based, distributed modeling System[J]. Journal of Hydrology, 1986, 87: 61-77.

[5] LIANG X, LETTENMAIER D P, WOOD E F, et al. A simple hydrologically based model of land surface water and energy fluxes for general circulation models[J]. J Geophys Res, 1994, 99(D7): 14415-14428.

[6] WANG Z, BATELAAN O, De SMEDT F. A distributed model for water and energy transfer between soil, plants and atmosphere (WetSpa)[J]. Phys Chem Earth, 1996, 21: 189-193.

[7] VIEUX B E, VIEUX J E. Vflo^{TM}: A real-time distributed hydrologic model[C]//Proceedings of the 2nd Federal Interagency Hydrologic Modeling Conference, Abstract and paper on CD-ROM. July 28-August 1, 2002, Las Vegas, Nevada.

[8] KOUWEN N. WATFLOOD: A micro-computer based flood forecasting system based on real-time weather radar[J]. Canadian Water Resources Journal, 1988, 13(1): 62-77.

[9] JULIEN P Y, SAGHAFIAN B, OGDEN F L. Raster-based hydrologic modeling of spatially-varied surface runoff[J]. Water Resources Bulletin, 1995, 31(3): 523-536.

[10] WIGMOSTA M S, VAIL L W, LETTENMAIER D P. A distributed hydrology-vegetation model for complex terrain[J]. Water Resources Research, 1994, 30(6): 1665-1669.

[11] CAMPBELL G S. A simple method for determining unsaturated conductivity from moisture retention data[J]. Soil Sci, 1974, 117(6): 311-314.

[12] JENSEN S K, DOMINGGUE J O. Extracting topographic structure from digital elevation data for geographic information system analysis[J]. Photogrammetric Engineering and Remote Sensing, 1988, 54(11): 1593-1600.

[13] 汤国安, 杨昕. ArcGIS 地理信息系统空间分析实验教程[M]. 北京: 科学出版社, 2007: 429-445.

[14] STRAHLER A N. Quantitative analysis of watershed geomorphology[J]. Transactions of the American Geophysical Union, 1957, 38(6): 913-920.

珠三角 2009 年 11 月严重灰霾天气过程分析*

吴 兑[1,2]，吴 晟[3]，陈欢欢[1]，廖碧婷[2]，邓 涛[2]，
谭浩波[2]，李海燕[2]，陈慧忠[2]，范绍佳[1]

(1. 中山大学环境科学与工程学院大气科学系，广东 广州 510275；
2. 中国气象局广州热带海洋气象研究所，广东 广州 510080；
3. 香港科技大学环境学部，香港 九龙清水湾)

摘 要：由于经济规模迅速扩大和城市化进程加快，大气气溶胶污染日趋严重，由细粒子气溶胶造成的能见度恶化事件越来越多，这些人类活动排放的污染物，可形成灰霾天气致使能见度下降。2009 年 11 月 23－29 日，在珠三角地区发生了一次典型的严重灰霾天气过程，是近 10 年来最严重的灰霾天气过程之一。从天气分析、流场分析、遥感分析和气溶胶物理化学特征分析，探讨了这次过程的成因，结论是这次灰霾过程具有持续时间长、范围广、强度大的特点。这次严重灰霾过程持续 7 d，仅次于 2004 年 1 月 3－10 日持续 8 d 的过程；范围广，笼罩整个珠三角，多个台站出现小于 1 km 的低能见度事件；强度大，珠三角大气成分监测网数据，都出现多项建站以来最强值，许多指标都超过缺省预设的坐标上限，超标均以倍数计。

关键词：珠三角；严重灰霾；低能见度；空气质量
中图分类号：X513 **文献标志码**：A **文章编号**：0529-6579（2011）05-0120-08

An Analysis of Severe Haze Process in November 2009 over the Pearl River Delta

WU Dui[1,2], WU Cheng[3], CHEN Huanhuan[1], LIAO Biting[2], DENG Tao[2],
TAN Haobo[2], LI Haiyan[2], CHEN Huizhong[2], FAN Shaojia[1]

(1. Department of Atmospheric Science, School of Environmental Science and Engineer,
Sun Yat-sen University, Guangzhou 510275, China;
2. Institute of Tropical and Marine Meteorology, CMA, Guangzhou 510080, China;
3. Institute for the Environment, The Hong Kong University of Science and Technology,
Clear Water Bay, Kowloon, Hong Kong, China)

Abstract: With the rapid economy expansion and urbanization, atmospheric aerosol pollution is getting serious, which leads to a number of visibility degradation events caused by increasing fine particle aerosol. These pollutant emissions from human activities produce haze and cause low visibility. During 23 - 29 November 2009, an extremely severe haze process over the Pearl River Delta region was observed, which is one of the worst climate events in the past decade. In this paper, the causes of this particular event were discussed based on weather analysis, flow field analysis, remote sensing analysis, and physical and chemical characteristics of aerosols. This event was characterized by a long duration, a wide range influence and strong strength. Firstly, the event lasted for 7 days, just shorter than that one lasting for 8 days occurred during 3 - 10 January 2004. Secondly, it enveloped the entire Pearl River Delta,

---

* 收稿日期：2010-12-12
基金项目：国家自然科学基金资助项目（40775011，U0733004）；国家"973"计划资助项目（2011CB403403）；国家"863"计划资助项目（2006AA06A306，2006AA06A308）
作者简介：吴兑（1951 年），男，二级研究员，博士生导师；E-mail: wudui@grmc.gov.cn

making the visibility of a number of stations less than 1km. Thirdly, the aerosol concentrations based on atmospheric composition monitoring network data showed the largest values since the establishment of the stations, greatly exceeding the coordinate default preset limit.

Key words: the Pearl River Delta; severe haze; low visibility; air quality

由于经济规模迅速扩大和城市化进程加快,大气气溶胶污染日趋严重,由气溶胶造成的能见度恶化事件越来越多,这些人类活动排放的污染物,包括直接排放的气溶胶和气态污染物通过化学转化与光化学转化形成的细粒子二次气溶胶,可形成灰霾天气致使能见度下降。也有人将其称为烟尘雾、烟雾、干雾、烟霞、气溶胶云、大气棕色云[1-12]。

形成灰霾天气的气溶胶组成非常复杂。近年来由于灰霾天气日趋严重引发的环境效应问题,和气溶胶辐射强迫引发的气候效应问题,广泛地引起科学界、政府部门和社会公众的关注,而成为热门话题[13-16]。1999 年 Ramanathan 等[19]发现,在亚洲南部上空经常笼罩着一层 3 km 厚的棕色气溶胶云,并称其为亚洲棕色云,我国有人将其称为灰霾天气,后来发现各大洲都存在类似现象,又将其称为大气棕色云。并进而提出,原来假定的气溶胶辐射强迫的冷却效应要作一定的修正,尤其认为大气灰霾中的黑碳气溶胶是气候变暖的重要角色,这就使得气溶胶辐射强迫对气候变化影响的不确定性增加,而且也存在国际上发达国家,主要是美国利用减排黑碳气溶胶对我国进行经济遏制,对我国进行打压的外交压力[8]。

2009 年 11 月 23 - 29 日,在珠三角地区发生了一次典型的严重灰霾天气过程,是近 10 年来最严重的灰霾天气过程之一。本文从天气分析、流场分析、遥感分析和气溶胶物理化学特征分析,探讨了这次过程的成因,结论是这次严重灰霾过程具有持续时间长、范围广、强度大的特点。这次严重灰霾过程持续 7 天仅次于 2004 年 1 月 3 - 10 日持续 8 天的过程;范围广,笼罩整个珠三角,多个台站出现小于 1 km 的低能见度事件;强度大,珠三角大气成分监测网与珠三角粤港空气质量监测网数据,都出现多项建站以来最强值,许多指标都超过缺省预设的坐标上限,超标均以倍数计。

1 资料来源与处理说明

珠江三角洲是中国大陆第 2 大的三角洲,位于大陆海岸线南端,河网纵横,孤丘散布,平均海拔 1~20 m。本文主要使用了广州观象台和珠三角大气成分站网的能见度、湿度、天气现象资料,气溶胶粒子谱和质量谱资料。EOS/MODIS 卫星反演的气溶胶光学厚度资料等。

珠江三角洲大气成分站网始建于 2003 年,先后建立了中国气象局广州番禺大气成分站等 9 个大气成分大观测站点,其中本文使用的资料主要涉及 2 个站,中国气象局广州番禺大气成分站位于广州市番禺区南村镇大镇岗山山顶,是番禺第一高峰,海拔 141 m,23°00.236′N,113°21.292′E,地处珠江三角洲腹地,本站代表珠江三角洲经济圈大气成分均匀混合的平均特征。番禺气象局位于番禺区西部,海拔 13 m,22°56.265′N,113°19.143′E,代表珠江三角洲典型地形。两站直线距离 8 km。

本文使用的高时间分辨率的气溶胶仪器包括:德国气溶胶粒子谱仪(Model 1.180, Grimm Technologies, Inc. Germany)观测连续的气溶胶粒子谱,黑碳仪(欧洲 Magee Scientific Aethalometer AE-31-HS, AE-31-ER, AE-16-ER)、积分式浊度仪(澳大利亚 Nephlometer M9003),得到连续的黑碳气溶胶浓度与大气气溶胶散射系数、吸收系数、消光系数、单次散射反照率等重要的气溶胶辐射强迫参数资料。使用瑞士 MARGA 气溶胶和气体在线观测系统观测连续的气溶胶可溶性离子成分(NH_4^+, Na^+, K^+, Ca^{2+}, Mg^{2+}, Cl^-, NO_3^-, SO_4^{2-})和气体(NH_3, HNO_2, HNO_3, HCl, SO_2)浓度。资料均经过质量控制、野点剔除等处理。

另外,使用了由美国 Radiometrics 公司生产的地基 35 通道微波辐射计 MP3000。通道包括 K 波段 22GHz - 30GHz21 个,V 波段 51GHz - 59GHz。该仪器除了 35 通道的微波辐射计仪器以外,还包含有温、湿、压探头;测量云底高度和云底温度的红外仪;检测降水是否发生的仪器,以及用于吹去微波辐射计天线罩上尘土、雨水等的鼓风机。该仪器共生成 3 级数据,LV0 数据为电压值,LV1 数据为各个通道的亮温值,LV2 数据为由斯图加特神经网络(记为 RNN)反演得到的地面到 10 km 的温度、湿度、水汽和液态水廓线。

使用的偏振微脉冲激光雷达系统是由美国 Sigma Space 公司生产出品。激光器发出的波长 527 nm 的绿色激光束,最小垂直分辨率为 15 m,最大探测高度为 60 km。激光雷达系统由三部分组成:

发射系统(包括激光与发射器)、接收器和探测器与数据采集系统。该激光雷达垂直探测分辨率高,体积小,质量小,便于运输,可连续观测。

使用美国国家宇航局(NASA)利用地球观测系统计划(EOS)的卫星Terra和Aqua所搭载的MODIS仪器对地球的多光谱高分辨率观测,得到的NASA建立的MODIS资料业务处理系统中提供的分辨率为10 km×10 km的气溶胶光学厚度(AOD)Level2产品。作者[20]曾利用在华南地区长期的太阳光度计观测得到气溶胶光学厚度并与NASA的气溶胶产品进行详细对比,认为这一产品具有比较高的精度描述我国华南这样常年植被密集、地表可见光反射率比较低的地区的气溶胶特征。

使用美国国家海洋和大气局(NOAA)等开发的HYSPLIT-4模式分析了其气流的后向轨迹,以位于珠江三角洲腹地的广州番禺(23°00.236′N,113°21.292′E,)为参考点,选取150 m高度层(测站传感器高度),分别计算了后向轨迹,以追踪抵达珠三角的气团过去24~72 h所经过的路径。

2 天气背景情况

当气溶胶的自然排放和人类活动排放在一段时期内相对稳定时,区域内能见度和空气质量变化的控制因素是气象条件,或者说是边界层对气溶胶等污染物质的稀释扩散能力[5]。从2009年11月23-29日的天气图的变化可看出,这个过程连续有三个变性高压脊出海(图1),地面常有静小风出现,珠三角地区交替出现气流停滞区,不利于污染物扩散,导致出现严重灰霾天气,29日开始有较强冷空气南下,强劲的偏北风将气溶胶粒子输送至南海,污染物浓度降低,空气质量好转。

灰霾天气是细粒子气溶胶在一段时间内在近地层堆积的结果,对近地层风求一定范围一段时间内的时间空间矢量和,可以更清晰地了解一段时间内珠江三角洲近地层空气流动的总合效果,从而更直观的判断近地层风对灰霾天气的影响[5]。

从矢量和来看(图2a),23-29日珠三角地区近地层风的168小时矢量和很小,输送能力很差,造成了持续7天的严重灰霾天气。当时珠三角处于变性高压脊控制,近地层风持续偏小,出现气流停滞区,使得污染物扩散不出去,致使该时间段灰霾天气非常严重。而29日矢量和表明珠三角腹地形成一致的较强的持续性偏北气流(图2b),扩散条件好转,清除了持续7天的灰霾天气。

后向轨迹分析表明,珠江口低空流场比较复杂(图3),100、500、1 000 m高度气流分别来自不同方向,在珠三角地区形成了辐合,再加上珠三角近地层流场表现为气流停滞区(图2),水平方向扩散能力也比较差,因而造成污染物堆积,形成了这次严重灰霾天气过程。

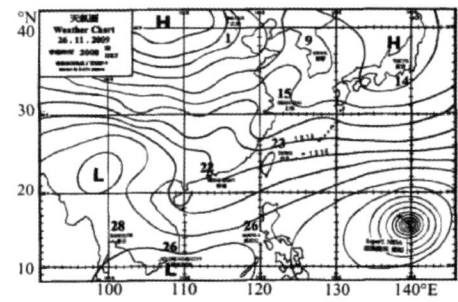

图1　2009年11月26日20时地面天气图
Fig.1　The ground weather chart of 20:00 Nov 26, 2009

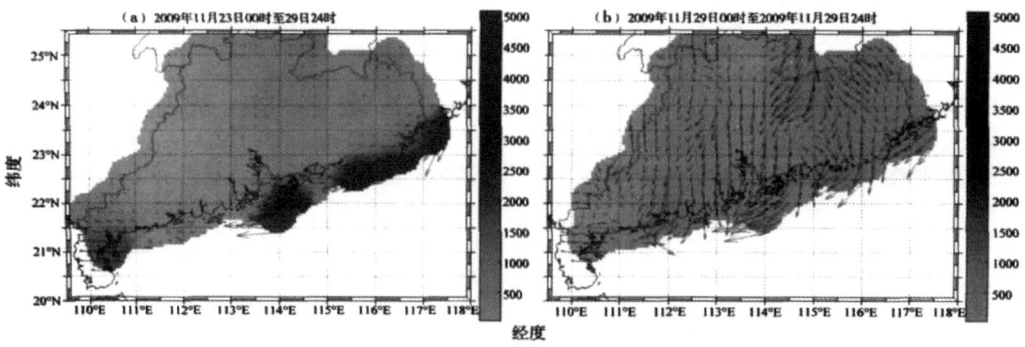

图2　珠三角风矢量和(单位:m/s)
Fig.2　Wind vector sum in the Pearl River Delta (unit: m/s)

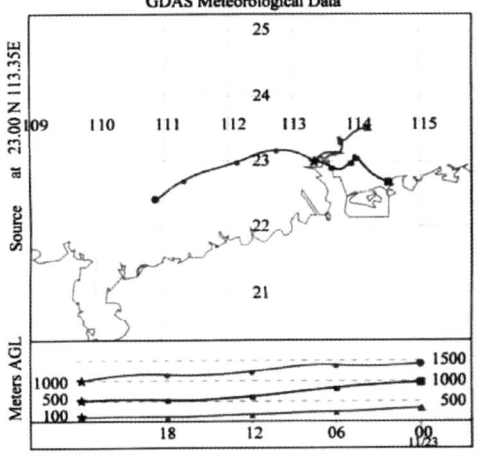

图3 珠江三角洲24 h后向轨迹图
Fig. 3 24 hours backward trajectory in the Pearl River Delta

3 主要结果

2009年11月23—29日,在珠三角地区发生了一次典型的严重灰霾天气过程,是近10年来最严重的灰霾天气过程之一。本文从天气分析、流场分析、遥感分析和气溶胶物理化学特征分析,探讨了这次过程的成因,结论是这次严重灰霾过程具有持续时间长、范围广、强度大的特点。这次严重灰霾过程持续7 d,仅次于2004年1月3—10日持续8 d的过程,在10年中排第二位;这次灰霾的范围广,笼罩整个珠三角,多个台站出现小于1 km的低能见度事件;这次灰霾的强度大,珠三角大气成分监测网与珠三角粤港空气质量监测网数据,都出现多项建站以来最强值,许多指标都超过缺省预设的坐标上限,超标均以倍数计。

这次过程的特点是能见度极低,污染物浓度非常高。如广州五山站能见度仪测量到最低能见度只有0.8 km,出现在27日01时。番禺大气成分站能见度仪最低记录到0.8 km,出现在28日02时。黑碳浓度最高达49.7 $\mu g/m^3$,超标6.21倍,出现在27日19时。PM_{10}浓度最高379.9 $\mu g/m^3$,超标2.53倍,出现在27日19时。$PM_{2.5}$浓度最高291.4 $\mu g/m^3$,超标3.89倍,出现在27日19时。PM_1浓度最高253.8 $\mu g/m^3$,超标3.90倍,也出现在27日19时。

从图4相对湿度的变化来看,虽然其有明显的日变化特征,但过程相对湿度均未超过85%,远未达到能形成雾与轻雾的饱和状态,因而是典型的灰霾过程。图5a表明过程中广州市全市都在灰霾笼罩之中,图5b 珠三角地区的粤港空气污染形势图[21]也证实,珠三角中西部地区空气污染相当严重。

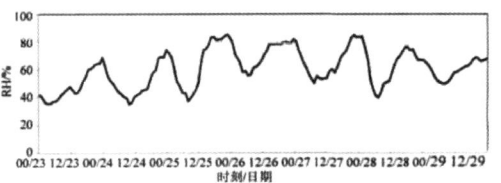

图4 2009年11月23—29日相对湿度变化过程
Fig. 4 Relative humidity variation during 23–29 November 2009

下面进一步分析这次过程各要素的详细变化,从图6a可看出,23日能见度较好,日均能见度高于15 km,24—26日能见度逐日恶化,其中25、26日日均能见度甚至低于5 km,之后略有上升,但日均能见度均低于10 km。广州五山站能见度仪最低记录到0.8 km,出现在27日01时。能见度与颗粒物之间的关系非常密切,从图6b可见,该过程中颗粒物质量浓度非常高,且变化趋势很一致,$PM_{2.5}$、PM_1浓度基本都超过国家气象行业标准《霾的观测和预报等级》中关于灰霾的大气成分指标的规定($PM_{2.5}$、PM_1浓度的限值为75、65 $\mu g/m^3$)[22]。颗粒物质量浓度在24—26日浓度较高,出现了持续3天的第一个高值时段,在27日夜间浓度进一步上升,28日出现了这次过程的最高值。其中PM_{10}浓度最高379.9 $\mu g/m^3$,超标2.53倍;$PM_{2.5}$浓度最高291.4 $\mu g/m^3$,超标3.89倍;PM_1浓度最高253.8 $\mu g/m^3$,超标3.90倍,都出现在28日03时。

在影响能见度的诸多因素中,气溶胶粒子对可见光的消光是限制对流层能见度的主要因素[8,23-24]。消光作用包括气溶胶的吸收作用与散射作用。在珠三角可认为大气气溶胶的吸收主要是由于黑碳气溶胶引起,因此可以从黑碳仪监测得到的质量浓度计算得到吸收系数。我们在2004年的PRIDE-PRD2004实验中番禺大气成分站的Aethalometer与德国Max Planck研究所的Photoacoustic Spectrometer(PAS,532nm)进行了平行对比观测,拟合得到公式(1)[8]。根据公式(1)计算可得到吸收系数。

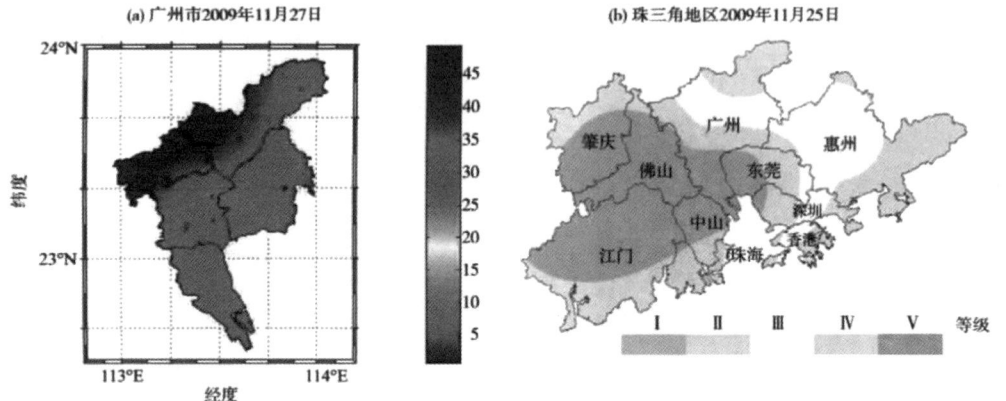

图 5 广州市与珠三角灰霾天气与空气质量形势图

Fig. 5 The Situation figure of haze and air quality in Guangzhou and the Pearl River Delta

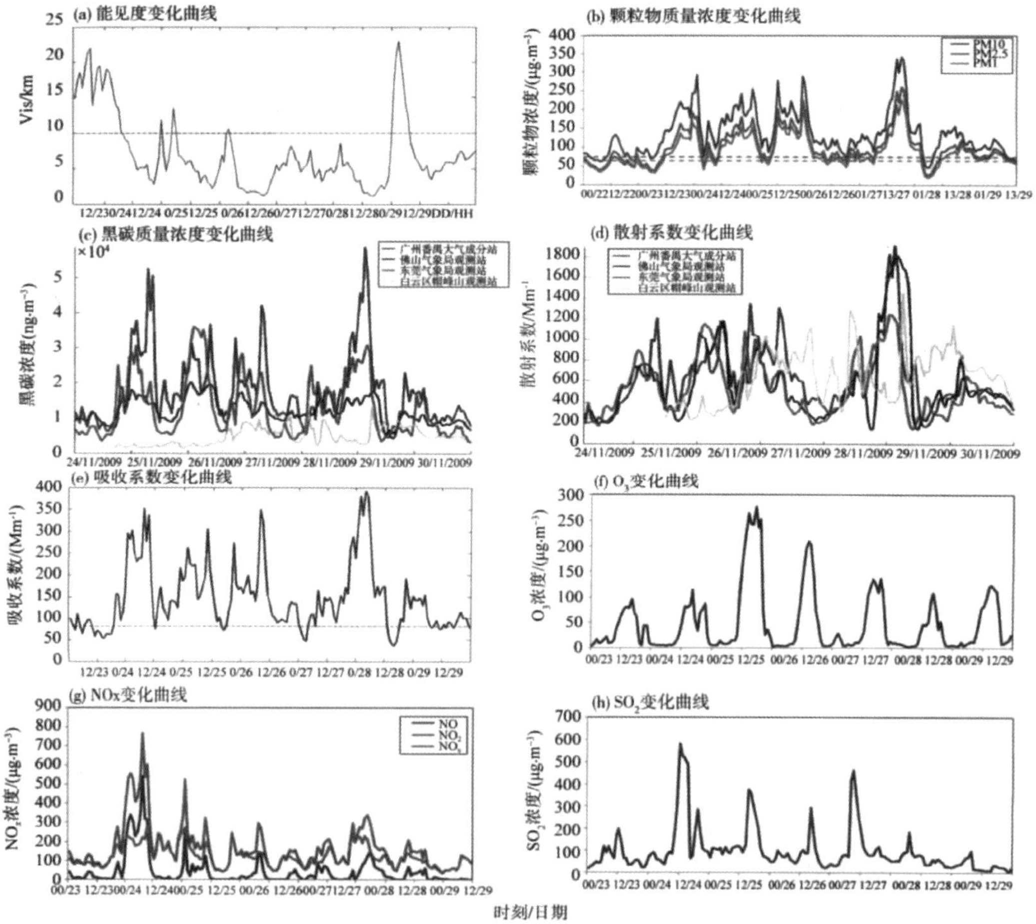

图 6 2009 年 11 月 23—29 日气溶胶与气态污染物变化特征

Fig. 6 Aerosol and gaseous pollutants variation during 23–29 November 2009

$Abs_{532} = 8.28 \times M_{BC} + 2.23$, $R^2 = 0.92$ (1)

由图 6c 可见黑碳浓度变化与颗粒物质量浓度的变化非常一致，在午后浓度较低，是由于混合层高度升高，有利于污染物的扩散，而峰值与上下班高峰时间吻合较好，说明 BC 主要的来源可能来自于机动车的排放。BC/PM_{10} 平均为 0.116，随时间变化不大。

大气气溶胶成分中的硫酸盐、硝酸盐、铵盐等对可见光具有很强的散射作用而吸收作用较弱。由图 6c、d 可见，散射系数加吸收系数基本都超过国家气象行业标准《霾的观测和预报等级》中关于霾的大气成分指标的限值 480 Mm^{-1}。

硫酸盐、硝酸盐和铵盐的形成与光化学过程有密切关系。从图 6f 可见，光化学烟雾的标识物 O_3 有明显的日变化，可以看到 25、26 日 O_3 浓度较高，光化学烟雾污染比较严重，日最大值分别达到 264，210 $\mu g/m^3$。光化学过程与前体物、气溶胶浓度和光辐射通量都有密切的关系。从图 6g 中可见，23 日 NO_x 和 NO 的浓度都较低，而且云量较多，所以抑制了光化学烟雾的发生，O_3 浓度较低。24-25 日云量较少，NO_x 和 NO 的浓度都较高，而且在 24 日浓度高于 25 日的浓度，但是 O_3 却在 25 日达到最高值，由于 24 日 NO 浓度高于 NO_2，NO 的还原性强，消耗了大量的 O_3。26-27 日云量较多，O_3 随着前体物 NO_x 和 NO 的浓度逐渐下降而下降。28 日前体物 NO_x 尤其是 NO 的浓度上升，但云量较多，抑制了光化学过程，O_3 浓度继续降低。29 日虽然 NO_x（NO）的浓度下降，但云量减少，光辐射通量增加，O_3 浓度没有下降反而略有上升。可见光化学过程是非常复杂的。

4 讨 论

这次灰霾过程的气溶胶水溶性成分分析表明（图 7），从 11 月 20-23 日能见度较好演变到 11 月 24-28 日能见度恶化，各离子成分占总离子的比例发生了变化，Cl^-、Na^+ 和 SO_4^{2-} 离子浓度均有所增加，尤其是 SO_4^{2-} 浓度增加最多，从 45.70% 增加到 57.47%，所以 24-28 日广州的低能见事件，可能主要是硫酸盐二次粒子形成所引起的。从图 7c 中我们可以看出 24 日起 SO_2 的浓度开始迅速增加，而 SO_4^{2-} 在 28 日浓度达到了最大，为 459.95 $\mu g/m^3$，这可能是因为云量较多，湿度较大，SO_2 通过云中过程非均相反应生成了硫酸盐。28 日 SO_2 的迅速减少和 SO_4^{2-} 浓度的突然增加可以证实这个过程的发生。

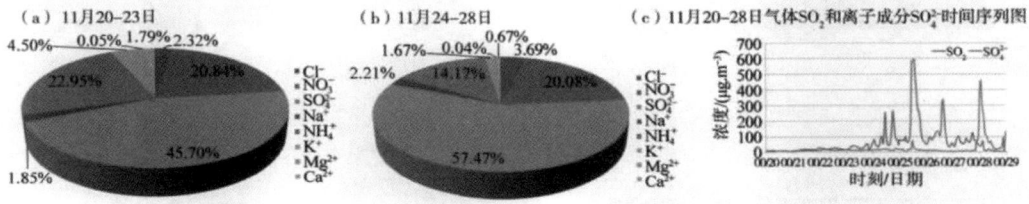

图 7 各离子成分占总离子浓度的比例情况及 SO_4^{2-} 时间序列图

Fig. 7 The ratios of different ionic components to total ionic concentration

形成这次严重灰霾天气过程除去近地层水平流场形成气流停滞区外，垂直方向的扩散能力也十分重要。从图 8 可看出，23 日白天的地面热力作用显著，混合层高度达到 1.3 km 以上，有利于污染物的扩散；而 24-27 日混合层的高度均在 1 km 以下，并呈逐渐下降趋势，不利于污染物的扩散，使得污染物在近地面层积聚，形成严重的灰霾天气。

灰霾过程和大气边界层有很密切的关系，从图 8 微波辐射计反演的边界层顶可看到，边界层高度有明显的日变化，在午后由于地面的加热作用，边界层发展最为旺盛达到最高值，夜间和早上边界层较低。从图 9 中也可看出演变过程，在 23 日之

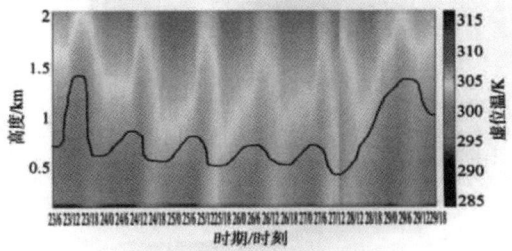

图 8 2009 年 11 月 23-29 日微波辐射计虚位温廓线时间序列图与边界层高度变化图

Fig. 8 Time Series variation of virtual temperature of microwave radiometer and the variations of boundary layer height during 23-29 November 2009

前，边界层高度最高可以发展到 1 km 以上，在 24 日之后，边界层高度逐日明显降低，几乎均在 1 km 以下，形成了区域性的大范围灰霾天气（图 10），直到 29 日冷空气南下，边界层顶明显抬高，整个灰霾过程结束。从激光雷达回波信号来看，整个过程污染物主要在 2 km 以下，灰霾天气严重的时候，污染物主要累积在 1.5 km 以下。气溶胶的消光系数是大气中各种气溶胶成分对可见光衰减的综合描述。消光系数越大，能见度越低，即灰霾越严重。从图 9 可以看到，消光系数的时空演变和边界层高度的时空演变有很好的一致性，在 23 日之前，边界层高度较高，消光系数较小，23 日之后边界层较低，不利于污染物扩散，消光系数变大，能见度减低，灰霾天气形成。在整个过程中，消光系数在夜间和早上较大，午后较小。29 日以后，边界层顶高度抬升，消光系数变小，能见度好转，灰霾过程结束。从消光系数的变化来看，很好地印证了天气条件对灰霾天气的形成和维持起到了非常关键的作用。

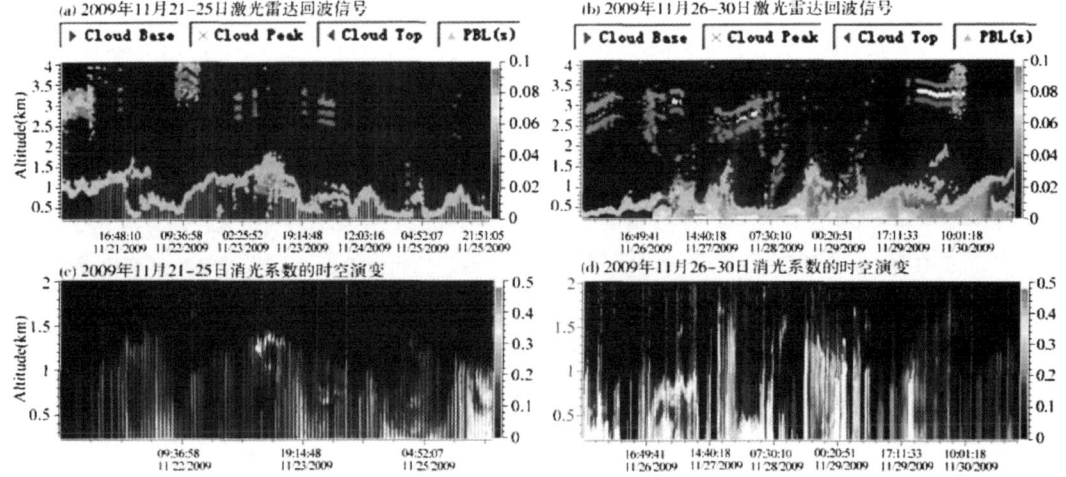

图 9 4 km 以下经过订正归一化的激光雷达回波信号和消光系数的时空演变
Fig. 9 Radar echo signals with normalized correction below 4 km and spatial-temporal evolution of extinction coefficient

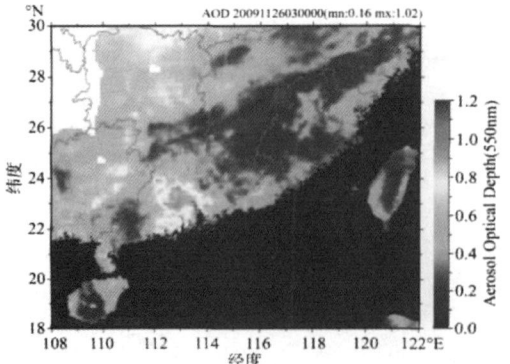

图 10 2009 年 11 月 26 日 11 时气溶胶光学厚度的 EOS/MODIS 卫星图片
Fig. 10 Satellite image of aerosol optical depth by EOS/MODIS at 11:00 of Nov. 26, 2009

5 结 论

1) 这次严重的灰霾天气过程，是近 10 年来最严重的灰霾天气过程之一，具有持续时间长、范围广、强度大的特点。这次严重灰霾过程持续 7 d，仅次于 2004 年 1 月 3—10 日持续 8 d 的过程；范围广，笼罩整个珠三角，多个台站出现小于 1 km 的低能见度事件；强度大，珠三角大气成分监测网与珠三角粤港空气质量监测网数据，都出现多项建站以来最强值，许多指标都超过缺省预设的坐标上限，超标均以倍数计。

2) 灰霾天气过程时 API、PM_{10}、$PM_{2.5}$、PM_1 质量浓度、黑碳、NO、NO_2、NOx 浓度约为平时的 3~4 倍；灰霾天气过程时 SO_2 浓度约为平时的 6 倍；O_3 浓度和 PM_1/PM_{10}、$PM_1/PM_{2.5}$、$PM_{2.5}/PM_{10}$ 等比值变化不大。

3) $PM_{2.5}$、PM_1 浓度、吸收系数 + 散射系数都超过国家气象行业标准《霾的观测和预报等级》中关于灰霾的大气成分指标规定的限值。

4) 黑碳浓度变化与颗粒物的变化特征非常一致，BC/PM_{10} 平均为 0.116。

5) SO_4^{2-}、NO_3^- 和 NH_4^+ 所占的比例很大，三者的和达到 80% 以上，说明二次污染非常严重，而且在 28 日更高达 97.5%，可能由于云量较多，湿度增大，SO_2 可通过云中过程非均相反应生成硫酸盐。

6) 矢量和的分析说明灰霾过程与气流停滞区的关系密切，而清除过程则与强水平输送有关。

7) 边界层高度决定垂直扩散条件，影响污染物浓度的重要因素；灰霾天气严重的时候，气溶胶主要累积在 1 km 以下。

致谢： 感谢美国国家大气海洋局大气资源实验室提供的 HYSPLIT 后向轨迹模型（http://www.arl.noaa.gov/ready.php）数据分析。

参考文献：

[1] WU Dui, TIE Xuexi, LI Chengcai, et al. An extremely low visibility event over the Guangzhou region: A case study [J]. Atmospheric Environment, 2005, 39 (35): 6568 – 6577.

[2] WU Dui, TIE Xuexi, DENG Xuejiao. Chemical characterizations of soluble aerosols in Southern China [J]. Chemosphere, 2006, 64(5): 749 – 757.

[3] TIE Xuexi, WU Dui, BRASSEUR Guy. Lung cancer mortality and exposure to atmospheric aerosol particles in Guangzhou China [J]. Atmospheric Environment, 2009, 43(14): 2375 – 2377.

[4] 吴兑,毕雪岩,邓雪娇,等.珠江三角洲大气灰霾导致能见度下降问题研究[J].气象学报,2006,64(4):510 – 517.

[5] 吴兑,廖国莲,邓雪娇,等.珠江三角洲霾天气的近地层输送条件研究[J].应用气象学报,2008,19(1):1 – 9.

[6] 吴兑,邓雪娇,毕雪岩.细粒子污染形成灰霾天气导致广州地区能见度下降[J].热带气象学报,2007,23(1),1 – 6.

[7] 吴兑,毕雪岩,邓雪娇,等.珠江三角洲气溶胶云造成严重灰霾天气[J].自然灾害学报,2006,15(6):77 – 83.

[8] 吴兑,毛节泰,邓雪娇,等.珠江三角洲黑碳气溶胶及其辐射特性的观测研究[J].中国科学 D 辑,2009 (11),1542 – 1553.

[9] 吴兑.关于霾与雾的区别和灰霾天气预警的讨论[J].气象,2005,31(4):3 – 7.

[10] 吴兑.再论都市霾与雾的区别[J].气象,2006,32 (4),9 – 15.

[11] 吴兑.霾与雾的识别和资料分析处理[J].环境化学,2008,27(3):327 – 330.

[12] 吴兑.大城市区域霾与雾的区别和灰霾天气预警信号发布[J].环境科学与技术,2008,31(9):1 – 7.

[13] 车慧正,张小曳,石广玉,等.沙尘和灰霾天气下毛乌素沙漠地区大气气溶胶的光学特征[J].中国粉体技术,2005,(3):4 – 7.

[14] 陈训来,冯业荣,王安宇,等.珠江三角洲城市群灰霾天气主要污染物的数值研究[J].中山大学学报:自然科学版,2007,46(4):103 – 107.

[15] 段菁春,毕新慧,谭吉华,等.广州灰霾期大气颗粒物中多环芳烃粒径的分布[J].中国环境科学,2006, 26(1):6 – 10.

[16] 朱彤,尚静,赵德峰.大气复合污染及灰霾形成中非均相化学过程的作用[J].中国科学:化学,2010,40 (12):1731 – 1740.

[17] 吴兑,吴晓京,朱小祥.雾和霾[M].北京:气象出版社,2009.

[18] 吴兑,邓雪娇,叶燕翔,等.岭南山地气溶胶物理化学特征研究[J].高原气象,2006,25(5):877 – 885.

[19] RAMANATHAN V, CRUTZEN P J, MITRA A P, et al. The Indian Ocean experiment and the asian brown cloud [J]. Current Science, 2002, 83(8): 947 – 955.

[20] 谭浩波,吴兑,邓雪娇,等.珠江三角洲气溶胶光学厚度的观测研究[J].环境科学学报,2009,29(6):1146 – 1155.

[21] 广东省环保厅.粤港珠三角空气污染形势图[EB/OL]. (2009 – 11 – 25) http://www – app.gdepb.gov.cn/raqi3/RAQI_chs.htm/.

[22] 中国气象局.霾的观测和预报等级[S].中华人民共和国气象行业标准,2010.

[23] JACOB D J. Introduction to atmospheric chemistry [M]. Princeton, New Jersey: Princeton University Press, 1999.

[24] SEINFELD J H, PANDIS S N. Atmospheric chemistry and physics: from air pollution to climate change [M]. New York: John Wiley & Sons Inc, 1998.

粤东地区的河流阶地

刘尚仁

(中山大学地理科学与规划学院,广东 广州 510275)

摘　要：依据广东东部超过32条河流、55处河流阶地、至少25个^{14}C、热释光的冲积层测龄数据等情况,可知：粤东最多有6级河流阶地,最大阶地高度70 m且靠近现代主河床分布。从上游向下游第一级阶地明显变形：龙川县黎咀镇上游为常态阶地,黎咀镇下游至博罗县园洲镇为半埋藏阶地,园洲镇下游进入东江三角洲为埋藏阶地。而且该冲积物时代有渐新趋势,反映晚更新世河源地区的构造抬升较早或速率较快,中下游地区构造逐渐稳定或下沉。粤东至少有12处较典型的剥夷面砾石层。其特征：① 分布海拔20～210 m,与当地剥蚀台地高度相似；② 位于当地级别最高、分布面积大的河流阶地上；③ 石岩镇玉律、平陵镇、东坑镇、水唇镇、龙母镇张坊等剥夷面砾石层由昔日河流形成,其谷中谷成为今日小河(只有狭窄河床河漫滩,或许有第一级河流阶地),今昔河流发育相隔数十万年；④ 剥夷面有两个倾斜方向：流域内向河谷和向下游倾斜；总体上由南岭向南海倾斜。

关键词：河流阶地；剥夷面砾石层；分布；特征；广东东部

中图分类号：P931.1　　**文献标志码**：A　　**文章编号**：0529-6579(2012)02-0131-06

The River Terraces in Eastern Guangdong

LIU Shangren

(College of Geographic Science and Planning, Sun Yat-sen University, Guangzhou 510275, China)

Abstract: 55 terraces along 32 rivers in eastern Guangdong and ^{14}C and TL ages from 25 samples are studied in this paper. There are at most 6 stages of river terraces in the region, of which the highest one is 70 m in height, and is distributed near present-day main riverbed. The first stage terraces include normality terraces (in the upper part of Lijui Town in Longchuan), semi-buried terraces (from Lijui to Yuanzhou Town in Boluo), and buried terraces (from the downstream of Yuanzhou to the Dongjiang River Delta), with decreasing ages. This indicates that the tectonic lift occurred earlier or the lift rate was faster in the areas of river head and the tectonic activity was gradually stabilized or sunk in the areas of mid-downstream. There are at least 12 sites where typical denude-planation surface gravel layers were found. They show the following characteristics: (1) They are distributed on the highest terraces with elevation of 20～200 m, coincident with local denudation platform. (2) They are located on terraces of the highest rank with large area in the region. (3) The denude-planation surface gravel layers in Yulu of Shiyan Town, Pingling Town, Dongkeng Town, Shuichun Town, and Zhangfang Town are formed from former rivers. The valleys-in-valleys became today's little rivers with narrow riverbed and flood land, maybe with the first terraces, during the past hundreds of thousands years. (4) The denude-planation surfaces have two slope directions, towards the valley and the downstream in the basin, but generally towards the South China Sea.

Key words: river terrace; denude-planation surface gravel layers; distribution; characteristics; eastern Guangdong

---

* 收稿日期：2011-03-21
作者简介：刘尚仁(1937年生),男,教授；E-mail: adslsr@mail.sysu.edu.cn

河流阶地既有形态又有冲积物,是第四纪大陆演化重要踪迹之一。本文是继粤西、珠江三角洲及其附近、粤北等地区河流阶地的研究[1-4]之后的又一成果。与西江、北江等比较,东江、韩江干流的河流阶地前人研究较少。作者经过 30 多年来的野外考察、挖采测年样品和汇集前人测龄数据、进行综合研究,根据至少 32 条河流、55 处河流阶地、25 个(不含埋藏阶地)^{14}C 和热释光等冲积层测龄数据多种信息,探讨粤东地区河流阶地的分布和规律。

1 粤东河流阶地的分布

粤东河流阶地的主要分布见表 1。此外,东江黎咀镇右岸加油站、连平河元善镇新龙新祠堂村、西枝江惠东县城青龙工业园、增江龙门县城、永汉河龙门县永汉镇振东小学、五华河五华县华城镇西林村酒坊下、大柘河平远县城北的平坦分水岭、螺河陆河县螺溪镇镇塘附近、梅潭河大埔县城、练江普宁市大南山镇沟南片与厝后片、梅陇河海丰县梅

表 1 粤东河流阶地的分布
Table 1 The river terraces in Guangdong

河流	地点	平水位 m	阶地高度/m,冲积物年代和测龄/kaBP,分布地点举例					
			河漫滩 T_0	第一级阶地 T_1	第二级阶地 T_2	第三级阶地 T_3	第四级阶地 T_4	第五级阶地 T_5	第六级阶地 T_6
东江	龙川县佗城镇佳派-高涧村(图1)	59	4~9,Q_4,亨渡先锋村、佗城、佳派的高地村东面、	6~8*,Q_3,高地村东侧、下高涧水稻田、油房里明渠TL85.20±5.90	10~14,Q_2,高地村、官桥、亨渡先锋村X159县道、佳派寨广梅汕铁路两侧 TL239±29(黄进协助该阶地的 TL 测定)	20~30,Q_2,佳派寨、官桥、罗湖村海拔 88.5m 高地 TL324±37	35~40,Q_2,老塔海拔 92.8m 高地、高涧村铁路西侧海拔 96.8m 至 101m 高地 TL356±51	45~50,Q_2,新塔、佗城石油分站北侧高地	65~70,Q_1,老塔南 500 m 的铁路西侧海拔 129 m 高地

河流	地点	平水位 m	阶地高度/m,冲积物年代和测龄/kaBP,分布地点举例					备注
			河漫滩 T_0	第一级阶地 T_1	第二级阶地 T_2	第三级阶地 T_3	第四级阶地 T_4	
东江	河源市源城镇	32	5~8,Q_4,学前坝、下角	6~9*,双下路、北门-西门-东门三湖之间的平原至南门路以南	13~17,Q_2,西岭路、岗古岭、南门加油站-河源松香厂一线以南	20~27,Q_2,源城自来水厂、大岭背路		"*"是表示能被洪水淹没的"半埋藏阶地"。下同。
	博罗县观音阁镇棠下村	25	5~8,Q_4,唐屋坝、唐墩			27,Q_2,棠村叶屋 X215 公路西侧高地,TL258±31		黄进协助该阶地的 TL 测定
	惠州市	8	5~7,Q_4,惠州城	5~9*,Q_3,广汕公路的东平人工河岸、汝湖农校、乌石墩仔沥①。		20~25,Q_2,乌石的东北侧		半埋藏的一级阶地进入东江三角洲再变形为埋藏阶地,至少有 6 个 ^{14}C 数据,为 16.760±250~40.108±4011[5]
	博罗县罗阳镇	4	5~7,Q_4,萃美园、高沙	5~9*,Q_3,罗阳镇		20~26,Q_2,杨屋、巷口、雷公榔		
浰江江	和平县林寨镇	85	2~3,Q_4,东风大队、林寨、中潭	10~12,Q_3,车头、寨仔背、罗格石、东风大队、瓦屋仔	15~20,Q_3,墩头、瓦屋仔、新兴小学球场	25~30,Q_3,林寨变电站	35~40,Q_2,林寨中学操场、中潭村南面高地	第四级阶地沉积为剥夷面砾石层,海拔约125m
新丰江	河源市源城镇	33	5~8,Q_4,上角、渡头、格塘、河头	6~9*,Q_3,庄田村曾屋,TL55±12	13~17,Q_2,庄田小学至黄塘、竹头围、墩头、潭公爷	20~27,Q_2,庄田村桃山、桃山顶东自来水厂旁的 TL312±56		第三级阶地沉积为剥夷面砾石层,海拔近60m。黄进协助该阶地的 TL 测定
	新丰县丰城镇	150	2~5,Q_4,马拦、松园、万盛	3~5*,Q_3,石镇与双角(或大营)之间、下搂北面	8~10,Q_2,黄京、五岳搂、楼径	20~25,Q_2,潘屋、胡屋搂、大围、下搂北面山咀	40,Q_2,岭下附近、冰塘	
	连平县隆街镇	120	2~4,Q_4,东埔、河角	4~5*,Q_3,东埔	10~15,Q_2,河角	20~30,Q_2,河角坪(连平河故道)		

河流	地点	距离	一级阶地	二级阶地	三级阶地	四级阶地	备注
秋香江	紫金县紫城镇	140	3~4,Q_4,紫城镇	3~4*,Q_3,紫城镇城南商贸市场	15~20,Q_2,教场村、南岗村南光片		
	紫金县兰塘镇	49	5~7,Q_4,兰塘镇	10~12,Q_3,罗塘坝北部、罗塘小学	18~20,Q_2,仓下围、兰塘大桥望江亭高地		
公庄河	龙门县平陵镇	37	3~5,Q_4,平陵镇		30~35,Q_2,西门桥电视塔高地、自来水厂高位水池		第四级阶地沉积为剥夷面砾石层,海拔约70m
西枝江	惠东县高潭镇	130	1~3,Q_4,高潭镇加油站	10~15,Q_3,高潭镇加油站北面,TL69.1±5.7[10]	25~30,Q_2,高潭镇、S242省道第135.3km附近	40,Q_2,高潭镇、高潭镇电视塔高地	第三级阶地沉积为剥夷面砾石层,海拔170m
	惠东县多祝镇	23	5~8,Q_4,多祝大桥北荔枝林	8~9*,Q_3,多祝大桥旁水位站至西面黄沙洋村一带	13~15,Q_2,黄沙洋村西侧高地、S356省道第68.5km处		
	惠东县增光镇	20	6~7,Q_4,平江围	9~12*,Q_3,增光镇老街东北的西枝江岸	16~19,Q_2,增光镇老街、S356第74.6km处		
	惠阳市平潭镇	10	5~7,Q_4,鹤湖	6~9*,Q_3,平潭镇、惠州飞机场	11~16,Q_2,平潭中学、川龙		
坪山河	深圳市坪山镇	45		约5,Q_3,汤坑北岸石灰厂附近,^{14}C18.750±0.550[6]			坪山汤坑沉积物^{14}C测龄:13.800±0.760、21.900±0.350[7]
淡水河	惠阳市淡水镇	13	5~8,Q_4,淡水镇	6~9*,Q_3,市区东北部砖厂、山子顶、上杨屋村;^{14}C18.250±0.280、^{14}C18.340±0.285、^{14}C19.470±0.320[8]	15,Q_2,市区东门丝花厂旁	20~25,Q_2,市区至秋长公路收费站附近	淡水镇南侧的大坑水库地面沉积物^{14}C测龄:17.810±0.270、30.200±1.110[8]。第三级阶地沉积为剥夷面砾石层,海拔约40 m
观澜河	深圳市龙华镇	60		6~7,Q_3,横朗附近的新建公路桥,^{14}C年龄21.840±0.720[6]			
增江	龙门县天堂山乡水电站下游	90	3~6,Q_4,增江公路大桥两侧,^{14}Cl.238±0.094②	10~15,Q_3,渡头小学公路以下河岸、增江公路大桥两侧,TL24.7±1、TL43.6±3②	20~30,Q_2,渡头小学公路以上高地、增江公路大桥两侧		前人认为第一级阶地高度达20~30 m。作者考察后认为是一二两级阶地叠置在一起,那是第二级阶地高度
	龙门县龙华镇	40	7~8,Q_4,水口、广宏	9~11,Q_3,龙华镇至广宏X224公路北面	14~16,Q_2,水口、水口小学		
	增城市荔城镇	3	3~6,Q_4,荔城镇	4~6*,Q_3,廖村、隔塘、棠村	12~15,Q_2,水边、巷口、市人民医院	20~25,Q_2,水边、巷口、市人民医院	
沙河	博罗县九潭镇	2	1~2,Q_4,白沙村一带	2~3*,Q_3,白沙桥附近,^{14}C35.000±2.800[9]	12~14,Q_2,福田镇梅村(铁场)		^{14}C采样地点待查
铁岗河	龙门县左潭镇	90	3~4,Q_4,左潭镇、下村、圳口	6~8,Q_3,圳口	12~15,Q_2,龙潭庙桥至凹厦的X353公路沿线		
梅江	梅州市	70	2~4,Q_4,梅州市区	4~5*,Q_3,巫屋、三角农场至梅江渡口	10~15,Q_2,三角农场、大水坝	20~25,Q_2,梅州飞机场、塘背、瓜园凹	第三级阶地沉积为剥夷面砾石层,海拔约100 m

水系	地点	编号	一级阶地	二级阶地	三级阶地	四级阶地	五级阶地	备注
黄岗河	饶平县饶洋镇	77	2,Q_4,盘石楼	5~7,Q_3,冬瓜园、牛牯树下北面陶瓷厂的西侧	12~15,Q_2,坑背、牛牯树下北面陶瓷厂的东侧			在吴屋岗农场看见犁头嵊中山山前,发育高度大、较典型的多级洪冲积阶地。
	饶平县新丰镇	55	镇政府	4~7*,Q_3,里扬东侧、溪坎	15~22,Q_2,溁东陶瓷厂海拔76.9 m高地			在韩江(为主)、黄岗河、榕江、练江等共同组成的潮汕平原下面,有埋藏阶地,至少有10个 ^{14}C 和TL的冲积层测龄数据,为 12.310 ± 0.370~52.138 ± 2.606 $^{[10]}$
	饶平县樟溪镇汉塘	7	6~7,Q_4,汉塘东面	5~7*,Q_3,军埔村河曲凹岸	15~25,Q_2,汉塘、岭湾、军埔			
韩江	大埔县三河镇	35	5~7,Q_4,汇城村、园角尾	5~7*,Q_3,汇东村下坪的裁弯取直河段两岸	20,Q_2,三河坝水电站办公楼一带(现已覆盖水泥)	30,Q_2,汇东村信善小学	43,Q_2,大埔火车站南面的天子发(现铲平建旧寨村委会楼)	
榕江	陆河县东坑镇	85	1~2,Q_4,东坑镇、四富、大坝			40,Q_2,S335省道沿线:东坑中学、中国电信东坑支局		第四级阶地沉积为剥夷面砾石层。从东坑镇向下至水唇镇,为同一个断续的倾斜剥夷面,海拔130m→100m
	陆河县水唇镇	70	2~4,Q_4,田心	6~8,Q_3,石马		35~40,Q_2,镇自来水厂塔、S335省道旁海拔107m等高地		
	揭西县河婆镇	32	2~3,Q_4,河婆镇	6~8,Q_3,韩屋楼、新村、下石马、下坑、杏花				第一级阶地向南过渡为缓倾斜的洪冲积阶地
	揭西县坪上镇	23	1~3,Q_4,车墩、李子埔	5~8*,Q_3,员西村东南面水稻田	15~20,Q_2,员西村军田3号至西面泉水池	25~30,Q_2,坪上镇、员西村一带		
螺河	陆河县河田镇	45	3~4,Q_4,河田镇	7~8,Q_3,人民中路、大塘肚、仓背	11~13,Q_2,人民南路			
	陆河县河口镇	22	5~7,Q_4,上坝村南面、文下	9~10,Q_3,上坝村北面	15~20,Q_2,上坝村路口附近、月地埔至双门滩	25~30,Q_2,昂塘学校、天主堂、上坝村35~45号北侧		第三级阶地沉积为剥夷面砾石层,海拔45~55m
琴江	五华县梅林镇	125	3~7,Q_4,梅林镇、优河村河石	8~10,Q_3,新塘、在坳、优河村河石	15,Q_2,梅林中学一带			
	五华县水寨镇	95	5~7,Q_4,水寨镇、澄湖、下坝		14~17,Q_2,大坝镇的S228省道东侧	25~30,Q_2,大坝镇七都斗米岭西面的S228省道东侧		
铁场河	龙川县龙母镇	140	2~3,Q_4,龙母镇、白石头、张坊	4~5,Q_3,白石头、张坊村	张坊村可见第二级阶地后缘的冲积红土砾石			张坊西面铁场河右岸见高出铁场河约60m的剥夷面砾石层,海拔200~210 m
鹤沛河	龙川县登云镇	230	2,Q_4,登云镇	2~3*,Q_3,镇汽车站西面至五华河排灌站、王茂附近	6~7,Q_2,陶坑	35~40,Q_2,该镇西面的梅东小学附近		
宁江	兴宁市兴城镇	108	0~1,Q_4,兴城镇、义尚围	0~3*,Q_3,华侨中学北面	4~6,Q_2,华屋、赤沙岭西面	18~20,Q_2,赤岭仔		兴宁盆地边缘第一级阶地为倾斜的半埋藏阶地,在盆地中心变形为埋藏阶地
石窟河	蕉岭县蕉城镇	85	5~7,Q_4,县体育中心、敏子地村	10~12,Q_3,蕉城镇的大部份、兴福镇谷仓村立新	18~24,Q_2,蕉岭县华侨中学南侧一带	40~45,Q_2,兴福镇上村村社三西南高地、县液化石油站西高地		
黄江	海丰县公平镇	1	4,Q_4,镇人民东路北侧	7~9*,Q_3,公平镇大部分地区	15~25,Q_2,公平水库西岸堤公路南侧的高地			第二级阶地沉积为剥夷面砾石层,海拔约20~30m

大液河	海丰县梅陇镇天星湖	5	3~4,Q_4,天星湖村南面	5~6,Q_3,大液村天星湖小村,18[11]	第一级阶地沉积的年龄是据岩石风化晕厚度来确定的,供参考。把水宫河属于龙津河的上游
把水宫河	海丰县莲花山镇顾连寺	25	1,Q_4,顾连寺公路桥的下游	3,Q_3,顾连寺村,13.3[11]	

①广东省地质局.惠州幅、深圳幅区域水文地质普查报告(1:20 万),1982.
②黄玉昆,夏法,等.广东省龙门天堂山水库坝区新构造及断裂活动性研究报告书,1988.

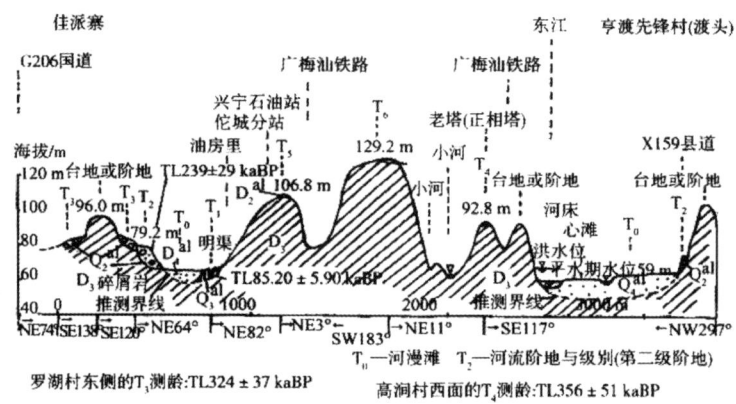

图 1 龙川县佗城镇东江河谷地貌剖面图
Fig. 1 A section of geomorphology crossing the Dongjiang Valley at Tuocheng Town of Longchuan county

陇镇岭下村等地,都有数米高度的一级河流阶地。另外,有 2 处一级阶地的测龄数据:河源大水坑河 26.5 kaBP[11];河源红火岭 40.4 ± 5.2 kaBP[11],阶地详情待查。

2 粤东河流阶地说明

2.1 河流阶地的一般情况

粤东最多有 6 级河流阶地。东江阶地高度最高为 70 m。

东江第一级阶地明显变形:龙川县黎咀镇上游为常态阶地,多数是隐基座阶地;黎咀镇下游至博罗县园洲镇为半埋藏阶地——能被洪水淹没的阶地,其阶地顶部多被薄层的全新统冲积物不连续覆盖,多数为堆积阶地,冲积层主体为上更新统;园洲镇下游进入东江三角洲为埋藏阶地。从上游向下游其晚更新世冲积物的时代有渐新趋势:龙川佗城镇,TL85.20 ± 5.90 kaBP;河源城区,TL55 ± 12 kaBP;博罗县九潭镇,^{14}C 35.000 ± 2.800 kaBP(表1)。

第二级至第六级河流阶地多数为基座阶地。冲积层主体为中更新统。佗城东江第六级阶地高于粤北坪石镇第六级阶地(冲积层测龄 TL819.000 ± 57.00kaBP[3])10m,故东江最老的冲积层当属早更新世晚期。而且该阶地紧靠东江干流河床,反映近百万年以来东江没有大的改道。

2.2 粤东有较多的剥夷面砾石层

2.2.1 夷平面、剥夷面、齐峰面 准平原被抬升成为夷平面。剥夷面是剥蚀夷平面的简称。当地面受长期剥蚀却尚未到达准平原时就被抬升便成为剥夷面,如今日高差仅数十米的各级剥蚀台地。夷平面或剥夷面受流水下蚀便成为山峰高度相近的齐峰面。山地非峡谷河段可能有多级河流阶地却不一定有剥夷面和夷平面,故不是有多少级河流阶地就有多少级剥夷面或夷平面与之对应。当河流阶地与某剥蚀台地高度相近时,该阶地砾石层就是某剥夷面砾石层。前人探讨过中国南方夷平面[11],然而广东夷平面砾石层的分布和特征尚未报道过。作者建议将广东海拔约 200 m 以下、高差小的"夷平面"称谓剥夷面。

2.2.2 剥夷面砾石层特征 目前至少发现粤东 12 处较典型的剥夷面砾石层(表1),其特征:①该砾石层分布海拔 20~210 m,与各级剥蚀台地高度相似,海拔 210 m 以上尚未见夷平面砾石层。②该砾石层位于当地级别最高、分布面积大的河流阶地上。如和平县林寨镇该砾石层就是当地最高的第四级阶地砾石层，而第一至第三级阶地狭窄，成为昔日河流的谷中谷且未发育相对应的剥夷面。③深圳石岩镇玉律、平陵镇、东坑镇、水唇镇、龙母镇张坊等剥夷面砾石层由昔日河流形成，其谷中谷成为今日小河（只有狭窄河床河漫滩，或许有第一阶地），今昔河流发育相隔数十万年。如石岩玉律村之北、东，存在海拔 40～55 m、高出大陂河 30～40 m 的第四级阶地砾石层①，是海拔约 50 m 的剥夷面砾石层，推断年代为 Q_1-Q_2 界面。而今日大陂河只有河漫滩和 Q_3 第一级半埋藏阶地；又如龙母镇张坊剥夷面砾石层位于铁场河的张坊桥西侧，按地壳抬升速率 0.73 m/10 ka 推算[3]：形成高出铁场河 60 m 的剥夷面砾石层的昔日河流，是在距今 81.9 万 a 以前发育的，而今日铁场河高度 5 m 的第一阶地仅在 7 万 a 以来形成，两者时差 75 万 a。张坊剥夷面可能是当地海拔约 250 m、大面积齐峰面的昔日谷底。

2.2.3 倾斜的剥夷面 有两个倾斜方向：①流域内向河谷和下游倾斜。如榕江上游从陆河东坑镇到水唇镇，其剥夷面海拔由 130 m 降到 100 m。②总体上由南岭向南海倾斜。如乐昌坪石镇夷平面砾石层（属第五、第六级阶地），年龄 TL694±55 ka ～ 819±57 kaBP[3]，为 Q_1-Q_2 界面，海拔 200～210 m，而约为 Q_1-Q_2 界面的深圳玉律剥夷面砾石层的海拔仅 50 m 上下。

其实粤北、珠三角、粤西也有少量典型的剥夷面砾石层：如上述南岭乐昌市坪石镇、深圳市石岩镇玉律村，又如电白县林头镇的第二级阶地[1]砾石层是周围数十 km²、海拔约 30 m 的剥夷面砾石层。

2.3 河流阶地反映的地壳运动

黎咀镇上游的常态阶地反映东江河源地区——南岭核心区第四纪以来始终处于构造间歇性抬升；黎咀镇下游的阶地反映南岭边缘区的地壳运动有所改变：在早更新世-中更新世构造亦间歇性抬升，故第二级和以上阶地也是常态阶地，然而，自晚更新世以来却是构造间歇性下沉或稳定，所以其第一阶地形成半埋藏阶地；园洲镇下游除了构造间歇性下沉外，适逢南海海平面上升致使东江三角洲形成，第一阶地便被全新统覆盖成为埋藏阶地。第一阶地冲积物时代向下游具有渐新趋势，反映晚更新世期间河源地区的构造抬升较早或速率较快，而中下游地区构造却逐渐稳定或下沉。

2.4 质疑两处河流阶地

2.4.1 海丰县公平镇西北的阶地 公平镇黄江的一二级河流阶地仅位于该镇和紧靠公平水库西岸。然而，前人②把公平镇西北的十三坑农场南面、黄麻陇西面、中心坑一带都视为 Q_C^{al}（相当于 Q_3^{al}）二三级阶地是不妥的。经作者考察，那是大片向公平水库微倾斜的剥蚀台地，海拔渐渐降低并与黄江第二级阶地衔接，所以该阶地砾石层可作为公平镇剥夷面砾石层。

2.4.2 博罗县福田镇铁场阶地年龄 作者认为高出平原约 14 m 的铁场（梅村）二级阶地冲积层测龄不会是 TL23.2±1.7 ka ～ 43.1±3.1 kaBP[12]，应该达到 100 ka ～ 300 kaBP 才较合理，因为铁场东面九潭镇的一级阶地冲积物年龄已为 ¹⁴35.000±2.800 kaBP[9]，所以铁场阶地测龄恐怕有误。

参考文献：

[1] 刘尚仁. 粤西河流阶地的分布与特征——广东河流阶地研究之一[J]. 热带地理, 2007, 27(1)：6-10.

[2] 刘尚仁. 珠江三角洲及其附近地区河流阶地的分布与特征——广东河流阶地研究之二[J]. 热带地理, 2008, 28(5)：400-404.

[3] 刘尚仁, 黄进. 粤北地区的河流阶地——广东河流阶地研究之三[J]. 热带地理, 2011, 31(1)：3-7.

[4] 刘尚仁, 黄瑞红, 张治邦. 广东阶地特征[J]. 中山大学学报：自然科学版, 1996(增刊)：29-37.

[5] 李平日, 黄光庆, 林晓东. 广东东江三角洲第四纪沉积特征[J]. 海洋学报, 1991, 13(6)：797-803.

[6] 黄镇国, 李平日, 张仲英, 等. 深圳地貌[M]. 广州：广东科技出版社广州分社, 1983：26-32.

[7] 卢演俦, 孙建中. 广东深圳断裂带活动性的第四纪地质和地貌研究[J]. 地震地质, 1991, 13(2)：138-146.

[8] 彭贵. 华南沿海几个晚更新世地层剖面的¹⁴C年龄测定及沉积环境讨论[J]. 海洋地质与第四纪地质, 1989, 9(2)：51-60.

[9] 黄镇国, 李平日, 张仲英, 等. 珠江三角洲的形成发育演变[M]. 广州：科学普及出版社广州分社, 1982：56-62.

[10] 李平日, 黄镇国, 张仲英, 等. 韩江三角洲[M]. 北京：海洋出版社, 1987：1-147.

[11] 黄镇国, 张伟强, 陈俊鸿, 等. 中国南方红色风化壳[M]. 北京：海洋出版社, 1996：178-193.

[12] 陈伟光, 张虎男. 珠江三角洲地区新构造运动年代学的研究[J]. 地震地质, 1991, 13(3)：213-220.

---

① 广东省地质局. 广州幅、江门幅区域水文地质普查报告（1：20万）. 1981.

② 广东省地质局. 海丰幅区域水文地质普查报告（1：20万）, 1980.

现代地貌学基本思想的认识和发展

刘希林¹,谭永贵²

(1 中山大学地理科学与规划学院,广东 广州 510275;
2 广西贵港市覃塘区樟木乡高级中学,广西 贵港 537127)

摘 要:在总结地貌学传统基本理论并结合现代地貌学研究成果的基础上,提出了地貌含义的新的理解和地貌系统的整体观。地貌是由形态、组成物质、作用过程和边界条件4个组成部分互相依存、互相作用,并要求相互适应而构成的整体。这一新的地貌含义加入了形态和边界条件两个因素,从而不同于传统的"地貌是构造、营力和时间的函数"的表达模式。建议"时间"可以不作为影响地貌发育的因素,这样就为"地貌是三维空间和时间组成的四维空间的总体"这一说法赋予了新的含义。还提出地貌的发展演变是地貌各组成部分不能相互适应而出现的"非平衡态"过程,时间并不是地貌发展演变的动力。自然界处于"平衡态"的地貌是存在的,自然界地貌各组成部分总是具有一定程度的相互适应,因而总是具有一定的稳定性,这也是现代地貌学能够进行定量研究的基础。边界条件是控制地貌发育的关键因素,地貌发展演变的方向是由地貌的初始状态(形态)和边界条件决定的。

关键词:地貌学基本思想;地貌系统整体观;地貌边界条件;地貌发展演变;地貌平衡态
中图分类号:P642.23   **文献标志码**:A   **文章编号**:0529-6579(2012)04-0112-07

Recognition and Development of Basic Ideas of Modern Geomorphology

LIU Xilin¹, TAN Yonggui²

(1. School of Geography and Planning, Sun Yat-sen University, Guangzhou 510275, China;
2. Zhangmu Township High School of Guigang City, Guigang 537127, China)

Abstract: This paper mainly discusses the recognition and development of basic ideas of modern geomorphology. Based on the summary of traditional geomorphology theory and research achievements in modern geomorphology, it puts forward a new explanation on the meaning of landform and integral view of geomorphic system. Landform is an interrelated and co-adapted entirety, composed of morphology, composition materials, geomorphic process and boundary conditions. This new interpretation of landform is different from the traditional genetic mode, which regards landform as a function of geologic structure, agent and time. This paper does not suggest that time as a factor of geomorphic evolution, then, it can provide a new understanding on the statement that landform is a complex of four-dimensional space which consists of three-dimensional space and time. In this study, geomorphic evolution is a "non-equilibrium state" process, which is caused by the maladjustment among the four geomorphic elements, and time is not the drive power of geomorphic evolution. The "geomorphic equilibrium state" does exist in nature, which is also the basis of quantitative research in modern geomorphology. Boundary conditions are critical factors that control the geomorphic evolution process, and geomorphic evolution direction is decided by original geomorphic features and boundary conditions.

Key words: basic ideas of geomorphology; integral view of geomorphic system; geomorphic boundary conditions; geomorphic evolution; geomorphic equilibrium state

---

* 收稿日期:2011-12-15
基金项目:国家自然科学基金资助项目(41071186)
作者简介:刘希林(1963年生),男,教授,博士; E-mail: liuxilin@ mail. sysu. edu. cn

现代地貌学经历了100多年的发展历程。在地貌基本理论的发展史上，曾经有过卓越的地貌学家台维斯（1850－1934年）、彭克（1888－1923年）和金氏的杰出贡献。台维斯和彭克被誉为现代地貌学的奠基人。前苏联地貌学家马尔科夫评价认为[1]，能在地貌学理论方面留下深刻足迹者只有两人，就是台维斯和彭克，他们对地貌学的观点作了一番新颖全面而又系统的阐述。20世纪50年代以后，地理学界出现了"计量革命"，新的数量化手段开始越来越多地在地理学中应用[2]，物理、化学、系统科学等相关学科的知识和原理也被引入地貌学，地貌学开始更加重视现代地貌过程的研究，朝定量试验、越来越深入和精细的方向发展，兴起了许多动力地貌的分支学科[3]。不断深入的对现代地貌过程的研究也带来了思想上的新探索。在河流动力地貌领域，发现了冲积河流的"动态平衡"，这是一种不同于传统演化思想的观念[4-5]。20世纪50年代，Schumm[6]提出了河流地貌中的地貌临界值与流域系统的复杂反应。高量值低频率的作用过程和突变过程在地貌发展演变中的作用被重新提出来，引起了学术界的高度关注[7]。当今地球环境灾害日益加剧，各种突变过程、高量值过程的出现越来越多[8-9]。但是这些在以定量试验为基础的现代动力地貌过程研究中的新发现，以及提出来的具有新思想意义的观点，都还没有上升成为地貌学的基本理论。

现代地貌学发展虽然很快，但基本理论的发展却处于长期滞后的状态。20世纪80年代国际地貌学界开始呼吁发展地貌基本理论[10]。一方面，地貌学已经具有了发展基本理论的有利条件，传统的基本理论学说的成就，几十年来大量的地貌学研究成果，尤其是以定量试验为重要手段的动力地貌的日益深入研究，为新时代地貌基本思想和理论的总结和发展提供了充分的基础；另一方面，部门地貌学不断深入和精细，也要求地貌学整体基本理论向前发展，以便提供更为广阔的认识视野和更高层次的整体性理论指导。我国老一辈地貌学家王乃樑、沈玉昌、罗来兴、杨景春、王钟山等，非常关注地貌学基本理论的发展，给予后学以热情支持和殷切期望。此文即是作者对现代地貌学基本思想发展历程的思考和体会，抛砖引玉。

1 地貌系统

目前地貌学的基本思想还没有超越台维斯奠定的基本框架。如何建立与现代地貌学研究和当今社会发展需要相适应的基本思想和基本理论，从20世纪80年代以来一直是国际地貌学界试图突破的问题[11]。它的突破点在哪里？可以归结为对"地貌"含义的理解，这是地貌学的根本所在。本文认为，地貌是由形态、组成物质、作用过程和边界条件4个组成部分互相依存、互相作用，并要求相互适应而构成的整体。这就是地貌系统（地貌含义）的整体观，也是地貌学的基本命题。

1.1 地貌（系统）含义的历史认识

早期人们把地貌只理解为形态，地貌就是指地球表面的形态，即地形。后来对地貌的认识由形态发展到成因，也就是台维斯所说的由"形态描述"到"解释性描述"，地貌的含义就成了"形态和成因的结合"。地貌成因主要从内力和外力两方面去研究，表达为"地貌是内、外力相互作用的结果"。台维斯对地貌理论的最大贡献，一是对地貌含义的认识，提出了著名的三项式公式 "地形是构造、营力和时间的函数"[12]。二是建立了在一定假设条件下的地貌侵蚀循环理论（发育模式）。这里"构造"是指内力作用，包括静态地质构造和岩石，"营力"是指外力作用，也叫过程，"时间"是指地貌发育的时段，也叫阶段。台维斯关于地貌发育因素的认识，包括了内、外力作用和组成物质，其独特之处是把"时间"作为影响地貌发育的因素。在地貌发育的边界条件（气候、构造运动、区域侵蚀基准面）长期处于相对稳定的条件下，地貌形态会随着时间（发育阶段）的不同而不同，因此"时间"也成了地貌发育的因素。台维斯特别强调从（时间）演化的方向来研究地貌，成为地貌演化学派的先驱。20世纪50年代以前的地貌学基本理论都属于演化学说。

1.2 地貌系统发育过程的进一步认识

随着地貌学研究的逐步深入，地貌学家更加明确地认识到组成物质是影响地貌发育的因素之一，我国地貌学家曾昭璇教授还专门写了一本《岩石地形学》[13]。地貌学家广为认同内力、外力作用和组成物质是影响地貌发育（形成）的3大因素。本文在此提出"形态本身也是影响地貌发育的因素之一"，以供讨论。

形态和成因的关系，不只是单方向的由成因形成形态，同时形态也是影响成因的因素之一，二者相互作用、相互依存。台维斯地貌侵蚀循环发育模式表明，形态随着时间的变化而变化。形态是作用过程的产物，形态随时间的不同，应该是作用过程随时间的不同而导致的。作用过程在地貌侵蚀循环演化中，确实随时间而变化，例如河流地貌的壮年期，水流能量大，水流侵蚀作用强烈，形成高山峡谷地形。往后，水流能量减小，水流侵蚀作用减弱，地形变得低缓。那么在地貌发育的边界条件保持不变的情况下，是什么原因造成了作用过程随时间的不同而不同？实际上正是"形态"本身在起作用，因为河流地貌壮年期地势高差大，同样的降雨产生的水流能量和作用强度就大，以后随着地势高差的减小和坡度变缓，同样的降雨产生的水流能量和作用强度就会变小。可见"形态"确实在影响和决定着地貌的作用过程，也就成为地貌成因中的一个因素。地貌形态随时间的变化，很容易错觉为"时间"在对地貌发育起作用，从而把时间也作为影响地貌发育的一个因素，实际上这只是一个表象而已。

时间不是影响地貌发育的因素和地貌发展变化的原因，时间只是地貌存在状态的一个坐标而已。爱因斯坦相对论认为，时间是一个相对的抽象概念。事物随时间的变化，只是事物变化随时间的表现形式，并不是时间在起作用。就像某一变量随时间变化的曲线那样，时间只是这个变量的状态标度，并不表明时间就是造成这个变量变化的原因。比如说，一个人随着年龄的增长而慢慢变老，实际上不是时间使人变老，而是人到了一定年龄后，随着时间的推移，人体的各种机能在慢慢退化，是人体机能的老化而使人变老。地貌随时间的变化并不是时间在起作用，而是地貌各组成因素相互作用产生的结果表现出地貌状态随时间变化了。地貌状态可以随时间而变化（调整、发展演化的状态即非平衡态），地貌状态也可以不随时间而变化（平衡态）。台维斯的准平原、金氏的山麓夷平面、冲积河流的动态平衡，都是不随时间变化的"平衡态"或"准平衡态"。如果时间真是影响地貌发育的因素，那么地貌就会时刻都在变化，如果地貌时刻都在变化，那么就无法进行地貌的精确测量和定量描述，也无法达成对各个阶段地貌特征的统一认识了。通常所说的地貌是三维空间和时间组成的四维空间的总体的说法，与上述观点并不矛盾，用四维空间的四维（从时空状态）来研究地貌，可以重建地貌演变过程，预测地貌发展趋势。

本文提出将"边界条件"作为影响地貌发育的因素之一，特别强调边界条件对地貌发育的意义和控制作用。地貌边界是指研究对象的四周边界，它包含的地域叫"本地域"。凡是本地域以外的，对本地域地貌形态、组成物质和作用过程有影响的所有因素和条件，都是本地域地貌的边界条件。地貌边界之外的相邻地域也是本地域的边界条件。地貌边界是立体的，但是为了研究方便通常将其简化为平面边界。地貌边界是自然边界，也有为了研究需要而人为圈定的边界。

地貌边界条件范围可以很广，例如气候、植被、上游的来水来沙，下游的河道与侵蚀基准面、地貌底部的基底条件、乃至本地域以外的地貌形态、组成物质和作用过程，也是本地域的边界条件。边界条件对地貌的形成发育和发展演变具有控制作用，是影响地貌发育的重要因素。越是精细的地貌研究，就越要依赖于对边界条件的认识深度。

可能有人把本地域作为一个系统，本地域的地貌边界就成了系统的边界，地貌边界以外的边界条件就成了（本地域）系统以外的东西，这只是以系统论观点认识地貌的一种认识角度而已。地貌就是一个开放系统，这一系统与外界有着广泛而又密切的物质和能量交换。本文与上述认识角度不同，这里的"地貌"不仅指本地域（的形态、作用过程和组成物质），而且包括了本地域以外的边界条件，它是本地域和它的边界条件构成的整体。因此，影响地貌发育的因素可以归结为形态、组成物质、作用过程和边界条件。河流动力地貌是地貌学研究中最深入的一个领域，它清楚地揭示出边界条件对河流地貌的发展变化和各种河型的形成与转化的制约作用[14]。许多灾害地貌例如滑坡和泥石流，从边界条件（临空面和地形坡度）进行人为调整，也是治理地貌灾害的有效措施[15]。在地貌文献中，常常看到地貌学家在论述地貌过程之前，要先行论述地貌发育的地质和自然地理条件，地质条件中的岩石和静态地质构造属于组成物质，新构造运动属于内力作用，这些都是地貌边界条件的一部分。

离开了边界条件，要把地貌的平衡态以及平衡与演化的关系认识清楚是困难的。平衡态的形成，大多数必须在边界条件不变的情况下才能出现。当边界条件发生变化时，如果原来的形态和组成物质与新的变化了的边界条件不相适应，那么原来的平衡态就要转化为调整态。例如已经达到平衡态的冲积河流，只要边界条件有变化，就会进入调整态。平衡（均衡）河流的概念很早就有，它是指既没有侵蚀又没有堆积的河流，也就是河流的形态没有变化了。台维斯在地貌侵蚀循环理论中认为，河流到了壮年期就达到了平衡，可是又认为平衡河流的坡度随着循环的进行而必须改变[12]。河流到了壮年期，既然达到了平衡，侵蚀和堆积没有了，又哪来的形态变化？怎么会有河床纵比降必须改变？戴维斯由于当时对边界条件的作用认识不够，所以也没能把河流地貌的平衡态讲清楚。冲积河流的平衡态一定要在边界条件不变的情况下才能形成和保持。壮年期河流在某些时段，其边界条件不变或者稳定，达到了平衡态，但整个壮年期河流流域仍在演化，河流的来水来沙等边界条件还在不断变化，所以河流在某些时段达到平衡态以后，又会因为边界条件的变化而进入调整态，继续产生形态的发展变化，出现河床纵坡进一步变小的情形。只有到了准平原阶段，整个流域完成了全部调整过程，达到了地貌整体的平衡态，这时河流的边界条件就不再改变了，河流也就能够保持平衡态。所以，只有充分认识了边界条件，才能把地貌的平衡问题认识好。

1.3 地貌系统的整体观

地貌的作用过程是来自于边界条件的作用动力与形态和组成物质之间相互作用的过程。进一步探讨它们之间的关系可以发现，它们是相互作用、相互依存的整体。当看到一条山区峡谷，会想到它是由急湍汹涌的水流侵蚀形成的。进一步探讨，急湍汹涌水流的形成首先与它边界条件有关，是山区峡谷这种比降大的地形才赋予了水流强烈的侵蚀能量，是"形态"对水流的作用才产生了这种急湍汹涌的水流。所以说，不只是水流单方面作用于形态及组成物质而形成了地貌形态的过程，同时也是一种双向作用过程，即水流与形态和组成物质相互作用的过程。河流地貌学研究成果表明[16]，河床的形成与演变过程也就是挟沙水流与河床的相互作用过程。水流塑造河床，河床约束水流，二者相互制约、相互依存。水流塑造出一定的河床形态，河床形态一经塑造出来，反过来会影响水流的结构和流速场的分布。之所以形成这样一种水流动力，其中就包括了形态对水流的作用。

以海岸动力地貌发育为例，进一步分析和阐述地貌系统的整体观。从外海传来的波浪在进入海岸带以前，它是属于海岸地貌的边界条件，当它进入海岸带即进入地貌边界以后，就开始与海岸带的形态与组成物质产生相互作用，海岸带的波浪也就成了海岸地貌的作用动力。在地貌边界内（海岸带），海岸波浪时刻都在作用于海岸的形态和组成物质，形成了与之相适应的海岸地貌，同时海岸波浪也受到海岸形态、组成物质的作用，使波浪在传播过程中发生变形、破碎或折射，形成了破浪带和激浪带的空间动力分异，在岬角处波能发生集中，在海湾处波能发生辐散，这样的波浪作用又形成了与之相应的地貌形态和物质组成。例如在破浪带，波浪破碎冲击海底，形成水下沙坝和水下凹槽，其组成物质相应较粗。在波能分散的海湾地方，波浪作用强度低，形成了与之相应的海积地貌形态，其组成物质相应较细；在波能集中的岬角处，波浪作用强度大，形成陡峻的海蚀崖和海蚀平台，其组成物质相应较粗。

所以地貌的形态、组成物质、作用过程和边界条件彼此相互作用、相互依存，还要求相互适应，共同构成一个整体，这个整体就是"地貌"，这就是地貌系统的整体观。它是在前人地貌含义认识基础上，加入"形态"和"边界条件"两个因素，为适应现代地貌学的精细研究而提出来的。希望它的建立能为认识地貌系统的整体观及其各个组成部分提供比较完整的思路和较之以前更为广阔的视野。

2 地貌的发展变化与整体调整原理

2.1 地貌的调整态和平衡态

当地貌各组成部分不相适应时，就会通过作用过程产生地貌调整，进入调整态。例如软岩组成的陡崖，其形态与组成物质不相适应，那么软岩陡崖很快会调整为与其组成物质相适应的缓坡地貌。地貌各组成部分不相适应的程度越高，其存在的时间就越短，调整的速度和强度就越大，反之亦然。例如枯水期形成的河床，是与枯水期的河流边界条件和作用过程相适应的，到了洪水期，原先的河床就与洪水期的河流作用过程和边界条件不相适应，从而产生河床形态乃至组成物质的调整。当调整态以急剧的形式表现出来时，称之为地貌突变态。地貌突变态是地貌各组成成分不相适应程度很高、调整强度很大、变化剧烈时发生的突变，突变态存在时间很短且不稳定，常常与高量值事件联系在一起，高量值事件可以带来地貌突变和巨变，是频率小但能量（作用强度）大的地貌过程，例如风暴潮、地震、泥石流、大洪水、山崩等。高量值事件并不完全等同于突变，也不一定引起突变，例如一次大地震中某栋房子结构坚固，抗震性强，即使作用过程（地震）很强烈，也不会发生突变（倒塌），因为它的结构与边界条件和作用动力仍然相适应。河道河堤（的形态）如果与大洪水相适应，即使发生大洪水，也不会出现河堤溃决的突变现象。地貌变化方式可以是渐变的，也可以是突变的。突变不一定都有边界条件的大变化，例如山坡上一个处于临界状态的大石头，在一个很小的作用力下也可能滚下山去（发生突变）。当地貌各组成部分达到完全相互适应状态时，地貌就不再发生改变了，出现了不随时间而变化的地貌状态，这就是地貌的平衡态。所以根据地貌各组成部分的相互适应的程度及其发展变化的强度，地貌状态可以分为调整态、突变态和平衡态。调整、突变和平衡是对立统一的关系，对立是它们形式上的各有区别，统一是它们有相同的作用机制。

2.2 地貌调整态与平衡态的驱动因素

地貌发展变化的驱动因素是什么？本文以河流地貌发育为例来进一步阐述。河流地貌学家认为[17]，河道发生变化的根本原因是输沙不平衡。在一定条件下，如果输入河道的泥沙超过水流的挟沙能力，过多的泥沙将淤积下来，使河床淤高。当来沙量小于水流挟沙能力时，不足的泥沙将从河床得到补充，使河床冲深。当河床发生冲淤变化以后，河床形态的改变导致水力条件变化，将使水流的挟沙能力发生相应的变化，所以冲积河流的河床具有自动调整功能，在水流与河床的作用下，将不断调整自身的坡面和断面形态，力图使挟沙能力与上游来沙条件相适应。来沙量属于边界条件之一，河流挟沙能力是由河床形态、组成物质和作用过程共同决定的，输沙不平衡就是河流挟沙能力与来沙量不相适应（不相等），两者不相适应就会导致河床形态改变，最终结果将使河床湿周上每一点所受到的切应力与该点河床物质的临界抗剪力相等，于是水流与河床之间便会出现一种相对的平衡状态[14,18]。冲积河流总是要自动地向输沙平衡的河流（平衡态）发展，表明地貌各组成部分总是力求相互适应而达到平衡的状态。

在地貌边界条件保持不变的情况下，地貌的发展变化（假定初始条件确定）将经历一个确定的调整过程，最后达到一个不随时间而变化的确定的平衡态。理论上，这一论点可以通过热力学第二定律加以证明。热力学第二定律是，在边界条件维持不变的情况下，开放系统最终将达到一个不随时间而变化的熵产生最小的稳定态。地貌系统是一个开放系统，开放系统与外界有着广泛的物质和能量交换并存在相互作用。熵产生最小的稳定态是一种不随时间而变化的状态，达到稳定态时作用过程依然存在，系统在空间上不是完全均匀的，而是一种在空间上有差异的有序结构。热力学第二定律的"稳定态"就是地貌学中的平衡态。实际上，上述论点可以通过冲积河流的自动调节作用来得以验证。如前所述，河流总是要力图要达到输沙平衡，输沙平衡就是河流既没有侵蚀、也没有堆积的平衡态。当边界条件保持不变时，冲积河流向平衡态趋近。例如三门峡水库修建后渭河下游的堆积调整和坝下河道的冲刷调整，都表现为一种向平衡态发展的趋势。

平衡态是地貌各个组成部分达到完全相互适应的状态，这是平衡的第一个特征；平衡态的第二个特征是地貌的作用过程依然存在，但是没有了地貌的调整，地貌形态不随时间而变化；平衡态的第三个特征是本地域的上边界输入的物质与下边界输出的物质相平衡。平衡态的形式是多样的，平衡态需要在边界条件不变时才会出现并得以保持，平衡态存在的时间有长有短，平衡有动态平衡和静态平衡，有暂时平衡和较长期的平衡。总之，地貌的平衡态是存在的，自然界地貌各组成部分总是有一定程度的相互适应，因而总是有一定程度的稳定性，否则就不可能进行地貌测量和定量描述，也就不成为"三维空间的实体"了。但是，地貌的平衡态是相对的，即使到了地貌的准平原阶段，也不是一成不变了，还会随着下一次构造运动的抬升（边界条件的变化）开始第二个轮回。所以地貌总是随着时间的推移而演化。

2.3 地貌的发育过程及演变趋势

只要地貌的初始状态（形态）和边界条件是确定的，地貌的发育过程及发展方向也是确定的。初始状态是地貌发育的基础，边界条件对地貌的发生发展起控制作用。地貌的形态、组成物质和作用过程总是力图与边界条件相适应。所以当地貌的初始状态和边界条件确定后，地貌的发育过程和发展方向也就确定了。自然界地貌的边界条件千差万别，也经常变化，初始状态也不相同，所以地貌的发育过程也复杂多样。反过来，如果地貌的边界条件和初始状态相似，就会出现相似的地貌发育过程和发展方向，例如湿润地区侵蚀沟谷的发育过程，同类沙丘的发育过程，同类喀斯特地貌的形成过程等，都是如此。

虽然地貌的调整总是力图要求使各组成部分相互适应，但是地貌的调整却不一定会使各组成部分相互适应的程度增加，有时反而会减小，甚至可能造成比以前更大强度的调整。在地貌调整过程中，如果边界条件发生了变化，而这种变化与原有的形态和组成物质不相适应，就可能使地貌各组成部分不相适应程度增加，即使边界条件保持不变，地貌调整产生形态或组成物质的改变，改变后的形态或组成物质与边界条件之间不相适应程度也可能更大。例如地貌侵蚀循环模式幼年期的侵蚀强度是增加的，因此在边界条件保持不变的情况下，虽然总的趋势是地貌各组成部分相互适应程度增加，并最终趋向于一个稳定的平衡态，但是地貌发展变化的强度也不会总是单方向减小，地貌各组成部分相互适应程度也不会总是单方向增加，所以地貌的发展变化和整体调整的演化模式是复杂多样的，正如Schumm 所讲的地貌系统的复杂反应那样[19]。总之，地貌发展演化过程要依据初始状态和边界条件，作具体深入的地貌学分析。

3 经典地貌发育模式的讨论

台维斯地貌侵蚀循环理论是影响最大的地貌基本理论之一，其前提条件是构造运动快速上升而后长期稳定（停息），区域侵蚀基准面长期保持不变，气候湿润而有干湿交替变化但长期保持相对稳定状态。也就是说，在地貌边界条件长期保持不变的情况下，地貌经历一个确定的调整过程，最终达到整个地貌的平衡态，这一循环过程所跨的时间尺度很长。

台维斯地貌侵蚀循环模式只有在其假设条件下才是成立的。此外，还要补充一个条件，即地貌要始终保持在侵蚀状态。该模式中的气候条件是干湿交替的，所以风化作用和流水作用两种过程之间能够互相交替、互相影响，有利于侵蚀的不断进行，但还必须附加一个条件，即地表植被和组成物质要满足水流的侵蚀力大于地面的抗蚀力，这样才能使地表始终处于侵蚀状态，侵蚀循环才能不断进行，最终形成准平原。如果地貌调整到水流侵蚀力小于地面的抗蚀力，侵蚀演化在达到准平原之前就停止了，形成的则是与准平原不同的另外一种平衡态。在这样的补充条件（地貌始终保持侵蚀状态）下，湿润地区在区域侵蚀基准面长期保持不变的条件下，流水作用将导致物质的迁移总是从高地向低地进行，地形在经过很长时间的发展后，最终会达到低缓的准平原状态。地貌侵蚀循环模式展示了一个地貌长期演化过程的典例，对推动地貌演化研究和地貌学发展起到了积极的作用。

如果不顾及是否符合前提条件而任意应用台维斯地貌侵蚀循环模式，得出每个地区都在向准平原发展，这是错误的。但这不是模式本身的错误，而是应用的错误。台维斯模式不是万能的，是有适用范围的。循环模式所跨的时间尺度漫长，在这么长的时间内要保持着（至少主要的）边界条件不变，所以它的应用范围并不广。无论对模式的整体应用，还是对模式中部分观念的应用，都要符合其前提条件。现代地貌学研究的重点是研究现在的（实际的）地貌过程，时间尺度小，以定量试验观测为基础，考虑的是眼前实实在在的地貌发展过程。现代地貌学研究遇到的地貌边界条件比地貌侵蚀循环模式中的边界条件要复杂得多，所以不能指望一个抽象化了的有特定前提条件的地貌侵蚀循环模式能够指导和解决一切地貌学的理论问题，需要发展与现代地貌学相适应的基本思想和理论。

彭克的山前梯地发育模式认为，一个地区经过构造运动迅速上升为山地后转为稳定（构造运动停息），山麓基准面保持稳定不变，在这样的条件下（这与地貌侵蚀循环模式的前提条件是一致的），流水作用在山麓地区形成与山麓基准面相适应的平缓山麓夷平地面，叫做山前梯地。这种平缓的山麓夷平地面在现代很多山麓地区都能看到，以后构造运动又快速上升而且上升的范围加大，把山麓夷平地面抬升为各级山前梯地。

彭克的山前梯地发育模式是在湿润的山麓地区，形成的夷平地面叫山前梯地。金氏的山麓夷平面发育模式是在干燥的山麓地区，形成的夷平地面叫山麓夷平面。台维斯、彭克、金氏三种模式共同揭示了这样的原理，在构造运动（停息）和侵蚀基准面两个主要边界条件保持稳定不变的情况下，地表流水作用将形成与侵蚀基准面相适应的平缓的夷平地面。三者的理论模式指的都是在边界条件保持不变情况下，地貌要经过一个确定的调整过程才能最终达到平衡态的几种表现形式，只不过彭克和金氏的模式要求边界条件保持不变的时间尺度相对较短，所形成的平缓夷平地面的规模也相对较小，而且都是位于山麓地带（彭克的在湿润地区，金氏的在干燥地区）。台维斯地貌侵蚀循环模式形成的平缓夷平地面是在谷底两侧，以及整个侵蚀流域最终的平衡地貌形态是准平原。准平原是规模最大的、发育时间最长的与区域侵蚀基准面相适应的平缓夷平地面。换句话说，台维斯、彭克和金氏的3种地貌发育模式都是同一个原理的不同表现形式。虽然彭克和金氏都指责台维斯，但从深层次来看，他们的理论都是一致的，都是属于地貌随时间演化的思想体系。

4 结 论

在前人关于地貌含义是形态和成因的结合，地貌是内、外力相互作用的结果，以及地貌是构造、营力和时间的函数的基础上,把形态和边界条件作为影响地貌发育的因素,强调边界条件对控制地貌发育起关键作用,提出地貌是形态、组成物质、作用过程和边界条件相互作用、相互依存,并要求相互适应而构成的整体。地貌的发育因素也就是地貌的组成部分,当地貌各组成部分达到完全相互适应状态时,地貌就不再产生调整和改变,出现了不随时间而变化的地貌平衡态;当地貌各组成部分不相适应时,就要产生地貌的发展变化,处于地貌的调整态,也即非平衡态。地貌各组成部分不相适应是地貌发展变化的驱动力。时间并不是地貌发育的影响因素,只是地貌发育过程的坐标轴。地貌的初始状态(形态)和边界条件决定着地貌的演变过程和发展方向。现代地貌系统整体观的含义,可以运用到各种应用地貌研究中,例如水土流失、沙漠化和泥石流防治、航道、河道和边坡的整理等。人类可以通过积极的人工地貌调整,防治各种地貌灾害,恢复和保持地貌的自然平衡,使自然地貌处于良性的发展演化环境之中。

致谢: 西南大学穆桂春教授对本文的写作和修改提供了无私帮助,特此深表感谢。

参考文献:

[1] 马尔科夫. 地貌学基本问题[M]. 陆恩泽,杨郁华,译. 北京:地质出版社,1957.

[2] 刘昌明,岳天祥,周成虎. 地理学的数学模型与应用[M]. 北京:科学出版社,2000.

[3] 马霭乃. 动力地貌学概论[M]. 北京:高等教育出版社,2008.

[4] YANG C T. On river meanders [J]. Journal of Hydrology, 1971, 13: 231-253.

[5] 倪晋仁,马霭乃. 河流动力地貌学[M]. 北京:北京大学出版社,1998.

[6] SCHUMM S A. Evolution of drainage systems and slopes in badlands at Perth Amboy, New Jersey [J]. Bulletin of Geological Society of America, 1956, 67: 597-646.

[7] SCHUMM S A. Geomorphic hazards - problems of prediction [J]. Zeitschrift für Geomorphologie, 1988, 67 (Suppl.): 17~24.

[8] ALCANTARA-AYALA I. Geomorphology, natural hazards, vulnerability and prevention of natural disasters in developing countries [J]. Geomorphology, 2002, 47: 107-124.

[9] CARRARA A, CROSTA G, FRATTINI P. Geomorphological and historical data in assessing landslide hazard [J]. Earth Surface Processes and Landforms, 2003, 28: 1125-1142.

[10] HANES D M. Grain flows and bed-load sediment transport: Review and extension [J]. Acta Mechanica, 1986, 63: 131-142.

[11] CHORLEY R J, SCHUMM S A, SUGDEN D E. Geomorphology [M]. Cambridge: Cambridge University Press, 1984.

[12] 任美锷. 台维斯地貌学论文选[M]. 北京:科学出版社,1958.

[13] 曾昭璇. 岩石地形学[M]. 北京:地质出版社,1960.

[14] 钱宁. 河床演变学[M]. 北京:科学出版社,1987.

[15] ALEXANDER D. Applied geomorphology and the impact of natural hazards on the built environment [J]. Natural Hazards, 1991(4): 57-80.

[16] 沈玉昌,龚国元. 河流地貌学概论[M]. 北京:科学出版社,1986.

[17] 许炯心. 中国不同自然带的河流过程[M]. 北京:科学出版社,1996.

[18] 杨景春,李有利. 地貌学原理(修订版)[M]. 北京:北京大学出版社,2005.

[19] SCHUMM S A. The fluvial system [M]. Wiley-Inter-Science, 1977.

基于结点加密的边线捕捉处理方法

张青年

(中山大学地理科学与规划学院，广东 广州 510275)

摘 要：针对空间数据融合中消除输入图形与参考图形不一致的需要，提出了一种基于结点加密的边线捕捉处理方法。该方法由结点加密、结点捕捉和结点顺序调整三个步骤组成。通过结点加密，实现了对边线更细致有效地分段捕捉处理。附加的结点顺序调整步骤则消除了结点捕捉引起的自相交问题。结果表明，本文方法处理结果中的输入边与容限距离内的参考边完全重合，并且不存在自相交问题，优于ArcGIS捕捉处理结果。实验结果证明了本文方法引入附加结点和调整结点顺序的有效性。

关键词：空间数据融合；地图合并；边线捕捉；空间一致性
中图分类号：P283 **文献标志码**：A **文章编号**：0529-6579（2013）05-0148-05

Snapping Polylines Using Densified Vertexes

ZHANG Qingnian

(School of Geography and Planning, Sun Yat-sen University, Guangzhou 510275, China)

Abstract: Aiming to eliminating the spatial inconsistency between the input features and reference ones, this paper proposed a method to snap input lines to reference ones based on densifying input lines. The algorithm consists of three steps: inserting auxiliary nodes, snapping nodes, and reordering snapped nodes. Inserted nodes partition input lines make it possible to accurately snap segments to reference lines. The extra adjusting step reorders the snapped nodes and thus eliminates the self-intersections on input lines. Experimental results showed that the snapped line by the new method coincided completely with the referred one in tolerance distance, and no self-intersections were found on the rectified lines, better than the results by ArcGIS software. The results proved the effectiveness of inserting auxiliary nodes and reordering the snapped nodes in this algorithm.

Key words: geospatial data integration; map conflation; line snapping; spatial consistency

在地图编辑和空间数据更新等工作中，需要对多个来源的空间数据进行融合处理。但由于不同来源的空间数据采用的数据分类体系、位置精度和数据现势性存在差异，同一地物在不同来源的地图上的位置和形状并不相同[1-4]。例如，我国地形图与海图不一致的问题普遍存在，海岸线在地形图和海图上的形状和性质都有差异[5]，一般应将地形图上的海岸线调整到海图上的参考海岸线图形位置[6]。

对象捕捉是一种基本的地图编辑功能[7]，用户利用该功能可以迅速、准确地将输入图形捕捉到线的结点、直线的交点和圆的圆心等参考图形上的某些特殊点，从而能精确地绘制图形。显然，利用对象捕捉可以实现图形数据整合处理。通过批量捕捉处理，将输入图形捕捉到容限距离内的参考图形位置，从而消除输入图形与参考图形之间的不一致。现有捕捉处理方法有两种捕捉方式，都是通过移动图形的结点来实现的。第一种捕捉方式仅移动输入图形的结点到参考图形位置，而参考图形的形状和位置保持不变。第二种捕捉方式则同时移动输

---

* 收稿日期：2013-03-16
基金项目：国家自然科学基金资助项目（40971210）
作者简介：张青年（1968年生），男，E-mail: zqnzsu@163.com

入图形和参考图形，使两者在新的中间位置上重合，是一种广义的结点捕捉方式[8-9]。

由于不同来源的图形数据在位置精度和现势性等方面存在差异，通常不宜采用广义结点捕捉方式进行图形数据融合。在大多数情况下，需要以选定的参考图形为准，将输入图形改正到参考图形位置。例如，在土地利用变更调查等工作中，应该以上一年度的土地利用现状图为参考图，修改本年度的土地利用变更图斑边线，消除前后两个年度的图斑边线在容限距离内的不一致，以避免产生细小狭长的变更过程图斑。目前，一些 GIS 软件可自动将输入图层上的结点捕捉到参考图层上的图形，但并不能实现输入边与容限距离内的参考边完全一致。

本文提出一种基于结点加密的边线处理方法。已有的捕捉处理方法局限于捕捉输入边的原有结点，本文则将捕捉对象扩展到临时插入的附加结点。利用附加结点实现输入边的分段，并通过对附加结点的捕捉处理将所有容限距离内的边线段都捕捉到参考边。实际上，基于附加结点的捕捉方法实现了从结点捕捉到边线捕捉的层次提升，能够真正实现输入边与参考边的配准和融合。

1 结点捕捉存在的问题

在 CAD 和 GIS 等图形处理软件中，对象捕捉都是针对结点进行处理的，其基本功能是将正在绘制的图形结点抓取到已有参考图形上的某个特殊点。如果对大量结点进行批量捕捉处理，则发展成为一种图形数据融合方法。例如，ArcGIS 软件的 ArcToolBox 模块中提供了捕捉工具，它将输入图层中的边线捕捉到参考图层中的边线上。实际上，它将输入边上所有在容限距离内的结点捕捉到参考边线上的垂足点或参考边线结点。

CAD 和 GIS 等图形处理软件基于结点层次进行图形捕捉，并不能将输入边捕捉到与容限距离内的参考边完全重合的位置。如图 1 所示，输入边在参考边两侧小幅度摆动，其间距小于容限值。利用 ArcGIS 软件进行捕捉处理，将捕捉类型设置为 Vertex，捕捉后的输入边有 2 处与参考边不重合。如果将捕捉类型改为 Edge，则捕捉后的结点与参考边结点不重合。总之，捕捉处理过程中只移动了输入边的结点，没有有效地调整输入边的形状，因此不能与参考边完全重合。

显然，必须在输入边上插入附加结点，通过捕捉移动附加结点来改变输入边的局部形状，才能使输入边与容限距离内的参考边完全重合。如图 2 所

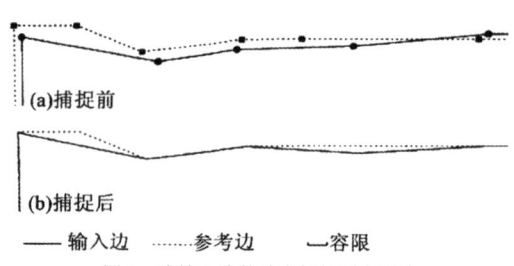

图 1 将输入边的结点捕捉到参考边
Fig. 1 Snap input edge to the location of reference edge

示，输入边到参考边的结点 q_2 的距离小于容限，但在不插入附加结点的情况下无法将输入边捕捉到 q_2 位置。在输入边上按指定间距插入 5 个结点 $p_3 \sim p_7$，其中 p_5 靠近 q_2，可以被捕捉到 q_2 处。此外，通过插入附加结点，实际上对输入边进行了分段，从而可对各段边线分别进行捕捉处理。例如，图 2 中附加结点将输入边分为 6 段，其中结点 $p_3 \sim p_7$ 到参考边的距离都小于容限，将被捕捉到参考边上。于是输入边的 $p_3 - p_7$ 段被捕捉到参考边，而 $p_1 - p_3$ 和 $p_7 - p_2$ 段不捕捉。

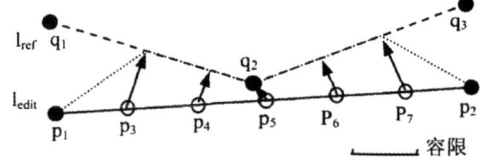

图 2 基于插入的附加结点进行捕捉
Fig. 2 Snap an edge with added nodes

结点捕捉的另一个问题是捕捉后的边线可能出现自相交错误。如图 3 所示，输入边的结点 v_2、v_3、v_4 和 v_5 到参考边的距离小于容限而被捕捉到参考边，捕捉之后 $v'_2 v'_3$ 与 $v'_3 v'_4$、$v'_3 v'_4$ 与 $v'_4 v'_5$ 之间存在自相交问题。本文通过引入附加的结点顺序调整步骤来解决线自相交问题。

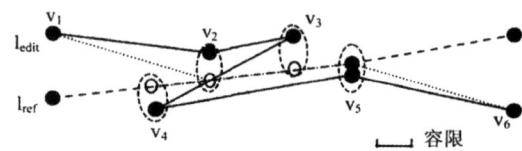

图 3 输入边捕捉处理后的自相交问题
Fig. 3 The self-intersections on snapped edge

2 基于结点加密的捕捉算法

如前所述，结点层次的捕捉算法只能完成对原

有结点的捕捉,并且结点捕捉之后存在自相交问题。本文针对结点捕捉算法的两个局限,增设结点加密和结点顺序调整两个步骤,从而使结点和结点之间的线段都捕捉到与参考边重合,即发展成一种边线层次的捕捉算法。此外,针对现有算法将结点全部捕捉到垂足点或者全部捕捉到参考边结点的僵化配置问题,本文算法依据具体条件灵活选取垂足点或参考边结点作为目标捕捉位置。即,输入边结点的容限距离内有参考边结点时以其为捕捉点;否则以该结点在参考边上的垂足点为捕捉点。

2.1 主要数据结构

主要数据结构为边线结点链表 SnapList,其数据元素为结构类型:

```
struct SnapPoint
{
IPoint pt;  //坐标点
bool bIsAdded;  //是否附加结点
bool bMoved;  //是否被捕捉
int refGeomOID, refPartIndex, refSegmentIndex;
//参考几何体 OID,参考部件序号,参考线段序号
IPoint refPoint;  //捕捉点
double refDistance;  //到参考几何体的距离
double fromPointDistance;  //到参考线段起点的距离
}
```

2.2 算法步骤

本算法通过结点加密、结点捕捉和结点顺序调整等多个步骤对边线进行捕捉处理,主要步骤为:

1) 加密结点。依次读入输入边 l_{edit} 的各个结点,在相邻两个结点之间以容限 d 为间距插入附加结点。如图 4 所示,空心点为插入的附加结点。为每个结点新建为一个 SnapPoint 元素,其中原有结点的 bIsAdded 为 false,附加结点的 bIsAdded 为 Ture。将各个 SnapPoint 元素依次写入 SnapList 链表。

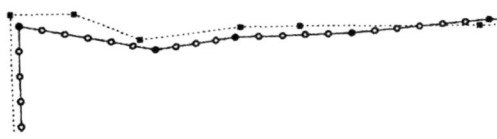

图 4 加密结点
Fig. 4 Insert nodes on the edited line

2) 查找最近的捕捉点。对于 SnapList 链表中的每个元素 v_i,查找在其容限 d 内的参考边并计算到该参考边上的最近距离和最近距离点,将其记录到 refGeomOID、refPartIndex、refSegmentIndex、refDistance 和 refPoint 字段,并将 bMoved 赋值为 True。

若在结点 v_i 的容限距离 d 内找到多条参考边,取 refDistance 最小者为捕捉目标,并更新 refGeomOID、refPartIndex、refSegmentIndex 和 refDistance 和 refPoint。如图 5 所示,结点 v_i 到参考边 l_{ref} 和 l'_{ref} 的距离都小于容限,取间距更小的参考边 l_{ref} 为 v_i 捕捉的目标对象。

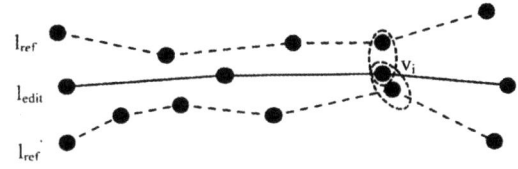

图 5 将间距最小的参考边作为捕捉目标
Fig. 5 The nearest reference works as snapping target

若在结点 v_i 的容限距离 d 内没有任何参考边,并且它是一个 bIsAdded 值为 True 的附加结点,将其从链表中删除。

3) 调整捕捉点到参考边结点。依据 refGeomOID、refPartIndex、refSegmentIndex 取得结点 v_i 的捕捉点所在的参考线段。若结点到参考线段的某个端点 u_k 的距离小于容限,则将其捕捉点改为端点 u_k。如图 6 所示,v_3 到参考线段的端点 u_4 的距离小于容限,将其捕捉点由垂足 u_3 改为结点 u_4;v_1 和 v_2 在参考边上的捕捉点分别为结点 u_1 和垂足点 u_2,保持不变。

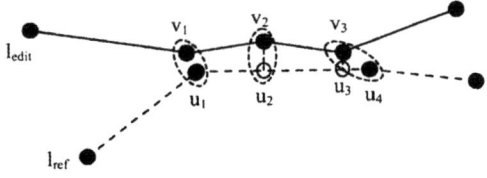

图 6 将捕捉点调整到参考线段的端点
Fig. 6 Adjust snapped points to segments' ends

4) 调整结点次序。遍历 SnapList 链表,依据 bMoved、refGeomOID 和 refPartIndex 将其划分成若干个子序列。同一个子序列中的各个结点全部未捕捉,或者全部被捕捉到同一条参考边;不同的子序列中的结点被捕捉到不同的参考边。同一个子序列中的各个结点的捕捉点所在的参考线段序号应该是单调增加或单调减少的。如果某个子序列中起点和

终点对应的参考线段序号是增大的，但其内部某些相邻结点对应的参考线段序号是减小的，则在这些参考线段序号减小的结点的捕捉点处发生了方向反转，引起自相交问题；反之，如果某个子序列中起点和终点对应的参考线段序号是减小的，参考线段序号增大的结点的捕捉点处发生了方向反转。具体检测时，如果相邻两个捕捉点的 refSegmentIndex 相等，还需进一步计算 fromPointDistance 来判断结点前进方向。

若相邻两个捕捉点 v'_i 到 v'_{i+1} 存在方向上的反转，依次回退检测 v'_i 的前一个捕捉点 v'_{i-1} 到 v'_{i+1} 是否存在方向上的反转；若满足反转条件，继续比较 v'_{i-1} 的前一个捕捉点 v'_{i-2}，直到某个前驱捕捉点 v'_k 到 v'_{i+1} 不存在方向反转为止。此时，将 v'_{i+1} 从链表中删除后重新插入到 v'_k 之后的位置，从而消除 v'_{i+1} 引起的反转现象。依次处理该子序列中的反转捕捉点，直到消除所有反转现象。

如图 7 所示，输入边 l_{edit} 上的 5 个原有结点 v_2、v_3、v_4、v_5、v_6 和 1 个附加结点 v_8 被捕捉到参考边 l_{ref} 上。输入边捕捉处理后的结点序列为 v'_1、v'_2、v'_3、v'_4、v'_5、v'_8、v'_6、v'_7。其中，$v'_2v'_3$ 与 $v'_3v'_4$、$v'_3v'_4$ 与 $v'_4v'_5$、$v'_3v'_4$ 与 $v'_5v'_8$ 之间存在自相交问题。经过纠正处理后，结点序列将调整为 v'_1、v'_4、v'_2、v'_5、v'_8、v'_3、v'_6、v'_7。

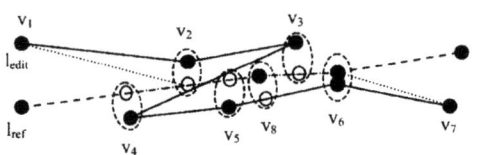

图 7　处理捕捉点顺序反转引起的自相交问题
Fig. 7　Processing reversed snapped points

（5）依据链表中保留的结点的捕捉点构造一条新边线。其中，某个结点无捕捉点时用原坐标点代替。判断边线上相邻的三个结点是否共线，删除共线的多余的结点，得到最终的捕捉处理结果。

3　实验结果与分析

在土地利用变更调查中，新调绘的本年度变更图斑需要与上一年度的地类图斑协调一致。如图 8（a）所示，分别以本年度的变更图斑和上一年度的地类图斑为输入图形和参考图形，输入边与参考边非常接近但又不完全重合。本次实验中将捕捉容限设定为 1 m，输入边上全部 10 个结点到参考边的距离都小于容限，线段 v_9v_{10} 到结点 h 的距离大于容限。

本文算法捕捉处理结果见图 8（b）。其中，输入边按间距 1 m 加密结点。分析捕捉线发现，输入边上的全部结点都被捕捉到参考边；而且除线段 v_8v_9 之外，其余组成线段与参考边完全重合。实际上，除参考边的结点 h 之外，输入边和参考边相互之间的距离均小于容限，因此捕捉处理是完全的和准确的。

作为比较，我们给出了 ArcGIS 软件捕捉处理的结果，其捕捉类型设为 Edge 和 Vertex，分别见图 8（c）和图 8（d）。ArcGIS 提供批量捕捉结点的功能，其捕捉结果有一定的代表性。在图 8（c）中，输入边上的线段 v_1v_2、v_2v_3、v_3v_4、v_5v_6 和 v_8v_9 未被捕捉到与参考边重合；线段 v_3v_4 与 v_4v_5 之间存在自相交问题。在图 8（d）中，结点 v5 和 v7 未被捕捉到参考边，线段 v_1v_2、v_6v_7、v_7v_8 和 v_8v_9 未被捕捉到与参考边重合。这两种捕捉结果都不符合要求，未实现有效的边线捕捉。

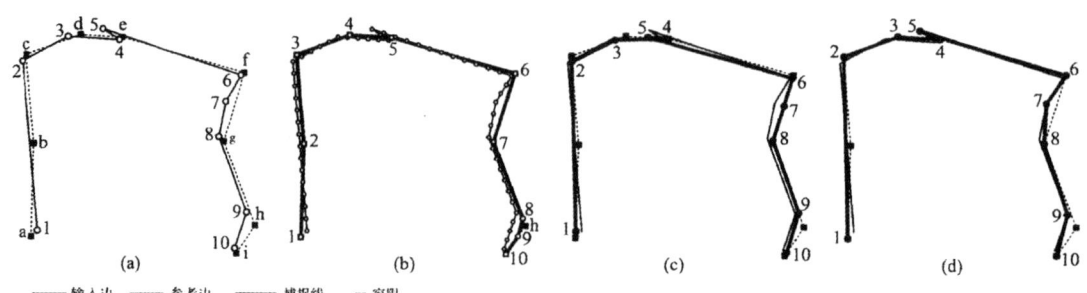

图 8　捕捉处理实验结果
Fig. 8　Results of edge snapping experiment

从结点捕捉的有效性看，本文算法将原结点捕捉和附加结点都捕捉到容限距离内参考边上正确的位置；而 ArcGIS 软件计算的捕捉点偏离参考边上对应的结点，或者没有捕捉到容限距离内的参考边。从结点之间的线段来看，本文算法将各条线段准确捕捉到容限距离内与参考边重合的位置；而 ArcGIS 软件捕捉处理后的线段并不与参考边完全重合。从图形的拓扑正确性看，本文算法处理结果中不存在线自相交错误；而 ArcGIS 软件处理结果不能排除自相交错误。这三个方面体现了本文算法的有效性和可靠性。

4 结 论

根据以上研究和实验，可以得到以下结论：

1) 通过调整捕捉点到容限距离内的参考边的结点，本文算法实现了输入边结点与参考边结点的严密配准。

2) 本文算法在边线上插入附加结点，实现了边线层次的配准和捕捉处理。通过对附加结点的捕捉和移动，使一些直线段转换为折线段，从而捕捉到与容限距离内的参考边完全重合的位置。

3) 结点捕捉改变了结点的相对位置，从而引起线自相交错误。本文算法引入的结点顺序调整处理步骤有效地消除了结点次序反转现象，解决了捕捉后的边线的自相交问题。

4) 本文方法实现了线层次的图形捕捉处理，相对于以 ArcGIS 为代表的结点捕捉算法而言能更有效地进行图形数据融合。

参考文献：

[1] SAALFELD A. Conflation: automated map compilation [J]. International Journal of Geographical Information Systems, 1988, 2(3), pp. 217-228.

[2] SERVIGNE S, UBEDA T. A Methodology of Spatial Consistency Improvement of Geographic Databases [J]. GeoInformatica, 2000, 4(1): 7-34.

[3] SAMAL A, SETH S, CUETO K. A feature-based approach to conflation of geospatial sources [J]. International Journal of Geographical Information Science, 2004, 18(5), pp. 459-489.

[4] 鲁伟, 谢顺平, 邓敏, 周立国. 多源空间数据间不一致性研究现状及其进展[J]. 测绘科学, 2009, 34(4): 57-60.

[5] 韩凌云, 杨英力. 地形图与海图拼接的矛盾问题及其处理[J]. 海洋测绘, 2003, 23(4): 33-35.

[6] 吕蓬, 张立朝, 王耿峰. 空间数据融合在海图中的应用[J]. 测绘通报, 2007, (11): 43-45, 56.

[7] 吴磊, 黄先锋, 舒宁. GIS 大数据量编辑处理中快速捕捉的优化策略[J]. 武汉理工大学学报:交通科学与工程版, 2005, 29(2): 315-318.

[8] 刘文宝, 夏宗国, 崔先国. GIS 结点捕捉的广义算法及误差传播模型[J]. 测绘学报, 2001, 30(2): 140-147.

[9] 邓敏, 刘文宝, 冯学智. GIS 中地理边线不一致性的处理[J]. 遥感学报, 2005, 9(4): 343-348.

（上接第147页）

[14] ANGREW C T. Using SPI to identify drought [J]. Drought Network News, 2000, 12: 6-12.

[15] SANTOS J F, PULIDO-CALVO I, PORTELA M M. Spatial and temporal variability of droughts in Portugal [J]. Water Resource Research, 2010, 46, W03503, doi:10.1029/2009WR008071.

[16] YEVJEVICH V M. An objective approach to definitions and investigations of continental hydrologic drought [R]. Colorado: Hydrology Papers 23, 1967.

[17] SERFLING R, XIAO P. A contribution to multivariate L-moments: L-comoment matrices [J]. Journal of Mulitivariate Analysis, 2007, 98(9): 1765-1781.

[18] SKLAR K. Fonctions de repartition àn Dimensions et Leura Marges [J]. Publ Inst Stat Univ Paris, 1959, 8: 229-231.

[19] NELSEN R B. An introdection to copulas [M]. 2nd ed. New York: Springer, 2006.

[20] CHEBANA F, OUARDA T B M J. Multivariate L-moment homogeneity test [J]. Water Resource Research, 2007, 43, W08406, doi:1029/2006WR005639.

[21] SALVADORI G, DE MICHELE C. Multivariate multiparameter extreme value models and return period: A copula approach [J]. Water Resource Research, 2010, 46, W10501, doi:101029/2009WR009040.

[22] 魏凤英. 现代气候统计诊断预测技术[M]. 北京: 气象出版社, 1999.

地球系统科学的研究范例
——青藏高原隆升的地貌、环境、气候效应*

孙继敏

(中国科学院地质与地球物理研究所,北京 100029)

摘 要：如果说"大陆漂移与板块学说"是20世纪地质学最具代表性的学术创新的话,那么,进入到21世纪,国际地质学界正在经历着一场新的变革,即由过去单一的学科发展,向多学科交叉的"全球变化"与"地球系统科学"发展,而且这样的融合并不仅仅局限于地质学的各分支学科,而是包括了与大气学、海洋学、生物学等学科的交叉发展,更加发展壮大了"地球系统科学"。事实上,发生在地球上的许多重大地质或气候事件,特别是新生代以来青藏高原的隆升,更是与岩石圈、水圈、大气圈、生物圈的层圈相互作用密切相关,如果还只是以传统的地质学观点审视高原隆升及其资源环境效应,很难获得新的突破。

关键词：青藏高原；新生代；构造隆升；环境效应
中图分类号：P542   **文献标志码**：A   **文章编号**：0529-6579(2014)06-0001-09

Case Study Based on Earth System Science Theory
——Geomorphic, Environmental, and Climatic Effects of the Tectonic Uplift of the Tibetan Plateau

SUN Jimin

(Institute of Geology and Geophysics, Chinese Academy of Sciences, Beijing 100029, China)

Abstract: If we think that the theory of "Continental Drift and Plate Tectonics" is the most representative geologic innovation of the 20th century, then, the international geological science is now undertaking a new reform, changing from a past sole science to interdisciplinary scientific research of "Global Change" and the "Earth System Science Theory". Moreover, such kinds of multi-disciplinary integration not only involve geologic fields, but also integration with atmospheric science, oceanography, and biology, leading the "Earth System Science Theory" to a new stage. Actually, many significant geologic or climatic events on earth, especially the Cenozoic tectonic uplifts of the Tibetan Plateau, closely link to the interactions among lithosphere, hydrosphere, atmosphere, and biosphere. If we still take a conservative view to cope with the tectonic uplift of the Tibetan Plateau and its environmental effects, it will be difficult to have new development in geology science.

Key words: Tibetan Plateau; Cenozoic; tectonic uplift; environmental effect

纵观地球上的造山带,青藏高原以其最复杂的形成机制、最高的海拔、最大的面积、最重要的环境效应、最脆弱的生态环境成为全球地学关注的焦点,也是开展地球系统科学研究的最理想的实验室。新生代以来印度板块的北向俯冲,导致了新特提斯洋的消亡以及印度板块与欧亚板块的碰撞,这一岩石圈的构造变动,进一步影响了北半球乃至全球尺度的大气环流,高原浅表层的剥蚀风化、地貌

---

* **收稿日期**：2014-08-10
作者简介：孙继敏(1965年生),男；**研究方向**：新生代地质与环境；E-mail: jmsun@ mail.igcas.ac.cn

分异、水系调整、动植物演替，也影响到矿产资源的形成演化。因此，从这一意义上讲，青藏高原是开展新生代岩石圈 - 水圈 - 大气圈 - 生物圈各圈层相互作用的关键地区，也因此成为研究地球系统科学的典型范例。

新生代印度板块与欧亚板块的碰撞不仅导致了深部岩石圈的构造变形和青藏高原的隆升，而且在深部岩石圈构造变形及高原隆升的过程之中，对浅表层圈的大气圈、生物圈、水圈也产生了重要影响。早期的研究关注了青藏高原的隆起对大气环流的影响，特别是数值模拟的工作认为高原隆升是亚洲纬向风系向季风风系转变以及中纬度内陆干旱环境形成的原因。此后，也有观点认为高原隆升通过风化剥蚀过程加强硅酸盐化学而降低大气 CO_2 浓度，进而影响全球气候，而气候变化又可能通过剥蚀和地壳均衡反馈于高原隆升过程。这些早期的研究虽然也关注了岩石圈对大气圈的影响，但基本处于假说阶段。

进入到 21 世纪，地学研究需要从圈层耦合的地球系统科学角度重新审视青藏高原隆升及其对浅表层圈的影响这一重大科学问题。青藏高原深部岩石圈的构造变动对浅表层圈的影响与互馈是多方面的。高原隆升尽管会导致大气环流的改变，但亚洲季风的起源及演化过程中，全球尺度的气候变化，尤其是极地冰量的演化，也有不可忽视的作用。此外，高原隆升导致的剥蚀风化的加剧究竟在多大程度上影响了大气 CO_2 浓度的改变也是值得深入探索的问题，因为越来越多的证据表明高原隆升与大气 CO_2 浓度之间并非简单的线性关系。对中亚腹地干旱历史以及中国东西部气候格局的分异时间和机制仍不清楚，我们尚不知道高原隆升与全球变化各自扮演什么角色？各自的贡献有多大？从宏观尺度而言，对青藏高原隆升的研究也不应仅仅限于高原本身，其远程效应以及对亚洲宏观地貌格局演化的影响同样是深远的。对中国而言，西高东低地貌格局的形成以及长江、黄河最终东流入海的时间同样是尚存争议的问题。此外，古气候研究的终极目标之一就是解决古气候变迁的动力学机制，在此方面数值模拟是该项研究的重要研究手段。通过设计更符合实际的高原分区域、分阶段隆升方案，评估不同地质时期高原区域隆升对于亚洲季风 - 干旱环境的作用和影响机制，同时兼顾副特提斯海退缩的耦合效应及气候系统内部的各项反馈机制，将对新生代青藏高原隆升对亚洲气候环境演化的影响过程有更加全面、合理的认识。

1 国内外研究概况及发展趋势

青藏高原隆升是新生代具全球意义的重大地质 - 环境事件之一，也是中国的传统地学研究领域。1960 - 1980 年代的科考在国际上产生重大影响，譬如中国是世界上最早开展古高度研究的国家。1964 年西藏科学考察队曾在希夏邦马海拔 5 700 ~ 5 900 m 地带的晚上新世砂岩中，发现了高山栎的叶化石，据此徐仁教授等[1]认为，青藏高原在 2 ~ 3 Ma 间，海拔升高了约 3 000 m。当然，现在来看，当时的古高度估算由于没有进行古气候校正，因而会高估了隆升高度。近年来，欧美科学家对青藏高原古高度开展了较多研究。Harrison et al.[2]认为青藏高原整体部分在大约 8 Ma 前加速隆升了 1 000 ~ 2 000 m，已经达到和超过现今的高度。但最近的研究又对高原的隆升历史和高度提出了新的看法：Spicer et al.[3]认为高原在 15 Ma 前已经达到现今的高度，并进一步认为这一高度在过去的 15 Ma 内保持不变；Rowley and Currie[4]的研究认为高原表面在 35 Ma 前已经达到了 4 000 m 以上的高度。姑且不去评价这些新观点的科学性有多高，但无疑对以往传统意义上所认知的高原隆升历史和隆升高度的看法形成相当大的冲击。正是这些争议的存在，迫使我们必须重新开展青藏高原古高度研究。值得一提的是，前几年完成的中国科学院知识创新项目群"岩石圈过程对表层圈的影响"的实施为青藏高原古高度这一关键科学问题的突破带来了曙光，如火山岩气孔古气压、正构烷烃古高度计等正在高原上应用，并亟待有新的突破。

众所周知，青藏高原隆升的远程效应一直是国际上研究的热点问题。虽然高原西南缘由于地处碰撞带的前缘，其最早的隆升始于约 50 ~ 55 Ma 前[5]，但有关其它地区的隆升时间与抬升高度仍不清楚。对青藏高原北缘的构造变形与隆升历史而言，同样争议颇大。张培震等[6]认为青藏高原东北缘在 5 ~ 10 Ma 前发生了准同期的构造变形。Li et al.[7]对甘肃陇中盆地晚中新世以来沉积进行了研究，提出青藏高原东北缘在 3.6 Ma 前快速隆升。Métivier et al.[8]认为柴达木盆地的沉积速率在上新世以来才快速增加。Zheng et al.[9]通过对西昆仑山前晚新生代磨拉石建造的研究，指出青藏高原东北缘自 4.5 Ma 前开始隆升。金小赤等[10]对西昆仑北坡的新生代沉积进行了研究指出从中新世后期开始的厚达 2 000 ~ 3 000 m 的磨拉石沉积，其粒度向上加大，显示从中新世后期到早更新世隆升速率高而且是加速的。葛肖虹等[11]通过对青藏高原东北缘新生代沉积的研究指出,最晚一期也是最强烈的一期隆升发生在 1~0.8 Ma。Fang et al.[12]通过对甘肃临夏盆地晚新生代沉积的研究提出高原隆升导致的构造变形在大约 6 Ma 前传递到临夏地区。Pares et al.[13]对青海贵德盆地新生代沉积的研究揭示出此地直至上新世才开始隆升。Sun et al.[14]通过对昆仑山前陆盆地生长地层的研究,认为 5.3 Ma 至早更新世是西昆仑发生地壳缩短与造山带复活的重要时期。Sun et al.[15]通过对南天山库车前陆盆地的生长地层研究揭示出 6.5 Ma 至早更新世是南天山发生地壳缩短与造山带复活的重要时期。

从以上回顾不难看出,由于青藏高原地域十分辽阔,不同块体距板块碰撞边界的距离也不相同,因此不同地块的隆升时间应当是穿时的[16]。正如 Tapponnier et al.[17]所论及的那样,印度板块向亚洲板块的斜向俯冲必然导致高原不同块体的隆升时间不尽相同,在空间上存在由南向北逐渐传递的过程,距离板块碰撞边界越远则构造变形的时间越晚。Rowley and Garzione[18]也在已有的高原古高度资料基础上,认为高原的隆升有西南向东北变晚(图1)。总之,无论是高原本身不同块体的隆升时间与方式,还是其远程效应导致的高原北缘以及包括中亚造山带在内的新生代构造变形历史与期次的研究仍然亟待深入。在目前的研究阶段,将时间标尺更加细化、建立更加可靠的反映高原隆升的手段、不同方法之间的交叉检验是当务之急。对于前陆盆地而言,过去常用的仅仅依靠沉积速率、沉积相的变化推断高原隆升时间的方法,在现在看来存在很多问题。譬如:前陆盆地的构造变形复杂且多有逆冲断裂发育,由此会导致沉积间断的出现;此外,无论是沉积相、还是沉积速率本身既可以是气候变化导致,也可以是构造运动导致,抑或二者兼而有之,由此使解释出现多解性和不确定性。

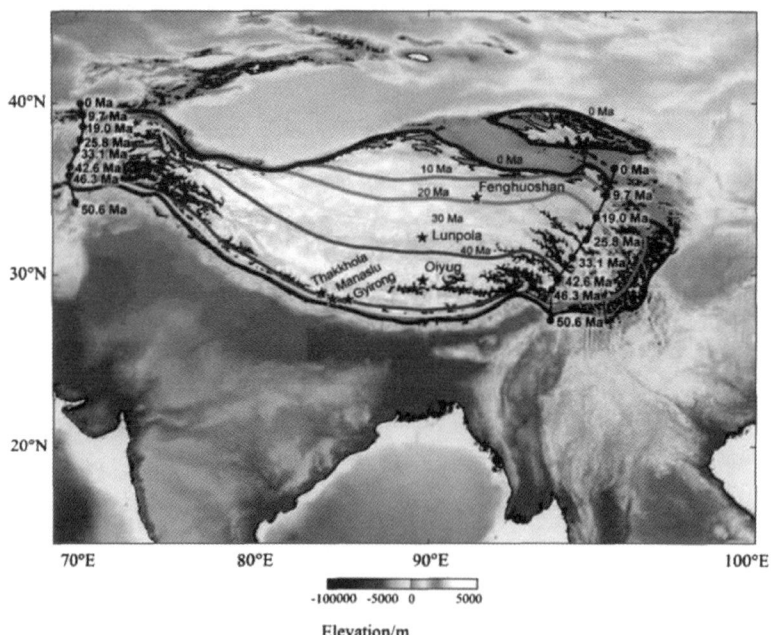

图 1 依据青藏高原古高度估算推测的高原不同地块的隆升时间[18]

Fig. 1 Diachronous tectonic uplift of different blocks on the Tibetan Plateau based on the paleoevelation estimation[18]

高原隆升对地貌演化和亚洲巨型水系调整也有重要影响,但前人对长江、黄河东流入海的时间争议颇大。有人提出三个峡谷都是通过河流的溯源侵蚀和袭夺而形成的,瞿塘峡切开的时代最晚,三峡河段完全贯通的时限为 2.0 Ma[19]。Clark 等[20]提出长江上游水系便是经过一系列连续的河流袭夺,首先是三峡地区西支流的反向,尔后是嘉陵江、岷江、大渡河、雅砻江被接连袭夺东流,最后止于金沙江的袭夺,由南流改向东流,而且河流袭夺都是发生在青藏高原东南缘晚第三纪末强烈构造隆升之前或是同期。

近些年,随着低温热年代学技术和物源示踪技术的发展,科学家开展了地质体隆升、暴露及侵蚀速率的研究,这些成果为长江演化研究提供了新的思路。郑月蓉和李勇等[21]利用多年年均输沙量计算出长江三峡地区极短周期内剥蚀速率。他们认为,三峡地区在地质历史上是一个准平原,经过长期的构造抬升及剥蚀下切,最终形成高低不平的峡谷地貌,利用高程差推断出三峡地区初始剥蚀下切时间应早于 32 Ma。

Richardson 等[22]研究了四川盆地和三峡地区的低温热年代学,发现在 40~45 Ma 三峡地区有一次明显的冷却事件,认为是三峡被切穿的结果,这个时间与他们发现的四川盆地的大规模侵蚀作用开始的时间相吻合,所以推断在始新世的早期,由于三峡的切穿(起因于下游的溯源侵蚀),导致了长江的贯通和四川盆地沉积物的外泄。但 Zheng et al.[23-24]曾对此观点提出了质疑,他们认为江汉盆地自晚白垩纪开始发育断陷型盆地,在新生代早期沉积了数千米的蒸发岩。如果三峡被切穿,四川盆地被强烈侵蚀(按照 Richardson 的估计[22],始新世以来有数 km 的沉积物被侵蚀),这些沉积物首先会被输送到江汉盆地形成碎屑沉积。但是,江汉盆地新生代早期的蒸发岩沉积表明当时盆地属于内陆型咸化盆地,不应该存在大型贯穿型河流,尤其不存在携带大量沉积物的大型河流。因此,大型水系演化与高原隆升的关系仍需进一步开展研究。

以青藏高原为主体的我国西部新生代的剥蚀风化强度和过程,不仅与全球变化和亚洲季风气候演化密切相关,同时,又对全球气候产生重要的影响,而后者反过来又作用于亚洲季风。青藏高原的隆升可能是其中多个链接的终极驱动力。

以喜马拉雅-青藏高原为核心的新生代造山带的剥蚀风化消耗的 CO_2 被用来解释晚新生代以来全球变冷和海洋 Sr 同位素组成的持续增加[25-26]。但近来的研究发现,青藏高原风化似乎并没有像人们想象的那样大量消耗 CO_2,构造活动并没有明显加速岩石化学风化。因此,青藏高原化学风化或高原整体地质过程的 CO_2 源/汇机制是个需要重新认识的重要科学问题,若能建立有关"高原隆升-大陆风化-全球变化"新的理论模型,在科学上具有非常重要的意义。此外,青藏高原隆升加快了剥蚀作用的进行,也会进一步加强了有机质的埋藏。如 Galy et al.[27]计算表明,孟加拉扇源自喜马拉雅流域,随河流带入海洋的有机碳通量可占全球有机碳埋藏总量的 10%~20%,对降低大气 CO_2 浓度有重要贡献。

从高原和周边盆地的沉积记录以及南海和孟加拉湾的深海沉积记录来看,中新世以来随青藏高原的隆升亚洲季风不是增强,反而是随全球变冷而减弱,大陆和青藏高原的风化强度变化似乎也与全球温度和季风变化减弱的趋势同步[28]。这与海洋 Sr、Os 和 Li 同位素记录[29-30]所反映的趋势正好相反,从而对地球系统地质时期碳循环模型和青藏高原隆升-全球降温假说提出根本性挑战。

青藏高原的隆升对大气环流的影响已是不争的事实。我们知道,中国现今的气候格局表现为东部为季风区、西北内陆盆地为西风环流控制下的干旱区,这种东、西部分异的环境格局究竟是何时形成?究竟是与高原隆升有关,还是受全球尺度的气候变冷有关?均是悬而未决的问题。

长期以来,我国学者在该方面做了一些工作,譬如,周廷儒[31-32]根据生物和沉积证据,认为第三纪晚期我国就以季风气候为主。张林源[33-34]把新生代划分为早第三纪的基本无季风阶段、晚第三纪的古季风阶段和第四纪现代季风阶段。刘东生等[35]根据我国第三纪具有环境指示意义的沉积物和动植物分布,绘制了古新世、始新世、渐新世、中新世、晚中新世-上新世和上新世 6 个时段的古环境图,揭示出我国东南季风的形成始于中新世初期。Sun and Wang[36]也从空间上汇总了中国大陆 125 个地点的古植物和沉积资料,揭示出东亚季风系统的建立可能发生在晚渐新世时期。最近的研究则进一步揭示出早-中渐新世的干旱带依然呈大致东西的带状分布,环境格局仍属于"行星风系主控型"。晚渐新世的数据在数量上偏少,不足以清晰地定义不同环境单元的确切界限,但更多地显示了带状格局的特点[37]。Sun et al.[38]对新疆的准噶尔盆地开展了第三纪沉积的综合研究,在系统的磁性地层学和生物地层学基础上建立了晚渐新世以来的时间序列;在沉积学、微量元素地球化学、同位素地球化学研究基础上,论证了准噶尔盆地最早的风成沉积起始于 2 400 万 a 前,同时认为该地风成沉积的物源区为中亚哈萨克斯坦境内的干旱区,由西风气流携带而来,这不同于由北西向冬季风携带而来沉积在黄土高原的第三纪红粘土。他们进一步指出,类似中国现今东部为季风区、西北内陆盆地为西风气候控制区的气候格局至少在距今 2 400 万 a 前的晚渐新世既已形成。也由此将早第三纪行星风系向季风风系转变的时间至少上推到 2 400 万 a 前。

上述研究在探讨中国东、西部环境空间格局的分异时，基本上都是在空间尺度上通过对有明确的、环境指示意义的沉积譬如：膏盐、油页岩、煤层、植物化石等进行汇总，进而得出空间尺度的环境格局。无疑，这是一种非常重要的古环境研究手段。但也存在一些不足。中国早期的第三纪研究工作，受研究手段的限制，对精细年代学的重视不够，这也因此影响到盐类沉积、油页岩、煤层等第三纪沉积的年代学的精确程度，此其一；其二，以往对西北内陆盆地的新生代沉积的研究，多从勘探、找矿等实用角度入手，尚缺乏对重点剖面的高分辨率古环境重建。

事实上，我们不仅要了解中国东、西部环境分异何时形成的？更要关注究竟是什么样的因素促使了中国西北干旱、东部湿润的气候格局的形成？现今，对亚洲季风和内陆干旱环境的形成存在不同观点。气候模式研究倾向于青藏高原隆升是亚洲季风和内陆干旱形成的主要原因[39-42]。也有学者认为副特体斯海在渐新世晚期到中新世期间逐步关闭，加强季风环流和亚洲内陆的干旱程度[43]。最近的气候模式研究则青藏高原的隆升和副特体斯海共同影响了东亚季风的形成，且副特体斯海的作用甚至比青藏高原的隆升更为显著[44]。总结对东亚季风气候形成的动力机制方面的研究，我们不难看出，上述观点主要侧重构造作用对中国东、西部环境分异的影响。事实上，除了构造因素，新生代的全球气候变冷同样会影响到环境空间格局的改变。新生代气候变冷必然会导致全球海平面的下降、海陆对比度的改变，即便没有构造作用导致的新特地斯海的逐步关闭，海面下降也会促使副特体斯海向西退却。此外，北极的变冷、海冰和冰盖的最终出现，必然对北半球高纬度冷高压的形成和爆发以及大气环流产生重要影响。因此，要真正了解中国东、西部环境分异及其与高原隆升和全球变化的关系，必须更全面解剖西风区与季风区的高分辨率气候记录。

如何从数值模拟角度开展青藏高原对全球气候变化的影响程度？是否有反馈效应的存在？不同区域是否存在差异？这些问题一直以来得到了古气候学者们的广泛关注。从基于数理模型的计算到基于地质记录的猜测，大量的研究工作聚焦于此。目前人们对青藏高原生长气候效应的认识主要始于20世纪70年代。得益于基于大气动力学方程的环流模式的出现。人们利用气候模式对大地形对气候的影响进行了大量的理论研究[45-46]。Manabe等[46]利用大气环流模式对"有山""无山"条件下气候系统的响应状况进行了模拟，首次揭示了高原大地形的存在对于维持北半球定常行星波和西伯利亚高压系统以及南亚季风的建立所起的重要作用。

此后，Kutzbach和Ruddiman等[47]真正将理论研究同构造学高原生长的概念相联系，应用更加复杂的大气环流模式分在"有山""无山""半山"情景下模拟了全球气候状况的改变，揭示了青藏高原和北美西部高地的隆起对全球气候变化的重要性，且不同地区响应差异明显。高原在冬夏季分别扮演了冷热源的角色，从而加剧了盛行风向的季节转换，对亚洲冬夏季风同时有显著的增强作用[40]。在内陆，由于高原对来自热带印度洋水汽的阻隔，和地形强迫引起的强下沉气流使这些地区的干旱状况显著恶化[48-49]。

随着计算条件的改善，更多复杂的试验设计被采用，最具代表性的是高原现代高度等间距递增试验。经过10%递增试验的检验，青藏高原的气候效应存在突变变化，且区域性差异明显[42]。较之南亚季风，东亚季风对高原生长的响应更加敏感，东亚季风风向的季节性转换更加显著，只有在高原高度约为现代一半的条件下，东亚冬季风才逐渐建立起来[42]。而后，Kitoh[50]利用耦合海气模式扩展了递增试验，从而进一步揭示了海温变化对季风响应的反馈作用，结果表明考虑海温可以放大亚洲季风系统对高原生长的响应。

在过去40年中，青藏高原的动力和热力作用似乎已经得到人们的广泛认可，然而最近，青藏高原通过其热力效应作用于亚洲季风这一结论却受到一定的质疑。Boos等[51]在Nature上撰文指出，当喜马拉雅山存在时，青藏高原大地形对南亚季风的影响不明显，即喜马拉雅山的动力阻隔了高原对南亚季风的可能作用[51]。这一研究极大的冲击了高原气候效应的传统观点，但随后有研究反对这个观点，并进一步强调高原的热力效应对于季风变化是十分重要的[52]。这些发现揭示了青藏高原不同区域的生长可能对气候系统存在不同的影响。事实上，高原生长也不是一个简单的过程，越来越多的证据显示高原的中部南部和北部是分区域分阶段隆升的[53-55]，这也要求我们必须同地质历史中青藏高原的实际隆升过程相联系，设计更加符合事实的隆升方案才更有实际科学意义，更有助于我们理解青藏高原的气候环境效应。已有研究表明，高原不同地区地形的垂直上升、水平扩张和生长以及主要隆升事件出现的时间都存在差异，因而对高原周边不同地区会带来的气候环境效应也是不一样的[56-57]。

此外,高原隆升的气候环境效应研究过去多集中在其动力和热力影响上。实际上高原隆升过程中存在一系列气候反馈机制可能进一步增强了高原隆升的作用。例如,随着高原隆升和地表气温降低,在青藏高原山区发育过多期冰川作用。因此,高原冰雪反馈可能进一步增强隆升中高原热力作用的影响[58]。同时,高原隆升加剧了高原西侧和高原北侧的内陆干旱化,从而影响亚洲粉尘排放,大气粉尘循环通过改变大气辐射平衡、云物理结构、大气化学过程以及生物地球化学循环进一步影响气候[59]。亚洲粉尘及其携带的铁元素甚至能够通过大气环流输送进入海洋,增加浮游生物产率,吸收大气中CO_2,从而通过影响全球生物地球化学循环过程导致全球气候变冷[60]。此外,高原隆升会导致陆地硅酸盐岩在造山带和高原地区化学风化加强,加上山体碰蚀和有机碳的埋藏,从而消耗大气中的CO_2并使气候变冷[26]。一旦气候变冷,又会导致降水和植被覆盖减少,这样反过来又减弱了硅酸盐的风化,所以也减缓了大气中CO_2含量的减少,故使气候变冷又得到了抑制。正是由于气候系统中大量存在的正、负反馈过程,使高原隆升与气候变化之间的关系变得异常复杂。

因此,在另外气候模拟上,必须设计更加符合实际的高原分区域分阶段隆升方案,评估不同地质历史时期高原不同区域隆升对于亚洲季风-干旱环境的不同作用和影响机制,同时兼顾副特提斯海退缩的耦合效应及气候系统内部的各项反馈机制,最终实现对新生代青藏高原隆升对亚洲气候环境演化的影响过程有更加全面合理的认识。

2 当前青藏高原隆升的地貌、环境、气候效应的热点问题

1) 青藏高原何时达到其隆升的最大高度? 如何开展不同区域的古高度重建?

众所周知,青藏高原的隆升高度是评价其环境效应及其剥蚀风化的关键,同时,古高度也是对板块碰撞过程的表征和计量,更是联系深部岩石圈地球动力学与浅表层演化的纽带,只有准确重建古高度才能正确评价高原隆升与扩展过程对区域与全球气候的影响。然而,截止目前,科学界并没有解决青藏高原具体高度的变化,已有的研究多是依据同位素高度效应[61-62],基于现代自然背景的简单外推,相对于复杂的地质过程而言,这些研究缺乏说服力,导致高原何时达到最大高度以及不同区域隆升高度的争论。以西藏中部的伦坡拉盆地为例,此前,Rowley & Currie[4]利用土壤和湖泊碳酸盐同位素高度计的结果,认为在始新世末期(35Ma)高原就已经达到现今高度的看法。但我们最近对伦坡拉盆地的新生代沉积开展了磁性地层学、火山灰年代学、孢粉学研究[63],提出了新的看法。首先,我们确定了伦坡拉盆地的丁青组至少含有渐新世地层,而并非 Rowley 和 Currie 认为的中新世-上新世地层[4]。孢粉组合揭示的植被类型以森林植被为主,既有亚热带常绿阔叶林,也有温带落叶阔叶林,还有山地暗针叶林,说明当时已经有了山地植被垂直带的分异。在此基础上,利用 Mosbrugger & Utescher[64]在1997年提出的共存分析法(The Co-existence Approach),依据化石植物群中各类群的现存最近高原亲缘类群对高度的耐受范围,获得对高度的共存区间,用该区间作为对高度的初步估测。在此基础上,考虑到地质时期的下垫面状况与现今的不同,特别是板块位置、海表温度、大气温度、气温垂直梯度的不同,利用国外模拟的温度和气温梯度的差异对共存高度进行校正,提出高原中部伦坡拉地区在晚渐新世-早中新世的古高度不超过3 200 m,比 Rowley 和 Currie[4]在同一地点利用土壤和湖泊碳酸盐氧同位素估算的高度至少低1 500~2 000 m 的古高度。所以,我们的证据不支持 Rowley 认为的在始新世末期(35Ma)高原就已达到现今高度的看法。同时,我们对当前西方比较流行的自生碳酸盐氧同位素古高度方法提出了质疑:① 氧同位素高度计的基础是瑞利模型,但 Hou et al.[65]在喜马拉雅的实测结果表明 Rowley 利用的瑞利模型并不适合高海拔地区,其模拟结果高估了山体高度;② 同位素分馏模型是基于单一水汽来源,然而,无论是过去还是现在,伦坡拉盆地不存在单一水汽来源,近40年气象资料表明夏季的伦坡拉盆地既有西南季风也有西风带来的水汽;③ 碳酸盐是一种在表生环境下并不稳定的矿物,极易发生次生转化,成岩过程必定产生同位素的分馏;④ 无论是土壤或是湖泊碳酸盐,其氧同位素并不能直接代表大气降水氧同位素,其间存在复杂的分馏系数;⑤ 现在的地球温度比第三纪时期低很多,海表温度的差异必定导致分馏模型的差异,换句话说,不能将现今的同位素分馏模型直接用于地质时期的古高度估算。也就是说,尽管现在针对青藏高原的古高度已经有不同的重建方法和相应的结果(图2),但必须承认我们要走的路还很远。

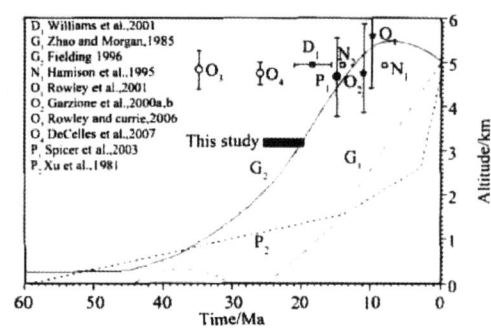

图 2 青藏高原不同作者的高原古高度重建结果（来自 Sun et al.[63]）

Fig. 2 Results of paleoelevation estimations of the Tibetan Plateau among different authors [63]

2) 印度与亚洲板块碰撞的远程效应如何？

印度与亚洲板块的碰撞不仅使靠近板块碰撞边界的喜马拉雅山系剧烈抬升为全球海拔最高的造山带，同样导致了其周缘造山带的复活，特别是高原东北缘在新生代的快速隆升。关键的问题是：高原隆升的远程效应何时传递到高原的东北缘？特别是研究程度相对薄弱的东昆仑、天山、祁连山、六盘山等山脉的构造隆升时间与期次？新生代不同时期阿尔金断裂的走滑速率有无变化？

3) 高原隆升对亚洲宏观地貌格局与水系演化有何重要影响？

中国大陆的地貌格局在高原隆升前后有重大差异，高原隆升前，中国大陆继承了白垩纪的基本地貌和气候格局，中国大陆的地形在总体上呈现向西倾斜。但伴随着印度和亚洲板块发生陆-陆碰撞以来，中国大陆原来西倾的地形逐渐演变为向东倾斜，而源自青藏高原的长江、黄河的形成与演化历史是探讨这一巨型地貌演变的关键。

4) 新生代青藏高原的隆升和扩展如何影响物质的剥蚀、风化作用？

新生代青藏高原的隆升是地球上最为显著的构造运动，隆起后的高原其浅表层经历了剥蚀风化。因此，定量估算高原周边新生代剥蚀量以及剥蚀速率的变化对于正确评价高原的隆升幅度与历史是十分重要的。其次，加强的物理风化不仅影响到高原的剥蚀深度，而且新鲜岩石的暴露和破碎大大增加了碎屑岩的比表面积，也因此加速了化学风化作用的进行。而硅酸盐的化学风化无疑会因消耗大气 CO_2 从而对气候产生反馈作用[25-26]。关键的科学问题是：高原隆升如何导致剥蚀量与剥蚀速率的变化？风化剥蚀究竟在多大程度上影响了全球碳循环与气候变冷？如何建立高原隆升-大陆风化剥蚀-全球变化的圈层耦合关系？

5) 高原隆升如何影响亚洲腹地干旱化和季风演化？

我们知道，现今中国气候格局的空间特征表现为：中国东部及西南地区为季风区，而西北内陆盆地则为西风气候控制下的干旱区，这显然不同于高原隆起前行星风系控制下的纬向环流。高原的隆升无疑改变了大气环流，关键的科学问题是：高原隆升如何影响亚洲腹地干旱化？亚洲季风演化与高原隆升和全球变化存在怎样的动力学关联？

6) 如何更有效地利用数值模拟开展高原隆升环境效应的研究？

青藏高原在不同隆升阶段因其不同的高度必然对大气环流的影响程度不一样；此外，海陆分布格局、水汽通道、冰雪覆盖等因素也会对气候产生重要影响。而数值模拟是检验高原隆升环境效应的重要手段。关键的科学问题是：关键时段（隆升前、中、后）高原古高度环境效应的 GCM 模拟；海-气耦合模式模拟特地斯海退却的环境效应；高原隆升对内陆干旱化和大气粉尘输送的数值模拟；如何评价高原隆升在全球气候变化中的作用？

参考文献：

[1] 徐仁,陶君容,孙湘君,等. 希夏邦玛峰高山栎化石层的发现及其在植物学和地质学上的意义 [J]. 植物学报, 1973, 15 (1): 103 - 119.

[2] HARRISON T M, COPELAND P, KIDD W S F, et al. Activation of the Nyainquentanghla Shear Zone: implications for uplift of the southern Tibet plateau [J]. Tectonics, 1995, 14: 658 - 676.

[3] SPICER R A, HARRIS N B W, WIDDOWSON M, et al. Constant elevation of southern Tibet over the past 15 million years [J]. Nature, 2003, 421: 622 - 624.

[4] ROWLEY D B, CURRIE B S. Palaeo-altimetry of the late Eocene to Miocene Lunpola basin, central Tibet [J]. Nature, 2006, 439: 677 - 681.

[5] SEARLE M P, WINDLEY B F, COWARD M P, et al. The closing of the Tethys and the tectonics of the Himalaya [J]. Geol Soc Am Bull, 1987, 98: 678 - 701.

[6] 张培震,郑德文,尹功明,等. 有关青藏高原东北缘晚新生代扩展与隆升的讨论 [J]. 第四纪研究, 2006, 26: 5 - 13.

[7] LI J J, FANG X M, Van der VOO R., et al. Late Cenozoic magnetostratigraphy (11 ~ 0 Ma) of the Dongshanding and Wangjiashan sections in the Longzhong Basin, western China. Geol Mij, 1997, 76: 121 - 134.

[8] MéTIVIER F, GAUDEMER Y, TAPPONNIER P, et al. Northeastward growth of the Tibet plateau deduced from balanced reconstruction of two depositional areas: The Qaidam and Hexi Corridor basins, China [J]. Tectonics, 1998, 17: 823 – 842.

[9] ZHENG H B, POWELL C M, AN Z S, et al. Pliocene uplift of the northern Tibetan Plateau [J]. Geology, 2000, 28 (8): 715 – 718.

[10] 金小赤,王军,陈炳蔚,等. 新生代西昆仑隆升的地层学和沉积学记录 [J]. 地质学报,2001, 75 (4): 459 – 467.

[11] 葛肖虹,刘永江,任收麦. 青藏高原隆升动力学与阿尔金断裂 [J]. 中国地质, 2002, 29 (4): 346 – 350.

[12] FANG X M, GARZIONE C, Van der VOO R, et al. Flexural subsidence by 29 Ma on the NE edge of Tibet from the magnetostratigraphy of Linxia Basin, China [J]. Earth Planet Sci Lett, 2003, 210: 82 – 94.

[13] PARES J M, Van der VOO R, DOWNS W R, et al. Northeastward growth and uplift of the Tibetan Plateau: Magnetostratigraphic insights from the Guide Basin [J]. J Geophys Res, 2003, 195: 113 – 130.

[14] SUN J M, ZHANG L Y, DENG C L, et al. Evidence for enhanced aridity in the Tarim Basin of China since 5.3 Ma [J]. Quat Sci Rev, 2008, 27: 1012 – 1023.

[15] SUN J M, LI Y, ZHANG Z Q, et al. Magnetostratigraphic data on Neogene growth folding in the foreland basin of the southern Tianshan Mountains [J]. Geology, 2009, 37(11):1051 – 1054.

[16] CHUNG S L, LO C H, LEE T Y, et al. Diachronous uplift of the Tibetan Plateau starting 40 Myr ago [J]. Nature, 1998, 394: 769 – 773.

[17] TAPPONNIER P, XU Z Q, ROGER F, et al. Oblique stepwise rise and growth of the Tibet Plateau [J]. Science, 2001, 294: 1671 – 1677.

[18] ROWLEY D B, GARZIONE C N. Stable isotope-based paleoaltimetry [J]. Ann Rev Earth Planet Sci, 2007, 35, 463 – 508.

[19] 杨达源. 长江研究 [M]. 南京:河海大学出版社, 2004: 1 – 214.

[20] CLARK M K, SCHOENBOHM L M, ROYDEN L H, et al. Surface uplift, tectonics, and erosion of eastern Tibet from large-scale drainage patterns [J]. Tectonics, 2004, 23: TC1006, doi:10.1029/2002TC001402.

[21] 郑月蓉,李勇. 长江水系在三峡段初始形成时间研究 [J]. 四川师范大学学报:自然科学版, 2009 (6): 808 – 811。

[22] RICHARDSON N J, DENSMORE A L, SEWARD D, et al. Did incision of the Three Gorges begin in the Eocene [J]. Geology, 2010, 38: 551 – 554.

[23] ZJENG H, JIA D, CHEN J et al. Forum Comment: Did incision of the Three Gorges begin in the Eocene [J] Geology, 2011, doi:10.1130/G31944C.1.

[24] ZHENG H, CLIFT P, WANG P. et al. Pre-Miocene birth of the Yangtze River [J]. PNAS, 2013, 110: 556 – 7561.

[25] RAYMO M E, RUDDIMAN W F, FROELICH P N. Influence of late Cenozoic mountain building on ocean geochemical cycles [J]. Geology, 1988, 16: 649 – 653.

[26] RAYMO M E, RUDDIMAN W F. Tectonic forcing of Late Cenozoic climate [J]. Nature, 1992, 359: 117 – 122.

[27] GALY V, FRANCE-LANORD C, BEYSSAC O, et al. Efficient organic carbon burial in the Bengal fan sustained by the Himalayan erosional system [J]. Nature, 2007, 450: 407 – 410.

[28] CLIFT P D, HODGES K V, HESLOP D, et al. Correlation of Himalayan exhumation rates and Asian monsoon intensity [J]. Nature Geosci, 2008 (1): 875 – 880.

[29] RICHTER F M, ROWLEY D B, DEPAOLO D J. Sr isotope evolution of sea water: The role of tectonics [J]. Earth Planet Sci Lett, 1992, 109: 11 – 23.

[30] MISRA S, FROELICH P N. Lithium isotope history of Cenozoic seawater: changes in silicate weathering and eeverse weathering [J]. Science, 2012, 335: 818 – 823.

[31] 周廷儒. 古地理学 [M]. 北京:北京师范大学出版社, 1982:1 – 342.

[32] 周廷儒. 新生代古地理 M // 中国科学院《中国自然地理》编辑委员会. 中国自然地理·古地理(上册). 北京:科学出版社, 1984:1 – 231。

[33] 张林源. 青藏高原上升对我国第四纪环境演变的影响 [J]. 兰州大学学报:自然科学版, 1981 (3): 142 – 155.

[34] 张林源. 关于亚洲季风的成因 [C] // "青藏高原项目" 1995 年学术会议论文摘要汇编, 1995.

[35] 刘东生,郑绵平,郭正堂. 亚洲季风系统的起源和发展及其两级冰盖和区域构造运动的时代耦合性 [J]. 第四纪研究, 1998 (3): 194 – 204.

[36] SUN X J, WANG P X. How old is the Asian monsoon system-Palaeobotanical records from China [J]. Palaeogeogr Palaeoclimat Palaeoecol, 2005, 222: 181 – 222.

[37] GUO Z T, SUN B, ZHANG Z S, et al. A major reorganization of Asian climate by the early Miocene [J]. Climate Past, 2008, 4 (3): 153 – 174.

[38] SUN J M, YE J, WU W Y, et al. Late Oligocene-Miocene mid-latitude aridification and wind patterns in the Asian interior [J]. Geology, 2010, 38: 515 – 518.

[39] RUDDIMAN W F, KUTZBACH J E. Forcing of Late Cenozoic Northern Hemisphere Climate by Plateau Uplift in Southern Asia and the American West [J]. J Geophs Res, 1989, 94:18409 – 18427.

[40] RUDDIMAN W F, KUTZBACH J E. Late Cenozoic plateau uplift and climate change [J]. Trans Roy Soc

[41] KUTZBACH J E, GUETTER P J. RUDDIMAN W F, et al. Sensitivity of Climate to Late Cenozoic Uplift in Southern Asia and the American West – Numerical Experiments [J]. J Geophy Res 1989, 94: 18393 – 18407.

[42] LIU X D, YIN Z Y. Sensitivity of East Asian monsoon climate to the uplift of the Tibetan Plateau [J]. Palaeogeogr Palaeoclimat Palaeoecol, 2002, 183（3 – 4）: 223 – 245.

[43] RAMSTEIN G, FLUTEAU F, BESSE J, et al. Effect of orogeny, plate motion and land-sea distribution on Eurasian climate change over the past 30 million years [J]. Nature, 1997, 386: 788 – 795.

[44] ZHANG Z S, WANG H J, GUO Z T, et al. What triggers the transition of palaeo-environmental patterns in China, the Tibetan Plateau uplift or the Paratethys Sea retreat [J]. Palaeogeogr Palaeoclimat Palaeoecol, 2007, 245: 317 – 331.

[45] KASAHARA A, SASAMORI T, WASHINGTON W M. Simulation experiments with a 12-layer stratospheric global circulation model. I. Dynamical effect of the Earth's orography and thermal influence of continentality [J]. J Atmos Sci, 1973, 30: 1229 – 1251.

[46] MANABE S, TERPSTRA T B. The effects of mountains on the general circulation of the atmosphere as identified by numerical experiments [J]. J Atmos Sci, 1974, 31（1）: 3 – 42.

[47] KUTZBACH J E, PRELL W L, RUDDIMAN W F. Sensitivity of Eurasian climate to surface uplift of the Tibetan Plateau [J]. J Geol, 1993, 101: 177 – 190.

[48] MANABE S, BROCCOLI A J. Mountains and arid climates of middle latitudes [J]. Science, 1990, 247（4939）: 192 – 194.

[49] BROCCOLI A J, MANABE S. The effects of orography on Midlatitude Northern hemisphere dry climates [J]. J Climate, 1992, 5（11）: 1181 – 1201.

[50] KITOH, A. Effects of mountain uplift on east Asian summer climate investigated by a coupled atmosphere-ocean GCM [J]. J Clim, 2004, 17: 783 – 802.

[51] BOOS W R, KUANG Z M. Dominant control of the South Asian monsoon by orographic insulation versus plateau heating [J]. Nature, 2010, 463（7278）: 218 – 222.

[52] WU G X, LIU Y M, HE B, et al. Thermal controls on the Asian summer monsoon [J]. Scientific Reports, 2012, doi:10.1038/srep00404.

[53] AN Z S, KUTZBACH J E, PRELL W L, et al. Evolution of Asian monsoons and phased uplift of the Himalaya-Tibetan plateau since late Miocene times [J]. Nature, 2001, 411: 62 – 66.

[54] MOLNAR P, BOOS W R, BATTISTI D S. Orographic controls on climate and paleoclimate of Asia: Thermal and mechanical roles for the Tibetan Plateau [J]. Ann Rev Earth Planet Sci, 2010, 38: 77 – 102.

[55] 李吉均, 方小敏, 潘保田, 等. 新生代晚期青藏高原强烈隆起及其对周边环境的影响[J]. 第四纪研究, 2001, 21: 381 – 391.

[56] 张冉, 刘晓东. 上新世以来构造隆升对亚洲夏季风气候变化的影响[J]. 地球物理学报, 2010, 53（12）: 2817 – 2828.

[57] LIU X D, YIN Z Y. Forms of the Tibetan Plateau uplift and regional differences of the Asia monsoon-arid environmental evolution–A modeling perspective [J]. J Earth Environ, 2011（3）: 401 – 416.

[58] BUSH A B G. A positive climatic feedback mechanism for Himalayan glaciation [J]. Quat Intern, 2000, 65/66: 3 – 13.

[59] SHI Z G, LIU X D, AN Z S, et al. Simulated variations of eolian dust from inner Asian deserts during late Pliocene-Pleistocene periods [J]. Climate Dynamics, 2011, 37: 2289 – 2301.

[60] JICKELLS T D, AN Z S, ANDERSEN K K, et al. Global iron connections between desert dust, ocean biogeochemistry, and climate [J]. Science, 2005, 308: 67 – 71.

[61] GARZIONE C N, QUADE J, DECELLS P G, et al. Predicting paleoelevation of Tibet and the Himalaya from $\delta^{18}O$ versus altitude gradients in meteoric water across the Nepal Himalaya [J]. Earth Planet Sci Lett, 2000, 183: 215 – 229.

[62] ROWLEY D B, PIERREHUMBERT R T, CURRIE B S. A new approach to stable isotope-based paleoaltimetry: implications for paleoaltimetry and paleohypsometry of the High Himalaya since the Late Miocene [J]. Earth Planet Sci Lett 2001, 188: 253 – 268.

[63] SUN J M, XU Q H, LIU W M, et al. Palynological evidence for the latest Oligocene-early Miocene paleoelevation estimate in the Lunpola Basin, central Tibet [J]. Palaeogeogr Palaeoclimat Palaeoecol, 2014, 399: 21 – 30.

[64] MOSBRUGGER V, UTESCHER T. The coexistence approach-a method for quantitative reconstructions of Tertiary terrestrial palaeoclimate data using plant fossils [J]. Palaeogeogr Palaeoclimatol Palaeoecol, 1997, 134, 61 – 86.

[65] HOU S G, MASSON-DELMOTTE V, QIN D. Modern precipitation stable isotope vs. elevation gradients in the High Himalaya, Comment on "A new approach to stable isotope based paleoaltimetry: implications for paleoaltimetry and paleohypsometry of the High Himalaya since the Late Miocene" [J]. Earth Planet Sci Lett, 2003, 209: 395 – 399.

基于 TVM 的西北江三角洲地区非一致性洪水频率分析

刘丙军[1]，邱凯华[1,2]，廖叶颖[1]

(1. 中山大学地理科学与规划学院，广东 广州 510275；
2. 广东省水文局，广东 广州 510150)

摘 要：为探讨非一致性洪水频率分析方法，选取 1960 - 2009 年西北江三角洲主要控制水文站马口站和三水站逐年最大日流量序列，运用基于时变矩（TVM）的方法，研究了西北江三角洲地区非一致性洪水频率分析问题，就指定设计流量下重现期变化和指定重现期下设计流量变化进行分析，揭示了变化环境背景下设计洪水的响应规律，并与传统水文频率分析方法结果进行对比，结果表明：① TVM 方法考虑到水文序列特征参数随时间发生变化，能较好反映变化环境下水文要素特征值的非一致性特征；② 西北江三角洲马口站和三水站指定流量标准下重现期越来越短，而指定重现期标准下设计流量值越来越大，这一现象与近年来该地区极端水文事件频发的事实相符。

关键词：西北江三角洲；洪水频率；非一致性；时变矩

中图分类号：TV122　**文献标志码**：A　**文章编号**：0529 - 6579（2016）04 - 0130 - 06

Non-stationary flood frequency analysis of North River and West River Delta with time-varying moments

LIU Bingjun[1], QIU Kaihua[1,2], LIAO Yeying[1]

(1. School of Geography and Planning, Sun Yat-sen University, Guangzhou 510275, China;
2. Guangdong Water Resources and Hydropower Technology Promotion, Guangzhou 510150, China)

Abstract: The time-varying moment (TVM) was used to analyze the non-stationary flood frequency in the North River and West River Delta and its response to the changing environment using the annual peak discharge records of Makou and Sanshui stations from 1960 to 2009. In comparison with traditional frequency analysis, TVM takes into consideration of varying characteristic parameters of hydrological time series and therefore gives better results reflecting the evolution character on the changing environment. The return period decreases with the appointed design discharges, while the design discharge increases significantly with the appointed return period, which is consistent with the phenomenon of more and more extreme hydrologic events in the North River and West River Delta in recent years.

Key words: North River and West River Delta; flood frequency analysis; non-stationary runoff series; time-varying moments

西北江三角洲地区地势低平、河网纵横、经济发达、人口密集、城镇集中，在快速城市化、典型人类活动（上游水利工程调度与河道挖沙）、海平面上升等多重复杂、不确定性因素影响下，该地区降雨、径流等水文要素发生显著变异,水文极值和特征值偏离常规,同一断面水量频率与水位频率不对应,同一次水文事件上下游水文要素频率不一致等等,水文序列一致性遭到严重破坏。尤其是近年来河道挖沙导致西北江三角洲中上游河段冲刷下切、下段淤积,河道比降明显变小,西江、北江分流比发生重大改变,造成上游水文控制站马口站和三水站洪水过程一致性受到严重破坏[1-2]。开展变化环境下西北江三角洲地区非一致洪水频率分析,对揭示该地区洪水过程变异特征,指导水利工程建设具有重要理论和实践意义。

当前,非一致性水文频率分析的主要方法有直接分析法,包括基于混合分布的非一致性水文频率分析方法[3]、基于条件概率分布的非一致性水文频率分析方法[4],以及基于时变矩的水文频率分析方法等[5-8]。不同方法有不同的适用条件,如基于混合分布的非一致性水文频率分析方法考虑了水文要素变异前后的非同分布问题,但因分布函数和参数较多,估算困难;基于条件概率分布的非一致性水文频率分析方法则利用条件概率定义水文概率密度分布函数,适用于因数据缺失、气候差异等造成的非一致性水文序列频率分析;基于时变矩的水文频率分析方法则通过改变不同时期水文序列分布函数的参数值,反映外界环境对水文要素的影响,可体现时间序列统计分布随时间的变化情况,该方法已广泛运用于水文要素频率非一致性分析。叶长青等[9]采用时变矩模型对坪石站和龙川站年最大日流量序列进行非平稳性处理,探讨不同变化环境背景下武江流域和东江流域非一致性洪水频率的响应规律;杜涛等[10]选取时间为协变量,研究了渭河流域暴雨时间序列统计分布随时间的变化情况,结果表明未来时期的设计暴雨量级有显著增大的趋势;刘德地和杜佩玲[11]基于时变矩水文频率分析法对东江流域龙川站的年最大洪峰流量的重现期进行计算,得到序列呈下降趋势,原有同等防洪能力重现期增大。

综上分析,本文针对非一致性水文序列特征参数随时间变化的特点,选取1960—2009年西北江三角洲主要水文控制站马口站和三水站逐日洪水过程,运用基于时变矩(TVM)的分析方法,研究了该地区洪水频率的非一致性问题,并与传统水文分析方法相比,探讨了TVM分析方法的适用性,旨在为丰富变化环境下水文要素变异分析理论、完善该地区水文时频分析研究成果提供一定理论和实践依据。

1 研究区与数据

西北江三角洲网河区主要由西江水系、北江水系组成。西江干流至思贤滘长2 075 km,集雨面积35.3万 km², 北江干流至思贤滘长468 km,集雨面积4.7万 km², 西江、北江在思贤滘相互贯通,组合进入西北江三角洲网河区(图1)。该地区受东南季风和西南季风影响,属于湿热多雨的亚热带气候,多年平均气温14~22 ℃, 多年平均降水量约为1 760~2 325 mm, 西江多年平均年径流量为2 322亿 m³, 北江多年平均年径流量为451亿 m³。

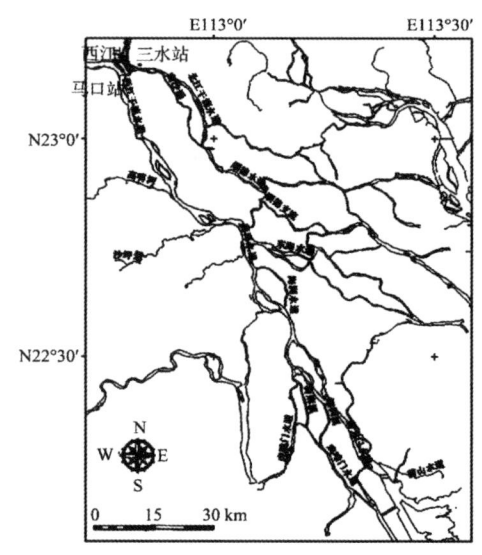

图1 西北江三角洲地区水系图
Fig.1 The river network of the study area

西北江三角洲上游西江、北江流域形状呈蒲扇形、支流多、集水面积大、集流时间长,洪水峰型肥胖,呈现锋高、量大、来势猛、高水持续时间长的特点。洪水主要受锋面暴雨和热带气旋成,发生时间集中在6—10月,约占年径流总量的80%。

本次研究选取的数据为马口站和三水站历史年最大日流量序列,时间序列为1960—2009年,序列长度为50 a。水文资料主要来自水文统计年鉴。

2 研究方法

变化环境下,流域水文要素一致性遭受破坏,表征水文要素的特征值亦发生改变,水文频率重现期不再固定不变。时变矩方法主要分析水文频率曲线特征参数随时间变化的影响,如认为均值(m)和标准差(σ)随时间具有线性或抛物线性趋势特征,水文频率曲线可表示成含时间 t 的函数式,由此揭示水文特征值随时间的演变特征。

时变矩分析方法的具体计算思路是:首先进行水文序列一致性判断,若水文序列发生显著变异,则选择 TVM 方法进行分析。TVM 分析时,选取合适的分布模型作为水文频率拟合线型,常用的分布模型有 PIII 分布、GEV 分布、Gumbel 分布等;选取合适的趋势模型(如线性或抛物线性趋势)嵌入分布模型,表征均值(m)和标准差(σ)随时间的变化特征;最后对分布模型进行参数估算和模型优选(本文选用极大似然法进行参数估计,采用 AIC 最小值法进行模型优选),提出水文要素非一致性分析的最优拟合模型。具体计算流程见图 2。

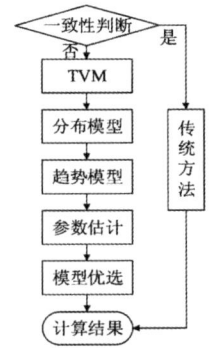

图 2 TVM 计算流程图
Fig. 2 The flow chart of TVM method

1) 概率分布模型。为分析西北江三角洲地区洪水序列的水文频率适宜分布函数,选取了 10 种概率分布函数,其中二参数概率分布和三参数概率分布各 5 种。二参数概率分布包括 Gamma 分布、Gumbel 分布、LN2(两参数对数正态分布)、Logistic 分布和正态分布;三参数概率包括 PIII 分布、GEV 分布[12]、GLO 分布、Weibull 分布[13]和 LN3 分布(三参数对数正态分布)。其中,三参数概率分布函数需分别选取一个参数作为不变值[14],确定 PIII 分布和 LN3 分布不变参数为下界参数 ξ,GEV 分布、GLO 分布、Weibull 分布不变参数为形状参数 k。

2) 趋势模型。为分析均值(m)和标准差(σ)的时间变化特征,采用 Strupczewski 等[7]提出的 TVM 模型,考虑以下 5 种假设:均值具有趋势,记为 A;标准差具有趋势,记为 B;均值和标准差均具有趋势,且与固定 C_v 值相关,记为 C;均值和标准差均具有趋势,两者无相关,记为 D;均值和标准差均无趋势,记为 O。对于均值和标准差具有的趋势,均可做线性趋势(L)和抛物线趋势(P)两种假设。各类概率分布模型均值和标准差趋势分类见表 1。

3) 参数估计。本次 TVM 模型选用极大似然法对概率密度函数进行参数估计,与传统极大似然法不同,TVM 极大似然估计引入了时间 t,表达式为:

$$\ln ML = \max \sum_{t=1}^{n} \ln(f(x,t;\theta)) \quad (1)$$

式中,n 为序列样本个数。

4) 最优模型选择。本文选择 AIC 准则对最佳模型做出选择[15],若 AIC 值最小,则模型最佳。AIC 表达式为

$$AIC = -2\ln ML + 2k \quad (2)$$

式中,ML 为似然函数极大值;k 为模型参数个数。

3 研究实例

3.1 水文序列一致性分析

受河道大规模挖沙等人类活动的影响,马口站和三水站的分流比发生显著变化,导致流量序列发

表 1 各类趋势模型前两阶矩的表达式[1)]
Table 1 The expressions of the first two moments for various types of trend model

趋势模型	m	σ	趋势假设
AL	$m = m_0 + a_m t$	$\sigma = \sigma_0$	均值具有线性趋势,标准差无趋势
AP	$m = m_0 + a_m t + b_m t^2$	$\sigma = \sigma_0$	均值具有抛物线性趋势,标准差无趋势
BL	$m = m_0$	$\sigma = \sigma_0 + a_\sigma t$	均值无趋势,标准差具有线性趋势
BP	$m = m_0$	$\sigma = \sigma_0 + a_\sigma t + b_\sigma t^2$	均值无趋势,标准差具有抛物线性趋势
CL	$m = m_0 + a_m t$	$\sigma = m C_v$	均值具有线性趋势,标准差与固定 C_v 值相关
CP	$m = m_0 + a_m t + b_m t^2$	$\sigma = m C_v$	均值具有抛物线性趋势,标准差与固定 C_v 值相关
DL	$m = m_0 + a_m t$	$\sigma = \sigma_0 + a_\sigma t$	均值与标准差均具有线性趋势

生变异，序列一致性遭受破坏。选用 1960 – 2009 年马口和三水两个水文站逐年最大日流量序列进行非一致性水文频率分析，采用基于秩的非参数 MK 方法[16]进行趋势变异分析，结果表明：三水站与马口站的 U 值分别达到 1.73 和 2.52，通过了置信度 90% 的显著性检验，表明马口站和三水站的年最大日流量序列趋势变异显著，符合 TVM 方法要求水文序列具有趋势变异的假设前提。

3.2 TVM 模型优选

在 TVM 模型中，选取 10 种水文分布模型和 8 种趋势模型进行组合，并选用极大似然估计法进行参数估计，采用 AIC 信息准则进行模型优选，结果见表 2。按照 AIC 拟合值最小为原则，马口水文站年最大日流量序列最优拟合分布模型为 GLO 模型，最优拟合趋势模型为 CP 模型，TVM 最优模型为 GLOCP 模型；三水站年最大日流量序列最优拟合分布模型为 GEV 模型，最优拟合趋势模型为 AP 模型，TVM 最优模型为 GEVAP 模型。

3.3 计算结果分析

1) 均值与标准差变化过程。分析马口站 TVM 法最优 GLOCP 模型和三水站 TVM 法最优 GEVAP 模型均值和标准差的变化过程，结果见图 3。与传统的水文频率分析方法相比，发现近 50 a 来，马口站与三水站年最大日流量过程均值增幅分别达到 20% 和 60%，马口站年最大日流量序列标准差也随时间呈抛物线型上升变化，增幅约为 20%。

2) 指定流量标准下重现期变化。选取指定流量为传统频率法 $T = 100$ a 设计流量（马口站为 52 550 m³/s，三水站为 17 210 m³/s），分析由 TVM 方法计算得到的指定流量标准（传统频率法 $T = 100$ a 设计流量）下的重现期变化特征，结果见图 4。结果表明，与传统频率分析下某一指定流量标准值重现期不变相比，TVM 方法计算得到的指定流量标准值其重现期随着时间发生变化，马口站和三水站指定流量标准值的重现期呈抛物线型下降趋势：马口站指定设计流量下重现期从 1960 年 150 a 左右，增加至 1975 年达到最大接近 200 a，1975 年之后，重现期呈减少趋势，到 2009 年接近 50 a。三水站指定设计流量下重现期从 1980 年以前大于 600 a，1970 年左右达到最大值约 700 a，1970 年之后重现期显著减小，至 1990 年重现期为 200 a 左右，1990 年之后重现期减小速率放缓，至 1995 年之后重现期减小至 100 a 以下。此现象表明，同一设计洪水过程，在 20 世纪 70 年代属特大洪水（重现期较大），而至 2000 年后降为一般洪水（重现期明显降低）。谢平等[17]在研究 1960 – 2002 年

表 2 TVM 模型 AIC 拟合值
Table 2 The AIC fitting values of TVM models

水文站	TVM 模型	O	AL	AP	BL	BP	CL	CP	DL
马口站	Gamma	1 043.1	1 041.2	1 041.8	1 044.5	1 043.8	1 040.4	1 042.7	1 042.3
	Gumbel	1 044.5	1 044.2	1 044.8	1 045.5	1 047.0	1 043.5	1 045.0	1 046.1
	LN2	1 042.6	1 040.5	1 041.7	1 044.3	1 044.3	1 040.2	1 041.8	1 042.1
	Logistic	1 045.7	1 045.5	1 046.0	1 047.1	1 046.7	1 045.1	1 045.1	1 047.1
	Norm	1 046.2	1 043.9	1 044.6	1 046.8	1 044.6	1 043.1	1 043.2	1 045.2
	PⅢ	1 044.5	1 042.4	1 043.7	1 046.4	1 046.9	1 042.3	1 043.6	1 045.8
	GEV	1 044.1	1 042.1	1 042.9	1 045.1	1 044.8	1 041.5	1 042.9	1 044.0
	GLO	1 042.5	1 040.5	1 041.4	1 043.2	1 043.7	1 041.6	1 039.7	1 041.6
	Weibull	1 046.2	1 042.4	1 042.4	1 050.1	1 039.9	1 043.7	1 044.1	
	LN3	1 044.3	1 042.3	1 043.7	1 046.2	1 047.3	1 042.2	1 043.6	1 047.5
三水站	Gamma	944.4	932.7	934.5	943.6	941.6	936.5	934.0	934.0
	Gumbel	944.9	932.8	936.2	942.8	941.0	937.9	934.2	934.2
	LN2	948.5	935.2	938.7	944.2	944.1	939.7	935.8	936.0
	Logistic	945.8	934.1	934.9	944.8	940.3	938.0	937.5	937.6
	Norm	945.7	933.0	933.8	944.5	938.1	936.7	935.9	936.1
	PⅢ	941.3	930.2	930.2	941.2	936.1	933.3	932.8	931.7
	GEV	941.0	930.0	928.9	940.7	933.7	933.0	931.1	930.0
	GLO	941.6	931.1	931.3	940.9	938.3	934.5	933.5	933.2
	Weibull	942.5	929.3	931.1	941.5	936.3	933.9	937.0	931.2
	LN3	941.2	930.2	933.2	941.1	935.2	933.2	932.4	931.7

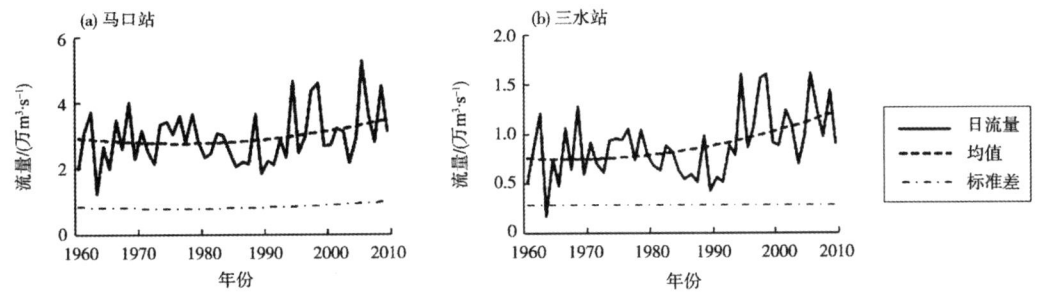

图 3　TVM 模型均值和标准差变化过程

Fig. 3　Changing process of the mean and standard deviation

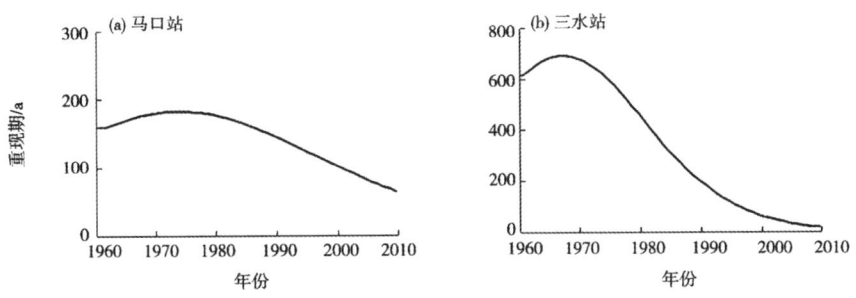

图 4　指定设计流量重现期变化过程图

Fig. 4　Changing process of return period with the appointed design discharge

三水站年径流序列时,也发现三水站水文情势发生显著变化,包括指定设计流量的重现期明显变小等。

3) 指定重现期下设计流量变化。选取指定重现期 $T=100$ a,分析由 TVM 方法计算得到该指定重现期标准下的设计流量变化特征,结果见图 5。结果表明,与传统频率分析下某一指定重现期标准下的设计流量值不变(马口站 52 550 m^3/s,三水站 17 210 m^3/s)相比,TVM 方法计算得到的指定重现期标准下的设计流量值随着时间发生变化:马口站和三水站指定重现期标准下的设计流量值呈抛物线型上升趋势。马口站指定重现期标准下的设计流量值从 1960 年 56 000 m^3/s 左右减少至 1975 年 52 000 m^3/s 左右,1975 年之后呈增加趋势,到 2009 年 67 000 m^3/s 左右,百年一遇标准下的设计流量值增大了 20%。三水站指定重现期标准下的设计流量值呈现增加趋势且增加速率不断加快,从 1960 年 15 000 m^3/s 左右增加至 1990 年 16 000 m^3/s 左右,到 2009 年已接近 20 000 m^3/s,百年一遇标准下的设计流量值增大了 30%。此现象表明,同一频率设计洪水,其流量值在 20 世纪 70 年代较小,至 2000 年之后明显增大。Zhang 等[18]研究结果也表明随着水文序列的变异,西江与北江上中游地区的设计洪水值也发生了不同幅度的增长。

分析 TVM 方法计算得到的马口站和三水站洪水频率计算成果,两个水文站同量级洪水重现期均不断减小,大洪水出现频率不断增大,同频率洪水设计流量不断增大。根据西北江三角洲地区历史洪水事件,近年来该地区大洪水出现频率明显增大,同量级的洪水与历史相比大大增加,如 90 年代以来的西北江三角洲几场大洪水 "94.6"、"97.7"、"98.6"、"05.6"、"08.6",在马口站和三水站洪峰流量均达到相当高的级别。可见,由 TVM 计算结果洪水频率和设计洪量的变化特点,与西北江三角洲近年来实际情况较为一致,TVM 方法较好反应了不同时期环境变化对洪水频率和洪量的影响。

4　结　论

西北江三角洲河道挖沙剧烈影响下,西江、北江分流比明显发生变化,导致西江与北江流量过程一致性遭受严重破坏。本文选用 TVM 方法,选取

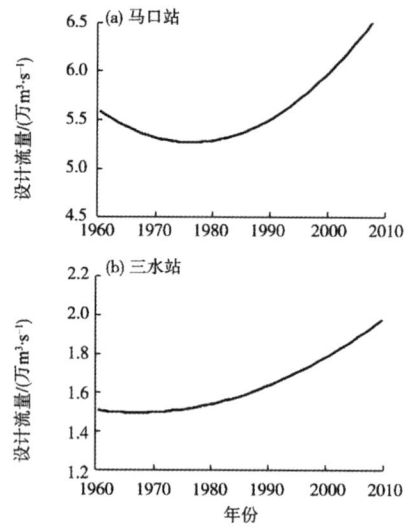

图 5 指定重现期设计流量变化过程图
Fig. 5 Changing process of design discharge with the appointed return period

1960—2009 年西北江三角洲马口水文站和三水水文站共计 50 a 的年最大日流量数据序列,采用 TVM 方法,研究了西江和北江洪水频率非一致性问题。研究结果如下:

1) TVM 方法通过考虑水文序列特征参数随时间变化的特征,能较好反映不同时期环境变化对洪水频率和洪量的影响,对于其余非一致性水文要素的频率分析和水利工程的设计标准的指导有启示意义。

2) 与传统水文频率分析方法相比,TVM 方法分析得到马口站和三水站指定流量标准下重现期越来越短,马口站在传统频率分析下百年一遇流量标准下的重现期缩短了 2~3 倍,三水站缩短了 10 倍以上;指定重现期标准下设计流量越来越大,百年一遇标准下马口站的设计流量值增大了 20%,三水站增大了 30%。这与近年来该地区大洪水出现频率增大的事实相一致。

TVM 方法虽然在非一致性水文序列频率分析时具有一定的优势,但是该方法仍存在一定局限性,如该方法无法描述水文序列的跳跃式突变特征、利用时间函数描述非一致性将造成更大不确定性问题等。同时,TVM 方法受样本容量限制影响较大,其结果的有效性尚待进一步论证研究。

参考文献:

[1] 蔡华阳,杨清书. 西北江网河来水来沙及分水分沙变化特征[J]. 热带地理,2009,29(5):434-444.

[2] 张灵,王兆礼,陈晓宏. 西北江网河区顶端分流比变化特征研究[J]. 水文,2010,30(6):2-4.

[3] 李新,曾杭,冯平. 洪水序列变异条件下的频率分析与计算[J]. 水力发电学报,2014(06):11-19,45.

[4] 宋松柏,李扬,蔡明科. 具有跳跃变异的非一致分布水文序列频率计算方法[J]. 水利学报,2012,43(6):734-739,748.

[5] STRUPCZEWSKI W G, SINGH V P, FELUCH W. Non-stationary approach to at-site flood frequency modeling I: Maximum likelihood estimation [J]. Journal of Hydrology, 2001, 248: 123-142.

[6] KHALIQ M N, OUARDA T B M J, ONDO J C, et al. Frequency analysis of a sequence of dependent and/or non-stationary hydro-meteorological observations: A review [J]. Journal of Hydrology, 2006, 329: 534-552.

[7] STRUPCZEWSKI W G, SINGH V P, MITOSEK H T. Non-stationary approach to at-site flood frequency modeling III: Flood analysis of Polish rivers [J]. Journal of Hydrology, 2001, 248: 152-167.

[8] ICHARD M V, CHAD Y, MEGHAN W. Nonstationarity: Flood magnification and recurrence reduction factors in the United States [J]. Journal of the American Water Resources Association, 2011, 47 (3): 464-474.

[9] 叶长青,陈晓宏,张家鸣,等. 不同变化环境背景下非平稳性洪水频率对比研究[J]. 水力发电学报,2014(03):1-9,18.

[10] 杜涛,熊立华,江聪. 渭河流域降雨时间序列非一致性频率分析[J]. 干旱区地理,2014,37(3):468-479.

[11] 刘德地,杜佩玲. 不同条件下水文要素重现期的计算方法[J]. 水文,2014(5):1-5,74.

[12] 陈子燊,刘曾美,路剑飞. 广义极值分布参数估计方法的对比分析[J]. 中山大学学报(自然科学版),2010(6):105-109.

[13] 潘璀林,陈子燊. 基于 GH Copula 的韩江水文干旱联合概率分布研究[J]. 中山大学学报(自然科学版),2015(1):110-115.

[14] RAO A R, HAMED K H. Flood Frequency Analysis [M]. New York: CRC Press LCC, 2000.

[15] GUBER A K, PACHEPSKY Y A, YAKIREVICH A M, et al. Modeling runoff and microbial overland transport with KINEROS2/STWIR model: Accuracy and uncertainty as affected by source of infiltration parameters [J]. Journal of Hydrology, 2014, 519: 644-655.

[16] 于延胜,陈兴伟. 基于 Mann-Kendall 法的水文序列趋势成分比重研究[J]. 自然资源学报,2011(9):1585-1591.

[17] 谢平,唐亚松,陈广才,等. 西北江三角洲水文泥沙序列变异分析——以马口站和三水站为例[J]. 泥沙研究,2010(5):26-31.

[18] ZHANG Q, GU X H, SINGH V P, et al. Flood frequency analysis with consideration of hydrological alterations: Changing properties, causes and implications [J]. Journal of Hydrology, 2014, 519: 803-813.

南海及周边地区晚春初夏降水变异关联主模态及其机理

简茂球,彭敏,罗欣

(中山大学大气科学学院//季风与环境研究中心//
广东省气候变化与自然灾害研究重点实验室,广东 广州 510275)

摘 要:基于近38年的观测资料,对南海及周边地区5、6月份降水变异关联主模态及其机理进行了统计诊断分析。南海及周边地区5、6月份降水的第一关联主模态反映出5、6月的降水变异的空间分布相似,即中南半岛、南海及菲律宾海均为同号区,而在中国南方地区则与之反号;时间尺度上以年际变化为主。该模态与前期发生的ENSO事件有密切联系,在ENSO冷事件(暖事件)的强迫作用下,使得5、6月份在南海-菲律宾附近出现持续的异常气旋(反气旋),进而影响南海及周边地区的降水的持续异常。第二模态显示南海及周边地区5月、6月降水异常的空间分布大致反相,其中在南海中部及菲律宾海的降水异常与我国东部的降水负异常反号;时间尺度以年代际变化为主。该模态主要是受南海夏季风爆发时间出现年代际提前的影响所致,其中又以低频季内分量的年代际变异的作用更为重要。

关键词:降水变异模;机理;南海及周边地区;晚春初夏

中图分类号:P426.6 **文献标志码**:A **文章编号**:0529-6579(2018)05-0001-09

Coherent leading modes of precipitation variation in late spring and early summer over the South China Sea and surrounding area and their mechanisms

JIAN Maoqiu, PENG Min, LUO Xin

(School of Atmospheric Sciences // Center for Monsoon and Environment Research //
Guangdong Province Key Laboratory for Climate Change and Natural Disaster Studies,
Sun Yat-sen University, Guangzhou 510275, China)

Abstract: The coherent leading modes of precipitation variation over the South China Sea and surrounding area in May and June and their mechanisms statistically were studied, based on the observed data in recent thirty-eight years. The first coherent leading mode shows the similar spatial patterns of precipitation anomalies in May and June. The anomalies in the Indochina Peninsula, the South China Sea and the Philippine Sea are in-phase, which are out of phase with the anomalies in southern China. The first principle component is dominant on interannual time scale. This first leading mode is closely attributed to ENSO events occurred in the previous year. The cold (warm) ENSO events force the persistent anomalous cyclone (anti-cyclone) over the South China Sea and the Philippine Sea in May to June, which eventually leads to a persistent anomalous precipitation over the South China Sea and surrounding areas.

The second coherent mode exhibits a rough anti-phase spatial distribution in May and in June. The anomalies in the east part of China are anti-phase to those in the central South China Sea and the Philippine Sea. The second principle component is dominant on interdecadal time scale. This mode is mainly attributed to the advanced interdecadal change of the South China Sea summer monsoon onset affected strongly by the interdecadal change of evolution of low frequent intraseasonal oscillation.

Key words: anomalous mode of precipitation; mechanisms; South China Sea and surrounding areas; late spring and early summer

南海是亚州、印度洋和太平洋的交汇区。受多方大气环流和天气系统的影响，该地区天气和气候复杂多变。南海及周边地区气候的季节变化与南海夏季风活动有密切联系，南海夏季风一般爆发于5月中旬，标志着东亚夏季风和南海地区雨季的开始[1]。气候平均而言，南海和中南半岛地区的雨季出现在5-10月，5、6月是该地区雨量激增的阶段。而南海北侧的华南的雨季是4-9月，其中4-6月是华南前汛期，又以5-6月雨量最多。所以5、6月是南海及周边地区春夏季节或季风气候的转换阶段，也是洪涝灾害多发期的开始，因此，研究该地区5、6月降水异常特征具有重要的科学价值和经济意义。另外，南海夏季风系统的爆发和强度都有着非常显著的年际和年代际变化变化[2-3]，因此必然会造成当地及周边地区甚至更远区域的降水和气候出现显著的逐年变异。目前，许多关于东亚季风区降水的研究着眼点多为单个季节的降水变化、或者前汛期、后汛期降水[4-9]等等。但是，南海及周边地区春夏节转换阶段的降水变异的特征，尤其是5、6月降水变异的关联性及其机理还尚不清楚，相关的研究还较缺乏。因此，本文的目的就是要分析南海及周边地区5、6月份降水变异的关联主模态及其特殊型，并进一步探讨与之相关的机理。对上述问题的研究将丰富人们对春夏季季节转换阶段南海及周边地区的降水气候异常的特殊性及其机理的理解，也可为提高该地区的气候预测水平提供有益的参考依据。

1 资料与方法

本研究所用资料包括：① 美国美国国家大气海洋局(NOAA)提供的 CMAP (CPC Merged Analysis of Precipitation) 月降水资料[10]和逐日向外射出长波辐射资料(OLR)；② 欧洲中期天气预报中心(ECMWF)提供的 ERA-Interim 月平均风场及位势高度资料[11]，分辨率为 $2.5° \times 2.5°$；③ 美国NOAA提供的 NOAA_ERSST_V3b 海温资料[12]，水平分辨率约为 $2° \times 2°$所用资料时间段均为1979 - 2016年。

本文采用扩展经验正交函数分解（EEOF）法来提取研究区域5、6月相关联的降水量逐年变异主要模态。具体的做法是，将研究区域5、6月降水量场时间序列放在一起做 EOF 分析，相当于 EOF 分析的空间格点数是研究区域格点数的两倍，然后从 EEOF 计算结果中再分离同一模态5、6月的空间特征向量，分别画图，但它们对应的时间系数是一样的。除了上述方法，本研究还用到相关、线性回归、谐波分解和合成分析等常用的统计方法。

另外，参考文献 [13 - 14] 的定义，本研究用到的南海夏季风的爆发时间是按以下标准确定的：当区域（110 - 120°E, 5 - 17.5°N）平均的 850 hPa 纬向风和 250 hPa 纬向风分别为西风和东风同时持续5 d，并在之后10 d（第6 - 15天），低层或高层风场中断不超过5 d，那么满足上述条件的第1天视为南海夏季风爆发时间。

2 结果分析

2.1 EEOF 前两个模态

对南海及周边地区5、6月降水场进行 EEOF 分析得到的前3个模态的方差贡献率分别为12.86%、9.21%、7.28%。下面将主要对前两个模态进行分析。

图1为 EEOF 第一模态空间特征向量分布以及局地方差贡献分布图。局地方差贡献是指某模态的空间特征向量和对应时间系数还原得到的各空间格（站）点的时间序列方差占该点原始时间序列方差的比重[15]。第一特征向量分布显示出5月（图1a）和6月（图1b）的降水异常空间分布较为相似，即中南半岛、南海及菲律宾海均为正值区，而在中国南方地区均为负值区。从5-6月中南半岛和南海的正值范围缩小，南海 - 菲律宾海的极值中心位置东移，并略有北移。第一模态的局地方差贡献分布（图1c, d）可以更清楚地反映出5月和6月降水异常中心的差别。5月（图1c）局部方差

贡献率大于40%的极大值区集中在南海中南部-菲律宾东南部洋面,而6月(图1d)则主要集中在菲律宾东部洋面。上述模态的空间分布一方面反映了5、6月份中南半岛-南海-热带西太平洋降水与中国南方降水异常的反相关系,另一方面也反映了该区域5、6月降水异常分布的关联性。第一模态的时间系数PC1(图3a)表现出以年际变化为主,兼有一定的年代际变化。所以第一模态反映了南海及周边地区5、6月降水年际异常的持续性。另外,图1a,b的正负值区可以看成是对应PC1为正时实际降水异常的分布情形,若PC1为负,则结果相反。

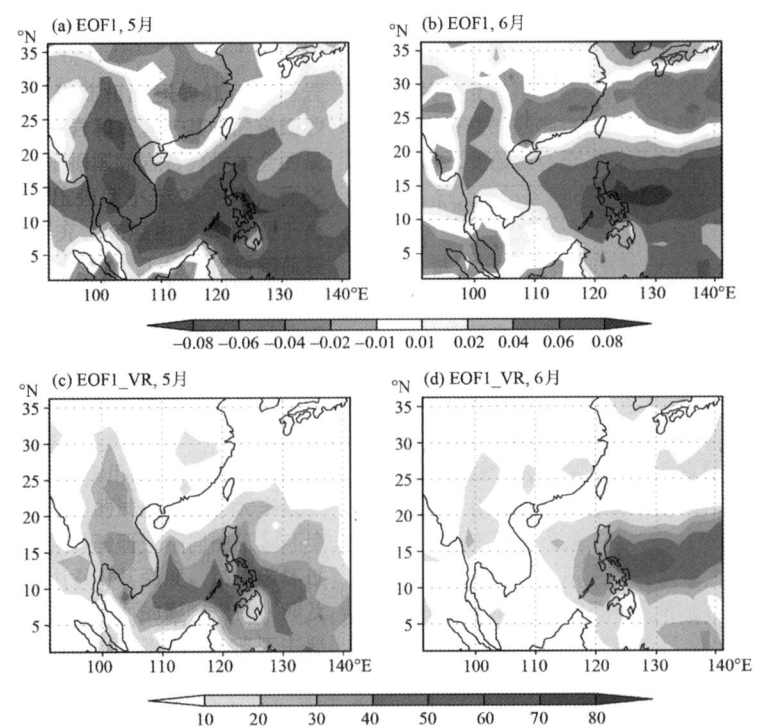

图1 EEOF分析的5-6月降水第一模态的特征向量分布(EOF1)以及第一模态局部方差贡献(EOF1_VR,%)分布
Fig. 1 The first leading extended EOF mode (EOF1) of precipitation for May and June, and the corresponding local variance percentage (EOF1_VR, %) for May and June

南海区域及附近区域5月的降水多寡与南海夏季风爆发早晚有密切关系,爆发早则多雨,反之则少雨。为此,计算南海夏季风爆发时间序列与PC1的相关系数为-0.53,通过95%置信度检验。这一证据表明,上述降水第一模态的确受南海夏季风爆发时间的年际尺度变异影响所致。

EEOF第二模态特征分布及其局部方差贡献分布如图2所示。南海及周边地区5月(图2a)、6月(图2b)降水第二模态特征向量分布大致反相。如果我们讨论时间系数PC2为正的情形,那么5月在南海中部及菲律宾东部存在降水正异常,在我国东部存在降水负异常;到了6月,南海及菲律宾海上空出现降水负异常,且范围较大,而我国南方的降水量为正异常。从5、6月对应的第二模态局部方差贡献分布(图2c、d)也可以看出,5月方差贡献大值区还是集中在南海及菲律宾东部,而到了6月,方差贡献大值中心数值较5月的明显大,且位置稍偏北。上面分析结果是针对PC2为正的情形,如果PC2为负,则结果相反。

第二模态对应的时间系数如图3b所示,可以清晰看到PC2既有显著的年际变化,也有明显的年代际变化,1981-1993年为负位相年代,而1994-2011年间为正位相年代,表明5月南海中部及菲律宾东部洋面的降水在负位相年代是偏少,而在正位相年代是偏多的，我国南方降水的年代际变化则正好与之相反；6月降水的年代际变化则又与5月的趋势相反。最近有研究表明，南海夏季风爆发时间在1993-1994发生了年代际的提前[13,16]，而上述PC2也显示出正好在1993-1994发生了年代际转变，因此，可以推测降水的第二模态与南海夏季风爆发时间的年代际转变有一定的联系。为此，我们计算经五点平滑处理后的南海夏季风爆发时间序列与PC2的相关系数为-0.76，通过95%置信度检验，表明上述降水第二模态的确受南海夏季风爆发时间的年代际尺度变异影响所致。

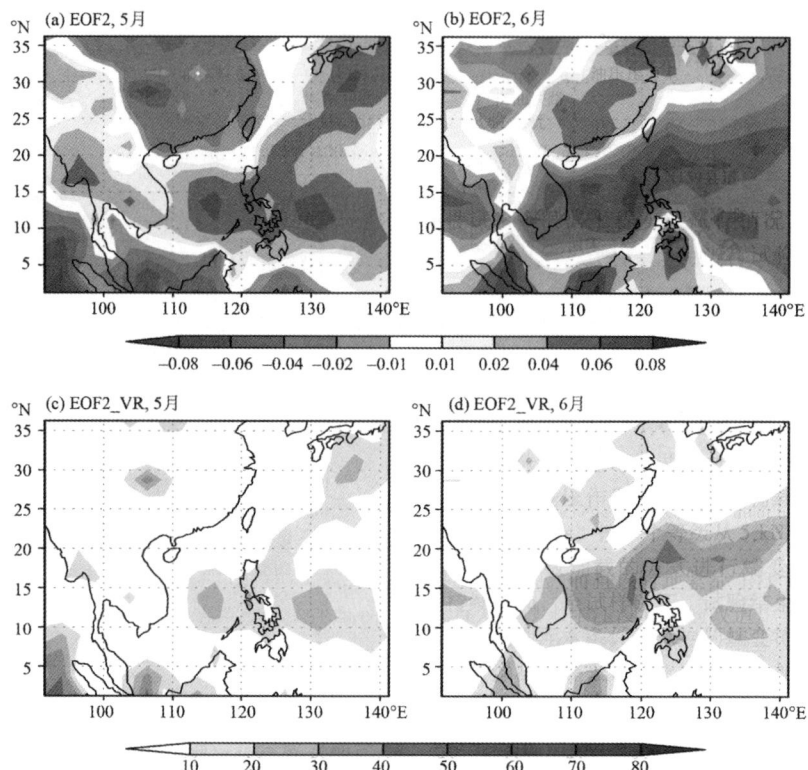

图 2 EEOF 分析的 5-6 月降水第二模态的特征向量分布（EOF2）以及第二模态局部方差贡献（EOF2_VR，%）分布
Fig. 2 The second leading extended EOF mode (EOF2) of precipitation for May and June,
and the corresponding local variance percentage (EOF2_VR, %) for May and June

2.2 前两个降水模态对应的环流特征

降水异常的最直接原因是大气环流异常。下面将通过分别计算前面 EEOF 分析得到的 PC1 和 PC2 与高层及低层风场及 500 hPa 垂直速度场的回归场来分析与各降水异常模态相关的环流异常特征。

降水第一模态 PC1 与高低空风场及 500 hPa 垂直速度的回归如图 4 所示。与降水第一模态所对应的南海及周边地区 5、6 月份低层环流异常形势相似（图 4a，b），当 PC1 为正时，在南海及菲律宾东部低空存在显著的异常气旋风场，异常气旋的西侧和南侧为显著的辐合异常，北侧即江南、华南地区有异常辐散，高空则分别存在明显的风场异常辐散、辐合区与之对应（图 4c，d），因此也在上述地区分别有异常上升运动和下沉运动与之对应，于是便分别产生了降水量偏多和偏少异常（图 1a，b）。

上述 5-6 月份 850 hPa 异常风场的相似性实际上反映了南海及附近地区风场异常信号的持续性，这可能是热带海洋的持续异常信号强迫的结果。为此，我们进一步分析了 PC1 与海温的联系。图 5 是 PC1 与前冬和同期春季海表温度的回归系数场。从图 5a 可知，与降水第一模态相关联的前

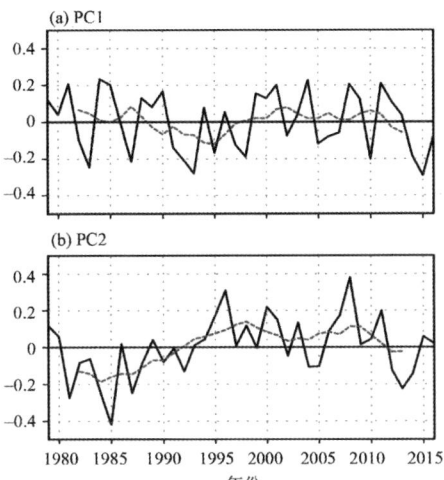

图3 EEOF 分析的前2个模态时间
系数序列及7点平滑曲线(虚线)

Fig. 3 The principle components for the first two leading
EOF modes and their 7-point running
mean curves (dashed lines)

冬海温异常分布型是典型的 ENSO，具体而言，南海及附近地区 5、6 月的降水量异常分布如图 1(a, b) 的符号所示，则前冬海温处于 ENSO 冷事件；反之，则处于 ENSO 暖事件。到了春季（图 5b），随着 ENSO 事件的演变，赤道中东太平洋的海温异常强度减弱，但热带印度洋的海温异常信号加强。正是由于 ENSO 冷事件（暖事件）的强迫作用下，使得在南海-菲律宾附近出现持续的异常气旋（反气旋）[17-20]，进而影响南海及周边地区的降水异常。因此，降水的第一模态主要是 ENSO 的影响所致。

图 6 为降水第二模态 PC2 与高低空风场及 500 hPa 垂直速度的回归系数场，由图可以看出，降水第二模态对应的 5、6 月份环流形势大致反相。五月份在南海及菲律宾东部洋面上空低层为气旋式异常风场（图 6a），在中南半岛南部至菲律宾南部为西风异常，结合 PC2 的正负值时段的分布（图 3b），这种西风异常正是南海夏季风爆发在 1994 之后出现年代际提前的表现；另外，在气旋的西侧和南侧出现明显的辐合异常，而在长江中下游有辐散异常，高空的散度异常则大致与低层相反（图 6c），对应地在中南半岛西部-南海中部-菲律宾东部上空出现异常上升运动（图 6e），导致降水增多，而在我国南方则出现异常的下沉运动，导致该

区降水偏少。到了 6 月，在南海北部-台湾以东洋面上空 850hPa 层存在显著的异常反气旋（图 6b），反气旋南侧的偏东风异常表明南海夏季风的年代际减弱，并伴随着异常辐散，在江南一带则有异常辐合；高层的异常风场导致的散度异常分布大致与低层反号，从而造成在中南半岛南部-南海中部-菲律宾海存在明显的异常下沉运动，对应降水偏少，而在我国南方出现异常上升运动，对应降水偏多（图 6f，图 2b）。

在前面 2.1 节的结果已表明南海及周边地区降水 EEOF 第二模态主要受南海夏季风爆发时间出现年代际提前变异的影响所致。有关南海夏季风爆发时间出现年代际变异的物理机制已有一些研究从热带西太平洋的海温和对流活动的年代际变异进行了探讨。Kajikawa and Wang[16] 南海夏季风爆发在 1993-1994 年的年代际提前现象主要是赤道西太平洋海温的年代际变化的结果。由于热带西太平洋的海温增暖，导致在 1994 之后西太平洋的季节内变化显著增强，并且经过南海以及菲律宾海的热带气旋数量是前一年代的 2 倍。增强的季节内振荡以及西北行的热带扰动是触发后一年代南海夏季风爆发提前的重要因素。Yuan and Chen[13] 进一步指出，热带西太平洋的海温增暖有利于该地区的对流活动生成，而活跃的对流促使副热带高压提早东退，从而导致南海夏季风提早爆发。

另外，图 2 显示的南海及菲律宾海的 5、6 月降水反号的年代际异常趋势，这与 Kajikawa and Wang[16] 在 1994 年后上述地区 5 月的对流出现年代际加强而 6 月的对流减弱的结果是一致的。由于大气的季节内振荡对南海夏季风爆发有重要影响作用，南海夏季风爆发时间在 1994 之后出现年代际提前实际上是与对流活动的季节内分量在 5 月份处于年代际异常活跃位相有关，随着季节内时间尺度变化的演变，到 6 月份南海及附近地区的对流活动便处于年代际异常抑制位相。如图 7a 显示的 OLR 低频分量（周期在 10 d 以上）的年代际差值（1994-2010 年的平均值减 1979-1993 年的平均值）的逐日经度-时间剖面图所示，从 90-140°E 在 5 月主要出现负值为主，说明中南半岛东至菲律宾海的对流活动在（1994-2010）年代是偏强的，但在 1979-1993 年代是相对偏弱的；6 月的情形则与 5 月基本相反。上述 OLR 在 5、6 月的反相变异特征主要是由于 25~90 d 的季内分量的年代际变异所致（图 7b）。

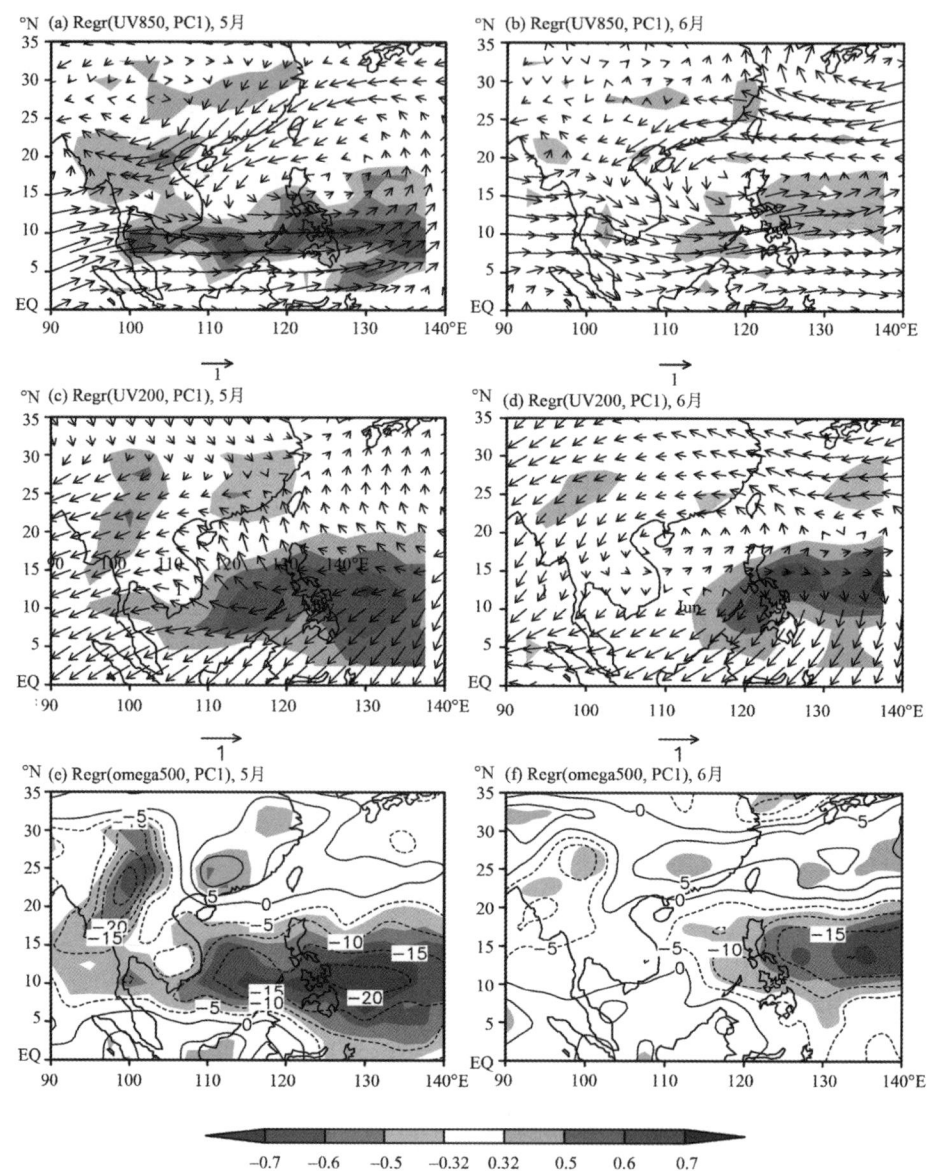

图 4 EEOF 分析的标准化 PC1 与 5 月、6 月 850 hPa、200 hPa 风场(m/s)及
500 hPa 垂直速度场(10^{-3} Pa/s)的回归系数场 图中填色部分为 PC1 与各风场水平散度(a-d)、
500 hPa 垂直速度(e,f)的相关系数通过 95% 置信度检验的范围

Fig. 4 Regression coefficients of 850 hPa wind (m/s), 200 hPa wind (m/s) and 500 hPa p-velocity (10^{-3} Pa/s)
against the normalized PC1 Shadings of (a-d) denote regions with the correlation coefficients between PC1
and divergence (a-d), and vertical p-velocity (e,f) significant above 95% confidence level

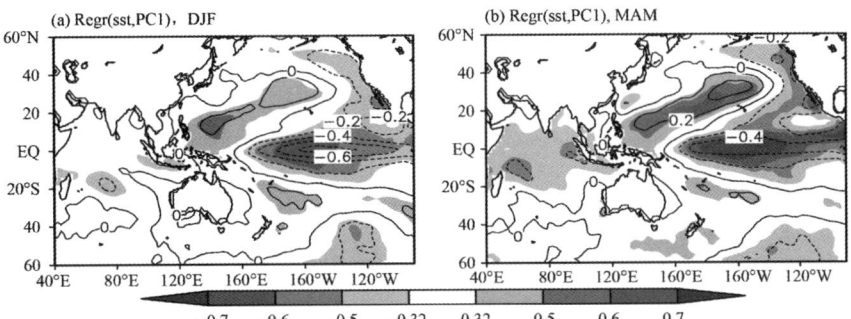

图 5 降水量 EEOF 分析的标准化 PC1 分别与前期冬季海温（a）和春季海温（b）的回归系数场（℃）。填色区表示是 PC1 与海温的相关系数通过 95% 置信度检验区域

Fig. 5 Regression coefficients (℃) of sea surface temperature (SST) in previous winter (a) and spring (b) against the normalized PC1. Shadings denote regions with correlation coefficients between SST and PC1 significant above 95% confidence level

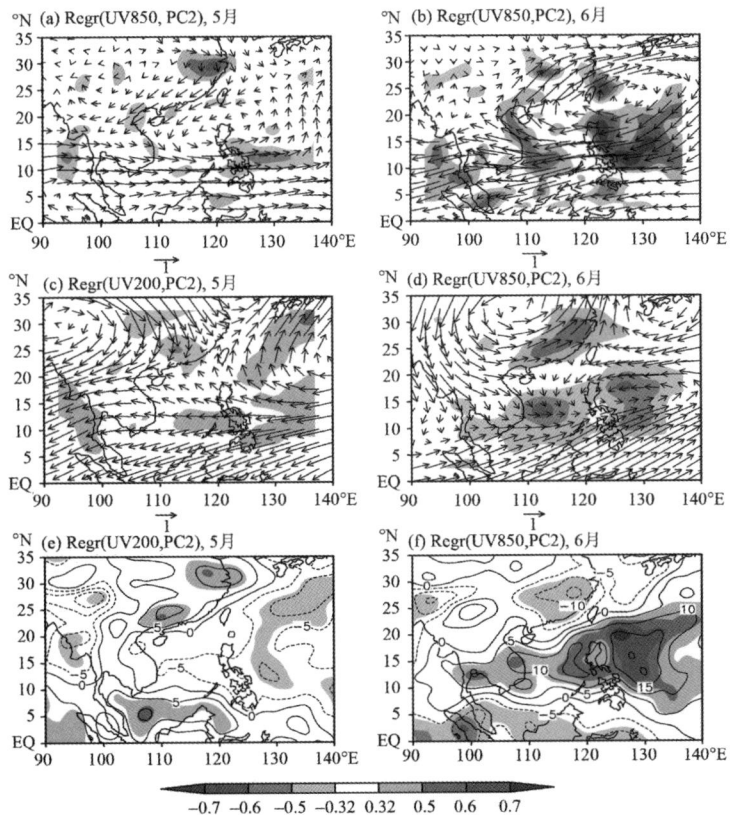

图 6 EEOF 分析的标准化 PC2 与 5 月、6 月 850 hPa、200 hPa 风场（m/s）及 500 hPa 垂直速度场（10^{-3} Pa/s）的回归系数场图中填色部分为 PC2 与各风场水平散度（a-d），500 hPa 垂直速度（e,f）的相关系数通过 95% 置信度检验的范围

Fig. 6 Regression coefficients of 850 hPa wind (m/s), 200 hPa wind (m/s) and 500 hPa p-velocity (10^{-3} Pa/s) against the normalized PC2 Shadings of (a-d) denote regions with the correlation coefficients between PC2 and divergence (a-d), and vertical p-velocity (e,f) significant above 95% confidence level

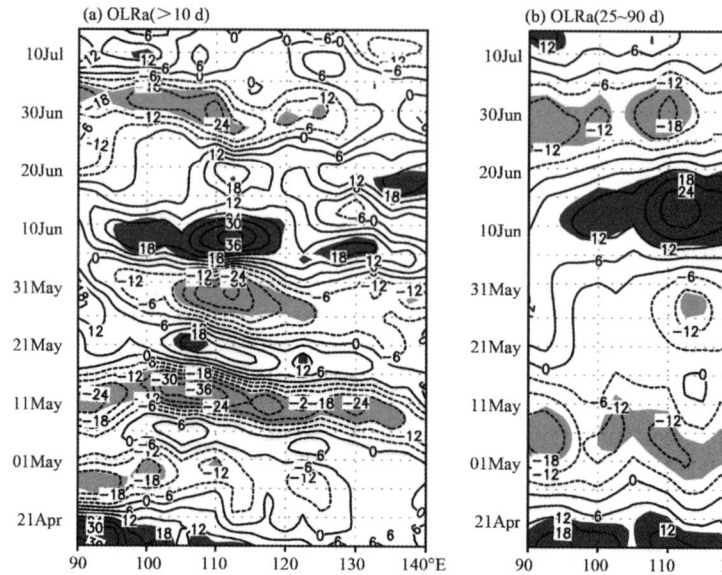

图7 OLR 的(1994－2010)－(1979－1993)年代际差值场沿 10°N 的经度－时间剖面图(W/m²)
填色区为通过 90% 置信度检验区域

Fig. 7 Hovmöller diagram of epochal difference in the out-going longwave radiation (W/m²) along 10°N (1994－2010 minus 1979－1993). Shadings denote regions significant above 90% confidence level

3 结 论

本文分析了南海及周边地区5、6月降水异常的关联主模态及与之相关的环流特征,并进一步分析了它们背后的机理,得到以下结果:

1) 南海及周边地区5、6月份降水的 EEOF 第一关联主模态反映出5、6月的降水变异的空间分布相似,即中南半岛、南海及菲律宾海均为同号区,而在中国南方地区则与之反号;时间尺度上以年际变化为主。该模态与前期发生的 ENSO 事件有密切联系,在 ENSO 冷事件(暖事件)的强迫作用下,使得5、6月份在南海－菲律宾附近出现持续的异常气旋(反气旋),进而影响南海及周边地区的降水的持续异常。

2) EEOF 第二模态显示南海及周边地区5月、6月降水异常的空间分布大致反相,其中在南海中部及菲律宾海的降水异常与我国东部的降水负异常反号;时间尺度以年代际变化为主。该模态主要是受南海夏季风爆发时间出现年代际提前的影响所致,其中又以低频季内分量的年代际变异的作用更为重要。

参考文献:

[1] 乔云亭,简茂球,罗会邦. 南海夏季风降水的区域差异及其突变特征[J]. 热带气象学报,2002,18(1):38－44.
QIAO Y T, JIAN M Q, LUO H B. Different characteristics of precipitation over four sub-regions of South China Sea during summer monsoon and the abrupt change [J]. Journal of Tropical Meteorology, 2002, 18(1): 38－44.

[2] 戴念军,谢安,张勇. 南海夏季风活动的年际和年代际特征[J]. 气候与环境研究,2000,5(4):400－415.
DAI N J, XIE A, ZHANG Y. Interannual and interdecadal variations of summer monsoon activities over South China Sea [J]. Climatic and Environmental Research, 2000, 5(4): 400－415.

[3] 柳艳菊,闫俊岳,丁一汇. 南海夏季风异常及其华南与南海周边地区大气和海洋要素的影响[J]. 海洋学报,2008,30(6):39－50.
LIU Y J, YAN J Y, DING Y H. Anomalies of the South China Sea summer monsoon and their influence on the atmospheric and oceanic elements over the South China Sea as well as its adjacent regions [J]. Acta Oceanologica Sin-

[4] 周明森,简茂球. 广东近46年秋旱特征分析[J]. 中山大学学报(自然科学版),2009,48(增刊2):197-200.
ZHOU M S, JIAN M Q. Characteristics of autumn drought in recent 46-year in Guangdong [J]. Acta Scientiarum Naturalium Universitatis Sun Yatseni, 2009, 48(S2): 197-200.

[5] 陈长胜,林开平,王盘兴. 华南前汛期降水异常与水汽输送的关系[J]. 南京气象学院学报,2004,27(6): 721-727.
CHEN L S, LIN K P, WANG P X. Relation between early-flood season precipitation anomalies in South China and water vapor transportation [J]. Journal of Nanjing Institute of Meteorology, 2004, 27(6): 721-727.

[6] 常越,何金海,刘芸芸,等. 华南旱、涝年前汛期水汽输送特征的对比分析[J]. 高原气象,2006,25(6): 1064-1070.
CHANG Y, HE J H, LIU Y Y, et al. Features of moisture transport of in pre-summer flood season of drought and flood years over South China [J]. Plateau Meteorology, 2006, 25(6): 1064-1070.

[7] 肖子牛,晏红明. El Nino位相期间印度洋海温异常对中国南部初夏降水及初夏亚洲季风影响的数值模拟研究[J]. 大气科学,2001,25(2):173-183.
XIAO Z N, YAN H M. A numerical simulation of the Indian Ocean SSTA influence on the early summer precipitation of the southern China during an El Niño year [J]. China Journal of Atmospheric Sciences, 2001, 25(2): 173-183.

[8] 郭锐,智协飞. 中国南方旱涝时空分布特征分析[J]. 气象科学,2009,29(5):598-605.
GUO R, ZHI X F. Spatial-temporal characteristics of the drought and flood in southern China [J]. Scientia Meteorologica Sinica, 2009, 29(5): 598-605.

[9] 张洁,周天军,宇如聪,等. 中国春季典型降水异常及相联系的大气水汽输送[J]. 大气科学,2009,33(1): 121-134.
ZHANG J, ZHOU T J, YU R C, et al. Atmospheric water vapor transport and corresponding typical anomalous spring rainfall patterns in China [J]. China Journal of Atmospheric Sciences, 2009,33(1): 121-134.

[10] XIE P, ARKIN P A. Global precipitation: A 17-year monthly analysis based on gauge observations, satellite estimates, and numerical model outputs [J]. Bull Amer Meteor Soc, 1997,78: 2539-2558.

[11] DEE D P, UPPALA S M, SIMMONS A J, et al. The ERA-Interim reanalysis: Configuration and performance of the data assimilation system [J]. Quart J Roy Meteor Soc, 2011, 137(656): 553-597.

[12] SMITH T M, REYNOLDS R W, PETERSON T G, et al. Improvements NOAAs historical merged land-ocean temp analysis (1880-2006) [J]. Journal of Climate, 2008, 21: 2283-2296

[13] YUAN F, CHEN W. Roles of the tropical convective activities over different regions in the earlier onset of the South China Sea summer monsoon after 1993 [J]. Theoretical and Applied Climatology, 2013,113: 175-185.

[14] 林爱兰,谷德军,郑彬,等. 南海夏季风爆发与南大洋海温变化之间的关系[J]. 地球物理学报,2013,56(2):384-390.
LIN A L, GU D J, ZHENG B, et al. Relationship between South China Sea summer monsoon onset and Southern Ocean sea surface temperature variation [J]. Chinese Journal of Geophysics, 2013, 56(2): 384-390.

[15] JIAN Maoqiu, QIAO Yunting, YUAN Zhuojian, et al. The impact of atmospheric heat sources over the Eastern Tibetan Plateau and the tropical Western Pacific on the summer rainfall over the Yangtze-River basin [J]. Advances in Atmospheric Sciences, 2006, 23(1): 149-155

[16] KAJIKAWA Y, WANG B. Interdecadal change of the South China Sea summer monsoon onset [J]. Journal of Climate, 2012, 25: 3207-3218.

[17] WANG B, WU R G, FU X H. Pacific-East Asian teleconnection: how does ENSO affect East Asian climate? [J] J Clim,2000,13:1517-1536.

[18] WANG B, ZHANG Q. Pacific-East Asian teleconnection. Part II: How the Philippine Sea anomalous anticyclone is established during El Niño development [J]. J Climate, 2002, 15: 3252-3265

[19] XIE S P, HU K, HAFNER J, et al. Indian Ocean capacitor effect on Indo-western Pacific climate during the summer following El Niño [J]. J Climate, 2009, 22: 730-747.

[20] CHEN Z S, WEN Z P, WU R G. Relative importance of tropical SST anomalies in maintaining the Western North Pacific anomalous anticyclone during El Niño to La Niña transition years [J]. Climate Dynamics, 2016, 46(3): 1027-1041

第 58 卷　第 6 期
2019 年 11 月

中山大学学报（自然科学版）
ACTA SCIENTIARUM NATURALIUM UNIVERSITATIS SUNYATSENI

Vol. 58　No. 6
Nov. 2019

DOI：10.13471/j.cnki.acta.snus.2019.06.005

红层裂纹软岩在水－应力耦合作用下的变形破坏试验*

周翠英[1,3]，苏定立[2,3]，邱晓莉[4]，杨旭[1,3]，刘镇[1,3]

（1. 中山大学土木工程学院，广东 广州 510275；
2. 中山大学工学院，广东 广州 510275；
3. 中山大学岩土工程与信息技术研究中心，广东 广州 510275；
4. 广东天联电力设计有限公司，广东 广州 510600）

摘　要：红层软岩遇水软化导致的工程灾变问题是许多重大工程的安全隐患之一。基于自主研发的 TAW-100 水－应力耦合软岩细观力学三轴试验系统，设计了软岩遇水崩解破坏试验、水－应力耦合作用下软岩蠕变特性试验和水－应力－裂纹相互作用下软岩变形破坏全过程试验等 3 类试验，系统的探索了不同赋存水环境条件下红层软岩遇水软化的力学行为，阐明了水－应力－裂隙及其三者共同作用下软岩力学特性的变化规律。结果表明：软岩遇水崩解破坏的过程是经历新裂纹萌生、缓慢发育、加速扩展至贯通破坏等阶段；蠕变全过程中软岩所经历的各阶段特征较为一致；水－应力－裂隙三者之间的相互作用会加速软岩变形破坏的速度和进程，且影响软岩局部破坏的力学特性、各发展阶段持续的时间以及最终破坏模式。结合能量理论分析了水－应力－裂隙相互作用下软岩软化全过程中的渗流－化学－损伤能量转化及能量耗散。

关键词：红层软岩；水－应力耦合；裂纹扩展；蠕变；变形破坏
中图分类号：TU 443　　**文献标志码**：A　　**文章编号**：0529-6579（2019）06-0035-10

Experimental study of cracked soft rock with hydro-mechanical coupling effect

ZHOU Cuiying[1,3], SU Dingli[2,3], QIU Xiaoli[4], YANG Xu[1,3], LIU Zhen[1,3]

(1. School of Civil Engineering, Sun Yat-sen University, Guangzhou 510275, China;
2. School of Engineering, Sun Yat-sen University, Guangzhou 510275, China;
3. Research Center for Geotechnical Engineering and Information Technology, Sun Yat-sen University, Guangzhou 510275, China;
4. Guangdong Tianlian Electric Power Design Co. Ltd., Guangzhou 510600, China)

Abstract: Disaster induced by softening of saturated red-bed soft rocks is one of the major problems encountered frequently in the engineering construction in South China area. Three tests were conducted using the self-developed TAW-100 meso-mechanical triaxial test system of soft rock, including a disintegration test of soft rock in water, a creep test of soft rock under hydro-mechanical coupling condition and a triaxial test by observing the whole deformation and failure process of cracked soft rock under hydro-mechanical coupling condition. The mechanical failure behaviors of saturated soft rock in different engineering environments were investigated to analyze the influences of water, loading, cracks and their coupling effect on mechanical properties of soft rock. Results showed that the process of disintegration and failure of soft rock includes the stages of new crack initiation, slow development, accelerating expansion to pene-

---

*　收稿日期：2018-09-07
　　基金项目：国家自然科学基金（41530638，41030747，41227002，41372302，41472257）
　　作者简介：周翠英（1963 年生），女；研究方向：软岩力学与工程；E-mail: zhoucy@mail.sysu.edu.cn
　　通信作者：刘镇（1982 年生），男；研究方向：软岩力学与工程；E-mail: liuzh8@mail.sysu.edu.cn

tration and failure. The characteristics of creeping stages of soft rock were consistent during the whole creep process. The coupling effect of water, stress and cracks will accelerate the deformation and damage of soft rock and influence the local mechanical characteristics, the duration of each stage and the final failure mode. The energy transformation and energy dissipation of seepage, chemical and damage in the whole process of soft rock softening under water-stress-fracture interaction are analyzed based on the energy theory.

Key words: red-bed soft rock; coupled hydro-mechanical; crack propagation; creeping; deformation and failure

红层是指中－新生代陆相沉积的红色碎屑岩层，以砂岩、泥岩、粉砂岩和页岩，其中的粉细砂岩、泥岩、页岩为主。根据国际岩石力学学会的最新定义：岩石的单轴抗压强度小于 25 MPa，称之为软岩。根据沉积学研究，红层由于其形成于炎热、高压的环境条件下，因此，工程开挖后卸荷裂隙发育，加之其富含高岭石、蒙脱石等粘土矿物，水的作用下极易产生快速的崩解软化现象，导致工程灾变的发生，因此，其灾变的根本问题是水－岩相互作用的问题，这也是国际上岩石力学领域的前沿课题之一。

试验是进行水岩相互作用研究的重要手段之一，关于软岩和水相互作用的试验研究，大多数工作集中在基于单轴、三轴试验研究不同围压、环境温度、含水量及化学等因素对其强度、结构破坏过程、蠕变特性及崩解特性等方面的影响规律，涉及的试验技术包括：① 观测软岩细观结构破坏主要有扫描电子显微镜方法、X 射线 CT 扫描技术、核磁共振、压汞微孔测定、声发射方法等[1-8]。② 测定软岩化学成分有 X 射线衍射矿物分析、X 射线荧光光谱分析、离子色谱仪分析等技术[4-6]；③ 设计软岩干湿循环、有压/无压吸水、浸入酸碱溶液等模拟软岩外部条件的试验[9-12]。此外，软岩水－力耦合流变损伤三轴试验仪作为最能直接反应软岩在赋存水溶液中变形破坏全过程的设备，也是研究软岩流变损伤过程中的强度变化主要手段[13-17]，因此，能否实现真正意义上的水－力耦合作用下的软岩灾变全过程多尺度重现，并支持多种工况组合试验，对研究软岩与水相互作用十分重要。

总体而言，目前学术界对软岩遇水软化试验研究的针对性较强，而软岩遇水变形破坏是一个多因素耦合作用的复杂过程，因此有必要研究多影响因素作用下软岩变形破坏全过程，探究不同影响因素之间的耦合作用对软岩力学特性的影响机理。

基于此，本文为探究水、应力、裂纹以及它们之间的相互作用对软岩遇水灾变过程、破坏模式及其力学特性的影响，设计了 3 类针对性的试验，对软岩遇水变形破坏全过程进行研究。

1 试验设计

1.1 试验设备与岩样制备

本试验所采用主要设备为中山大学岩土工程与信息技术研究中心自主研发的 TAW-100 水－应力耦合软岩细观力学三轴试验系统（见图1），其核心模块"多功能压力室"可安装水压与油压两种压力室。TAW-100 三轴试验系统与传统三轴试验仪器相比，最大优势在于能真实模拟多种软岩赋存环境，尤其在探索地下水对软岩破坏过程的影响作用，可真实再现实际工程软岩在水－力环境下软化破坏的全过程。该系统可提供最大轴力为 100 kN，水压力室可提供围压 0 ~ 5 MPa、油压力室可提供围压 0 ~ 10 MPa，软岩试样尺寸 Φ 为 (50 ~ 100) mm × (100 ~ 125) mm，力与变形精度均为 ±1%。

为研究不同赋存环境下软岩的灾变破坏规律，探讨水、应力及裂纹对软岩力学特性的影响，选取华南地区较为典型的粉砂质泥岩为研究对象展开针对性试验研究。此类软岩粘土矿物以伊利石与高岭石为主，褐色，泥钙质胶结，滴盐酸有气泡产生，部分见方解石细脉呈陡立状岩质硬，锤击声脆，平均天然重度 γ 为 2.347 g/cm³，吸水率 14.38%，饱水率 26.35%。利用自动取芯机、自动岩石切割机和双端面磨片机，按照《工程岩体试验方法标准》（GB T50266-99）[18] 的试样加工精度要求，经过钻芯、切割、粗磨、细磨等工序，将钻孔岩芯加工成所需的圆柱体试样和长方体试样（图2），包括：制备圆柱形试样 8 个，分别为 Φ70 mm × 60 mm（2 个），Φ70 mm × 25 mm（2 个），Φ70 mm × 100 mm（4 个），用于开展软岩崩解破坏试验；制备长方体试样 21 个，规格为 50 mm × 50 mm × 100 mm，用于开展蠕变特性试验及裂纹软岩水－应力耦合破坏试验。

(a) TAW-100三轴试验系统　　(b) 水压压力室　　(c) 油压压力室

图 1　TAW-100 软岩三轴试验系统
Fig. 1　TAW-100 triaxial test system of soft rock

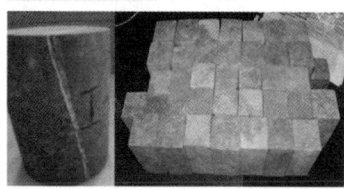

图 2　圆柱体及长方体试验岩样制备
Fig. 2　Preparation of cylinder and rectangle test rock

1.2　试验方案

本文共设计软岩崩解破坏试验、水－应力耦合作用下软岩蠕变特性试验、水－应力－裂纹相互作用下软岩变形破坏全过程试验共 3 类试验，分别研究软岩裂隙、地下水与裂纹等因素以及它们之间的相互作用对软岩灾变过程与力学特性的影响规律：

（1）试验①：软岩遇水崩解破坏试验。设计试验①-Ⅰ、①-Ⅱ两组平行试验，试验①-Ⅰ中试样初始裂隙较发育，而试验①-Ⅱ中试样完整性较好，裂隙发育度不高。此外，两组试验均分别含 Φ70 mm×60 mm、Φ70 mm×25 mm 规格圆柱形试样各一个，Φ70 mm×100 mm 试样 2 个。试验步骤为：将软岩试样完全浸没于水中，采用 TAW-100 三轴试验系统中体式显微观测系统，结合高清晰度数码相机实时记录试验过程中软岩裂纹发育、扩展规律，直到软岩试样崩解破坏完毕，试验结束，探究裂纹对软岩泡水破坏过程的影响规律。

（2）试验②：软岩水－应力耦合作用下的蠕变特性试验。根据工程实际赋存情况设计试验②-Ⅰ、②-Ⅱ、②-Ⅲ等 3 组平行试验，分别研究无水条件、水－应力耦合、水－应力－裂纹相互作用等 3 种工况下软岩蠕变特性。为便于预制裂纹的制作与试验观察，每种工况均分别设置 4 个 50 mm×50 mm×100 mm 长方体试样。根据工程实际赋存环境，设置 0、0.5、1.0、1.5 MPa 等 4 个等级的围压值，分别对应每组试验中的 4 个试样。每个试样在特定的围压作用下，以轴向荷载瞬时加载速率设为 0.05 kN/s，按 5 个等级从 5 kN 逐渐增加到 25 kN，采用分级加载的方式进行蠕变试验，每级荷载持续 24 h，至试样破坏，试验结束。其中，试验②-Ⅰ模拟无水条件下软岩的蠕变特性，试样初始均为干燥状态并采用油压压力室施加围压，试验过程中用不透水薄膜包裹软岩试样；试验②-Ⅱ、②-Ⅲ均采用水压压力室提供围压，试样初始均处于饱水 48 h 状态，软岩试样表面不包裹任何材料，且试验②-Ⅲ中 4 个试样初始裂隙较发育。试验②-Ⅰ、②-Ⅱ、②-Ⅲ试验条件如表 1 所示。

（3）试验③：水－应力－裂纹相互作用下软岩变形破坏全过程试验。根据工程实际赋存情况设计试验③-Ⅰ、③-Ⅱ、③-Ⅲ分别模拟无水单轴压缩条件、考虑水环境但忽略围压作用的单轴压缩条件、考虑围压作用的三轴压缩等 3 种工况下含不同倾角预制裂纹的破坏过程与力学特性。每组含 3 个软岩试样，其尺寸同试验②，采用 Φ 为 0.6 mm 的麻花钻头预制（长×宽×深）为 10 mm×1 mm×25 mm 的半通透型裂纹，含 15°、45° 与 80° 共 3 种倾角，每组试验中的 3 个试样分别对应一种倾角的裂纹，如图 3 所示。试验控制位移以 0.04 mm/min 的速率持续加载，至破坏。同试验②中 3 组试样一样，本组试验③-Ⅰ中 3 个试样均为初始干燥状态、③-Ⅱ和Ⅲ中的试样均为初始饱水48 h。试验③-Ⅰ、Ⅱ、Ⅲ的试验条件如表2所示。

表1 试验②的试验条件
Table 1 Test conditions for test ②

试验编号	试件编号	试验条件	围压/MPa	轴向压力/kN
试验②-Ⅰ	②-Ⅰ-1	无水、油压提供围压、初始干燥	0	5/10/15/20/25
	②-Ⅰ-2		0.5	
	②-Ⅰ-3		1.0	
	②-Ⅰ-4		1.5	
试验②-Ⅱ	②-Ⅱ-1	有水、水提供围压、初始饱水48 h	0	5/10/15/20/25
	②-Ⅱ-2		0.5	
	②-Ⅱ-3		1.0	
	②-Ⅱ-4		1.5	
试验②-Ⅲ	②-Ⅲ-1	有水、水提供围压、初始饱水48 h、初始有裂纹	0	5/10/15/20/25
	②-Ⅲ-2		0.5	
	②-Ⅲ-3		1.0	
	②-Ⅲ-4		1.5	

表2 试验③的试验条件
Table 2 Test conditions for test ③

试验编号	试件编号	试验条件	裂纹倾角/(°)	围压/MPa
试验③-Ⅰ	③-Ⅰ-1	无水、单轴压缩、初始干燥	15	0
	③-Ⅰ-2		45	
	③-Ⅰ-3		80	
试验③-Ⅱ	③-Ⅱ-1	有水、单轴压缩、初始饱水48 h	15	0
	③-Ⅱ-2		45	
	③-Ⅱ-3		80	
试验③-Ⅲ	③-Ⅲ-1	三轴加压、水提供围压、初始饱水48 h	15	1
	③-Ⅲ-2		45	
	③-Ⅲ-3		80	

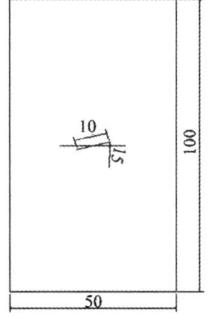

图3 预制裂纹示意图
Fig. 3 Schematic diagram of precracks

2 结果与分析

2.1 试验①：软岩崩解试验

从试验①数据可知，试验①-Ⅰ、①-Ⅱ中8个试样泡水破坏过程存在2个相似之处：（1）无论初始裂隙发育程度如何，软岩试样泡水破坏过程中裂纹的发展大致经历新裂纹萌生、平稳扩展、加速延伸至扩展贯通3个阶段。其中，新裂纹萌生阶段主要出现在试验前期软岩试样吸水的过程中，首条新裂纹出现的时间为 10 ~ 33 min，受软岩试样初始裂隙发育程度及分布情况影响；裂纹平稳发展阶段约为软岩遇水后第 35 ~ 170 min，该阶段软岩试样已充分吸水，弱化了颗粒间联结作用，主要表现为新微裂纹持续增多、已有裂纹宽度与深度逐渐增加；裂纹加速延伸阶段主要出现在第 180 ~ 380 min，表现为新裂纹数目缓慢增加、已有裂纹深度发育、加速贯通。（2）试样破坏尺寸效应明显，无论试样初始裂隙是否发育，相同直径下首条新裂纹产生速度以及试样整体破坏所需时间与试样高度呈正相关，即首条新裂纹产生速度100 mm 高的试样最快、25 mm 高的试样最慢，试样完成破坏所需时间也是 100 mm 的最长、25 mm 的最短。其原因主要是由于试验中软岩均完全浸没，尺寸增加提高了软岩试样与水的接触面积，粘土矿物颗粒吸水膨胀更明显，故首条新裂纹产生时间较短；但在试验后期，相同时间小尺寸的试样，水与粘土矿物颗粒充分作用区域所占比例要高于大尺寸的软岩试样，故而其软化更为彻底，试样更容易破坏。

同时，初始裂隙与裂纹影响软岩试样泡水的破坏模式与破坏时效性。图4为试验①-Ⅰ与试验①-Ⅱ中高度为100 mm的试样，可以看出相同试样尺寸条件下，试验①-Ⅱ中试样破坏的层次性明显强于试验①-Ⅰ中试样。试验结束后，通过碾压较大崩落体，发现其内部并未浸水依然干燥，说明由于软岩骨架颗粒粘土矿物的不均匀分布及亲水性的不同导致软岩内部各区域吸水膨胀与弱化作用不均匀。于是在软化作用较为充分的区域产生表面能较大的薄弱区，水主要通过薄弱区进入软岩内部形成一定厚度的表面吸附层并产生楔裂压力，当楔裂压力高于软岩颗粒物的胶结作用便产生新的裂纹。

 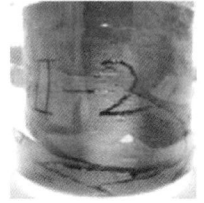

(a) 试验①-Ⅰ　　　(b) 试验①-Ⅱ

图4　试验①-Ⅰ和Ⅱ试样破坏情况

Fig. 4　Specimen failures in test ①-Ⅰ and Ⅱ

因此，若初始试样完整性良好且裂隙发育程度不高，软岩的裂缝萌生与破坏将随着水的渗入而呈现出一定层次感，即外层的软岩先泡水软化、产生裂缝甚至剥落，然后内层的软岩开始有了与水接触的机会，并重复外层软岩软化破坏的过程。对于含有初始裂纹的试样，其初始裂纹为软岩浸水破坏提供天然的薄弱部位，裂纹首先由初始裂纹附近产生，破坏也都集中在初试裂纹处，同时外层软岩也逐渐泡水软化，故裂纹的产生无明显层次感。含初始裂纹的软岩试样，由于初试裂纹的存在，使得新裂纹的产生与发育速度得以加快，同样尺寸含初始裂纹的试样其破坏所需时间较不含初始裂纹试样略短。试验初始裂隙较发育的试样，其破坏过程中的层次性更强。

2.2　试验②：软岩水-应力耦合作用蠕变特性试验

图5为试验②-Ⅰ、②-Ⅱ、②-Ⅲ蠕变曲线，以分级荷载加载后的软岩轴向总变形量 ε_1 为纵坐标，时间 t 为横坐标。根据试验数据可得：围压一定，增加轴压将促使蠕变量的增加，如围压1.0 MPa时，试验②-Ⅰ、②-Ⅱ、②-Ⅲ中蠕变量分别从轴压5 kN时的0.005%、0.009%与0.022%增加到25 kN时的0.011%、0.026%与0.104%（试验②-Ⅲ裂纹软岩受水-应力耦合作用，极限承载力降低，轴压加载到25 kN前已破坏，此处为轴压15 kPa时的蠕变值），但随着轴压的增加，蠕变量的增长速率、每级荷载对应总变形量（每级荷载总变形量＝每级荷载蠕变量＋荷载改变瞬时变形量）等物理量逐渐降低。将蠕变量、蠕变增长速率除以每级荷载持续时间得到平均蠕变速率、平均蠕变增长速率的变化规律也分别与蠕变量、蠕变增长速率一致。分别对比试验②-Ⅰ、②-Ⅱ与②-Ⅲ中轴向压力相同时的试验数据，随着围压的增加，软岩试样的径向变形收到的约束作用也逐渐增加，软岩试样的蠕变变形量、蠕变速率、

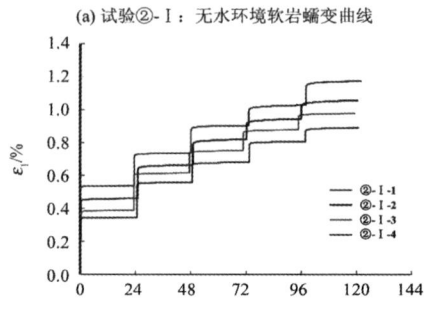

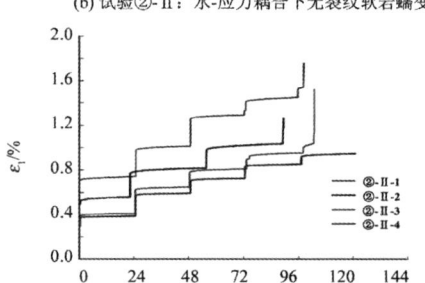

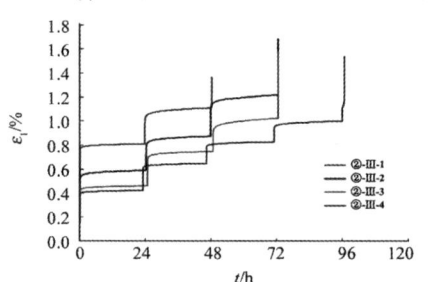

图5　试验②-Ⅰ，Ⅱ与Ⅲ软岩试样蠕变曲线图

Fig. 5　Creep curve of soft rock specimen in test ②-Ⅰ, ②-Ⅱ and ②-Ⅲ

瞬时变形量及每级荷载总变形等物理量均呈减小的趋势，而软岩的强度增加，同时脆性也显著增强。根据试验数据可以看出，试验②-Ⅱ与②-Ⅲ中由于水-应力耦合以及预制裂纹作用，导致其蠕变变形量与瞬时变形量均高于试验②-Ⅰ中相应的值，提高了蠕变变形量在总变形量中的比值与平均蠕变速率。围压作用约束了软岩径向形变，使得软岩试样的脆性增加，同时使软岩试样发生软化，强度均有所降低。对比试验②-Ⅱ与②-Ⅲ，可知相同试验条件下初始裂纹的存在将会使软岩试样的蠕变破坏沿着原有的裂隙、裂纹、节理等薄弱部位发展并破坏，并伴随一定的体积膨胀，使得蠕变量、每级

荷载总变形、蠕变速率等物理量均相对增加，其中对软岩蠕变量的影响较大，增加比例高达129.4%。

2.3 试验③：水－应力－裂纹相互作用下软岩变形破坏全过程试验

根据试验结果，本试验所涉及的3种工况条件下，软岩试样变形破坏过程均经历预制裂纹的扩展以及新裂纹的萌生、发育、扩展与贯通破坏等阶段，不同的是在不同试验条件下，裂纹的发展、搭接、试样破坏形式以及试样各阶段出现的时间、破坏发展速度与形态等有所差异。图6为3种工况不同倾角预制裂纹试样的最终破坏形式，可以看出预制裂纹倾角差异导致了在相同试验条件下，软岩试件的破坏形态及发展速度存在差异。3种工况下，45°倾角预制裂纹与试验过程中产生的翼型裂纹对试样最终破坏形式的影响都较15°更为显著，发育微裂纹数目更少，破坏均为翼型裂纹与预制裂纹贯通所致，其中工况2与工况3中，贯通裂纹与轴向加载方向近似呈45°，属于典型的剪切破坏，并伴随试样上端碎屑崩解脱落，破坏时预制裂纹均受压张开，呈椭圆状，试样脆性较明显，破坏时间较15°试样更短。

(A) 试验③-Ⅰ不同倾角预制裂纹试样破坏模式

(a) 15°　　　(b) 45°　　　(c) 80°

(B) 试验③-Ⅱ不同倾角预制裂纹试样破坏模式

(a) 15°　　　(b) 45°　　　(c) 80°

(C) 试验③-Ⅲ不同倾角预制裂纹试样破坏模式

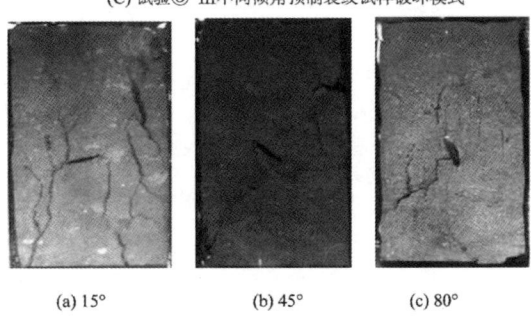

(a) 15°　　　(b) 45°　　　(c) 80°

图6　不同裂纹倾角岩样破坏模式

Fig. 6　Failure mode of rock with different crack inclination

图 7 为 3 种工况下，软岩试样破坏的应力应变曲线图（以主应力差 $\sigma_1-\sigma_3$ 为纵坐标，轴向应变为横坐标，以压缩方向为正方向），可将软岩破坏过程大致分为 4 个阶段，即：压密段（oa 段）、弹性段（ab 段）、塑性段（bc 段）与破坏段（cd 段）。其中，压密段的应力应变曲线特征为曲线微向下凸，应力增长速度小于应变，软岩试样内部微裂隙受压逐渐压缩闭合，试样密实度逐渐增加，模量也随之增加。弹性段中，试样外在表现不明显。试验过程中，新裂纹主要出现在塑性段，主要由于软岩试样内部微裂隙逐渐发育及扩展所致，同时，该阶段试样存在应力重分布现象，软岩试样应力逐渐逼近其峰值。在破坏段，软岩试样经历了峰值强度后，内部损伤发展加速并产生突变，软岩试样内部应力重分布过程更加频繁。随着应变增加应力下降，该阶段发生时间短，包含岩石内部自我调适和损伤扩展突变两个阶段。峰值强度后应变继续增加，岩石进入短暂的自我调整阶段，应力重分布，应力随应变增加先减小后增大，但应力值达不到峰值强度值形成拐点，接着损伤扩展突变，应力迅速跌落，试件破坏，同时发生侧向鼓胀和扩容现象。

图 8 为试验③的水 – 应力耦合下软岩峰值强度与裂纹倾角关系。以试验③的峰值应力为纵坐标，以裂纹倾角为横坐标，得到了和试验③ – Ⅰ、Ⅱ与Ⅲ对应的③ – Ⅰ、Ⅱ、Ⅲ曲线。根据试验③数据，3 种试验工况下，软岩峰值强度与软岩试样预制裂纹倾角变化之间的关系均呈先增加后减小的态势，说明这与软岩试样试验过程中的外部因素关系不大。同时，软岩试样在发生应变突变时的应变量与软岩试样的预制裂纹倾角关系也呈先增大后减小的态势。试验③ – Ⅰ中软岩试样在预制裂纹倾角为 45°时，峰值强度由达到最高值 12.188 MPa，突变应变量也达到最大值 0.0175%。不同试验条件及预制裂纹倾角下，软岩试样破坏过程大致相似，其峰值强度与突变应变曲线均呈上凸形。

对比相同倾角预制裂纹不同试验工况条件下的试验结果可知，无水条件下含预制裂纹的软岩试样峰值强度要明显高于普通水环境下软岩试样破坏峰值强度，说明水的作用对软岩试样的变形破坏产生了促进作用，同时，对于不同倾角预制裂纹试样该现象均存在，进一步说明水对于软岩试样变形破坏过程中的控制作用要明显强于裂纹。其主要原因是由于水的渗透，弱化了软岩颗粒间的胶结作用、降低了软岩试样内部颗粒间的摩擦系数。此外，围压水条件下软岩试样的峰值强度要高于普通水环境下

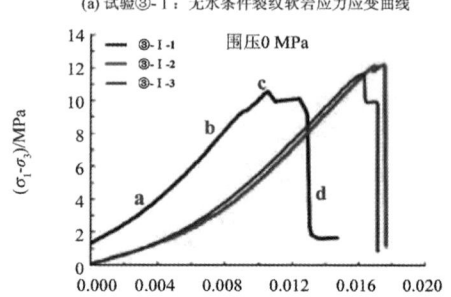
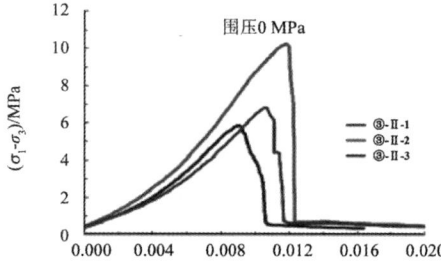
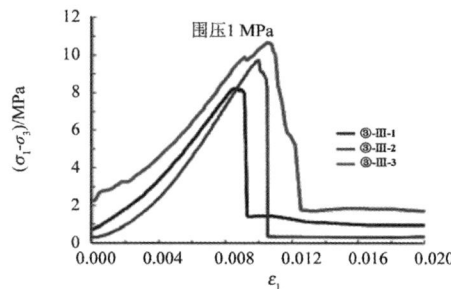

图 7 试验③ – Ⅰ、③ – Ⅱ 与③ – Ⅲ中应力应变曲线
Fig. 7 Stress-strain diagram in test ③ – Ⅰ、③ – Ⅱ and ③ – Ⅲ

的软岩试样峰值强度，但软岩试样发生突变对应的应变值有所降低，主要体现为软岩试样在围压作用下其强度增加、脆性更明显，主要原因是由于围压的存在对软岩试样在轴向荷载作用下的变形起到约束作用，约束了软岩试样径向应变，从而提高其峰值强度与脆性。

3 基于能量耗散的软岩软化过程分析

3.1 软岩崩解试验分析

软岩试样在水 – 应力 – 裂纹耦合作用下的破坏是一个渗流 – 化学 – 损伤综合作用过程，伴随着能量的转化与能量的耗散。

试验①中的软岩软化崩解过程中，裂纹的发展

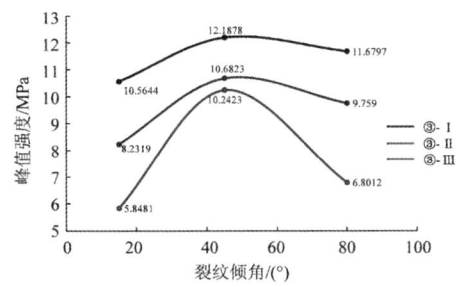

图 8 试验③水－应力耦合下软岩
峰值强度与裂纹倾角关系

Fig. 8 Relationship among peak strength and crack angle with coupled hydro-mechanical effect in test ③

大致分为新裂纹萌生、平稳扩展、加速延伸至扩展贯通3个阶段。结合非平衡热力学理论，在软岩系统与水相互作用初期，软岩内部大孔隙充水扩张，小孔隙及连通性较差的孔隙未被充水，主要特征为新裂纹萌生，其微结构未发生根本变化，可以认为系统此时处于近平衡阶段，这一阶段的能量特征主要是渗流对软岩内部孔隙充水扩张所做的功，以及水溶液与软岩表面的粘土矿物成分初步发生化学反应而导致软岩表面出现的溶解、化学溶蚀等化学能变化。

随着软岩－水相互作用程度的加深，软岩系统内部小孔隙及连通性较差的孔隙也开始充水，裂纹进一步平稳扩展，此时的软岩－水的物理、力学、化学相互作用进一步加剧。待软岩充分吸水，渗流通道丰富，颗粒连接排列方式开始产生较大改变，并逐渐趋于有序，系统进入一个自发的动态过程，此时软岩系统与外界环境之间的作用已逐渐稳定，表现为裂纹宽度和深度增加，甚至出现裂纹贯通。从能量的角度，这一阶段，由于摩擦等力学作用，渗流的一部分机械能会转化为热能损失耗散，同时渗流中的离子和软岩矿物成分发生化学反应，涉及到化学热量耗散及化学能释放。这是系统非线性作用强烈的动态调整形成的宏观有序结果，这种开放、动态平衡的有序结构也称之为耗散结构。

3.2 软岩水－应力耦合作用蠕变特性试验分析

对比试验②的无水条件、水－应力耦合作用条件及水－应力－裂纹相互作用的结果可知，当围压一定时，增加轴压促使蠕变量的增加。从能量的角度，增加轴压即增加了试验机对软岩做的功，根据功能转化原理，增加了软岩的塑性变形能。当轴向压力一定时，围压增加，软岩试样的蠕变变形量、蠕变速率、瞬时变形均减小。从能量的角度，围压的增加从侧面对软岩试样提供了更强的径向约束力，软岩克服围压对外做的负功更大，耗散能量增加，同时由于围压增加，更多的渗流能量作用在软岩裂纹中，加速了渗流和软岩内部结构的溶蚀、潜蚀等物理、力学及化学的相互作用，提高了软岩的软化程度，表现为强度降低。另外，初始裂纹的存在使得渗流能量能更快的进入岩石内部，加速软岩的变形破坏，增加蠕变量，提高蠕变速率。

3.3 水－应力－裂纹相互作用下软岩变形破坏全过程试验分析

试验③分别模拟无水单轴压缩条件、考虑水环境但忽略围压作用的单轴压缩条件、考虑围压作用的三轴压缩等3种工况下含不同倾角预制裂纹的破坏过程与力学特性。从试验结果来看，软岩破坏过程大致分为压密阶段、弹性阶段、塑性阶段及破坏阶段。从能量的角度，在压密阶段，软岩孔隙受压压缩、密实度增加，通过功能转化，软岩承受了外界通过轴向加压做功输入的能量。在弹性阶段，软岩通过弹性变形储存应力应变能量。在塑性阶段，随着软岩体积增大，新裂纹开始出现，渗流－化学－损伤作用加剧，由于损伤而出现破裂的声能耗散、应力应变重分布产生的结构损伤及突变导致的损伤能量释放，软岩试样应力接近峰值。在软岩的破坏阶段，此时软岩的内部结构已正在进行动态自我调整，损伤发展加速并产生新的结构变化，出现裂缝贯通，岩块脱落等，这一阶段的损伤能量得到极大的释放，软岩－水系统的能量经过重新调整，形成了新的能量耗散结构。

对比无水及水－应力耦合条件的试验结果可以发现，水应力耦合作用下的软岩峰值应力较低，从能量的角度，这是由于在水－应力耦合作用的过程中，渗流－化学作用对软岩产生了软化作用，外界输入的能量被渗流作用及化学反应而耗散，导致软岩整体的强度降低。

4 结　论

本文针对华南地区红层软岩遇水软化效应显著的问题，借助 TAW-400 水－应力耦合软岩细观力学三轴试验系统全面开展了软岩泡水崩解试验、水－应力耦合作用下软岩蠕变特性试验与水－应力－裂纹相互作用下软岩变形破坏试验，分别针对软岩自身裂隙、赋存地下水以及裂纹等不同影响因素，探讨了其对软岩灾变过程及力学特性的影响规律，并结合能量耗散理论对试验结果进行分析，得出如

下主要结论:

1) 初始裂隙发育程度不同的软岩试样泡水崩解过程按裂纹的发展均可大致分为新裂纹萌生、缓慢发育、加速扩展至贯通破坏等阶段,裂纹对其崩解的影响主要体现在打乱了软岩崩解破坏的层次性,同时,初始裂隙越发育,软岩试样就越早进入新裂纹加速扩展阶段。此外,软岩泡水破坏过程中呈现出一定的尺寸效应,即软岩试样尺寸越大,新裂纹发育得越快,但最终破坏所需时间也越长。

2) 软岩试样蠕变破坏过程所经历的阶段受外部环境的影响较小,不同赋存环境下,均要经历减速、稳定与加速蠕变阶段,所不同的是随着赋存环境与试验条件的复杂化,软岩试样会加快进入加速蠕变阶段,同时其强度值也会随之降低。此外,软岩蠕变过程中瞬时变形量、总变形量均与轴向压力的变化呈负相关态势,但蠕变形变量、平均蠕变速率与蠕变变形占总变形量的比值均与轴压呈正相关态势,此外,随着轴向压力的增加,软岩试样会较早进入稳定蠕变变形阶段;围压对软岩蠕变特性的影响为,由于围压对软岩试样径向的变形存在束缚,软岩蠕变过程中脆性显著增强,蠕变变形量、平均蠕变速率、瞬时形变量及总变形量均与围压的增加呈负相关趋势;水的存在会增加软岩试样的延性,使得其蠕变变形量、总变形等物理量均相对无水环境显著增加,进入稳定蠕变状态时间也明显较晚,整体强度降低,破坏沿内部裂隙、节理、预制裂纹等薄弱部位发生,伴有侧向应变与体积膨胀。

3) 通过对预制裂纹软岩系列试验研究发现,软岩变形破坏主要经历压密、弹性、塑性、变形破坏等4个阶段,整个破坏过程中裂纹的萌生与扩展过程相似,预制裂纹的存在主要影响新裂纹的出现部位、发展方式、试样破坏形式与时间等,同时,预制裂纹的倾角主要影响软岩试样的破坏模式。此外,通过对试验过程中软岩水试样强度的研究发现,纯水、水-应力环境作用会降低软岩的峰值强度及突变应变;围压水环境下软岩试样的脆性增加,表现为峰值强度增大、突变应变降低。

4) 软岩试样在水-应力-裂纹耦合作用下的破坏是一个渗流-化学-损伤综合作用过程,伴随着能量的转化与能量的耗散。从能量的角度,由于摩擦等力学作用,渗流的一部分能量会转化为热能损失耗散,同时渗流中的离子和软岩矿物成分发生化学反应,涉及到化学热量耗散及化学能释放。软岩通过压密变形及弹性变形,以应力应变能的形式储存外界轴向加压输入的能量。在塑性阶段,随着软岩体积增大,新裂纹开始出现,渗流-化学-损伤作用加剧,由于损伤而出现破裂的声能耗散、应力应变重分布产生的结构损伤及突变导致的损伤能量释放。对比无水及水应力耦合条件的试验结果可以发现,水-应力耦合作用下的软岩峰值应力较低,从能量的角度,这是由于在水-应力耦合作用的过程中,渗流-化学作用对软岩产生了软化作用,外界输入的能量被渗流作用及化学反应而耗散,导致软岩整体的强度降低。

参考文献:

[1] SUITS L D, SHEAHAN T C, BERRE T. Triaxial testing of soft rocks [J]. Geotechnical Testing Journal, 2011, 34(1): 15 - 17.

[2] TAHERI A, TANI K. Characterization of a sedimentary soft rock by a small in-situ triaxial test [J]. Geotechnical and Geological Engineering, 2010, 28(3): 241 - 249.

[3] 周翠英,朱凤贤,张磊. 软岩饱水试验与软化临界现象研究[J]. 岩土力学,2010,31(6): 1709 - 1715.
ZHOU C Y, ZHU F X, ZHANG L. Research on saturation test and softening critical phenomena of soft rocks [J]. Rock and Soil Mechanics, 2010, 31(6): 1709 - 1715.

[4] 潘艺,刘镇,周翠英. 红层软岩遇水崩解特性试验及其界面模型[J]. 岩土力学,2017,38(11): 3231 - 3239.
PAN Y, LIU Z, ZHOU C Y. Experimental study of disintegration characteristics of red-bed soft rock within water and its interface model [J]. Rock and Soil Mechanics, 2017, 38(11): 3231 - 3239.

[5] 周翠英,邓毅梅,谭祥韶,等. 饱水软岩力学性质软化的实验研究与应用[J]. 岩石力学与工程学报, 2005,24(1): 33 - 38.
ZHOU C Y, DENG Y M, TAN X S, et al. Experimental research on the softening of mechanical properties of saturated soft rocks and application [J]. Chinese Journal of Rock Mechanics and Engineering, 2005, 24(1): 33 - 38.

[6] 邓华锋,周美玲,李建林,等. 水-岩作用下红层软岩力学特性劣化规律研究[J]. 岩石力学与工程学报, 2016, 35(s2): 3481 - 3491.
DENG H F, ZHOU M L, LI J L, et al. Mechanical prop-

erties deteriorating change rule research of red-layer soft rock under water-rock interaction [J]. Chinese Journal of Rock Mechanics and Engineering, 2016, 35(s2): 3481 -3491.

[7] 许玉娟, 周科平, 李杰林, 等. 冻融岩石核磁共振检测及冻融损伤机制分析 [J]. 岩土力学, 2012, 33(10): 3001-3102.
XU Y J, ZHOU K P, LI J L, et al. Study of rock NMR experiment and damage mechanism analysis under freeze-thaw condition [J]. Rock and Soil Mechanics, 2012, 33 (10): 3001-3102.

[8] 李小春, 曾志姣, 石露, 等. 岩石微焦CT扫描的三轴仪及其初步应用 [J]. 岩石力学与工程学报, 2015, 34 (6): 1128-1134.
LI X C, ZENG Z J, SHI L, et al. Triaxial apparatus for micro-focus CT scan of rock and its preliminary application [J]. Chinese Journal of Rock Mechanics and Engineering, 2015, 34(6): 1128-1134.

[9] 申培武, 唐辉明, 汪丁建, 等. 巴东组紫红色泥岩干湿循环崩解特征试验研究 [J]. 岩土力学, 2017, 38 (7): 1990-1998.
SHEN P W, TANG H M, WANG D J, et al. Disintegration characteristics of red-bed mudstone of Badong formation under wet-dry cycles [J]. Rock and Soil Mechanics, 2017, 38(7): 1990-1998.

[10] 郭宏云, 赵健, 柳培玉. 深部软岩与水作用后的强度软化特性及化学分析 [J]. 岩石力学与工程学报, 2018, 37(s1): 3374-3381.
GUO H Y, ZHAO J, LIU P Y. Experimental studies and chemical analysis of water on weakening behaviors of deep soft rock [J]. Chinese Journal of Rock Mechanics and Engineering, 2018, 37(s1): 3374-3381.

[11] GUO H Y, HE M C, SUN C H, et al. Hydrophilic and strengthsoftening characteristics of calcareous shale in deep mine [J]. Journal of Rock Mechanics and Geotechnical Engineering, 2012, 4(4): 344-351.

[12] 黄明, 詹金武. 酸碱溶液环境中软岩的崩解试验及能量耗散特征研究 [J]. 岩土力学, 2015, 36(9): 2607-2612.
HUANG M, ZHANG J W. Disintegration tests and energy dissipation characteristics of soft rock in acid and alkali solution [J]. Rock and Soil Mechanics, 2015, 36 (9): 2607-2612.

[13] OKUBO S, FUKUI K, HASHIBA K. Development of a transparent triaxial cell and observation of rock deformation in compression and creep tests [J]. International Journal of Rock Mechanics and Mining Sciences, 2008, 45(3): 351-361.

[14] WANG J X, ZHANG K, LIANG W M, et al. Experimental study on creep life of granite under directuniaxial tension [J]. Advanced Materials Research, 2012, 598: 293-298.

[15] 许宏发, 柏准, 齐亮亮, 等. 基于全应力-应变曲线的软岩蠕变寿命估计 [J]. 岩土力学, 2018, 39(6): 1973-1980.
XU H F, BAI Z, QI L L, et al. Creep life estimation of soft rock based on the complete stress-strain curve [J]. Rock and Soil Mechanics, 2018, 39(6): 1973-1980.

[16] 黄兴, 刘泉声, 康永水, 等. 砂质泥岩三轴卸荷蠕变试验研究 [J]. 岩石力学与工程学报, 2016, 35(s1): 2653-2662.
HUANG X, LIU Q S, KANG Y S, et al. Triaxial unloading creep experimental study of sandy mudstone [J]. Chinese Journal of Rock Mechanics and Engineering, 2016, 35(s1): 2653-2662.

[17] 田洪铭, 陈卫忠, 田田, 等. 软岩蠕变损伤特性的试验与理论研究 [J]. 岩石力学与工程学报, 2012, 31 (3): 610-617.
TIAN H M, CHEN W Z, TIAN T, et al. Experimental and theoretical studies of creep damage behavior of soft rock [J]. Chinese Journal of Rock Mechanics and Engineering, 2012, 31(3): 610-617.

[18] 中华人民共和国建设部. GB/T 50266-99 工程岩体试验方法标准 [S]. 北京: 中国标准出版社, 1999.

（责任编辑　秦社彩）

中国大陆城市建成环境与共享单车配置的关系

曹小曙，罗依

(中山大学地理科学与规划学院，广东 广州 510275)

摘　要：共享单车是一种绿色健康灵活的交通出行方式，给城市居民提供便捷出行服务的同时也造成了资源浪费和配置错位等问题。当前该领域的研究主要侧重于建成环境与共享单车的互动关系，集中对某些城市和区域的出行需求与共享单车相关性进行分析，对国家层面建成环境与共享单车配置的研究相对较少。以中国大陆 275 个城市为研究样本，利用多元回归分析对中国大陆城市建成环境与共享单车配置之间的关系进行了测算，在此基础上利用地理加权回归（GWR）模型分析了建成环境各变量对共享单车配置影响的空间异质性。结果显示：① 建成环境与共享单车配置之间存在相关性，零售业服务人数、道路密度对共享单车配置数量产生正向影响，收入水平与城市化区域面积对共享单车配置数量产生负向影响。② 建成环境对共享单车配置数量的影响存在显著的空间异质性。从东部到西部，零售业服务人数、道路密度对共享单车配置的正向影响与收入水平的负向影响皆在增强；城市化区域面积对共享单车配置的影响在大部分城市区域呈负向作用，整体呈现以中部地区为核心向外负向作用逐渐减弱的圈层结构。

关键词：建成环境；共享单车配置；地理加权回归

中图分类号：U491.225　　**文献标志码**：A　　**文章编号**：0529-6579（2020）01-0077-09

Relationship between built environment and bikeshare allocation in the mainland of China

CAO Xiaoshu, LUO Yi

(School of Geography and Planning, Sun Yat-sen University, Guangzhou 510275, China)

Abstract: Bikeshare is a green, healthy and flexible mode of transportation. While it benefits local residents, it causes some problems such as resource waste and allocation mismatch. Much research focused on the interaction between built environment and bikeshare in cities, but few studies explore the relationship between built environment and bikeshare allocation at a large scale. In this paper, the relationship between built environment and bikeshare allocation in the mainland of China and how the spatial heterogeneity of bikeshare allocation was affected by built environment variables were studied by using multiple regression analysis and with the Geographically Weighted Regression model, respectively. The results show that: 1) Built environment and bikeshare allocation are correlated. The number of retail salespersons and road density are positively related with bikeshare allocation, while income level and urban area are negatively associated with bikeshare allocation. 2) Bikeshare allocation shows a significant spatial heterogeneity. The number of retail salespersons, road density and income level increasingly affect bikeshare allocation from east to west. The urban area has a negative effect on bikeshare allocation within most cities, and its impact decreases gradually from core to periphery.

Key words: built environment; bikeshare allocation; geographic weighted regression

---

* 收稿日期：2019-02-13
　基金项目：国家自然科学基金项目（41671160）
　作者简介：曹小曙（1970 生），男；研究方向：交通地理与土地利用；E-mail: caoxsh@ mail. sysu. edu. cn

作为一种绿色低碳健康的交通出行方式，共享单车不仅可以给人们提供方便的出行服务，提高短途出行效率，还可以衔接公共交通，提供"出行一公里"服务，延伸公共交通的可达性，有效缓解城市交通拥堵状况，是城市健康发展、绿色发展、共享发展的切实要求[1-3]。共享单车并不是一个完全陌生的新鲜事物，而是在公共自行车的基础上发展而来的，可以说本质上就是无桩式的公共自行车。公共自行车早期发源于欧洲，随后跟着全球化潮流席卷世界，到2018年，全球共有600多个城市和地区拥有公共自行车系统[4]。2005年国内第一个公共自行车系统落户北京，随后共享经济和"互联网+"理念在国内传播，以新技术平台为基础的共享单车在我国城市中应运而生，与公共自行车相比其是互联网技术发展的结果，也是应对灵活存取需求的需要。到2018年10月，中国大陆共有275个城市引入共享单车项目[5]，其模式体现为下载手机APP寻找车辆，利用扫二维码、蓝牙开锁等智能方式解锁自行车，通过后台监控车辆运营状况[6]。共享单车的配置主要是指自行车投入量，除了市场、政策、运营模式等难以量化的因素以外，能够量化衡量的建成环境也会影响共享单车的配置。共享单车在给城市带来便利的同时，也存在管理混乱配置过剩等问题，引发社会对押金风险、骑行安全、停放秩序等多方面的担忧，而大量投入城市的共享单车对原本的公共自行车系统也造成了一定冲击，诸如广州等城市的公共自行车系统因此停运，导致大量资源浪费加剧城市交通治理困境。而上述这些问题的解决都有赖于中国大陆城市建成环境与共享单车配置关系的研究，梳理不同城市不同建成环境下共享单车配置的脉络，对今后共享单车优化配置提出建议。

由于共享单车源于我国，且在国外刚刚兴起，因此国外大多数学者的研究还主要集中于对共享单车的前身公共自行车的讨论上，符合行业发展规律[2]。国外学者研究发现建成环境的特征影响用户使用公共自行车[7]，土地利用混合度、收入水平、人口密度、就业密度、中央商务区（CBD）、商业设施密度（如零售业，尤其是食品类）、住宅密度、自行车基础设施建设情况、未拥有汽车的家庭数量等因素都对公共自行车的配置产生了直接或间接影响。城市建成环境中，在一定区域范围内高度混合的土地利用也可能诱导居民采用自行车通勤[8-9]，混合土地利用可以增加居民就近工作的机会、满足其他出行需求，减少小汽车通勤需求，增加公共自行车配置需求[10-11]，并且土地利用的多样性影响出行者对共享单车系统的选择和出行路线的选择[12-14]。Rixey[15]利用回归分析美国三个不同城市人口和建成环境对月均自行车使用量的影响，得出收入水平、人口密度、就业密度是影响共享单车配置的关键积极因素，而Tran等[16]研究发现人口密度和就业密度可以促进共享单车流量，更进一步考虑人口密度和就业密度以及模拟车站潜在位置的拓扑和气象参数，可以估计公共自行车出行数量和流量，考虑车站的潜在位置投放车辆[17-22]。对巴塞罗那的研究显示，从城市边缘进入城市中心即中央商务区（CBD）的时候，人们对公共自行车的需求会变得更加活跃，车站越靠近特定的土地用途（如零售商店、学校和就业中心）越容易被使用[23-24]。对明尼苏达的研究显示自行车站附近的商业设施密度对自行车年度使用数量存在影响，自行车站在更接近商业设施的地方会导致更多人选择共享单车系统，且自行车站附近食品相关业态比非食品业态更具有积极影响[25]。对澳大利亚布里斯班citycycle计划进行调查，利用相关和回归分析得到城市核心高住宅密度、自行车道与共享单车配置之间存在显著相关性[26]，站点周围较高的住宅密度显著增加了使用共享单车系统的可能性[27]。对华盛顿和蒙特利尔的自行车系统研究发现自行车基础设施、未拥有汽车的家庭数量对公共自行车流量存在积极影响[28-30]。与国外相比，国内对公共自行车的研究相对较少，理论研究较为缺乏，但实证研究正蓬勃发展，而共享单车属于近两年来的新事物，学术界对它的相关研究还比较少，有价值的文章更是不多[1]。目前关于公共自行车与共享单车之间的研究较为孤立，缺乏联系[1]。国内学者在对公共自行车的实证研究中发现建成环境与出行需求密切相关，土地利用混合度、人口密度、日常服务设施（购物、餐饮、绿地）、商业设施、住房面积、自行车基础设施建设情况（如站点设施、绿道长度）、公共交通条件（如公交线路数量、公交站点数量）等都对公共自行车的配置存在影响。在对中山公共自行车系统的研究中，发现土地利用混合度较高、人口密度较大的区域公共自行车的需求也较大[31]，罗桑扎西等[32]对南京市桥北区公共自行车使用情况进行研究，提出站点附近餐饮网点购物网点的密度越高、站点距离地铁站越近、附近公交站点数越少、站点容量越大则公共自行车的使用量越大，公共自行车系统需要配置的量也越大。孙艺玲等[4]对深圳市南山区公共自行车的使用情况进行研究，结果显示道路用地面积越多、工业建筑面积越大、商业设施面积越大、住房面积越大、公交线路数量越多、到地铁站的距离越大、绿道长度越短，公共自行车的使用频次越多，则公共自行车系统需要配置的量越大。

总体而言，目前大多数研究集中于城市或区域内部建成环境对公共自行车或共享单车需求、流量或使用的影响，较少涉及到国家层面建成环境对公共自行车或共享单车配置的影响，而关于建成环境与共享单车配置关系的定量研究则更少。立足于建成环境能够影响共享单车的需求或使用量，而共享单车的需求或使用量又是决定配置的重要因素，本文将研究视角聚焦到城市，分析各个大陆城市建成环境与共享单车配置之间存在的关系，并探讨这种关系在空间尺度上是否存在差异，为解决城市共享单车配置问题提供参考依据。

1 研究方法与数据来源

1.1 研究样本与数据

共享单车的配置具有时序性，为了快捷准确地进行分析，截止 2017 年 12 月，通过交通与发展政策研究所网站[5]公布的网络大数据统计获取各个大陆城市共享单车车辆数，包括摩拜、ofo、小鸣、小蓝、酷骑、优拜、桔子单车、骆驼单车、永安行等，基本上囊括市面上各个共享单车运营品牌。中国大陆共有 338 个城市，其中包含 334 个地级单元（地级市、地区、自治州、盟）与 4 个直辖市[32]，其中 91 个城市还未有共享单车项目进驻，因此将研究对象确定为剩余的 275 个城市。中国大陆城市建成环境数据均来源于《中国城市统计年鉴（2017）》[33]。

结合建成环境 5D 模型[34]与影响共享单车配置的建成环境因素研究，考虑数据合理性与可获得性，用人口密度、就业密度、建筑用地面积比例、居住用地比例表征 5D 模型中的密度因子，用零售业服务人数表征多样性因子[35]，用道路密度来表示设计因子[34]，用人均道路面积与每万人拥有公共汽车数量表征可达性因子[36]，另外将分析收入水平[15]、城市化区域面积[37]等因子是否对城市共享单车配置存在影响（表1）。

表 1 建成环境与共享单车配置变量
Table 1 The variables of built environment and bikeshare allocation

变量分类	变量名	描述	均值	标准差
因变量	共享单车配置车辆数/辆	共享单车系统车辆数量	13 032	91 114
密度变量	人口密度/(人·km^{-2})	年平均人口/行政区域土地面积	449	357
	就业密度/(人·km^{-2})	从业人员期末人数/行政区域土地面积	177	385
	建筑用地面积比例/%	城市建设用地面积/行政区域土地面积	2	5
	居住用地面积比例/%	居住用地面积/行政区域土地面积	0.62	1.29
多样性变量	零售业服务人数/万人	服务当地的零售业人员数	4	13
设计变量	道路密度/%	年末实有城市道路面积/行政区域土地面积	0.30	0.64
可达性变量	人均公共汽车拥有量/辆	每万人拥有公共汽车数量	10	16
	人均道路面积/m^2	人均城市道路面积	14	10
其他变量	收入水平/亿元	城市收入水平用 GDP 代替	70	108
	城市化区域面积/km^2	建成区面积	161	221

因变量共享单车配置车辆数现状分布存在明显空间差异，53 个城市（占城市总数 19%）聚集了 87% 的共享单车车辆，且呈现出东部沿海城市、平原城市共享单车数量较多，而西南、西北、东北等地区城市共享单车车辆数较少的空间分布特征。广州市、南京市、北京市、杭州市、上海市、佛山市、成都市、潍坊市、天津市、青岛市的共享单车数量在 275 个城市中排名前 10。由此可以看出共享单车的车辆数在空间上的分布是不均衡的。

解释变量建成环境各个因子总体上呈现出高值分布在环渤海、长三角、珠三角与成渝等经济发达地区，低值分布在西部、中部、东北等需要开发、振兴、崛起的地区的特征。密度变量总体上呈现出东部沿海城市密度较高、西部城市密度较低的空间特征。其中就业密度、建筑用地面积比例、居住用地比例的空间分布特征较为相似,绝大多数城市就业密度在 1~95 人/km² 区间内 (占城市总数 68%),建筑用地面积比例在 0.30%~1.38% 区间内 (占城市总数 74%),居住用地面积比例在 0.01%~0.35% 区间内 (占城市总数 67%)。而人口密度体现出更强的空间差异性,城市与城市之间的差异更大,多数城市在 4~201 人/km² 区间内 (占城市总数 40%)。多样性变量零售业服务人数高值分布在环渤海、长三角与成渝地区,低值分布在西北、东北、长江以南地区,值得注意的是,西藏整体表现中等偏下,但其城市拉萨处于中等水平,高于中国西北、东北、长江以南地区。设计变量呈现出东部沿海城市密度较高,其他地区密度较低的空间特征,且大部分地区设计因子得分较低处于 0.00%~0.21% 区间内 (占城市总数 76%),城市与城市之间相差不大。可达性变量人均公共汽车拥有量与人均道路面积呈现出较大差异。在新疆与西藏区域,二者之间的差异性最大,新疆与西藏的人均公共汽车拥有量水平较低但人均道路面积却较高,或与新疆西藏疆域面积大但人口少有关。对于人均公共汽车拥有量因子而言,高值只在成都市出现。总体来说,超过半数城市人均公共汽车拥有量在 1~7 辆区间内 (占城市总数 57%),半数城市人均道路面积在 1~3 m² 区间内 (占城市总数 50%)。其他变量收入水平与城市化区域面积因子体现出相似的空间分布特征,高值总体上分布于环渤海、长三角、成渝、珠三角地区、低值分布在西部地区。绝大多数城市收入水平处于 (2.29~52.57) 亿元区间范围内 (占城市总数 76%),大多数城市城市化区域面积在 8~115 km² 区间内 (占城市总数 72%)。

1.2 模型选择

在开展各自变量与因变量关系的探索性分析时,发现各个解释变量和因变量之间都是线性关系,且前人研究中孙艺玲等[4]、Rixey[15]、Mateo[26]、罗桑扎西等[32]多使用相关和回归分析的方法,故拟采用多元线性回归模型研究建成环境与共享单车配置的关系,计算公式如下:

$$Y = \beta_0 + \beta_1 X_1 + \beta_2 X_2 + \cdots + \beta_i X_i \quad (1)$$

式中,因变量 Y 为每个城市的共享单车车辆数;X_i ($i=1,2,3,\cdots,10$) 为 10 个解释变量;参数 β_i ($i=1,2,3,\cdots,10$) 为每个自变量 X_i 的回归系数,表示当其他解释变量不变时,该解释变量变化一个单位时因变量的变化值;Y 为因变量值;β_0 为常数项。

先进行全变量回归,发现回归结果虽然能够通过 F 检验,但病态指数 CI > 30,说明解释变量间的共线性较为严重。故改用逐步回归,最终剔除人口密度、就业密度、建筑用地面积比例、居住用地比例、人均公共汽车拥有量和人均道路面积 6 个解释变量,CI < 15,通过共线性检验。结果如表 2 所示,零售业服务人数、道路密度、收入水平、城市化区域面积 4 个变量对共享单车车辆数有显著影响。收入水平、城市化区域面积 2 个变量与共享单车配置呈现负相关,而零售业服务人数、道路密度的增加能带来共享单车车辆数的增加。

表 2 多元线性回归分析结果汇总表
Table 2 The results of stepwise regression analysis

解释变量	系数	t 检验	Sig.
常数项	22 875	3.72	0.00
零售业服务人数	9 887	9.58	0.00
道路密度	31 794	3.50	0.00
收入水平	-589	-3.61	0.00
城市化区域面积	-139	-2.68	0.01

通过多元线性回归已经可以确认建成环境对共享单车配置具有显著影响,然而这一影响在空间上的分布可能存在差异性,即建成环境与共享单车配置的关系可能存在空间异质性,拟用 Arcgis 软件对多元线性回归模型进行空间异质性判断[38]。首先利用普通最小二乘法 (ordinary least squares,OLS) 探究建成环境与共享单车配置二者之间的影响关系。若这种关系在研究区域内存在一致性,则 OLS 模型 (全局模型) 能够提供最佳解释方程。然而,空间数据往往具有空间自相关和空间异质性 (或区域变化) 等属性,以致很难满足 OLS 回归方法的假定条件和要求,致使模型估计产生偏差[37]。考虑到不同城市中建成环境各个变量与共享单车配置之间的关系可能不同,本文在 OLS 模型分析基础上,采用地理加权回归模型 (局部模型) 进行探究,模型公式

$$Y_i = \beta_0(U_i, V_i) + \beta_1(U_i, V_i) X_{1i} + \beta_2(U_i, V_i) X_{2i} + \cdots + \beta_p(U_i, V_i) X_{pi} + \varepsilon_i \quad (2)$$

式中,因变量 Y_i 为城市 i 的共享单车车辆数;β_0 为截距;β_p 为城市 i 的第 p 个自变量系数;X_{pi} 为城市 i 的第 p 个自变量;ε_i 为误差项。GWR 模型自

变量的回归系数是随着空间位置的变化而变化的。

2 模型结果

2.1 OLS 模型结果

对多元逐步回归保留的通过了共线性检验的变量进行普通最小二乘法回归（OLS），运算结果见表3。

以共享单车车辆数为因变量的模型的决定系数 R^2 为 0.278 5，校正决定系数（Adjusted R^2）为 0.266 6，说明模型只解释了 26.66% 的共享单车车辆数的变化。所有解释变量均通过了显著性检验，其中零售业服务人数、道路密度与车辆数之间存在正向关系，收入水平、城市化区域面积与车辆数之间存在负向关系，与多元线性回归的结果一致。它们与车辆数的关联系数分别为 8 504、37 035、-693、-106，即在其他解释变量不变的情况下，零售业服务人数每增加1万人，则该城市的共享单车车辆数约增加 8 504 辆；道路密度每增加1%，车辆数约增加 37 035 辆；收入水平每增加1亿元，车辆数减少 693 辆；城市化区域面积每增加 1 km²，车辆数减少 106 辆。

同时，Koenker 检验显著说明 OLS 模型在整个研究区域内发生变化，即存在不稳定性，需要通过 GWR 模型解决空间的不稳定性，即探讨空间异质性问题。

表 3 OLS 模型运算结果[1)]
Table 3 The results of OLS model

解释变量	估计参数	标准差	t 检验	稳健概率	VIF
常数项	27 692	6 662	4.15	0.00*	—
零售业服务人数	8 504	1 064	7.99	0.00*	1.46
道路密度	37 035	9 731	3.81	0.00*	1.62
收入水平	-693	169	-4.28	0.00*	2.39
城市化区域面积	-106	51	-2.07	0.03*	2.81
决定系数 R^2	0.278 5				
校正决定系数（Adjusted R^2）	0.266 6				
AICc	6 321				
Koenker（BP）	88				

1) Koenker 检验 ($P<0.000$) 显示需通过稳健概率来评估解释变量的统计显著性 "*" 表示该变量具有统计显著性。

2.2 GWR 模型结果

将 OLS 模型结果里面表现显著的变量进行 GWR 模型运算，结果显示（表4），模型的决定系数 R^2 为 0.782 8，校正决定系数（Adjusted R^2）为 0.765 2，说明 GWR 模型解释了 76.52% 的共享单车车辆数的变化，与 OLS 相比解释的程度大大增加。AICc 值明显低于 OLS 模型，拟合性能与 OLS 模型相比有显著提高。

表 4 GWR 模型运算结果
Table 4 The results of GWR model

解释变量	最小值	25% 分位数	中位数	75% 分位数	最大值
常数项	-28 161	7 182	14 843	32 359	63 146
零售业服务人数	-72	1 508	4 604	12 502	36 035
道路密度	2 725	15 906	28 750	68 922	327 108
收入水平	-4 932	-1 253	-335	-37	2 401
城市化区域面积	-389	-74	-37	-14	505
决定系数 R^2	0.782 8				
校正决定系数（Adjusted R^2）	0.765 2				
AICc	604 4				
带宽（Bandwidth）	927 935				

各解释变量对共享单车车辆数的影响存在较大的空间差异（图1）。零售业服务人数对共享单车车辆数的影响在大部分地域空间和城市范围内呈正向作用（占土地总面积87%，占城市总数99%），整体上从东部向西部影响逐渐由负向作用转为正向作用，且正向作用在增强，大部分零售业服务人数越多的城市共享单车车辆数就越多。道路密度对车辆数的影响在全部地域空间和城市范围呈现正向作用，从东部向西部影响逐渐在增强，相较东部发达城市而言，西部城市道路密度增加对共享单车车辆数的增加作用更明显。收入水平对车辆数的影响在大部分地域空间和城市范围内呈负向作用（占土地总面积73%，占城市总数81%），从东部到西部负向作用逐渐增强，且渐渐转向正向作用，相较东部城市而言，西部城市收入水平越增加车辆数反而越少。城市化区域面积对车辆数的影响在大部分地域空间和城市范围内呈负向作用（占土地总面积73%，占城市总数82%），整体呈现以中部为核心向外负向作用逐渐减弱的同心圆，对同心圆外围地区而言增加城市化区域面积对车辆数的减少作用在减弱。

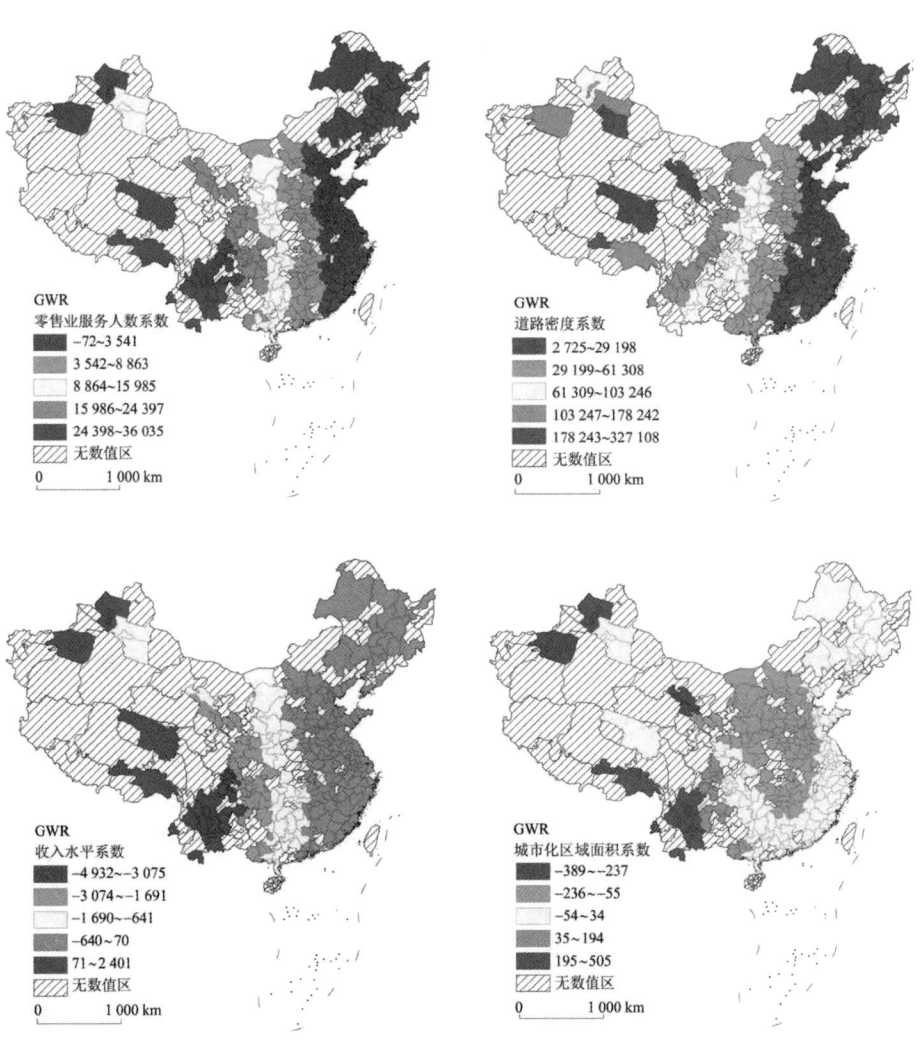

图 1 GWR 模型参数估计空间分布图

Fig. 1 Spatial variation of the local coefficients of independent variables in GWR modeling

3 结论

运用多元回归分析与地理加权回归模型2种方法,对中国大陆275个城市建成环境与共享单车配置之间的关系进行研究,得出的主要结论为:

1) 中国大陆城市建成环境存在较强的空间差异性。城市与城市之间建成环境的建设成就有较大差距,存在不平衡现象。总体呈现出环渤海、长三角、珠三角与成渝等经济发达地区的城市建成环境发展现状较好,而西部、中部、东北等需要开发、振兴、崛起的地区建成环境发展较差的空间分布特征。

2) 中国大陆城市共享单车配置的分布存在明显空间差异。东部沿海城市与平原城市的车辆数分布较多,而西南、西北、东北等地区城市的车辆数分布较少。

3) 建成环境与共享单车配置之间存在相关性,多元逐步回归消除共线性后得到零售业服务人数与道路密度对车辆数的影响是正向的,而收入水平和城市化区域面积的影响是负向的,实际上在收入水平和城市化区域面积较高的城市,城市交通系统更为完善,共享单车投放对整体交通的影响相对较小。

4) 建成环境与共享单车配置之间的关系存在空间异质性。OLS 回归的结果与多元线性回归一致,中国大陆城市区域整体上零售业服务人数和道路密度越大,共享单车车辆数则越多,但收入水平越高、城市化区域面积越大车辆数反而越少。根据 GWR 模型回归结果,零售业服务人数、道路密度对共享单车配置的影响在大部分城市区域呈正向影响,且从东部到西部逐渐增强,相较东部城市而言,西部城市车辆数分布较少、基础较差、基数较小,故而增加零售业服务人数和道路密度对共享单车配置的积极影响更大;收入水平对车辆数的影响在大部分城市区域呈负向影响,且从东部到西部逐渐增强,说明收入水平与共享单车配置不匹配,且在西部城市尤其能体现出这种不平衡不充分发展的现象;城市化区域面积对车辆数的影响在大部分城市区域呈负向作用,整体呈现以中部为核心向外负向作用逐渐减弱的同心圆,说明城市化区域面积与共享单车配置发展情况不一致,同心圆核心区域城市化区域面积增加共享单车数量反而会骤减。

在现今经济新常态的大背景下,从注重量向质转变,从高碳向低碳转变,低碳是城市未来的发展方向。在中国大陆城市纷纷引入共享单车项目来补充城市交通时,也面临着配置问题,更是出现了不少城市配置过剩导致管理困难,更甚者影响城市交通环境。本研究揭示了中国大陆城市建成环境与共享单车配置之间的关系,在还未发展成熟、收入水平相对不高的城市中,提高零售业服务人数和道路密度后,可以更大程度促进共享单车项目投入,为城市共享单车项目面临的配置问题提供一个参考依据。

参考文献:

[1] 许璇璇. 公共自行车与共享单车研究综述[C]// 2018 中国城市规划年会论文集. 杭州:中国城市规划年会, 2018.

[2] 杨证舸,董恺凌,张学梅. 国内外共享单车研究综述[J]. 成都大学学报(社会科学版),2018(2):27 - 33.
YANG Z C, DONG K L, ZHANG X M. A review of research on bicycle-sharing in China and foreign countries [J]. Journal of Chengdu University (Social Sciences),2018(2):27 - 33.

[3] 屠晓杰. 共享经济新风口,绿色出行新体验——关于共享单车的一些思考和建议[J]. 中国电信业,2017(7):16 - 18.
TU X J. Sharing the new economic climate, a new experience of green travel—Some thoughts and suggestions on sharing bicycles [J]. China Telecom Industry,2017(7):16 - 18.

[4] 孙艺玲,仝德,曹超. 城市建成环境对公共自行车使用的影响机制研究——以深圳市南山区为例[J]. 北京大学学报(自然科学版),2018,54(6):1325 - 1331.
SUN Y L, TONG D, CAO C. How urban built environment affects the use of public bicycles: A case study of Nanshan district of Shenzhen [J]. Acta Scientiarum Naturalium Universitatis Pekinensis,2018,54(6):1325 - 1331.

[5] 交通与发展政策研究所. 共享单车数据库[DB/OL]. http://www.itdp-china.org/dbs/index/#/getcompany/2, 2017 - 12 - 30.

[6] 蒋梦帆. 共享单车影响下的居民出行行为研究——以厦门市思明区为例[C]//2017 中国城市规划年会论文

集. 广东东莞:中国城市规划年会, 2017.

[7] SCHONER J, LEVINSON D. Which station? Access trips and bike share route choice [J]. David Matthew Levinson, 2013, 8:1-14.

[8] CERVERO R. Built environments and mode choice: toward a normative framework [J]. Transportation Research (Part D:Transport & Environment), 2002, 7(4):265-284.

[9] FRANK L D. Impacts of mixed used and density on utilization of three modes of travel: single-occupant vehicle, transit, walking [J]. Transportation Research Record, 1995, 1466:44-52.

[10] KOCKELMAN K M. Travel behavior as function of accessibility, land use mixing, and land use balance: evidence from San Francisco Bay area [J]. Transportation Research Record Journal of the Transportation Research Board, 1997, 1607(1607):116-125.

[11] CERVERO R, DUNCAN M. Which reduces vehicle travel more: jobs-housing balance or retail-housing mixing? [J]. University of California Transportation Center Working Papers, 2008, 72(4):475-490.

[12] CERVERO R, KOCKELMAN K M. Travel demand and the 3Ds: Density, diversity, and design [J]. Transportation Research (Part D: Transport & Environment), 1997, 2(3):199-219.

[13] HESS P M, MOUDON A V, LOGSDON M. Measuring land use patterns for transportation research [J]. Transportation Research Record Journal of the Transportation Research Board, 2001, 1780(1):17-24.

[14] KEVIN J, KRIZEK. Residential relocation and changes in urban travel: does neighborhood-scale urban form matter? [J]. Journal of the American Planning Association, 2003, 69(3):265-281.

[15] RIXEY R A. Station-level forecasting of bikesharing ridership [J]. Transportation Research Record Journal of the Transportation Research Board, 2013, 2387(-1):46-55.

[16] TRAN T D, OVTRACHT N, DARCIER B F. Modeling bike sharing system using built environment factors [J]. Procedia Cirp, 2015, 30:293-298.

[17] KITAMURA R, MOKHTARIAN P L, LAIDET L. A micro-analysis of land use and travel in five neighborhoods in the San Francisco Bay Area [J]. Transportation, 1997, 24(2):125-158.

[18] RIETVELD P. Non-motorised modes in transport systems: a multimodal chain perspective for the Netherlands [J]. Transportation Research (Part D:Transport & Environment), 2000, 5(1):31-36.

[19] CHATMAN D G. How the built environment influences non-work travel [D]. USA: University of California, Los Angeles, 2005:48-106.

[20] SCHWANEN T, MOKHTARIAN P L. What if you live in the wrong neighborhood? The impact of residential neighborhood type dissonance on distance traveled [J]. Transportation Research (Part D:Transport & Environment), 2005, 10(2):127-151.

[21] CAO X, HANDY S L, MOKHTARIAN P L. Self-Selection in the Relationship between the built environment and walking: empirical evidence from northern California [J]. Journal of the American Planning Association, 2006, 72(1):55-74.

[22] CAO X, HANDY S L, MOKHTARIAN P L. The influences of the built environment and residential self-selection on pedestrian behavior: evidence from Austin, TX [J]. Transportation, 2006, 33(1):1-20.

[23] KALTENBRUNNER A, MEZA R, GRIVOLLA J, et al. Urban cycles and mobility patterns: Exploring and predicting trends in a bicycle-based public transport system [J]. Pervasive & Mobile Computing, 2010, 6(4):455-466.

[24] FROEHLICH J, NEUMANN J, OLIVER N. Sensing and predicting the pulse of the city through shared bicycling. [C]// International Joint Conference on Artificial Intelligence. Pasadena, California, USA: DBLP, 2009:1420-1426.

[25] WANG X, LINDESY G, SCHONER J E, et al. Modeling bike share station activity: Effects of nearby businesses and jobs on trips to and from stations [J]. Journal of Urban Planning & Development, 2016, 142(1):15-31.

[26] MATEO-BABIANO I, BEAN R, CORCORAN J, et al. How does our natural and built environment affect the use of bicycle sharing? [J]. Transportation Research (Part A:Policy & Practice), 2016, 94:295-307.

[27] FULLER D, GAUVIN L, KESTENS Y, et al. Impact evaluation of a public bicycle share program on cycling: A case example of BIXI in Montreal, Quebec [J]. American Journal of Public Health, 2013, 103(3):E85-E92.

[28] FAGHIH-IMANI A, ELURU N, EL-GENEIDY A M, et

al. How land-use and urban form impact bicycle flows: evidence from the bicycle-sharing system (BIXI) in Montreal [J]. Journal of Transport Geography, 2014, 41:306 - 314.

[29] BUEHLER R, PUCHER J. Cycling to work in 90 large American cities: new evidence on the role of bike paths and lanes [J]. Transportation, 2012, 39(2):409 - 432.

[30] BUCK D, BUEHLER R. Bike lanes and other determinants of capital bikeshare trips [C] // Transportation Research Board 91st Annual Meeting. Washington DC, USA: TRB, 2012:1 - 11.

[31] ZHANG Y, THOMAS T, BRUSSEL M, et al. Exploring the impact of built environment factors on the use of public bikes at bike stations: Case study in Zhongshan, China [J]. Journal of Transport Geography, 2017, 58:59 - 70.

[32] 罗桑扎西, 甄峰, 尹秋怡. 城市公共自行车使用与建成环境的关系研究——以南京市桥北片区为例 [J]. 地理科学, 2018, 38(3):332 - 341.
LUO S Z X, ZHEN F, YIN Q Y. How built environment influence public bicycle usage: evidence from the bicycle sharing system in Qiaobei area, Nanjing [J]. Scientia Geographica Sinica, 2018, 38(3):332 - 341.

[33] 国家统计局城市社会经济调查总队. 中国城市统计年鉴 [M]. 北京:中国统计出版社, 2016.

[34] CERVERO R, SARMIENTO O, JACOBY E, 等. 建成环境对步行和自行车出行的影响——以波哥大为例 [J]. 城市交通, 2016, 14(5):83 - 96.
CERVERO R, SARMIENTO O, JACOBY E, et al. Influences of built environments on walking and cycling: lessons from Bogotá [J]. City Transportation, 2016, 14(5):83 - 96.

[35] BOAMET M G, SARMIENTO S. Can land-use policy really affect travel behaviour? A study of the link between non-work travel [J]. Urban Studies, 1998, 35(7):1155 - 1169.

[36] ZHANG M. The role of land use in travel mode choice: Evidence from Boston and Hong Kong [J]. Journal of the American Planning Association, 2004, 70(3):344 - 360.

[37] CERVERO R, JIN M. Effects of built environments on vehicle miles traveled: evidence from 370 US urbanized areas [J]. Environment and Planning A, 2010, 42(2):400 - 418.

[38] 杨文越, 李涛, 曹小曙. 广州市社区出行低碳指数格局及其影响因素的空间异质性 [J]. 地理研究, 2015, 34(8):1471 - 1480.
YANG W Y, LI T, CAO X S. The spatial pattern of community travel low carbon index (CTLCI) and spatial heterogeneity of the relationship between CTLCI and influencing factors in Guangzhou [J]. Geographical Research, 2015, 34(8):1471 - 1480.

(责任编辑　秦社彩)

基于GIS的新会地名文化景观分布、演进及影响因素

林琳[1,2]，王馨儿[1]，曾娟[1]

1. 中山大学地理科学与规划学院，广东 广州 510275
2. 广州新华学院资源与城乡规划系，广东 广州 510520

摘　要： 运用GIS核密度空间分析方法，结合地方志查阅、村民访谈，对广东省江门市新会区的城乡聚落、居住区和村片2 270个地名文化景观进行研究，发现新会地名呈北密南疏、西密东疏的空间分布特征，自然景观类地名数量较少，依古兜山、牛牯岭及谭江西江支流带型分布，人文景观类地名数量较多，沿会城、司前、罗坑等镇街中心及区境三省道多点串珠式分布，分布中心由潭江上游支流向东部下游两岸摆动迁移。各类地理实体的空间分布，宋代以来大量人口的迁入与融合，明代开始海洋堆积成陆的变迁和随之激增的农业生产，民国时期民族文化复兴思潮，近代以来大量的侨乡文化以及现代房地产商业化的快速兴起都对新会地名分布演变产生影响。自然环境从古至今由聚落选址决定的地名空间分布具有持续重要影响，人文特征对聚落内涵的表达比单纯的自然环境特征越来越多地获得聚落居民认可。近年来，房地产快速商业化催生大量"大、怪"地名，对居住区自然人文内涵的表达存在程度较大的偏差，严重地破坏了地名文脉及地方文化的传承，亟须通过研究新会地名文化演变规律、加强规范管理、营造正向社会氛围、引导公众参与和监督等方式进行正确指引。

关键词： 地名；文化景观；核密度估计法；空间分布；新会

中图分类号： P281　　**文献标志码：** A　　**文章编号：** 0529-6579（2021）05-0072-14

Distribution, evolution and influencing factors of place-name landscape in Xinhui based on GIS approach

LIN Lin[1,2], WANG Xiner[1], ZENG Juan[1]

1. School of Geography Science and Planning, Sun Yat-sen University, Guangzhou 510275, China
2. Department of Resources and the Urban Planning, Guangzhou Xinhua University, Guangzhou 510520, China

Abstract: Based on GIS kernel density estimation methods, combining with the records in local chronicles and villagers' interviews, 2 270 place-name cultural landscapes, including urban and rural settlements, residential areas and plots in Xinhui, were studied. It's found that the place-names were distributed sparsely in the east and the south, and densely in the north and the east in Xinhui. There are less natural landscape place-names which belted distributing according to the Gudou and Niugu mountains and the tributary of Xi and Tan River. More cultural landscape place-names in Xinhui multi-pointed and

---

* **收稿日期：** 2020-04-23　　**录用日期：** 2020-05-16　　**网络首发日期：** 2021-04-19
基金项目： 国家自然科学基金(51978675)；教育部人文社科项目(18YJCZH006)；广东省自然科学基金(2018A030313086)；广东省软科学研究领域项目(2020A1010020014)
作者简介： 林琳（1964年生），女；研究方向：城乡聚落景观、地名规划；E-mail: eeslinl@mail.sysu.edu.cn
通信作者： 曾娟（1979年生），女；研究方向：文化地理学、岭南近代建筑、地域景观文化等；
　　　　　　 E-mail: zengjuan@mail.sysu.edu.cn

beaded distributing in centers of Huicheng, Siqian, Luokeng and three provincial highways. Distribution center swinging migrated by the tributary of upstream of Tan River to both sides of downstream which in eastern part. All kinds of spatial distribution of geographic entities, move and integration of a large population since the Song Dynasty, the oceans piled up into land and the agricultural production proliferated since the Ming Dynasty, the thought about national cultural revival in the republic of China era, the overseas Chinese hometown culture and the rapid rise of commercialization in modern real estate since modern times, all affected the distribution and evolution of place-name. Natural environment constantly and importantly impacting the distribution of place-names which determined by the settlement location. Expression of human characteristics to the connotation of settlements is more and more recognized by residents than natural's. In recent years, rapid commercialization of real estate resulted in a large number of "big", "strange" place-names which have a large deviation in the expression of settlement connotation, seriously damaged the inheritance of place-name culture, needed correctly guiding by studying the evolution of place-name culture in Xinhui, strengthening the standardized management, building the positive social atmosphere and guiding the public participation and supervision.

Key words: place-name; cultural landscape; kernel density estimation; spatial distribution; Xinhui

文化景观是指人类为了满足某种需要，有意识地在自然景观之上叠加人类活动的结果而形成的复合景观，它反映了一个地区综合的地理特征[1-2]。地名作为人们赋予某一特定空间位置上自然实体或人文实体的专有名称，能够反映各时期地名所在区域的自然地理环境和经济社会状况特征，是文化景观的重要组成部分[3-4]。

早期，地名文化景观的研究主要基于语言学、历史学、民族学、社会学、历史地理学等学科[5-7]，国外学者关注地名文化特征、政治内涵、移民迁移与融合等内容[8-11]，国内学者研究内容主要集中在地名来由、类型划分、命名方式与背景等方面[12-16]。随后地名受到交通、民政、规划管理等领域的广泛关注，学者们多在地名的应用方面进行研究：对"大洋怪重"地名（即指专名或通名的含义远远超出地理实体实际地域、地位、规模、功能等特征的地名；包含外国人名、外国地名、用外语词命名的地名；怪异难懂的"怪地名"，即用字不规范、含义怪诞离奇、含义低级庸俗、带有浓重封建色彩的地名；重名同音的"重"地名）提出管理对策，对地名标识提出管理建议，研究地名规划的编制原则和优化路径，构建地名数据系统为城市地名管理提供服务等[17-21]。研究方法多为定性描述或数理统计[22-25]。

随着遥感技术、GIS空间分析技术等方法的引入，地理学者开始关注地名研究。国外学者Yeoh[26]定量分析新加坡城市街道地名，探究国家政治环境与地名文化的关系；Post等[27]分析教会与资本经济对新柏林地名演变的影响。国内学者同样积累了一定的研究成果，主要集中在地名区划、地名空间分布影响因素及地名演变特征方面：王彬等[28-30]运用EOF模型和GIS技术分析广东地名空间分布及地名敏感区域，按地名景观类型在空间上将广东分为客家、福佬、壮语和粤语四大地名区，发现广东政区地名不均衡的分布演变规律与移民、区域开发和国家行政区域体制变迁有关；李建华等[31]认为宁夏中卫县农牧交错地带地名文化景观空间分布与边塞文化、移民文化、方言文化有关；陈晨等[32]运用GIS核密度估计法，以地理区域角度分析北京地名文化景观分布特征与历史时期城市功能分区的关联；朱竑等[33]认为广州荔湾区城市地名演变反映出城市的发展更新规律；王法辉等[34]通过壮语地名时空分布分析，印证广西走向壮汉杂聚的历史过程；赵静等[35]发现南海诸岛地名的更替消亡与社会文化环境联系紧密；林琳等[36]认为广州增城区地名文化景观空间格局与文化交汇区特征有紧密联系。这些研究都为探索地名文化景观演变特征及其影响因素提供了良好的研究基础和框架。

新会位于珠江三角洲西南部，广东省中南部，新会的西北、西南部主要为丘陵山地，东南、中南、中西部是平原地带，水网密布，主要有西江、潭江流经[37]，是历史悠久的古邑，珠三角五邑之一。据《晋书·卷十五》记载，（晋）恭帝（元熙二年，公元420年）分南海立新会郡，距今已有1600年[38]。悠久的发展历史和丰富的自然地理环境使新会产生了丰富的地名文化景观，其反映出新会侨乡文化、海陆变迁和移民与方言等有别于其他岭南地区的自然文化景观特征。

近年来，随着我国改革开放的不断深入，经济社会和城镇化快速发展，地理要素大量增加，社会文化氛围和价值观念受到冲击，房地产快速商业化和对地方传统历史文化忽视与不自信的氛围催生大量"洋、大、怪"等不规范地名，造成地方文化传承的弱化或断裂，不利于社会主义核心价值观的健康发展。

已有地名研究多以城市地名、政区地名及农村聚落地名为对象，对城乡聚落及周边地片地名和反映现代聚落地名特征的居住区地名的整体演变研究较少，在地名类型的选取上还有拓展空间，对更广泛地域范围和更深层时间跨度的地名演变研究还可进一步加强。本研究基于GIS核密度分析法的空间平滑法，拓展地名选取范围，摆脱行政边界限制，探究宋代至今新会地名文化景观分布及影响因素演变，分析地名蕴含的丰富自然人文特征，从分布及影响因素的演变入手探寻历史时期新会地名传承发展规律，响应国家对加强和规范地名管理、传承弘扬中华优秀地名文化的要求，以期提高对地名文化及地方历史文化内涵重要性的认识，在新时期为新会地名文脉和地方文化的规范与传承提供指引。

1 数据来源与研究方法

1.1 数据选取及来源

1.1.1 数据选取 城乡聚落是城镇与乡村在历史时期逐渐形成的人类聚居场所，人地联系紧密，聚落地名作为聚落的符号代表，能充分体现代表整个聚落的自然人文特征[39]；地片是在野外承载着周边聚落人们长期生产生活活动的区域，其地名是在此活动的人们长期约定俗成，经过较长时间跨度被所在区域人们认可和使用并固定下来，对其区域自然人文特征具有较为明确指代作用的一定区域的总称，具有较强的延续性和稳定性[30]。改革开放以来，城镇中居住区地名数量激增，虽然与聚落地名有所区别，反映的自然人文特征有夸大的特征，但其分布与产生原因同样对新会地名景观和历史文化的传承具有重大影响。因此，本研究选取新会城乡聚落地名、居住区地名及聚落周边地片地名作为研究对象。

1.1.2 数据来源 本研究地名数据主要来自江门市新会区第二次全国地名普查中的城乡聚落、居住区及地片地名，参照《中国地名词典》《中国古今地名大词典》《江门市地名志》《新会区标准地名录》《江门市地方志》《新会县志》等[37,40-43]文献资料、网络地图工具及居民访谈。去除一些无从考证、地名来源无法确定的地名后，获得江门市新会区共2 270个地名，其中城乡聚落及居住区地名1 423个，地片地名847个，地名用字5 974个。研究选取广东政务服务网广东省江门市标准地图中新会区部分为底图进行研究。

1.2 研究方法

首先，通过新会第二次地名普查、各类地名文献资料及互联网统计新会区地名信息，了解地名由来，进行数量统计并分类；其次，通过互联网查询地名的地理坐标，将地名作为离散点，把地名坐标及其他属性信息导入ArcGIS，建立GIS的地名数据库，实现地名及其属性的空间数据化；再次，通过GIS基于空间平滑法的核密度分析方法，得到江门市新会区各类地名核密度分布图，实现新会区地名文化景观的空间可视化，分析江门市新会区地名文化景观的分布特征；从次，将新会各类地名按产生年代分类，通过GIS标准差椭圆及平均中心分析，得到新会各类地名分布演变图，分析新会地名空间分布演变；最后，通过文献梳理、地方志查阅、居民访谈等方式，结合江门市新会区地名文化景观分布特征，探究各类地名文化景观空间分布的影响因素，为新时期新会地名的健康发展提供借鉴。

2 新会地名统计及分类

2.1 新会地名统计分类

根据江门市新会区地名命名来源及其反映的自然人文景观特征，将地名分为自然景观类和人文景观类。自然景观类地名细分为地形地貌、水文、地理方位、动植物、自然现象5类；人文景观类地名则细分为聚落、时代政治、农渔商事、建筑园林、美好希冀、氏族、数字序列、用典等8类（表1和表2）。

2.2 新会地名分类特征

2.2.1 自然景观类地名：以白描式"冲、坑（亨）、步（埗）"等凸显五邑地区自然地理特征 这类地名以白描式、派生式命名方式对聚落周边自然地理特征、方位、动植物特征及自然现象进行直接描述。在新会地名中自然景观类地名共有2 017个，用字频数为2 344，占总用字比例的39.24%，占总涉及用词比例41.18%。其中用字/词频数最多的为地理

表1 新会地名用字(词)分类
Table 1 Word (words) used in Xinhui place-name

类别		主要用字
自然景观	地形地貌	坑(亨)沙山石岗地咀(嘴)岭仔角小步(埗)冈基洞(古越语)罗(古越语)平崩坦岸坪崖圳塱岛墩(敦墩不)坎
	水文	冲塘湾河水洲江洋潮深溪湖洪(鸿)海滘泗濠凌洛泽氹流潭汾津浪澳滨涧濂泮泉浐澄达浦池
	地理方位	东南西头北中口边上尾下心横高环源背前阳底顶股外邦(旁榜)侧后格(隔)腰低
	动植物	龙鹤牛凤马鱼鸡蛇虾鳌贝狗鸭鹅虎鲤螺猪龟(贵)鲫麟鹿雁羊蛤鸢猫鸟獭蚬蟹蜴梅竹(篁)荫(朗)林莲(连)松(从)茶果葵草禾兰乔
	自然现象	星云月风雷霞霁雾霆
人文景观	聚落	里(裡)村屋家古(古越语)亩排城宅镇公甲队区屯(邨)坊(古越语)都乡庄州邨
	时代政治	红星红旗官解放仕衙
	农、渔、商事	围顷田圩仓(苍)渔业斗那股谷农秧麦耕犁米穗罾缯种
	建筑园林	堂桥门井路巷庙建寮楼港阁社堡拱亭闸庵寺塔祠街棚渠厦坛渡宫舍园(元)苑
	美好希冀	新大安和兴美长仁成庆永丰合生宁吉天华胜升元康盛福金昌广乐同茂忠锦聚日圣文玉汇群旺行怀加居鸣卫祥学义益正
	氏族	黄罗李陈王张梁邓关姚朱曾杜何谭容许蔡曹范韩白余岳蔡崔范方孔黎吕阮吴伍杨邹彭叶苏袁赵
	数字序列	三四二六五十一八九七百万双两孖单
	用典	天字 地字 玄字 黄字 宇字 宙字 洪字 日字 月字 盈字 晨字 宿字 列字 张字 寒字 来字 暑字 往字 秋字 收字 冬字 成字 岁字 丰字 元字 南薰 爱处

表2 新会地名分类统计表
Table 2 Classification and statistics of place-name in Xinhui

类别		涉及用字		涉及用词		用字频数/用词频数
		频数	比例/%	频数	比例/%	
自然景观	地形地貌	606	10.14	457	9.33	1.33
	水文	483	8.09	423	8.64	1.14
	地理方位	810	13.56	757	15.46	1.07
	动植物	408	6.83	346	7.06	1.18
	自然现象	37	0.62	34	0.69	1.09
	小计	2 344	39.24	2 017	41.18	1.16
人文景观	聚落	745	12.47	674	13.76	1.11
	时代政治	27	0.45	24	0.49	1.13
	农、渔、商事	567	9.49	551	11.25	1.03
	建筑园林	312	5.22	297	6.06	1.05
	美好希冀	1 583	26.50	950	19.40	1.67
	氏族	92	1.54	80	1.63	1.15
	数字序列	255	4.27	201	4.10	1.27
	用典	49	0.82	45	0.92	1.09
	小计	3 630	60.76	2 822	57.62	1.29
总计		5 974	100.00	4 839	100	1.23

方位类，其次是地形地貌、水文、动植物类和自然现象类。

地理方位类地名除"东、南、西、北、上、下、中"外，多出现"头、口、边、心、背、顶、旁（邦、榜）、尾（美）"等以人类或动物身体部位表达方位的字样，多与周边自然或人文地理景观地名用字相结合，借参照物表达聚落相对方位，如田心里、坑尾等；水文类地名以"冲、塘、江、湾、洋、河、潮、洲、滘"等字样为主，如临潮、汇湾等，多与周边自然或人文地理景观地名用字或方位用字相结合，增强地名指向性；地形地貌类以"坑（亨）、山、岗（冈）、岭、步（埗）、洞（古越语）、罗（古越语）"等字样为主，反映出新会聚落所处丰富的地形地貌，有很多岭南特有的地形地貌用字"塱、咀"等，和古越语用字"洞、罗、猛"等，较多与同类型用字组合，形成单表地形地貌特征的地名；动物类地名以"龙、鹤、牛、鱼、蛇、贝"等字为主，包括富有祥瑞寓意和陆地河海常见的养殖与野生动物；植物类以"梅、竹（篁）、萌（朗）、莲（连）、松（从）、茶、葵"等字为主，包括富有高洁品质、岭南地区常见的植物瓜果和种植作物，部分植物类地名别称与简写现象十分常见；自然现象类以"星、云、月、风、雷、霞"等天体和天气现象为地名用字，表达所在区域出现的各种带有美好寓意的自然现象。

2.2.2 人文景观类地名：以派生式"里（裡）、屋、围"为起源展现新会农渔商生产生活情景 人文景观类地名以派生式、企望式等多种命名方式对聚落各人文功能及活动属性进行描述。在新会地名中人文景观类地名共有2 822个，用字频数为3 630字，占总用字比例的60.76%，占总涉及用词比例57.62%。其中用字/词频数最多的为美好希冀类，其次是聚落、农渔商事、数字序列、建筑园林、氏族、用典、时代政治类地名。

美好希冀类地名是人文景观类地名乃至整个新会地名中用字/词频数最高的一类。包括"新、大、安、和、兴、美、长、仁"等字，反映新会人民对个人品德、健康、农业生产以及邻里关系等方面的美好希冀，"新"和"大"是新会较有特色的企望用字，反映新聚落生活的开始、新田地的开垦，以及大规模的生活生产范围，多与同类型用字组合，形成单表企望意义的地名，如新升里、永安、忠孝等；聚落类地名以"里（裡）、村、屋、家、古（古越语）"等字为主，其中，"里"字数量最多，是古代居民邻里组织形式。"古、都"为古越语，意为村落，聚落类地名用字一般在地名中用作通名，不与同类型用字组合，如田心里、黎屋、新西村等；农、渔、商事类地名以"围、顷、田、圲、仓（苍）、渔、那"等字为主，反映新会地区聚落的产业活动，新会大面积围田使"围、顷"字在地片地名中大量使用，如联兴围、红古围、两顷三、顷二等，"那"字为古越语，意为田，反映新会所属岭南地区的稻作文化，如那老、那邓等；数字序列类地名以数字为主，除一到十的数字外，还有"百、万、双、两、孖、单"等字，用以表达聚落数序、聚落之间的联合和农田的面积，是新会独具特色的地名类型；建筑园林类地名以"堂、桥、门、井、庙、建、寮、楼、园（苑、元）"等字为主，建筑类地名用字常与美好希冀类、地理方位类用词组合，如祥堂、桥东等，园林类地名中多有"园"写作同音"元"字，表达美好希冀；氏族类地名以各姓氏用字为主，有三种情况，一是聚落中数量较多的姓氏，如黄屋，二是聚落开村始祖的姓氏，如大姚、小姚，三是多姓结合的姓氏之一，如黄马；用典类和时代政治类地名用字占总用字比例较小，用典类地名特征鲜明，均典出古代诗歌典籍或韵文，如"天、地、玄、黄……成、岁"出自《千字文》，代替简单数字为地片命名，其他如"爰处"典出《诗经·国风·邶风·击鼓》："爰居爰处？爰丧其马？于以求之？于林之下。"意为何处；"南薰"典出先秦《南风歌》："南风之薰兮，可解吾民之愠兮"，意为微风自南来；时代政治类地名以近代政治特征用词"红星、红旗、解放"为主，由于新会历史时期较少受到政治文化的影响，古代政治用字"官、仕、衙"数量较少。

3　地名文化景观空间分布特征

新会地名整体密度较高，每1 km²范围内有1.675个地名。空间分布不均衡，呈北密南疏、西密东疏的特征，这与其自然地理条件、镇街中心、河流及道路分布有很大关系。新会地势自西北向东南倾斜，丘陵山地主要分布在区境西北、东南小片和西南大片区域，所以地名总体在西南部分布较少，主要分布在北部和东部的谭江、西江及其支流两侧，在非镇街中心的局部呈现沿道路两侧分布的特征。会城街道、司前镇、罗坑镇、双水镇的地名密度明显高于其他区域（图1）。

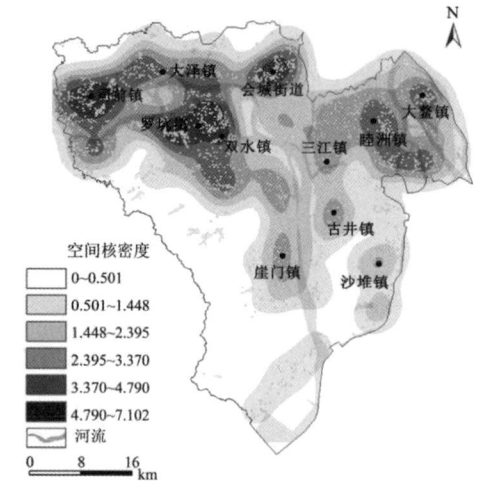

图1 新会地名北密南疏、西密东疏的空间核密度分布特征

Fig. 1 Kernel density distribution being dense in the north and the west, and sparse in the south and the east, for place-names in Xinhui

3.1 自然景观类地名:带型分布

新会自然景观类地名的空间分布与总体地名分布特征相似,依古兜山、牛牯岭、圭峰山和谭江西江支流形成带型分布的特征,地名在会城、司前、罗坑、双水多核心-边缘分布,并沿谭江西江及其支流两侧、局部非镇街中心的道路两侧低密度连片分布(图2和图3)。

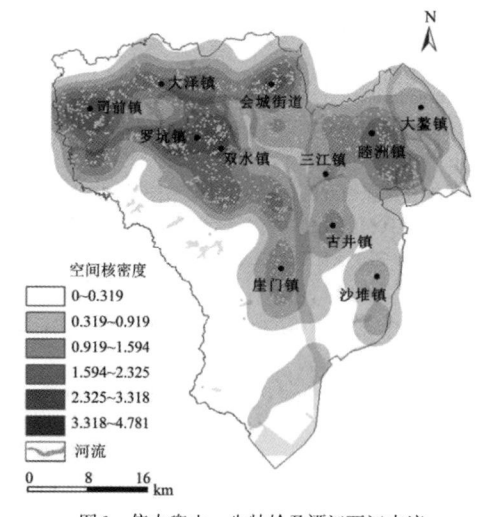

图2 依古兜山、牛牯岭及谭江西江支流带型分布的自然景观类地名

Fig. 2 Natural landscape place-names in belt distribution along the Gudou and the Niugu mountains, and the tributaries of Xi and Tan River

地形地貌类地名集中在古兜山山脉东北部、圭峰山山脉南部和牛牯岭山脉东北部三个自然地理状况较为复杂的区域,呈现出围山沿河的地理要素依赖性分布特征:中部古兜山山脉东北罗坑、双水、崖门的地形地貌类地名聚集范围最广,在古兜山山脉与谭江之间呈"5字型"分布,北部圭峰山山脉以南在会城、大泽、司前呈串珠式带状分布,东北部牛牯岭山脉东北在睦州镇附近跨虎山沿S47省道呈"8字型"带状聚集(图3(a));水文类地名多沿新会区北部谭江西江支流两侧及交叉口处分布,以贯穿新会全境的谭江支流两侧及河流分叉口的地名核密度最高,呈单侧树状分布,谭江主江及西江支流劳劳溪、荷麻溪两侧在睦州、大鳌、古井、崖门四镇中心形成低密度点状聚集(图3(b));地理方位类地名在新会地区分布广泛,在城镇等周边参照物较多的区域更具集中性,在罗坑、司前、会城、睦州四处以核心-边缘分布(图3(c));动植物类地名主要在新会西北核心聚集,地名用字以有祥瑞寓意的"龙、凤、鹤、竹、梅"为主,在新会中北及东北部低密度点状分布,从东到西由单纯白描象形到选择附有祥瑞寓意的动植物地名转变(图3(d,e));自然现象类地名数量较少,主要在司前、双水、崖门三处低密度点状聚集,其他镇街中心也有少量分布(图3(f))。

3.2 人文景观类地名:多点串珠式分布

人文景观类地名沿会城、司前、罗坑等城镇中心及境内三省道多点串珠式分布,在新会东北部大鳌、睦州、三江中密度块状均匀连片分布(图4和图5)。

聚落类地名主要分布在新会西北部谭江支流两侧及分叉口平原,在大泽、罗坑和会城呈扇形连片聚集,其余以崖门、三江为中心低密度连片分布,会城是其中分布密度最高的区域,反映行政中心井然有序的居民组织形式,南部由于历史时期沙田耕作需耕三年荒三年,沙田佃户经常迁徙,影响民众定居而少有聚落类地名(图5(a));农、渔、商事类地名在新会东北部环形围绕西江支流分布,在大鳌、睦州和三江三处高密度聚集,商事类地名文化景观是以圩市地片地名表现的,分散在处于交通中心的各城镇中心及次中心,渔事类地名随渔业活动少量分布于西江支流两侧(图5(b));时代政治类散点状分布在新会中东北部,其中古代政治用字"官、仕、衙"等主要围绕在作为新会政治中心长期受政治文化影响的会

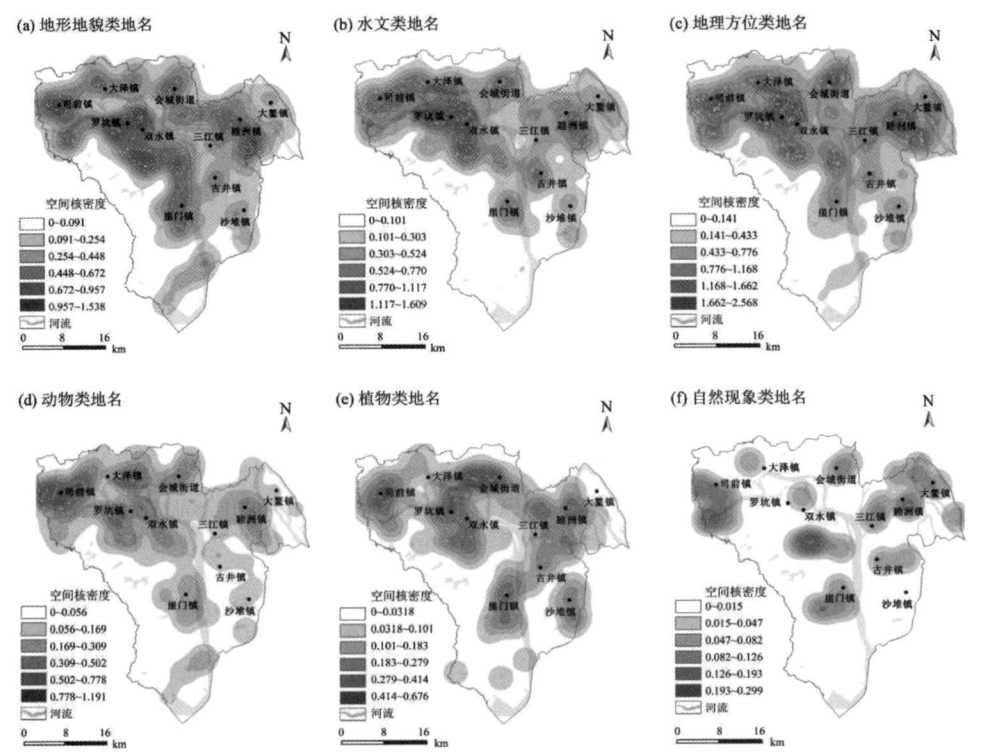

图 3 依自然地理实体分布的不同类型自然景观类地名

Fig. 3 Various natural landscape place-names distributed along the physical geographical entities

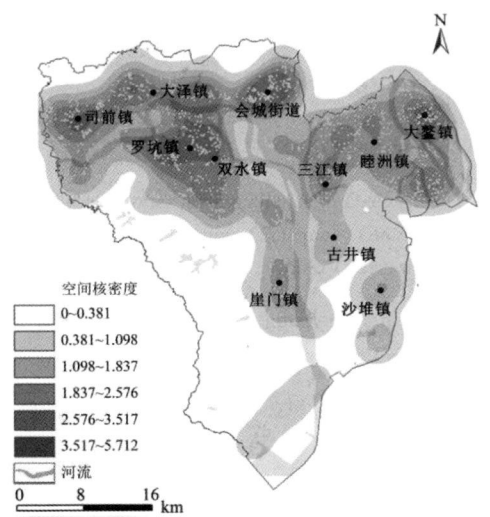

图 4 沿会城、司前、罗坑等城镇中心及境内三省道多点串珠式分布的人文景观类地名

Fig. 4 Cultural landscape place-names in multi-point and bead-like distribution in central Huicheng, Siqian and Luokeng towns, and along three provincial highways

城周围，近代政治用字"红星、红旗、解放"分散分布（图5(c)）；建筑园林类地名主要聚集于新会西北部，在司前、罗坑、双水、会城形成3处点状聚集，中部罗坑双水主要为建、构筑物地名，东部会城主要为园林类地名，西部司前同时分布有建筑与园林类地名（图5(d,e)）；美好希冀类地名连片分布在西北部地区，在会城、大泽、司前、罗坑4处T型分布在地名发展较成熟的区域，"新、大"等新会特色的希冀地名用字在新会范围内广泛分布（图5(f)）；氏族类地名点状聚集在罗坑、双水和司前，其中双水的氏族类地名多来自宋末至明清由台山迁来的移民，司前的氏族类地名主要由明清时期从附近（今江门市范围内）迁来的居民产生，有一家分迁为多个聚落的特点；罗坑氏族类地名用字多与聚落类用字组合，如李屋、张屋，是1952年土地改革时统一更名的结果，记录了新会的历史变迁（图5(g)）；数字序列类与用典类地名主要集中于新会东北部，多以田地面积数字及排列数序和字序对地片和聚落命名（图5(h,i)）。

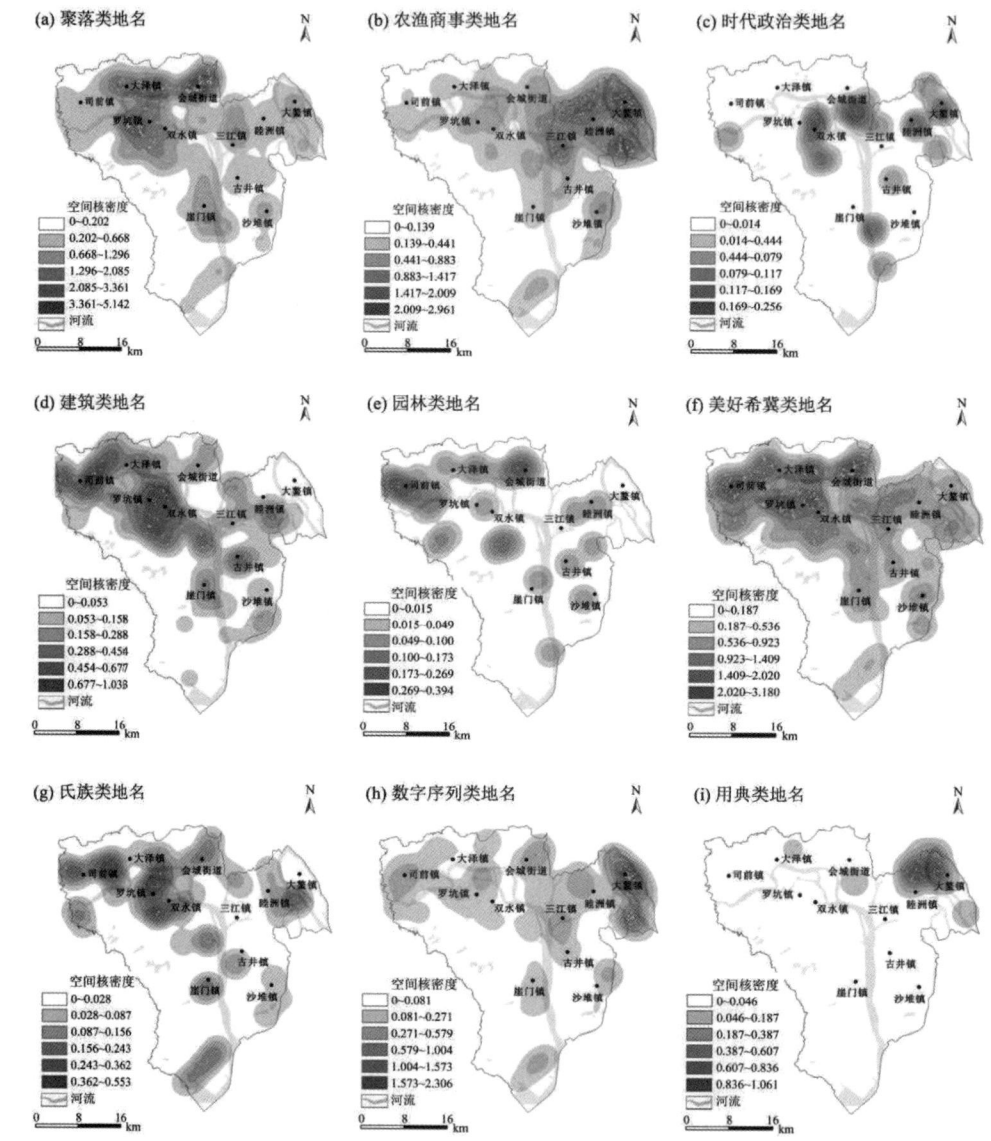

图5 依镇街中心及交通分布的不同类型人文景观类地名

Fig. 5 Various cultural landscape place-names distributed in towns' centers or along transportation routes

3.3 人文特征对聚落内涵的表达比自然环境特征更得到聚落居民认可

新会地名类型丰富，地方特色突出，忠实地反映出新会自然人文景观特征及人们对聚落内涵的认识方式。自然景观类地名凸显五邑地区丰富的地形地貌和动植物资源；人文景观类地名展现新会农渔商生产生活情景，聚族而居的生活特征和对个人高尚品德、邻里和睦及农业丰产的期望反映在地名中。自然景观类地名用字常与其他类型结合以丰富地名蕴含的信息，人文景观类地名较自然景观类地名能更独立地反映聚落特征。新会地名类型及结构的分异表现出自然人文景观是聚落特征的重要组成部分，人文特征对聚落内涵的表达比自然环境特征更能获得聚落居民的认可。

4 地名文化景观空间分布的历史演变

将新会地名的命名时间按宋及宋前、元、明、清、民国、建国后6个阶段划分，多数地名随聚落及地片的开发而产生，也有少数地名新产生于原地名的更改。地名总体发展呈现上升趋势，新增地名由地名原点潭江上游支流逐渐向东部下游两岸摆动迁移，分布趋势从与潭江平行的东北-西南方向向不明显的分散方向转变（表3，图6和7）。

宋代逃妃事件使聚居于南雄珠玑巷的人口大量迁至新会，形成新会地名的第一波高潮，原住民和移民多临水而居，以自然景观地名为主，罗坑司前一带潭江支流西侧是新会地名最初的聚集地；元代宋元海战幸存宋军移居新会，新增地名在新会境内已有聚落区和潭江两侧分散，拥有自然人文景观双重属性的地名开始增多；从明代开始，新会农业、手工业有了很大的发展，人口激增，地名相较元代开始爆发式增加，地名分布中心出现远距离移动，大量新增地名分布在新会境内西北部的司前、大泽、罗坑和会城等地沿潭江地带，区境东南部沿海地名出现聚集，西江支流劳劳溪和荷麻溪两侧开始出现地名，此时人文景观类地名占总地名比例超过自然景观类地名，开始更多展现新会人文景观风貌；清代新会沙田面积持续扩大，同时江门海关成立，农业、商业的发展使新会新增地名由区境西北向中东北部转移，潭江及西江两侧的新增地名点离河流距离开始增加，区境东南部沿海及虎跳门水道地名集聚形成规模，文化景观类地名占比持续增加；民国时期，局势不稳定性增强，聚落增加量较少，新增地名多为开垦围田而形成的地片地名，分散在潭江东北部，与河流关系进一步减弱；建国后，土地革命、农业合作化时期对原有聚落编制、土地划分和地名标准进行调整，在原有地名基础上产生一批新的地名，同时近年来随着新会经济发展加快，一大批新的城乡聚落和居住区围绕镇街中心及交通沿线产生，具有极强的聚集性，引导新增地名中心向北部移动，其中居住区有部分"大、怪"地名涌现，多分布在房地产快速拓展的镇街中心，反映了房地产快速商业化和浮躁社会氛围影响下夸张的自然人文景观，与实际自然人文景观有所出入。

表3 新会地名演变分类统计表
Table 3 Classification and statistics of place-names in Xinhui

项目		宋及宋以前	元	明	清	民国	建国后
自然景观地名	数量	188	251	663	936	1 082	1 582
	占比/%	48.28	48.94	44.89	43.71	44.00	43.47
人文景观地名	数量	186	246	714	1 046	1 212	1 826
	占比/%	51.72	51.06	55.11	56.29	56.00	56.53
总地名		260	345	942	1 369	1 596	2 368
总地名重复率/%		43.85	44.06	46.18	44.78	43.73	43.92

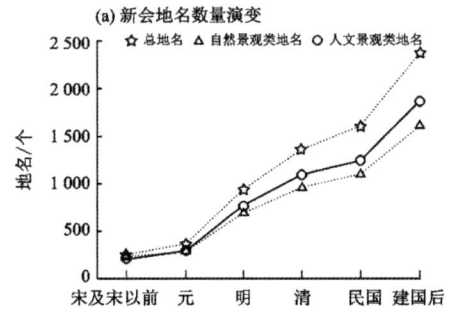
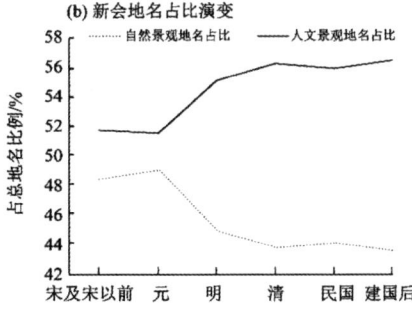

图6 新会地名数量及占比演变
Fig. 6 Evolution of the number and proportion of place-names in Xinhui

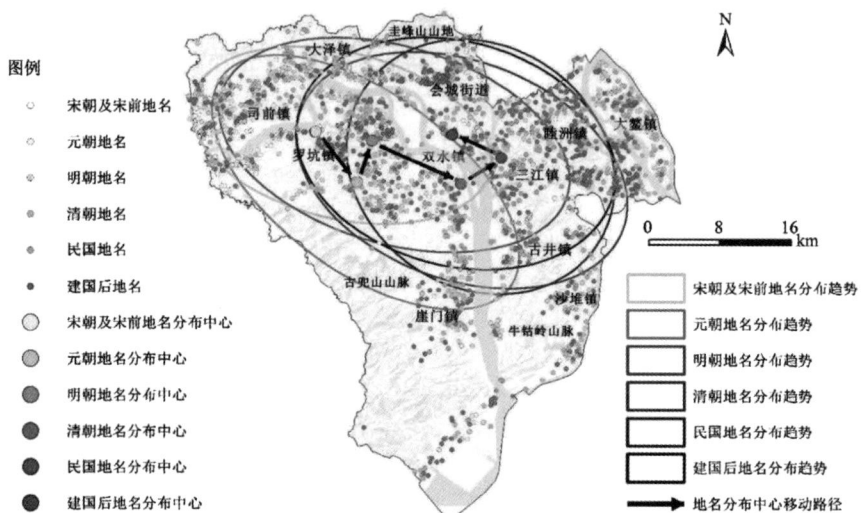

图 7 由潭江上游支流向东部下游两岸摆动迁移的新会地名
Fig. 7 The zigzagging migration of place-names in Xinhui eastward from the upstream to the downstream along the Tan River

5 地名文化景观空间分布及演变的影响因素

5.1 自然环境的影响

5.1.1 山水类自然实体的分布决定了山文类水文类地名的形成及分布 新会各类自然景观地名充分反映了相应自然实体的空间分布。地形地貌类地名用字如坑、山、石、岗、岭等多围绕在圭峰、古兜和牛牯岭山地周围的平原,沙、角、岸、欧、屿、滩等字主要分布在新会东南浅海淤积成沙田、沙洲的平原区域;水文类地名多沿新会西江、潭江支流两侧及交叉口分布,以冲、湾、河、水、江、洋、溪等字表示,还有部分如塘、水、潮等水文类用字广泛分布在新会全境,来源于新会水道纵横、水塘密布的自然环境。

5.1.2 海岸带地名与实体对应关系记载了"沧海桑田"的历史变迁 唐代潭江出海口位于今罗坑,与今天的崖门相距甚远,当时的海岸线在今司前-会城-江门一带。由于新会位于潭江出海口,西潭两江汇流带来上游大量泥沙,加之海潮顶托,逐渐淤积,使沧海逐渐变为桑田,从西至东形成司前南部、会城河以南等区域。明万历《新会县志》记载:"厥地汉为海,宋元为潮田,我朝洪武为桑田"。在如今一些非沿海沿江区域的水文类地名如小泽、潮透、北洋、沿江等,和部分随时间向新会东南沿海推进的地形地貌类地名都来自新会历史时期的自然地理环境特征,自然景观类地名景观的分布记载了新会自然地理环境的变迁。

5.2 人文环境的影响

5.2.1 与农业生产相关 河流淤积形成面积巨大的沙田(水中可耕之地),使新会成为历史上珠三角沙田最多的县之一。道光《广东通志》记载新会县清初至嘉庆年间田亩数净增14万余亩[39],吸引大量外来人口涌入开发,农业生产与农耕文化大量反映在地名景观中。因耕田堤围而产生的"围"字和面积单位"顷"字经过长期使用形成农耕类通名;数序和引用序列为便于命名和区分大面积连片耕田而形成独特的地名景观,成为小范围内一套独立完整的地名体系。

5.2.2 与民国时期民族文化复兴思潮有关 用典类地名在民国时期的大量出现与民族文化复兴的思潮有关,传统文化是民族认同与发展的基石,民国时期朴素的新会人民将对传统文化历史、语言等方面的重视表现在新会地名中,大鳌大量耕田的地片地名引《千字文》作字序以代替单调的数序,在自然要素单一又缺乏人文景观特征的耕田中形成了独特的传统文化地名景观。"南熏"是新会最青睐的用典类地名,引自《南风歌》,大量出现在民国时期。

5.2.3 与人口迁移与融合有关 南宋时期苏妃之乱导致大量移民由南雄珠玑巷南迁至新会,奠定今天新会氏族宗族的分布。形成了包含"黄、罗、李、陈、王、张、梁"等41个姓氏的地名,和带有移民聚落特征的"屋""家"等聚落类地名。氏族类地名与聚落类地名的分布及迁移演变体现了新会人口迁移扩散和融合的过程。

新会地名深受粤方言的影响,形成"冲(涌)、沥、氹、塱、步(埗)、氹、滘"等典型的粤方言地名用字,以地形地貌及水文类地名表现较多,广泛分布在新会全域;古越语是远古时代至秦末在南方百越一带的古越人使用的语言,在宋代汉族人南迁新会后,古越语地名数量陆续减少[28],留存下表田地的"那"字,表自然地理环境的"洞(峒)、罗、冲、猛",表聚落人文景观的"古、都、良"等,如那邓、古猛、冲邓等,在司前、罗坑、会城一带分布。这些粤语、古越语及其他汉语地名的分布体现了新会人口迁移与融合的过程。

5.2.4 与侨乡文化有关 新会作为珠三角五邑之一的著名侨乡,受到大量侨乡文化的影响。但由于聚落地名较为稳定,命名影响因素较多,侨乡文化影响力度较小,仅有"南阳、龙洋、金银里"等8个地名,反映新会人民外出谋生和归来捐赠的历史。微观尺度上,侨乡文化地名在桥梁工程、图书馆、学校、企业、碉楼建筑等归侨捐赠建筑物中体现较多。民国时期,大量侨资建设,产生大量居住商业建筑,以"庐、楼""南洋"等反映侨乡文化地名,如和胜碉楼;改革开放后侨资建设公益建筑,地名多以"侨"或捐资人及其亲属名为专名,如华侨中学、侨兴市场、黄克兢大桥、景堂图书馆等大量出现。

5.2.5 与房地产商业利益有关 经济的快速发展和城镇化进程的加快使新会新增大量居住区地名,建国后新增地名中有13.71%都来源于居住区地名。与历史时期形成聚落地名不同,居住区地名形成时间短,在经济快速发展形成的浮躁社会氛围中受到夸张、特立独行等价值观和房地产商意志影响,部分居住区反映夸张相似的自然人文景观,造成居住区地名指位性不足,同质化特征明显,缺乏地方文化特点。其中,方圆月岛首府、名城上都、美的·海棠公馆、金泽公馆、3号公馆、圭峰花园森林官邸、富力英皇金禧花园、御府名门等"大、怪"地名不断出现,与房地产快速开发及利益不无关系,商业化导致近年来居住区地名完全偏离新会地名文脉的轨迹,脱离了新会固有的自然和人文特色。

5.3 新会地名文化规范与传承指引

2018年六部委联合下发《关于进一步清理整治不规范地名的通知》,强制要求各地对"洋、大、怪"地名进行清理整治。

1)深入研究新会地名文化特征。在进行地名命名更名的规范管理前须认真研究新会地名文脉与传统文化演变规律,在地名命名更名时遵循文化发展规律,反映地方文化特色;

2)大力宣传新会优秀地名文化及地名相关知识。引导人民群众认识并重视地方特色文化,提高群众文化自信,在全社会形成崇尚实事求是和优秀传统文化的氛围;做好规范地名与地名命名更名相关知识的宣传,使群众了解地名的重要性,形成群众监督基础;

3)加大地名命名更名管理力度。响应国家政策要求,出台规范性文件,修订地方性法规,建立地名管理系统,定期进行地名普查,严格地名审核,定期清理整治不规范地名,对地名实现全过程的规范管理;

4)完善地名命名更名的公众参与监督制度。通过多种渠道如主流媒体、网络信息平台、听证会等方式积极引导群众参与到地名的传承和保护中,在与群众交流的过程中收集采纳有效意见,引导群众对地名工作的重视与支持。

新会地名北密南疏、西密东疏的分布特征和分布中心由潭江上游支流向东部下游两岸的摆动迁移,都显示自然环境从古至今依然对由聚落选址决定的地名空间分布具有重要影响,但从人文景观类地名用字在地名中的高使用率和人文景观地名占总地名比例对自然景观地名的反超来看,人文特征对聚落内涵的表达比单纯的自然环境特征越来越多地获得聚落居民的认可,反映着聚落居民的生产生活活动和精神面貌逐渐超越自然环境的标记,成为聚落精神中更加核心的内容,地名为聚落留下人们思考、活动的印记。近年来由房地产快速开发和社会浮躁氛围产生的"大、怪"地名对居住区自然人文内涵的表达存在程度较大的偏差,破坏了地名与聚落内涵之间良性的相互作用,扰乱地名文脉的传承与发展,割裂地方特色文化的延续。建议通过研究新会地名文化及其演变规律为地名管理提供依据,在全社会形成重视地名文脉和地方特色文化的氛围,引导群众积极参与地名的保护与传承,促进地名文脉与地方文化有序延续。

6 结 论

作为文化景观的重要组成部分，地名是区域自然、人文景观发展演变的重要载体。

1）新会地名类型丰富，地方特色突出，具有明显的空间聚集性，呈现出北密南疏、西密东疏的分布特征。地名分自然景观、人文景观两大类，忠实地反映出新会自然人文景观特征及人们对聚落内涵的认识方式；

2）自然景观类地名以白描式"冲、坑（亨）、步（埗）"等凸显五邑地区自然地理特征，依古兜山、牛牯岭及谭江西江支流带型分布，具有极强的地理实体依赖性和历史延续性；

3）人文景观类地名以派生式"里（裡）、屋、围"为起源展现新会农渔商生产生活情景，沿会城、司前、罗坑等镇街中心及三条省道（S27、S270及S47）多点串珠式分布，空间分布差异性大：氏族聚落、建筑园林类地名主要分布在移民较多、历史悠久的新会西北部，农渔商事、用典、数字序列类主要分布于自明代开始逐渐堆积成陆进行农渔业生产的新会东北东南部，美好希冀类地名在区域内普遍分布；

4）新会地名分布中心自宋代开始由地名原点谭江上游支流向东部下游两岸摆动迁移，分布趋势由与谭江平行的西北-东南方向向无差别分散演变。各类地理实体的空间分布，宋代以来大量人口迁入与融合，明代开始海洋堆积成陆的变迁和随之激增的农业生产，民国时期民族文化复兴思潮，近代以来大量的侨乡文化以及现代房地产商业化的快速兴起都对新会地名的分布与演变具有重大影响，影响因素从自然环境因素主导转变为人文环境因素主导。

本文未能获得地名产生时期的自然地理及社会经济数据，如能通过数据进行回归分析量化地名空间分布演变的影响因素，探究其他因素对新会地名分布及演变造成的影响，并在对近年来新会"大、怪"地名清理和规范的基础上，引导今后地名命名规范化、科学化，使其回归新会地名文脉的原有轨道，将成为今后值得进一步研究的议题。

参考文献：

[1] 李旭旦. 人文地理学[M]. 上海：中国大百科全书出版社, 1984.
LI X D. Human Geography[M]. Shanghai: Encyclopedia of China Publishing House, 1984.

[2] 肖竞. 文化景观视角下我国城乡历史聚落"景观-文化"构成关系解析——以西南地区历史聚落为例[J]. 建筑学报, 2014(S2): 89-97.
XIAO J. The composition and connotation study between landscape media and cultural mechanisms in China's historic settlement from the perspective of "cultural landscape"—Case studies on historical settlements in the southwest area[J]. Architectural Journal, 2014(S2): 89-97.

[3] 王际桐. 地名学概论[M]. 北京：中国社会出版社, 1993.
WANG J T. Introduction to geography[M]. Beijing: China Society Press, 1993.

[4] 翁毅, 朱竑. 城市演进角度下的"涉水"地名文化景观——以福州滨江城区台江区为例[J]. 热带地理, 2012, 32(2): 141-146+172.
WENG Y, ZHU H. Urban evolution and change of aqueous toponym of riverside city: A case study of Taijiang district, Fuzhou[J]. Tropical Geography, 2012, 2(2): 141-146+172.

[5] 孙冬虎. 地名史源学概论[M]. 北京：中国社会出版社, 2008.
SUN D H. An introduction to the historiography of place-name[M]. Beijing: China Society Press, 2008.

[6] 周文德. 谈汉字地名的特点[J]. 中国地名, 2012(10): 42-43.
ZHOU W D. On the characteristics of Chinese character place names[J]. China Place Name, 2012(10): 42-43.

[7] 郭楚江. 印尼中文地名的文化心理特征——以坤甸、山口羊地区的中文地名为例[J]. 语文学刊, 2012(16): 11-12.
GUO C J. Cultural and psychological characteristics of Chinese place names in Indonesia — A case study of Chinese place names in kundian and shanyangkou[J]. Journal of Language and Literature Studies, 2012(16): 11-12.

[8] COHEN S B, KLIOT N. Place-name in Israel's ideological struggle over the administered territories[J]. Annals of the Association of American Geographers, 1992, 82(4): 653-680.

[9] JETT S C. Place-naming, environment, and perception among the Canyon de Chelly Navajo of Arizona[J]. The Professional Geographer, 1997, 49(4): 481-493.

[10] MILLER E J W. The naming of the land in the Arkansas Ozarks: A study in culture processes[J]. Annals of the Association of American Geographers, 1969(2): 240-251.

[11] LIGHT D, NICOLAE I, SUDITU B. Toponymy and the communist city: Street names in Bucharest, 1948-1965[J]. GeoJournal, 2002(56): 135-144.

[12] 金祖孟. 中国政区命名之分类研究[J]. 地理学报, 1934(创刊号): 1-21.
JIN Z M. A study on the classification of nomenclature in China[J]. Acta Geographica Sinica, 1934(first issue): 1-21.

[13] 郭锦桴. 地名的语言分析[J]. 汉语学习, 1991(3): 26-31.
GUO J F. Linguistic analysis of place names[J]. Chinese Language Learning, 1991(3): 26-31.

[14] 华林甫. 论郦道元《水经注》的地名学贡献[J]. 地理研究, 1998(2): 82-89.
HUA L F. On Li Daoyuan's contribution to the study of land names in *Shuijingzhu*[J]. Geographical Research, 1998(2): 82-89.

[15] 孙冬虎. 南海诸岛外来地名的命名背景及其影响[J]. 地理研究, 2000, 19(2): 217-224.
SUN D H. The background and influence of the exotic toponyms in the South China Sea islands[J]. Geographical Research, 2000, 19(2): 217-224.

[16] 刘南威. 现行南海诸岛地名中的渔民习用地名[J]. 热带地理, 2005(2): 189-194.
LIU N W. The background and influence of the exotic toponyms in the South China Sea Islands[J]. Tropical Geography, 2005(2): 189-194.

[17] 吴晓莉. 地名管理中的问题及解决途径——以深圳市为例[J]. 城市问题, 2007(7): 84-88.
WU X L. Problems in toponym administration and its solving ways[J]. Urban Problems, 2007(7): 84-88.

[18] 郭风岚, 吴江菊. 北京市城区地名标识语标写存在的问题及规制途径[J]. 城市问题, 2015(6): 27-32.
GUO F L, WU J J. Solutions to the problems of place name signs in Beijing downtown area[J]. Urban Problems, 2015(6): 27-32.

[19] 丁家骏. 我国传统地名特质及其对当前地名规划的启示——以上海为例[J]. 上海城市规划, 2015(6): 121-124.
DING J J. Characteristics of traditional Chinese geographic names and enlightenment to current geographic name planning: Case studies in Shanghai[J]. Shanghai Urban Planning Review, 2015(6): 121-124.

[20] 史宜南, 代侦勇, 刘鹏. 二三维一体化的数字地名管理系统开发与关键技术研究[J]. 测绘地理信息, 2015, 40(1): 84-86.
SHI Y N, DAI Z Y, LIU P. Development and key technology research of 2D-3D digital management system of placename and address[J]. Journal of Geomatics, 2015, 40(1): 84-86.

[21] 李宝贵, 李辉. 文化自信视阈下的地名"洋化"成因分析及解决对策[J]. 东北师大学报(哲学社会科学版), 2017(1): 113-118.
LI B G, LI H. Cause analysis and countermeasures of westernized toponym from the perspective of cultural self-confidence[J]. Journal of Northeast Normal University (Philosophy and Social Sciences), 2017(1): 113-118.

[22] 史念海. 论地名的研究和有关规律的探索. 中国历史地理论丛, 1985(1): 36-47.
SHI N H. On the study of place names and the exploration of relevant laws[J]. Journal of Chinese Historical Geography, 1985(1): 36-47.

[23] 文朋陵, 许建国. 数理统计方法在地名研究中的应用——以江苏村镇命名类型区域划分为例[J]. 南京师大学报(自然科学版), 1998(4): 116-120.
WEN P L, XU J G. Application of mathematical statistics in the study of place names —— Taking the regional division of village and town names in Jiangsu province as an example[J]. Journal of Nanjing Normal University (Natural Science Edition), 1998(4): 116-120.

[24] 王际桐. 论我国地名的命名原则[J]. 地球信息科学, 2001(3): 13-17.
WANG J T. Discussed about denominating to geographical names in China[J]. Journal of Geo-information Science, 2001(3): 13-17.

[25] GRAEME G. Changing symbols: The renovation of Moscow place-name[J]. The Russian Review, 2005, 64(3): 480-503.

[26] YEOH B S A. Street-naming and nation-building: Toponymic inscriptions of nationhood in Singapore[J]. Area, 2015, 28(3): 298-307.

[27] POST C W, ALDERMAN D H. "Wiping New Berlin off the map": Political economy and the de-Germanisation of the toponymic landscape in First World War USA[J]. Area, 2014, 46(1): 83-91.

[28] 王彬, 司徒尚纪. 基于GIS的广东地名景观分析[J]. 地理研究, 2007(2): 238-248.
WANG B, SITU S J. Analysis of spatial characteristics of place names landscape based on GIS technology in

[29] 王彬,岳辉. GIS支持的广东地名景观EOF模型分析[J]. 地理科学,2007(2):281-288.
WANG B, YUE H. GIS supported EOF model analysis of Guangdong place names landscape[J]. Scientia Geographica Sinica,2007(2):281-288.

[30] 王彬,黄秀莲,司徒尚纪. 广东政区地名文化景观研究[J]. 热带地理,2011(5):507-513.
WANG B, HUANG X L, SITU S J. Culture landscapes of place names of administrative regions in Guangdong[J]. Tropical Geography,2011(5):507-513.

[31] 李建华,米文宝,冯翠月,等. 基于GIS的宁夏中卫县地名文化景观分析[J]. 人文地理,2011,26(1):100-104.
LI J H, MI W B, FENG C Y, et al. An analysis on toponym cultural landscape based on GIS application in Zhongwei county, Ningxia municipality[J]. Human Geography,2011,26(1):100-104.

[32] 陈晨,修春亮,陈伟,等. 基于GIS的北京地名文化景观空间分布特征及其成因[J]. 地理科学,2014,34(4):420-429.
CHEN C, XIU C L, CHEN W, et al. Spatial distribution characteristics of place-name landscape based on GIS approach in Beijing and its reasons for the formation[J]. Scientia Geographica Sinica,2014,34(4):420-429.

[33] 朱竑,周军,王彬. 城市演进视角下的地名文化景观——以广州市荔湾区为例. 地理研究,2009,28(3):829-837.
ZHU H, ZHOU J, WANG B. Analyzing the decline and renewal of old town of Liwan, Guangzhou from the evolvement of toponym[J]. Geographical Research,2009,28(3):829-837.

[34] 王法辉,王冠雄,李小娟. 广西壮语地名分布与演化的GIS分析[J]. 地理研究,2013,32(3):487-496.
WANG F H, WANG G X, LI X J. GIS-based spatial analysis of Zhuang place names in Guangxi, China[J]. Geographical Research,2013,32(3):487-496.

[35] 赵静,张争胜,陈冠琦,等. 文化生态学视角下的南海诸岛地名文化[J]. 热带地理,2016,36(6):1045-1056.
ZHAO J, ZHAO Z S, CHEN G Q, et al. The culture of place names of south China sea islands from the cultural ecology perspective[J]. Tropical Geography,2016,36(6):1045-1056.

[36] 林琳,钟志平,张洋,等. 增城文化交汇区地名文化景观特征及其影响因素[J]. 城市问题,2018(10):85-94.
LIN L, ZHONG Z P, ZHANG Y, et al. The characteristics and influencing factors of toponymical cultural landscape in Zengcheng cultural intersections[J]. Urban Problems,2018(10):85-94.

[37] 新会地方史志编纂委员会. 新会县志[M]. 广州:广东人民出版社,1995.

[38] (唐)房玄龄,等. 晋书·十五卷[M]. 北京:中华书局,2004.

[39] 吴必虎. 分析聚落地名研究地理环境[J]. 地名知识,1988,57(5):34.
WU B H. Analyze the geographical environment of settlement place names[J]. Knowledge of Place Name,1988,57(5):34.

[40] 丁莉,等. 中国地名词典[M]. 上海:上海辞书出版社,1990.

[41] 戴均良,等. 中国古今地名大词典[M]. 上海:上海辞书出版社,2005.

[42] 江门市地名委员会,江门市国土局. 江门市地名志[M]. 广州:广东省地图出版社,1991.

[43] 新会区民政局. 新会区标准地名录[M]. 广州:广东省地图出版社,2019.

[44] 江门市地方志编纂委. 江门市地方志[M]. 广州:广东人民出版社,1998.

(责任编辑　秦社彩)

· 特约论文 ·

DOI:10.13471/j.cnki.acta.snus.2021D058

新疆阿尔泰造山带中生代伟晶岩的稀有金属成矿作用*

赵振华[1]，陈华勇[1]，韩金生[2]

1. 中国科学院深地科学卓越创新中心/中国科学院广州地球化学研究所，广东 广州 510640
2. 中国地质大学（武汉）资源学院，湖北 武汉 430074

摘　要：阿尔泰稀有金属伟晶岩具有大规模、多时代、多类型特点，主要形成于晚古生代-早中生代，形成了以可可托海3号伟晶岩脉为代表的、三叠纪世界级大、超大型稀有金属伟晶岩成矿带。大量精确定年数据表明，中生代是阿尔泰稀有金属伟晶岩主要成矿期，其中三叠纪（250~202 Ma）是稀有金属伟晶岩成矿高峰期。本区仅有少量稀有金属伟晶岩与同时期的花岗岩有直接成因联系（如阿尔卡斯特Be-Nb-Mo伟晶岩）。中生代稀有金属伟晶岩的显著特点是其产出规模远超过同时代花岗岩，其形成与赋矿花岗岩存在显著时差（约200 Ma）和地球化学特征的不连续，如$\varepsilon_{Hf}(t)$及Nb/Ta、Zr/Hf、K/Rb等比值不同，表明伟晶岩与花岗岩无成因关系。著名的可可托海稀有金属三号伟晶岩脉虽与阿拉尔花岗岩形成年龄相近（220~211 Ma），但它们之间距离超过10 km，地球化学特征也有较明显差异，而被认为两者无直接成因联系。与常见稀有金属伟晶岩不同，阿尔泰中生代稀有金属伟晶岩与赋存花岗岩的时、空及地球化学特征存在明显差异，成矿规模巨大，本文将其称为"阿尔泰型伟晶岩"。其源区为不成熟地壳与变泥质古老地壳物质混合源，在陆内伸展减压背景下发生小比例（<10%）脱水部分熔融形成独立伟晶岩岩浆，即深熔伟晶岩，经高程度分离结晶的熔体-流体共存系统形成稀有金属伟晶岩矿床。

关键词：中国阿尔泰；稀有金属伟晶岩；中生代；深熔伟晶岩

中图分类号：P618.6　　**文献标志码**：A　　**文章编号**：2097-0137（2022）01-0001-26

Rare metal mineralization of the Mesozoic pegmatite in Altay orogeny, northern Xinjiang

ZHAO Zhenhua[1], CHEN Huayong[1], HAN Jinsheng[2]

1. CAS Center for Excellence in Deep Earth Science / Guangzhou Institute of Geochemistry, Chinese Academy of Sciences, Guangzhou 510640, China
2. School of Resources, China University of Geosciences(Wuhan), Wuhan 430074, China

Abstract: Rare metal pegmatites in the Chinese Altay have shown characteristics of multi-period, multi-type and mainly formed in the late Paleozoic to early Mesozoic. A world-class large–superlarge scale

---

* **收稿日期**：2021-07-26　　**录用日期**：2021-08-16　　**网络首发日期**：2021-11-09
基金项目：国家自然科学基金（41930424）
作者简介：赵振华（1941年生），男；研究方向：微量元素及稀土元素地球化学；E-mail: zhzhao@gig.ac.cn

赵振华，二级研究员，博士生导师。曾任中国科学院广州地球化学研究所所长兼党委书记，广东省矿物岩石地球化学学会理事长。长期从事花岗岩类及相关矿床地球化学研究，曾负责多项国家和中国科学院重大基础理论研究和科技攻关项目，曾任国家攀登计划"与寻找超大型矿床有关的基础研究"首席科学家。第一作者学术论文62篇，其中SCI论文20篇；第一作者专著6部。以主要获奖人曾获得国家自然科学一等奖1项，二等奖2项；国家科技进步二等奖1项；省部级科技进步一等奖5项。1992年获国务院政府特殊津贴，2008年获中国科学院杰出贡献教师奖，2019年获"庆祝中华人民共和国成立70周年"纪念章。

rare metal pegmatite metallogenic belt represented by the Keketuohai rare metal No. 3 pegmatite is the most prominent feature of Altay orogeny, with a peak forming age in the Triassic (250-202 Ma). There are only a few Mesozoic rare metal pegmatites related to synchronous high fractionated granitic melts (such as Askaerte Be-Nb-Mo pegmatite). The Keketuohai rare metal No. 3 pegmatite has nearly the same zircon U-Pb ages (220-211 Ma) as the Ala'er granites, but they are not related in genesis because of the distance between them excessing 10 km and the different $\varepsilon_{Hf}(t)$ values. The Mesozoic pegmatites are widely distributed but the synchronous granites are relatively less. Most rare metal pegmatites display temporal decoupling(large gap of forming age) and different sources ($\varepsilon_{Hf}(t)$, Nb/Ta, Zr/Hf, and K/Rb ratios) with their surrounding granites, indicating that pegmatites in the Chinese Altay were not derived from differentiated granitic melts. A reasonable genetic model for the Mesozoic Altay rare metal pegmatite is that they were generated by lower degree (<10%) dehydration partial melting of a mixed juvenile with metapelite source, i. e., anatectic pegmatite—the Altay-type rare metal pegmatite.

Key words：Chinese Altay；rare metal pegmatite；Mesozoic；anatectic pegmatite

阿尔泰造山带西起俄罗斯和哈萨克斯坦，经新疆北部一直延伸到蒙古国南缘，北邻西伯利亚Sayan地块，南以额尔齐斯断裂带为界与准噶尔地块相接，是中亚造山带的重要组成部分[1-2]。该造山带位于中国境内部分统称为中国阿尔泰造山带。新疆北部地处中亚增生型造山带的核心部位，多类型洋盆演化、多块体汇聚，形成了陆缘成矿系统最大的大陆成矿域。以Windley等[1,3]的划分方案为参考，以红山嘴断裂、阿巴宫断裂、克兹加尔断裂和额尔齐斯断裂为界，根据各自不同的地层、岩浆活动和矿产特征，将新疆阿尔泰划分为北阿尔泰、中阿尔泰、南阿尔泰（琼库尔）和额尔齐斯带，大致平行造山带走向展布。张辉等[4]将其称为地体（domain）。新的研究认为，上述不同地体只是代表了不同深度造山带地壳物质的剥露，其差异性不足以作为区别不同地体的标准[5]。

在印度板块与欧亚大陆碰撞远程效应和深部壳幔作用的共同控制下，发生了最强烈的壳幔相互作用、最显著的显生宙大陆增生和最强烈的新生代构造改造，这些特征使中亚造山带成为研究大陆增生及成矿机制的天然实验室[6]。近些年来，新疆阿尔泰造山带伟晶岩与花岗岩的成岩成矿精确定年成果表明，本区早中生代发育了强烈的岩浆和成矿作用，并形成了以阿勒泰可可托海3号伟晶岩脉为代表的、三叠纪（印支期）世界级大型和超大型稀有金属伟晶岩成矿带[4,7]。更值得关注的是，阿尔泰造山带及邻区准噶尔近几年相继发现了侏罗纪（燕山期）岩浆岩和稀有金属伟晶岩矿床[8-25]。这些研究成果显示，新疆北部中生代岩浆岩不仅是伟晶岩，包括花岗岩类和火山岩，均具有重要的稀有金属成矿作用，形成了中亚增生型造山带成矿的另一重要特色。而许多中生代稀有金属伟晶岩与赋存花岗岩成岩的显著时差、与同期花岗岩空间分离及地球化学特点差异等显著特征，形成了独具特色的阿尔泰型稀有金属伟晶岩，本文称其为阿尔泰型稀有金属伟晶岩。阿尔泰型稀有金属伟晶岩对稀有金属伟晶岩与花岗岩之间成因关系的传统认识提出了挑战，因而对研究中亚造山带的动力学演化具有重要意义。本文重点综合近些年来本区中生代岩浆岩及相关稀有金属成矿作用研究资料，探讨了阿尔泰造山带中生代带岩浆岩，特别是稀有金属伟晶岩成岩成矿特点及与花岗岩的关系，并提出了应进一步研究的关键科学问题。

1 中生代是阿尔泰稀有金属伟晶岩主要成矿期

1.1 三叠纪是阿尔泰稀有金属伟晶岩成矿高峰期

阿尔泰造山带是世界著名的稀有金属伟晶岩成矿带，区内出露有不同规模的约10万余条伟晶岩脉，集中分布在9个伟晶岩矿集区的38个伟晶岩田中，已发现超大型矿床1处（可可托海），大型矿床2处（卡鲁安Li矿，柯鲁木特Li-Be-Nb-Ta矿）、中型矿床5处，小型81处，以及众多矿点和矿化点[19,26]。

阿尔泰伟晶岩呈现了多时代、多类型特点，主要形成于晚古生代-早中生代。但受研究手段，特别是同位素定年方法精确度的限制，多年来虽然积累了大量研究成果，但对伟晶岩的成岩成矿时代认识仍存在明显分歧。仅以最具代表性的可可可托海 3 号伟晶岩脉为例, 其成岩成矿有晚古生代 (早石炭世) 到中生代 (三叠纪, 侏罗纪) 的不同认识[4, 7, 27-28]。随着近年大量锆石[7-24]、少量辉钼矿 Re-Os 等时线[8]和铌钽铁矿 U-Pb[9, 29-30]等精确定年方法的应用, 确认三号伟晶岩脉锆石年龄为晚三叠世 220~211 Ma, 使世界著名的阿勒泰稀有金属伟晶岩的成岩、成矿年龄进一步厘清, 成岩、成矿年龄框架变得更加清晰[9, 29-30]。张辉等[4]将阿尔泰伟晶岩成矿划分为 4 个期次: 泥盆纪-早石炭世 (403~333 Ma); 二叠纪 (275~250 Ma); 三叠纪 (248~200 Ma); 侏罗纪 (199~157 Ma) (图 1 和表 1)。杨福全等[19, 31]也将其划分为 4 期成矿作用, 但时限不同: 奥陶纪-早志留世 (476~436 Ma), 晚泥盆世 (约 370 Ma), 二叠纪 (296~258 Ma) 和三叠纪-侏罗纪 (250~151 Ma)。

综合本区超大型、大型伟晶岩矿床精确年龄数据一致表明: 与区内花岗岩成岩高峰期为早泥盆世 (约 400 Ma) 不同, 阿勒泰稀有金属伟晶岩成矿高峰期为三叠纪 (250~202 Ma; 表 1), 主要分布于琼库尔和中阿尔泰地体中较大的范围 (纵深 60~80 km)[4, 31] (图 2), 构成了一条重要的中生代稀有金属伟晶岩成矿带。

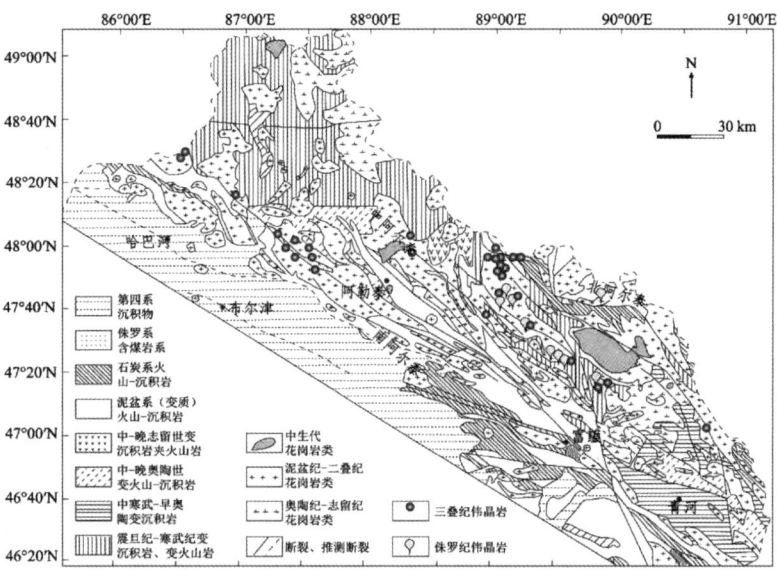

图 1 阿尔泰中生代伟晶岩、花岗岩类分布 (据张辉等[4]修改)
Fig. 1 Distribution of Altay Mesozoic pegmatites and granites (modified after Zhang et al[4])

表 1 新疆阿尔泰中生代稀有金属伟晶岩成矿年龄
Table 1 Isotopic ages of Altay rare metal pegmatites

伟晶岩	测定矿物	年龄/Ma	方法	文献
可可托海 3 号脉	锆石	220±9; 198±7; 213±6	SHRIMP U-Pb	[7]
		211.9±3.2; 212.0±4.1; 212.0±1.8; 214.9±2.1	LAICPMS U-Pb	[10]
	辉钼矿	208.8±2.4	Re-Os 等时线	[8]
	铌钽铁矿	218.0±2.0	LAICPMS U-Pb	[9]
		205.6±2.6		[30]
佳木开 Li-Be-Nb-Ta	锆石	212.2±1.7		
虎斯特 Be-Nb-Ta	锆石	244.3±1.1		[22]
切别林 Be	锆石	240.5±1.4	LAICPMS U-Pb	
苇子峡 Be	锆石	248.2±2.2		[23]
阿巴宫 Be-Nb-Ta	锆石	246.8±1.2		[22]

续表

伟晶岩	测定矿物	年龄/Ma	方法	文献
阿斯卡尔特 Be-Nb-Mo	辉钼矿	228.7±7.1	Re-Os 等时线	[25]
		218.6±1.3		[32]
		214.9±1.2		[33]
	锆石	218.2±3.9	LAICPMS U-Pb	[32]
		220.6±1.6		[25]
小虎斯特 Be	锆石	198.5±2.5	LAICPMS U-Pb	[22]
		190.6±1.2		
		195.9±2.4		[23]
库儒尔特（60号山？）	锆石	180.7±0.5	LAICPMS U-Pb	[22]
别也萨麻斯 Li-Be-Nb-Ta	锆石	151.0±1.8，157.2±0.5	LAICPMS U-Pb	[18-19]
	铌钽铁矿	160.1±1.1	LAICPMS U-Pb	[21]
卡鲁安 Li	锆石	216.0±2.6	LAICPMS U-Pb	[24]
		223.7±1.8		
		221±15		
		224.6±2.3		[34]
	铌钽铁矿	224.3±2.9	LAICPMS U-Pb	[35]
群库尔 Be-Nb-Ta	锆石	194.3±1.6	LAICPMS U-Pb	[23]
		192.0±2.3		[34]
		191.8±1.4		[23]
		188.3±1.7		[17]
群库尔 Be-Nb-Ta	锆石	206.8±1.6，207.2±1.6	LAICPMS U-Pb	[17,22]
阿祖拜 Be	锆石	215.6±0.9	LAICPMS U-Pb	[34,36]
		201.0±1.3		
		191.6±2.0		
库威-结别科 Be	锆石	200.2±1.9	LAICPMS U-Pb	[4]
		197.3±1.3		
		194.2±1.8		
		192.9±1.5		
阿拉散 Be	锆石	185.0±2.7	LAICPMS U-Pb	[19]
卡鲁安 Li	锆石	191.6±2.0	LAICPMS U-Pb	[24]
		192.6±2.3		
	铌钽铁矿	198.3±2.0	LAICPMS U-Pb	[37]
佳木开 Be-Nb-Ta	锆石	196.1±1.0	LAICPMS U-Pb	[22]
		192.0±2.3		[34]

1.2 侏罗纪是阿尔泰稀有金属伟晶岩重要成矿期

20世纪80—90年代末，Ar-Ar及Rb-Sr等时线方法的应用在伟晶岩获得了一些侏罗纪年龄数据，如阿祖拜稀有金属-宝石伟晶岩获得Ar/Ar年龄为（154.1±0.1）Ma[38]；可可托海3号伟晶岩脉182~169 Ma[28-29,38]。锆石、铌钽铁矿U-Pb年龄的获得确认了阿尔泰稀有金属伟晶岩的侏罗纪成矿年龄（图1，表1），例如，可可托海3号伟晶岩脉的Ⅱ和Ⅴ~Ⅷ结构带锆石U-Pb年龄为（198.5±4.2）~（186.5±2.0）Ma[7,34]；别也萨麻斯Li伟晶岩锆石U-Pb年龄（157.2±0.5）Ma[18]、（151.1±1.8）Ma[19-20]和钽锰矿U-Pb年龄（160.1±1.1）Ma[21]。

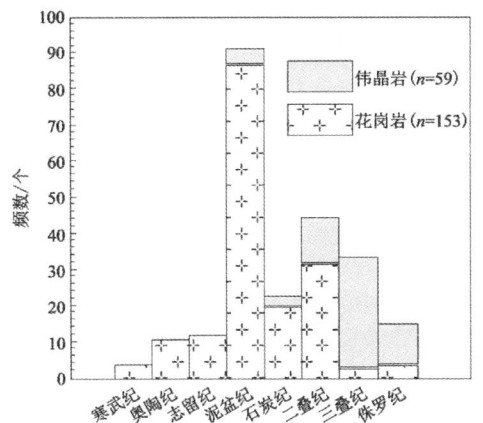

图 2 阿尔泰造山带伟晶岩与花岗岩成岩年龄直方图
（据张辉等[4]修改）

Fig. 2 Isotopic age histogram of Altay pegmatites and granites (modified after Zhang et al[4])

琼库尔 Be-Nb-Ta 和阿拉散 Be 伟晶岩矿床成矿年龄分别为 194.3 Ma[23] 和 185 Ma[19]；阿祖拜 Be 伟晶岩矿锆石 U-Pb 年龄为 192 和 201 Ma[4,34]；可可托海镇北库儒尔特（60号山）伟晶岩型 Be-Nb-Ta 矿床锆石 U-Pb 年龄 180.7 Ma[22]；库威-结别特伟晶岩 Be 矿锆石 U-Pb 年龄 192~200 Ma；小虎斯特 Li-Be-Nb-Ta 矿床锆石 U-Pb 年龄为（190.6±1.2）Ma[22-23]。

上述侏罗纪伟晶岩主要特点是其为小-中型 Be±Li±Nb-Ta 矿床和碧玺宝石矿，并显示为叠加成矿作用，即叠加在晚三叠世成矿上，如可可托海 3 号脉、卡鲁安、阿祖拜等伟晶岩矿床，而别也萨麻斯、库威-结别特等则为早侏罗世成矿。这些年龄资料确定了侏罗纪是本区伟晶岩的重要成矿期，具有重要成矿潜力。

1.3 三叠纪、侏罗纪花岗岩具有一定规模

阿尔泰造山带古生代花岗岩规模最大，出露面积约 2.5 万 km²，约占全区面积 40%。近年来，单颗粒锆石 U-Pb 年龄测定确认了阿尔泰造山带中的中生代三叠纪花岗岩（表2），如可可托海镇东北阿拉尔晚三叠世黑云母（钾长或二长）花岗岩、二云母花岗岩，面积约 1 300 km²，锆石年龄为 219~210 Ma[11,20,39]；阿勒泰市东北乌希里克由细粒、中粗粒白云母二长花岗岩组成的霍热木德克岩体（面积 54 km²）锆石年龄（222.3±1.8）Ma，满克依顶萨依岩体（面积 32 km²）锆石年龄（217.9±2.3）Ma[13]；由碱长花岗岩、正长花岗岩和二长花岗岩组成的辉腾阿尔善岩体（面积 110 km²）锆石 U-Pb 年龄为（203.1±2.1）Ma 和（202.3±2.2）Ma[14]。呈小岩株产出的青河阿斯喀尔特白云母花岗岩、白云母钠长花岗岩锆石年龄 222.6~219.2 Ma[25,32]。此外，在东天山东戈壁花岗斑岩年龄为（233.2±2.2）Ma，白山黑云母二长花岗岩 212 Ma，斑状花岗岩（237.0±4.7）Ma，均与斑岩 Mo 矿有关[40]。

上述岩体均为晚三叠世（230~202 Ma），主要岩石类型为黑（白）云母二长花岗岩、二云母花岗岩、白云母花岗岩等富铝、富碱花岗岩。岩体出露总面积约 1 600 km²，约占阿尔泰花岗岩总面积的 6%。

20 世纪 80—90 年代末，Ar-Ar 及 Rb-Sr 等时线方法的应用在本区花岗岩获得了一些侏罗纪年龄数据。如阿勒泰小克兰河东尚克兰白云母钠长石铍钨淡色花岗岩是较典型的稀有金属花岗岩，出露的 4 个白云母钠长石花岗岩总面积 0.3 km²，其 Rb-Sr 等时线年龄为（176.1±12.9）Ma 和（181.9±9.2）Ma[28,44]。这些侏罗纪花岗岩多呈岩株产出，属高演化的淡色花岗岩。其锆石由于 U、Th 含量高而造成明显蜕变或蚀变，U、Pb 不同程度丢失，难以获得准确年龄。Ar-Ar 年龄可能显示了侏罗纪对晚古生代和三叠纪岩浆岩的改造作用。对上述花岗岩开展的锆石 U-Pb 年龄测定显示了多组年龄，例如，小克兰河西侧黑云母二长花岗岩单颗粒锆石年龄为（203±3）Ma，12 个颗粒锆石中有 5 个颗粒年龄为 196~158 Ma（平均 181.6 Ma）[11]，与上述小克兰河东尚克兰 Be、W 淡色花岗岩 Rb-Sr 年龄 181~176 Ma 一致。阿勒泰将军山二云母二长花岗岩单颗粒锆石 U-Pb 年龄为（151±2）Ma[11]，黑云母钾长花岗岩为（268.3±1.9）Ma[45]。2021 年陕西省区域地质调查中心测得，阿拉尔东绿柱石矿围岩阿克沙特二云母花岗岩锆石年龄 195 Ma（1:25 万填图）（表2）。

蔺新望等[12]测定了中哈、中俄边境友谊峰木孜他乌岩体，该岩体位于木孜他乌山、加格尔他乌山一带，面积约 70 km²，平面呈近等轴状（北界已出境）。岩体由黑云母花岗岩、斑状黑云母正长花岗岩、白云母正长花岗岩组成。其黑云母钾长花岗岩单颗粒锆石 U-Pb 年龄为（198.3±3.8）Ma（表2）。

阿尔泰造山带南部的喀拉通克地区粗安岩锆石 U-Pb 年龄为（181.9±0.7）Ma，这种岩石在区内

表2 新疆北部中生代花岗岩类年龄
Table 2　Isotopic ages of Altay Mesozoic granites

岩体	岩石名称	年龄/Ma	文献
阿拉尔	黑云母花岗岩	232.7±3.4	[10]
	二云母花岗岩	(211±3),(212±2)	[7]
	黑云母花岗岩	211.4±0.8	[20]
	黑云母二长花岗岩	218.7±3.3	[39]
	黑云母钾长花岗岩	210±5	[39]
	似斑状黑云母花岗岩	218.1±1.6	[41]
	中细粒黑云母花岗岩	218.7±1.8	
	似斑状黑云母花岗岩	218.4±1.5	
	中细粒黑云母花岗岩	219.0±1.4	
青河县阿尔沙特	绿柱石矿围岩	216.7±2.8	[12]
	二云母花岗岩	195	[42]
阿勒泰乌希里克辉腾	碱长-二长花岗岩	202.3±2.2	
阿勒泰霍热木德克	白云母二长花岗岩	222.3±1.8	[13-14]
阿尔泰满克依萨顶	白云母二长花岗岩	217.9±2.3	
尚克兰	花岗岩	181.6(5个点),203±3(12个点)	[11]
阿斯卡尔特	白云母花岗岩	247.5±2.2	[25]
	白云母钠长花岗岩	231.4±2.0	
	白云母钠长花岗岩	219.2±2.9	[32]
		222.6±4.6	
	二云母花岗岩	216.7±2.8	[39]
将军山	二云母二长花岗岩	151±2	[11]
友谊峰木孜他乌	黑云母钾长花岗岩	198.3±3.8	[12]
博格达	闪长岩	154.9±1.9	[15]
	二长花岗岩	152.7±1.8	
喀拉通克火山岩	粗安岩	181.9±0.7	[16]
准噶尔盆地西北火山岩	玄武岩	191±14	[43]
准噶尔盆地东北火山岩	流纹岩	197±14	

呈多条潜火山岩岩脉分布[16]。准噶尔盆地西北及东北基底玄武岩和流纹岩的锆石分别获得(191±14)和(197±14)Ma[43],克拉玛依西玄武岩Ar/Ar年龄为(192.7±1.3)Ma[46]。在博格达地区发现了晚侏罗世闪长岩和二长花岗岩,年龄分别为(154.9±1.9)Ma和(152.7±1.8)Ma[15]。东天山白山Mo(-Re)矿床有关的黑云母斜长花岗岩锆石U-Pb年龄为(181±3)Ma[47]。上述侏罗纪岩浆岩确切年龄为192~150 Ma,一些岩体年龄有待进一步精确测定。不同于三叠纪岩浆岩,侏罗纪岩浆岩既有花岗岩类,也有火山岩,岩石类型主要为黑云母钾长花岗岩、闪长岩、粗安岩、流纹岩等,出露面积较小(表2)。

近年来,阿尔泰邻区中生代沉积岩中陆续发现侏罗纪岩浆碎屑锆石,提供了区内中生代岩浆活动的证据。例如,天山北麓中-新生代沉积地层及准噶尔盆地周缘碎屑锆石年代学研究和源区分析发现,碎屑物中有大量晚中生代锆石,其具有明显的震荡环带,属岩浆锆石,年龄峰分别为132、153、161~162、169 Ma,说明该地区存在一定规模的燕山期岩浆活动。天山地区燕山运动的启动时间限定在约160 Ma,即上侏罗统齐古组开始沉积的时代[48]。

综合上述分析可以确认,北疆特别是阿尔泰地区,广泛发育了中生代三叠纪-侏罗纪伟晶岩和花岗质岩浆活动,伟晶岩在三叠纪达到稀有金属成矿高峰，一些高演化的淡色花岗岩岩体出露面积虽小，但同位素年龄区间大，如将军山二云二长花岗岩锆石年龄范围（268.0±1.9）~（151.0±2.0）Ma [11, 45]，尚克兰白云母钠长花岗岩也具类似特征，并都形成稀有金属矿化，可能显示了岩体受到后期岩浆或热液叠加改造，这为探讨阿尔泰造山带构造动力学演化及三叠纪大规模稀有金属伟晶岩成矿机制和规律提供了重要依据。

2 阿尔泰中生代稀有金属伟晶岩与花岗岩的关系

如上述，阿尔泰伟晶岩主要形成于晚古生代-早中生代（也留曼REE-Nb矿床476 Ma，别也萨麻斯Li-Be-Nb-Ta矿床151 Ma），主要集中在240~180 Ma，于三叠纪达到成岩成矿峰值（图1）[4, 19]。约占阿尔泰面积40%的花岗岩类锆石年龄范围470~150 Ma，在早泥盆世（约400 Ma）达到成岩峰值（图1）。花岗岩可划分为3个阶段 [11-16]：早中古生代470~440 Ma（中晚奥陶世）和425~360 Ma（晚志留世-晚泥盆世）、晚古生代355~318 Ma（早石炭世）和290~270 Ma（早二叠世）以及早中生代245~150 Ma（中晚三叠世-早侏罗世）。

上述伟晶岩与花岗岩形成年龄对比结果及空间分布关系显示，阿尔泰伟晶岩和花岗岩具有明显不同于传统花岗岩-伟晶岩成岩、成矿系统的时空关系：稀有金属伟晶岩与周围花岗岩形成年龄存在显著时差（间断达200 Ma）；中生代稀有金属伟晶岩的产出规模大，而同时代花岗岩类产出及成岩、成矿规模小、分布零星，这些特点对用传统花岗岩-伟晶岩模型剖析本区稀有金属伟晶岩成岩、成矿作用和找矿提出了挑战。

2.1 稀有金属伟晶岩形成与赋存花岗岩存在显著时差和地球化学差异

本区多数稀有金属伟晶岩周围很少发育同期的花岗岩类，伟晶岩形成年龄与围岩花岗岩年龄明显不同，时差约200 Ma，地球化学特征也有差异。代表性的伟晶岩有柯鲁木特、卡鲁安、佳木开（图3a），别也萨麻斯及沙依肯布拉克等（表3）。

围绕哈龙花岗岩基（约600 km²）分布的柯鲁木特-吉得克伟晶岩田、阿拉山伟晶岩田、卡鲁安-阿祖拜伟晶岩田和佳木开-琼库尔伟晶岩田有上万条伟晶岩脉。伟晶岩的锆石、铌钽铁矿年龄为225~192 Ma，哈龙花岗岩为408~401 Ma，两者时差约200 Ma；其Hf同位素组成也明显不同。如

哈龙花岗岩黑云母和二云母花岗岩408~401 Ma，$\varepsilon_{Hf}(t)$ = 7.85~14.95，周边的阿祖拜Be矿化伟晶岩215~192 Ma，$\varepsilon_{Hf}(t)$ = - 0.6 ~+6.3；佳木开Be-Nb-Ta矿化伟晶岩212~192 Ma，$\varepsilon_{Hf}(t)$=0.4~3.3；卡鲁安Li矿化伟晶岩228~211 Ma，$\varepsilon_{Hf}(t)$ =0.65~2.50 [22, 24, 34-35, 50]。产于哈龙花岗岩基东吉得克岩体的柯鲁姆特伟晶岩年龄238.3~210.7 Ma，赋矿黑云母花岗岩（455.6±5.4）Ma，二云母花岗岩（445.6±5.9）Ma。112号伟晶岩脉 $\varepsilon_{Hf}(t)$ = 0.03~2.35，T_{DM2}=1 112~1 225 Ma；二云母花岗岩、黑云母花岗岩 $\varepsilon_{Hf}(t)$=-1.41~ 4.13；T_{DM2}= 1 172~1 515 Ma [17]。别也萨麻斯Li-Be-Nb-Ta伟晶岩形成年龄160~151 Ma（锆石、钽锰矿），围岩白云母花岗岩449~430 Ma [16, 18-19]，两者相差近300 Ma；两者Hf同位素组成也明显不同，伟晶岩的 $\varepsilon_{Hf}(t)$=0.02~0.68；0.62~1.30，平均为+0.93。二云母二长花岗岩的 $\varepsilon_{Hf}(t)$ =8.6~ +14.9；1.35~6.07平均为3.74 [18]。沙依肯布拉克Be伟晶岩201~202 Ma，矿区花岗闪长岩、中细粒花岗闪长岩锆石年龄分别为406 Ma和531 Ma [19]。

上述特征表明，阿尔泰造山带中生代伟晶岩与围岩花岗岩形成年龄之间存在明显间断和物源的明显差异或脱耦，稀有金属伟晶岩的形成与围岩花岗岩无直接关系 [4, 17, 50]，代表了本区中生代稀有金属伟晶岩的主要特征。本区二叠纪稀有金属伟晶岩也显示了类似特点，稀有金属伟晶岩成矿时间为275~250 Ma，峰值在260~250 Ma；花岗岩年龄为295~265 Ma，峰值在280~275 Ma，伟晶岩一般晚于花岗岩约20 Ma。此外，它们的地球化学特征，如Hf同位素组成也有明显差异，暗示了伟晶岩与花岗岩的成岩差异 [4]（表4）。

2.2 稀有金属伟晶岩形成与花岗岩的关系存在争议

可可托海3号脉超大型稀有金属伟晶岩与周围花岗岩的关系一直存在争议（图3b）。该伟晶岩的直接围岩辉长岩年龄为408 Ma [37, 53]，而伟晶岩锆石年龄为220~211 Ma [7-10]；周围黑云母二长花岗岩年龄409~404 Ma，黑云母花岗岩399~388 Ma，二云母花岗岩396 Ma [30, 49]。距三号伟晶岩脉约15 km外的阿拉尔花岗岩基主要由黑云母花岗岩、黑云母二长花岗岩和钾长花岗岩组成（面积约1 300 km²），花岗岩年龄为232~210 Ma [7, 10-11, 39]，与伟晶岩年龄相近，据此认为三号脉稀有金属矿形成与阿拉尔花岗岩基有关 [8, 27, 54-55]。

但阿拉尔花岗岩与伟晶岩Hf同位素组成明显

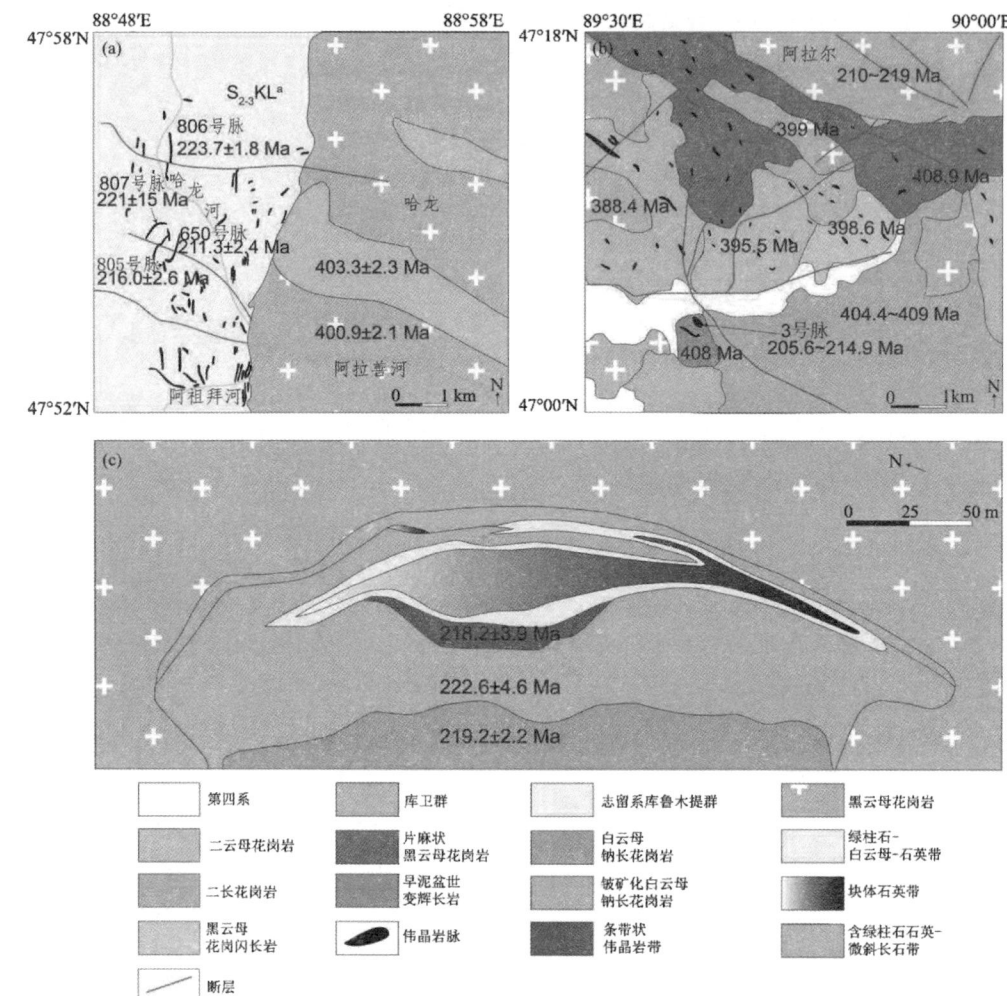

(a) 中生代稀有金属伟晶岩与赋存花岗岩存在显著时差和地球化学差异[24];
(b) 中生代稀有金属伟晶岩形成与花岗岩的关系存在争议[4,7-8,10-11,30];
(c) 中生代稀有金属伟晶岩形成与赋存围岩花岗岩密切相关[25,32]。

图3 阿尔泰中生代稀有金属伟晶岩与花岗岩的时空关系

Fig. 3 Temporal and spatial relashionship of Altay Mesozoic pegmatites and granites

不同，$\varepsilon_{Hf}(t)$分别为$-4.2 \sim 4.9$[11]和$1.25 \sim 2.39$[10]、$1 \sim 4$[52]（表4），指示阿拉尔花岗岩源区比三号伟晶岩脉源区具有较多老地壳物质，这与三号脉边部$\varepsilon_{Nd}(t) = -2.27 \sim 3.12$一致[54]。阿拉尔花岗岩微量元素分异指标也明显区别于世界范围内的高分异花岗岩，属于低分异的贫瘠花岗岩（barren granite），例如，Zr/Hf和Nb/Ta比值高（平均值分别为33.3和16.2）、稀有金属含量低（Li、Be、Nb、Ta平均分别为40.7、4.1、17.9和1.2 mg/kg）和钾长石K/Rb比值高（181~246），不具备形成稀有金属伟晶岩的潜力。瑞利分馏计算表明，阿拉尔花岗岩需经由非常高程度的分离结晶（>99.99%）才能形成可可托海3号伟晶岩脉，这些特征显然表明它们无成因联系[4, 52]。目前文献中有关围绕阿拉尔花岗岩体的伟晶岩水平分布的15个脉体群[55]，实际是不同时代伟晶岩空间分布叠合，例如，别也萨麻斯、库威脉体群均为侏罗纪伟晶岩群，与阿拉尔花岗岩无关。

表3 阿尔泰中生代伟晶岩容矿花岗岩体锆石U-Pb年龄

Table 3 Zircon U-Pb isotopic ages for host plutons of Altay rare metal pegmatites

伟晶岩	花岗岩	年龄/Ma	文献
可可托海周边	黑云母二长花岗岩	405.4±1.4	[49]
	花岗岩	409±7，399±2	[37]
	黑云母二长花岗岩	408.9±1.1	[30]
	黑云母花岗闪长岩	398.6±1.3	
	二云母花岗岩	395.5±1.3	
	黑云母花岗岩	388.4±1.4	
哈龙岩基	花岗岩	397.3±2.4	[34]
	花岗岩	399.7±2.9	
	黑云母花岗岩	400.9±2.1	[24]
	二云母花岗岩	403.3±2.3	
	黑云母花岗岩	407.9±2.3	[50]
阿斯卡尔特	白云母花岗岩	247.5±2.2	[25,32]
		231.4±2.0	
	白云母钠长花岗岩	219.2±2.9	
		222.6±4.6	
	二云母二长花岗岩	216.7±2.8	[39]
克鲁木特	二云母花岗岩	445.6±5.9	[17]
	黑云母花岗岩	455.6±5.4	
沙依肯布拉克	花岗闪长岩	405.6±3.9	[19]
	中细粒花岗闪长岩	531±6.3	
别也萨麻斯乔拉克赛	白云母花岗岩	449±4.2	[19]
	二云母花岗岩	502±6.3	
大喀拉苏	黑云母花岗岩	256±4	[51]
	黑云母花岗岩	270.4±1.9	[45]
将军山	黑云母碱长花岗岩	268.3±1.9	[45]
	二云母二长花岗岩	151±2	[11]
	辉长岩	280±6	

传统的花岗岩-伟晶岩系统中两者空间关系密切，花岗岩岩浆的高程度分离结晶形成伟晶岩，伟晶岩一般在花岗岩的内、外接触带呈带状分布，成矿伟晶岩多在外接触带，或在花岗岩岩体顶部连续分布（如本区的阿斯卡尔特花岗岩-伟晶岩Be-Nb-Mo矿床）。花岗质岩浆与伟晶岩空间关系进行了的理论模拟计算[56]，模拟的岩浆房体积10 km×10 km×10 km，温度800 ℃，围岩温度分别为500和300 ℃。模拟计算表明，花岗岩与伟晶岩距离与伟晶岩分异程度成正比，即伟晶岩分异程度越高，两者相距越远，但伟晶岩与母岩体的距离不超过10 km，且母岩体不应是小岩体。而LCT型伟晶岩通常分布于以稀有金属花岗岩母岩为中心的10 km半径范围内[57]，阿拉尔岩体规模较大，但其与可可托海3号伟晶岩脉的空间距离约15 km，超出了理论模拟值范围，不支持可可托海3号脉与阿拉尔花岗岩的成因联系。

2.3 稀有金属伟晶岩形成与围岩花岗岩密切相关

目前在阿尔泰发现的、具有传统的花岗岩-伟晶岩成岩成矿系统特点的实例以阿斯喀尔特为典型，伟晶岩和花岗岩均形成Be-Nb-Mo矿床，是我国典型的大型花岗岩型铍矿床（图3c）。赋矿二云母花岗岩露头面积约5 km², 条带状伟晶岩与白云母钠长石花岗岩呈渐变过渡关系，分布在岩体

表4 新疆阿尔泰中生代伟晶岩及相关花岗岩Hf同位素组成
Table 4 Hf isotopic compositions of Altay rare metal pegmatites and host granites

伟晶岩		年龄/Ma	$^{176}Hf/^{177}Hf$	$\varepsilon_{Hf}(t)$	T_{DM}/Ma	文献
克鲁姆特	I带 KLP-1	238±3.2	0.282 673~0.282 688	+1.73~+2.26	1 122~1 155	[17]
	II带 KLP-2	233	0.282 66~0.282 694	+1.16~+2.35	1 112~1 188	
	III带 KLP-3	188	0.282 656~0.282 680	+0.03~+0.88	1 171~1 225	
	V带 KLP-5	219	0.282 672~0.282 693	+0.21~+0.46	1 122~1 169	
	VI带 KLP-6	211	0.282 664~0.282 690	+0.92~+1.82	1 133~1 190	
	片麻状二云母花岗岩	446~509	0.282 301~0.282 617	-5.85~+3.67	1 191~1 875	
	黑云母花岗岩	456~514	0.282 19~0.282 626	-9.83~+4.13	1 170~2 078	
别也萨马斯	伟晶岩	151.0±1.8	0.282 696~0.282 716	+0.62~+1.30	739~767	[20]
	二云母二长花岗岩	449.0±4.2	0.282 2541~0.282 693	+1.35~+6.07	834~1 017	
	伟晶岩	157.2±0.5		+0.02~+0.62	1 106~1 267	[18]
	二云母二长花岗岩	430.6±2.0		+8.6~+14.9	546~992	
	卡鲁安伟晶岩	228~211	0.282 627~0.282 708	-0.51~+2.50	1 090~1 276	[24,34]
	佳木开伟晶岩	212~192	0.282 66~0.282 74	+0.4~+3.3	1 028~1 208	
	阿祖拜伟晶岩	215~192	0.282 63~0.282 83	-0.6~+6.3	833~1 276	
	哈龙黑云母和二云母花岗岩	401~403	0.282 81~0.282 96	+9.9~+15.2	423~760	
	可可托海3号脉伟晶岩	206~220	0.282 676~0.282 706	+1.26~+2.39	1 103~1 159	[10]
阿拉尔	花岗岩	218~219		+1~+4	1 007~1 196	[52]
	二长花岗岩	210~216	0.282 529~0.282 784	-4.2~+4.9	940~1 520	[11]
	阿斯卡尔特伟晶岩	216~247	0.282 624~0.282 648	-0.45~+0.38	1 231~1 280	[32]
	阿斯卡尔特白云母花岗岩	219~222	0.282 643~0.282 696	-0.05~+1.99	1 130~1 298	
	将军山碱长花岗岩	268.3±1.9	0.282 447~0.282 763	-6.1~+5.3	1 714~2 439	[45]
	大喀拉苏花岗岩	270.4±1.9; 268.3±1.9	0.282 446~0.282 770	-7.0~+5.6	1 579~2 498	
	将军山二长花岗岩	150	0.282 691~0.282 896	+0.5~+8.8	740~1 170	[11]
			0.282 899~0.282 922	+4.5~+6.3	510~670	
	尚克兰黑云母二长花岗岩	203	0.282 712~0.282 889	+2.1~+8.2	720~1 110	[11]

顶部或边部，二者的矿物组成基本一致。赋矿花岗岩与伟晶岩年龄一致[23, 27, 32-33, 40]：锆石年龄(247.5±2.2) Ma，白云母钠长花岗岩(231.4±2.0)~(216.7±2.8) Ma；伟晶岩锆石年龄(220.6±1.6)~(218.2±3.9) Ma，辉钼矿Re-Os模式年龄为(218.6±1.3) Ma，(214.9±1.2) Ma 和(228.7±7.1) Ma。花岗岩与伟晶岩Hf同位素组成也相似[30]：白云母钠长花岗岩 $\varepsilon_{Hf}(t)$=-0.72~1.33；矿化白云母钠长花岗岩为-0.36~1.99；条带状伟晶岩为-0.45~0.38[25]。

此外，可可托海镇西北的库儒尔特（也称60号山、库吉尔特）Li-Be-Nb-Ta矿床，其伟晶岩锆石年龄为(180.7±0.5) Ma[22]，赋矿二云母花岗岩Rb-Sr（矿物内部等时线）年龄为173.1 Ma[44]，花岗岩与伟晶岩成矿可能有关。大喀拉苏Be-Nb-Ta伟晶岩锆石U-Pb年龄为272~231 Ma，赋矿黑云母花岗岩248 Ma[22-23, 29]，两者形成时间相近。

2.4 阿尔泰造山带稀有金属伟晶岩的类型

综合上述伟晶岩与花岗岩的关系及成矿时代和成矿规模巨大等特征，本区稀有金属伟晶岩可能源于独立的伟晶岩浆，可总称为阿尔泰型，并划分为4种亚类型。① 可可托海3号脉：为超大型Li-Be-Ta-Nb-Cs矿床，伟晶岩结构分带完整、典型；远离同时代花岗岩，成矿为晚三叠世(220~211 Ma)[4-7]，与赋矿早泥盆世花岗岩（约400 Ma）存在显著时差[30, 49]；② 卡鲁安型：为大型Li-Be-Nb-Ta矿床，矿区具有超大型Li成矿潜力，成矿为晚三叠世（228~211 Ma），与赋矿早泥盆世花岗岩（约400 Ma）存在显著时差[22,24,34-35,50]；③别也萨麻斯型：为中型Li-Be-Nb-Ta矿床，伟晶岩成矿为晚侏罗世（160~151 Ma）[18,20-21]，与赋矿花岗岩晚奥陶世（449 Ma）时差约300 Ma；④阿斯卡尔特型：为大型Be-Nb-Mo矿床，伟晶岩与花岗岩空间和成矿连续（219 Ma[23]或231~229 Ma[25]），属花岗岩-伟晶岩成矿系统。

3 与阿尔泰中生代岩浆岩成岩成矿相关的关键科学问题

阿尔泰中生代稀有金属伟晶岩与花岗岩的时空关系特点决定了必须突破传统的花岗岩-伟晶岩成岩成矿系统模式，从多因素综合剖析本区稀有金属伟晶岩的成岩、成矿作用的关键科学问题，建立适于阿尔泰中生代伟晶岩形成的合理模型。

3.1 阿尔泰造山带的构造动力学背景

阿尔泰中生代稀有金属伟晶岩与周围花岗岩的时间或物质关系脱耦，如此大规模的稀有金属伟晶岩爆发形成受何种因素控制？同时代花岗岩产出规模小、空间分布及地球化学特征与伟晶岩明显不同，是否指示了独立伟晶岩岩浆的存在？或相关花岗岩在深部隐伏存在？有关这些问题的关键控制因素是什么？

3.1.1 位于喀纳斯-阿尔泰-青河布格重力梯度带

虽然伟晶岩的形成深度多在上地壳范围（多在3.5~5.0 km），但伟晶岩分布区的构造动力学演化、壳幔结构与成分是探讨伟晶岩和相关花岗岩源区成分及成矿物质来源、演化的重要依据。

阿尔泰伟晶岩区处于喀纳斯湖-阿勒泰-青河布格重力梯度带，长约400 km，宽60 km。重力异常反映了地壳浅部与深部不同物质密度不均匀和厚度的变化，是从地表到上地幔组成物质变化的综合反映。该重力梯度带呈北西-南东向延伸，布格重力异常梯度自南而北均匀下降。南、北地壳厚度变化大，南薄（46 km）北厚（48 km），形成了阿尔泰慢坡带，慢坡陡缓不一，呈梯状。慢坡带地壳性质活泼，莫霍面起伏明显、幔源断裂发育，可能是本区长期构造活动带的深部因素。加厚的地壳更有利于伟晶岩的成岩成矿，其显著的地球化学特征是富集Be、Li、Ta、Nb、W、Sn、Pb、Zn、Cu、Au、Ag等，可能为阿尔泰巨型稀有金属伟晶岩带形成提供了有利背景条件[26,55,58]。

3.1.2 古生代构造动力学为陆缘岛弧背景 对阿尔泰造山带古生代构造动力学背景（属性）一直存在不同认识，包括被动大陆边缘[59]、岛弧[1,3,60]、陆缘岛弧[61]、活动大陆边缘[62]和增生杂岩体[63-65]等，其中活动陆缘或增生楔为主流观点。目前，本区已积累大量有关变质岩碎屑锆石及岩浆岩中继承锆石年代学、地球化学研究资料[60,62,66-68]，岩浆成因锆石年龄介于2 800~460 Ma之间；其中分布于中阿尔泰块体友谊峰的喀纳斯群中岩浆锆石年龄范围为858~545 Ma，以567~536 Ma为主，应属震旦-早寒武世[67]。分布较广的哈巴河群以540~460 Ma为主，显示为中奥陶世-早泥盆世[62,66]。古生代花岗岩中元古代锆石晶核年龄为1 804~886 Ma，$\varepsilon_{Hf}(t) = -15.03$~$1.19$，$\delta^{18}O=10.87‰$~$14.78‰$[68]。哈巴河群中的元古代和太古代锆石所占比例很小。

大陆弧主要特点是其火山弧出现在大陆边缘且没有同大陆分离。在大洋板块向大陆板块俯冲过程中，如果上盘大陆板块出现弧后扩张，导致原本位于大陆边缘的部分大陆岩石圈从大陆分离，或出现在大陆架海域，有时会构成新的俯冲带上盘，在这些地区形成陆缘岛弧（continental margin island arcs）。例如，中新生代陆缘岛弧主要分布在太平洋西北缘，包括千岛群岛、日本-琉球等岛弧[69]。如上所述，阿尔泰岩浆弧由大量增生杂岩及变质沉积岩构成，其碎屑锆石内部结构显示主要为岩浆锆石，磨圆程度差，表明以短距离搬运或原地沉积为主。此外，年轻岩浆锆石Hf同位素组成以地幔来源和年轻地壳为主，表明阿尔泰造山带早古生代处于活动陆缘或者陆缘弧，应属于古生代期间古亚洲洋俯冲-增生形成的以新生地壳物质为主的陆缘岛弧。其古生代哈巴河群、库鲁姆提群、康布铁堡组、阿勒泰组和红山嘴组地层显示低的CIA值（50~70），（$Fe_2O_3^T+MgO$）、TiO_2含量以及Al_2O_3/SiO_2、K_2O/Na_2O、$Al_2O_3/(CaO+Na_2O)$值，La、Ce含量及Th/Sc、La/Sc值均显示古生代地层碎屑沉积岩主体形成于大陆岛弧背景[70]。

肖文交等[71]称阿尔泰主体为古生代期间古亚洲洋俯冲-增生形成的以新生地壳物质为主的日本型岩浆弧，是一种特殊类型的洋内弧。其前期为安第斯型岩浆弧，后期由于弧后裂解作用从原来的大陆边缘裂离出来，并在弧后地区形成具有大洋地壳的弧后盆地。由于包含一些老的碎屑物质及较富集的同位素组成，曾经长期被认为作为微陆块参与造山演化过程。

综合阿尔泰造山带古生代变质岩、沉积岩和花岗岩的分布及岩石地球化学特点，本区古生代以来经历了活动陆缘、陆缘裂解的陆缘岛弧环境。而古生代晚期洋盆闭合，中生代则进入陆内伸展背景。

3.1.3 中生代构造动力学为陆内伸展背景 对于中亚造山带的最终拼贴时限一致存在较大争议，有晚泥盆世[72]、晚泥盆至早石炭世[58,72]、晚石炭世[73-75]、二叠纪[76]、二叠纪末至中三叠世[77-78]等不同认识。

阿尔泰造山带的三叠纪花岗岩和伟晶岩时限为230~202 Ma，恰与我国东部的印支运动时限吻合。印支运动使扬子、中朝、塔里木等小陆块拼合在一起。肖文交等[71]认为，从中生代开始，中亚造山带受到周围构造域强烈的叠加改造影响。例如，特提斯构造域一系列陆块向北漂移并拼贴到欧亚大陆南缘，其挤压应力通过塔里木克拉通传递到天山及以北的区域。从三叠纪开始，伴随古亚洲洋的关闭，新疆北部处于古太平洋和古特提斯洋两个活动陆缘之间的陆内或板内构造环境[58]，阿尔泰三叠纪伟晶岩和以富铝富碱为特征的花岗岩恰是这种陆内伸展背景的产物。

在侏罗纪，全球三大洋（古太平洋、新特提斯洋和蒙古-鄂霍茨克洋）近乎同时扩张。与中亚造山带中部和东部不同，阿尔泰造山带晚中生代燕山运动的启动和发展应与新特提斯构造域洋壳俯冲消减历史和板块汇聚碰撞过程（或远程效应[79]）密切相关。发生于侏罗纪的"燕山运动"这一重要的构造事件对天山及邻区的影响过去虽有报道[80]，但有关该事件在新疆北部的启动时间及相关岩浆活动却很少涉及。朱文斌等[48]认为，天山及邻区燕山期的构造变形具有多个方向，也是晚中生代东亚多板块汇聚在天山及邻区的具体体现。多板块的汇聚造成了岩石圈增厚[80]，阿尔泰增生造山带中喀纳斯-阿尔泰-青河布格重力梯度厚地壳（46~48 km）可能与这种构造过程有关。

俄罗斯学者[81-82]认为，阿尔泰山三叠纪花岗岩类与西伯利亚超级地幔柱有关的幔源含矿岩浆活动的时限基本一致，是该地幔柱演化最后阶段的产物；而王登红等[38]则认为，阿勒泰地区印支期-燕山期与稀有金属有关的白云母花岗岩类的形成与长期活动的化学地幔柱或热点有关。地幔柱和化学地幔柱能带来大量稀有金属。肖序常[58]认为，新疆北部三叠纪至侏罗纪岩浆岩源于地幔柱活动。三叠纪晚期到侏罗纪中期，该区发育以准噶尔盆地为中心的地幔柱，幔源岩浆底侵，导致局部地壳熔融，形成了该区具有明显地壳特征的岩浆岩。然而，西伯利亚大火成岩省年龄为（251.2±0.3）Ma，明显早于本区晚三叠纪的花岗岩和伟晶岩。朱永峰[83]认为新疆的印支-燕山运动可能对应着大陆内部均衡阶段的地质过程。

本文认为，在上述大区域动力学背景下，中亚造山带的最终拼贴时限从西向东存在差异，阿尔泰造山带二叠纪末（约250 Ma）地壳格架已基本完成。中生代本区进入陆内伸展背景，古生代强烈地壳增生及与古陆壳混合形成的地壳受到改造，发生了大规模岩浆活动，大量花岗岩的形成提高了地壳成熟度，为中生代稀有金属伟晶岩，特别是稀有金属伟晶岩形成提供了有利条件。例如，三叠纪伟晶岩在琼库尔和中阿尔泰地体中皆有产出，侏罗纪伟晶岩则主要产于中阿尔泰地体中，少量产于北阿尔泰地体。

3.2 阿尔泰造山带是全球显生宙最大的增生造山带

阿尔泰造山带所处的中亚造山带是长期多阶段复式增生形成的全球显生宙最大的增生造山带，该过程使亚洲大陆的面积在古生代期间增加了约530万 km²，其中约一半的大陆生长来自新生地壳的增生[64]，也是发育年轻地壳最多的造山带[79,84-88]。

根据地壳磁场性质、速度结构、莫霍面、康氏面空间状态和地球化学场等诸多因素，阿尔泰地壳属硅铝-镁铁质地壳。该类地壳区构造岩浆活动强烈，侵入岩、火山岩发育，矿种类型多[58]。

3.2.1 阿尔泰造山带显著的多样性地壳增生 在执行"阿尔泰花岗岩类及其与成矿关系研究"项目（1986—1990）中，我们首先发现了该区花岗岩的 $^{143}Nd/^{144}Nd$ 值较高，$\varepsilon_{Hf}(t)$值近于0或低正值，指示花岗岩源于地壳停留时间很短的年轻地壳，据此将阿尔泰花岗岩类划分为阿尔泰造山系列花岗岩-年轻地壳改造、重熔型花岗岩[44,84]，代表了增生型造山带的重要特征。国际地质对比计划 IGCP420项目"显生宙大陆增生：东-中亚地区的证据"（1997—2001）积累的大量数据表明，阿尔泰造山带年龄在400 Ma左右的花岗岩占绝对优势，以英云闪长岩和花岗闪长岩为主，化学成分横跨低钾拉斑到中钾和高钾钙碱系列，大量Sr-Nd同位素及锆石$\varepsilon_{Hf}(t)$数据一致表明本区早古生代花岗岩具有富集的同位素组成，而晚古生代花岗岩具有较为亏损的同位素组成，总体显示了新生地壳和古老地壳物质的混合作用，主要源自新生物质源区[60, 79, 84-87]。

阿尔泰地区花岗岩、沉积岩及片麻岩中分选出来的岩浆成因锆石年龄和Hf同位素测定显示[60]，在~420 Ma前$\varepsilon_{Hf}(t)$值有正有负，此后几乎全部为正值。这表明，~420 Ma前岩浆主要来自古老物质和新生物质的混合，之后则以新生物质熔融为其主要生成方式，可能暗示是洋中脊俯冲驱动大量新生幔源熔体进入岩石圈，导致该区岩石圈成分在~420 Ma被强烈改造。

阿尔泰花岗岩Nd同位素填图显示[86]，阿尔泰中部块体岩体的$\varepsilon_{Nd}(t)$值较低，Nd同位素模式年龄T_{DM2}为1.0~1.3 Ga，暗示存在古老地壳。$\varepsilon_{Nd}(t)$值由北向南增高，模式年龄变年轻，显示陆壳向南生长，中生代时期阿尔泰造山带保留水平增生结构，没有发生大规模构造块体垂向叠覆。花岗岩锆石Hf同位素填图也显示相似结果[79, 87]。阿尔泰深部物质组成具有中部相对较老，南侧相对较新的结构。

Şengör等[63]推测中亚造山带可能近50%是年轻地壳。根据区内岩浆岩Nd、Hf同位素组成的研究，作者发现中亚增生型造山带核部的阿尔泰造山带地壳在420~380 Ma发生了快速增生，累积生长比例>60%，达到该区地壳90%。这种快速增生是非均匀性的，岩浆作用的爆发和超过90%的新生地壳的快速加入在20~40 Ma内完成[87-88]。

阿尔泰造山带南的准噶尔岩浆岩锆石Hf、O和全岩B同位素组成在300 Ma前后显著不同[89]，准噶尔地壳的生长发生在300 Ma之前，300 Ma之后的岩浆岩与成熟大陆地壳同位素组成相一致。这些特征表明准噶尔地区在300 Ma时从典型的洋内弧地壳转变为成熟的大陆地壳。元素和同位素计算显示，对于这些300 Ma之后的岩浆岩源区含有大于50%的火山沉积物[89]。这种地幔物质转化为陆壳物质机制的揭示也为限定阿尔泰伟晶岩源区性质提供了依据。

本区古生代富碱火成岩、埃达克岩、富铌玄武岩及富镁火成岩的岩石组合和地球化学特征，显示了地壳增生的多样性[90]。Xiao等[91-92]提出了中亚造山带西部以多洋盆、多俯冲带、多方向增生的复式增生造山长期演化为特征。阿尔泰造山带陆壳增生的特点对中生代伟晶岩、花岗岩的成岩、成矿提供了有利制约。

3.2.2 强烈的壳幔相互作用

阿尔泰造山带广泛发育古生代中–低压型递增变质带和数个热–构造–片麻岩穹窿[93-94]，发生的两次高温低压变质作用，均与壳幔相互作用有关。第一次在早古生代晚期，变质温度多为500~750 ℃，压力2~4 kbar，低于Al_2SiO_5三相点的压力，变质热梯度可达到60~150 ℃/km[95]。变质岩中的锆石增生边年龄为~390 Ma[62, 68]，增生边Ti温度计计算结果≥710 ℃，表明高温低压变质作用与锆石增生时间一致，发生在中泥盆世（~390 Ma）[60]，暗示异常高的热量涌入，这一现象被解释为洋中脊俯冲[60]或者岩石圈地幔减薄[65]导致热的软流圈上涌所致。第二次在阿勒泰以东喀拉苏附近超高温变泥质麻粒岩，其峰期变质条件为压力8 kbar，温度960 ℃。锆石U–Pb年龄为(271±5) Ma，表明阿尔泰造山带南缘超高温变质事件发生于二叠纪，这种高热流伸展背景可能与二叠纪（280~270 Ma）塔里木地幔柱活动有密切关系[93]。"片麻岩穹窿"是中下地壳热动力过程产生的与岩浆作用（或混合岩化作用）密切相关的穹状构造，它应是壳幔相互作用的一种表现形式，或是"热点"。是大型锂矿田富集的重要构造样式，这一过程有利于解析含锂伟晶岩脉的生成和锂矿的富集[96]。

大量以高Nd低Sr同位素比值为特征的阿尔泰古生代岛弧火山岩、碱性花岗岩以及埃达克岩、富Nb玄武岩、高镁安山岩及苦橄岩以及洋脊俯冲，表明中亚造山带壳幔相互作用强烈[97-100]。阿尔泰造山带稀有金属伟晶岩成矿高峰期在晚三叠世，晚于上述古生代两期低压高温变质作用，但这两期高温变质作用显示了强烈的壳幔相互作用，使增生楔经受了反复改造，形成具有成熟大陆地壳结构的块体，为中生代稀有金属伟晶岩的形成和成矿作用奠定了重要的物质基础。而阿尔泰慢坡带则可能是导致本区长期构造活动的深部因素，相对稳定和封闭的穹隆构造环境有利于有较强的活动性锂等稀有金属富集成矿。

4 阿尔泰中生代稀有金属伟晶岩的形成模式

4.1 阿尔泰中生代稀有金属伟晶岩区别于传统伟晶岩的特征

4.1.1 伟晶岩与赋存花岗岩形成时间存在显著间断和地球化学特征差异　伟晶岩的形成过程十分复杂，花岗质岩浆经结晶分异产生富挥发分的残余岩浆-热液（伟晶岩浆）结晶的成因说占据主导地位[101-103]。伟晶岩与花岗岩具有密切的时空耦合关系，伟晶岩是花岗岩极端分异的产物，花岗岩是伟晶岩的母源[104-106]。

然而，阿尔泰中生代大型稀有金属伟晶岩田普遍显示了与周围花岗岩的时间和成岩关系脱耦，两者存在显著的时差或间断（长达约200 Ma）（图3）。如可可托海超大型稀有金属三号伟晶岩脉的直接围岩辉长岩和周围花岗岩为泥盆纪（~400 Ma）[8, 37, 53]，而伟晶岩为晚三叠世[7-10]（~200 Ma）；克鲁姆特、卡鲁安稀有金属伟晶岩为225~202 Ma，阿祖拜和佳木开稀有金属伟晶岩测得侏罗纪年龄（190~150 Ma），它们赋存的哈龙花岗岩岩基为400 Ma[24, 34]。在区域分布上，中生代稀有金属伟晶岩大规模分布，但中生代花岗岩类分布面积小、局限，并与伟晶岩相互分离。重要的是，伟晶岩与同时期花岗岩地球化学特点也明显不同（Hf同位素组成、岩浆分异及成矿微量元素比值指标）。国外也有类似实例，例如伟晶岩周围无过铝花岗岩[107-108]，花岗岩与伟晶岩地球化学特征明显不连续[109]，形成时间间断[110-111]。例如，世界著名的加拿大 Tanco 伟晶岩、澳大利亚 Greenbush 伟晶岩等。这些特点一致表明伟晶岩与赋存花岗岩无成因关系，暗示本区中生代伟晶岩可能来自独立的伟晶岩岩浆。

4.1.2 稀有金属伟晶岩水平分带不典型　传统的花岗岩-伟晶岩系统中，伟晶岩与花岗岩之间存在密切时空关系，物质组成上具有明显演化关系，围绕赋存花岗岩伟晶岩常形成典型水平分带，如加拿大 Superprovince (Ontario)、Bernic Lake (Manitoba) 地区的太古代伟晶岩（约2 640 Ma），与花岗岩之间时空关系密切、物质组成上明显演化关系，伟晶岩在空间上可划分出不同类型的矿化带[57]。我国湘鄂赣三省交界的晚中生代仁里超大型花岗伟晶岩型铌钽矿床也具有类似特征，稀有金属伟晶岩围绕晚中生代幕阜山花岗岩呈环状分布，岩体内为伟晶岩型铍矿带→距岩体0~3 km 为伟晶岩型铌钽矿带→距岩体3~5 km 为伟晶岩型锂铌钽矿带→距岩体5~10 km 为石英脉型铍矿带[112]。幕阜山黑云母二长花岗岩年龄为(154.1±2.5) Ma，白云母二长花岗岩(141.0±2.4) Ma，伟晶岩中铌钽铁矿 U-Pb 年龄为(140.2±2.3) Ma，独居石 Th-Pb 年龄(140.7±2.2) Ma，与花岗岩具有密切时空关系。川西甲基卡超大型锂辉石伟晶岩矿床也具有典型的水平分带，以同时代的马颈子二云母花岗岩为中心，伟晶岩向外可划分为5个带，最外为石英脉带[113]。这种伟晶岩与花岗岩的密切时空关系构成了典型的花岗岩-伟晶岩成岩成矿系统。

阿尔泰中生代稀有金属伟晶岩的水平分带一般不典型或不完整。如晚三叠世-侏罗纪卡鲁安-阿祖拜伟晶岩由早泥盆世哈龙花岗岩向外划分为4个带[24]，Ⅰ带为矿化或无矿，Ⅱ和Ⅲ带为主要成矿带，Ⅳ带为石英脉。可可托海超大型稀有金属伟晶岩三号脉呈现复杂景象，岩脉主体具有典型的内部分带，从核心到边缘可划分为9个共生-结构带，呈近同心环状，成为世界伟晶岩完整分带的典型，被国内外学者广泛接受。但该区伟晶岩的空间分布却十分复杂。许多学者按照花岗岩-伟晶岩系统的水平分带规律划分本区的伟晶岩分带，例如，栾世伟等[55]认为阿拉尔花岗岩与可可托海3号伟晶岩脉和脉体群密切相关，将该岩体周边的15个伟晶岩脉体群划分为内带、中带、外带和最外带。认为4个带的矿物、稀有金属元素组合呈规律性变化，伟晶岩由低级演变为高级，由单脉变为分支复合，交代作用变强。但随着本区花岗岩和伟晶岩成岩精确年龄的测定，该区不同岩性花岗岩和伟晶岩的成岩时间完全打破了原来的格局，三号脉周围的花岗岩从黑云母花岗闪长岩、英云闪长岩到黑云母二长花岗岩锆石 U-Pb 年龄集中于405~388 Ma[8, 37]，属早泥盆世，而远离三号脉、位于其东北方向的阿拉尔花岗岩年龄为218~210 Ma[10-11]。在这些岩体中还分散分布有侏罗纪200~151 Ma花岗岩（如阿尔沙特二云母花岗岩[42]及库儒尔特、库威-结别特、别也萨麻斯伟晶岩）[4]。侏罗纪阿尔沙特划在了Ⅰ带，库儒尔特和别也萨麻斯划在了Ⅲ带，库威-结别特划在了Ⅳ带。此外，与传统伟晶岩主要成矿分布在花岗岩-伟晶岩水平分带的中间带不同，本区规模最大的稀有金属伟晶岩矿床三号脉分布在外带（Ⅲ带）。可见，围绕阿拉尔花岗岩的稀有金属伟晶岩显示了三叠纪和侏罗纪伟晶岩的交叉分布。

由上述特点可见，阿尔泰中生代稀有金属伟晶岩形成不同于传统的单一花岗岩-伟晶岩成岩系统，暗示了本区伟晶岩岩浆的特殊性。

4.2 阿尔泰中生代稀有金属伟晶岩的源区属性
除了考虑阿尔泰伟晶岩所处的宏观地球物理场和构造背景演化外，还应从形成伟晶岩的源区物质地球化学组成及成岩成矿过程建立阿尔泰中生代伟晶岩区形成的新模式。

4.2.1 贫 Th-Pb 地球化学块体　Pb 同位素除用于示踪、确定成岩和成矿物质来源外，还具有很强的构造块体与区域性特征。特定构造块体与成矿区带上不同类型的矿种与不同矿床类型的 Pb 同位素组成存在差异。然而，新疆北部的矿石 Pb 同位素组成有很小的变化范围，$^{206}Pb/^{204}Pb=17.94\sim18.20$（平均 18.07 ± 0.10）；$^{207}Pb/^{204}Pb=15.49\sim15.63$（平均 15.57 ± 0.10）；$^{208}Pb/^{204}Pb=37.67\sim38.15$（平均 37.95 ± 0.20），构成了一个独立的、相对贫 Th-Pb 铅同位素省，与我国大陆其他构造区明显不同，具有火山岩、化学沉积与碎屑岩三组分混合特征，可能表明该区地壳从地幔分异出来的时间较晚，上下地壳的分异不明显[114]。

王中刚等[44]报道了区内相似的花岗岩和伟晶岩中钾长石 Pb 同位素组成。可可托海 3 号脉和那森恰伟晶岩 $^{206}Pb/^{204}Pb=17.160\sim17.495$，$^{207}Pb/^{204}Pb=15.455\sim15.477$，$^{208}Pb/^{204}Pb=37.705\sim37.847$；12 个花岗岩样品的 $^{206}Pb/^{204}Pb=17.999\sim18.398$（平均 18.249），$^{207}Pb/^{204}Pb=15.487\sim15.605$（平均 15.562），$^{208}Pb/^{204}Pb=37.809\sim38.410$（平均 38.156）。童英等[51]对区内较典型的同造山（21 个样）和后造山（27 个样）不同类型的花岗岩以及相伴生的基性岩（6 个样）进行长石 Pb 同位素的测定，结果显示花岗岩 $^{206}Pb/^{204}Pb=17.997\sim18.921$，平均值为 18.269，$^{207}Pb/^{204}Pb=15.460\sim15.599$，平均值为 15.528，$^{208}Pb/^{204}Pb=37.661\sim38.262$，平均值为 37.954；其 μ 值为 9.19~9.71，集中于 9.30~9.60，与典型的壳源花岗岩明显不同。这些特点明显不同于上地壳、下地壳和深海沉积物，而与洋岛玄武岩 OIB 和岛弧玄武岩相似。与花岗岩同时代的伴生基性岩 Pb 同位素也具有相似的特征，说明两者可能具有相似的物源特征，即幔源组分。

通过中亚造山带内蛇绿岩的 Pb 同位素研究，Liu 等[115]认为，与特提斯地幔域相比，古亚洲洋地幔域存在长期的低 Th/U 储集库，两个构造域不同的岩浆-构造过程最终导致了 Pb 同位素组成的差异。

4.2.2 富 Li、Be、Nb 等稀有金属的地球化学块体　阿尔泰区大桥幅和富蕴幅 1:20 万区域化探资料显示，阿尔泰镇小区志留系变质碎屑岩 Li、Zr、Th 和泥盆系地层 Nb、Y 为区域背景值的 1.5~2.0 倍。在上述两幅图的各地层小区中，地层时代由老到新，元素富集作用增强，并在中泥盆统和下石炭统达到高峰。在奥陶纪、泥盆纪片麻岩中富集 Zr、La、Th、Nb、Li、Sn 和 U 等，在片岩中富集 Li、La、Th、Zr、W 和 Nb 等。可以看出，在阿尔泰造山带早古生代变质岩中均富集 Li、Nb 等稀有金属[116]。

王中刚等[44]报道区内不同时代花岗岩 Li、Be、Nb、Ta 等元素定量分析（约 600 个样）得到的平均值分别为 55、6.2、15 和 2.8 mg/kg。Nb 和 Ta 平均值与全球花岗岩相近，Li 和 Be 明显高于后者（分别为 30 和 5 mg/kg）[117]。

在中蒙跨境阿尔泰地区开展的 1:100 万地球化学填图，覆盖面积约 30 万 km^2，获得了高质量 Be 地球化学数据及其图件[118]。结果表明，中国境内 Be 中位值（1.99 mg/kg），平均值（2.14 mg/kg），高于蒙古国中位值和平均值，表明中国境内 Be 平均含量高于蒙古国。阿尔泰构造带 Be 元素总体含量变化范围是 1.29~4.79 mg/kg，中位值和平均值分别是 1.96 和 2.18 mg/kg；阿尔泰南缘弧盆系 Be 含量范围 1.36~5.26 mg/kg，中值 2.03 mg/kg，平均值 2.28 mg/kg；邻区东、西准噶尔弧盆系 Be 含量范围 1.26~3.12 mg/kg，中位值和平均值分别是 1.86 和 1.95 mg/kg；准噶尔地块 Be 含量范围 1.41~3.06 mg/kg，中位值为 2.07 mg/kg，平均值为 2.11 mg/kg。这些特点表明，阿尔泰南缘弧盆系及阿尔泰构造带显著富集 Be 元素，大量稀有金属伟晶岩矿床也产在该构造带内。圈定了 8 个异常区并优选出 6 个地球化学省，其中可可托海、柯鲁木特、库卡拉盖等中大型稀有金属矿床及其外围存在地球化学省，为该区寻找稀有金属矿床提供重要选区。阿尔泰锂地球化学省（Li01）异常面积约 25 km^2，异常内锂含量均值 70.9 mg/kg，异常浓集中心显著，该异常是重要的花岗伟晶岩型稀有金属成矿带之一[119]。

根据上述朱炳泉等[114]提出的北疆独立的、不同于我国其他陆块的贫 Th-Pb 地球化学省，以及 2003 年提出的地球化学急变带概念，结合区域化探资料，本文认为该区应是西伯利亚与准噶尔板块之间的岩石圈以稀有金属 Li、Be 为代表的地球化学边界。

4.3 阿尔泰中生代稀有金属伟晶岩的壳幔混合源区

阿尔泰中生代伟晶岩锆石的 Hf 同位素组成资料显示（表 4，图 4），三叠纪伟晶岩 $\varepsilon_{Hf}(t)$ 值为近于 0 的低正值，主要集中在 0.0~2.5 之间，少数为负值（−0.60，−0.45）。模式年龄较年轻，T_{DM2} 为

0.75~1.28 Ga。侏罗纪伟晶岩 $\varepsilon_{Hf}(t)$ 值低于三叠纪，多为近于0的低正值（一个负值(-0.6)），变化范围大于三叠纪伟晶岩，介于0.02~6.3之间，Hf模式年龄最低 T_{DM2}（0.833~1.298 Ga）。

目前，区内中生代花岗岩的Hf同位素数据很少，仅有阿拉尔、阿斯卡尔特、尚克兰和将军山花岗岩，$\varepsilon_{Hf}(t)$ 值变化范围较大（-4.2~8.8），T_{DM2} 为 0.52~1.34 Ga [11, 25, 32]。与同期伟晶岩相比，阿斯卡尔特花岗岩-伟晶岩型稀有金属矿床的 $\varepsilon_{Hf}(t)$ 值基本一致，分别为-0.72~1.33和-0.36~1.99，显示了花岗岩-伟晶岩系统的特点，但可可托海3号脉伟晶岩与同时期阿拉尔花岗岩有一定差异，阿拉尔二长花岗岩 $\varepsilon_{Hf}(t)$ 值变化范围为-4.2~4.9，三号伟晶岩脉为 1.25~2.39 [10-11, 52]。

阿尔泰稀有金属伟晶岩 $\varepsilon_{Hf}(t)$-年龄图（图4）显示，侏罗纪伟晶岩除个别样品较高外，大多数样品 $\varepsilon_{Hf}(t)$ 值较低，三叠纪伟晶岩低于或近于侏罗纪伟晶岩，趋近于球粒陨石演化线分布，二叠纪最高。总体反映了阿尔泰中生代伟晶岩较晚古生代伟晶岩源区存在较多的古老地壳物质，为壳-幔混合源区，显示了增生型地壳的显著特点。

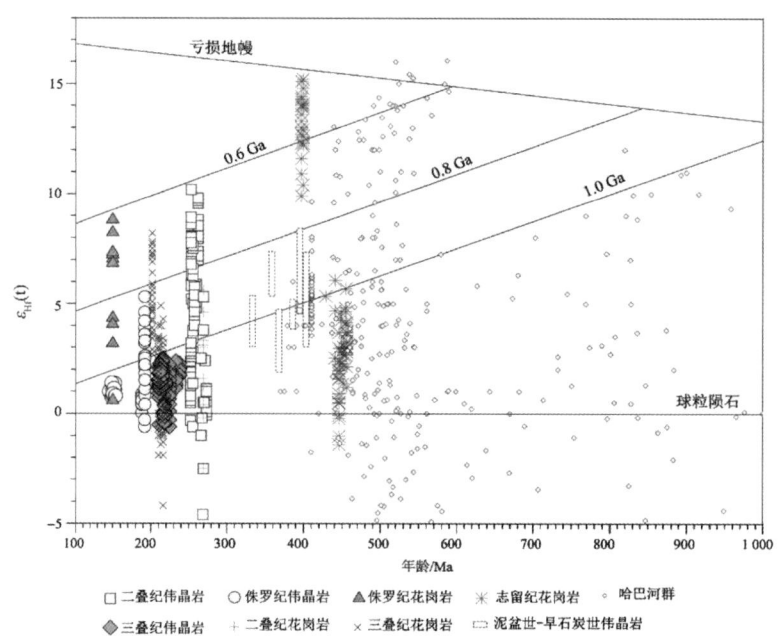

图4 阿尔泰稀有金属伟晶岩锆石 $\varepsilon_{Hf}(t)$-年龄图（据文献 [4,17] 略有修改）
Fig. 4 Zircon $\varepsilon_{Hf}(t)$ vs age diagram of the Altay rare metal pegmatites (modified after references [4,17])

对阿尔泰花岗岩的Nd同位素填图也显示了类似特点[79, 86]。伟晶岩大量分布的阿尔泰中部块体和北山中南部花岗岩具有低的 $\varepsilon_{Nd}(t)$ 值（-6 ~ -1）和老的 T_{DM}（1.7~1.0 Ga），表明阿尔泰深部物质组成具有中部相对较老，南侧相对较新的结构，说明Nd同位素揭示的"中老南新"的地壳深部物质结构是客观存在。例如，三叠纪阿拉尔、霍热木德克、辉腾、满克依顶萨依等花岗岩 $\varepsilon_{Nd}(t)$ 皆为近于0的负值，范围-3.9 ~ -0.3 [11-13]，($^{87}Sr/^{86}Sr$) 为 0.701 16~0.713 20，绝大多数<0.710。俄罗斯阿尔泰中生代花岗岩 $\varepsilon_{Nd}(t)$ 值（-5 ~ -2）。北疆阿尔泰侏罗纪花岗岩Nd、Hf同位素组成数据很少，将军山二云母二长花岗岩（151 Ma）的 $\varepsilon_{Nd}(t)$ 为 1.0~5.2，其 $\varepsilon_{Hf}(t)$ 为 1~8 [11]；60号山（库儒尔特，180.7 Ma）[22] 的 ($^{87}Sr/^{86}Sr$)=0.7071, $\varepsilon_{Nd}(t)$=-3.85 [84]。显然，该地区中生代早期花岗岩以壳-幔混合源为特点。

邻区准噶尔300 Ma之后的岩浆岩锆石 $\delta^{18}O$ 非常高、全岩 $\delta^{11}B$ 值低，与成熟大陆地壳同位素组成一致，其源区含有大于50%的火山沉积物[89]。这些特征也表明中生代的岩浆岩源区具有壳-幔混合特征。

根据稀土元素及Sr、Nd同位素组成，模拟计算表明阿尔泰古生代黑云母花岗岩源区物质由亏损地幔与年轻地壳以3:2比例混合组成，中生代花岗岩，如60号山二云母花岗岩、尚克兰钠长花岗岩的源区年轻地壳约占50%，而亏损地幔所占比例降低[84]。

Li同位素组成与岩浆分异程度、伟晶岩类型无关，^{6}Li（丰度低，7.6%）偏向于保留在固相中，而^{7}Li（丰度高，92.4%）易于进入流体中。阿尔泰青河贫Li伟晶岩的Li同位素组成分析提供了源区岩石学成分特点[120]，它明显富集重Li同位素（$δ^7$Li=4.1‰~14.5‰），Li含量低（3.6~50 mg/kg），与区内片岩、花岗岩及全球富Li伟晶岩明显不同（片岩$δ^7$Li=0.9‰~3.0‰，Li=24~123 mg/kg；花岗岩$δ^7$Li=0.9‰~3.0‰，Li=24~70 mg/kg；全球富Li伟晶岩$δ^7$Li=-1.0‰~10‰，Li>500 mg/kg）。模拟实验表明，源区富黑云母可导致贫Li伟晶岩一般比富Li伟晶岩贫^{7}Li，加拿大Little Nahanni伟晶岩[121]、法国中央高原伟晶岩[111]以及川西甲基卡、西昆仑白龙山Li伟晶岩也显示类似特征[121-122]。这表明贫Li伟晶岩源区以黑云母为主（超过白云母），它贫助熔组分Li、Na、B、F、CO_3^{2-}和HCO_3^-，为杂砂岩质或泥质岩，形成于贫水、富硅酸盐熔体；而富Li伟晶岩源区为富白云母的片岩，富含上述助熔组分，形成于富水、贫硅酸盐的超临界流体[123]。青河贫Li伟晶岩不是花岗岩高程度分异演化的产物[120]。目前，本区仅对青河贫Li伟晶岩的Li同位素组成开展了研究[120]，所反映的源区矿物组成特点可作为阿尔泰富Li伟晶岩源区的参考。

4.4 阿尔泰中生代稀有金属伟晶岩的成岩过程

阿尔泰中生代伟晶岩与赋存花岗岩明显的成岩时间差异表明它们无成因联系。国外一些学者提出几乎所有暴露在地表的伟晶岩脉均与深部的花岗岩体有成因联系[124-125]，对同一区内没有母花岗岩存在的孤立伟晶岩，提出了其母花岗岩埋藏于深部的假设[101, 106]。Dill[126-127]认为用地球物理测量和钻孔样品可排除花岗质母岩埋藏在深部，如中欧的Hagendorf-Pleystein伟晶岩田。然而，世界范围内的大多数伟晶岩的母岩并未得到证实，其中包括著名的加拿大Tanco伟晶岩、澳大利亚Greenbush伟晶岩。

Webster等[124]研究了德国Erzgebirge的稀有矿化伟晶岩，并在石英中找到了较多含硅酸盐子晶的熔融包裹体，其成分与稀有矿化伟晶岩的总体成分相当，表明自然界存在有一种特殊的、富含稀有金属的伟晶岩浆。

上述精确定年和Hf及少量Li同位素组成资料显示，阿尔泰中生代伟晶岩与花岗岩的形成时代和（或）物源解耦，表明伟晶岩不是花岗岩岩浆分异演化晚期的残余岩浆结晶的产物，而是造山后加厚的不成熟地壳物质在伸展减压背景下发生小比例部分熔融（深熔）形成的独立伟晶岩[4, 128]，称为阿尔泰型伟晶岩。对中亚造山带俄罗斯阿尔泰[129]、美国阿利根尼造山带[130]、欧洲海西造山带[126-127, 131]和格林威尔造山带[132]的研究都提出了伟晶岩为深熔成因的认识。

4.4.1 由变泥质岩脱水部分熔融形成 伟晶岩熔体组成类似于含H_2O花岗岩，传统研究认为伟晶岩与花岗岩同源，是花岗岩分异演化的产物。实验表明，在2~3 kbar（约6.5~10 km），(680±20) °C[133]（花岗岩低共熔温度），或(700±50) °C[134]（伟晶岩液相线温度）水饱和条件下，泥质岩发生小比例部分熔融可直接形成独立的伟晶岩岩浆。与Li-Be-Nb-Ta-Cs矿床相关的伟晶岩为LCT型伟晶岩[101]，以过铝质、富含B、Be、Li、P、碱质（Na、K），贫Fe、Mg、Ca为特征，这意味着LCT伟晶岩很可能是由泥质岩深熔形成。

Shearea等[135]总结了成矿花岗岩和相关伟晶岩形成的3个端员模型：均一的花岗质岩浆连续结晶模型、不同程度部分熔融模型和成分明显不同的源区的部分熔融（部分熔融程度相同）。伟晶岩中稀有元素的极端富集可部分用富挥发分的岩浆中-高程度（70%~90%）分离结晶模拟，但部分熔融对控制明显不同岩浆类型的挥发分和不相容元素含量也很重要。第二种模型更适于阿尔泰伟晶岩形成，即不同成分变沉积岩的低程度部分熔融（~10%）可形成稀有金属伟晶岩，而高程度（20%~40%）部分熔融可作为成分不同花岗岩的母岩浆。

如上所述，阿尔泰中生代伟晶岩的Hf同位素组成源区显示存在较多古老地壳物质，具有增生型地壳的显著特点。已有资料表明，震旦-早寒武世的喀纳斯-库威群[67]和中奥陶-早泥盆世哈巴河群[66]是本区最主要的变质岩，它们主要由云母片岩和粉砂岩、页岩和夕线石-石榴子石片麻岩等组成。哈巴河群变质岩Hf同位素组成指示其主要源自活动陆缘火成岩剥蚀而[66]，被认为是阿尔泰伟晶岩源区的主要岩石[17]。目前缺少有关喀纳斯-库威群的地球化学资料，但据其岩石学主成分特征与哈巴河群类似,因此,可将它们均作为阿尔泰伟晶岩的最可能源区物质。

本区古生代显著地壳增生及多次高温低压的变质作用[93],使上述源区物质受到反复热异常改造,形成了本区特征的稀有金属地球化学块体,为中生代伟晶岩形成及大规模稀有金属成矿奠定了基础。

此外,本区稀有金属伟晶岩普遍存在与直接花岗岩围岩时差约200 Ma,可能暗示了阿尔泰古生代花岗岩也可能做为中生代伟晶岩的源区之一,花岗岩的低程度部分熔融形成了伟晶岩熔体。

根据模拟实验资料,地壳物质的深熔作用主要有2种类型[136]:注水熔融(fluid-fluxing / fluid present melting)和脱水熔融(dehydration/fluid-absent melting)。脱水熔融所形成的熔体成分与喜马拉雅淡色花岗岩相似,而注水熔融形成的熔体成分为奥长花岗岩。与脱水熔融相比,注水熔融形成的熔体地球化学特点是Ca、Sr、Ba、Zr、Hf、Th、LREE和Zr/Hf较高,Rb、Nb、Ta、U和Rb/Sr、$^{87}Sr/^{86}Sr$、$\varepsilon_{Hf}(t)$较低[137]。

综合上述分析,阿尔泰伟晶岩具有与脱水熔融相似的地球化学特征,应是喀纳斯群、哈巴河群云母片岩在下地壳(6~10 kbar,≤750 ℃)条件下云母脱水、云母片岩发生低程度(<10%)部分熔融形成(图5)。

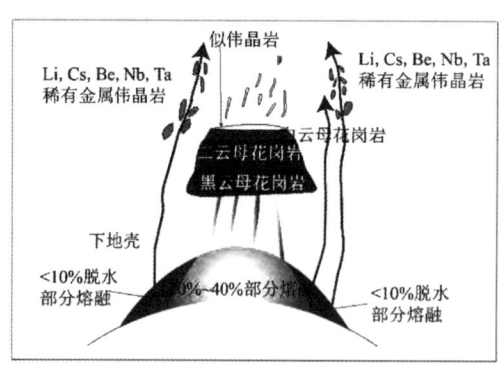

图5 阿尔泰稀有金属伟晶岩形成模式图(据文献[135]修改)
Fig. 5 Petrogenesis model of the Altay Mesozoic pegmatites (revised after reference [135])

4.4.2 形成于熔体-流体共存系统 石英流体包裹体测温结果表明,阿尔泰三叠纪稀有金属伟晶岩温度为600~416 ℃,压力为350~266 MPa,对应的侵位深度8.4~11.8 km,与Ĉerný(1991)[101]提出的LCT型伟晶岩相似(200~400 MPa),比区内二叠纪伟晶岩的侵位深度11.4~14.5 km浅[138]。其形成的温压条件不同于London(2008)[139]的资料,侵位深度也明显大于金兹堡等(1979)[140]提出的稀有金属伟晶岩侵位深度(3.5~7.0 km),表明阿尔泰伟晶岩初始岩浆来源较深。这有利于挥发分的富集,降低了岩浆的固相线温度,有利于岩浆充分的分异演化和稀有金属元素在残余熔体中的富集成矿,在空间上形成完整的共生-结构分带。如上述,中生代阿尔泰稀有金属伟晶岩具有非常典型、完整的呈近同心环状共生-结构带,这些结构带矿物组成、地球化学特点及同位素精确定年的研究资料,为探讨稀有金属伟晶岩的成矿过程提供了重要依据。具有最完整结构分带(Ⅰ~Ⅸ)的可可托海3号脉,其Ⅰ~Ⅳ带为外部带,Ⅴ~Ⅸ带为内部带。朱金初等[141]对三号脉各结构带的包裹体综合研究,在边壳带和Ⅰ、Ⅲ带发现硅酸盐熔融包裹体,Ⅳ~Ⅶ带的锂辉石和绿柱石中发现流体-熔融包裹体,流体包裹体出现在Ⅵ带和Ⅸ带的矿物中,认为外带是富水但水不饱和的伟晶岩浆,内带在晶体相、熔体相和流体相三相并存的条件下,即岩浆-热液过渡阶段结晶形成的;最内Ⅸ带是在热液早阶段从高温富硅酸盐溶质的超临界流体中晶出。在卡鲁安伟晶岩805、806和807号脉的石英、锂辉石中包裹体中,B型(含液相CO_2包裹体)与A2型(熔体-流体)包裹体共存,也指示这些伟晶岩的形成经历了岩浆-热液过渡阶段[138]。这与稀有金属伟晶岩是在超临界状态下硅酸盐熔体与热液流体完全混熔形成的实验结果一致[142]。

可可托海3号伟晶岩脉中Ⅰ~Ⅵ带磷灰石稀土组成呈典型M型稀土四分组效应,磷灰石是典型的全配分型矿物,其成分反映了赋存系统的成分特点,因此,其稀土四分组效应指示稀有金属伟晶岩的熔体-流体共存特征[143-146]。其外带(Ⅳ带)锆石的稀土组成也具有四分组效应,特别是HREE部分,脉体中背散射和阴极发光图中弱和均匀发光、无明显震荡环带的锆石具有岩浆锆石与热液锆石过渡特征,均指示伟晶岩形成于岩浆熔体-热液流体共存体系[147]。柯鲁木特112号大-中型Li-Nb-Ta伟晶岩脉Ⅰ带和Ⅱ带为岩浆阶段,锆石稀土组成未显示四分组效应,Ⅲ~Ⅴ带锆石呈现显著的M型四分组效应,显示了岩浆-热液共存特征[148]。

伟晶岩中各结构带的贯通性矿物云母和长石的微量元素成分由外带向内带呈规律性变化,可可可托海3号脉云母由白云母系列向锂白云母（V~Ⅶ带）、锂云母（Ⅷ带）系列演化；钾长石具有低K/Rb、K/Cs比值由外带向内带降低，FeO、Li、Rb、Cs、F、Ta含量明显呈震荡式增加，表明体系由外部带以熔体为主的阶段进入以熔流体为主内部带[149]。

电气石的微量元素组成可以有效地约束成岩与成矿的温度、压力和氧逸度等。三号脉早期结构带（Ⅰ~Ⅳ带）中电气石为黑电气石-锂电气石系列，无明显组成分带，为岩浆成因；而伟晶岩晚期结构带（V~Ⅶ带）中电气石为锂电气石，显示振荡环带，形成于岩浆-热液过渡阶段体系[150]。

Li、Be活动性特点为伟晶岩的形成和成矿提供了信息，在流体中Li是中等不活动元素，Be是相对不活动的，但在硅酸盐熔体中是活动的，因此，Be迁移主要受控于硅酸盐熔体，而非富水流体[151]。富水硅酸盐熔体交代地幔过程中，Li的明显富集并伴随Be的加入[152]。阿尔泰以Li、Be为代表的大规模伟晶岩稀有金属成矿是伟晶岩系统中熔体-流体共存的产物。

伟晶岩不同结构带的同位素年龄精确测定提供了其成矿系统地球化学特点演化过程的时序。如可可托海3号伟晶岩，从外带（Ⅰ、Ⅱ和Ⅳ带）到内带（V、Ⅶ带），同位素年龄（锆石、铌钽铁矿、辉钼矿）从220 Ma变化到209 Ma，而早侏罗世年龄（198.7~183 Ma）主要出现在内带的V和Ⅷ带，少数出现在外带的Ⅱ带（186 Ma）（表1）。可见，形成超大型稀有金属伟晶岩床的成矿系统应是经历了长时间的演化，其成矿系统从早期以熔体为主经熔体-流体共存最终演化为热液阶段；已有的研究显示，可可托海3号脉成矿的岩浆阶段延续了约8 Ma（220~211.9 Ma），熔体-流体共存延续约5 Ma（214.9~210.7 Ma），热液阶段延续约12 Ma（198.5~186 Ma），而从岩浆阶段演化到热液阶段则延续约35 Ma（220~186 Ma）（表1）。这种长时间尺度的成矿作用应是长时间结晶分异并受到早侏罗世成矿作用叠加的结果，Ⅱ、Ⅳ和Ⅵ带白云母$^{40}Ar/^{39}Ar$坪年龄分布为（179.7±1.1）、（182.7±1.0）和（181.8±1.1）Ma以及三号脉周围侏罗纪伟晶岩产出（库威-结别特、库儒尔特、别也萨麻斯等）提供了证据（表1）[4, 153]。对具有大-中型Li-Be-Nb-Ta成矿规模的柯鲁姆特112号伟晶岩脉的6个结构带进行了系统的锆石年龄测定和地球化学研究也显示了类似的特征[17]，Ⅰ、Ⅱ、

Ⅲ、V和Ⅵ带年龄分别为238.3、233.5、188.3、218.8和210.7 Ma（表1），包裹体特征显示Ⅰ和Ⅱ带为岩浆阶段，Ⅲ~V带为岩浆-流体共存阶段，而Ⅵ带则为流体阶段。表明该矿床从岩浆阶段到热液阶段经历了约50 Ma（238.3~188.3 Ma），期间，受到早侏罗世成矿作用的叠加。Lv等（2012）[17]认为该伟晶岩的岩浆-热液过程经历了约28 Ma（238.3~210.7Ma），而热液过程经历了约22 Ma（210.7~188.3 Ma）。

花岗岩-伟晶岩稀有金属成矿系统的长时间演化主要集中于花岗岩。湖南仁里超大型伟晶岩铌钽矿床与幕阜山花岗岩密切相关，花岗岩和伟晶岩精确定年资料显示，从花岗闪长岩演化到二云母二长花岗岩延续了约20 Ma（151~130 Ma）[112, 154-155]，伟晶岩成矿年龄与二云母二长花岗岩和白云母花岗岩一致（130 Ma）[156]。

综上所述，阿尔泰型伟晶岩的主要特征是成矿规模巨大，伟晶岩与赋矿花岗岩存在显著时差，它远离同时代花岗岩且地球化学特征差异显著，源于增生型造山带陆内伸展背景下新生地壳物质与变泥质岩混合源低程度部分脱水熔融形成的独立岩浆，经历高程度分离结晶的熔体-流体共存系统结晶而成；此外，阿尔泰型伟晶岩成矿系统一般延续较长时间，和/或受到另一期成矿作用叠加，这是阿尔泰型伟晶岩的另一个重要特征，也是其形成大型-超大型稀有金属伟晶岩矿床的重要条件。

5 一些尚待深入研究的重要科学问题

深入开展阿尔泰中生代伟晶岩与花岗岩类时空分布、稀有金属成矿作用特征及控制因素研究，是本区稀有金属成矿与找矿的关键科学问题，其内容至少包括以下6个方面：

1）阿尔泰造山带晚三叠世稀有金属伟晶岩大规模爆发成矿的关键控制因素（宏观的，微观的）。

2）与广泛分布的中生代稀有金属伟晶岩同时代花岗岩的产出规模小、分布零散，是否指示了独立伟晶岩岩浆的存在？或与伟晶岩有关的花岗岩隐伏在深部？除同位素年龄数据外，如何区分深熔伟晶岩与花岗岩-伟晶岩成矿、成矿系统？

3）中生代（主要为三叠纪和侏罗纪）岩浆岩（重点是花岗岩类）的分布范围、岩石地球化学特点及成矿潜力。

4）系统开展伟晶岩与相关花岗岩时空关系的研究，如伟晶岩在赋存花岗岩体中的位置（顶部、

内接触带、外接触带),伟晶岩与花岗岩Li、B、Ba、Hf同位素组成的对比研究;伟晶岩、花岗岩中贯通性矿物(如钾长石和云母等)和特征副矿物(如磷灰石和锆石等)微量元素特征的对比研究等。

5)加强伟晶岩分布区岩石圈三维结构与物性探测。阿尔泰伟晶岩的形成深度多在上地壳范围(8~12 km),但阿尔泰造山带的深部,特别是伟晶岩密集分布构造单元的壳幔结构、物质组成是探讨伟晶岩及相关花岗岩源区成分、成矿物质来源及演化的重要依据,应加强研究,并利用大数据挖掘新、旧物化探数据的新信息。

6)加强与邻区俄罗斯、哈萨克斯坦和蒙古中生代花岗岩类及其成矿作用的对比研究[157-158]:中国阿尔泰山和俄罗斯阿尔泰山均属于阿尔泰山脉的组成部分,地理上互相连接,地质上具有相似的古生代演化史。在俄罗斯阿尔泰山发育以花岗岩岩株和岩脉型W-Mo、Li-Ta为主的稀有金属矿床,时限为晚三叠世和早侏罗世;而中国阿尔泰山则发育以花岗伟晶岩脉型Li-Be-Nb-Ta为主的稀有金属矿床,时限从晚三叠世到晚侏罗世。花岗岩成矿规模较小,研究程度低。目前确切的中生代花岗岩稀有金属矿床仅为阿斯喀尔特Be-Nb-Mo及60号山Li-Be-Nb-Ta矿床[4, 25, 32-33]。将军山及尚克兰等稀有金属矿化淡色花岗岩的成岩显示为晚二叠世-侏罗纪年龄[11, 28, 44-45]。因此,应加强它们之间的对比研究,为深入探讨阿尔泰中生代花岗岩与伟晶岩之间的成岩、成矿关系及中生代花岗岩成矿潜力及找矿提供重要依据。

6 结语

1)阿尔泰造山带发育了世界罕见的10万余条伟晶岩脉,在晚三叠世稀有金属成矿达到高峰。三叠纪、侏罗纪花岗岩出露面积小,呈点状与同时代伟晶岩分离分布,稀有金属成矿弱。

2)阿尔泰造山带古生代构造动力学背景属陆缘岛弧(或日本型岛弧),早古生代地壳增生显著、壳幔相互作用强烈,花岗岩类广泛产出;造山带内分布多个富稀有金属地球化学省。这些特点为形成中生代陆内伸展背景下大规模伟晶岩形成和稀有金属成矿奠定了基础。

3)阿尔泰中生代伟晶岩可称为阿尔泰型稀有金属伟晶岩,其显著特点是伟晶岩与赋存花岗岩成岩存在显著时差(间断达200 Ma);稀有金属伟晶岩的产出规模大,但同时代的花岗岩类分布零星,成岩、成矿规模小,空间上远离同时代成矿伟晶岩;Hf同位素组成及成矿地球化学参数与伟晶岩明显不连续。阿尔泰型伟晶岩是由增生型造山带造山后陆内加厚的不成熟地壳与变泥质古老地壳物质混合、低程度(<10%)脱水部分熔融(深熔)形成独立伟晶岩岩浆,经岩浆、岩浆-热液和热液阶段较长时间(几到十几,甚至几十百万年)高程度分离结晶的熔体-流体共存系统,形成稀有金属伟晶岩。花岗质岩浆分异演化形成伟晶岩的传统模型可能不适于阿尔泰伟晶岩。

参考文献:

[1] WINDLEY B F, KRÖNER A, GUO J, et al. Neoproterozoic to Paleozoic geology of the Altai Orogen, NW China: new zircon age data and tectonic evolution[J]. Journal of Geology, 2002, 110: 719-737.

[2] XIAO W J, WINDELY B F, BADARCH G, et al. Palaeozoic accretionary and convergent tectonics of the southern Altaids: implications for the growth of Central Asia[J]. Journal of the Geological Society, 2004, 161: 339-342.

[3] WINDLEY B F, ALEXEIEV D, XIAO W J, et al. Tectonic models for accretion of the Central Asian Orogenic Belt[J]. Journal of Geological Society, 2007, 164: 31-47.

[4] 张辉,吕正航,唐勇. 新疆阿尔泰造山带中伟晶岩型稀有金属矿床成矿规律、找矿模型及其找矿方向[J]. 矿床地质, 2019, 38(4): 792-814.

[5] BROUSSOLLE A, SUN M, SCHULMANN K, et al. Are the Chinese Altai "terranes" the result of juxtaposition of different crustal levels during Late Devonian and Permian orogenesis? [J] Gondwana Research, 2019, 66: 183-206.

[6] 肖文交,舒良树,高俊,等. 中亚造山带大陆动力学过程与成矿作用[J]. 新疆地质, 2008, 26(1): 4-8.

[7] WANG T, TONG Y, JAHN B M, et al. SHRIMP U-Pb zircon geochronology of the Altai No. 3 pegmatite, NW China, and its implications for the origin and tectonic setting of the pegmatite[J]. Ore Geology Reviews, 2007, 32: 325-336.

[8] 刘锋,张志欣,李强,等. 新疆可可托海3号伟晶岩脉成岩时代的限定:来自辉钼矿Re-Os定年的证据

[J]. 矿床地质, 2012, 31(5): 1111-1118.

[9] CHE X D, WU F Y, WANG R C, et al. In situ U-Pb isotopic dating of columbite-tantalite by LA-ICP-MS [J]. Ore Geology Reviews, 2015, 65: 979-989.

[10] 陈剑锋, 张辉, 张锦煦, 等. 新疆可可托海3号伟晶岩脉锆石U-Pb定年、Hf同位素特征及地质意义[J]. 中国有色金属学报, 2018, 28(9): 1832-1844.

[11] WANG T, JAHN B M, KOVACH V P, et al. Mesozoic intraplate granitic magmatism in the Altai accretionary orogeny, NW China: implications for the orogenic architecture and crustal growth [J]. American Journal of Science, 2014, 314: 1-42.

[12] 蔺新望, 张亚峰, 王星, 等. 新疆阿尔泰友谊峰地区木孜他乌岩体锆石U-Pb年龄及地质意义[J]. 西北地质, 2017, 50(3): 83-91.

[13] 田利彪, 陈有炘, 何峻岭, 等. 阿尔泰地区霍热木德克花岗岩体年代学、地球化学特征及构造意义[J]. 成都理工大学学报(自然科学版), 2017, 44(1): 94-108.

[14] 陈有炘, 高峰, 裴先治, 等. 新疆阿尔泰地区辉腾花岗岩体年代学、地球化学特征及构造意义[J]. 岩石学报, 2017, 33(10): 3076-3090.

[15] 刘松柏, 窦虎, 张为民, 等. 准噶尔东北亚克拉铜矿地区侏罗纪粗安岩的分析及地质意义[J]. 地质论评, 2018, 64(6): 1519-1529.

[16] 刘松柏, 窦虎, 李海波, 等. 新疆东天山博格达地区晚侏罗世中酸性侵入岩的发现、锆石U-Pb年龄及其地质意义[J]. 地质通报, 2019, 38(2/3): 288-294.

[17] LV Z H, ZHANG H, TANG Y, et al. Petrogenesis and magmatic–hydrothermal evolution time limitation of Kelumute No. 112 pegmatite in Altay, Northwestern China: evidence from zircon U-Pb and Hf isotopes[J]. Lithos, 2012, 154: 374-391.

[18] 吕正航, 张辉, 唐勇. 新疆别也萨麻斯L1号伟晶岩脉Li-Nb-Ta矿床与围岩花岗岩成因关系研究[J]. 矿物学报, 2015(Suppl): 323.

[19] 杨富全, 张忠利, 王蕊, 等. 新疆阿尔泰稀有金属矿地质特征及成矿作用[J]. 大地构造与成矿学, 2018, 42(6): 1010-1026.

[20] 丁建刚, 杨成栋, 杨富全, 等. 新疆阿尔泰别也萨麻斯稀有金属矿床含矿伟晶岩与花岗岩围岩成因关系[J]. 地球科学与环境学报, 2020, 42(1): 71-85.

[21] 何晗晗, 艾尔肯·吐尔孙, 王登红, 等. 新疆别也萨麻斯矿区钽锰矿的矿物学特征及其TIMS U-Pb定年[J]. 岩矿测试, 2020, 39(4): 609-619.

[22] 任容琴, 张辉, 唐勇, 等. 阿尔泰造山带伟晶岩年代学及地质意义[J]. 矿物学报, 2011, 31(3): 587-596.

[23] 秦克章, 申茂德, 唐冬梅, 等. 阿尔泰造山带伟晶岩型稀有金属矿化类型与成岩成矿时代[J]. 新疆地质, 2013, 31(Suppl): 1-7.

[24] 马占龙, 张辉, 唐勇, 等. 新疆卡鲁安矿区伟晶岩锆石U-Pb定年、铪同位素组成及其与哈龙花岗岩成因关系研究[J]. 地球化学, 2015, 44(1): 9-26.

[25] 刘文政, 张辉, 唐红峰, 等. 新疆阿斯喀尔特铍钼矿床中辉钼矿Re-Os定年及成因意义[J]. 地球化学, 2015, 44(2): 145-154.

[26] 邹天人, 李庆昌. 中国新疆稀有及稀土金属矿床[M]. 北京: 地质出版社, 2006.

[27] 邹天人, 张相宸, 贾富义, 等. 论阿尔泰3号伟晶岩脉的成因[J]. 矿床地质, 1986, 5(4): 34-48.

[28] 陈富文, 李华芹, 王登红. 中国阿尔泰造山带燕山期成岩成矿同位素年代学新证据[J]. 科学通报, 1999, 44(11): 1142-1147.

[29] ZHOU Q F, QIN K Z, TANG D M, et al. LA-ICP-MS U-Pb zircon, columbite-tantalite and ^{40}Ar-^{39}Ar muscovite age constraints for the rare-element pegmatite dykes in the Altay orogenic belt, NW China[J]. Geology Magazine, 2018, 158(3): 707-728.

[30] 闫军武, 刘锋, 申颖, 等. 新疆可可托海伟晶岩田岩浆活动时限与伟晶岩形成[J]. 地球学报, 2020, 41(5): 663-674.

[31] 杨富全, 张志欣, 刘国仁, 等. 新疆中亚造山带三叠纪矿床地质特征、时空分布及找矿方向[J]. 矿床地质, 2020, 39(2): 197-214.

[32] 王春龙, 秦克章, 唐冬梅, 等. 阿尔泰阿斯喀尔特Be-Nb-Mo矿床年代学、锆石Hf同位素研究及其意义[J]. 岩石学报, 2015, 31(8): 2337-2352.

[33] 丁欣, 李建康, 丁建刚, 等. 新疆阿斯喀尔特Be-Nb-Mo矿床Re-Os同位素年龄及地质意义[J]. 桂林理工大学学报, 2016, 36(1): 60-65.

[34] ZHANG X, ZHANG H, MA Z L, et al. A new model for the granite-pegmatite genetic relationships in the Kaluan-Azubai-Qiongkuer pegmatite-related ore fields, the Chinese Altay[J]. Journal of Asian Earth Sciences, 2016, 124: 139-155.

[35] FENG Y, LIANG T, ZHANG Z, et al. Columbite U-Pb Geochronology of Kalu'an lithium pegmatites in Northern Xinjiang, China: implications for genesis and emplacement history of rare-element pegmatites[J]. Minerals, 2019, 9(8): 456.

[36] 周天怡. 中国新疆阿祖拜伟晶岩型海蓝宝石成因研究[D]. 北京: 北京大学, 2015.

[37] WANG T, HONG D W, JAHN B M, et al. Timing, petrogenesis, and setting of Paleozoic synorogenic intrusions from the Altai mountains, Northwest China:

Implications for the tectonic evolution of an accretionary orogeny[J]. The Journal of Geology, 2006, 114: 735-751.

[38] 王登红, 陈毓川, 徐志刚, 等. 阿尔泰成矿省的成矿系列与成矿规律[M]. 北京: 原子能出版社, 2002.

[39] 张亚峰, 蔺新望, 郭岐明, 等. 阿尔泰南缘可可托海地区阿拉尔花岗岩体 LA-ICP-MS 锆石 U-Pb 定年、岩石地球化学特征及其源区意义[J]. 地质学报, 2015, 89(2): 339-354.

[40] 吴云辉, 熊小林, 赵太平, 等. 新疆东戈壁斑岩型 Mo 矿辉钼矿 Re-Os 年龄和成矿岩体锆石 U-Pb 年龄及其地质意义[J]. 大地构造与成矿学, 2013, 37(4): 743-753.

[41] 刘宏. 新疆阿尔泰阿拉尔花岗岩地球化学特征及其与可可托海3号脉演化关系[D]. 昆明: 昆明理工大学, 2013.

[42] 彭素霞, 程建新, 丁建刚, 等. 阿尔泰阿拉尔岩体周缘花岗岩序列与伟晶岩成因关系探讨[J]. 西北地质, 2015, 48(3): 202-213.

[43] 郑建平, 王方正, 成中梅, 等. 拼合的准噶尔盆地基底: 基底火山岩 Sr-Nd 同位素证据[J]. 地球科学, 2000, 25(2): 179-185.

[44] 王中刚, 赵振华, 邹天人. 阿尔泰花岗岩类地球化学[M]. 北京: 科学出版社, 2013. 743-753.

[45] LIU Y L, ZHANG H, TANG Y, et al. Petrogenesis and tectonic setting of the Middle Permian A-type granites in Altay, northwestern China: Evidences from geochronological, geochemical, and Hf isotopic studies[J]. Geological Journal, 2018, 53(2): 527-546.

[46] 徐新, 陈川, 丁天府, 等. 准噶尔西北缘早侏罗世玄武岩的发现及地质意义[J]. 新疆地质, 2008, 26(1): 9-16.

[47] 李华芹, 吴华, 陈富文, 等. 东天山白山铼钼矿区燕山期成岩成矿作用同位素年代学证据[J]. 地质学报, 2005, 79(2): 249-255.

[48] 朱文斌, 王富军, 曹远远, 等. 天山及邻区燕山期构造岩浆事件[J]. 地质学报, 2020, 94(5): 1331-1346.

[49] 刘锋, 曹峰, 张志欣, 等. 新疆可可托海近3号脉花岗岩成岩时代及地球化学特征研究[J]. 岩石学报, 2014, 30(1): 1-15.

[50] 刘涛, 田世洪, 王登红, 等. 新疆卡鲁安硬岩型锂矿床花岗岩与伟晶岩成因关系: 锆石 U-Pb 定年、Hf-O 同位素和全岩地球化学证据[J]. 地质学报, 2020, 94(11): 3293-3334.

[51] 童英, 王涛, 洪大卫, 等. 中国阿尔泰造山带花岗岩 Pb 同位素组成特征: 幔源成因佐证及陆壳生长意义[J]. 地质学报, 2006, 80(4): 517-528.

[52] 张辉, 刘宏. 新疆可可托海3号伟晶岩脉是阿拉尔花岗岩岩浆演化晚期的产物?[J]. 矿物学报, 2013, 33(Suppl 2): 279.

[53] CAI K D, SUN M, YUAN C, et al. Keketuohai mafic-ultramafic complex in the Chinese Altai, NW China: Petrogenesis and geodynamic significance[J]. Chemical Geology, 2012, 294: 26-41.

[54] ZHU Y F, ZENG Y, GU L. Geochemistry of the rare metal-bearing pegmatite No. 3 vein and related granites in the Keketuohai region, Altay mountains, northwest China [J]. Journal of Asian Earth Sciences, 2006, 27(1): 61-77.

[55] 栾世伟, 毛玉元, 范良明. 可可托海地区稀有金属成矿与找矿[M]. 成都: 成都科技大学出版社, 1996.

[56] BAKER D R. The escape of pegmatite dikes from granitic plutons: constraints from new models of viscosity and dike propagation[J]. The Canadian Mineralogist, 1998, 36(2): 255-263.

[57] SELWAY J B, BREAKS F W, TINDLE A G. A review of rare-element (Li-Cs-Ta) pegmatite exploration techniques for the Superior Province, Canada, and large worldwide tantalum deposits[J]. Exploration and Mining Geology, 2005, 14(1/2/3/4): 1-30.

[58] 肖序常. 中国新疆地壳结构与地质演化[M]. 北京: 地质出版社, 2010.

[59] 何国琦, 韩宝福, 岳永军, 等. 中国阿尔泰造山带的构造分区和地壳演化[J]. 新疆地球科学, 1990(2): 9-20.

[60] SUN M, YUAN C, XIAO W J, et al. Zircon U-Pb and Hf isotopic study of gneissic rocks from the Chinese Altai: progressive accretionary history in the early to middle Paleozoic[J]. Chemical Geology, 2008, 247(3): 352-383.

[61] 牛贺才, 于学元, 许继峰. 中国新疆阿尔泰晚古生代火山作用及成矿[M]. 北京: 地质出版社, 2006.

[62] LONG X P, SUN M, YUAN C, et al. Detrital zircon age and Hf isotopic studies for metasedimentary rocks from the Chinese Altai: Implications for the Early Paleozoic tectonic evolution of the Central Asian Orogenic Belt[J]. Tectonics, 2007, 26(5): TC5015.

[63] SENGOR, CELAL A M, NATAL'IN, et al. Turkic-type orogeny and its role in the making of the continental crust[J]. Annual Review of Earth & Planetary Sciences, 1996, 24: 263-337.

[64] CAI K D, SUN M, YUAN C, et al. Geological framework and Paleozoic tectonic history of the Chinese Altai, NW China: A review[J]. Russian Geology and Geophysics, 2011, 52: 1619-1633.

[65] JIANG Y D, SCHULMANN K, KRÖNER A, et al.

[65] Neoproterozoic-Early Paleozoic Peri-Pacific accretionary evolution of the Mongolian collage system: insights from geochemical and U-Pb zircon data from the Ordovician sedimentary wedge in the Mongolian Altai[J]. Tectonics, 2017, 36(11): 2305-2331.

[66] LONG X P, YUAN C, SUN M, et al. Detrital zircon ages and Hf isotopes of the early Paleozoic flysch sequence in the Chinese Altai, NW China: New constraints on depositional age, provenance and tectonic evolution [J]. Tectonophysics, 2010, 180(1): 213-231.

[67] 王星,蔺新望,赵端昌,等. 阿尔泰北部喀纳斯群碎屑岩锆石U-Pb同位素年龄及其意义[J]. 西北地质, 2016, 49(3): 13-27.

[68] 张鑫,曲正钢. 中国阿尔泰基底性质研究:锆石Hf-O同位素证据[J]. 矿物学报, 2020, 40(5): 529-538.

[69] 徐义刚,王强,唐功建,等. 弧玄武岩的成因:进展与问题[J]. 中国科学:地球科学, 2020, 50(12): 1818-1844.

[70] 沈瑞峰,张辉,唐勇,等. 阿尔泰造山带古生代地层的地球化学特征及其对沉积环境的制约[J]. 地球化学, 2015, 44(1): 43-60.

[71] 肖文交,宋东方,WINDLEY B F,等. 中亚增生造山过程与成矿作用研究进展[J]. 中国科学:地球科学, 2019, 49(10): 1512-1545.

[72] XU B, CHARVET J, CHEN Y, et al. Middle Paleozoic convergent orogenic belts in western Inner Mongolia (China): framework, kinematics, geochronology and implications for tectonic evolution of the Central Asian Orogenic Belt[J]. Gondwana Research, 2013, 23(4): 1342-1364.

[73] CHARVET J, SHU L S, LAURENT-CHARVET S. Paleozoic structural and geodynamic evolution of eastern Tianshan (NW China): welding of the Tarim and Junggar plates[J]. Episodes, 2007, 30(3): 162-186.

[74] 高俊,龙灵利,钱青,等. 南天山:晚古生代还是三叠纪碰撞造山带?[J]. 岩石学报, 2006, 22(5): 1049-1061.

[75] LI J. Permian geodynamic setting of Northeast China and adjacent regions: closure of the Paleo-Asian Ocean and subduction of the Paleo-Pacific plate[J]. Journal of Asian Earth Sciences, 2006, 26(3/4): 207-224.

[76] HAN B F, HE G Q, WANG X C, et al. Late carboniferous collision between the Tarim and Kazakhstan-Yili terranes in the western segment of the South Tianshan Orogen, Central Asia, and implications for the Northern Xinjiang, western China[J]. Earth-Science Reviews, 2011, 109(3/4): 74-93.

[77] XIAO W J, WINDLEY B F, HUANG B C, et al. End-Permian to mid-Triassic termination of the accretionary processes of the southern Altaids: implications for the geodynamic evolution, Phanerozoic continental growth, and metallogeny of Central Asia[J]. International Journal of Earth Sciences, 2009, 98(6): 1189-1217.

[78] XIAO W, WINDLEY B F, HAN C, et al. Late Paleozoic to early Triassic multiple roll-back and oroclinal bending of the Mongolia collage in Central Asia[J]. Earth-Science Reviews, 2018, 186: 94-128.

[79] 王涛,童英,李舢,等. 阿尔泰造山带花岗岩时空演变、构造环境及地壳生长意义——以中国阿尔泰为例[J]. 岩石矿物学杂志, 2010, 29(6): 595-618.

[80] 董树文,张岳桥,李海龙,等. "燕山运动"与东亚大陆晚中生代多板块汇聚构造——纪念"燕山运动"90周年[J]. 中国科学:地球科学, 2019, 49(6): 913-938.

[81] DOBRETSOV N L. Mantle plumes and their role in the formation of anorogenic granitoids[J]. Geologiya i Geofizika, 2003, 44(12): 1243-1261.

[82] POTSELUEV A A, BABKIN D I, KOTEGOV V I. The Kalguty complex deposit, the Gorny Altai: Mineralogical and geochemical characteristics and fluid regime of ore formation[J]. Geology of Ore Deposits, 2006, 48(5): 384-401.

[83] 朱永峰. 新疆的印支运动与成矿[J]. 地质通报, 2007, 26(5): 510-519.

[84] 赵振华,王中刚,邹天人,等. 阿尔泰花岗岩REE及O、Pb、Sr、Nd同位素组成及成岩类型[M]//涂光炽. 新疆北部固体地球科学新进展. 北京:科学出版社, 1993: 230-239.

[85] JAHN B, WU F, CHEN B. Massive granitoid generation in Central Asia: Nd isotope evidence and implication for continental growth in the Phanerozoic[J]. Episodes, 2000, 23(2): 82-92.

[86] WANG T, JAHN B, KOVACH V P, et al. Nd-Sr isotopic mapping of the Chinese Altai and implications for continental growth in the Central Asian Orogenic Belt[J]. Lithos, 2009, 110(1/2/3/4): 359-372.

[87] 王涛,黄河,宋鹏,等. 地壳生长及深部物质架构研究与问题:以中亚造山带(北疆地区)为例[J]. 地球科学, 2020, 45(7): 2326-2344.

[88] TANG G, WANG Q, WYMAN D A, et al. Ridge subduction and crustal growth in the Central Asian Orogenic Belt: Evidence from late Carboniferous adakites and high-Mg diorites in the western Junggar re-

[89] gion, northern Xinjiang (west China)[J]. Chemical Geology, 2010, 277(3/4): 281-300.

[89] TANG G J, WANG Q, WYMAN D A. et al. Crustal maturation through chemical weathering and crustal recycling revealed by Hf-O-B isotopes[J]. Earth and Planetary Science Letters, 2019, 524: 115709.

[90] 赵振华, 王强, 熊小林, 等. 新疆北部晚古生代地壳增生方式的多样性——来自富碱火成岩及埃达克岩[M]//中国科学院地球化学研究所和广州地球化学研究所. 郭承基院士纪念文集. 广州: 广东科技出版社, 2007: 110-124.

[91] XIAO W J, HAN C M, YUAN C, et al. Transitions among Mariana-, Japan-, Cordillera- and Alaska-type arc systems and their final juxtapositions leading to accretionary and collisional orogenesis[J]. Geological Society London Special Publications, 2010, 338: 35-53.

[92] XIAO W, ZHANG L, QIN K, et al. Paleozoic accretionary and collisional tectonics of the Eastern Tianshan (China): implications for the continental growth of central Asia[J]. American Journal of Science, 2004, 304(4): 370-395.

[93] SCHULMANN K, PATERSON S. Asian continental growth[J]. Nature Geoscience, 2011, 4(12): 827-829.

[94] 仝来喜, 陈义兵, 徐义刚, 等. 阿尔泰超高温变泥质麻粒岩的锆石 U-Pb 年龄及其地质意义[J]. 岩石学报, 2013, 29(10): 3435-3445.

[95] WEI C, CLARKE G, TIAN W, et al. Transition of metamorphic series from the kyanite- to andalusite-types in the Altai orogen, Xinjiang, China: Evidence from petrography and calculated KMnFMASH and KFMASH phase relations[J]. Lithos, 2007, 96(3/4): 353-374.

[96] 许志琴, 王汝成, 赵中宝, 等. 试论中国大陆"硬岩型"大型锂矿带的构造背景[J]. 地质学报, 2018, 92(6): 1091-1106.

[97] 陈毓川, 刘德权, 王登红, 等. 新疆北准噶尔苦橄岩的发现及其地质意义[J]. 地质通报, 2004, 23(11): 1059-1065.

[98] 张海祥, 年贺才. 新疆北部晚古生代埃达克岩、富铌玄武岩组合: 古亚洲洋板块南向俯冲的证据[J]. 高校地质学报, 2004, 10(1): 106-113.

[99] 王强, 赵振华, 许继峰, 等. 天山北部石炭纪埃达克岩-高镁安山岩-富 Nb 岛弧玄武质岩: 对中亚造山带显生宙地壳增生与铜金成矿的意义[J]. 岩石学报, 2006, 22(1): 11-30.

[100] 赵振华, 王强, 熊小林, 等. 新疆北部的富镁火成岩[J]. 岩石学报, 2007, 23(7): 1696-1707.

[101] ČERNÝ P. Rare-element granitic pegmatites. Part II: Regional to global environments and petrogenesis[J]. Geoscience Canada, 1991, 18: 68-81.

[102] ČERNÝ P, ERCIT T S. The classification of granitic pegmatites revisited[J]. The Canadian Mineralogist, 2005, 43(6): 2005-2026.

[103] ČERNÝ P, LONDON D, NOVÁK M. Granitic pegmatites as reflections of their sources[J]. Elements, 2012, 8(4): 289-294.

[104] JAHNS R H, BURNHAM C W. Experimental studies of pegmatite genesis: I. A model for the derivation and crystallization of granitic pegmatites[J]. Economic Geology, 1969, 64(8): 843-864.

[105] HULSBOSCH N, HERTOGEN J, DEWAELE S, et al. Alkali metal and rare earth element evolution of rock-forming minerals from the Gatumba area pegmatites (Rwanda): Quantitative assessment of crystal-melt fractionation in the regional zonation of pegmatite groups[J]. Geochimica et Cosmochimica Acta, 2014, 132: 349-374.

[106] LONDON D. Ore-forming processes within granitic pegmatites[J]. Ore Geology Reviews, 2018, 101: 349-383.

[107] SIMMONS W B S, WEBBER K L. Pegmatite genesis: state of the art[J]. European Journal of Mineralogy, 2008, 20(4): 421-438.

[108] SIMMONS W B, FOORD E E, FALSTER A U, et al. Evidence for an anatectic origin of granitic pegmatites, western Maine, USA[J]. Geol Soc Amer Ann Mtng Abstr Prog, 1995, 27: A411.

[109] MARTINS T, RODA-ROBLES E, LIMA A, et al. Geochemistry and evolution of micas in the Barroso-Alvão pegmatite field, Northern Portugal[J]. The Canadian Mineralogist, 2012, 50(4): 1117-1129.

[110] MELLETON J, GLOAGUEN E, FREI D, et al. How are the emplacement of rare-element pegmatites, regional metamorphism and magmatism interrelated in the Moldanubian domain of the Variscan Bohemian Massif, Czech Republic?[J]. The Canadian Mineralogist, 2012, 50(6): 1751-1773.

[111] DEVEAUD S, MILLOT R, VILLAROS A. The genesis of LCT-type granitic pegmatites, as illustrated by lithium isotopes in micas[J]. Chemical Geology, 2015, 411: 97-111.

[112] 文春华, 罗小亚, 陈剑锋, 等. 湘东北幕阜山地区燕山期岩浆演化与稀有金属成矿的关系[J]. 中国地质调查, 2019, 6(6): 19-28.

[113] 付小方, 袁蔺平, 王登红, 等. 四川甲基卡矿田新三

号稀有金属矿脉的成矿特征与勘查模型[J]. 矿床地质, 2015, 34(6): 1172-1186.

[114] 朱炳泉, 陈民杨, 毛存孝, 等. 新疆北部铅同位素省及部分层控矿床成因与化探评价[M]//涂光炽. 新疆北部固体地球科学新进展. 北京: 科学出版社, 1993: 39-52.

[115] LIU X, XU J, XIAO W, et al. The boundary between the Central Asian Orogenic belt and Tethyan tectonic domain deduced from Pb isotopic data[J]. Journal of Asian Earth Sciences, 2015, 113: 7-15.

[116] 黄守民, 崔燮祥. 新疆阿尔泰东部区域地球化学特征及成矿地质条件[J]. 新疆地质, 1999, 17(2): 137-144.

[117] TAYLOR S R. Abundance of chemical elements in the continental crust: a new table[J]. Geochimica et Cosmochimica Acta, 1964, 28(8): 1273-1285.

[118] 刘汉粮, 聂兰仕, 王学求, 等. 中蒙跨境阿尔泰地区铍区域地球化学特征[J]. 地质与勘探, 2019(1): 95-102.

[119] 王学求, 刘汉粮, 王玮, 等. 中国锂矿地球化学背景与空间分布: 远景区预测[J]. 地球学报, 2020, 41(6): 797-806.

[120] CHEN B, HUANG C, ZHAO H. Lithium and Nd isotopic constraints on the origin of Li-poor pegmatite with implications for Li mineralization[J]. Chemical Geology, 2020, 551: 119769.

[121] BARNES E M, WEIS D, GROAT L A. Significant Li isotope fractionation in geochemically evolved rare element-bearing pegmatites from the Little Nahanni Pegmatite Group, NWT, Canada[J]. Lithos, 2012, 132: 21-36.

[122] FAN J, TANG G, WEI G, et al. Lithium isotope fractionation during fluid exsolution: Implications for Li mineralization of the Bailongshan pegmatites in the West Kunlun, NW Tibet[J]. Lithos, 2020, 352: 105236.

[123] 侯江龙, 李建康, 张玉洁, 等. 四川甲基卡锂矿床花岗岩体Li同位素组成及其对稀有金属成矿的制约[J]. 地球科学, 2018, 43(6): 2042-2054.

[124] WEBSTER J D, THOMAS R, RHEDE D, et al. Melt inclusions in quartz from an evolved peraluminous pegmatite: Geochemical evidence for strong tin enrichment in fluorine-rich and phosphorus-rich residual liquids[J]. Geochimica et Cosmochimica Acta, 1997, 61(13): 2589-2604.

[125] FUERTES-FUENTE M, MARTIN-IZARD A, BOIRON M C, et al. P-T path and fluid evolution in the Franqueira granitic pegmatite, central Galicia, northwestern Spain[J]. The Canadian Mineralogist, 2000, 38(5): 1163-1175.

[126] DILL H G. The Hagendorf-Pleystein Province: the center of pegmatites in an ensialic orogeny[M]. Switzerland: Springer International Publishing, 2015: 1-465.

[127] DILL H G. Pegmatites and aplites: Their genetic and applied ore geology[J]. Ore Geology Reviews, 2015, 69: 417-561.

[128] LV Z, ZHANG H, TANG Y, et al. Petrogenesis of syn-orogenic rare metal pegmatites in the Chinese Altai: Evidences from geology, mineralogy, zircon U-Pb age and Hf isotope[J]. Ore Geology Reviews, 2018, 95: 161-181.

[129] ZAGORSKY V Y, VLADIMIROV A G, MAKAGON V M, et al. Large fields of spodumene pegmatites in the settings of rifting and postcollisional shear-pull-apart dislocations of continental lithosphere[J]. Russian Geology and Geophysics, 2014, 55(2): 237-251.

[130] SIMMONS W B, FALSTER A U. Evidence for an anatectic origin of an LCT type pegmatite: Mt. Mica, Maine[C]. Colorado: Second Eugene E. Foord Pegmatite Symposium, 2016: 103.

[131] DILL H G. The CMS classification scheme (chemical composition-mineral assemblage-structural geology)-linking geology to mineralogy of pegmatitic and aplitic rocks[J]. Journal of Mineralogy and Geochemistry, 2016, 193: 231-263.

[132] MÜLLER A, ROMER R L, SZUSZKIEWICZ A, et al. Can pluton-related and pluton-unrelated granitic pegmatites be distinguished by their chemistry?[C]. Colorado: Second Eugene E. Foord Pegmatite Symposium, 2016: 67-69.

[133] TUTTLE O F, BOWEN N L. Origin of granite in the light of experimental studies in the system $NaAlSi_3O_8-KAlSi_3O_8-SiO_2-H_2O$[J]. Memoir of Geological Society of America, 1958, 74. DOI: 10.1130/MEM74-p1.

[134] LONDON D A. petrologic assessment of internal zonation in granitic pegmatites[J]. Lithos, 2014, 184: 74-104.

[135] SHEARER C K, PAPIKE J J, JOLLIFF B L. Petrogenetic links among granites and pegmatites in the Harney Peak rare-element granite-pegmatite system, Black Hills, South Dakota[J]. The Canadian Mineralogist, 1992, 30(3): 785-809.

[136] PATIÑO-DOUCE A E, HARRIS N. Experimental

[137] GAO L, ZENG L, ASIMOW P D. Contrasting geochemical signatures of fluid-absent versus fluid-fluxed melting of muscovite in metasedimentary sources: The Himalayan leucogranites[J]. Geology, 2017,45(1):39-42.

[138] 黄永胜,张辉,吕正航,等. 新疆阿尔泰二叠纪、三叠纪伟晶岩侵位深度研究: 来自流体包裹体的指示[J]. 矿物学报,2016,36(4):571-585.

[139] LONDON D. Pegmatites[M]. Ottawa: Mineralogical Association of Canada,2008.

[140] 金兹堡,阿别利琴(赵振华译). 稀有金属矿床及其与地壳的岩浆作用和构造的关系[J]. 地质地球化学,1974(9):18-22.

[141] 朱金初,吴长年,刘昌实,等. 新疆阿尔泰可可托海3号伟晶岩脉岩浆-热液演化和成因[J]. 高校地质学报,2000,6(1):40-52.

[142] THOMAS R, DAVIDSON P. Revisiting complete miscibility between silicate melts and hydrous fluids, and the extreme enrichment of some elements in the supercritical state — consequences for the formation of pegmatites and ore deposits[J]. Ore Geology Reviews,2016,72:1088-1101.

[143] 张辉,刘丛强,赵振华. 过铝质岩浆体系中稀土四重效应及其形成机制[M]. 广州: 广东科技出版社,2007:125-137.

[144] 赵振华,增田彰正,夏巴尼. 稀有金属花岗岩的稀土元素四分组效应[J]. 地球化学,1992(3):221-233.

[145] ZHAO Z, XIONG X, HAN X, et al. Controls on the REE tetrad effect in evidence from the Qianlishan and Baerzhe granites, China[J]. Geochemical Journal,2002,36(6):527-543.

[146] IRBER W. The lanthanide tetrad effect and its correlation with K/Rb, Eu/Eu*, Sr/Eu, Y/Ho, and Zr/Hf of evolving peraluminous granite suites[J]. Geochimica et Cosmochimica Acta,1999,63(3/4):489-508.

[147] 唐勇,张辉,吕正航. 不同成因锆石阴极发光及微量元素特征: 以新疆阿尔泰地区花岗岩和伟晶岩为例[J]. 矿物岩石,2012,32(1):8-15.

[148] 吕正航,张辉,唐勇. 稀有金属伟晶岩锆石的REE特征、Zr/Hf和Y/Ho比值对岩浆-热液演化过程的指示[J]. 矿物学报,2013,33(Suppl 2):235.

[149] 周起凤,秦克章,唐冬梅,等. 阿尔泰可可托海3号脉伟晶岩型稀有金属矿床云母和长石的矿物学研究及意义[J]. 岩石学报,2013,29(9):3004-3022.

[150] 伍守荣,赵景宇,张新,等. 新疆阿尔泰可可托海3号伟晶岩脉岩浆-热液过程: 来自电气石化学组成演化的证据[J]. 矿物学报,2015,35(3):299-308.

[151] JOHNSON M C, PLANK T. Dehydration and melting experiments constrain the fate of subducted sediments[J]. Geochemistry, Geophysics, Geosystems, 1999. DOI:10.1029/1999GC000014.

[152] PAQUIN J, ALTHERR R, LUDWIG T. Li-Be-B systematics in the ultrahigh-pressure garnet peridotite from Alpe Arami (Central Swiss Alps): Implications for slab-to-mantle wedge transfer[J]. Earth and Planetary Science Letter, 2004, 218:507-519.

[153] ZHOU Q, QIN K, TANG D, et al. Formation age and evolution time span of the Koktokay No. 3 pegmatite, Altai, NW China: evidence from U-Pb zircon and $^{40}Ar-^{39}Ar$ muscovite ages[J]. Resource Geology,2015,65(3):210-231.

[154] WANG L, MA C, ZHANG C, et al. Genesis of leucogranite by prolonged fractional crystallization: a case study of the Mufushan complex, South China[J]. Lithos,2014,206:147-163.

[155] 许畅,李建康,施光海,等. 幕阜山南缘似斑状黑云母花岗岩锆石U-Pb年龄、Hf同位素组成及其地质意义[J]. 矿床地质,2019,38(5):1053-1068.

[156] 周芳春,黄志飚,刘翔,等. 湖南仁里铌钽矿床辉钼矿Re-Os同位素年龄及其地质意义[J]. 大地构造与成矿学,2020,44(3):476-485.

[157] 韩宝福. 中俄阿尔泰山中生代花岗岩与稀有金属矿床的初步对比分析[J]. 岩石学报,2008,24(4):655-660.

[158] 申萍,潘鸿迪,李昌昊,等. 中哈俄阿尔泰稀有金属矿床时空分布、成因及成矿规律[J]. 地球科学与环境学报,2021,43(3):487-505.

（责任编辑　秦社彩）

1918年南澳地震海啸影响模拟及其警示

李琳琳[1,2]，李发淳[1]，邱强[3]，李志刚[1,2]，张冬丽[1,2]，惠格格[1,2]

1. 中山大学地球科学与工程学院，广东 广州 510275
2. 南方海洋科学与工程广东省实验室（珠海），广东 珠海 519082
3. 中国科学院南海海洋研究所，广东 广州 510301

摘　要：1918年2月13日发生华南沿海南澳岛附近的M_w7.5级地震是南海北部少数几个伴有海啸发生的地震之一。历史文献中明确记载了地震发生后在广东和福建沿海出现的一些海啸现象。本研究基于历史文献资料、前人震后调查和对该地震发生区域最新的地球物理探测资料，约束1918年地震参数（震中、破裂范围、断层几何等），通过对几组地震参数详细的海啸模拟，研究该地震事件引发的海啸影响及其特征。模拟结果表明，该地震事件引发的海啸向西可波及至珠江口海域的澳门、珠海，东到福建泉州，影响了直线距离接近800 km的华南沿海，距离震源最近的南澳岛南部和东部受海啸影响最大，青澳湾波高可达3~4 m，其次是福建省东山县（2~3 m）和广东省汕头一带（约1 m）。海啸正波在半小时后即可传播到南澳岛和汕头沿海，到达泉州和香港、澳门沿海的时间分别为3 h和4~5 h。通过对海啸波传播过程、波高分布和典型站点海啸波时序的波谱分析，我们指出滨海断裂带地震触发的海啸具有两个特别需要关注的危险性特征：1）海啸波在华南沿海陆架区域的超长周期振荡，南海北部宽阔的陆架和滨海断裂带与海岸线近乎平行的走向极其有效地将海啸波"捕获"在陆架区域，可产生长达48 h以上的超长时间振荡；2）由海水急剧涨落及超长时间振荡引发的海啸强流会对港口、码头、海产养殖等基础设施密集的华南沿海区域造成严重影响。同时，我们对1918年地震关键参数的敏感性分析也表明海啸的规模和影响范围受控于地震类型和断层几何，目前我们对滨海断裂带精细几何结构和活动性的认识严重不足，亟需开展滨海断裂带海底精细几何结构的探测和活动习性研究，为评价南海北部潜在强震和海啸风险提供科学依据。

关键词：海域地震；海啸；陆架振荡；滨海断裂带
中图分类号：P731.25　　**文献标志码**：A　　**文章编号**：2097-0137（2022）01-0027-12

Tsunami simulation of the 1918 Nan'ao earthquake and its implication

LI Linlin[1,2], LI Fating[1], QIU Qiang[3], LI Zhigang[1,2], ZHANG Dongli[1,2], HUI Gege[1,2]

1. School of Earth Science and Engineering, Sun Yat-sen University, Guangzhou 510275, China
2. Southern Marine Science and Engineering Guangdong Laboratory (Zhuhai), Zhuhai 519082, China
3. South China Sea Institute of Oceanology, Chinese Academy of Sciences, Guangzhou 510301, China

Abstract: The 1918 M_w7.5 Nan'ao earthquake is one of the few events which are associated with a tsunami in the coastal region of South China. Historical records provide clear evidence of tsunami phenomena along the coasts of Guangdong and Fujian. Based on the constraint of historical records, post-earthquake survey, and the most updated geophysical data, we propose several synthetic earthquake scenarios with different fault geometries and investigate the corresponding tsunami hydrodynamics in detail. Our numerical modelling results suggest that the tsunami generated by this event may have affected a large portion of coastline ranging from Macau to Quanzhou in South China. The most impacted region is the southern and eastern coast of Nan'ao island with the maximum tsunami wave height of 3-4 m in Qing'ao Bay. Followed by the coast of Dongshan County in Fujian (2-3 m), and Shantou in Guangdong (~1 m). The first positive tsunami wave arrives in Nan'ao and Shantou in half an hour and reaches Quanzhou, Hong Kong, and Macau in 3 hours, 4 hours and 5 hours, respectively. Based on the tsunami propagation process, distributions of tsunami wave height, and the analysis of tsunami waveforms in representative locations, we point out that the tsunami generated by earthquakes along the littoral fault possesses two unique features which may cause substantial damage in the future: 1) the long tsunami duration (longer than 48 hours) due to shelf resonance and edge wave trapped in the very broad continental shelf of northern South China Sea; 2) strong tsunami currents induced by rapid change of sea level will pose a significant threat to coastal infrastructures, e. g. ports, wharves, and aquaculture farms in southern China. Our sensitivity tests on earthquake parameters suggest that the tsunamigenic capacity is strongly affected by the source mechanism and fault geometries. Detailed marine geophysical surveys are required to better understand the geometrical characteristics and seismogenic behavior of the littoral fault. Such geophysical data provides the scientific basis for the potential earthquake and tsunami hazard assessment in the coastal region of South China.

Key words: submarine earthquake; tsunami; shelf resonance; littoral fault zone

1 1918年南澳地震海啸事件

1918年2月13日发生在华南沿海南澳岛附近的矩震级为 M_w7.5 级地震是南海北部少数几个触发海啸的地震之一[1]。历史文献中明确记载了地震发生后福建和广东沿海出现的一些海啸现象，其中的描述包括"民国七年二月十三日，福建、广东沿海地震。其震中区域在泉州至汕头一带，地裂土崩，海水腾涌，房舍倾覆，死亡者以数百计"[2]和"1918年2月13日14时07分（民国七年正月初三）广东南澳附近海域（23.60°N，117.3°E）发生7.3级地震；福建同安地大震，海潮退而复涨，渔船多遭没；广东汕头：当时湾泊在码头的一艘船，其船底竟至与海底接触。"[3] 1918年南澳大地震发生在滨海断裂带地震活动最活跃的闽南-粤东区域[4]。在该区相同的断层区域历史上曾发生1600年南澳7.0级地震，在其东北方向闽南段和东南方向台湾浅滩区域发生过1604年泉州外海7.5级地震和1994年台湾浅滩7.3级地震。除了闽南-粤东区域，在滨海断裂带西段雷琼区域也曾发生1605年M7.5级琼州地震。而目前为止小震和强震空缺的珠江口段被认为是未来潜在的强震震源区[5]。我国华南沿海的滨海断裂带是南海北部地震活动强度最大、频度最高的地震带，是对华南沿海地震造成威胁最大的发震区域。历史上曾多次发生强震，未来仍有可能发生强震。那么未来强震如果触发海啸，其影响如何？地震断层参数如何影响其触发海啸的能力？发生在陆架浅水区域的地震所触发的海啸与发生在深海俯冲带区域的地震海啸特点有何不同？在这篇文章中，我们以1918年南澳大地震为例，通过海啸数值模拟的手段来定量地回答上述问题。

2 地震海啸的数值模拟

2.1 地震参数设置及其依据

目前1918年南澳大地震的等级、破裂范围、断层的几何参数并没有统一的看法，在地震参数设定中，我们主要依据近些年较新的地球物理资料信息来进行约束。南澳大地震的震中位置，经过多次调整[6]，广东省地震局在20世纪70~80年代在潮汕地区进行了大量地震灾害调查访问，最终确定在南澎列岛东侧附近[1]。我们取经度117.3°E，纬度23.2°N为震中位置，这一震中位置处在NEE走向的滨海断裂带和NW走向的黄冈水断裂交叉位置[7]。根据断层活动的性质，1918年地震发生机制确定为逆冲走滑型地震，文献[7]根据海陆联测的地震剖面指出断层倾向东南，倾角约为72°，走向约为55°[7]。依据文献[4]通过浅层地震剖面得到发震区域的三维断层结构，得到断层的走向约为70°，倾角约为75°。2021年4~5

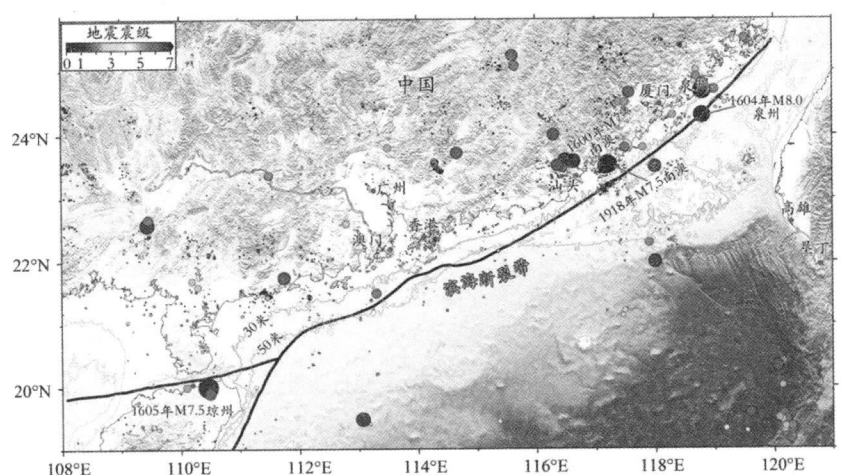

图 1 华南沿海滨海断裂带（黑色实线）及历史强震（彩色实心圆）分布

Fig. 1 Historical earthquakes (colored circles) along the littoral fault zone (black solid lines) in South China

月，中山大学地球科学与工程学院再次组织航次对南澳大地震的发震区域进行了详细的综合地球物理探测，目前资料仍在处理中，后续会有更详细的成果呈现。我们根据初步的地球物理资料分析，得到断层走向约为 70°~75°，和文献［4］测得的走向基本一致。

根据目前资料，将地震的矩震级定为 M_w 7.5，按照 Blaser et al（2010）[8] 经验关系计算得到不同类型地震长度和宽度。其中走滑断层 129 km × 22 km，长度最大，宽度最窄，逆冲断层 80 km×39 km 宽，长度最短，宽度最宽；正断层 98 km×32 km 介于两者之间。根据上述信息，我们首先确定了一组地震断层几何参数：长 100 km，宽 22 km，深度 10 km，走向（strike angle）70°，倾角（dip angle）75°，滑移角（rake angle）95°，断层面滑移量为均匀的 3 m。均匀滑移模型虽然与我们观察到实际地震发生时同震滑移的非均匀分布特性并不相符，但在没有更多观测数据的支持下，可以作为初步的模型假设。我们首先对这组地震几何参数触发海啸的特征进行详细的分析，其次再针对断层走向（55°和 70°）、倾角（45°、60°、75°和 85°）和滑移角（95°和 150°）分别进行一系列地震参数数值试验和敏感性分析，定量评估这 3 个参数对海啸灾害的影响。

2.2 海啸模拟

本研究采用海啸模型 COMCOT（cornell multi-grid coupled tsunami）来模拟海啸从产生、传播到淹没的整个过程。COMCOT 模型是美国康奈尔大学开发的一套成熟的浅水长波数值模型，其控制方程是基于垂向平均的浅水波方程，采用蛙跳法有限差分法进行求解[9]。该模型采用多重网格嵌套技术，在研究深海区海啸传播时，控制方程采用线性浅水方程；当海啸波传至沿海浅水区时，采用考虑对流项以及海底摩擦的非线性浅水方程，从而实现高精度和高效率的数值模拟结果。该模型被广泛应用到全球各海域的海啸事件和海啸灾害评估研究中，如 2004 年的印度洋海啸灾害评估[10]，新西兰海啸灾害评估[11-12] 和南海的海啸灾害评估[13-16] 等。

本研究计算区域网格设置如表 1 所示。计算区域为 105~127.5°E，10~30°N，设置 4 层嵌套网格（Grid 01~ Grid 04）。网格分辨率从第 1 层南海范围的 1 943 m 逐渐变化为第 4 层南澳岛范围的 32 m，其中第 2 层是从广东珠江口区域至福建泉州，是海啸波传播的主要范围；第 3 层是广东汕头沿海至福建漳州沿海浅水区，覆盖滨海断裂带断层范围。地形水深数据主要采用 15″（arc-second）分辨率 GEBCO（general bathymetric chart of oceans）数据（https：//www. gebco. net/）和 1″（arc-second） SRTM（约 30 m 分辨率）数据（https://www2. jpl. nasa. gov/srtm/），第 1~3 层均采用 GEBCO 数据，第 4 层采用海域 GEBCO 和陆上 SRTM 拼接插值后的数据。模型设置最外两层控制方程为线性浅水波方程，忽略非线性项，考虑科氏力；第 3~4 层采用非线性浅水波方程，考虑曼宁系数为 0.013 的底部摩擦效应。

表1 COMCOT模型4层嵌套网格参数设置
Table 1 Detailed parameters of nested grids in COMCOT

项目	第1层	第2层	第3层	第4层
经度	105~127.5 °E	113~119.2 °E	116.3~118.0 °E	116.926~117.220 °E
纬度	10~30 °N	18.5~25.5 °N	22.8~24.3 °N	23.375~23.500 °N
网格尺寸/m	1 943	648	162	32
母网格层	Grid 01	Grid 02	Grid 03	Grid 04
子母网格尺寸比率	无	3	4	5
时间步长/s	4.0	1.9	1.9	0.6
坐标系	球坐标系	球坐标系	球坐标系	球坐标系
控制方程类型	线性	线性	非线性	非线性

3 计算结果分析

3.1 海啸波产生和传播特征

根据设定的地震断层参数,采用基于弹性有限断层理论的Okada位错模型[17]生成海啸初始波高(图2)。在垂直断层方向,靠陆地一侧产生接近1.0 m的负波,向海一侧则出现接近1.5 m的正波,沿着断层走向,波高均匀分布(图2)。

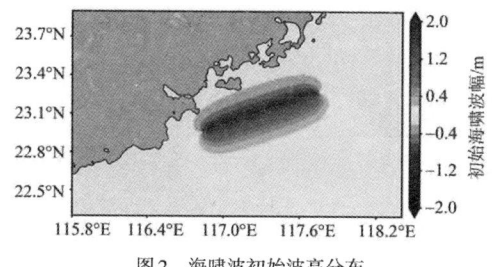

图2 海啸波初始波高分布
Fig. 2 Spatial distribution of initial surface elevation

海啸波产生后,海啸波能量主要沿垂直断层走向分别往西北方向南澳岛、大陆沿海和东南方向深海传播(图3a)。由于靠陆地一侧的初始波为负波,南澳岛和近震源的大陆沿海一带在遭遇正向海啸波之前,将会首先观察到急剧的退水现象,正如历史文献所描述"海潮退而复涨",退水现象将会导致大量渔船触底搁浅。而往陆坡和深海方向,海啸波在往东南方向传播过程中将会遭遇台湾浅滩,水深变浅发生水位壅高(图3b、3c)。当海啸波传播至陆坡处,急剧变化的水深导致海啸波传播速度在深水区和陆架区域产生明显差异(图3d),部分海啸波在陆架边缘被反射(图3e),而部分海啸波则"泄露"到深海中。被反射的海啸波在方向改变后,分别继续向西北方向珠江口西

侧大陆沿海和东北方向福建沿海传播,在整个传播过程中,海啸波特性受到复杂地形的强烈影响,发生波浪的反射、绕射(图3d)和折射(图3f)。如海啸波传播到东沙岛附近受阻会发生明显绕射现象,在东沙岛东北方向海啸波传播速度减缓,绕过岛在西南方向相撞产生更大波高(图3d)。折射现象主要发生在靠近海岸的陆架区域,表现为海啸波转播到陆架浅水区后受地形影响波向线逐渐偏转,最终与等深线和海岸线垂直(图3f)。这个过程有别于深海俯冲带区域产生海啸波的传播过程,产生于陆架区域的海啸波在向深海传播时经历了从深水到浅水传播相反的物理过程:海啸波速度变快,波长变大,波幅迅速减小。

3.2 最大和最小海啸波高分布

根据文中的地震参数设定,1918年南澳大地震触发的海啸可能波及西至珠海、澳门,东至泉州的华南沿海一带(图4),但受海啸影响最大的区域主要集中在广东汕头、南澳岛和福建漳州市东山县之间的沿海区域(图5和图6)。距离震源最近且正面迎击海啸的南澳岛南部的海啸波高最大,南澳县、云祥村、云澳镇可能出现2~3 m海啸波,而东南部沿海青澳湾的海啸波高可达3~4 m(图6a)。除南澳岛外,在近震源的大陆沿海区域,受海啸影响最大的区域是闽西大埕湾和东山县沿海,最大海啸波高可达2~3 m,其次是汕头沿海,波高约1 m(图5a)。而距离震源直线距离超过150 km的厦门、泉州、汕尾、澳门沿海会产生0.5 m左右的海啸波高(图4a)。海啸波传播至南澳岛和汕头沿海的时间约0.5 h;2 h左右到达厦门,3 h传播至泉州,4~5 h传播至香港和澳门(图4a)。从海啸波的传播时程图可以明显看出海底地形对海啸传播的决定性影响,如以陆坡为界,深海和陆架

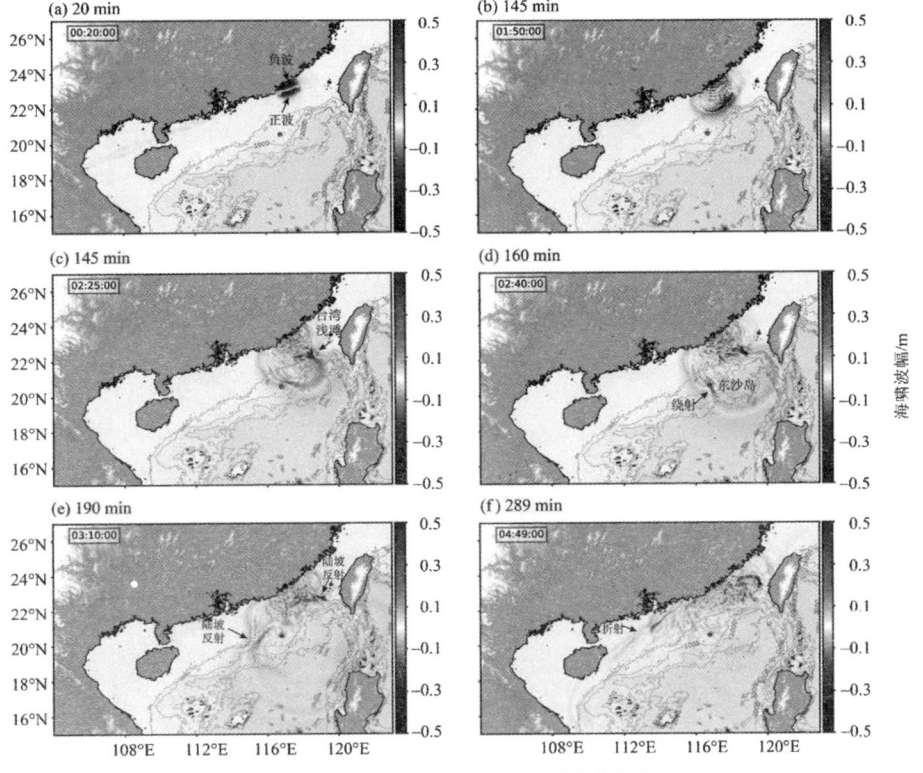

图3 海啸波在震后不同时间的波高分布图

Fig. 3 Spatial distributions of tsunami amplitude at various times after earthquake

区域传播速度的差异使到时线发生转折，每隔10 min显示的到时线在陆架分布密集而深海稀疏（图4a）。

对于海啸的灾害性影响，除了我们通常关注的由正波造成的淹没外，沿岸海水急剧退却造成的破坏也不可忽视，尤其是对港口、码头、渔港、海产养殖密集的沿海区域。同最大波高分布类似，我们同样展示出1918年南澳地震可能造成的最小波高分布（图4b，5b，6b）。相比于海啸正波，海啸负波的影响更集中于震源附近的汕头、福建东山县和南澳岛区域，尤其是南澳岛东部和北部各个港湾，如东北部竹栖湾和南澳县北部，负波的波幅可达1.5 m。突然的退水将会导致锚系在码头的船只扯断缆绳、破坏锚桩，同时水位的快速变化产生的海啸强流也会对近岸工程、海事设施造成严重损害[18]。由海啸强流造成的灾害破坏在近些年的海啸事件中有明确的报道[19]，如2004年印度洋海啸在阿门塞拉莱港引发海啸强流，拖动长200 m的邮轮漂浮数小时[20]，2006年发生在太平洋西岸的千岛群岛海啸引发远在太平洋东岸美国Crescent港高达5 m/s的海啸流速，造成2 800万美元的经济损失[21]，2011年日本"3·11"地震海啸在美国西海岸、新西兰、澳大利亚东南沿海多个港口引发了强流和持续震荡，其中美国西海岸几乎全部港口码头均受到影响，Crescent港和Santa Cruz港遭受的损失最为惨重，经济损失达9 000万美元[22]。这些灾害的共同特征是，海啸在所影响区域并未造成明显的淹没，灾害损失主要由海啸诱发的强流导致，这种类型的灾害在港口密集的华南沿海尤其需要特别关注。

3.3 海啸波在陆架区域的震荡现象

超长时间的海啸波震荡是1918年南澳地震海啸一个特别值得关注的特征。为了考虑海啸波在近岸传播的非线性影响，这一小节展示的结果是基于南海北部海域单层非线性浅水波方程计算得出，底部摩擦系数为0.013。我们在沿海选取4个代表性站点给出震后48 h汕头、泉州、澳门和香港附近海域站点的海啸波时序图（图7），可以看

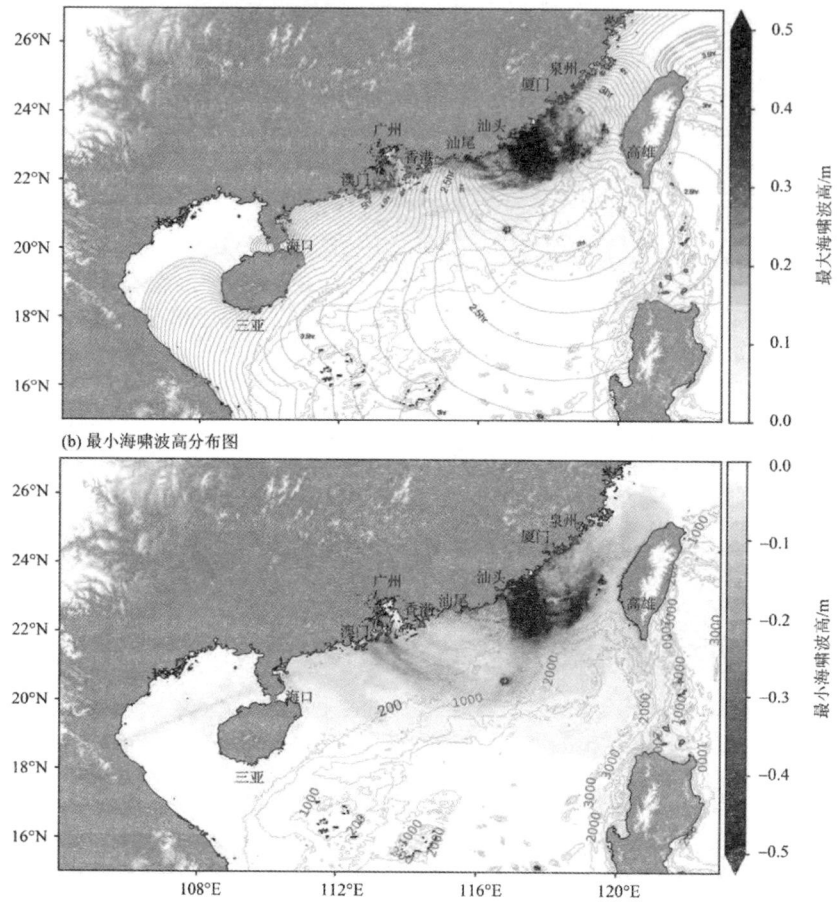

图4 1918年南澳大地震在南海北部产生的（a）最大海啸波高分布图和传播到时图，（b）最小海啸波高分布图

Fig. 4 Spatial distributions of maximum surface elevation and minimum surface elevation in the northern South China Sea

出海啸波在地震发生48 h后波幅并未发生明显衰减，最初到达的海啸波并不一定是最大的。最大海啸波高可能出现在震后10 h或者20 h，比如泉州和香港的最大海啸波高出现在震后10 h（图7b和7d），汕头海域在震后接近20 h仍然出现较大波峰。海啸波的超长震荡周期通常由几个典型的贡献因素：洋盆振荡、陆架振荡、港湾共振等，几种震荡的典型周期分别在1~2 d，数小时和数十分钟[22]。我们对4个典型站点的海啸波时序进行傅里叶波谱分析（图8），发现各站点除了与其各自所在位置地形相关的频率外，4个站点均有一个约220 min的周期。这一共有的振荡周期是由南海北部陆架振荡引起。类似1918年南澳大地震这样发生在陆架区域并引发长周期海啸振荡的事件，在全球其他海域也有发生，其中与1918年南澳地震发生环境极其类似的一个海啸事件是2017年9月8日在墨西哥Tehuantepec陆架区域发生的M_w8.2高角度正断层地震。该地震发生后，沿海4个潮位站记录到持续时间长达3 d海啸波[24]。Melgar & Ruiz-Angulo[24]通过数值模拟和波谱分析揭示引发超长震荡时间的原因主要是陆架边缘反射引发的陆架震荡和地形平坦的陆架有效捕获了边缘波。Tehuantepec陆架最大宽度100 km，振荡周期约155 min；相比而言，南海北部陆架更宽，达150~250 km，具体体现为陆架的震荡周期更长，约220~230 min，接近4 h。

另外一个对海啸超长持续时间贡献较大的因素是边缘波（edge wave）。边缘波是沿海岸线平行

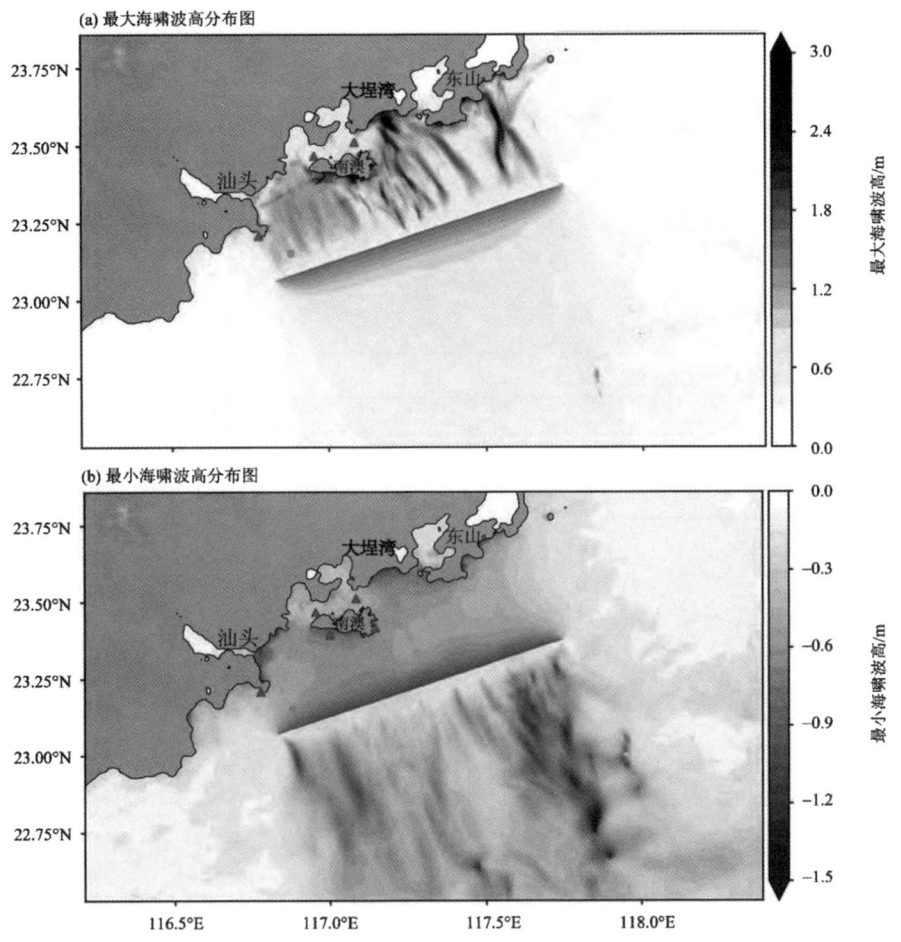

图5 1918年南澳大地震在南海北部产生的（a）最大海啸波高分布图和（b）最小海啸波高分布图

Fig. 5 Spatial distributions of maximum surface elevation and minimum surface elevation in the near field

传播的一种波浪形式，在近海触发的海啸事件中，通常由于海啸波传播过程中受地形影响产生折射效应而被海岸线捕捉。由于边缘波沿海岸线的传播速度远小于海啸波的传播速度，所以常常出人意料地出现在海啸首波到达几个小时后。Kajiura[25]通过简化地形对发生在沿海陆架区域的地震海啸产生的边缘波和辐射到深海的海啸波能量进行理论推导，研究表明震源距离海岸线越近或者地震发生位置水深相对于深海区域水深比值越小，地震触发海啸产生的边缘波被捕获的比例越高。Rabinovich等[26]根据折射定律（Snell's law）提出了一个计算陆架区域边缘波的捕获率的公式，即

$$C = 1 - \frac{2\varphi^{crit}}{\pi},$$

其中临界角 $\varphi^{crit} = \arcsin\varepsilon = \arcsin\left(\sqrt{gh_j}/\sqrt{gH}\right)$，为海啸波能够沿陆架传播的临界角，由震源区域和深海区域的海啸波传播速度比来决定，临界角越小，代表海啸波越不容易被泄漏到深海。我们取1918年南澳地震发震位置平均水深为40 m，深海区域水深为4 000 m，计算得到临界角为5.7°，由此得到南海北部陆架对1918年南澳地震海啸产生边缘波的捕获率高达93.6%。这也就意味着在南海北部宽阔平坦的陆架区域的地震触发的海啸波能量只有极少部分会泄漏到深海，绝大部分海啸能量将在海岸线和陆架边缘之间不断来回反射，从而产生持续超长的海啸影响。

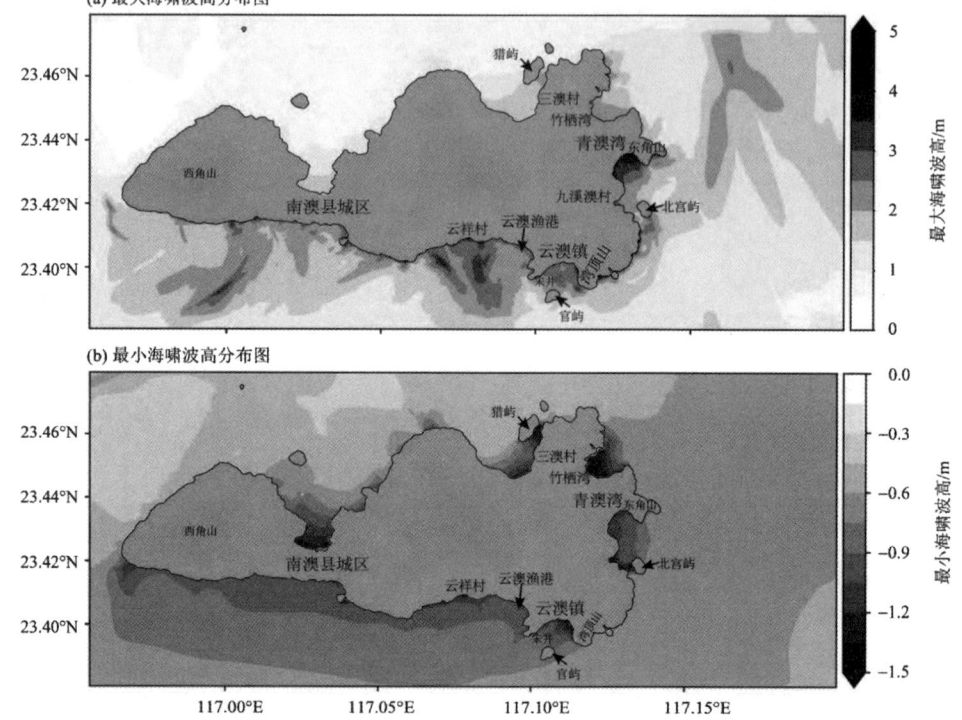

图6 1918年地震在南澳岛周边产生的（a）最大海啸波高分布图和（b）最小海啸波高分布图
Fig. 6 Spatial distributions of maximum surface elevation and minimum surface elevation near Nan'ao island

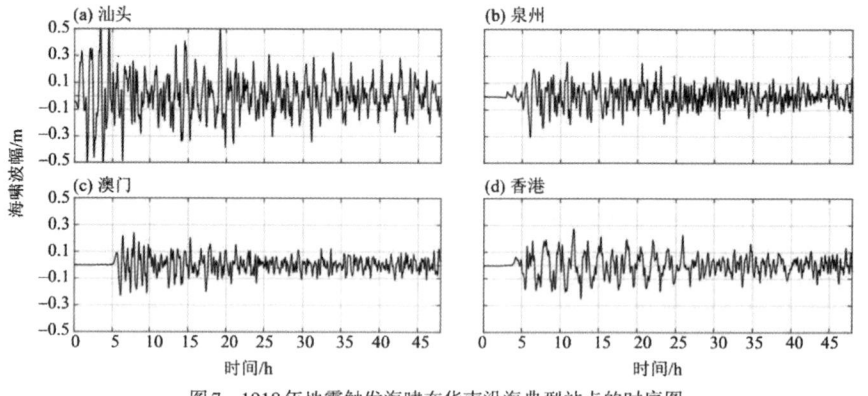

图7 1918年地震触发海啸在华南沿海典型站点的时序图
Fig. 7 Time series of tsunami waveform at selected synthetic gauges along the coast of South China

4 地震关键断层几何参数的影响

在第3部分，我们详细地展示了一组地震模型参数所产生的海啸影响，这样的分析可以帮助我们对发生在滨海断裂带类似规模和震源机制的地震可能产生的海啸灾害有定量的认知。而事实上，到目前为止，1918年南澳大地震的震源参数仍然存在很大的不确定性，在这一部分，我们以断层走向、倾角和滑移角这3个参数为例，定量分析地震关键参数对其产生海啸灾害分布的影响。

4.1 断层走向的影响

除断层走向70°外，保持其他参数不变的情况下，我们设置另外一组断层走向为55°的地震参数，对比两者产生的最大海啸波高分布（图9）。我们观察到地震断层走向为55°与海岸线的大致走向近乎平行，由于海啸波传播的方向性使其在沿断层垂直方向的能量最大，导致能量更集中于距离震源较近的汕头沿海一带，对台湾浅滩和澎湖地区影响较大；而当断层走向为70°时，更多的海啸能量通过陆架边缘的反射被导向震源西侧，海啸对汕尾、澳门和珠海影响增大。海啸波之所以能够影响华南直线距离800 km海岸线，其主要原因是陆架边缘的强烈反射导致海啸波能量被捕获在陆架区域，断层走向的改变将改变反射能量的分布。

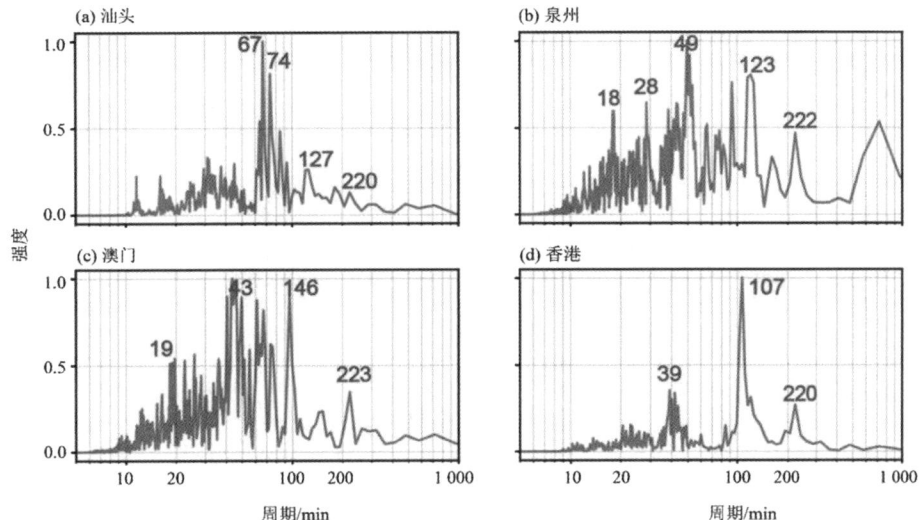

图8 典型站点的海啸波傅里叶频谱分析

Fig. 8 Fast Fourier Transform of tsunami wave analysis at the selected synthetic gauges along the coast of South China

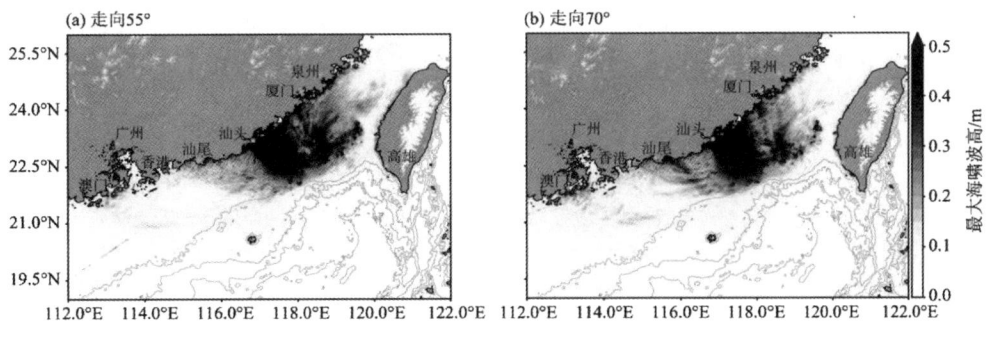

图9 不同地震断层走向产生的最大海啸波高分布对比

Fig. 9 The effect of strike angle on maximum surface elevation

4.2 断层倾角的影响

我们进行的第二组数值试验是在保持断层走向为70°情况下，分别改变倾角值为45°、60°和85°。初始海啸波高分布图显示当倾角为45°时，初始负波值很小，仅约0.2 m（图10），随着地震倾角增大，产生的海啸波初始负波值越大，正波和负波的绝对值越接近，表现为波形更为陡峭，当倾角达到85°，接近垂直时，海啸波幅接近滑移值3 m（图11a）。我们分别对不同倾角地震触发的海啸进行模拟，受篇幅限制，本文仅展示倾角85°和45°两个极端案例情况下最大海啸波差值来说明倾角的影响（图11b）。图11b显示断层倾角为85°的、地震触发的最大海啸，波幅在垂直于断层走向的陆地和海洋一侧均有减小，其中震源附近的减小幅值更大，但在距离震源较远的西侧和东侧海域最大海啸波幅均有所增大，在厦门、泉州沿海的增幅约0.1~0.2 m。珠江口西侧澳门附近增幅0.1 m。这组对比说明地震倾角的改变会影响其触发的海啸波高分布，倾角增大，初始负波幅值增大，近震源区域最大波高有所减小，但对其他远离震源的区域海啸影响增大。

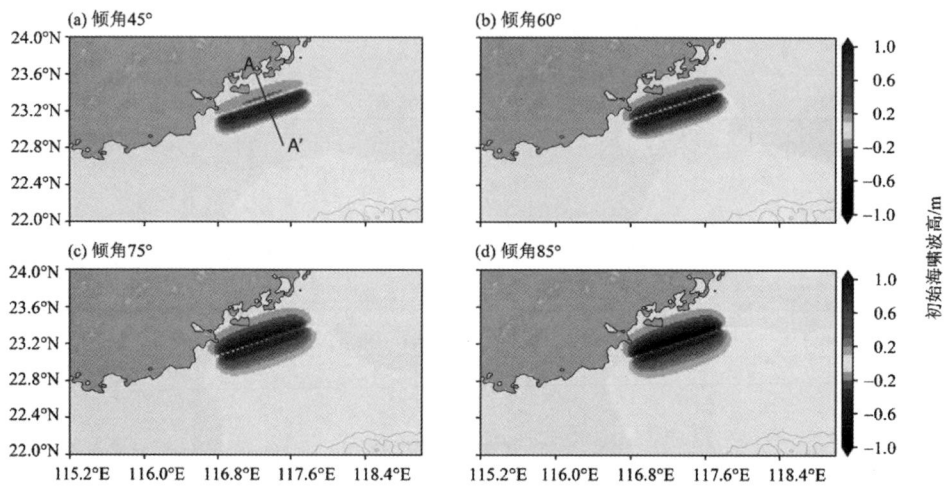

图10 不同地震断层倾角产生的初始海啸波高对比

Fig. 10 Spatial distributions of initial surface elevation generated by earthquake with different fault dip angles

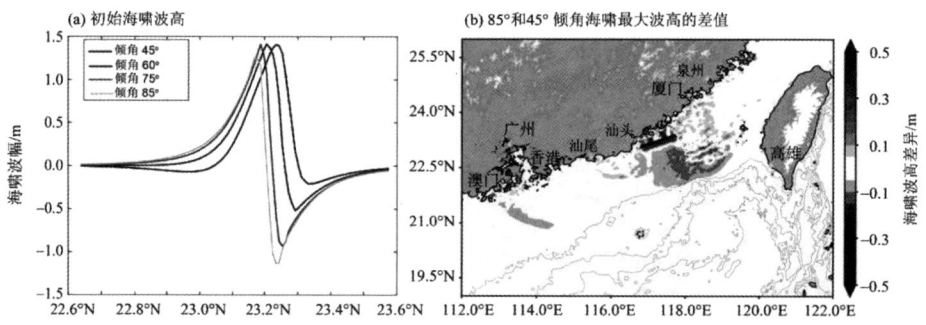

图11 （a）不同地震断层倾角沿剖面A-A'产生的初始海啸波高对比；（b）倾角85°减去倾角45°产生海啸最大波高的差值

Fig. 11 (a) Profiles of initial surface elevation generated by earthquake with different fault dip angles; (b) The difference between initial surface elevation generated by earthquake with dip angle 85° and 45°

4.3 地震滑移角的影响

这里需要指出的是在前两组数值试验中，我们使用的滑移角（rake angle）均为95°，也就是震源机制以逆冲为主，走滑为辅。为了定量展示滑移角影响，我们增大滑移角到150°，也就是增大地震的走滑成分。从图12与走向70°，滑移角95°地震海啸场景的初始波高和最大波高的对比可以看出，地震引起的垂向形变大幅减小，近震源区域的最大海啸波高也随之大幅减小，海啸可波及的范围也相应减小至震源附近（图12）。

总结我们对地震断层走向、倾角和滑移角3组参数对地震触发海啸的定量分析，我们发现这些参数的改变均会改变海啸影响的主要范围和严重程度，尤其是地震滑移角的改变，会决定垂向海底形变量，从而决定其触发海啸规模，而断层走向的改变对最终海啸受灾区域影响较大。

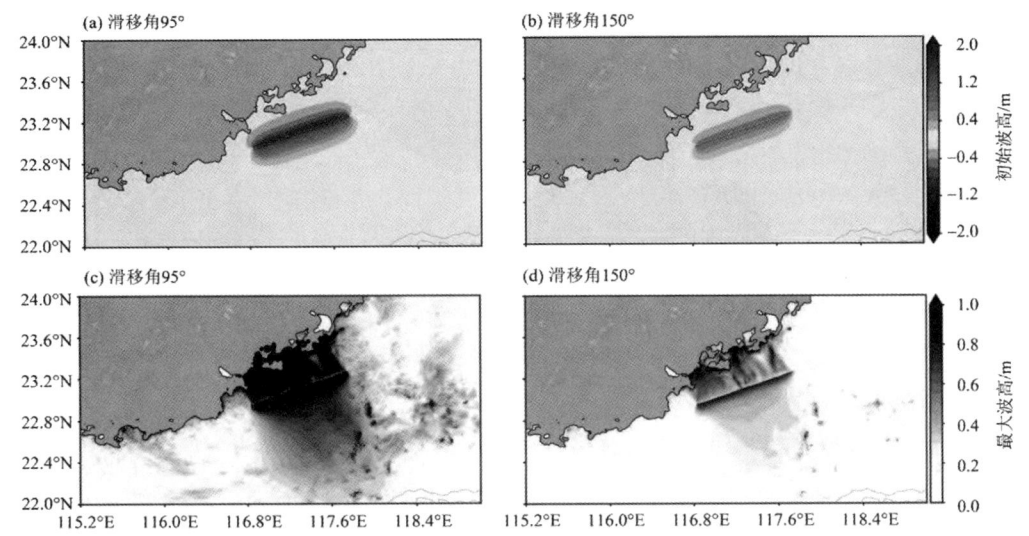

图12 不同地震滑移角产生的初始海啸波高和海啸最大波高对比

Fig. 12 The effect of rake angle on the initial surface elevation and maximum surface elevation

5 结论与启示

本文基于历史文献和地球物理资料所提供的约束，选取一组较为可信的地震参数，对1918年南澳大地震可能产生的海啸影响进行复演，数值模拟结果基本吻合历史文献所描述的海啸影响。通过对海啸波传播过程、波高分布和典型站点海啸波时序的波谱的详细分析，我们揭示发生在滨海断裂带的地震由于发震位置水深较浅，其所触发的海啸一般仅在局地产生较大波幅，但滨海断裂带独特的发震环境使其触发的海啸具有3个危险特征：

1）滨海断裂带走向大致平行于海岸线和陆架波折带，加上南海北部平坦宽阔的陆架，形成了非常有利的海啸波能捕获环境。海啸波从浅海传播至深海过程中，在陆架边缘区域会发生强烈反射，从而导致绝大部分海啸波被"捕获"在陆架区域，形成边缘波，产生超长时间的震荡。

2）陆架边缘的反射作用将会"出乎意料"地将海啸波能量导向距离震源较远的区域，例如陆坡的反射作用会使珠江口西侧沿海遭受的海啸灾害远大于距离震源较近的东侧海岸。

3）海啸引发的在沿海各地的强烈退水现象和强流会对沿海重要基础设施产生破坏性影响，强烈退水造成的灾害尤其对港口区域影响最大，可以导致渔船搁浅、锚绳断开、破坏码头桩柱等，同时也会对沿海地区的核电站冷却水取水造成不利影响。

相比于1918年的华南沿海，今天的华南沿海已经发生了翻天覆地的变化，经济社会发展程度、人口和基础设置分布和100年前不可同日而语，若类似海啸事件再次发生，造成的经济损失将不可估量。虽然滨海断裂带位于紧邻海岸线的陆架浅水区，但由于海水覆盖，我们对其准确位置、精细几何结构和发震习性认知严重不足，因此亟需针对滨海断裂带开展海洋地球物理调查，获取主要活动段落的断裂精细结构、最新活动性和现代地震活动相关的参数[27]，评估地震和海啸的危险性，并据此制定华南沿海的防灾减灾规划。

参考文献：

[1] 彭承光，李运贵，吴名彬. 1918年南澳大地震发震构造机制分析[J]. 华南地震, 2017, 37(Suppl 1): 1-14.

[2] 翁文灏. 回忆一些我国地质工作初期情况[J]. 中国科技史料, 2001, 22(3): 197-201.

[3] 谢毓寿, 蔡美彪同. 中国地震历史资料汇编[M]. 北京: 科学出版社, 1983.

[4] XIA S H, ZHOU P, ZHAO D, et al. Seismogenic structure in the source zone of the 1918 M7.5 Nanao

[5] 孙金龙,徐辉龙,詹文欢,等. 南海北部陆缘地震带的活动性与发震机制[J]. 热带海洋学报,2012(3):43-50.
[6] 潘建雄,黄日恒. 1918年南澳地震的破坏强度及震中位置[J]. 华南地震,1994,14(2):17-23.
[7] XU H, QIU X, ZHAO M, et al. Characteristics of the crustal structure and hypocentral tectonics in the epicentral area of Nan'ao earthquake (M7.5), the northeastern South China Sea[J]. Chinese Science Bulletin, 2006, 51(Suppl 2): 95-106.
[8] BLASER L, KRUGER F, OHRNBERGER M, et al. Scaling relations of earthquake source parameter estimates with special focus on subduction environment [J]. Bulletin of Seismological Society of America, 2010, 100(6): 2914-2926.
[9] WANG X M, POWER W. COMCOT: tsunami generation, propagation and run-up model[CP/OL]. 2011. https://www.scribd.com/document/180207329/COMCOT-User-Manual-v1-7-pdf.
[10] WANG X M, LIU P L F. An analysis of 2004 Sumatra earthquake fault plane mechanisms and Indian Ocean tsunami[J]. Journal of Hydraulic Research, 2006, 44(2):147-154.
[11] MUELLER C, POWER W, FRASER S, et al. Effects of rupture complexity on local tsunami inundation: Implications for probabilistic tsunami hazard assessment by example[J]. Journal of Geophysical Research: Solid Earth, 2015, 120(1):488-502.
[12] POWER W, DOWNES G, STIRLING M. Estimation of tsunami hazard in New Zealand due to South American earthquakes[J]. Pure and Applied Geophysics, 2007, 164(2):547-564.
[13] HUANG Z H, WU T S, TAN S K, et al. Tsunami hazard from the subduction Megathrust of the South China Sea: Part II. Hydrodynamic modeling and possible impact on Singapore[J]. Journal of Asian Earth Science, 2009, 36(1):93-97.
[14] LI L L, SWITZER A D, CHAN C H, et al. How heterogeneous coseismic slip affects regional probabilistic tsunami hazard assessment: A case study in the South China Sea[J]. Journal of Geophysical Research: Solid Earth, 2016,121(8):6250-6272.
[15] LI L L, SWITZER A D, WANG Y, et al. A modest 0.5 m rise in sea level will double the tsunami hazard in Macau[J]. Science Advances, 2018,4(8):eaat1180.
[16] SEPULVEDA I, LIU P L F, GRIGORIU M. Probabilistic tsunami hazard assessment in South China Sea with consideration of uncertain earthquake characteristics [J]. Journal of Geophysical Research: Solid Earth, 2019, 124(1):658-688.
[17] 王培涛,闪迪,王岗,等. 日本东北M_w9.0地震海啸在港池及邻近区域诱发的涡流危险性计算与评估分析[J]. 地球物理学报, 2016, 59(11): 4162-4177.
[18] LYNETT P J, BORRERO J, SON S, et al. Assessment of the tsunami-induced current hazard[J]. Geophysical of Research Letter, 2014, 41(6): 2048-2055.
[19] OKAL E A, FRITZ H M, RAAD P E, et al. Oman field survey after the December 2004 Indian Ocean tsunami[J]. Earthquake Spectra, 2006, 22 (Suppl 3): 203-218.
[20] OKAL E A, FRITZ H M, RAAD P E, et al. Oman field survey after the December 2004 Indian Ocean tsunami[J]. Earthquake Spectra, 2006, 22(S3): S203-S218.
[21] DENGLER L, USLU B, BARBEROPOULOU A, et al. The vulnerability of Crescent City, California, to tsunamis generated by earthquakes in the Kuril Islands region of the Northwestern Pacific[J]. Seismological Research Letter, 2008, 79(5):608-619.
[22] ARCOS M E M, LeVEQUE R J. Validating velocities in the GeoClaw tsunami model using observations near Hawaii from the 2011 Tohoku tsunami[J]. Pure and Applied Geophysics, 2015, 172(3/4):849-867.
[23] HEIDARZADEH M, SATAKE K. Excitation of basin-wide modes of the Pacific ocean following the March 2011 Tohoku tsunami[J]. Pure and Applied Geophysics, 2014, 171(12):3405-3419.
[24] MELGAR D, RUIZ-ANGULO A. Long-lived tsunami edge waves and shelf resonance from the M8.2 Tehuantepec earthquake[J]. Geophysical Research Letter, 2018,45(22):12414-12421.
[25] KAJIURA K. The directivity of energy radiation of the tsunami generated in the vicinity of a continental shelf[J]. Journal of Oceanography, 1972, 28(6): 260-277.
[26] RABINOVICH A B, STEPHENSON F E, THOMSON R E. The California tsunami of 15 June 2005 along the coast of North America[J]. Atmosphere-Ocean, 2006, 44(4):415-427.
[27] 李志刚,张培震,惠格格,等. 南海北部滨海断裂带的深部结构探测现状和展望[J]. 中山大学学报(自然科学版),2022,61(1):55-62.

(责任编辑　秦社彩)

南海南部深水盆地构造与储层再认识*

吴时国[1,2]，鲁向阳[1]，孙中宇[1]，钱星[3]，张莉[3]

1. 中国科学院深海科学与工程研究所／地球物理与资源实验室，海南 三亚 572000
2. 南方海洋科学与工程广东省实验室（珠海），广东 珠海 519082
3. 中国地质调查局广州海洋地质调查局／自然资源部海底矿产资源重点实验室，广东 广州 510075

摘　要：基于近年来获得的探测新资料和已发表地球物理大剖面，重新厘定了南海南部大陆边缘深水油气盆地构造区划与油气系统。考虑南海张裂边缘近端和远端裂陷盆地的构造差异，我们认为远端陆缘深水盆地大多以NE-SW向张裂构造为特征，据此厘定了NE向张裂盆地构造，包括南安、曾母和礼乐等深水盆地。从油气储层系统来看，南沙海区存在着特色深水油气系统成藏模式，包括孤立碳酸盐台地、深水陆源碎屑沉积体系及陆架边缘三角洲的油气成藏模式；位于南海和古南海盆地之间的南沙地块，在古近纪就进入深水，远离陆地，深水陆源碎屑沉积体系相对不发育，相反，发育了一套巨厚的碳酸盐层系，可望形成独具特色的深水油气系统。南沙海区的这类潜在深水油气系统在南海北部未曾遇见，特别是古近纪陆源碎屑沉积体系和孤立碳酸盐台地油气系统的共生规律，必将丰富南海深水油气成藏理论，拓展油气勘探的新领域。

关键词：南海；远端裂陷盆地；构造区划；油气系统；储层

中图分类号：P736.5　　**文献标志码**：A　　**文章编号**：2097-0137（2022）01-0063-11

Review on the tectonic and reservoir of the deepwater basin in the southern South China Sea margin

WU Shiguo[1,2], LU Xiangyang[1], SUN Zhongyu[1], QIAN Xing[3], ZHANG Li[3]

1. *Institute of Deep-Sea Science and Engineering / Laboratory of Geophysics and Georesource, China Academy of Science, Sanya 572000, China*
2. *South Marine Science and Engineering Guangdong Laboratory (Zhuhai), Zhuhai 519082, China*
3. *Guangzhou Marine Geological Survey, China Geological Survey/Key Laboratory of Seabed Mineral Resources, Ministry of Natural Resources, Guangzhou 510075, China*

Abstract: Based on newly acquired seismic data and previous published seismic data, we defined tectonic division and petroleum reservoirs of distal rifting basins in the southern South China Sea (SCS). Considering the differences between proximal and distal rifting basins, we propose that distal rifting basins, including Nanan, Zengmu, and Liyue basins, are mainly controlled by a extensional fault system of NE-SW striking. The hydrocarbon system in this region includes an isolated carbonate platform, deep-water turbidity systems, and shelf-margin delta systems. The distal rifting basin locating between the central basin of the South China Sea (SCS) and Paleo-SCS has been far away from continent and in deep-water as early as Eocene, where sediments are composed of a massive set of carbonates accompanying by deep-water terrigenous debris depositions. The hydrocarbon system in the south-

---

* **收稿日期**：2021-07-05　　**录用日期**：2021-07-31　　**网络首发日期**：2021-09-23
　基金项目：NSFC-广东联合基金重点项目（U1701245）
　作者简介：吴时国（1963年生），男；研究方向：海底构造、深水油气和天然气水合物；E-mail：swu@idsse.ac.cn

ern SCS, especially a combination of shelf-margin delta deposition with the isolated carbonate-platform system, is different from that in the northern SCS. The results enrich petroleum theory and would help to identify new exploration targets.

Key words: South China Sea; distal rifting basin; tectonic division; petroleum system; reservoir

南沙地块是从华南陆缘分离的陆块，是南海共轭大陆边缘的组成部分[1-4]，见图1[5-7]。南海陆缘自晚白垩纪张裂，形成了宽广的非火山型大陆边缘，宽达1 000 km，这一宽广的被动大陆边缘是研究南海从张裂到海底扩张的典型地区，已成为国际大陆边缘张裂过程的研究热点，是建立和检验非火山型大陆边缘构造模式的关键场所，引起了国内外科学家的广泛关注[8-12]。这一重要性，也在大洋科学钻探得到体现，2017年2月开始实施的IODP367/368科学钻探航次，旨在揭示被动陆缘的张裂过程问题[13]。

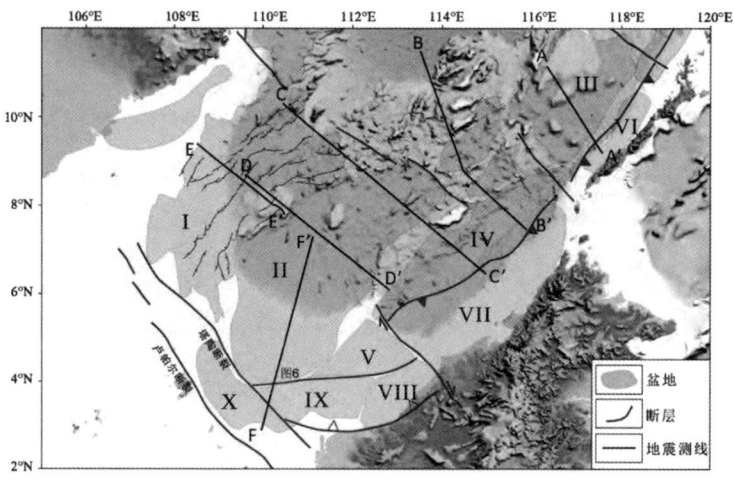

I. 南安盆地；II. 曾母盆地；III. 礼乐盆地；IV. 南沙海槽；V. 南康台地（中卢科尼亚台地）；
VI. 巴拉望盆地；VII. 文莱-沙巴盆地；VIII. 巴林坚；IX. 塔陶垒堑；X. 西南卢科尼亚盆地。
I. Nanan Basin; II. Zengmu Basin; III. Liyue Basin; IV. Nansha Trough; V. Nankang Platform (Central Luconia Platform);
VI. Palawan Basin; VII. Brunei-Sabah Basin; VIII. Balingian Basin; IX. Tatao horst-graben; X. Southwest Lucania Basin.

图1 南海南部陆缘深水油气盆地[5-7]

Fig. 1 Deepwater oil basins on southern margin of the South China Sea[5-7]

南沙地块的重要特性集中体现在远端裂陷盆地演化和独特的深水油气系统。南沙海区位于南部被动大陆边缘的远端，经历了陆缘裂陷盆地到前陆盆地前缘隆起挤压的构造演化过程。南沙海区在晚渐新世之后，随着远离华南大陆，陆缘硅质碎屑沉积体系相对不发育，相反，发育了大量的孤立碳酸盐台地，这就为形成优质的碳酸盐岩储层提供了基础[14-15]。因此，近些年对南海深水油气勘探的独特储集系统-大陆边缘生物礁碳酸盐岩沉积体系研究，逐步成为各石油公司的勘探热点[16-18]。碳酸盐台地时空分布和油气资源潜力是一个很值得重视的勘探领域，形成了具有自身特色的古近纪至中新世深水油气系统[19-20]。

目前陆地和浅海地区油气剩余可采资源越来越少，而深水海域蕴藏着丰富的油气[19-20]。我国三大石油公司近年来都陆续挺进大陆边缘深水油气勘探，但由于深水油气勘探面临诸多基础科学问题和技术难题，使得我国在深水油气勘探领域的研究水平滞后于国际同行，深水油气成藏理论与勘探技术已成为我国海洋石油工业能否占领国际市场的巨大挑战。南海南部南沙海区油气生储盖条件良好，是我国油气资源接替的重要远景区。近年来的深水油气发现，都是由南海周边国家取得，如菲律宾巴拉望近海水深864 m的Malampaya

油气田和水深350 m的Linapacan油田，印尼东加里曼丹近海水深885 m的Seno油田以及马来西亚鲁科尼亚的F6构造气田、Kikeh油田等。临近文莱、马来西亚等国家的勘探实例说明南沙海域确实具有良好的油气勘探前景。然而，南沙岛礁区的深水油气勘探一直未有突破。究其原因，尽管与张裂边缘远端裂陷盆地的油气成藏理论与勘探技术难度有关，主因却是南海中南部沉积盆地的基础地质研究薄弱，缺乏针对这些特色油气系统的理论研究[5,10]。然而，关于盆地的构造区划和演化方面，国内外有极大的认识差异[21-22]。这制约了该陆缘构造认识和深水油气勘探。关于南沙海区的深水盆地构造和储层的再认识势在必行。

因此，针对上述问题，根据近年来获得的探测新资料，讨论南海南部大陆边缘深水油气盆地与油气系统，为拓展油气勘探的新领域提供理论依据。

1 区域地质背景

南海发育了宽约1 000 km的非火山型大陆边缘，与大西洋大陆边缘相比，具有形成时间新、洋陆过渡带窄的特点，这可能是一种特殊的大陆边缘，已经成为国际大陆边缘构造演化的重要类型，吸引着国内外专家的关注[4,10,12,23]。关于南海大陆边缘的构造属性，一直存在着火山型和非火山型大陆边缘的争论[23-24]。但从层析成像结果来看，除了在南海东北部陆缘存有较多的张裂期火山岩外，其他地区火山活动相对较少[23,25]。目前，大多数学者比较接受非火山形大陆边缘的观点[1,23,26]。

针对南海北部大陆边缘的构造演化，我国已经开展了不少科学研究，包含大量深反射地震、OBS探测和钻井[1,24,27-29]。相对于南海北部陆缘，南部陆缘的研究十分薄弱，由此增加了这一共轭陆缘对比的难度。南沙地块与北部边缘如何对应呢？也存在两种观点：一种认为礼乐滩与东沙相对应[30]；另一种观点则认为南沙群岛与中、西沙地块相对应[31]。中、西沙地块的莫霍面埋深为18~26 km左右，南沙地块莫霍面埋深多在20 km以上，如礼乐滩、安渡滩、郑和九章群礁达到24~26 km，上述特征表明中、西沙地块与南沙地块均为拉张减薄的陆壳，具有可对比性。南沙地块存在多期裂陷作用，形成了大量性质各异、规模不一、纵横交错的断裂构造[32-33]。但是，因为地球物理资料品质有限，关于裂陷期的构造和层序仍存在争议，尤其是未识别出可靠的拆离断层。根据对婆罗洲和南沙北康盆地的研究，Hutchison[34]提出一个重要的中中新世破裂不整合（MMU, middle Miocene unconformity），年代为16 Ma，在其模式中，裂陷期自晚中生代到中中新世。Cullen等[10]更加精确地标定了裂陷期的时代，提出SCSU界面。最近国外的研究结果表明，南沙地块裂陷期与裂后期的界面大多定在早、中中新世之间，并提出了是碳酸盐台地的发育造成了构造沉降的异常[4,35]。由此看来，南沙地块裂陷盆地的构造演化不甚清楚。南沙海区发育一系列与张裂有关的盆地，如北康盆地、南薇西盆地、礼乐盆地、安度北盆地、九章盆地、永暑盆地、南华盆地等，还有许多未命名的小断陷。由于盆地基底构造不清楚，对盆地构造区划也存在较大的争议[21,26]。

2 南海南部陆缘远端深水盆地构造

2.1 主要反射界面与层序

关于南海南部陆缘盆地构造的认识，存在两个差异，一是南沙地块西边界问题，很多观点认为沿越东断裂、经南安断裂，向下连接卢帕尔断裂，作为南部边缘西界[36]，实际上，西边界比较复杂，万安断裂可能不存在，在卢帕尔断裂和南沙地块之间，可能还存在一个始新世的前陆褶皱逆冲带（图1）。综合考虑南安盆地、曾母盆地均呈NE-SW向展布，我们认为南沙地块的西界至南安盆地和曾母盆地西缘，因而重新划分了各盆地构造的构造区划。

南沙地块深水盆地总体NE-SW走向，南北分带，东西分块，沉积层序东西方向上存在一定差异（图2）[36-37]。西部盆地以曾母盆地为例，古新世-中始新世（Tg~T5）：发育了一套由同生断层控制的断陷型沉积；晚始新世-早中新世末（T5~T3）：由于受到了曾母地块和婆罗洲碰撞的影响，处于周缘前陆构造位置的曾母盆地发育了一套由陆向海厚度逐渐减薄的地层；中中新世以来（T3~现今）：地层以坳陷充填为主，构造平缓，断裂系统不甚发育，总体表现为陆架-陆坡不断向海盆进积，进入被动大陆边缘演化。

东部盆地以礼乐盆地为特征。整体上以T3为界，分为两个大的不同阶段：古新世-早中新世末（Tg~T3）：发育了一套由同生断层控制的断陷型沉积；以T5和T4界面分隔为三幕的伸展；由于南沙

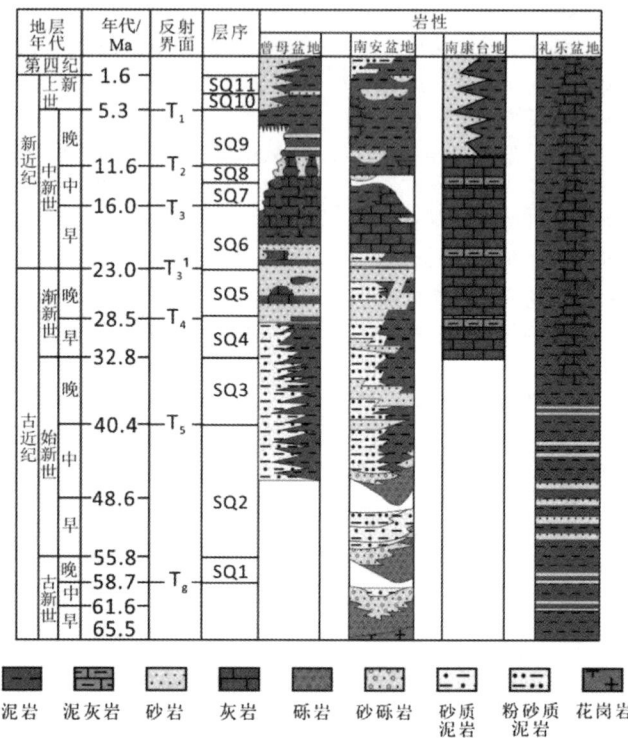

图2 南海南部陆缘远端裂陷盆地层序与演化[36-37]

Fig. 2 Sequence and evolution of the rift basins on the southern margin of the South China Sea[36-37]

地块和婆罗洲由西向东呈剪刀式的俯冲碰撞，在盆地中构造-地层变形的响应东部比西部强烈；中中新世以来（T3~现今）：地层总体表现为由南部、西部向北和东部逐渐上超减薄，断裂的活动较弱但地层仍有轻微的褶皱变形，表明南沙地块和婆罗洲碰撞在盆地东部仍在进行。

根据区域地质资料、研究区与邻区钻井以及地震资料进行综合分析，深水裂陷盆地可划分为11个三级层序（图2）。

首先，超层序界面对应了南海区域构造演化历史中较大的构造运动，在地震剖面上反映为明显的区域性不整合。其中Sg界面（Tg）对应燕山运动末期；S5界面（T5）对应西卫运动[38]，与Haq等[39]提出的全球海平面变化曲线对比，T5也应对应于中晚始新世间的最大海平面下降；S3界面（T3）在整个南海南部以及东南亚地区表现尤为突出，在国外称之为绿色不整合（green unconformity）或中中新世不整合（MMU），该界面记录了南沙地块与曾母地块碰撞事件，即南海扩张运动的终止。S1、S2、S4分别对应地震界面T1、T2、T4，属于次一级不整合界面，它们受控于次级的构造运动以及次级海平面下降，为二级层序及层序组界面。T1界面在区域上对应菲律宾-太平洋板块向NWW俯冲以及台湾弧-陆碰撞的结束，在南海表现为沉积速率最快；T2界面对应了中晚中新世时的全球最大海平面下降事件；T4界面则为一区域破裂不整合界面，对应南海海盆扩张开始。S01、S21、S31、S41、S51界面在地震表现为分布范围相对较小的地震反射界面，它们受控于三级或四级海平面下降以及较小的构造运动，为层序组内三级层序界面。

在超层序及层序组尺度上南沙海域新生代地层大致可以进行统一对比，整个南沙地区新生代地层由于T5界面之下地震资料的品质以及钻井资料的限制，对超层序I（S5~Sg）的研究不确定成分较多，仅限于推测，不可能进行细致研究。

在三级层序的划分中，由于三级层序主要受局部构造的控制，因此各个盆地之间有所不同，需根据沉积层序边界特征和沉积旋回的组合关系，对地震、钻井及古生物等方面的资料进行综合研究。但如上文已论述过的一样，根据与其他课题的共同研究探讨，可认为曾母盆地北部与北康盆地在区域地质背景上具有可比性，并且两个盆地在沉积上存在密切的成因关联，因此对两个盆地三级层序的划分上也采用统一方案。该方案有助于整个研究区层序的统一对比，并且对层序格架下进行沉积成因分析奠定了基础，可实现整个研究区沉积相研究的无缝拼接。

2.2 盆地主要构造样式

基于穿过南沙海区6条新处理的偏移地震剖面和前人发表的构造大剖面（图3~图4），厘定了盆地的主要构造时间和反射界面（图3~图4）。南沙地块深水盆地呈NE-SW向，发育一系列NE向张性断层（图3）。地震测线CC′、DD′是穿过曾母盆地的东西向剖面（图3c）。该剖面发育的新生代地层比较齐全，以T4界面为界，可以将地层总体分为两大套，T4界面之下的地层，受构造的控制作用明显，发育数量众多的伸展断层，早期的断层控制了下部的半地堑式的古新统-中始新统（Tg~T5）发育，后期的断层则使地层发生了错断，形成了一系列的断块构造。T4界面之上的地层受断层的影响较小，地层的厚度在两侧隆起区较薄，在盆地沉降最深的康西坳陷内地层最厚，总体上呈碟形披覆于下部地层之上（图3c）。

FF′地震测线（图3d）由南西到北东经过曾母盆地，由西南卢科尼亚盆地向北进入塔陶垒堑，并穿过塔陶垒堑进入曾母盆地南部康西凹陷，所经过的区域由浅水的陆架区逐渐过渡到深水盆地区（图3d）。该剖面发育的新生代地层序列完整。各地层序列的厚度在盆地不同构造单元内有所不同，在曾母盆地南部的塔陶垒堑构造单元内，古新统-中始新统为一套厚度变化的由早期活动的同生正断层所控制的半地堑式结构的地层；上始新统-下中新统（T5~T3）总体为一套由陆上向海域

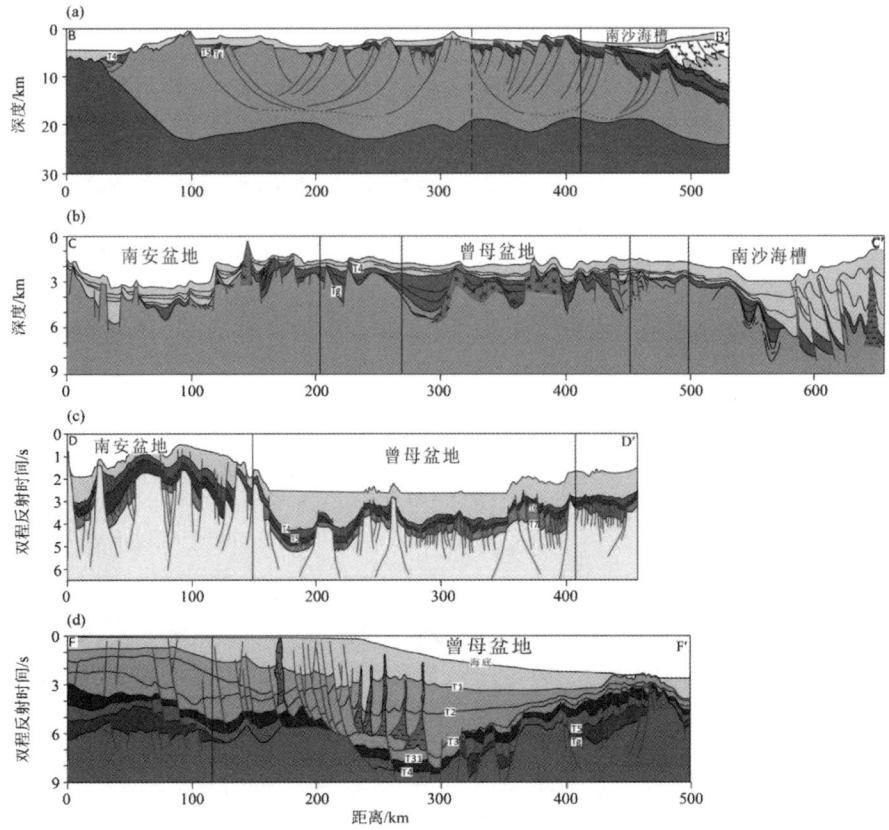

图3　穿过曾母盆地、南沙海槽、洋盆的地质剖面

Fig. 3　Geological sections through Zengmu Basin, Nansha Trough and Ocean Basin

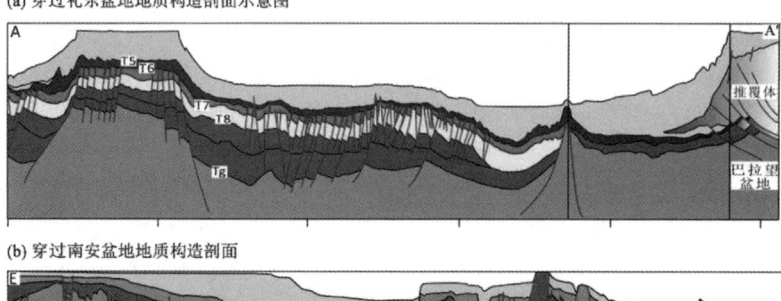

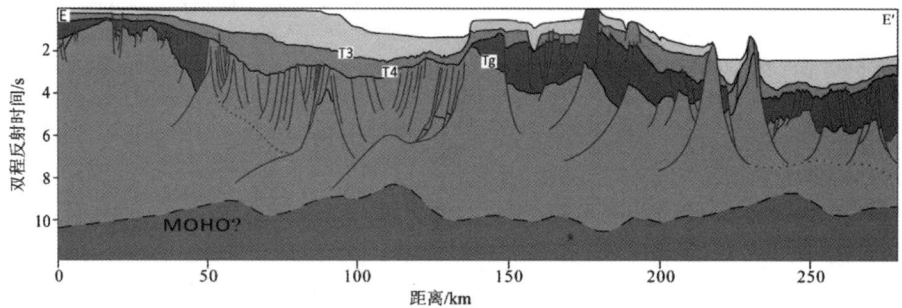

图 4 穿过礼乐盆地和南安盆地的地质剖面（剖面位置见图 1）

Fig. 4 Geological sections through Liyue Basin and Nanan Basin (See position in Fig. 1)

厚度逐渐减薄的楔形地层，具有超覆结构特征；由中中新统（T3~T2）开始，盆地进入了新的演化阶段，开始了陆架陆坡体系的发育，地层由陆上向海域发生大规模的前积，厚度逐渐变大。由塔陶垒堑向北进入康西坳陷，地层的结构和构造样式发生了变化，早期的地层由于沉降太深无法在剖面上揭示，但从盆地演化的构造背景上分析，其总体上还是受控于早期活动的伸展断层，地层的结构和厚度变化不大。而从中中新统开始，地层向康西坳陷的中心部位厚度逐渐加大，由于盆地的陆架陆坡地形及晚期的快速沉积使得沉积地层在重力的作用下沿早期的张性断层发生滑动，这种滑动使得地层内的软弱层发生挤压、加厚并在前缘形成一系列叠瓦状逆冲构造，这种叠瓦状逆冲构造兼具逆断层和流体底辟的性质，在现今的陆架坡折带附近这种滑动冲断构造最发育。由康西坳陷向北进入北康盆地，在西部坳陷内，早期断层的活动仍以伸展为主，控制了下部地层的发育，上中新世末期，在盆地的重要变革界面 T3 形成过程中，由于受到了南海扩张停止以及西北婆罗洲旋转并与南沙地块发生碰撞的影响，北康盆地遭受了大规模的挤压，使得上新统（T4~T31）及以下地层挠曲褶皱并发生了强烈的剥蚀。T3 之后的地层由于盆地的快速沉降以及水深的不断加深，远离物源区，使得地层的厚度较康西坳陷要小很多（图 3d）。

AA'地震测线（图 4a）穿过了礼乐盆地中部，并进入到西南巴拉望盆地。剖面中礼乐盆地整体呈现为长且缓的挠曲"背斜形态"。整体来看，以 T5 为界，T5 以下地层受张裂构造作用控制明显，从剖面西部隆起区为中心，向两侧发育众多伸展断层，隆起区和凹陷区在不同时期地层厚度对比较为明显，T8~Tg 时期两侧凹陷区地层厚度明显大于隆起区，T5~T8 时期隆起区与凹陷区地层厚度相差不明显，这表明控制隆起区隆起的断层早期活动较为强烈，T8 以后构造活动趋缓。T5 界面以上，礼乐盆地表现披覆沉积和碳酸盐台地发育。巴拉望盆地向西北发生逆冲推覆，地层挤压变形明显，具有前陆构造特征。图 4b 为穿过南安盆地中部的 NW-SE 向剖面，T4 以下地层受张裂构造控制明显，表现出完整的地堑结构。在剖面的西部和东部部分断层向深部延伸较深，并且表现出滑脱构造现象，部分断层向 T4 以上继续延伸，小部分向上一直延伸出海底，造成了剖面东部部分地层缺失。整体同时期地层不同区域差异明显，西部和中部隆起区域 T4 以上地层明显较凹陷区域更薄。T3 以来，形成了完整的陆架陆坡体系。

3 南沙海区深水油气储集体系

大陆边缘的深水油气系统是国内外研究的热

点，同时，十分复杂，也存在极高的风险[40-41]。位于张裂边缘的远端深水盆地由于缺乏有效储层进一步加大了勘探的风险。然而南沙海区正是因为处于远端张裂边缘，是发育在减薄陆壳之上的沉积盆地，中国地质调查局、美国地质调查局、中国海洋石油总公司等权威机构估计南沙地块沉积盆地的油气资源量仍然十分丰富[22,42]。

关于碳酸盐岩油气系统和陆架边缘三角洲油气系统研究较多。但是，关于南沙地块盆地深水沉积研究甚少。近年来，南沙地块至少在渐新世就已进入深水，位于古南海陆缘的南沙地块深水区，应该发育了古近纪深水陆缘碎屑沉积体系[18,43-44]，是否形成了深水砂岩油气系统，尚存在争议。

3.1 碳酸盐岩油气储集体系

在南海海域已发现30多个碳酸盐岩油气田，特别是生物礁油气田，如珠江口盆地油田流花11-1、曾母盆地西部L礁、F6和F23，万安盆地的万安滩，巴拉望盆地的尼多礁、盖洛克和奔拉等20个生物礁油气田[14-16,45]。关于深水盆地碳酸盐岩油气系统也是值得关注的问题。钻井资料揭示，礼乐盆地存在古近纪（早始新世-中始新世）的孤立碳酸盐台地[33,43,45]。南沙海区的碳酸盐台地发育于中新世，它是在裂陷掀斜断块脊部发育的生物礁碳酸盐台地，经历了前陆盆地前缘隆褶和迁移，具有独特的演化规律。为什么在深水背景下发育如此广泛的碳酸盐台地？这些碳酸盐台地的演化可能造成沉降异常和裂陷延迟的动力学机制也是南沙地块的独特问题[35]。

国外对南康台地中中新统-上中新统地层中的碳酸盐岩沉积体做了较细致的工作，提出了该区碳酸盐岩层序发育的基本模式[46]。每一个沉积旋回的碳酸盐岩发育都有海进和海退沉积序列组成，并且包含了4个基本的碳酸盐岩发育阶段（图5）。生长期（building-up）阶段对应于相对海平面中速上升期，该阶段发育的碳酸盐岩沉积较纯；阻滞期（building-in）为最大的海泛时期，该阶段由于水深较深不利于造礁生物生长，碳酸盐岩沉积停滞，此时的沉积物中泥质含量明显增多，这种情况在碳酸盐岩沉积旋回的末期（即补偿期）也会出现；补偿期（building-out）阶段为相对海平面的缓慢上升或下降阶段；最后，在海平面下降到最低时，碳酸盐岩发育进入暴露期（subaerial exposure）而终止。

Zampetti 等[15]利用高精度三维地震资料以及测井资料对南康台地碳酸盐岩沉积体的内部结构特征做了更为详尽的研究工作，从碳酸盐岩沉积体内部成功识别出碳酸盐岩沉积旋回，以及最大海泛沉积界面（图5）。综合分析南康台地碳酸盐岩发育模式以及淹没不整合型层序模式的特征，对L构造碳酸盐岩层序地层及沉积特征进行剖析，可归纳研究区中中新统-上中新统碳酸盐岩层序地层模式。该模式在研究区及整个南海南部地区具有普遍意义，该模式具有以下几点特征：① 研究区中中新统-上中新统碳酸盐岩地层中发育3期较大规模的碳酸盐岩沉积旋回，即可划分3套三级层序旋回，分别为中中新世发育的SQ7和SQ8层序及晚中新世发育的SQ9层序；② 中中新世为碳酸盐岩台地发育期，该时期沉积的碳酸盐岩地层厚度较大，延伸范围较广，在整个南海南部地区分布较为普遍；而晚中新世时期则主要以台地边缘生物礁体发育为主；③ 层序SQ7和SQ8之间以淹没不整合接触，钻井上以泥质含量较高的泥灰岩段的出现为其标志性特征，地震剖面上表现为一组连续性较好的强相位，具有较强的反射能量，并常介于上下空白、杂乱反射层之间，所对应时期的海平面在相对上升期；SQ8与SQ9层序之间不整合接触明显，钻井上表现为明显的测井曲线突变面，在地震剖面上该界面有明显的削截、上超等构造不整合特征，该界面所对应的时代为晚中新世初期最大海平面下降时期。

3.2 深水浊流沉积体系

南沙海区，位于远端大陆边缘，具有高度减薄陆壳，特定的热结构和深水沉积体系。这一方面尚未开展细致的研究。为了推进南海中南部深水油气勘探，中国海洋石油总公司、广州海洋地质调查局、中国科学院、国家海洋局第二海洋研究所在南沙及其周围完成重力、磁力、地震和OBS调查。我们相信通过此项目，能够促进南沙海区深水油气理论的研究，建立远端裂陷盆地特色的深水碎屑沉积成藏模式。

目前为止，关于南沙地块深水沉积体系，仍然缺乏研究。根据地震测线和构造位置，存在两类深水水道沉积体系。一类主要发育于晚中新世之后的半深海陆坡及坡底环境，如南安盆地和曾母盆地，表现为中-低频、中-强振幅、差连续的充填状地震相，横向延伸短，垂向表现为多期叠置现象，形态上呈现出下切特征和鸥翼状结构。另一类是南沙地块腹地pond盆地，缺乏大型陆源

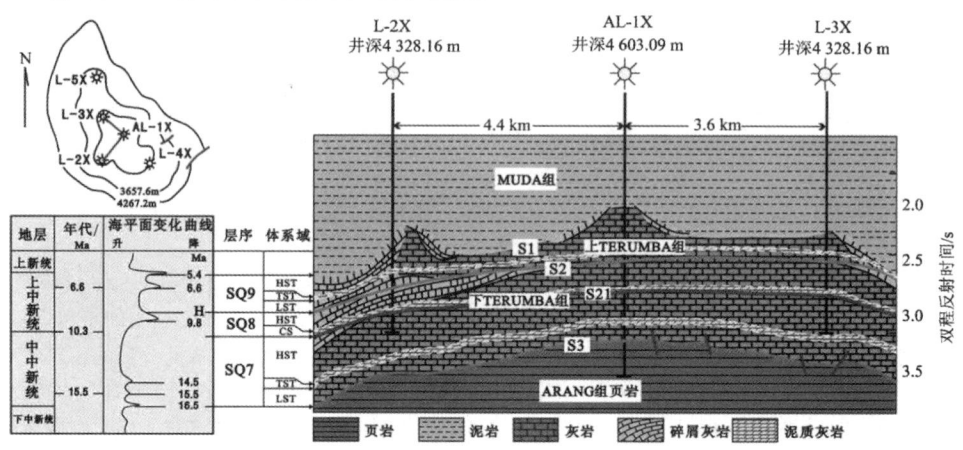

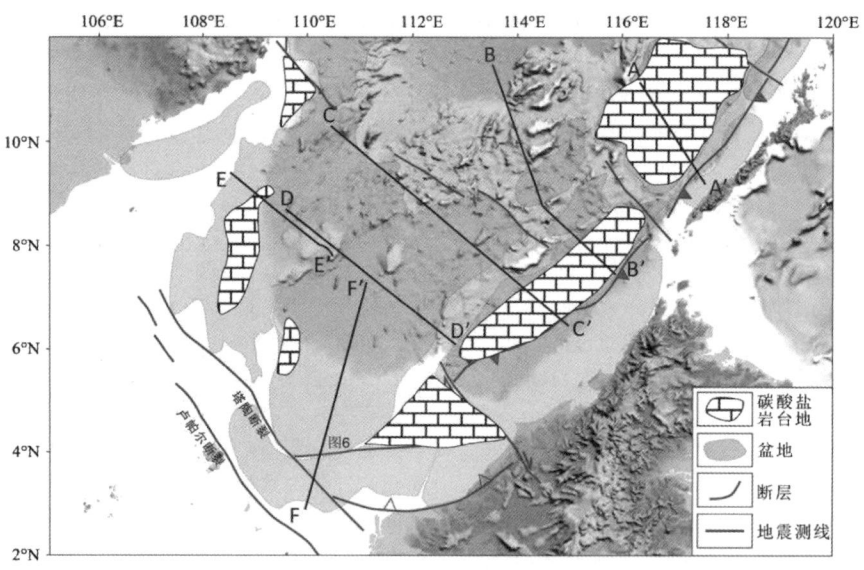

图 5 曾母盆地的碳酸盐岩储层

Fig. 5 Carbonate reservoir in Zengmu Basin

物质供给，物源主要来自前陆盆地的前隆地带，物源相对近缘，还有大量碳酸盐岩碎屑，广见于南沙地块南部地区[40]。

3.3 陆架三角洲—陆架边缘三角洲层序模式及地震相发育特征

与大陆架有关的三角洲主要包括湾头三角洲（bay-head delta）、陆架三角洲（inner-shelf margin）、大陆架三角洲（mid-shelf delta）与陆架边缘三角洲。在一次海平面升降过程中，随着沉积物的不断向海洋方向转运，沿大陆架逐渐从湾头三角洲-内陆架三角洲-陆架三角洲-陆架边缘三角洲进行递进。湾头三角洲的规模较小，厚度一般只有几米，常见波状交错层理，仅仅是河流三角洲向陆架三角洲发育的过渡阶段。内陆架三角洲与大陆架三角洲规模相对较大，厚度可达几十米，但内陆架三角洲相对大陆架三角洲坡度较缓，近水平发育，平面上常呈鸟足状或马尾状产出；大陆架三角洲坡度相对内陆架三角洲较大，但一般小于0.5°。陆架边缘三角洲较陡，厚度可达几百米，坡度可达3°~6°，主要因为物源可以沿平缓的大陆架大量运移，到陆架坡折处由于急剧变陡因而得到大量堆积，因此陆架边缘三角洲主要沿着大陆坡折附近生长，并且在陆架坡折处形成最厚沉积。在陆架边缘三角洲的生长过程中，4个三角洲类型并不是单独形成的，而是物源沿着大陆架运移不同阶段形成的，4种三角洲并不是能够很明确区分的，通常只有陆架三角洲和陆架边缘三角洲可以区分开来[47-48]。

曾母盆地从晚渐新世-早中新世开始主要发育受中卢科尼亚台地（东界）和纳土纳台地（西界）限制的大型NE-SW向张裂盆地，晚期受巽他三角洲沉积体系控制（图6）。国内外学者也认为自早中新世以来曾母盆地西部一直有三角洲发育[38,47-48]。

对曾母盆地南缘的古水系分布特征的分析结果表明，发育于加里曼丹西南部的NNE向展布的古巽他河河流三角洲向盆地提供巨量的初始物源；自渐新世-早中新世以来，古Rajang/Lupar陆架三角洲快速向北进积；自17.5 Ma左右则在陆架三角洲之上发育了西卢科尼亚三角洲（图6）[6-7]。可见研究区三角洲发育自加里曼丹陆架，也应经历了典型的与大陆架有关的三角洲发育序列，即河流三角洲-陆架三角洲-陆架边缘三角洲。对于陆架边缘三角洲层序进积发育模式：①三角洲终端通过上超逐渐向陆尖灭；②多期水道的冲刷侵蚀作用导致地层缺失；③三角洲斜坡向海坡度减小并呈"S"形生长；④斜坡的近陆地边缘处由于受冲刷侵蚀被切割，甚至出现下切谷。

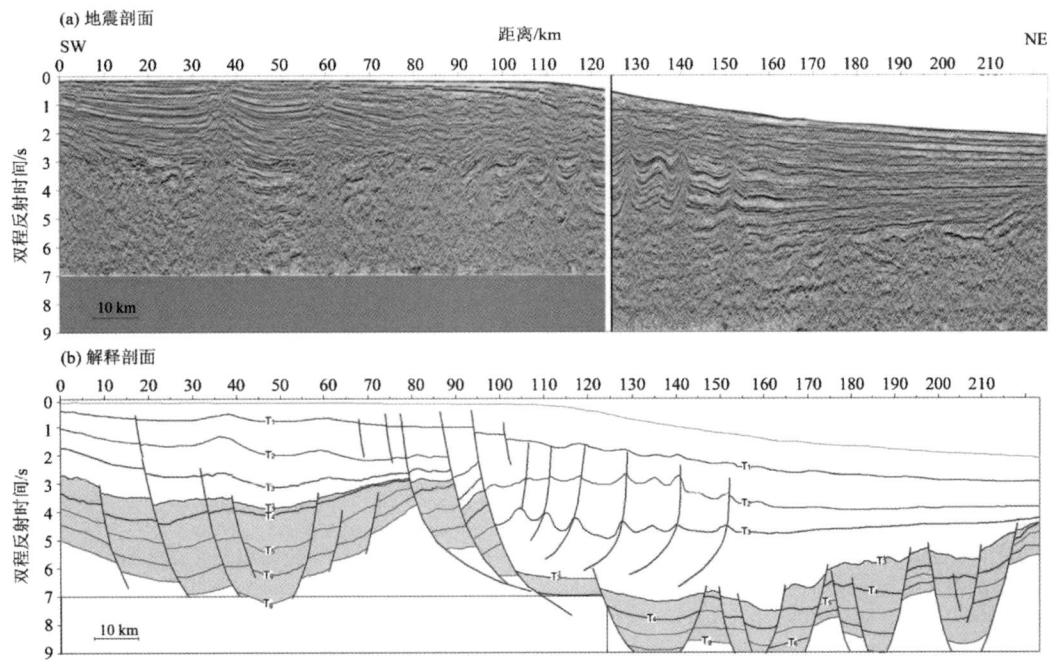

图6 穿过巽他三角洲陆架边缘三角洲的地震剖面（该剖面与剖面FF'位置相同）

Fig. 6 Seismic section across the marginal delta of the Xunda delta shelf(This section is at the same position as section FF')

综合分析地震剖面解释结果及层序格架特征，并结合国外的研究成果，归纳总结了研究区大型陆架—陆架边缘三角洲体系的层序地层发育特征，并建立了相应模式（图6）。①发育的规模较大，从康西坳陷南缘一直延伸至曾母盆地中部（原北康盆地南部），其大致发育于巽他陆架和Rajang陆坡之间；②构成三角洲的单个斜坡体的发育形态呈反"S"形，"S"形的倾斜沉积结构的最厚部分位于已经存在的推覆转折附近。"S"形的底部出现类似陆架坡折的形态，随着三角洲的生长沉降中心逐渐向北迁移始终与陆架坡折的生长保持一致；③三角洲沉积中心随着陆架坡折地向海推进而迁移，即由南向北迁移；④由于三角洲前积层向深水区快速进积时表现出极大的不稳定性，通常产生同沉积构造,如生长断层发育、顺生长断裂产生的重力滑动、陆架边缘崩塌、大量反转断层以及底辟刺穿结构将依次出现,并且在三角洲前缘发育浊流沉积。

4 结 论

阐明南海南部陆缘近端和远端盆地的构造差异,远端陆缘以深水裂陷盆地为主要特征,主要包括南安、曾母和礼乐等深水盆地。盆地发育完好的地堑、半地堑结构,断裂以NE-SW向正断层为主,伴有NW向走滑断裂构造。盆地位于充分减薄的陆壳之上,存在拆离断层和盆地张裂过程。我们进一步厘定了盆地构造区划问题。

建立南沙海区古近系至中中新统的特色深水油气系统成藏模式,包括孤立碳酸盐台地、深水陆源碎屑沉积体系及陆架边缘三角洲的油气成藏模式;位于南海和古南海盆地之间的南沙地块,在古近纪就进入深水,远离陆地,深水陆源碎屑沉积体系相对不发育,相反,发育了一套巨厚的碳酸盐层序。南沙海区古近纪陆源碎屑沉积体系和孤立碳酸盐台地油气系统的共生规律,必将丰富南海深水油气成藏理论,拓展油气勘探的新领域。

参考文献:

[1] 李家彪. 南海大陆边缘动力学:科学实验与研究进展[J]. 地球物理学报, 2011, 54(12): 2993-3003.

[2] 丘学林, 赵明辉, 敖威, 等. 南海西南次海盆与南沙地块的OBS探测和地壳结构[J]. 地球物理学报, 2011, 54(12): 3117-3128.

[3] FRANKE D, BARCKHAUSEN U, BARISTEAS N, et al. The continent-ocean transition at the southeastern margin of the South China Sea[J]. Mar Petrol Geol, 2011, 28: 11987-1204.

[4] FRANKE D. Rifting lithosphere breakup and volcanism: comparison of magma-poor margin and volcanic rifted margins[J]. Mar Petrol Geol, 2013, 43: 63-87.

[5] MORLEY C K, BACK S, van RENSBERGEN P, et al. Characteristics of repeated, detached, Miocene-Pliocene tectonic inversion events, in a large delta province on an active margin, Brunei Darussalam, Borneo[J]. Journal of Structural Geology, 2003, 25(7): 1147-1169.

[6] 王利杰, 孙珍, 姚永坚, 等. 南海东南部陆缘Nido灰岩发育特征及其构造控制因素[J]. 地球科学, 2021, 46(3): 956-974.

[7] PUBELLIER M, MORLEY C K. The basins of Sundaland (SE Asia): Evolution and boundary conditions[J]. Marine and Petroleum Geology, 2014, 58(part B): 555-578.

[8] HAYES D E, NISSEN S S. The South China Sea margins: implication for rifting margin contrast. Earth Planet[J]. Sci Letters, 2005, 237: 601-616.

[9] McINTOSH K, van AVENDONK H, LAVIER L, et al. Inversion of a hyper-extended rifted margin in the southern Central Range of Taiwan[J]. Geology, 2013, 41: 871-874.

[10] CULLEN A, REEMST P, HENSTRA G, et al. Rifting of the South China Sea: new perspectives[J]. Petroleum Geosci, 2010, 16: 273-282.

[11] SAVVA D, MERESSE F, PUBELLIER M, et al. Seismic evidence of hyper stretched crust and mantle exhumation offshore Vietnam[J]. Tectonophysics, 2013, 608: 72-83.

[12] SIBUET J C, YEH Y C, LEE C S. Geodynamics of the South China Sea[J]. Tectonophysics, 2016, 692(Part B): 98-119.

[13] SUN Z, LARSEN H, LI C, et al. Testing hypothesis for lithosphere thinning during continental breakup drilling at South China Sea margin[R]. IODP Proposal, 2016: 878.

[14] WU S, ZHANG X, YANG Z, et al. Spatial and temporal evolution of Cenozoic carbonate platforms in the continental margin of South China Sea: Response to opening of the ocean basin[J]. Interpretation, 2016, 4(3): 1-119.

[15] ZAMPETTI V, SCHLAGER W, KONIJNENBURG J H, et al. 18-Architecture and growth history of a Miocene carbonate platform from 3D seismic refection data: Luconia province, offshore Sarawak, Malaysia [M]// ROBERTS D G, et al, eds. Regional geology and tectonics: Principles of geologic analysis. Amsterdam: Elsevier, 2012: 512-537.

[16] FOURNIER F, MONTAGGIONI L, BORGOMANO J. Paleoenvironments and high-frequency cyclicity from Cenozoic South-East Asian shallow-water carbonates: a case study from the Oligo-Miocene buildups of Malampaya (Offshore Palawan, Philippines)[J]. Marine and Petroleum Geology, 2004, 21(1): 1-21.

[17] VAHRENKAMP V C, DAVID F, DUIJNDAM P, et al. Growth architecture, faulting, and karstification of a middle miocene carbonate platform, Luconia Province, offshore Sarawak, Malaysia[J]. AAPG Memoir, 2005(81): 329-350.

[18] BANERJEE A, SALIM A M A. Stratigraphic evolution of deep-water Dangerous Grounds in the South China Sea, NW Sabah Platform Region, Malaysia[J]. Journal of Petroleum Science and Engineering, 2021, 201: 108434.

[19] 张功成,米立军,吴时国,等. 深水区-南海北部大陆边缘盆地油气勘探新领域[J]. 石油学报, 2007, 28 (2): 15-21.

[20] 朱伟林,张功成,钟锴,等. 中国南海油气资源前景[J]. 中国工程科学, 2010, 12(5): 46-50.

[21] DONG M, WU S G, ZHANG J. Thinned crustal structure and tectonic boundary of the Nansha Block, southern South China Sea[J]. Mar Geophys Res, 2016, 37: 281-296.

[22] 姚伯初,刘振湖. 南沙海域沉积盆地与油气资源分布[J]. 中国海上油气, 2006, 189(3): 150-160.

[23] GAO J, WU S, McINTOSH K, et al. Crustal structure and extension mode in the northwestern margin of the South China Sea[J]. Geochemistry, Geophysics, Geosystems, 2016, 17: 2143-2167.

[24] YAN P, ZHOU D, LIU Z S. A crustal structure profile across the northern continental margin of the South China Sea[J]. Tectonophysics, 2001, 338(1): 1-21.

[25] SAVVA D, PUBELLIER M, FRANKE D, et al. Different expressions of rifting the South China Sea margins[J]. Marine and Petroleum Geology, 2014, 58 (part B): 579-598.

[26] DING W W, LI J B, CLIFT P D. Spreading dynamics and sedimentary process of the Southwest Sub-basin, South China Sea: Constraints from multi-channel seismic data and IODP Expedition 349[J]. Journal of Asian Earth Sciences, 2016(115): 97-113.

[27] 吴振利,李家彪,阮爱国,等. 南海西北次海盆地壳结构:海底广角地震实验结果[J]. 中国科学(地球科学), 2011, 41(10): 1463-1476.

[28] QIU X L, YE S Y, WU S M, et al. Crustal structure across the Xisha trough, northwest South China Sea[J]. Tectonophysics, 2001, 341: 179-193.

[29] ZHU J J, SUN Z X, KOPP H, et al. Segmentation of the Manila subduction system from migrated multi-channel seismics and wedge taper analysis[J]. Mar Geophys Res, 2013, 34: 379-391.

[30] 姚伯初,万玲,吴能友. 南海新生代构造演化及岩石圈三维结构[J]. 地质通报, 2005, 24(1): 1-8.

[31] 孙珍,赵忠贤,李家彪,等. 南沙地块内破裂不整合与碰撞不整合的构造分析[J]. 地球物理学报, 2011, 54 (12): 3196-3209.

[32] 刘海龄,阎贫,张伯友,等. 南海前新生代基底与东特提斯构造域[J]. 海洋地质与第四纪地质, 2004, 24 (1): 15-28.

[33] YAO Y J, LIU H L, YANG C P, et al. Characteristics and evolution of Cenozoic sediments in the Liyue Basin, South China Sea[J]. Journal of Asian Earth Sciences, 2012, 60: 114-129.

[34] HUTCHISON C S. Marginal basin evolution: the southern South China Sea[J]. Marine & Petroleum Geology, 2004, 21: 1129-1148.

[35] STEUER S, FRANKE D, MERESSE F, et al. Time constraints on the evolution of southern Palawan Island, Philippines from onshore and offshore correlation of Miocene limestones[J]. Journal of Asian Earth Sciences, 2013, 76: 412-427.

[36] 姚永坚,吕彩丽,王利杰,等. 南沙海区万安盆地构造演化与成因机制[J]. 海洋学报, 2018, 40(5): 62-74.

[37] ZHANG G C, TANG W, XIE X J, et al. Petroleum geological characteristics of two basin belts in southern continental margin in South China Sea[J]. Petroleum Exploration and Development, 2017, 44(6): 899-910.

[38] 吴进民. 南海西南部人字形走滑断裂体系与曾母盆地的旋转构造[J]. 南海地质研究, 1997, 9: 54-66.

[39] HAQ B U, HARDENBOL J, VAIL P R. Mesozoic and Cenozoic chronostratigraphy and cycles of sea-level change[M]// WILGUS C K, et al, eds. Sea-Level Changes: An Integrated Approach. Tulsa: SEPM, 1988: 7-108.

[40] BEGLINGER S, DOUST H, CLOETINGH S. Relating petroleum system and play development to basin evolution: West African South Atlantic Basin[J]. Marine & Petroleum Geology, 2012, 30: 1-25.

[41] WEIMER P, SLATT R. Introduction to the petroleum geology of deepwater settings[M]. Tulsa: American Association of Petroleum of Geologists, 2006: 419.

[42] OWEN N A, SCHOFIELD C H. Disputed South China Sea hydrocarbon in perspective[J]. Marine Policy, 2012, 36: 809-822.

[43] ZHANG L, LI W C, ZENG X H. Stratigraphic occurrence and its relationship with oil and gas in Liyue Basin[J]. Experimental Petroleum Research, 2003, 25(5): 469-573.

[44] 张亚震,李俊良,裴健翔,等. 礼乐盆地深水区新生代生物礁的发育条件与地震特征[J]. 海洋地质与第四纪地质, 2018, 38(1): 108-117.

[45] GRÖTSCH J, MERCADIER C. Integrated 3D reservoir modeling based on 3D seismic: The Tertiary Malampaya and Camago buildups, off shore Palawan, Philippines[J]. AAPG Bulletin, 1999, 83: 1703-1727.

[46] ALI M Y, ABOLINS P. The petroleum geology and resources of Malaysia[M]. London: Geological Society Publishing House, 1999: 369-392.

[47] ABDUL M M, ROBERT H. F. WONG. Seismic sequence stratigraphy of Tertiary sediment, offshore Sarawak deepwater area, Malaysia[J]. Bulletin of Geological Society of Malaysia, 1995, 37: 3345-3361.

[48] 郭秀荣,武强,邱燕,等. 南海南部曾母盆地陆缘三角洲沉积特征[J]. 海洋地质与第四纪地质, 2006, 26 (4): 1-5.

(责任编辑　张　冰)

Effect of sea salt aerosols on a warm-sector heavy rainfall event over coastal Southern China[*]

LUO Qing[1,2], CHEN Zijian[1,2], LIN Wenshi[1,2], JIANG Baolin[3], CAO Qimin[1], LI Fangzhou[1]

1. School of Atmospheric Sciences / Guangdong Province Key Laboratory for Climate Change and Natural Disaster Studies, Sun Yat-sen University, Zhuhai 519082, China
2. Southern Marine Science and Engineering Guangdong Laboratory (Zhuhai), Zhuhai 519082, China
3. School of Geography and Tourism, Huizhou University, Huizhou 516007, China

Abstract: This study used the Weather Research and Forecasting model coupled with Chemistry (WRF-Chem) version 4.1.2 to simulate a warm-sector heavy rainfall (WSHR) event that occurred over coastal Southern China in 2014. To investigate the effects of the concentration of sea salt aerosols (SSA) on the development of WSHR, different levels of SSA emission were incorporated in three separate experiments (CTL, LOW, and HIGH). The distribution of precipitation and hydrometeors, the microphysical processes, and the release of latent heat resulting from the rainfall in all three simulations were analyzed. Results show that SSA mass concentration can affect the rainfall area: the LOW experiment shows dispersed rainfall, whereas the HIGH experiment presents concentrated rainfall. Under the situation of low (high) SSA emission: the concentration of cloud condensation nuclei during rainfall decreases (increases), the mixing ratio of rain and graupel increases (decreases), and microphysical processes, particularly the automatic conversion of cloud water into rainwater and accretion of cloud water by rain, are enhanced (weakened), more (less) latent heat is released, and the updrafts are enhanced (weakened); these result in an increase (decrease) of accumulated precipitation and rain rate.

Key words: sea salt aerosols; warm-sector heavy rainfall; microphysical effects; WRF-Chem model

CLC number: P401   **Document code:** A   **Article ID:** 2097-0137（2023）02-0123-14

1 Introduction

Heavy rainfall that often occurs over Southern China (SC) during the first rainy season(April-June) can be one of the most devastating natural disasters. Warm-sector heavy rainfall (WSHR) is a special and important type of rainfall in SC that often causes severe flooding and huge economic losses. Generally, WSHR refers to precipitation that occurs in the warm zone approximately 200−300 km from the surface front, in the convergence zone between southwesterly and southeasterly flows, or in southwesterlies without a front and shear. Heavy rainfall in the warm region of SC, caused by microscale-mesoscale systems, usually happens abruptly and locally, making both objective forecasts and numerical model predictions difficult. On the one hand, such events are difficult to forecast owing to lack of synoptic-scale baroclinic system forcing such as fronts, shear, and vortices (Wu

---

[*] **Received:** 2022-02-27   **Accepted:** 2022-06-14   **Published online:** 2022-09-17
Supported by National Natural Science Foundation of China（41875168）
✉ **Corresponding author:** LIN Wenshi（linwenshi@mail.sysu.edu.cn）
LUO Qing（luoq57@mail2.sysu.edu.cn）, CHEN Zijian（chenzj59@mail2.sysu.edu.cn）, JIANG Baolin（jiangblin@hzu.edu.cn）, CAO Qimin（caoqm@mail2.sysu.edu.cn）, LI Fangzhou（lifzhou@mail2.sysu.edu.cn）

et al., 2020). For example, deterministic operational numerical weather prediction models failed to forecast the typical local warm-sector rainfall event that occurred over Guangzhou (China) on May 7, 2017 (Wu et al.,2018). On the other hand, when using a numerical model to simulate WSHR, one of the most critical factors is the capability of the cloud microphysical parameterization scheme to effectively describe the cloud microphysical processes (Gao et al., 2012). Therefore, employing a numerical model to simulate WSHR and using the results to analyze the mechanism of the cloud microphysical characteristics could improve the understanding of WSHR and provide scientific reference for improving the capability of numerical models to forecast such events.

Aerosols can act as cloud condensation nuclei (CCN) and participate in the formation of cloud droplets, thereby changing the concentration and size distribution of cloud droplets, and thus affecting hydrometeor distribution, cloud lifetime, and precipitation (Twomey, 2012; Rosenfeld 2008). Rosenfeld (1999; 2020) observed that aerosol concentration was increased by biomass combustion, which narrowed the cloud droplet spectrum and inhibited the collision process, leading to reduced precipitation. Lohmann et al. (2005) revealed that aerosols can act as ice-forming cores at high altitudes, thereby promoting deep convection and increasing surface precipitation. Other research used simulation results to demonstrate quantitatively that an increase in aerosol concentration could lead to a 23.4% decrease in topographic cloud precipitation (Xiao et al., 2014).

Sea salt aerosols (SSA) are one of the main aerosols in oceanic and coastal areas (Lewis et al., 2004). They are generated primarily from spume or emitted during bubble bursting at the sea surface (Monahan et al., 1986). As CCN, SSA can participate in cloud microphysical processes, chemical reactions, and the dry-wet sedimentation process (Gong et al., 1997). Previous studies focused on the transmission of atmospheric momentum and heat flux by oceanic droplets and the effect of SSA on typhoons. For example, Rosenfeld et al. (2002) found that aerosols generated by oceanic droplets were conducive to removing pollutants in the atmosphere and enhancing the process of collection of cloud droplets by raindrops. Herbener et al. (2014) proved that an increase in aerosol concentration in the cloud wall area would strengthen a typhoon, whereas an increase in aerosol concentration in the periphery of a typhoon would cause it to weaken. Jiang et al. (2019) and Luo et al. (2019) both studied the influence of SSA as CCN on the cloud microphysical processes, precipitation, and thermal processes of typhoon using numerical models, and they found that SSA can promote the transformation of cloud water and the process of its collection by raindrops, thereby increasing precipitation. However, it remains unclear how SSA-cloud interactions might influence heavy rainfall events.

Southwesterly winds can carry SSA to SC and affect local precipitation. On the basis of multisource observational data, Li et al. (2021) preliminarily discussed the influence of SSA on the microphysical processes and internal dynamics of the heavy rainfall event that occurred over SC on May 7, 2017. Additionally, Guo et al. (2022) explored the effects of anthropogenic aerosols and SSA on heavy rainfall in early summer (June 2019) over the monsoon coastal region of China. However, studies on the role of SSA regarding the intensity and microphysical processes of heavy rainfall in SC, especially in terms of WSHR, remain limited.

The objective of this study was to investigate the effects of SSA on WSHR over SC. For this purpose, a typical WSHR event that occurred over SC in May 2014 was selected and subsequently simulated using the Weather Research and Forecasting Model coupled with Chemistry (WRF-Chem) (Grell et al., 2005; Skamarock et al., 2008). The model setup and the experimental design are described in detail in Section 2. An overview of the WSHR event is provided in Section 3. Section 4 presents the results of the modeled precipitation and further reveals the effects of SSA on the heavy rainfall. Finally, the main conclusions are summarized in Section 5.

2 Model configuration and experimental design

The WRF-Chem model version 4.1.2 was used in this study to simulate meteorological fields coupled with gas-chemistry and aerosols. WRF-Chem is a non-hydrostatic fully compressible model in which the constitution and number concentration of aerosols are predicted explicitly. The simulation period started at 12:00 UTC on May 10, 2014 and ended at 00:00 UTC on May 12, 2014. The first 12 h were regarded as the spin-up time. The period from 00:00 UTC on May 11 to 00:00 UTC on May 12, 2014 was used for the analysis. The model was configured with three domains: d01, d02, and d03 (Fig.1a). The outermost domain (d01) had horizontal grid resolution of 36 km, while domains d02 and d03 had horizontal grid resolution of 12 and 4 km, respectively. The key region of this study (21.5°–23.5°N, 113°–115°E) encompassed the area in which the selected WSHR event happened, it included the Pearl River Delta and some offshore areas. The key region is indicated by the gray dashed rectangle in Fig. 1b. The meteorological initial and boundary conditions were set using the NCEP FNL dataset (http://rda.ucar.edu/datasets/ds083.2) with 1°× 1° spatial resolution and 6 h temporal resolution. To improve the simulation results in the boundary layer, 40 vertical levels were used from the surface up to 50 hPa at the model top.

The microphysical scheme used was that of Lin et al. (1983), which predicts cloud droplet number and size by determining aerosol activation in the WRF-Chem model (Liu et al., 2004). The Grell-3 cumulus parameterization scheme (Grell et al., 2002) was used in domains d01 and d02. No parameterization scheme for cumulus convection was employed in d03 because of the ability of the grids with 4 km resolution to clearly distinguish cloud-scale processes. The other major physical schemes used included the Rapid Radiative Transfer Model for Global Climate Models longwave and shortwave radiation schemes (Iacono et al., 2008), the unified Noah land surface model (Livneh et al., 2011), and the revised MM5 Monin-Obukhov surface-layer scheme (Jiménez et al., 2012).

The Model for Simulating Aerosol Interactions and Chemistry using eight sectional aerosol bins (Zaveri et al., 2008) provided simulations of gases and aerosols; the aerosols considered comprised sulfate, nitrate, sea salt, ammonium, organic carbon, black carbon, other inorganics(e.g., silica, other inert minerals, and trace metals), and liquid water. The Carbon-Bond Mechanism version Z (Zaveri et al., 1999) was adopted for gas-phase atmospheric chemistry. The Fast-J scheme (Wild et al., 2000; Barnard et al., 2004) was

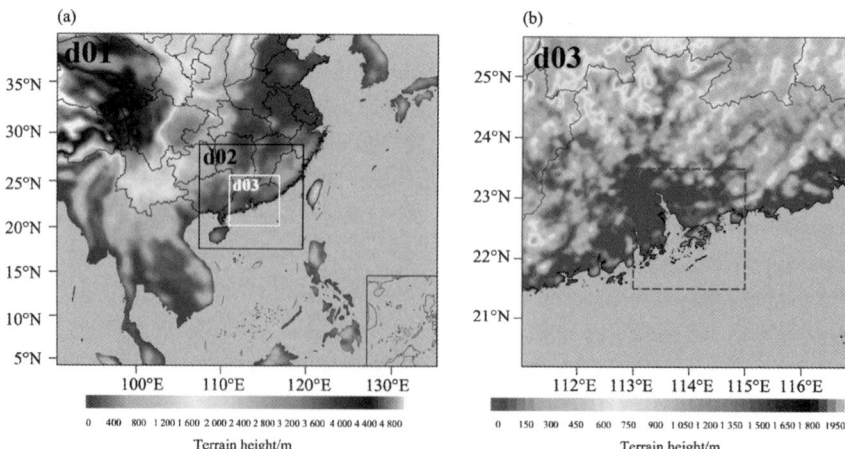

Fig. 1 (a) The three nested model domains with horizontal resolution of 36 km (d01), 12 km (d02), and 4 km (d03) with terrain height (shading; unit: m); (b) Domain d03 showing the key region of this study (21.5°–23.5°N, 113°–115°E) indicated by the gray dashed rectangle

used for photolytic reaction rates. Inventories of anthropogenic emissions were are obtained from the Multi-resolution Emission Inventory for China(http://www.meicmodel.org), released by Tsinghua University (Zhang et al., 2009), which has 0.25° grid resolution and covers anthropogenic emissions from power plants, transportation, industry, agriculture, and activities related to residential areas. Biogenic emissions were obtained from the Model of Emissions of Gases and Aerosols from Nature (Guenther et al., 2006). Biomass burning emissions were computed at horizontal resolution of 1 km^2 on the basis of the global daily fire emissions in 2014 using the Fire Inventory from NCAR (https://www.acom.ucar.edu/Data/fire/) (Wiedinmyer et al., 2011). The chemical lateral boundary and initial conditions were derived from the results of the Community Atmosphere Model with Chemistry (Lamarque et al., 2012), which is a component of the NCAR Community Earth System Model used for simulations of global tropospheric and stratospheric atmospheric composition.

In the WRF-Chem model, SSA are mainly composed of sodium chloride, and their formation is mainly related to the development of spray droplets that form from the breakup of waves caused by the continuous flow across the sea surface. Generally, SSA have a broad size distribution and they can impact cloud droplet number concentration and cloud condensation as CCN. Because SSA are hydrophilic and large, they can easily be removed from the atmosphere; thus, their average lifetime is approximately only 0.6 d (Chin et al., 2002). The emission intensity of SSA (N_p per m^2, per second and per μm, where is number of particles) is often considered a function of sea surface wind speed, and it can be parameterized as below following Gong et al. (Gong et al., 1997):

$$dF/dr = 1.373 W_{10}^{3.14} r^{-A} (1 + 0.057 r^{3.45}) \times 10^{1.19 \exp(-B)}, \quad (1)$$

where $A = 4.7(1 + \Theta r)^C$, $B = (0.433 - \log r)/0.433$, $C = -0.017 r^{-1.44}$, W_{10} is sea surface wind speed, r is the SSA radius (integrated over the size range of 0.1–10 μm in the model), and Θ is a parameter to adjust for the shape of the submicron-size distribution(set to 30 in this study) (Gong et al., 2003).

To investigate the effects of SSA on warm-sector rainfall, we designed three simulation experiments. The SSA emission in the control (CTL) experiment followed Eq.(1). In the two sensitivity experiments: LOW and HIGH, the coefficient of the sea salt aerosol flux emission was multiplied by 0.1 and 10, respectively. All other model settings were the same in each of the three simulations.

3　Case overview

A gridded dataset (resolution: 0.1° ×0.1°) of hourly precipitation was used to examine the spatio-temporal distribution of rainfall. After quality control, the dataset comprised 30 000–40 000 rain gauge observations from China and data from the U.S. Climate Precipitation Center Morphing (CMORPH) satellite retrieval precipitation products with 30 min temporal resolution and 8 km horizontal spatial resolution (http://data.cma.cn/).

A heavy rainfall event with more than 200 mm/d occurred in the coastal area of SC on May 10–12, 2014 (Luo et al., 2017). The observed 24 h rainfall accumulation from 00:00 UTC on May 11 to 00:00 UTC on May 12, 2014, exhibited two areas of heavy rainfall (>50 mm) inland and along the coastline, with the maximum rainfall amount exceeding 225 mm near Shenzhen. The area of inland rainfall was closely related to a northeast-southwest-oriented shear line at 850 hPa and a 500 hPa trough located north of the shear line (Fig. 2a-c). Guangdong is situated a few hundred kilometers to the south of the low-level shear line that was controlled by warm southwesterly winds at 850 hPa. As shown in Fig.2d-f, precipitable water increased near the south coastal area because the shear line moved southward and the trough at 500 hPa became deeper. The area of coastal heavy rainfall was located on the leading edge of the boundary layer(BL) jet (Chen et al., 2018), which was over the northern region of the South China Sea and associated with a low-level vortex at 925 hPa over southwestern China. The strong southwesterly BL jet brought abundant moisture over the coastal area. Surface analysis

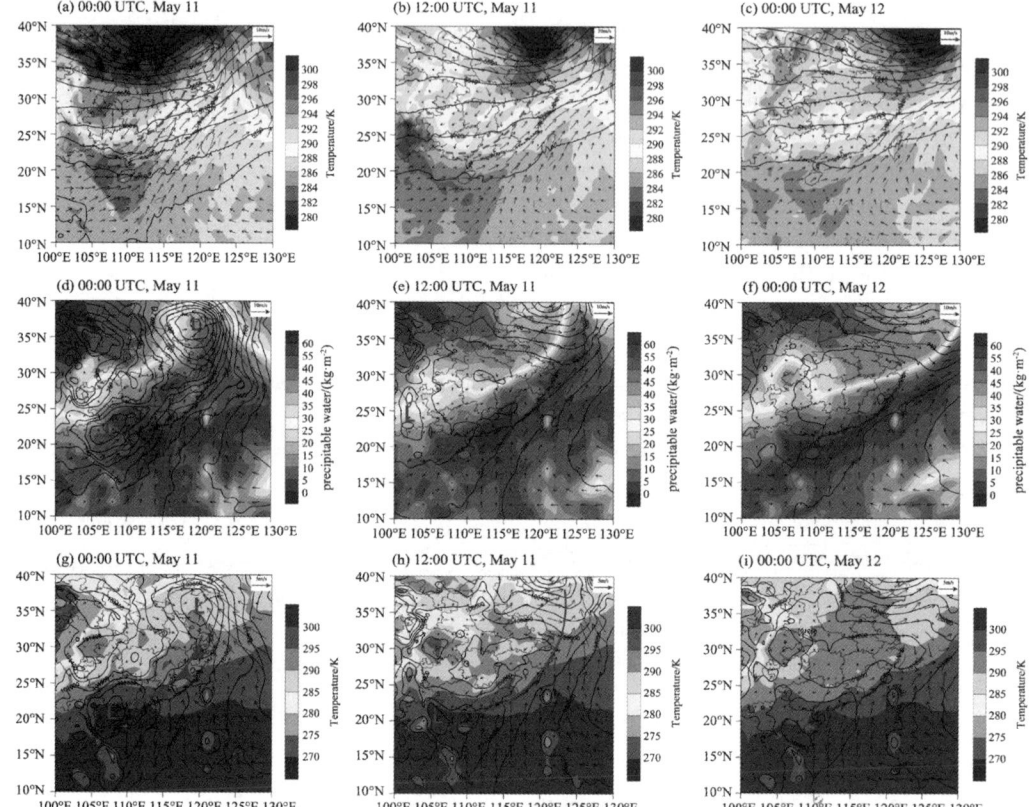

(a)-(c): The 500 hPa geopotential height (contour, unit: gpm) and the equivalent potential temperature at 850 hPa (shading, unit: K) superimposed with horizontal wind vector (arrows) at 850 hPa. (d)-(f): The 925 hPa geopotential height (contour, unit: gpm) and precipitable water (shading, unit: kg/m²) superimposed with horizontal wind vector (arrows) at 925 hPa. (g)-(i): Sea level pressure (contour, unit: hPa) and surface temperature (shading, unit: K) superimposed with horizontal surface wind vector (arrows). Red dashed lines indicate the wind shear line at 850 hPa; blue lines denote surface fronts, and blue "L" symbols denote low pressure centers.

Fig. 2 Synoptic analysis (NCEP FNL Operational Global Analysis data) at 00:00 UTC on May 11 (left column), 12:00 UTC on May 11 (middle column), and 00:00 UTC May 12 (right column) in 2014

(Fig.2g-i) shows that the surface low was located over southwestern China and a synoptic-scale cold front existed to the north of Guangdong. These major synoptic features are similar to those reported in previous studies on coexisting frontal and WSHR over SC (Chen et al., 2018; Han et al., 2021).

During the selected event, the strong southwesterly BL jet could have brought abundant SSA across SC, which would have influenced the precipitation process. To investigate the effects of SSA on WSHR, we selected 00:00 UTC on May 11 to 00:00 UTC on May 12, 2014 as our study period.

4 Results

4.1 Effect of SSA on CCN

As described in Section 1, SSA can serve as CCN and participate in the formation of cloud droplets, thus affecting hydrometeor distribution, cloud lifetime, and precipitation. Vertical profiles of spatiotemporally averaged concentrations of SSA, PM_{10}, CCN (at supersaturation of 0.02%) over the key region from the three experiments are shown in Fig. 3.

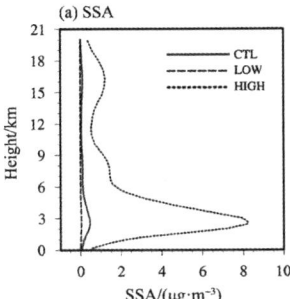 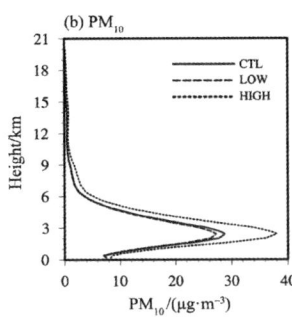 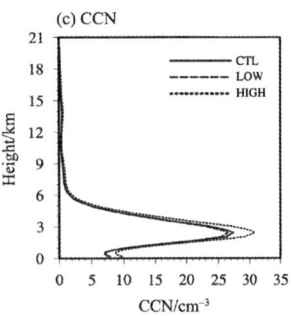

Fig. 3 Vertical profiles of spatiotemporally averaged concentrations of (a) sea salt aerosols (SSA), (b) PM_{10}, (c) cloud condensation nuclei (CCN, at supersaturation of 0.02%) over the key region during 00:00 UTC on May 11 to 00:00 UTC on May 12, 2014 in experiments LOW (green dashed lines), CTL (red solid lines), HIGH (blue dashed lines)

Here, the supersaturation ratio is defined in the model as $S = (Q_v/Q_{sw} - 1) \times 100\%$, where Q_v is the mixing ratio of water vapor and Q_{sw} is the mixing ratio at water saturation. It can be seen that SSA, PM_{10} and CCN are primarily distributed below 9 km. The concentrations of SSA, PM_{10} and CCN are all first increases with height, reaching the maximum values at 3 km, then decreases with height. HIGH experiment has the largest concentrations of SSA, PM_{10} and CCN, followed by CTL experiment, the concentrations in LOW experiment are the smallest. This discrepancy is evident around 3 km. However, the difference in the number concentrations of SSA, PM_{10} and CCN is not of the same magnitude as that of SSA emission among three experiments, the trends of that three variables of LOW and CTL experiment are similar, while the trends between HIGH experiment and CTL are quite different. This phenomenon partly because of the scavenging mechanism of SSA. During the development of rainfall, strong turbulence and inertial action make SSA fall, causing them to be collected by falling hydrometeors. Moreover, the aerosols were subject to dry and wet deposition before they were activated as CCN in the fully online WRF-Chem model. Chameides et al. (1992) highlighted that SSA can remove sulfate particles in the atmosphere and inhibit CCN, indicating that the larger flux of SSA emissions causes a stronger removal process of sulfate particles in cloud. Therefore, it is reasonable that activation in the HIGH experiment is inhibited, causing a smaller increase in intensity of CCN in comparison with the CTL experiment.

4.2 Effect of SSA on precipitation

The observed and the simulated (CTL, LOW and HIGH experiments) 24 h accumulated precipitation are shown in Fig. 4. The CTL experiment reasonably reproduces the observed rainfall, even though positional bias exists, which is common in real-data simulations (Guo et al.,2022 ;Davis et al., 2009). The center of this rainfall is shifted northeastward in the CTL simulation relative to the observation, and the amount of simulated rainfall is higher than the rainfall amount in the CMORPH data. This discrepancy may be the result of two factors. First, the grid resolution of domain d03 is 4 km, while the CMORPH dataset provides grid-averaged precipitation at 0.1° resolution; therefore, the simulated precipitation is provided at higher resolution. Second, the Lin cloud scheme was used in this study. The Lin cloud scheme is a bulk scheme that uses a semi-empirical gamma or exponential size distribution to describe the cloud microphysical properties. Fan et al. (2012) highlighted that bulk schemes tend to produce higher cloud droplet numbers, which might result in overestimation of the rain mixing ratio and precipitation in numerical models.

Three experiments can reproduce the rainfall center, which is located in Shenzhen. The rain belt is distributed along the coastline. The precipitation in the LOW experiment is relatively dispersed, while that in the HIGH experiment is more concentrated. The 24 h averaged rainfall of the three simulations are 78.87 mm (LOW), 77.40 mm (CTL), and 77.19 mm

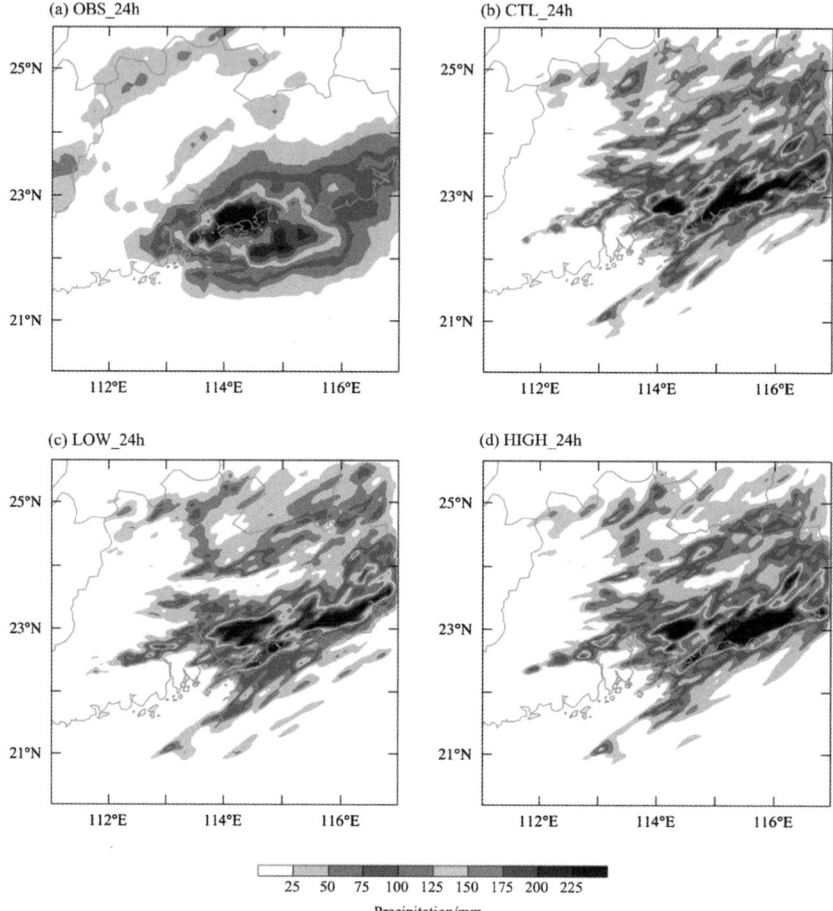

(a) observation data (OBS) and (b)-(d) simulation results from the CTL, LOW, and HIGH experiments, respectively. Gray lines denote coastlines and provincial boundaries. Observation precipitation data (0.1° × 0.1°) were provided by the Chinese National Meteorological Information Center (http://data.cma.cn/).

Fig. 4 The 24 h accumulated precipitation (shading, unit: mm) in domain d03 (Fig. 3b) during 00:00 UTC on May 11 to 00:00 UTC on May 12, 2014

(HIGH), respectively, while decreases by 2.18% under high sea salt aerosols emission. Therefore, accumulated precipitation decreases with increasing SSA. Although the differences in the values among the three simulations are small, it must be considered that the values are domain-averaged and that extreme rainfall usually happens locally.

The temporal variation in hourly precipitation over the key region in the observed data and the CTL simulation are compared in Fig. 5. It can be seen that the trend of hourly precipitation derived from the ob-

servation is consistent with that from CTL experiment during 00:00 UTC on May 11 to 00:00 UTC on May 12, 2014. CTL experiment well reproduces the peak rainfall rate during 01:00 to 02:00, when the observed and simulated rain rate is approximately 6 and 7 mm/h respectively. Observed rain rate shows a trough around 05:00 while simulated trough appears at 06:00. Experiment CTL fails to reproduce the peak value at 08:00 in observation, which is about 1.5 mm less than observed precipitation and occurs at one hour later 09:00. During 12:00 on May 11 to 00:00 on May

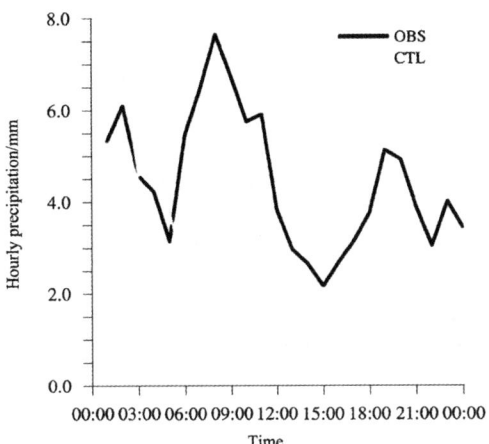

Observation precipitation data (0.1°×0.1°) were provided by the CNMIC (http://data.cma.cn/).

Fig. 5 Temporal variations in spatially averaged hourly precipitation (mm) over the key region (21.5°−23.5°N, 113°−115°E; black dashed rectangle in Fig. 1b) during 00:00 UTC, May 11 to 00:00 UTC, May 12, 2014

12, experiment CTL underestimates the rainfall, it may be the result of simulated precipitation area has shifted eastward (Fig. 4). The precipitation is out of the key region, therefore, the regional averaged precipitation in this period is underestimated.

To investigate the relationship between SSA and precipitation, the time averaged precipitation rates over the key region for three experiments are calculated. LOW experiment has the highest rain rate (3.15 mm/h), while the rain rate in CTL experiment and HIGH experiment is 3.10 and 3.09 mm/h, respectively. The averaged rain rate decreases with increasing SSA emission.

4.3 Effect of SSA on the distribution of hydrometeors

The influence of aerosols on precipitation cannot be clearly understood only by focusing on the surface precipitation and rain rate, analysis of hydrometeors is necessary. The vertical profiles of mixing ratio of different hydrometeors from the three experiments are presented in Fig.6. The mixing ratio of cloud droplets reaches the peak value of 0.10 g/kg at the height of 4 km, then decreases slowly with the increase of altitude, dropping to 0 at 11 km. The mixing ratio of rain water first increases with height and reaches the peak value of 0.38 g/kg around 4 km, then it slowly decreases with height, intersecting with the curve of graupel at 4.5 km and decreasing to 0 at 6 km. The values of ice and snow are relatively small, reaching the maxima at about 0.03 g/kg and 0.05 g/kg at 12 km and 11 km, respectively. The mixing ratio of graupel first increases and then decreases with height, reaching a peak of 0.4 g/kg at an altitude of about 6 km. Graupel melts into rain water at the height of 4.5 km. Among the five hydrometeors, graupel and rain water can fall to the ground to form precipitation.

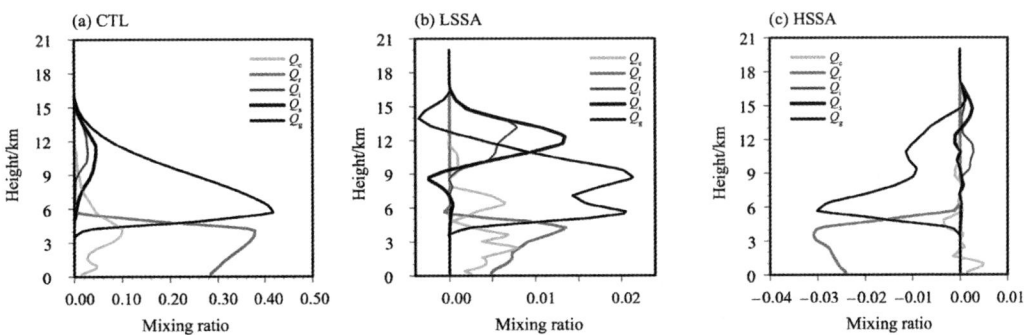

All results are averaged over the key region (21.5°−23.5°N, 113°−115°E; black dashed rectangle in Fig. 1b) during 00:00 UTC, May 11 to 00:00 UTC, May 12, 2014.

Fig. 6 Vertical profiles of mixing ratio of cloud droplets (Q_c, red lines), rain (Q_r, yellow lines), ice (Q_i, purple lines), snow (Q_s, blue lines), graupel (Q_g, green lines) (unit: g/kg) from (a) CTL, (b) LSSA: LOW minus CTL, and (c) HSSA: HIGH minus CTL

From the vertical profiles of the difference between the two sensitivity experiments and CTL (Fig. 6b, c), mixing ratio of five hydrometeors are larger in the LOW experiment than in the CTL, the mixing ratio of cloud droplets shows positive values at 0–11 km, the mixing ratio of rain water shows positive values at 0–6 km, and the difference between the LOW experiment and the CTL reaches a maximum value of 0.014 g/kg. The mixing ratio of ice and snow show positive values in the height range of 9–15 km, and the difference between the LOW experiment and the CTL reaches a maximum value of 0.008 at 13 km and 0.014 g/kg at 12 km, respectively. The mixing ratio of graupel shows positive value within 3–12 km, and the difference between the LOW experiment and the CTL reaches a maximum value of 0.022 g/kg at 9 km. Mixing ratio of rain and graupel are smaller in the HIGH experiment than in the CTL, they show negative values at 0–6 km and 3–15 km, respectively, while the mixing ratio of other hydrometeors show small changes. Table 1 gives the mixing ratio of five hydrometeors averaged over the key region, results of three experiments are also compared. In LOW experiment, the regional mixing ratio of five hydrometeors both larger than that in CTL. In HIGH experiment, the regional average amount decreased by 0.07 and 0.13 kg/m² relative to CTL, respectively, while the changes of other hydrometeors are smaller, which are consistent with the features shown in Fig. 6. Therefore, the mixing ratio of graupel and rain decrease with increasing SSA emission, indicating that SSA primarily affect the mixing ratio of graupel and rain to affect precipitation.

Table 1　Mixing ratio (Q_x, kg/m²) of hydrometeors averaged over the key region during 00:00 UTC, May 11 to 00:00 UTC, May 12, 2014, from LOW, CTL and HIGH experiments, respectively[1)]

Variable	LOW	CTL	HIGH	LSSA	HSSA
Q_c	0.36	0.33	0.33	0.03　(7.54%)	0.00　(0.56%)
Q_r	1.59	1.55	1.42	0.04　(2.48%)	-0.13　(-9.28%)
Q_i	0.05	0.04	0.04	0.01　(20.17%)	0.00　(8.45%)
Q_s	0.10	0.09	0.10	0.01　(12.53%)	0.00　(1.52%)
Q_g	1.09	1.04	0.97	0.06　(5.37%)	-0.07　(-7.14%)

1) The subscripts c, r, i, s, g represent cloud droplets, raindrop, ice, snow, graupel in order. Columns LSSA and HSSA represent the results of LOW and HIGH minus CTL, respectively, with the values inside parentheses indicating the fractional difference relative to LOW or HIGH.

4.4　Effect of SSA on the latent heating of microphysical processes

The conversion parameter and release of latent heat during various cloud microphysical processes are important aspects in the development of rainfall. In this study, the conversion parameter and latent heat released through phase transitions (i. e., condensation, evaporation, deposition, sublimation, freezing, and melting) in each process were calculated using the following equations:

$$[P_x] = \sum_{i,j,k} p_x(i,j,k) \times \rho(i,j,k) \times \Delta z(k), \quad (2)$$

$$Q_{proc} = \frac{LP}{C}, \quad (3)$$

where P_x (kg·m⁻²·h⁻¹) is the vertical integral of a specific microphysical process x, which is explained in detail in Table 2; p_x is the microphysical conversion rate on each grid (kg·kg⁻¹·h⁻¹), ρ is air density (kg/m³), and $\Delta z(k)$ is the height difference between adjacent layers in the vertical direction (m). Meanwhile, Q_{proc} (K/h) represents the heating rate released or absorbed through phase transition, P (kg·kg⁻¹·h⁻¹) is the transition rate of a cloud microphysical process, L (J/kg) is the latent heat of condensation, freezing, and deposition per unit mass, and C (J·kg⁻¹·K⁻¹) is the specific heat of moist air at constant pressure.

Table 2 presents the results of the vertical integration using Eq.(2) of the 33 microphysical conversions averaged during 00:00 UTC May 11 to 00:00 UTC May 12, 2014 over the key region for all three experiments. Positive values represent an exothermic

Table 2 Vertical integration conversion rate of cloud microphysical processes (unit: kg·m^{-2}·h^{-1}) averaged during 00:00 UTC, May 11 to 00:00 UTC, May 12, 2014 over the key region (21.5°–23.5°N, 113°–115°E; black dashed rectangle in Fig. 1b)

Microphysical conversions	Description	LOW	CTL	HIGH	Trend
GACR	Graupel absorbs rain	36.4	30.9	28.7	↓
COND	Water vapor condenses into cloud water	10.0	9.6	8.4	↓
RAUT	Cloud water automatically converts to rain	3.3	3.1	2.6	↓
RACW	Rainwater absorbs cloud water	2.8	2.7	2.4	↓
SACR	Snow absorbs rain	2.7	2.4	2.1	↓
GACW	Graupel absorbs cloud water	2.3	2.1	1.9	↓
IACR	Cloud ice absorbs rain	1.7	1.5	1.3	↓
GACS	Graupel absorbs snow	1.3	1.2	1.3	↓/↑
IDEP	Cloud ice deposition	1.1	1.0	1.0	—
SFI	Snow freezes cloud ice	1.0	0.9	0.9	↓
GDEP	Graupel deposition	0.7	0.7	0.6	↓
RACS	Rain absorbs snow	0.1	0.1	0.1	—
SDEP	Snow deposition	0.1	0.1	0.1	—
SACI	Snow absorbs cloud ice	0.1	0.0	0.1	↓/↑
SACW	Snow absorbs cloud water	0.1	0.1	0.1	—
IHOM	Cloud water homogeneously freezes into cloud ice	0.1	0.1	0.0	↓
SSUB	Snow sublimation	−0.1	0.0	0.0	↓
ISUB	Cloud ice sublimation	−0.1	−0.1	0.0	↓
GMLTEVP	Evaporation of melted graupel	−0.1	−0.1	−0.1	—
GSUB	Graupel sublimation	−0.2	−0.2	−0.2	—
CEVP	Cloud water evaporates into vapor	−0.8	−0.8	−0.7	↓
GMLT	Graupel melts into rain	−6.0	−5.3	−5.2	↓

process and negative values represent an endothermic process. In the simulated rainfall, the rain water collected by graupel (GACR) process has the greatest magnitude. The rates at which water vapor condenses into cloud water (COND), graupel melts into rain (GMLT), cloud water automatically converts to rain (RAUT), rainwater absorbs cloud water (RACW), snow absorbs rain (SACR) and graupel absorbs cloud water (GACW) are also larger than the other cloud microphysical conversion processes. Other microphysical conversions not shown are zero. Most of the cloud microphysical conversions decrease with increasing SSA concentration, except for the GACS process (graupel absorbs snow) and SACI process (snow absorbs cloud ice). In this case, larger SSA emission generates more CCN concentration (Fig. 3c), making competition between CCN enhanced under a limited water vapor condition, resulting in the cloud droplets decreased, which explain the decrease of the RAUT process (cloud water automatically converts to rain), RACW process (rainwater absorbs cloud water), and the reduce of precipitation in the HIGH experiment.

Aerosols can influence precipitation via dynamic and thermal processes. We analyzed the meridional vertical velocity of the three experiments. As shown in Fig. 7, the ascending motion from 113° to 114°E is weak, while the ascending motion from 114° to 115°E is relative strong. The ascending air from 114° to 115°E decreases with increasing SSA emission, which suppresses convection, decrease the mixing ratios of graupel and rain (Fig. 6). The vertical velocity is related to latent heat released during rainfall. Vertical profiles of latent heating rate in different phase-changing processes, total latent heating rate and the difference of that between two sensitivity experiments and CTL are presented in Fig. 8. In three experiments, the total la-

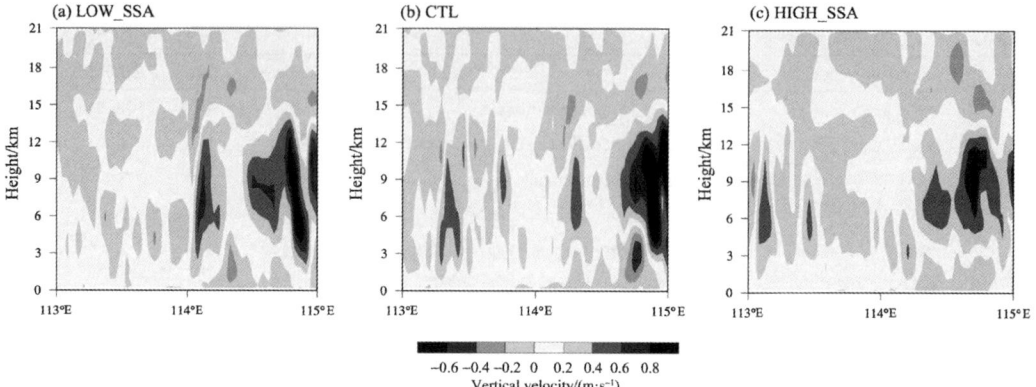

Fig. 7   Vertical profiles of vertical velocity (shading; unit: m/s) from the three experiments (a) LOW, (b) CTL, and (c) HIGH over the key region (21. 5°–23. 5°N, 113°–115°E; black dashed rectangle in Fig. 1b) during 00:00 UTC May 11 to 00:00 UTC May 12, 2014

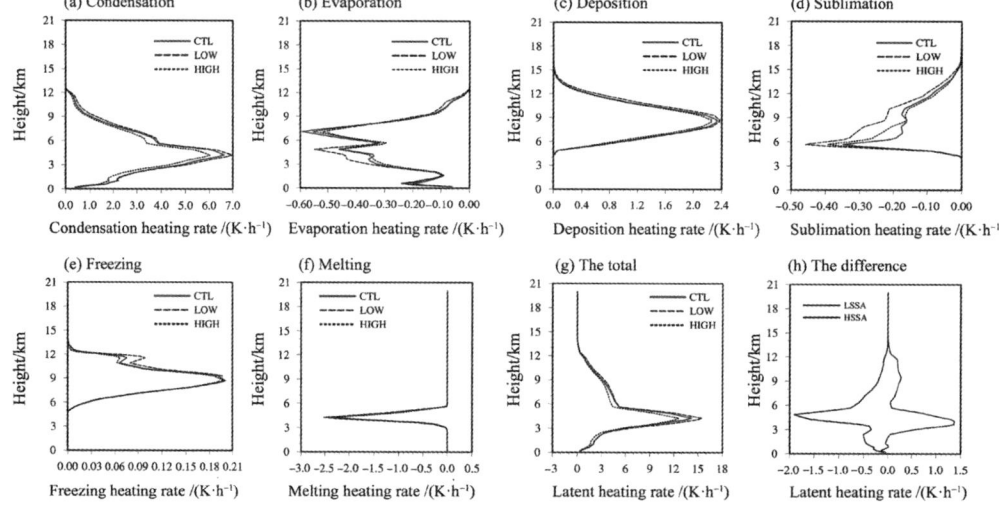

Fig. 8   Vertical profiles of the spatiotemporally averaged latent heating rate (K/h) due to different phase-changing processes: (a) condensation, (b) evaporation, (c) deposition, (d) sublimation, (e) freezing, (f) melting, and (g) total from the CTL (red solid lines), LOW (green dashed lines), and HIGH (blue dashed lines) experiments, and (h) the difference between two sensitivity experiments and CTL over the key region (21. 5°–23. 5°N, 113°–115°E; black dashed rectangle in Fig. 1b) during 00:00 UTC, May 11 to 00:00 UTC, May 12, 2014

tent heating rates increase from the ground, reaching peak values around 4 km, then decrease slowly with height. At the height of 6 km, the total latent heating rates start to decrease rapidly with height (Fig. 8g). Further analysis of the latent heat contributions indicates that peak values at 4 km depend mainly on the degree of latent heat from condensation, condensation heating rate dominates the total microphysics heating rate below 6 km. The accelerated rate of decrease in total latent heating rate with altitude at 6 km is mainly due to evaporation (Fig. 8b) and sublimation (Fig. 8d) processes. Comparing the three experiments, it can be seen that the total latent heating rate decreases with SSA emission (Fig. 8h), the maximum difference reaches 1.5 K/h (LOW minus CTL), -1.8 K/h (HIGH minus CTL) at 4 km, respectively. Hence, an increase of SSAs is beneficial to the suppression of the release of latent heat in a WSHR event.

5 Summary

This study used the WRF-Chem model version 4.1.2 with 3 nested domains to simulate a warm-sector heavy rainfall(WSHR) event that occurred over coastal Southern China. We investigated the impact of SSA on WSHR by conducting three experiments with different intensity of SSA emission, i.e., that of the LOW and HIGH experiments was 0.1 and 10 times that of the CTL experiment, respectively. The following conclusions were derived from analysis of the results of these three experiments.

1) SSA, PM_{10} and CCN are primarily distributed below 9 km. The concentrations of SSA, PM_{10} and CCN are all first increases with height, reaching the maximum values at 3 km, then decreases with height. HIGH experiment has the largest concentrations of SSA, PM_{10} and CCN.

2) SSA can affect rainfall area, the LOW experiment shows dispersed rainfall, whereas the rainfall in the HIGH experiment is more concentrated. The 24 h accumulated precipitation and averaged rain rate decreased with increasing SSA concentration.

3) Most of the cloud microphysical conversions decrease with increasing SSA concentration. High SSA concentrations provide higher numbers of CCN, leading to competition between CCN for the limited supply of water vapor, resulting in a decrease in cloud droplet size, which explain the decrease of the RAUT process (cloud water automatically converts to rain), RACW process (rain water absorbs cloud water), and the reduce of precipitation in the HIGH experiment.

4) Variations in latent heating rate have a direct influence on the thermodynamics of the WSHR. In the LOW experiment, a high latent heating rate leads to more latent heat released, resulting in an increase of the vertical velocity. In the HIGH experiment, less latent heat is released, weakening the updrafts, convection and decreasing precipitation.

This study used the Lin cloud scheme, which is an explicit bulk cloud model. The averaging of cloud particle size distribution over the spectrum in a bulk scheme decreases the response of hydrometeors in the bulk scheme to aerosols or CCN shape. Thus, a bulk scheme might produce a much higher cloud water mixing ratio. Moreover, very large SSAs can collect cloud water directly, but this process was not considered owing to limitations of the WRF-Chem model. These disadvantages regarding the bulk scheme could have affected the results regarding aerosol-cloud interaction in rainfall. An increase or decrease in the intensity of SSA emissions increase the amount of few cloud microphysical conversions, which is hard to explain to some extent due to many factors affecting the microphysical processes and hydrometeors, such as horizontal advection and vertical convection. The mechanism behind this is complex and nonlinear, which needs to further investigate. Because numerical simulations were performed for only one rainfall event in this study, these results will not necessarily be representative of all circumstances. Therefore, further simulations are necessary to broaden our understanding of WSHR.

References:

LEWIS R, SCHWARTZ E, 2004. Sea salt aerosol production: mechanisms, methods, measurements and models —A critical review [M]. Washington, D. C.: American Geophysical Union.

BARNARD J C, CHAPMAN E G, FAST J D, et al, 2004. An evaluation of the FAST-J photolysis algorithm for predicting nitrogen dioxide photolysis rates under clear and cloudy sky conditions [J]. Atmos Environ, 38(21): 3393-3403.

CHAMEIDES W L, STELSON A W, 1992. Aqueous-phase chemical processes in deliquescent sea-salt aerosols: A mechanism that couples the atmospheric cycles of S and sea salt[J]. J Geophys Res, 97(D18): 20565.

CHIN M, GINOUX P, KINNE S, et al, 2002. Tropospheric aerosol optical thickness from the GOCART model and comparisons with satellite and Sun photometer measurements[J]. J Atmos Sci, 59(3): 461-483.

DAVIS C A, GALARNEAU T J Jr, 2009. The vertical structure of mesoscale convective vortices[J]. J Atmos Sci, 66(3): 686-704.

DU Y, CHEN G, 2018. Heavy rainfall associated with double low-level jets over Southern China. part I: Ensemble-based analysis[J]. Mon Weather Rev, 146(11): 3827-3844.

FAN J, LEUNG L R, LI Z, et al, 2012. Aerosol impacts on clouds and precipitation in Eastern China: Results from Bin and bulk microphysics[J]. J Geophys Res, 117: D00K36.

GAO W H, ZHAO F S, HU Z J, et al, 2012. Improved CAMS cloud microphysics scheme and numerical experiment coupled with WRF model[J]. Chin J Geophys, 55(2): 396-405.

GONG S L, 2003. A parameterization of sea-salt aerosol source function for sub- and super-micron particles[J]. Global Biogeochem Cycles, 17(4): 1097.

GONG S L, BARRIE L A, PROSPERO J M, et al, 1997. Modeling sea-salt aerosols in the atmosphere: 2. Atmospheric concentrations and fluxes[J]. J Geophys Res, 102(D3): 3819-3830.

GRELL G A, DÉVÉNYI D, 2002. A generalized approach to parameterizing convection combining ensemble and data assimilation techniques[J]. Geophys Res Lett, 29(14): 1693.

GRELL G A, PECKHAM S E, SCHMITZ R, et al, 2005. Fully coupled "online" chemistry within the WRF model[J]. Atmos Environ, 39(37): 6957-6975.

GUENTHER A, KARL T, HARLEY P, et al, 2006. Estimates of global terrestrial isoprene emissions using MEGAN (Model of emissions of gases and aerosols from nature)[J]. Atmos Chem Phys, 6(11): 3181-3210.

GUO J, LUO Y, YANG J, et al, 2022. Effects of anthropogenic and sea salt aerosols on a heavy rainfall event during the early-summer rainy season over coastal Southern China[J]. Atmos Res, 265: 105923.

HAN B, DU Y, WU C, et al, 2021. Microphysical characteristics of the coexisting frontal and warm-sector heavy rainfall in South China[J]. JGR Atmospheres, 126(21): e2021JD035446.

HERBENER S R, van den HEEVER S C, CARRIÓ G G, et al, 2014. Aerosol indirect effects on idealized tropical cyclone dynamics[J]. J Atmos Sci, 71(6): 2040-2055.

IACONO M J, DELAMERE J S, MLAWER E J, et al, 2008. Radiative forcing by long-lived greenhouse gases: Calculations with the AER radiative transfer models[J]. J Geophys Res, 113(D13): D13103.

JIANG B, LIN W, LI F, et al, 2019. Sea-salt aerosol effects on the simulated microphysics and precipitation in a tropical cyclone[J]. J Meteorol Res, 33(1): 115-125.

JIMÉNEZ P A, DUDHIA J, GONZÁLEZ-ROUCO J F, et al, 2012. A revised scheme for the WRF surface layer formulation[J]. Mon Weather Rev, 140(3): 898-918.

LAMARQUE J F, EMMONS L K, HESS P G, et al, 2012. CAM-chem: Description and evaluation of interactive atmospheric chemistry in the Community Earth System Model[J]. Geosci Model Dev, 5(2): 369-411.

LI M, LUO Y, ZHANG D L, et al, 2021. Analysis of a record-breaking rainfall event associated with a monsoon coastal megacity of South China using multisource data[J]. IEEE Trans Geosci Remote Sens, 59(8): 6404-6414.

LIN Y L, FARLEY R D, ORVILLE H D, 1983. Bulk parameterization of the snow field in a cloud model[J]. J Climate Appl Meteor, 22(6): 1065-1092.

LIU Y, DAUM P H, 2004. Parameterization of the autoconversion Process. Part I: Analytical formulation of the kessler-type parameterizations[J]. J Atmos Sci, 61(13): 1539-1548.

LIVNEH B, RESTREPO P J, LETTENMAIER D P, 2011. Development of a unified land model for prediction of surface hydrology and land - atmosphere interactions[J]. J Hydrometeorol, 12(6): 1299-1320.

LOHMANN U, FEICHTER J, 2005. Global indirect aerosol effects: A review[J]. Atmos Chem Phys, 5(3): 715-737.

LUO H, JIANG B, LI F, et al, 2019. Simulation of the effects of sea-salt aerosols on the structure and precipitation of a developed tropical cyclone[J]. Atmos Res, 217: 120-127.

MONAHAN E C, SPIEL D E, DAVIDSON K L, A model of marine aerosol generation via whitecaps and wave disruption[M]// MONAHAN E C, et al, eds. Oceanic Whitecaps: Oceanographic Sciences Library, Vol 2. Dordrecht: Springer, 1986: 167-174.

ROSENFELD D, 1999. TRMM observed first direct evidence of smoke from forest fires inhibiting rainfall[J]. Geophys Res Lett, 26(20): 3105-3108.

ROSENFELD D, 2000. Suppression of rain and snow by urban and industrial air pollution[J]. Science, 287(5459): 1793-1796.

ROSENFELD D, LAHAV R, KHAIN A, et al, 2002. The role of sea spray in cleansing air pollution over ocean via cloud processes[J]. Science, 297(5587): 1667-1670.

ROSENFELD D, LOHMANN U, RAGA G B, et al, 2008. Flood or drought: How do aerosols affect precipitation?[J]. Science, 321(5894): 1309-1313.

SKAMAROCK W C, KLEMP J B, 2008. A time-split nonhydrostatic atmospheric model for weather research and forecasting applications[J]. J Comput Phys, 227(7): 3465-3485.

TWOMEY S, 1977. The influence of pollution on the shortwave albedo of clouds[J]. J Atmos Sci, 34(7): 1149-1152.

WAN Q, WANG B, WONG W K, et al, 2017. The Southern China monsoon rainfall experiment (SCMREX)[J]. Bull Am Meteorol Soc, 98(5): 999-1013.

WIEDINMYER C, AKAGI S K, YOKELSON R J, et al, 2011. The Fire INventory from NCAR (FINN): A high resolution global model to estimate the emissions from open burning[J]. Geosci Model Dev, 4(3): 625-641.

WILD O, ZHU X, PRATHER M J, 2000. Fast-J: Accurate simulation of in- and below-cloud photolysis in tropospheric chemical models[J]. J Atmos Chem, 37(3): 245-282.

WU N, ZHUANG X, MIN J, et al, 2020. Practical and intrinsic predictability of a warm-sector torrential rainfall event in the South China monsoon region[J]. J Geophys Res Atmos, 125(4): e2019JD031313.

WU Z, CAI J, LIN L, et al, 2018. Analysis of mesoscale systems and predictability of the torrential rain process in Guangzhou on 7 May 2017[J]. Meteorological Monthly, 44(4): 485-499.

XIAO H, YIN Y, JIN L, et al, 2014. Simulation of aerosol effects on orographic clouds and precipitation using WRF model with a detailed Bin microphysics scheme[J]. Atmos Sci Lett, 15(2): 134-139.

ZAVERI R A, EASTER R C, FAST J D, et al, 2008. Model for simulating aerosol interactions and chemistry (MOSAIC)[J]. J Geophys Res, 113(D13): D13204.

ZAVERI R A, PETERS L K, 1999. A new lumped structure photochemical mechanism for large-scale applications[J]. J Geophys Res, 104(D23): 30387-30415.

ZHANG Q, STREETS D G, CARMICHAEL G R, et al, 2009. Asian emissions in 2006 for the *NASA* INTEX-B mission[J]. Atmos Chem Phys, 9(14): 5131-5153.

海盐核对华南沿海一次暖区暴雨的影响

罗青[1,2]，陈子健[1,2]，林文实[1,2]，蒋宝林[3]，曹琪敏[1]，李芳洲[1]

1. 中山大学大气科学学院／广东省气候变化与自然灾害研究重点实验室，广东 珠海 519082
2. 南方海洋科学与工程广东省实验室（珠海），广东 珠海 519082
3. 惠州学院地理与旅游学院，广东 惠州 516007

摘要：采用中尺度数值天气模式WRF-Chem 4.1.2，模拟了2014年在华南沿海地区发生的一次暖区强降水事件。通过进行3个不同海盐核排放强度(CTL，LOW，HIGH)试验，从降水落区、水成物分布、微物理过程以及潜热释放方面，探讨了海盐气溶胶浓度对暖区暴雨的影响。研究结果表明，海盐核浓度对降水落区有一定的影响，低海盐核排放下的降水区域更分散，而高海盐核排放下的降水区域更集中。低(高)海盐核排放情况下，降水中的云凝结核浓度减少(增加)、雨水和霰的混合比增加(减少)、云微物理过程尤其是云水自动转化成雨水及云水被雨水收集过程增强(减弱)、潜热释放增加(减小)以及上升运动增强(减弱)，导致累计降水增多(减少)及降雨率增大(减小)。

关键词：海盐核；暖区暴雨；微物理效应；WRF-Chem模式

（责任编辑　秦社彩）